Volkskundliche Bibliographie

für die Jahre 1923 und 1924

Im Auftrage
des Verbandes Deutscher Vereine für Volkskunde

herausgegeben von

E. Hoffmann-Krayer

Walter de Gruyter & Co.

vormals G. J. Göschen'sche Verlagshandlung — J. Guttentag, Verlagsbuchhandlung — Georg Reimer — Karl J. Trübner — Veit & Comp.

Berlin und Leipzig
1929

DIE NOTGEMEINSCHAFT DER DEUTSCHEN WISSENSCHAFT
HAT DURCH IHRE FREUNDLICHE UNTERSTÜTZUNG
DAS ERSCHEINEN DIESES BANDES
ERMÖGLICHT

Vorwort

Auch der vorliegende Doppeljahrgang ist in seiner Herausgabe verzögert worden, namentlich wegen der Herstellung der Register, deren Bearbeiter in den letzten Monaten durch anderweitige Verpflichtungen stark in Anspruch genommen waren. Der Mangel an gut eingearbeiteten bezahlten Hilfskräften, die ihre ganze Zeit ihrer Aufgabe widmen können, macht sich in dieser Bibliographie von Jahr zu Jahr in dem Maße fühlbarer, als die volkskundliche Literatur zunimmt. Diese Ausdehnung des volkskundlichen Betriebs erfordert auch eine Vermehrung der Mitarbeiter, die uns jedoch bis jetzt nicht in dem gewünschten Umfang gelungen ist. Mit um so herzlicherem Danke begrüßen wir daher unsere neuen Mitarbeiter: Fräulein Anna Berzkālne in Riga (für lettische Volkskunde), Herrn Prof. Dr. Raffaele Corso in Neapel (für italienische Volkskunde), Herrn Karl Ehlers in Bremen (niederdeutsche Zeitschriften), Herrn Prof. Dr. Adam Fischer in Lwów (für polnische Volkskunde) und Herrn Studienrat Dr. Rudolf Zaunick in Dresden (für naturwissenschaftliche Literatur). Die Mitarbeiter an früheren Jahrgängen sind uns sämtlich treu geblieben trotzdem sie für ihre mühevolle Arbeit nichts anderes ernten konnten, als den Dank des Herausgebers, des Verbandes und aller Freunde unserer Wissenschaft. Ihre Namen sind den Benützern der Bibliographie vertraut: Prof. Dr. W. Anderson in Dorpat (estnische und verwandte Literatur), Dr. A. Becker in Zweibrücken (Pfälzisches), Dr. A. Byhan in Hamburg (Slawisches), Seminarlehrer C. Eskildsen in Tönder (Dänisches) Dr. H. Heerwagen in Nürnberg (Varia), Prof. Dr. E. Kagarow in Leningrad (Russisches), Dr. Joh. Künzig in Freiburg i. Br. (Süddeutsches), Dr. Nils Lid in Oslo (Nordisches),

Fräulein Dr. Elsa Mahler in Basel (Slawisches), Dr. H. Marzell in Gunzenhausen (Naturwissenschaftliches u. Varia), Dr. K. Meuli in Basel (Antike), Dr. H. Schewe in Freiburg i. Br. (Deutsche Volkspoesie), Prof. Dr. E. Schneeweis in Prag (Südslawisches), Dr. Alfred Senn in Kaunas (Litauisches), Prof. Dr. A. Solymossy in Budapest (Ungarisches), Prof. A. Taylor in Chicago (Englisches, Nordamerikanisches und Varia), Rektor A. Wehrhan in Frankfurt a. M. (Varia), Dr. Max Weinreich in Wilno (Ostjüdisches). Leider sind Frankreich, Spanien, Rumänien, die Tschechoslowakei, Griechenland, die Türkei, Mittel- und Süd-Amerika immer noch nicht durch spezielle Mitarbeiter vertreten, so daß wir für diese Länder ausschließlich auf das uns Zugängliche oder freundlichst Eingesandte angewiesen waren.

Besonderen Dank schulden wir endlich den Herren, die uns bei der Korrektur der fremdsprachlichen Titel ihre wertvolle Mithilfe geboten haben: Anderson, Corso, Fischer, Kagarow, Lid, Meuli, Schewe, Schneeweis, Senn, Solymossy, Taylor. Herr Prof. Anderson hat sich sogar die Mühe genommen, jeden einzelnen Titel auch auf typographische Fehler zu prüfen und die Korrektur des Verfasserregisters zu lesen.

Das Verfasserregister wurde, wie im vorletzten Band von Fräulein Dr. Clara Stockmeyer in Zürich, das Sachregister unter Anleitung des Herausgebers von Herrn Jost Brunner in Basel angefertigt.

Der ganze Abschnitt über deutsche Volkspoesie, über 600 Nummern, wurde von dem Deutschen Volksliedarchiv in Freiburg i. Br. angelegt, geordnet und korrigiert.

Basel, im Juli 1929.

E. Hoffmann-Krayer.

Inhaltsverzeichnis

Literaturverzeichnis.

Abkürzungen.

AarbNordOld	s. Aarbøger for nordisk Oldkyndighed.
AbhLpz	s. Abhandlungen der sächsischen Akademie.
AbhMü	s. Abhandlungen der bayer. Akademie.
AfdA	s. Anzeiger für deutsches Altertum.
AGermMus	s. Anzeiger des Germanischen Nationalmuseums.
AmJArch	s. American Journal of Archeology.
Am(er)JournPhilol	s. American Journal of Philology.
ANAntr	s. Archiwum Nauk.
AnEuskoFL	s. Anuario de la Sociedad de Eusko-Folklore.
Angl	s. Anglia.
AnglBbl	s. Anglia, Beiblatt.
AnMusNac	s. Anales del Museo Nacional.
AnnSocRetoR	s. Annales della Società Reto-Romantscha.
AnSpr	s. Archiv für das Studium . . .
Anthr	s. Anthropos.
AntiqZ	s. Antiquitäten-Zeitung.
AntTidskr	s. Antikvarisk Tidskrift.
AnuarioSocEuskoFl	s. AnEuskoFL.
AnzElsAltk	s. Anzeiger für elsässische Altertumskunde.
ArchfAnthr	s. Archiv für Anthropologie.
ArchfGMed	s. Archiv für die Geschichte der Medizin.
ArchfMusikw	s. Archiv für Musikwissenschaft.
ArchJahrbAnz	s. Archäologischer Anzeiger.
A(rk)NordFil	s. Arkiv för nordisk filologi.
APapF	s. Archiv für Papyrusforschung.
ARom	s. Archivum Romanicum.
ARw	s. Archiv für Religionswissenschaft.
Arxiu	s. Archiv d'Etnografia = Estudis.
ASängerztg	s. Allgemeine Sängerzeitung.
ASchwAlt	s. Anzeiger für schweizerische Altertumskunde.
ASiebLk	s. Archiv des Vereins für siebenbürg. Landeskunde.
AthMitt	s. Mitteilungen des Deutschen Archäol. Instituts.
BadHmt	s. Badische Heimat.
Bayerl	s. Bayerland.
BayHfte	s. Bayerische Hefte für Volkskunde.
BayHmtsch	s. Bayerischer Heimatschutz.

BayrHmt	s. Bayerische Heimat.
BdböVk	s. Beiträge zur deutschböhmischen Volkskunde.
Bil	s. Bilychnis.
BllAlbV	s. Blätter des Schwäbischen Albvereins.
BllBayGym	s. Bayerische Blätter für das Gymnasialschulwesen.
BllBayVk	s. Blätter zur bayerischen Volkskunde.
BllfBernGesch	s. Blätter für Bernische Geschichte.
BllHmtk(Steierm)	s. Blätter für Heimatkunde.
BoB	s. Bygd og Bonde.
BrageÅ	s. Brage Årsskrift.
Brandenb	s. Brandenburgia.
BremJb	s. Bremer Jahrbuch.
BrnschwHmt	s. Braunschweigische Heimat.
Btr	s. Beiträge z. Gesch. d. deutschen Sprache. u. Literatur.
Budk	s. Budkavlen.
BullCorrHell	s. Bulletin de correspondance hellénique.
Bullhisp	s. Bulletin hispanique.
Butlletí de l'Ass. catal	s. B. de l'Associació . . .
ByzneugrJbb	s. Byzantinisch-Neugriechische Jahrbücher.
Car	s. Carinthia.
ClassPhilol	s. Classical Philology.
ClassR	s. Classical Review (London).
ČZN	s. Časopis za zgodovino in narodopisje.
DanSt	s. Danske Studier.
DBauz	s. Deutsche Bauzeitung.
Denkmalpflege	s. Denkmalpflege und Heimatschutz.
DenkschrAkWien	s. Denkschriften.
DG	s. Deutsche Gaue.
DHeimg	s. Heimgarten.
DHmt	s. Deutsche Heimat (Wien).
DLZ	s. Deutsche Literaturzeitung.
DMährHmt	s. Deutsch-mährische Heimat.
DrBl oder DriemBl	s. Driemaandelijksche Bladen.
DV	s. Deutsches Vaterland (Wien).
DVolkst	s. Deutsches Volkstum.
Egerl	s. Unser Egerland.
Elsaßl	s. Mein Elsaßland.
EnqMusWall	s. Enquêtes du Musée . . .
ErlHmtbll	s. Erlanger Heimatblätter.
ErzgZtg	s. Erzgebirgszeitung.
Estudis	s. Estudis i Materials.
Ethn	s. (L')Ethnographie
EthnAnz	s. Ethnologischer Anzeiger.
Euph	s. Euphorion.
EuskoFL	s. Eusko-Folklore.

Fatab	s. Fataburen.
FFC	s. FF [Folklore-Fellows] Communications.
FL	s. Folk-Lore.
FLBrab.	s. Le Folklore Brabançon.
PLCalabr	s. Folklore (Laureana di Borello).
FLIt	s. Folklore Italiano.
FoF	s. Folkminnen och Folktankar.
Fornv	s. Fornvännen.
FränkAlb	s. Fränkisbhe Alb.
Frankenl	s. Frankenland.
FränkHmt	s. Fränkische Heimat.
FUF	s. Finnisch-Ugrische Forschungen.
Germ	s. Germania.
GlSGD	s. Glasnik Srpskog Geografskog Drustva.
GoBFT	s. Göteborgs och Bohusläns fornminnes förenings tidskrift.
GöttAnz	s. Göttingische Gelehrte Anzeigen.
GöttN	s. Nachrichten von der Gesellschaft der Wissenschaften.
GRM	s. Germanisch Romanische Monatsschrift.
GunzenhHmtbote	s. Gunzenhauser Heimatbote.
HembDalsl	s. Hembygden.
Herm	s. Hermes.
HessBll	s. Hessische Blätter für Volkskunde.
HistorJb	s. Historisches Jahrbuch.
HistZs	s. Historische Zeitschrift.
Hmtbldg	s. Heimatbildung.
Hmtbll = TirHmtbll	s. Heimatblätter (Kufstein).
HmtblRE	s. Heimatblätter der roten Erde.
HmtbOfr	s. Heimatbilder aus Oberfranken.
HmtDortm	s. Heimat (Dortmund).
Hmtg	s. Heimatgaue.
HmtK	s. Heimat (Kiel).
Hmtl	s. Mein Heimatland.
Hmtsch	s. Heimat-Schollen.
HmtVorarlb	s. Heimat (Innsbruck).
HTSv	s. Historisk Tidskrift.
IllZ	s. Illustrierte Zeitung.
IOAIE	s. Izvestija Obščestva Archeologii, Istorii i Etnografii Kazanskom Universitete.
Известия / IzvNEMS	s. Izvestija na narodnija etnografski Muzej v Sofia.
JAmFl	s. Journal of American Folk-Lore.
JbArchInst	s. Jahrbuch des Archäologischen Instituts.
JbHistVDillingen	s. Jahrbuch des Histor. Vereins Dillingen.
JbHVk	s. Jahrbuch für Hist. Volkskunde.

JbjüdVk	s. Jahrbuch für jüdische Volkskunde.
JbLandeskNÖsterr	s. Jahrbuch für Landeskunde von Niederösterreich.
JbNdSpr	s. Jahrbuch d. Ver. f. niederdeutsche Sprachforschung.
JbSAC	s. Jahrbuch des Schweizer Alpenclub.
JEstPhG	s. JsbEstnPh.
JFsSoc od. JFSongS	s. Journal of the Folk-Song Society.
JGypsyL	s. Journal of the Gypsy Lore Society.
JHallSt	s. Journal of Hellenic Studies.
Jidfil	s. Jidische Filologye.
JjüdV	s. Jahrbuch des jüdischen Vereins für Wohlfahrtspflege.
JRomSt	s. Journal of Roman Studies.
Jsb	s. Jahresbericht über die Erscheinungen auf dem Gebiete der germanischen Philologie.
JsbEstnPh	s. Jahresbericht der Estnischen Philologie.
JSFOu	s. Journal de la Société Finno-Ougrienne.
JSocAm	s. Journal de la Société des Américanistes.
KalV Kalevalas. vuosik.	s. Kalevalaseuran vuosikija.
KblGesVer	s. Korrespondenzblatt des Gesamtvereins.
KblNdSpr	s. Korrespondenzblatt des Vereins für niederdeutsche Sprachforschung.
KblSbLk	s. Korrespondenzblatt des Vereins für Siebenbürgische Landeskunde.
KrNovj	s. Krasnaja Novj.
Λαογρ	s. *Λαογραφία.*
LatvSaule	s. Latvijas Saule.
Ltbl	s. Literaturblatt für german. und roman. Philologie.
LZbl	s. Literarisches Zentralblatt.
MainzZ	s. Mainzer Zeitschrift.
MannhGbll	s. Mannheimer Geschichtsblätter.
ManthrWien	s. Mitteilungen der Anthropologischen Ges. in Wien.
MArchInstB	s. Mitteilungen des Deutschen Archäologischen Instituts.
MedNorSmål oder MSMålFf	s. Meddelanden från Norra Smålands Fornminnes-Förening.
MfdFürstRatzeb	s. Mitteilungen des Heimatbundes.
MGeogrZür	s. Mitteilungen der Geographisch-Ethnographischen Gesellschaft in Zürich.
MGMeduNatw	s. Mitteilungen zur Geschichte der Medizin.
MHbRatz	s. Mitteilungen des Heimatbundes.
MittGeogrGesWien	s. Mitteilungen der Geograph. Gesellschaft in Wien.
MLN	s. Modern Language Notes.
MLvSHmtsch	s. Mitteilungen des Landesvereins.
MNordböhmVHmtf	s. Mitteilungen des Nordböhmischen Vereins.
ModLangRev	s. Modern Language Review.
ModPh(ilol)	s. Modern Philology.

MoM	s. Maal og Minne.
M(on)Ostb(ayr)Gr(enzm)	s. Monatsschrift für die ostbayerischen Grenzmarken.
MQ	s. Mitteilungen aus dem Quickborn.
MSchlVk	s. Mitteilungen der Schlesischen Ges. für Volkskunde.
MSchönVk oder MSchönhL	s. Mitteilungen z. Volkskunde des Schönhengster Landes.
MSFOu	s. Mémoires de la Société finno-ougrienne.
MSmålFJ	s. Meddelanden från Norra Smålands ...
MVerbBöhm	s. Mitteilungen des Vereins für Geschichte der Deutschen in Böhmen.
MVerbVk	s. Mitteilungen d. Verb. deutscher Vereine f. Volkskunde.
MVerHmtkdeJeschk.-Iserg.	s. Mitteilungen des Vereins für Heimatkunde ...
MVGBerl	s. Mitteilungen des Vereins für die Geschichte Berlins.
N(ar(odop.) Vě(stnik)	s. NarodopisnyVěstník.
N(arod.) St(ar.)	s. Narodna Starina.
NassBll	s. Nassauische Blätter.
NdHmtbll	s. Niederdeutsche Heimatblätter.
NdJb	s. a. JbNdSpr.
NdlTVk	s. Nederlandsbh Tijdschrift voor Volkskunde.
Nds	s. Niedersachsen.
NdZVk	s. Niederdeutsche Zeitschrift für Volkskunde.
NFKult	s. Norsk Folkekultur.
NGw	s. Aus Natur und Geisteswelt.
NoB	s. Namn och Bygd.
NQ	s. Notes and Queries.
NQuad	s. (I) Nostri Quaderni.
NSvStud	s. Nysvenska Studier.
NVč	s. Národopisny Věstník.
Oberpf	s. Oberpfalz.
OstbGr	s. MOstbGr.
OstTirHmtbl	s. Osttiroler Heimatblätter.
PaysLorrain	s. (Le) Pays Lorrain.
PfälzMus oder PfMH	s. Pfälzisches Museum.
Pfl	s. Pfälzer Land.
Philol	s. Philologus.
PhilolQuart	s. Philological Quarterly.
PMLA	s. Publications of the Modern Language Association.
Pommerl	s. Unser Pommerland.
PommHmt	s. Pommersche Heimat.
ProcOrkneyAntSoc	s. ?
RAnthr	s. Revue anthropologique.
Rassegna	s. Rassegna critica.
RassSess	s. Rassegua di Studi Sessuali.

RCamp	s. Rivista Campana.
RepAmEthn	s. Annual Report of the Bureau ...
REtBasques	s. RIntEstVasc.
REtGr	s. Revue de Études grècques.
REthn	s. Revue d'Ethnographie.
RevFilEsp	s. Revista de Filologia española.
RevLingPort	s. ?
RevLus	s. RLus
RheinBote	s. Rheinischer Bote.
RheinHmtbll	s. Rheinische Heimatblätter.
RhMus	s. Rheinisches Museum für Philologie.
RHRel	s. Revue de l'Histoire des Religions.
RIntEstVasc	s. Revista Internacional.
RLus oder RevLus	s. Revista Lusitana.
RömMitt	s. Mitteilungen des Deutschen Archäologischen Instituts.
Rom	s. Romania.
RomRev	s. Romanic Review.
RomStud	s. Romanic Studies.
SAVk	s. Schweizerisches Archiv für Volkskunde.
SberGEG	s. Sitzungsber. d. Gel. Estn. Ges.
SchwMedW	s. Schweizerische Medizinische Wochenschrift.
SchwVk	s. Schweizer Volkskunde.
SEZb	s. Srpski Etnografski Zbornik.
Sic	s. (La) Siciliana.
SitzbBerl SitzbHeid SitzbLeipzg SitzbMü SitzbWien	s. Sitzungsberichte der Akademien von Berlin, Heidelberg, Leipzig, München und Wien, Philologisch-historische Klasse.
SkGl	s. Srpski književni Glasnik.
Slv	s. Slavia.
SöndMaa	s. Sønderjyck Maanedskrift.
SoS	s. Syn og Segn.
SprawTowNauk	s. Sprawozdania.
Star	s. NSt.
SuomMus	s. Suomen Museo.
TirHmt	s. Tiroler Heimat.
TirHmtbll	s. Hmtbll.
UFT oder UpplTidskr	s. Upplands fornminnesföreningens tidskrift.
UnCalPubl	s. University of California Publications.
Věstnik	s. Národopisný Věstník.
VersVlaamAc	s. Verslagen en mededeelingen.
VIt	s. (Le) Vie d'Italia.
VItAm	s. (Le) Vie d'Italia e dell 'América latina.
Vld	s. (Das) deutsche Volkslied.

VjschrfLitwiss	s. Deutsche Vierteljahrsschrift für Literaturwissenschaft.
VjVorarlb	s. Vierteljahrsschrift für Geschichte und Landeskunde Vorarlbergs.
VolkuSch	s. Volk und Schule.
WS oder WuS	s. Wörter und Sachen.
WürttVjh	s. Württembergische Vierteljahrshefte.
WZfVk	s. Wiener Zeitschrift für Volkskunde.
ZAlpV	s. Zeitschrift des deutschen und österreichischen Alpenvereins.
ZbNŽ	s. Zbornik za narodni život.
ZdSavignystiftung	s. Zeitschrift der Savignystiftung.
ZfdA	s. Zeitschrift für deutsches Altertum.
ZfDkde	s. Zeitschrift für Deutschkunde.
ZfdMda	s. Zeitschrift für deutsche Mundarten [jetzt Teuthonista].
ZfEthn	s. Zeitschrift für Ethnologie.
ZfMus	s. Zeitschrift für Musikwissenschaft.
ZoberschlHmtkde	s. Zeitschrift für oberschlesische Heimatkunde.
ZfR(om)Ph	s. Zeitschrift für Romanische Philologie.
ZfSchweizGesch	s. Zeitschrift für schweizerische Geschichte.
ZfvglSpr	s. Zeitschrift f. vergleich. Sprachforschung.
ZfVk	s. Zeitschrift des Vereins für Volkskunde.
ZGsSchleswHolstG	s. Zeitschrift der Gesellschaft f. Schleswig-Holsteinische Geschichte.
ZMecklb	s. ?
ZrwVk	s. Zeitschrift des Vereins f. rheinische und westfälische Volkskunde.
ZtschrfslavPhil	s. Zeitschrift für slavische Philologie.
ZVHambG	s. Zeitschrift des Vereins für Hamburger Geschichte.

Volltitel.

Aarbog udg. af Historisk Samfund for Københavns Amt.
Aarbog for Hislorisk Samfund for Præstø Amt (Næstved).
Aarbog for Musik (?).
Aarbøger for nordisk Oldkyndighed (Kopenhagen).
Abhandlungen der bayerischen Akademie der Wissenschaften (München).
Abhandlungen der sächsischen Akademie der Wissenschaften (Leipzig).
Actas y Memorias de la Sociedad Española de Antropología (Madrid).
Águia (Pôrto).
Ajalooline Ajakiri (Tartu?).
Aika (Helsingfors).
Akademische Rundschau (Leipzig).
Allgemeine Sängerzeitung (Iserlohn).

Al-Machriq (Beirut).
Alpenfreund (München).
Alpenländische Monatshefte (Graz).
Alpina (Bern).
Alt-Düsseldorf.
Alt-Recklinghausen.
American Anthropologist (Lancaster, P. A.).
American Journal of Archeology (Nordwood).
American Journal of Philology (Baltimore).
Ammersee-Heimatblätter (Diessen am Ammersee).
Anales del Museo Nacional de Arqueología (Mexico).
Anglia (Halle).
Anglia, Beiblatt (Halle).
Annales de la Società Reto-Romandscha (Chur).
Annales Fribourgeoises (Freiburg, Schweiz).
Annales Universitatis Fennicae Aboensis (Åbo).
Annales Valaisannes (Monthey).
Annual Report of the Bureau of American Ethnology (Washington).
An Rhein und Ruhr (Dortmund).
Anthropos (St. Gabriel-Mödling, bei Wien).
Antikvarisk Tidskrift för Sverige (Stockholm).
Antiquitäten-Rundschau (Eisenach).
Antiquitäten-Zeitschrift (Stuttgart).
Anuario de la Sociedad de Eusko-Folklore (Vitoria).
Anzeiger des Germanischen National-Museums (Nürnberg).
Anzeiger für deutsches Altertum (Berlin).
Anzeiger für Elsässische Altertumskunde (Straßburg).
Anzeiger für Schweizerische Altertumskunde (Zürich).
Appenzellische Jahrbücher (Trogen).
Árbók hins íslenzka fornleifafélags.
Archäologischer Anzeiger, Beiblatt z. Jahrb. d. Archäolog. Instit. (Berlin).
Archiv des Vereins für siebenbürgische Landeskunde (Hermannstadt).
Archiv für Albanologie (Belgrad).
Archiv für Anthropologie (Braunschweig).
Archiv für die gesamte Psychologie (Leipzig).
Archiv für die Geschichte der Medizin (Leipzig).
Archiv für Musikwissenschaft (Leipzig).
Archiv für Papyrusforschung (Leipzig).
Archiv für Religionswissenschaft (Leipzig).
Archiv für slawische Philologie (Berlin).
Archivum Romanicum (Firenze).
Archiwum nauk antropologicznych Towarzystwa naukowego Warszawskiego (Warschau und Lwów).
Aréthuse (Paris).
Arkiv för nordisk Filologi (Lund).
Årsskrift åt Romsdals sogelag (Molde).
Årsskrift utg. av Åbo Akademi.
Arte e Vita.
Arxiu d'Etnografia i Folklore di Catalunya (Barcelona).
Athenæum (Pavia).
Atti della R. Academia di Archeologia (Napoli).
Auftakt (Prag).
Augusta Prætoria (Aosta).
Aus dem Beuthener Lande (Beuthen).
Aus dem Schwarzwald (Stuttgart).
Aus der Heimat (Rastatt).
Aus deutschen Gauen (Wien).
(Der) Auslands-Deutsche (Stuttgart).

Badener Land (Freiburg i. Br.).
Badische Heimat (Karlsruhe).
Badische Schulzeitung (Bühl, Baden).
Bauernspiegel (Weimar).
Bavnen (Holstebro).
Bayerische Blätter für Gymnasialschulwesen (München).
Bayerische Hefte für Volkskunde (München).
Bayerische Heimat. Unterhaltungsblatt zur Münchener Zeitung.
Bayerischer Heimatschutz (München).

Bayerland (München).
Bayerwald (Straubing).
Beiträge zur deutschböhmischen Volkskunde (Prag).
Beiträge zur Geschichte der deutschen Sprache und Literatur (Halle).
Bergland (Innsbruck).
Bergstadt (Breslau).
Berliner Philologische Wochenschrift.
Bilychnis (Rom).
Blätter des Schwäbischen Albvereins (Tübingen).
Blätter für bernische Geschichte (Bern).
Blätter für Heimatkunde (Würzburg).
Blekinge bygder (Karlkrona).
Boletim da Classe de Letras (Lisboa).
Boletín Arqueológico . . . de Orense.
Boletín de la Biblioteca Menéndez Pidal (Santander).
Boletín de la Real Academia de Historia (Madrid).
Boletín de Instituto de las Investigaciones históricas (Buenos Aires).
Bolletí del Diccionari de la Llengua Catalana (Palma de Menorca).
Bothnia (Helsingfors).
Brage Årsskrift (Helsingfors).
Brandenburgia (Berlin).
Brastvo (Belgrad).
Braunauer Bote (Braunau, Böhmen).
Braunauer Heimat (Braunau, Böhmen).
Braunschweig. Heimat (Braunschweig).
Bregenzer Wald.
Bremer Jahrbuch (Bremen).
Brüker Bote.
Bulletin Canada Department of Mines, Antropological Series (Ottawa).
Bulletin de correspondance hellénique (Paris).
Bulletin de la Société Neuchâteloise de Géographie (Neuchâtel).
Bulletin de la Société „Union Musicologique" (La Haye).
Bulletin hispanique (Bordeaux).
Bündnerisches Monatsblatt (Chur).
Budkavlen (Helsingfors).
Butlleti de la Associació Catalana (Barcelona).
Bygd og Bonde (Hamar, Norwegen).
Byzantinisch-Neugriechische Jahrbücher (Berlin).

Carinthia (Klagenfurt).
Caritas (Wien).
Časopis za zgodovino in narodopisje (Maribor).
Český Lid (Prag).
Český Svět (Prag).
Chiosa (Genova).
Chorleiter (Hildburghausen).
Classical Journal (Chicago).
Classical Philology (Chicago).
Classical Quarterly (London).
Cuba continsporánea (Habanna).
Cultura (Roma).
Cultura venezolana (Caracas).
Czasopismo geographiczne (Lwów).

Dalarnas Hembygdsförbunds Tidskrift (Hedemora).
Danske Studier (Kopenhagen).
Danziger Heimatwarte (Danzig).
Denkmalpflege und Heimatschutz (Berlin).
Denkschriften der Akademie der Wissenschaften in Wien.
Deutsche Bauernhochschule (Dresden).
Deutsche Bauzeitung (Berlin).
Deutsche Blätter in Polen (Posen).
Deutsche Gaue (Kaufbeuren).
Deutsche Heimat (Wien).
Deutsche Kultur in der Welt (Leipzig-Gohlis).
Deutsche Literaturzeitung (Berlin).
Deutsche Sängerbundszeitung (Leipzig).
Deutsche Vierteljahrsschrift für Literaturwissenschaft (Halle).
(Das) Deutsche Volkslied (Wien).
Deutsches Leben in Rußland (Berlin).
Deutsches Südland (Klagenfurt).
Deutsches Vaterland (Wien).
Deutsches Volkstum (Hamburg).
Deutsch-Mährische Heimat (Brünn).
Discovery (London).
Dölaminne (Kongsberg).

Dorfkirche (Berlin)..
Dorflinde (Scheinfeld).
Driemaandelijksche Bladen (Utrecht).

Echo (Berlin).
Eck an 'n Sand. Beilage zum Stralsunder Tageblatt (Stralsund).
Edda (Oslo).
Eesti Arst (Tartu).
Eesti Keel (Tartu).
Eesti Kirjandus (Tartu).
Eichsfeld. Heimatglocken (Duderstadt).
(Der) Eigene (Berlin).
Elsaß-Lothringen, Heimatstimmen (Berlin).
Elsaß-Lothringische Mitteilungen (Berlin-Schöneberg).
Elsaß-Lothringisches Jahrbuch (Berlin).
Empire Review (London).
Emporium (Bergamo).
Enquêtes du Musée de la Vie wallone (Liège).
Erlanger Heimatblätter.
Erzgebirgszeitung (Teplitz-Schönau).
Estudis i Materials (Barcelona) s. a. Arxiu.
Ethnographia (Budapest).
Ethnographie (Paris).
Ethnologischer Anzeiger (Stuttgart).
Ethnos (Napoli).
Euphorion (Stuttgart).
Eusko-Folklore (Vitoria).

Familiengeschichtl. Blätter (Leipzig).
Fataburen (Stockholm).
Faust (Berlin).
Feu (Aix-en-Provence).
Field Museum of Natural History (Chicago).
Filologu Biedrības Raksti (Riga).
Finnisch-Ugrische Forschungen (Helsingfors).
Flora og Fauna (Silkeborg).
Folklore (London).
Folklore (Malmédy).
Folklore Brabançon (Bruxelles).
Folklore-Fellows Communications (Helsingfors).
Folklore Italiano (Catania).
Folkminnen och Folktankar (Lund).
For Bygd og By (Oslo).
Fornvännen (Stockholm).
Fortid og Nutid (Kopenhagen).
Fortidsminne foreningens årsberetning (Oslo).
Fra Frederiksborg Amt, Aarbog (Fredensborg).
Fra Himmerland og Kjær Herred (Aalborg).
Fra Ribe Amt (Kopenhagen).
Från Gästrikebygder.
Från Hedesunda = Hedesunda.
Frankenland (Dettelbach a. M.).
Fränkische Alb (Nürnberg).
Fränkische Heimat (Nürnberg).
Fränkische Schweiz (Ebermannstadt).
Fränkischer Bund (Nürnberg).
Freiburger Geschichtsblätter (Freiburg, Schweiz).
Friedberger Geschichtsblätter (Friedberg, Hessen).
Freudentaler Ländchen (Freudental).
Für Haus und Hof (Wädenswil).

Garbe (Basel).
Genava (Genf).
Gerichtssaal (Stuttgart).
Germania (Bamberg).
Germanisch-Romanische Monatsschrift (Heidelberg).
Geschichtsfreund (Stans).
(Der) Getreue Eckart (Wien).
Gießener Hochschulblätter.
Giornale di Poesia (Milano).
Giornale di Sicilia (Palermo).
Giornaletto (Ancona).
Glasnik Skopskog Naučnog Društva (Urednik).
Glasnik Sspskog Geografskog Društva (Belgrad).
Glotta (Göttingen).
Godišnjica (Nikol) Čupića (Belgrad).
Göteborgs Högskolas Årsskrift (Göteborg).
Göteborgs och Bohusläns Fornminnesförenings tidskrift (Göteborg).

Göttingische Gelehrte Anzeigen.
Grannen (Flekkefjord).
Grænsvagten (Kopenhagen).
Grenzgau (Friedeberg).
Großböhmen (Leipzig).
Gruda (Ljubljana).
Gunzenhauser Heimatbote (Gunzenhausen).
Gure Herria (Bayonne).

Hålöygminne (Svorkmo).
Harz (Magdeburg).
Hävd och Hembygd (Stockholm).
Hedesunda.
Heidewanderer (Uelzen).
Heimat (Bregenz).
Heimat (Crefeld).
Heimat (Dortmund).
Heimat (Innsbruck).
Heimat (Kiel).
Heimat (Troppau).
Heimat (Warendorf).
Heimatbilder aus dem Chiemgau (Traunstein).
Heimatbilder aus Oberfranken (München u. Berlin).
Heimatbildung (Reichenberg, Böhmen).
Heimatblätter Unterinntal (Kufstein).
Heimatblätter der roten Erde (Münster i. W.).
Heimatblätter für den Kreis Sonderburg (Sonderburg).
Heimatblätter für Ludwigshafen.
Heimatblätter vom Obern Neckar (Oberndorf, Neckar).
Heimatforscher (Dresden).
Heimatgaue (Linz).
Heimat-Schollen (Melsungen).
Heimatschutz (Basel).
Heimatstimmen (Berlin).
Heimbygdas Tidskrift (Østersund).
Heimdall (Leipzig u Eisleben).
Heimen (Oslo).
Heimgarten (Graz).
Hellweg (Essen).
Helsingrunor.
Hembygden (Göteborg).
Hermes (Berlin).
Hessenspiegel (Kassel).
Hessische Blätter f. Volksk. (Leipzig).
Hispania (Berkeley).
Historiallinen Aikauskirja (Helsingfors).
Historiallinen Arkisto (Helsingfors).
Historielaget for Sogn (Amla).
Historielaget for Telemark og Grenland. Aarskrift (Skien).
Historische Zeitschrift (München).
Historisches Jahrbuch (München).
Historisk Meddel. om København (Kopenhagen).
Historisk Aarbog for Mors (København).
Historisk Aarbog for Thisted Amt.
Historisk Tidsskrift (Oslo).
Historisk Tidsskrift (Stockholm).
Holberg-Aarbog (Kopenhagen).
Horizons de France (Paris).
Humanidades (Buenos-Aires).
Hyltén-Cavalliusförbundets Årsbok (Växjö).

Illustrazione Camuna (Breno).
Illustrierte Zeitung (Leipzig).
Imago (Wien).
Inca (Lima).
Inselschiff (Leipzig).
Italia (Roma).
Izglītibas Ministrijas Mēnešraksts (Riga).
Izvestija na narodnija Etnografski Muzej v Sofia.
Izvestija Obščestva Archeologii, Istorii i Etnografii Kazanskom Universitete (Kasan).

Jahrbuch der badischen Lehrer.
Jahrbuch der Männer vom Morgenstern (Hannover).
Jahrbuch des Archäologischen Instituts (Berlin).
Jahrbuch des Historischen Vereins Dillingen (Dillingen).
Jahrbuch des Schweizer Alpenklub (Bern).
Jahrbuch des Vereins Deutscher Ingenieure (Berlin).

Jahrbuch des Vereins für niederdeutsche Sprachforschung (Norden).
Jahrbuch für Historische Volkskunde (Berlin).
Jahrbuch für Jüdische Volkskunde (Berlin).
Jahrbuch für Landeskunde von Niederösterreich (Wien).
Jahrbuch und Kalender für Türmitz (Aussig).
Jahresbericht der Estnischen Philologie und Geschichte (Tartu).
Jahresbericht des Histor. Vereins Ravensberg (Bielefeld).
Jahresbericht über die Erscheinungen auf dem Gebiete der Germanischen Philologie (Berlin).
Jämten (Östersund).
Jidische Filologye (Warschau).
Język Polski (Krakau).
Journal Asiatique (Paris).
Journal de la Société des Américanistes (Paris).
Journal de la Société Finno-Ongrienne (Helsingfors).
Journal of American-Folk-Lore (Boston).
Journal of English and German Philology (Urbana, Ill.).
Journal of Hellenic Studies (London).
Journal of Roman Studies (London).
Journal of the Folk-Song Society (London).
Journal of the Gypsy Lore Society (Liverpool).
(Das) Junge Volk (Plauen).
Južna Srbija (Skolpje).
Južnoslovenski Filolog (Belgrad).

Kalevalaseuran vuosikija (Helsingfors).
Kjenn ditt Land (Oslo).
Klingsor (Kronstadt).
Korrespondenzblatt des Gesamtvereins deutscher Geschichts- und Altertumsvereine (Darmstadt).
Korrespondenzblatt des Vereins für Niederdeutsche Sprachforschung (Norden).
Korrespondenzblatt des Vereins für Siebenbürgische Landeskunde (Hermannstadt).
Kositeutu (Helsingfors).
Krasnaja Novj (Moskau).
Krasnyj Žurnal dlja vsech.
Kuhländchen (Neutitschein).
Kultur (Wien).
Kultūra (Riga?).
Kunst og Kultur (Bergen).
Kurpfälzer Jahrbuch (Heidelberg).

Λαογραφία (Athen).
Latvijas Saule (Riga).
Latviju Grāmata (Riga).
Lehrerfortbildung (Leipzig).
Lehrerzeitung für Ost- und Westpreußen (Königsberg).
Lesezirkel (Zürich).
Letopis Matice Srpski (Belgrad?).
Lettura (Milano).
Leuwensche Bijdragen ('s Gravenhage).
Linköpings bibl. handlingar (Linköping).
Literarischer Handweiser (Freiburg i. Br.).
Literarisches Zentralblatt (Leipzig).
Literaturblatt für Germanische und Romanische Philologie (Leipzig).
Lolland-Falsters Hist. Samfunds Aarbog (Nykøbing).
Lud (Lwów).
Lunds Univ. Årsskrift (Lund).
Lusa (Viana-do-Castelo).

Maal og Minne (Oslo).
Mainbote von Oberfranken (Lichtenfels).
Mainzer Zeitschrift.
Makedonski Pregled.
Man (London).
Mannheimer Geschichtsblätter.
Mannus (Leipzig).
(Die) Mark Zeitz (Zeitz?).
Marzocco (Florenz).
Mavie (Rom).
Meddelanden från Dalarnes Fornminnesförening (Falun).

Meddelanden från Norra Smålands Fornminnes-Förening (Jönköping).
Mein Elsaßland (Gebweiler).
Mein Rheinisches Heimatland (Burg a. d. Wupper).
Mein Heimatland (Karlsruhe).
Meldinger fra Norges Landbrukshöiskole (Ås).
Memminger Geschichtsblätter (Memmingen).
Mémoires de la Société Finno-Ougrienne (Helsingfors).
Ménestrel (Paris).
Menorah (Wien).
Mercure de France (Paris).
Meta (Palermo).
Mindener Heimatblätt. (Minden, Westf.).
Mitteilungen aus dem Museum für Völkerkunde in Hamburg.
Mitteilungen aus dem Quickborn (Hamburg).
Mitteilungen aus der Livländischen Geschichte (Riga).
Mitteilungen der Anthropologischen Gesellschaft in Wien.
Mitteilungen der Geographischen Gesellschaft in Wien.
Mitteilungen der Geographisch-Ethnographischen Gesellschaft in Zürich.
Mitteilungen der Islandfreunde (Jena).
Mitteilungen der Schlesischen Gesellschaft für Volkskunde (Breslau).
Mitteilungen des Deutschen Archäol. Instituts. Athen. Abt. (Berlin).
Mitteilungen des Deutschen Archäol. Instituts Röm. Abt. (Berlin).
Mitteilungen des Frankenbundes (Nürnberg).
Mitteilungen des Fränkischen Albvereins (Nürnberg).
Mitteilungen des Heimatbundes für das Fürstentum Ratzeburg (Schönburg, Meckl.).
Mitteilungen des Landesvereins Sächsicher Heimatschutz (Dresden).
Mitteilungen des Nordböhmischen Vereins für Heimatforschung und Wanderpflege (Böhm. Leipa).
Mitteilungen des Verbandes Deutscher Vereine für Volkskunde (Freiburg i. Br.).
Mitteilungen des Vereins für Geschichte Berlins.
Mitteilungen des Vereins für Geschichte der Deutschen in Böhmen (Prag).
Mitteilungen für Heimatkunde des Jeschken-Isergaues (Reichenberg, Böhmen).
Mitteilungen des Vereins für Geschichte und Landeskunde von Osnabrück.
Mitteilungen des Vereins für Volkskunde und Volksbildung im Böhmerwalde (Staab).
Mitteilungen zur Geschichte der Medizin- und Naturwissenschaften (Leipzig).
Mitteilungen zur Volkskunde des Schönhengster Landes (Mähr.-Trübau).
Modern Language Notes (Baltimore).
Modern Language Review (Cambridge, Mass.).
Modern Philology (Chicago).
Monatsschrift des Frankenthaler Altertums-Vereins.
Monatsschrift für die Heimat.
Monatsschrift für die Ostbayerischen Grenzmarken (Passau).
Muséon (Louvain).
Musical Quarterly (London).
Musik. Tidskrift for Tonkunst (København).
Musikalische Blätter.
Musikantengilde (Wolfenbüttel).

Nachrichten von der Gesellschaft der Wissenschaften zu Göttingen.
Namn och Bygd (Lund).
Nær och Fjærn.
Narodna Starina (Zagreb).
Narodopisný Věstník českoslovanský (Prag).
Na Severnoj Dvine (Archangelsk).
Nassauische Blätter (Montabaur).
Nassovia (Neuhof, Kr. Teltow).
National Review (London).

Natur (Leipzig).
Nature (Paris).
Naturen (Bergen).
Natur och Kultur (Stockholm).
Nauka Polska (Warschau).
Nederlandsch Tijdschrift voor Volkskunde (Antwerpen).
Neophilologus (Groningen).
Népélet = Ethnographia.
Neue Jahrbücher für das klassische Altertum ... (Leipzig).
Neues Lausitzisches Magazin (Görlitz).
(Die) Neumark (Landsberg, Warthe).
Niederdeutsch.Heimatblätter (Bremen).
Niederdeutsche Zeitschrift f. Volkskunde (Hamburg).
Niedersachsen (Bremen).
Niedersachsenbuch (Hamburg).
Nordelbingen (Flensburg).
Nordhordland og Midthordland sogelag (Bergen).
Nordisk Tidskrift för Vetenskap, Konst och Industri (Stockholm).
Nordland (Keitum auf Sylt).
Nordpfälzer Geschichtsverein.
Nordschleswig (Kiel).
Norrbotten (Luleå).
Norsk Aarbok (Bergen).
Norsk Folkekultur (Risør).
(Den) Norske turistforeningens årbok (Oslo).
Nouvelles Etrennes Fribourgeoises (Fribourg, Schweiz).
Nosside (Polistena, Calabria).
(I) Nostri Quaderni (Lanciano).
Nova Europa (Zagreb).
Notes and Queries (High Wycombe, (England).
Nuova Antologia (Roma).
Ny Jord (Oslo).
Nysvenska Studier (Uppsala).

Oberpfalz (Kallmünz).
Oberlaus. Heimatzeitung (Reichenau, Sachsen).
Oberschlesien im Bilde.
Oberschlesisches Jahrbuch für Heimatgeschichte und Volkskunde (Neiße).
Omkring Askov.
Ons Eigen Tijdschrift (Weesp).
Opgang (Amsterdam).
Ord och Bild (Stockholm).
Orkdölafylket (Svorkmo).
Orli Lot (Kraków).
Ortenau (Offenburg).
Østaglett (Oslo).
Ostdeutsche Monatshefte (Danzig).
Ostdeutsches Familienblatt (Beuthen).
Osttiroler Heimatblätter (Lienz).
Ostwart (Breslau).

Pädagogische Warte (Osterwieck a. H.).
Palatina-Almanach (Speyer).
(Le) Pays Lorrain et le Pays Messin (Nancy).
Permskij krajevedčeskij Sbornik (Perm).
Pfälzer Land (Landau).
Pfälzerwald (Zweibrücken).
Pfälzische Rundschau.
Pfälzisches Museum und Pfälzische Heimat (Kaiserslautern).
Philological Quarterly (Iowa City).
Philologus (Leipzig).
(La) Piê (Faenza).
Pommersche Heimat (Stettin).
Ponowa (Warschau).
Prace i materjały antropologiczno-archeologiczne i etngraficzne (Krakau).
Prace komisji filologicznej (Posen).
Preuß.Lehrerzeitung(Preuß.Börnecke).
Prilozi za kńiževnost, jezik, istoriju i folklor (Belgrad).
Proceedings of the Orkney Antiq. Society (Kirkwall).
Proceedings of the Society of Antiquaries of Scotland (Edinburg).
Propyläen (München).
Przegląd geograficzny (Warschau).
Przegląd historiczny (Warschau).
Przegląd myśliwski (Warschau).
Przegląd warszawski (Warschau).
Przegląd współczesny (Kraków).
Przemysł - Przemiosło - Sztuka (Kraków).

Publications of the Modern Language Association (Baltimore).
Pyramide (Karlsruhe).

Quarterly Journal of the Mythic Society (Bangalore).
Quelle (Hamburg?, Wien?).
Quickborn (Hamburg).

Rassegna di Studi Sessuali (Roma).
Rassegna critica della Litteratura Italiana (Napoli).
Revista bimestre cubana (Habana).
Revista Internacional de Estudios Vascos (Paris).
Revista de Cultura Vasca.
Revista de Filologia Española (Madrid).
Revista de la Facultad de Letras y Ciencias (Habana).
Revista de Occidente (Madrid).
Revista Hispano-Africana (Madrid).
Revista Ling. port.(?) (Innsbruck).
Revista Lusitana (Lissabon).
Revue anthropologique (Paris).
Revue archéologique (Paris).
Revue bleue (Paris).
Revue d'Alsace (Mülhausen).
Revue de la Corse (Paris).
Revue des Études anciennes (Bordeaux).
Revue des Études grècques (Paris).
Revue des Études juives (Paris).
Revue des Études slaves (Paris).
Revue Internationale des Études Basques (Paris) = Revista Internacional ...
Revue de l'Histoire des Religions (Paris).
Revue hispanique (New York u. Paris).
Revue de l'Amérique latine (Paris).
Revue d'Éthnographie et des Traditions populaires (Paris).
Rheinische Heimatblätter (Coblenz).
Rheinischer Bote (Andernach).
Rheinisches Land (Bonn).
Rheinisches Museum für Philologie (Frankfurt a. M.).
Rig (Stockholm).
Rivista Campana (Pignataro).
Rogalands historielag (Stavanger).
Romania (Paris).
Romanic Review (New York).
Romanic Studies.
Rundschau für das oberschlesische Volk (Ratibor).

Saarländer Schulzeitung (Saarbrücken).
Salzburger Museumsblätter.
(Der) Sammler. Beil. zur München-Augsburg. Abend-Zeitung (München).
Sbornik československé společnosti zeměpisné (Prag?).
Scandinavian Studies and Notes (Menasha, Wisc.).
(Der) Schatzgräber (Berlin).
(Der) Schlern (Brixen).
Schlesien (Liegnitz).
Schlesische Geschichtsblätter (Breslau).
Schleswig-Holsteinisches Jahrbuch (Flensburg und Kiel).
Schweizer Volkskunde (Basel).
Schweizerische Medizinische Wochenschrift (Basel).
Schweizerische Musikzeitung (Zürich).
Schweizerisches Archiv für Volkskunde (Basel).
(The) Scientific Monthly (New York).
Sever (Wolodga).
Sewanee Review
Sibirskaja Živaja Starina (Irkutsk).
(La) Siciliana (Siracusa).
Siegerland (Siegen).
Singgemeinde (Augsburg).
Sitzungsberichte der Akademien von Berlin, Heidelberg, München, Wien.
Sitzungsberichte der Gelehrten Estnischen Gesellschaft (Tartu).
Skåne Årsbok (Malmö).
Skånskt bondeliv Årsbok.
Skivebogen (Skive).
Slavia (Prag).
Slavia occidentalis (Posen).
Sokrates (Berlin).
Sønderjysk Maanedskrift (Tønder).
Sønderjyske Aarbøger (Aabenraa).
Sonne (Berlin-Lichterfelde).
Soter (Kaunas).

Spessart (Aschaffenburg).
Sprawozdania Towarsystwa naukowego (Lwów).
Sprawozdania z czynności i posiedzeń Akademii umiejętności (Kraków).
Srpski Etnografiski Zbornik (Belgrad).
Srpski književni Glasnik (Belgrad).
Starina = NStar.
Stimmen des Tijds.
Studentische Nachrichten (Leipzig).
Studier i nordisk filologi (Helsingfors).
Studies and Notes (Menasha, Wisc.).
Süderland (Altena).
Südmark (Graz).
Südmark-Jahrbuch (Graz?).
(Der) Sudetenbote (Olbersdorf).
(De) Suerländer (Bigge).
Sunnfjord (Bergen).
Sunnmörhistoriske lag (Ålesund).
Suomen Museo (Helsingfors).
Suomi (Helsingfors).
Svensk fiskeritidskrift (Uppsala).
Svenska Landsmål (Stockholm).
Svenska Turistföreningens Årsskrift (Stockholm).
Syn og Segn (Oslo).

Tauta ir Žodis (Kaunas).
Tessiner Blätter — Rivista ticinese (Locarno).
Teuthonista (Bonn).
Thurganische Beiträge zur vaterländischen Geschichte (Frauenfeld).
Tidskrift for Sunnmör historisk lag (Ålesund).
Tidskrift for skogbruk (Oslo).
Tidskrift for hembygdsvård (Lund).
Tidskrift for konstvetenskap (Lund).
Tijdschrift voor Nederlandsch Taal- en Letterkunde (Leiden).
Tiroler Heimat (Innsbruck).
Tiroler Heimatblätter (Kufstein).
Tromsø Museums Årshefter.
Trostbärnla (Mittelwalde).
Trudy Orenburskogo Obščestva izučenija Kirgizskogo kraja (Orenburg).
Trutznachtigall (Bigge, Westfalen).
Turistforenings for Danmark Aarbog (København).
Tutto.

Ungarische Jahrbücher (Berlin).
Ung-Noreg (Risør).
University of California Publications (Berkeley).
Unser Egerland (Eger).
Unser Isergebirge (Gablonz).
Unser Pommerland (Greifswald).
Unsere Heimat. Beilage zum Roßweiner Tageblatt (Roßwein, Sachsen).
Unter der Dorflinde (Darmstadt).
Unterm Rosenhut (Villingen).
Upplands Forminnes-förenings Tidskrift (Stockholm).
Urd (Oslo).

Valvoja-Aika (Helsingfors).
Vår bygd.
Varietas (Milano).
Vassar Medieval Studies (New Haven).
Västerbotten (Umeå).
Verslagen en Mededeelingen der K. Vlaamsche Academie (Gent).
Vestlandsk landbruk.
Vie en Alsace (Paris).
Vie des Peuples (Paris).
Vie d'Italia (Milano).
Vie d'Italia e dell'America latina (Milano).
Vierteljahrsschrift der Naturforschend. Gesellschaft in Zürich.
Vierteljahrsschrift für Geschichte und Landeskunde Vorarlbergs (Bregenz).
Vierteljahrsschrift für Literaturwissenschaft (Halle).
Virittäjä (Helsingfors).
Volk und Heimat (Hindenburg).
Volk und Schule (München).
Volksbühnenblätter (Düsseldorf).
Volkskunst (M.-Gladbach).
Vort Landbrug (Kopenhagen).
Vossebygderne (Voss).
Vragen der Tijds (Haarlem).

Wächter (München).
Waldbrunnen (Oberplan? Leitmeritz?).

Wäldler Kalender (Staab).
Warnsdorfer Bote.
Washington University Studies (St. Louis).
Weinheimer Geschichtsblätter.
Westerwald (Düsseldorf).
Wiener Zeitschrift für Volkskunde.
Wierchy (Lwów).
Wir Schlesier (Schweidnitz).
Wissen und Leben (Zürich).
Wolgadeutsche Monatshefte (Berlin).
Wörter und Sachen (Heidelberg).
(Die) Wünschelrute (Reichenberg, Böhmen).
Württembergische Vierteljahrshefte für Landesgeschichte (Stuttgart).

Ymer (Stockholm).

Zapiski Towarzystwa Naukowego w Toruniu (Toruń).
Zbornik za narodni život (Belgrad).
Zeiten und Völker (Stuttgart).
Zeitschrift der Gesellschaft für Schleswig-Holstein. Geschichte (Leipzig).
Zeitschrift der Savigny-Stiftung für Rechtsgeschichte (Weimar).
Zeitschrift des deutschen u. österreich. Alpenvereins (München).
Zeitschrift des deutschen Vereins für die Gesch. Mährens und Schlesiens (Brünn).
Zeitschrift des Vereins für Hamburg. Geschichte.
Zeitschrift des Vereins für Rheinische u. Westfäl. Volkskunde (Elberfeld).
Zeitschrift des Vereins für Volkskunde (Berlin).
Zeitschrift für deutsche Mundarten = Teuthonista (Bonn).
Zeitschrift für deutsches Altertum (Berlin).
Zeitschrift für Deutschkunde (Leipzig).
Zeitschrift für Eingeborenensprachen (Berlin).
Zeitschrift für Ethnologie (Berlin).
Zeitschrift für Gitarre (Wien).
Zeitschrift für historische Waffen- und Kostümkunde (München).
Zeitschrift f. Kirchenmusiker (Dresden).
Zeitschrift für Kolonialsprachen.
Zeitschrift für kulturgeschichtliche u. biologische Volkskunde.
Zeitschrift für Musikwissenschaft (Leipzig).
Zeitschrift für oberschlesische Heimatkunde.
Zeitschrift für Romanische Philologie (Halle a. S.).
Zeitschrift für schweizer. Geschichte (Zürich).
Zeitschrift für schweizerische Kirchengeschichte (Einsiedeln).
Zeitschrift für slavische Philologie (Leipzig).
Zeitschrift für vergleichende Rechtswissenschaft (Stuttgart).
Zeitschrift für vergleichende Sprachforschung (Göttingen).
Zelt (Wien).
Ziemia (Warschau).
Zürcher Taschenbuch (Zürich).

I. Gesamtvolkskunde.

A. Bibliographie.

1. Hoffmann-Krayer, E., Volkskundliche Bibliographie f. d. J. 1919. Berlin u. Leipzig 1922.
Rez. ARw 22, 321 (O. Weinreich); DLZ 45, 1665f.; Vld 25, 32 (R. Z[oder]); NdZfVk 1, 131 (Marianne Kuh); ASchwAlt 25, 62 (H. L[ehmann]); Butlletí de l'Ass. catal. 1, 205 (T. Carreras y Artau); Hmtg 4, 200 (D[epin]y); Fatab 1923, 79 (N. E. H[ammarstedt]); Hmtl 10, 14 (H. E. Busse); KblGesVer 71, 80 (O. Lauffer).

2. Hoffmann-Krayer, E., Volkskundliche Bibliographie f. d. J. 1920. Berlin u. Leipzig, Walter de Gruyter & Co., 1924. XVIII, 212 S. 8°. Rm. 6.—.
Angez. DG 25, 81; DLZ 1924, 1665f. (H. F. R[osenfeld]); ZfVk 33/34, 177 (F. B.); WZfVk 29, 112 (M. Haberlandt); FLCalabr 10, 95 (R. Corso); VjVorarlb 9, 32; HessBll 23, 157 (Hugo Hepding).
Rez. NdlTVk 29, 186f.; Hmtg 5, 325f. (Depiny); Hmtl 11, 144 (H. E. Busse); LtZbl 74 (1923), 74f.; ZfrwVk 20/21, 89 (K. Loehrbau); HessBll 23, 157; NFKult 10, 173 (B. Berge); Fatab 1923, 79 (Hammarstedt); Budk 3, 87f. (Wikman); Modern Philology 24, 124—127 (Taylor).

3. Praesent, Hans, Volkskunde. In: Systemat. Bibliographie der wissenschaftlichen Literatur Deutschlands der Jahre 1922 u. 1923. Bd. I: Geisteswissenschaften. Berlin, Russ. Volkskommissariat f. Bildungswesen, in Komm. bei „Kniga“ Berlin W 62, 1924. S. 259—266.
Knappe Auswahl volkskundlicher Zeitschriften und der in Buchform erschienenen Schriften über: Allg. Volkskunde, Aberglaube, Haus und Hof, Märchen u. Rätsel, Religion, Sagen, Sitte u. Brauch, Volkslied, Tracht.

4. Catalogus van Folklore in de Koninklijke Bibliotheek. Registers. 's-Gravenhage 1922.
Angez. ZfVk 33/34, 44 (J. B[olte]).

5. Foncke, Robert, Table des articles contenus dans la Revue *Volkskunde* (1888—1914) (L'Outillage scientifique des Bibliothèques et des Musées ... publ. par Eugène Bacha). Belg. Fr. 3.—.
Nicht gesehen.

6. Mogk, Eugen, und Frels, Wilhelm, Volkskunde. Das Schrifttum des Jahres 1924. (Jahresberichte des Literarischen Zentralblattes. 1. Jg. 16. Bd.). Leipzig, Börsenverein, 1924.
Angez. Hmtg 5, 326 (Depiny).

7. Weinreich, O., Zur Volkskunde. ARw 22 (1923/24), 320—351.
Allgemeines 321ff., Märchenkunde 332ff., Zur neugriech. Volkskunde 347ff.

8. Panzer, Friedr., Deutsche Volkskunde. [Bibliograph. Übersicht]. ZfDkde 37, 151ff. 38, 63—71.

9. Findeisen, Hans, Heimatkundliche Beilagen zu Tageszeitungen und ähnliche Heimatzeitschriften. ZfVk 33/34, 107—115.

10. Hauffen, Adolf, Schriften zur deutschen Volkskunde in Böhmen. Zusammengestellt. Heimatbildung 5 (1924), 280—284.

Forts. (Anfang in früheren Jgg.): 9. Volkslieder. Sprichwörter. Hausinschriften. Rätsel.

11. Poewe, Wilhelm. Elsaß-Lothringische Bibliographie der Jahre 1919, 1920 und 1921. Elsaß-Lothring. Jahrbuch 1 (1923).

Darin: IX. Sprache, Literatur, Volkskunde S. 147—148, 158—159, 173—174.

12. Poewe, Wilhelm, Elsaß-Lothringische Bibliographie für das Jahr 1922. Elsaß-Lothring. Jahrbuch 3 (1924).

Darin: IX. Volkskunde S. 173—176.

13. Plenzat, K., Ostpreußische Heimatliteratur. Königsberg 1922. Angez. ZfVk 33/34, 58 (J. B[olte]).

14. Pfälzische Heimatliteratur. Verlagsverzeichnis (Pfälz. Geschichte, Volkskunde, Volkslieder, Mundartdichtungen). Kaiserslautern, Hermann Kaysers Verlag (Inhaber Fr. Hildebrand), Ausgabe ab 20. April 1924.

15. Besch, R., Heimatkunde und Heimatschutz. Ein Verzeichnis wichtiger Schriften, vornehmlich Pommern betreffend. Stettin, L. Saunier, 1924. 56 S. 8°.

Abschn. IV, 3 volkskundl. Arbeiten.
Angez. Stettiner Abendpost 22, Nr. 91 (A. Haas).

16. Haas, A., Bericht des Ausschusses für Heimat- und Volkskunde 1923/24; 1924/25. Pommersche Heimat (Stettin) 13 (1924), 33 ff.; 14 (1925), 47—50.

Enthält eine genaue Bibliographie der in Pommern in den Berichtsjahren erschienenen heimat- u. volkskundl. Arbeiten.

17. Haas, A., Pommersche Volkskunde seit dem Jahre 1918. NdZVk 2, 182—186.

18. Rheinlandkunde. I. Ein heimatkundlicher Ratgeber für die deutschen Länder am Rhein, hrsg. von R. A. Keller. Düsseldorf, A. Bagel, 1922. 169 S. 8°.

Rez. KblGesVer 71, 43.
Darin auch reiche volkskundliche bibliographische Angaben.

19. Richter, H., Generalregister 3. Teil, O-Z, zur „Literatur der Landes- und Volkskunde und Geschichte des vormaligen Königreiches Sachsen“. Dresden, v. Zahn & Jaensch [1923].

Der 1. und 2. Teil dieses Generalregisters in den Jahrgängen 1918 und 1919/20 der „Jahresberichte der Sächsischen Landesbibliothek zu Dresden“.

20. Perlick, Alfons, Heimatkundliche Bibliographie des Beuthener Landes (Schlesien) für das Jahr 1924. 19 S.

21. Busse, Kurt, (Nordische) Volkskunde – Altertumskunde. Jsb 42 (für 1920) II, 45–47.

22. Broberg, Sven Grén, Bibliografi för 1921. Ark Nord Fil 39 (1923), 305–384; för 1922 ebd. 40 (1924), 350–384.

Spez. Volkskunde: 373–377 (in beiden Bänden).

23. Brages årsberettelser 1917—1920. Brage Årsskrift 12—14 (1923), 1—32.

24. Bell, A. F. G., Portuguese bibliography. Hispanic Notes and monographs. Oxford, Clarendon Press, 1922. 96 S. 8°. 5.—.
Enthält auch Bibliographie der Volkskunde.

25. Rivet, P., Bibliographie américaniste. Journal de la Soc. des Américanistes 16, 461—546.

26. Valle, Rafael Heliodoro, El folklore en la literatura de Centro America. JAmFl 36, 106—134.

27. Rousseau, Félix, Le Folklore et les folkloristes wallons. Répertoire bibliographique (L'Outillage scientifique des Bibliothèques et des Musées ... publ. par Eugène Bacha). 85 S. Belg. Fr. 5.—.
Nicht gesehen.

28. Volksliteratur, Sagen, Folklore usw. ByzneugrJbb 4 (1923), 172—175.
Kurze Bibliogr. aus dem Gebiet des Byzantinisch-Neugriechischen.

29. Zelenin, D., Die russische (ostslavische) volkskundliche Forschung in den Jahren 1914—1924. 1. Teil. Ztschr. f. slav. Philol., Leipzig, 1 (1924), H. 1/2, 189—198

30. Chorošich, Pawel, Jakuty. Opyt ukazatelja istoriko-etnologičeskoj literatury o jakutskoj narodnosti. [Die Jakuten. Versuch einer Übersicht der historisch-ethnologischen Literatur über die Jakuten]. Irkutsk, Izwestija Wostočno-Sibirsk. Otdel. Russk. Geogr. Obšč., t. 48 (1924) 1, 1—48.

31. Hoesick, Ferdynand, Tatry i Zakopane (Die Tatra und Zakopane). 2 Bde. Poznań, Księgarnia św. Wojciecha, 1921—1923. 317; 271 S. 8°.
Genaue Übersicht der polnischen Tatraforschungen von den ältesten Zeiten bis zum Jahre 1870.

32. Српски етнографски зборник, кн. XXVI. издаје С. К. Академија, Београд 1923. 136 S. [Serbische ethnographische Sammlung].
Rez. Narodna Starina, II, 6, 288 (Al. Jelačić).

33. Българска етнография за 1923 година. [Die bulgarische Volkskunde für das Jahr 1923]. Изв. нар. етн. муз. в. София, III, 3—4, 163 f.
Aufzählung von Büchern u. Schriften.

34. Българска етнография за 1924 година. [Die bulgarische Ethnographie im Jahre 1924]. Изв. нар. етн. муз. София, IV, 3—4, 135—137.
Aufzählung von Büchern u. Schriften.

35. Anderson, Walter, [Bibliographie der estnischen] Volkskunde. Jahresbericht der estnischen Philologie und Geschichte, hrsg. v. d. Gelehrten Estnischen Gesellschaft bei der Universität Dorpat. Bd. II (1919). Dorpat 1923. S. 45—99.
Sehr reichhaltig.

36. Anderson, Walter, Eesti rahvaluule-kirjandus [Die estnische volkskundliche Literatur] 1918—1922. Eesti Kirjandus 17 (1923), 162—166.
Übersicht der wichtigsten Erscheinungen.

37. Hollander, Bernhard, Bibliographie der baltischen Heimatkunde. Ein Wegweiser für den heimatkundlichen Unterricht in Lettland und Estland. Hrsg. v. d. Gesellsch. f. Gesch. u. Altertumskunde. Riga, N. Kymmel, 1924. (8) + 104 S. 8°.

38. Grunwald, Max, Fünfundzwanzig Jahre jüdische Volkskunde. Jahrb. f. jüd. Vk. 1923, 1—22.
Darin Abschn. 2 „Dichtung" S. 10—15.

39. Grunwald, Max, Ergänzung. zu diesem Jahrb. (f. Jüd. Vk. 1) u. den „Mitteilungen zur jüd. Vk." JahrbJüdVk 1, 473—480.
Nach alphabetisch geordneten Stichwörtern.

B. Geschichte und Pflege der Volkskunde.

1. Länder und Völker.

40. Brüning, Otto, Bodenständige Hilfsarbeiter für die Volkskunde. DVolkst 1923 [Heft 3. März 1923] 119.

41. G., Volkskundlicher Kurs in Heidelberg vom 16.—19. X. 1924. Hmtl 11 (1924), 141 f.
Bericht.

42. Wesen und Ziele der Fehrsgilde. BrnschwHmt 15, 61.

43. Hepding, Hugo, Hessische Volkskunde. Giessener Hochschulblätter, 29. Dez. 1924, S. 25—28.

44. Willke, Otto, 17. Niedersachsentag im tausendjährigen Goslar (3. bis 5. Okt. 1924). BrnschwHmt 15, 110—116.

45. Prüser, Friedrich, Die Heimatkunde unserer niedersächsischen Landesuniversität. Nds 29, 58 f.

46. Quistorf, Hermann, Der Allgemeine Plattdeutsche Verband, Hamburg. BrnschwHmt 15, 127 f.

47. Wriede, Paul, Zwanzig Jahre Quickbornarbeit. BrnschwHmt 15, 9 f.

48. Haberlandt, Michael, Dreißig Jahre Verein für [österreichische] Volkskunde. WZfVk 29, 101—103.

49. John, Alois, Die Egerländer Heimatbewegung im Jahre 1923. Egerl 28, 1 f.

50. Wopfner, Hermann, Tiroler Heimatkunde. TirHmt 3/4, 8—94.
Merkblatt für die Sammlung heimatkundlichen Stoffes.

51. Nägele, Hans, Über Heimatschutz im Vorarlberg. HmtVorarlb 4, 224, 125—141. 157—170.
Haus, Trachten u. ähnliches. Mit zahlr. Abb.

52. Schreiber, Hans, Anregungen und Wünsche. Wäldler Kalender (Staab) 1924, 96—99.
Weisungen zum Schutz und zur Sammlung alten Volksgutes, Anregungen zu volkskundl. Mitarbeit für versch. Berufe.

53. Betänkande med förslag till ett systematiskt utforskande av den svenska allmogekulturen, avgivet av därtill utsedda sakkunnige. I. Huvudbetänkande och förslag. II. Allmogeforskningen i Sverige och dess nordiska grannländer. Stockholm, Victor Petterson, 1924. VIII, 156 S.; IV, 203 S. 8°.

54. Knudsen, Gunnar, Det tredie nordiske Folkelivs-og Folkemindeforskermøde i København. DanSt 1924, 149—174.

55. Organisation av vår allmogeforskning. Några utdrag ur folkminneskommitténs betänkande. FoF 10, 1—24.

56. Andra nordiska mötet för folklivsforskning den 14 och 15 augusti 1922. Brage Årsskrift 12—14 (1923), 139—154.

57. Tredje mötet för nordisk folklivsforskning. Rig 7, 185.

58. Arill, D. og Sydow, C. W. von, Instruktionskurser och insamlingsagitation. FoF 10, 25—32.

59. Christiansen, G., Historielag og lokalhistoriske tidsskrifter. Heimen 1 1923 (Oslo), 156—164. 189—198.

60. Arill, D., Redogörelse för Västsvenska Folkminnesföreningen. FoF 10, 43—57; 11, 20—30.

61. Folkminneskursen i Bräkne-Hoby. FoF 10, 58 fg.

62. Nikander, G., Den svenska folklivsforskningens uppgifter i Finland. Årsskrift utg. av Åbo akademi 6 (1923), 132—142.

63. Liestöl, K., Aktstykke til soga um nordisk folkeminnegransking. MoM 1923, 97—112.

64. Marinus, Albert, Le Service provincial de Recherches folkloriques. [Auch flämisch]. FLBrab 1, 1—10.

65. Bystroń, Jan St., Ludoznawstwo polskie w ostatniem dziesięcioleciu [Die polnische Volkskunde im letzten Jahrzehnt]. 1912—1921. Slavia (Prag), II, 1923, 154—174. 548—552.

66. Bystroń, Jan St., Ludoznawstwo na prowincji (Die Volkskunde in der Provinz]. Nauka Polska 4, 190—203.

67. Pogonowski, J., Iliryzm i Słowiańszczyzna. (Der Illyrismus und das Slaventum). Lwów, Księgarnia Naukowa, 1924. 172 S. 8⁰.

Bespricht auch die Tätigkeit der ersten polnischen Volkskundler Al. Sapieha (1802—1805) und A. Kucharski (gest. 1820).

68. Manninen, I., Etnograafia tegevuuspiiridest ja sihtidest Eestis [Über die Wirkungsgrenzen und Richtungen der ethnographischen Wissenschaft in Estland]. Eesti Kirjandus 18 (1924), 527—537.

69. Azadovskij, Mark, Besedy sobiratelja. O sobiranii i zapisyvanii pamjatnikov ustnago tvorčestva primeniteljno k Sibiri. [Gespräche des Sammlers. Vom Sammeln und Aufzeichnen mündlicher Volksüberlieferungen in Sibirien]. Irkutsk 1924. 86 S. 8⁰.

2. Forscher.

70. H. [Helbok, Adolf], Professor Dr. Emil Allgäuer †. VjVorarlb 8 (1924), 17 f.

Nachruf auf den Vorsitzenden des volkskundlichen Arbeitsausschusses des Voralberger Landesmuseums, † 19. Nov. 1923 zu Bregenz.

71. Schneider, Anton, Professor Dr. Emil Allgäuer †. HmtVorarlb 5, 16—22.

72. Macalister, R. A. S., Edmund C. R. Armstrong. Man 23, 73 f.

73. Zeiferts, Teodors, Krišjānis Barons. Pieminas raksts (Christian Baron (1835—1923) †. Denkschrift). Riga, Barona komiteja, 1923. 32 S. 8⁰.

74. Baron, Lina, Krišjāna Barona atminas. Ar dažiem pielikumiem (Erinnerungen an Christian Baron). Riga, Valtera un Rapas ake. sab., 1924. 214 S. 8⁰.

Ein Lebensbild des großen lettischen Folkloristen, dessen Lebenswerk die Sammlung „Latwiu Dainas" (lettische Volkslieder) mit 218000 Varianten bildet.

75. La mort de René Basset. REthn 5, 112.

76. Liebleitner, Karl, Augusta Bender †. Vld 26 (1924), 7./8. Heft, 1 f.

77. Hepding, Hugo, Otto Böckel †. HessBll 22 (1923), 88—90.

78. Bergman, E., Gustaf Björlin. Hembygden 1923, 47—52.

Mit Bibliographie.

79. In Memoriam. FLBrab 4, 43.

Nachruf Clément Buvé †.

80. Saintyves, P., L'œuvre d'Emmanuel Cosquin. RAnthr 33, 180—184.

81. Temple, Sir Richard C., William Crooke. Man 24, 6 f.

82. Spiehs, Hermann J., [Nekrolog auf] Karl Deutsch. Alpenländische Monatshefte 1924, 776—777.

83. Samter, E., Zum Gedächtnis v. Hermann Diels. Rede geh. b. d. Gedächtnisfeier d. religionswissensch. Vereinigung in Berlin am 24. 10. 1924. Berlin 1923.

Rez. BphW 44 (1924), 378 ff. (Hiller v. Gaertringen).

84. Koch, Georg, H. Fr. Feilberg †. HessBll 22, 87 f.

85. Kristensen, M., H. F. Feilberg. Hans liv og gærning. Kopenhagen. 83 S. 8⁰.

86. Marstrand, Even, H. F. Feilberg (1831—1921). Omkring Askov, 9—28.

87. Meijere, Victor de, In Memoriam Dr. H. F. Feilberg. NdlTVk 28, 191 f.

88. Schömer, Rosa, Nachruf auf Dr. H. F. Feilberg. WZfVk 28, 45 f.

89. Aarne, A., Kaksi tanskalaista kansanrunouden tutkijaa. Suomi (Helsingfors) 5. Folge, 2, 1—19.

Zwei dänische Volksdichtungsforscher, H. F. Feilberg und A. Olrik.

90. Kupfer, Konrad, Christian Frank und die „Deutschen Gaue". FränkHmt 3 (1924), 88—90.

91. Найден Геров. Известия 3, 3 f.

92. Pfeiffer, Albert, Professor Dr. Daniel Häberle [zum 60. Geburtstag]. PfälzMus 41 (20), 86.

93. Mit Heinrich Hansjakob in Mosbach und im Odenwald. Aus „Sommerfahrten", Tagebuchblätter, 1903. FränkHmt 3 (1924), 68—71.

94. John, Alois, Universitäts-Professor Dr. Adolf Hauffen. Egerl 28 (1924), 33—35.
Hauffen als Volkskundler. Sein Bildnis auf S. 33.

95. Hauffen, Adolf, Mein Leben und Wirken. Die Wünschelrute 1924 (Reichenberg in Böhmen), 5—10.

96. Freymuth, Otto, Richard Hausmann. SberGEG 1922, 1—25 (m. Vollbild).
Gedächtnisrede über den bekannten baltischen Archäologen (1842—1918).

97. Horák, Jiří, Z národopisných studií K. Havlíčka. [Zum volkskundlichen Forschen K. Havliček's.] Národop. Věstn. (Prag), 16 (1923), 26—33.

98. Böök, F., Artur Hazelius. En levnadsteckning. Stockholm, Norstedt, 1923. 438 S. 8⁰. SchwKr 9, 75.

99. Modin, E., Några personliga minnen av och om Artur Hazelius. Jämten 1923 (Östersund), 83—90.

100. Eisen, M. J., Aksel Olai Heikel. Eesti Kirjandus 18 (1924), 369—373 (m. Bild).
Finnischer Ethnograph (1851—1924). Nekrolog.

101. L[aßleben], Ludwig Hoffmann †. Oberpf. 17 (1923), 52.
Dichter der „Klänge von der Kösseine", in oberpfälzischer Fichtelgebirgsmundart.

102. Horák, Jiří, Jozef L'udovít Holuby. Nekrolog. NVč 16, 175—177.

103. Fr[aungruber], H., Ludwig Hörmann †. Vld 26 (1924), H. 3./4, 9.

104. Paulin, Karl, Der Tiroler volkskundliche Forscher Dr. Ludwig von Hörmann †. Alpenländische Monatshefte 1924, 774—776.

105. Nägele, Hans, Dr. Ludwig von Hörmann †. Mit einem Bildnis (Zeichnung). ZAlpVer 55 (1924), 117—131.

106. Sinwel, R., Ludwig v. Hörmann †. Hmtbll (Unterinntal 1 (1923/24), H. 8/9, 1f.

107. Haberlandt, M., Hofrat Prof. D. V. Jagić. WZfVk 29, 12 f.

108. Hýsek, Miloslav, Jan Jakubec. Přednáška, proslovená při oslavě Jakubcových šedesátých narozenin, pořádané 12. května 1922 Společností národopisného musea, Jednotou českých filologů a Klubem moderních filologů). NárVěstnik 16, 3—19.

Jan Jakubec. Vortrag, gehalten bei der Feier des sechzigsten Geburtstages von Jakubec, veranstaltet am 12. Mai 1922 von der Gesellschaft des volkskundlichen Museums, dem Verein tschechischer Philologen und dem Klub der Neuphilologen.

109. Horák, Jiří, Národopisné práce prof. Jana Jakubca. [Die ethnographischen Werke Jan Jakubec's.] Národop. Věstn., (Prag) 16 (1923), 19—26.

110. Radojčić, Nikola, Jos. Konstantin Jireček. Narod. Star. II, 6, 193—216.
Die Biographie u. Tätigkeit des hervorragenden Balkanologen.

111. Eisen, M. J., Jaan Jõgever. Eesti Kirjandus 18 (1924), 465—475 (m. Vollbild; vgl. S. 542).
Professor der estnischen Sprache an d. Univ. Dorpat (1861—1924); auch als Folklorist nicht ohne Bedeutung. Nekrolog.

112. Professor Jaan Jõgever. In memoriam. Eesti Keel 3 (1924), 66 (m. Bild).
Nachruf (auch über seine Tätigkeit als Folklorist).

113. Jaksch, Franz Ivanetič [1849—1921] †. Carinthia I 113 (1923), 85.

114. L. Stojanović, Život i rad Vuka St. Karadžića (Leben u. Werke des Vuk Karadžić). Belgrad 1924.
Rez. Prilozi 4 (1924), 301—307 (P. Popović); SKGlNS 12 (1924), 61 (Vrhovac).

115. Bromander, C. V., Nils Keyland. Fatab 1924, 184—192.

116. Bystroń, Jan St., Oskar Kolberg. Orli Lot 5, 2—4.

117. Anderson, Walter, Prof. Kaarle Krohn ja tema uurimismetood [Prof. K. K. und seine Forschungsmethode]. Eesti Kirjandus 17 (1923), 193—197 (vgl. S. 288).
Kurze Charakteristik der sog. finnischen Methode.

118. Horák, Jiří, K šedesátým narozeninám Ludvíka Kuby. NVč 16, 177—180.
Zum sechzigsten Geburtstage von Ludvik Kuba.

119. Ernst Lagus. Budk 2, 65—67.

120. Landtman, G., Ernst Lagus. Sv. litt. sällsk. förh. och uppsatser 37. Helsingfors 1923. 144 S. 8°.
Angez. Budk 3, 89.

121. MacRitchie, David, Charles Godfrey Leland. JGypsyL 3, 98—100.

122. Eisen, M. J., Elias Lönnrot Eestis [E. L. in Estland]. Eesti Kirjandus 17 (1923), 337—346.
Über seinen Aufenthalt in Estland i. J. 1844.

123. Tarkiainen, V., Lönnrot ja Herder. Kalevalas. vuosik. 4, 247—258.
Lönnrot und Herder.

124. Berge, R., Knut Loupedalen. Med bilæte. Norsk Aarbok 1923 (Bergen), 144—150.

125. Mielke, Robert, Hermann Lübke †. ZfVk 33/34, 134 f.

126. Hannaas, T., Peter Lunde. Norsk Aarbok 1924 (Bergen), 121—124.

127. Undset, Sigrid, Henrik Mathiesen. NFKult 9, 49—54.

128. Macler, Fréd., Jules Mathorez. Ethnographie 1923, Nr. 7 (Juni), 113—118.

129. K. [wohl = Kupka, L. B.], Heinrich Matthies. Beiträge zur Geschichte, Landes- und Volkskunde der Altmark. Hrsg. im Auftrage des Altmärkischen Museumsvereins zu Stendal. IV, 9 (1922), 394.

130. Haberlandt, M., Konrad Mautner †. WZfVk 29 (1924), 71 f.

131. K., E., Konrad Mautner. Vld 26 (1924), H. 7./8, 2 ff.
Nachruf, einer Wiener Tageszeitung entnommen.

132. Karg-Gasterstädt, Elisabeth, Eugen Mogks Schriften. 1879—April 1924. Festschrift Eugen Mogk 1924, XI—XLVIII.

133. Olrik, Ingeborg, Minder fra Axel Olriks Barndomshjem og Ungdomstid. DanSt 1924, 49—63.

134. Olrik, I., Bernhard Olsen. Rig 7, 16—19.

135. Gomme, A. A., In memoriam: T. F. Ondish (1854—1924). FL 35, 379.

136. Cocchiara, Gius., Giuseppe Pitrè e il folklore siciliano. Giornale di Sicilia (Palermo) 63, N. 87.

137. In memoria di Giuseppe Pitrè. Ethnos 2, Nr. 2/3, S. 1—10. 15—17. 20. 33.
Mit guter Bibliographie.

138. Niemcówna, St., Wincenty Pol jako geograf (W. Pol als Geograph). Kraków, Prace Inst. Geogr. Uniw. Jagiell. 3, 1923. 96 S. 8°.
W. Pol, der berühmte poln. Dichter, war der erste, der als Prof. der Geographie in der Krakauer Universität auch über Volkskunde im J. 1851—52 vorgetragen hat.

139. Girard, Henri, et Moncel, Henri, Bibliographie des œuvres d'Ernest Renan. Paris, Presses Universitaires, 1923. 262 S. 8°.

140. Fehrle, Eugen, Karl Reuschel †. Hmtl 11, 139 f.

141. Karl Reuschel zum Gedächtnis. ZfDkde 38, 394.

142. Geramb, Viktor, Wilhelm Heinrich Riehl. Ein Gedenken zu seinem 100. Geburtstag am 6. Mai 1923. Südmark-Jahrbuch 1923, 36—41.

143. Koch, Georg, Wilhelm Heinrich Riehl. HessBll 22, 86 f.

144. Stemplinger, Ed., Wilhelm Heinrich Riehl. Zur 100. Wiederkehr seines Geburtsfestes. Sammler 92 (1923), Nr. 36 v. 6. Mai, S. 1—2.
Mit Probe aus Riehls Schriften: *Die Holledau* auf S. 2—3.

145. Mauss, Marcel, W. H. R. Rivers. REthn 4, 1—7.

146. Voretzsch, Karl, Georg Schläger †. AnSpr 78 (1923), Bd. 146, 243—247.

147. Koch, Max, Andreas Schmeller, der Schöpfer des Bayerischen Wörterbuchs, der Dichter und Pädagog. Aus: „Der Wächter". Januar 1923. 8°.

148. Broadwood, L. E., In Memoriam: Cecil James Sharp (1859—1924). FL 35, 284—287.

149. Williams, R. Vaughan, Cecil James Sharp. 1859—1924 [Nekrolog]. JFSongS 7, 200 f.

150. Horák, Jiří, J. P. Sozonovič. Národ. Věstn. 16, 3—4, 173 f.

151. Moeran, E. J., Sir Charles Villiers Stanford, Mus. Doc., D. C. L. 1852—1924 [Nekrolog]. JFSongS 7, 199.

152. Kostov, St. L., Anton P. Stoilov 1894—1924. IzvNEMS 4, 1—24.
Biographie und Bibliographie.

153. Strohl, J., Otto Stoll 1849—1922. Vierteljahrsschr. d. Naturf. Ges. in Zürich 69, 128—171.

154. Horák, J., N. Th. Sumcov. Národ. Věstn. 16, 3—4, 173 f.

155. Alder, Oscar, Dr. phil. h. c. Alfred Tobler in Heiden. Appenzellische Jahrbücher 51, 76—81.

156. Nef, Karl, Alfred Tobler, der Förderer des appenzellischen Volksgesangs. Sonntagsblatt der Basler Nachrichten 1923 Nr. 47.

157. Z[oder], Alfred Tobler †. Vld 26 (1924), H. 3/4, 9.

158. Herget, A., Wendelin Toischer †. Lehrerfortbildung 7, H. 12 (Dez. 1922).

159. Gilli, Ilda, Niccolò Tommaseo. Perugia, G. Tilli, 1923. 61 S.
Volksliedforscher.

160. Gjerding, J., Peder Fylling. Sunnmör historiske lag. 1923/24 (Ålesund). 73—77.

161. Regler, Georg, Wilhelmine Vogel, eine oberfränk. Volkskundlerin. Der Mainbote von Oberfranken. Heimatkalender 1925, 73—77.

162. Helm, K., Friedrich Vogt †. HessBll 22, 90 f.

163. Siebs, Theodor, Friedrich Vogt. MschlVK 25, 135—141.

164. Horák, Jiří, Josef Vycpálek. Nekrolog. NVč 16, 171—173.

165. Pospišil, František, Madlenka Wanklová [Magdalena Wankel, biographische Skizze mit Berücksichtigung ihrer volkskundlichen Tätigkeit]. (Publ. z Národ. odd. Musea v Brně, r. XX). Brno, 1923.

166. Tichy, František, Jurij Žatkovič (1855—1920). NVč 16, 105.

167. Eenzame, I., Zij die giengen en zij die bleven. Uitgave van 't Spaeverke, 148, Anspachlaan, Brussel.
Rez. NdlTVk 29, 185 f. (Unter anderm über Frans Coeckelbergs).

C. Allgemeines, Prinzipien, Methodik.

1. Urkultur.

168. Hoernes, Moritz, Urgeschichte der Menschheit. 5. völlig neubearb. Aufl. von Friedrich Behn, Leipzig, 1920.
Angez. ZfVk 33/34, 121 (W. Pessler).

169. Tessmann, G., Die Urkulturen der Menschheit und ihre Entwicklung, erläutert an den Stämmen Kameruns. ZfEthn 1919, 132—166.
Angez. ARw 22, 1923/24, 188 (Meinhof).

170. Hoernes, M., Kultur der Urzeit. I. Steinzeit (2. Aufl.), II. Bronzezeit (3. Aufl.), III. Eisenzeit (3. Aufl.), neubearb. von Fr. Behn. Samml. Goeschen 564—566. Berlin u. Leipzig 1921—23.
Angez. BllBayGym 59 (1923), 233: III. Eisenzeit.
Rez. Anthr 18/19, 1110 (P. D. Kreichgauer).

171. Nilsson, M., Primitiv Kultur. Stockholm, Norstedt, 1924. 203 S. 8⁰. Schw. Kr. 8,50.
Rez. Budk 3, 89f. (G. Landtman).

172. Danzel, Theodor Wilhelm, Kultur und Religion des primitiven Menschen. Einführung in die Hauptprobleme der allgemeinen Völkerkunde und Völkerpsychologie. 16 Taf., 15 Abb. Stuttgart, Strecker & Schröder, 1924. VIII, 133 S. 8⁰. M. 3.—, bzw. 4,50.

173. Preuß, K. Th., Die geistige Kultur der Naturvölker. Leipzig 1914.
Rez. SAVk 24, 133 (sr.).

174. Paudler, Fritz, Die hellfarbigen Rassen und ihre Sprachstämme, Kulturen und Urheimaten. Heidelberg, Winter, 1924. VII, 271 S.
Rez. Anthr 18/19, 1134f. (V. Lebzelter).

2. Allgemeine Soziologie und Volkswirtschaft.

175. Spann, Othmar, Gesellschaftslehre. 2. neubearb. Aufl. Leipzig, Quelle & Meyer, 1923. XXVIII, 566 S. 8⁰. M. 11.—.

176. Wiese, Leopold von, Allgemeine Soziologie als Lehre von den Beziehungen und Beziehungsbildungen der Menschen. Teil I: Beziehungslehre. München, Duncker & Humblot, 1924. XIII, 309 S. gr. 8⁰. M. 8,50. geb. M. 11.—.

177. Schmidt, Max, Grundriß der ethnologischen Volkswirtschaftslehre. 2 Bände. Stuttgart 1920/21.
Angez. ZfVk 33/34, 175f. (H. Findeisen); ZfEthn 56, 218f. (F. Fermer).

178. Park and Burgeß, Introduction to the Science of Sociology. Chicago 1921.
Rez. REthn 4, 287f. (J. Nippgen).

179. Prietze, Hermann Albert, Natur und Volkstum. Eine Anregung zur Erforschung der gesetzmäßigen Zusammenhänge innerhalb der menschlichen Gestalt und innerhalb der menschlichen Gemeinschaften. Hannover-Linden, Gebr. Hartmann, 1920. 93 S.
Rez. ZfrwVk 20/21, 80f. (P. Sartori).

180. Krzywicki, Ludwik, Studja socjologiczne (Soziologische Studien). Warszawa, Gebethner & Wolff, 1924. 340 S. 8⁰
Enthält S. 299—340 e. genaue Bibliographie d. Arbeiten v. L. Krzywicki.

181. Krause, Fritz, Wirtschaftsleben der Völker. Breslau, Ferd. Hirt, 1924. 180 S.
Rez. Anthr 18/19, 1124 f. (P. W. Koppers).

182. Schmidt, Max, Die materielle Wirtschaft bei den Naturvölkern (Wissenschaft und Bildung Nr. 185). Leipzig, Quelle & Meyer, 1923. 6 Taf. und 34 Abb.
Angez. ZfVK 33/34, 175 (H. Findeisen).

183. Kabo, R. i Rubinin J., Narodnoje chozjajstvo v očerkach i kartinach. Sbornik otryvkov i izwlečenij I (Volkswirtschaft in Grundrissen und Bildern. Sammlung von Fragmenten und Auszügen I). Petrograd-Moskau, Kniga-Verlag, 1923. 542 u. 8 S.

184. Moret, A., et Davy, G., Des Clans aux Empires. L'organisation sociale chez les primitifs et dans l'Orient ancien. (L'évolution de l'humanité VI). Paris 1923. XXVIII, 480 S. 8°.
Rez. Syria 4 (1923), 175 f. (R. D[ussaud]). RevArchéol 17 (1923), 188 f. (S. R[einach]).

185. Frazer, J. G., Les origines de la famille et du clan. Trad. franç. p. la Comtesse J. de Pange. Paris 1922. 187 S. 8°.
Angez. RevArchéol 18 (1923), 378 f. (S. R[einach]).

186. Krämer, Augustin, Die Entstehung der Familie vom totemistischen Standpunkte. ZfEthn 55, 41—47.

187. Kornemann, Ernst, Die Geschwisterehe im Altertum. MschlVk 24 (1923), 17—45.

188 Pezenhoffer, Anton, A demographiai viszonyok befolyása a nép szaporodására. (Einwirkung der demographischen Verhältnisse auf die Vermehrung des Volkes.) Budapest 1922.
Rez. Ethnographia 33, 106—107 (-y. -y.).

189. Lorenz, Emil, Der politische Mythus. Beiträge zur Mythologie der Kultur. Leipzig, Wien, Zürich, Internationaler Psychoanalyt. Verlag, 1923. 93 S. 8°.

190. Koch, Georg, Bauernkultur. HessBll. 23, 20—38.

3. Primitive Psychologie.

191. Thurnwald, R., Psychologie des primitiven Menschen. (Handbuch der vergleichenden Psychologie Bd. I, Abt. 2, S. 147—320). München, E. Reinhardt, 1922.

192. Bartlett, F. C., Psychology and Primitive Culture. Cambridge, University Press, 1923. XII, 294 S. 8°. 8 s. 6 d.
The fundamental forms of man's social reactions. Psychology and the folk story. The conflict of tendencies and their mutual reinforcement. The psychological study of the contact of peoples. Psychological factors in the transmission of culture by borrowing. Psychological factors in the diffussion of culture. The intensive study of the special group.
Angez. SAVk 25, 159 f. (S[peise]r); Man 1924, 28 f. (F. S.); EthnAnz 1, 44 f. (Fr. R. Lehmann).
Rez. FL 35, 382—384 (R. R. Marett); NQ 13 ser. vol. 1 (1924) 419.

193. Graebner, Fritz, Das Weltbild der Primitiven. Eine Untersuchung der Urformen weltanschaulichen Denkens bei Naturvölkern (Gesch. d. Philosophie in Einzeldarstellungen Abt. I, Bd. 1). München, Ernst Reinhardt, 1924. 173 S. kl. 8⁰.

Rez. Literarischer Handweiser 60 (1924), Sp. 463f. (Bernhard Seiller).

194. Bernfeld, Siegfr., Vom Gemeinschaftsleben der Jugend. Leipzig, Wien, Zürich 1922.

Angez. SAVk 24, 208 (E. H[offmann]-K[rayer]).

195. L'Houet, A., Zur Psychologie des Bauerntums. 2. Aufl. Tübingen, Mohr, 1920.

Angez. Hmtl 11 (1924), 44 (Eugen Fehrle).

196. Mayer, Josef, Um die Seele des Bauern. Literarischer Handweiser (Freiburg) 60 (1924), Sp. 385—394.

Würdigung der Persönlichkeit und der Arbeiten des Pfarrers Jos. Weigert: Das Dorf entlang 5. Aufl, 1923; Bauer, es ist Zeit! 2. Aufl, 1923; Volks bildung auf dem Lande 1922; Religiöse Volksk. 1924; Bauernpredigt. 1924 usw.

197. Mendizabal, Miguel O. de, La Etica indígena. Mexico, Imprenta del Museo Nacional de Arqueología, 1923. 38 S. kl. 8⁰.

4. Begriffslehre, Methodik.

a) Allgemeine Ethnologie.

198. Schmidt, Max, Völkerkunde. Eine Einführung in die Ethnologie. Berlin, Ullstein, 1924. 446 S.

Nicht gesehen.

199. Gräbner, Fr., Ethnologie. In: „Kultur der Gegenwart" Bd.: „Anthropologie" S. 435—587. Leipzig, B. G. Teubner, 1923.

Rez. Anthr. 18/19, 579—581 (W. Koppers).

200. Winogradow, G. S., Etnografija i sovremennost' (Ethnographie und Gegenwart). Sibirskaja Živaja Starina (hrsg. v. d. Ost-Sibir. Abt. d. Russ. Geogr. Ges.) I (Irkutsk 1923), 3—21.

201. Gennep, A. van, Contributions à l'histoire de la méthode ethnographique. Revue de l'hist. des relig. 67, Nr. 3, 68, Nr. 7.

202. Poniatowski, Stanisław, Z nowszych postępów etnologji (Die neueren Fortschritte d. Ethnologie). Czasopismo geograficzne (Lwów) II, 1924, 61—72. 412—422.

Enthält: 1. Einleitung, 2. Der pygmäische Kulturkreis, 3. Der tasmanische Kulturkreis, 4. Der Bumerangkulturkreis, 5. Der totemistische Kulturkreis, 6. Der Kulturkreis des Zweiklassensystems.

203. Baudouin de Courtenay-Ehrenkreutzowa, Cezarja, Materjał naukowy i przedmiot etnologji (Das wissenschaftliche Material und der Gegenstand der Ethnologie). Lud 22, 26—32.

204. Fischer, Adam, Znaczenie etnologji dla innych nauk (Bedeutung der Ethnologie für andere Wissensgebiete). Lud 21, 81—92.

204a. Dovydaitis, Pr., Naujieji etnologijos keliai ir kai kurie išdaviniai (Die neuen Wege und einige Ergebnisse der Ethnologie). Soter (Kaunas) 1 (1924), 3—35.

205. Naumann, Hans, Primitive Gemeinschaftskultur. Jena 1921. Angez. Hmtl 11, 44 (E. Fehrle); ARW 22, 1923/24, 321 f. (Weinreich). Rez. NdZVk 1, 62f. (W. Stammler); GRM 11, 383 (G. Jacob); GöttGelAnz 185, 58—64) J. Schwietering).

206. Ulrich, Herm., Logische Studien zur Methode der Ethnologie. Anthr 18/19, 447—464. 733—752.

207. Hambruch, Paul, Das Wesen der Kulturkreislehre. Zum Streite um Leo Frobenius. Ort und Jahr? 28 S. M. 1.—. Angez. SAVk 25, 157 f. (S[peise]r).

208. Kwiatkowski, Wincenty, Metoda kulturalno-historyczna w etnologji religijnej (Die kulturhistorische Methode in der Religionsethnologie). Warszawa, Nakładem księgarni Przeglądu katolickiego, 1923. 32 S. 8°.

209. Herskovits, M. J., The Culture area concept. American Anthropologist 26, 50—63.

210. Hettner, Alfred, Der Gang der Kultur über die Erde (Geogr. Schriften hrsg. von A. Hettner, Heft 1). Leipzig und Berlin, Teubner, 1923. 53 S. Grundpr. M. 1,40. Angez. PfälzMus 41 (20) 89 (Häberle).

211. Klawe, J., Muzeum Etnograficzne a nauka geografji w szkołach (Das Ethnographische Museum und d. Unterricht d. Geographie in den Schulen). Czasopismo geograficzne (Lwów) II (1924) 55—61.

b) Volkskunde im Besonderen. Ihre Anwendung auf andere Kulturgebiete.

212. Haberlandt, Michael, Einführung in die Volkskunde (Volkskundliche Bücherei 1. Bd.). Wien, Burgverlag, 1924. 75 S., 12 Tafeln. kl. 8°. K. 24 000. Angez. ZfVk 33/34, 162 (F. B[oehm]); DG 25 (1924), 69 (—). Rez. HessBll. 23, 151 (H. Hepding); VjVorarlb 8 (1924), 105 (A. Helbok); WZfVk 29, 42 (Raimund Zoder).

213. Geramb, Viktor, Die Volkskunde als Wissenschaft. ZfDkde 38, 323—341.

214. Geramb, Viktor, Volkskunde als Wissenschaft. Salzburger Museumsblätter 3, Nr. 3, 1 f.

215. Spamer, Adolf, Um die Prinzipien der Volkskunde. Anmerkungen zu Hans Naumanns Grundzügen der deutschen Volkskunde. HessBll. 23, 67—108.

216. Corso, Raffaele, Folklore. Storia, obbietto, metodo, bibliografia. Roma, Casa Ed. Leonardo da Vinci, 1923. XIV, 148 S. 8°. L. 15.—. Ein sehr willkommenes Werk über Begriff und Betrieb der Volkskunde im Allgemeinen und über italienische Volksforschung im Besonderen. Rez. FLCal 9, 140; Mercure de France 15. Mai 1924, 192f. (A. van Gennep).

217. Marinus, Albert, Le Folklore. Son utilité historique et nationale. Bruxelles, Weissenbruch, 1923.

218. Frick, R. O., La science du folklore. SchwVk 13, 1—4.

219. Teirlinck, Is., Qu'est-ce que le Folklore? [Auch flämisch]. FlBrab. 1, 11—16.

220. Lentz, H., Methodologische Grundprinzipien der Volkskunde. Das heilige Feuer (Warendorf) 12, 67 ff.

221. Toschi, Paolo, Per lo studio delle tradizioni popolari. Giornale di Poesia (Milano) 2, n. 23, 2 giugno 1923.

222. Krebs, Norbert, Die geographische Grundlage des deutschen Volkstums. Karlsruhe 1923.
Rez. WZfVk 29, 17 f. (M. Haberlandt).

223. Lauffer, Otto, Rede über deutsche Altertums- und Volkskunde. (Hamburgische Universität. Reden, gehalten zur Feier des Rektorwechsels). Hamburg, C. Boysen, 1923. 8°.
Angez. SAVk 25, 75 (E. H[offmann]-K[rayer]).

224. Pessler, W., Heimatforschung auf dem Lande. Hannoversches Tageblatt vom 25. Dez. 1923.
„Winke für sammelfreudige Laienmitarbeiter in dörflichen Kreisen" (ZfVk).

225. Heeger, Fritz, Die Erforschung des ländlichen Lebens. Pfälz. Rundschau 1. Dez. 1923.

226. Faber, Georg, Blicke in Sprache und Volkstum. VolkuSch. 2, 51—56.

227. Johnsson, J., De ledande principerna uti Fornminnesvårdskomitténs förslag till statliga åtgärder för åstadkommande av en effektiv kulturminnesvård. Rig 6, 140—154.

228. Arill, D., Systematisk folkminnesinsamling. Hävd o. Hembygd 1923 (Stockholm), 65—66.

229. Christiansen, R., Bygdehistorie og folketradition. Heimen 1923 (Kristiania), 58—71.

230. Frankowski, Eugenjusz, Ludoznawstwo na wsi (Volkskunde auf dem Lande). Nauka Polska 4, 204—217.

231. Grohne, Ernst, Vorläufiger Plan zu einem volkskundlichen Atlas. NdZfVk 1, 116—122.

232. Speer, Otto, Deutschkunde und praktische Volkskunde. ZfDkde 38, 131—140.

233. Speer Otto, Angewandte Volkskunde. Die Pyramide 12 (1923), 9—11.

234. Fehrle, Eugen, Heimat- und Volkskunde in der Schule. (Vom Bodensee zum Main Nr. 8). 2. Aufl. Karlsruhe, C. F. Müller, 1923. 32 S. 4°.
Angez. ZfVk 33/34, 119 (F. B[oehm]); ARw 22 (1923/24), 326 (Weinreich).
Rez. WZfVk 29, 99 f. (L. Weiser); ZfrwVk 20/21, 82 f. (P. Sartori); DLZ 1924, 2382—2384 (Adam Wrede); Hmtl 11 (1924), 23 (Hermann Eris Busse); MannhGbll 25 (1924), Sp. 125 Meisinger).

235. Lüers, Friedrich, Volkstumskunde im Unterricht der höheren Lehranstalten. Gedanken und Anregungen mit besonderer Berücksichtigung der bayrischen Lehrordnung, sowie der Volkstumskunde Bayerns. Frankfurt a. M., Diesterweg, 1924. XII, 154 S. 8°. M. 4,80.

Mit guten Bildern.
Rez. HessBll 23, 134—136 (Eugen Fehrle).

236. Philipp, Oskar, Volkskunde im Aufsatz der höheren Schule. ZfDkde 38 (1924), 211—214.

Enthält Proben „aus dem von meinen Schülern zusammengetragenen Schatz": Abzählreime, Kinderspiele, Sprüche, Inschriften.

237. Freytag, Martin. Die Möglichkeit der Verwertung der Volkskunde im Unterricht der Volksschule. Deutsche Blätter f. erziehenden Unterricht 51, Nr. 35/36. 45/46.

238. Fischer, Adam, Etnologja a szkoła polska (D. Ethnologie und die polnische Schule). Muzeum (Lwów) 37, 291—299.

239. Samter, Ernst, Volkskunde im altsprachlichen Unterricht. Ein Handbuch. I.: Homer. Berlin, Weidmann, 1923. VIII, 185 S. 8°.

Angez. ARw 22 (1923/24), 326f. (Weinreich).
Rez. HessBll 22, 99f. (Hans Kling); ZfVk 33/34, 41 (F. Boehm); BphW 44 (1924), 274ff. (Helck).

240. Sydow, C. W. v., Folkminne forskning och filologi, ett svar till professor Finnur Jónsson. Stockholm 1922.
Angez. ZfVk 33/34, 61 (J. B[olte]).

241. Fehrle, Ernst, Volkskunde und Geschichte. Gedenkschrift des „Oberländer Boten" zur Tagung des Landes-Vereins Badische Heimat. S. 17f. Lörrach, Verlagsdruckerei Oberländer Bote, 1924. 4°.

242. Weigert, Joseph, Religiöse Volkskunde. Ein Versuch (Hirt und Herde. Beiträge zu zeitgemäßer Seelsorge, hrsg. v. Erzbischöfl. Missionsinstitut Freiburg i. Br. XI.) Freiburg i. Br., Herder, 1924. VIII, 124 S. M. 2,20.

Rez. HessBll 23, 145 (G. Koch); ZfrwVk 20/21, 89f. (K. Wehrhan); Hmtg 5, 326 (Depiny); DG 25 (1924), 105—107; PfälzMus 41 (20), 186 (A. Becker).

243. Frank, Die Volkskunde im Dienst der religiösen Kultur DG 25, 105—107.

c) Fragebogen.

244. Oesterliche Volkskunde. Anregungen zum Sammeln. Aus dem Beuthener Lande 1, 55f.

Fragebogen, in dem auf allerhand aus der oberschlesischen Volkskunde hingewiesen wird.

245. Volkskundliche Fragen. HmtK 33, H. 1ff.; 34, H. 1ff.

246. Notre questionnaire. Comment doit-on y répondre? EnqMusWall 1, 33—36.

S. auch S. 36ff.: Le pays; l'habitation; le mobilier; le feu; la cuisine et la table; les aliments; vêtements et parures; transports et voyages; la vie familiale; le travail; le plaisir.

247. Nos enquêtes: Réponses à quelques questions. EnqMusWall 1, 123f.
Anweisungen betr. die richtige Beantwortung der vom Musée de la Vie Wallonne ausgegebenen Fragebogen; s. auch S. 124—137.

D. Zusammenfassendes über geographische oder ethnographische Einheiten.

1. Zusammenfassende Ethnographie und mehrere Weltteile.

249. Buschan, Georg, Illustrierte Völkerkunde. 2. u. 3., vollständig umgearb. und wesentl. verm. Auflage. Bd. II, I. Teil: Australien und Ozeanien, Asien. Stuttgart, Strecker & Schröder, 1923. XXIII, 1078 S. 8°.
Rez. BphW 44 (1924), 586ff. (F. R. Lehmann).

250. Kossinna, Gustav, Die Indogermanen. Leipzig 1921.
Rez. MschlVk 24 (1923), 140f; Eesti Keel 1 (1922), 183—185 (A. M. Tallgren).

251. Schrader, O., Reallexikon der indogerman. Altertumskunde. 2. Aufl. hrsg. von A. Nehring. Berlin und Leipzig 1917—23. I. X, 672 S.
Rez. BphW 43 (1923), 832f. (Meringer).

252. Feist, Sigm., Indogermanen und Germanen. 3. neubearb. Aufl. Halle, Niemeyer, 1924. VIII, 156 S. 8°. M. 6.—.

2. Europa.

a) Mehrere Völker.

253. Koepp, Friedrich, und Wolff, Georg, Römisch-germanische Forschung. Berlin 1922.
Angez. ZfVk 33/34, 122f. (F. B[oehm]).

254. Wolff, G., Über den Zusammenhang spätrömischer und frühmittelalterlicher Kultur in Deutschland. Germ 8 (1924) 1—6.

255. Wilser, Ludwig, Die Germanen. Beiträge zur Völkerkunde. Bd. 2. Leipzig, Th. Weicher, 1923, III. 364 S. 8°.

256. Tallgren, A. M., Rahvuslised olud eelajaloolisel ajal Ida-Baltikumis ja põhjapoolses Ida-Euroopas [Die nationalen Verhältnisse in vorgeschichtlicher Zeit im Ostbaltikum und im nördlichen Osteuropa]. Eesti Kirjandus 17 (1923), 200—211 (m. 7 Karten).

257. Tallgren, A. M., L'ethnographie préhistorique de la Russie du nord et des Etats Baltiques du nord (Acta et Commentationes. Universitatis Dorpatensis B IV 4). Tartu-Dorpat 1923. 23 S. 8° (m. 5 Abb. u. 9 Karten).

258. Haberlandt, A., Kulturwiss. Beiträge z. Volkskunde von Montenegro, Albanien und Serbien. Wien 1917.
Rez. SAVk 24, 133f. (Rütimeyer).

b) Deutsches Sprachgebiet.

259. Hofstaetter, Walther, Deutschkunde. 4. Aufl. Leipzig, B. G. Teubner, 1923. 229 S. 8°.

Darin: O. Brenner, Ländliche Siedlung und Bauernhaus; O. Lauffer, Häusliche Altertümer; Emil Lehmann, Religion, Märchen, Sage, Volkslied; W. Hofstaetter, Sitte u. Brauch.

260. Hofstaetter, W. und Hofmann, W., Kleine Deutschkunde. Grundzüge deutscher Lebensgestaltung. Leipzig und Berlin, Teubner, 1923. 91 S. 8°.

261. Lenschau, Th., Die deutschen Stämme und ihr Anteil am Leben der Nation (Wissensch. u. Bildung Bd. 191). Leipzig, Quelle & Meyer, 1923. 95 S. M. 1,60.

Rez. DG 25 (1924), 116 (–).

262. Sach, A., Die deutsche Heimat. Landschaft und Volkstum. Dritte verbess. Aufl. m. 52 Textabb. Halle, Verlag der Buchandlung des Waisenhauses, 1923. XII, 671 S. Gr. 8°.

Rez. MOstbGr 12 (1923), 168.

263. Naumann, Hans, Grundzüge der deutschen Volkskunde. Leipzig 1922.

Angez. ZfVk 33/34, 55 (F. B[oehm]); ZfrwVk 20/21, 80; SAVk 24, 206 (E. H[offmann]-K[rayer]); ARw 22 (1923/24) 325 (Weinreich); Hmtl 11, 44 (E. Fehrle).

Rez. Ethnographia 33, 110 (-ss.); NdZVk 1, 59—62 (J. Schwietering); HmtVorarlb 4, 79—80; MschlVk 24, 144f. (Siebs); ZfrwVk 20/21, 80 (P. Sartori); DG 25 (1924), 38 (—); Ltzbl 74 (1923), 194.

264. Reuschel, Karl, Deutsche Volkskunde im Grundriß. Zwei Teile. Leipzig u. Berlin, B. G. Teubner, 1920 u. 1924.

Rez. BllAlbV 36 (1924), Beil. zu Nr. 10, Sp. 66 (Nägele); DG 25, 119.

265. Reuschel, Karl, Deutsche Volkskunde. I. Leipzig, 1920.

Rez. VjVorarlb 8 (1924), 104f. (A. Helbok).

266. Reuschel, Karl, Deutsche Volkskunde im Grundriß. II. Teil: Sitte, Brauch und Volksglaube, sachliche Volkskunde. (NGw 645). Leipzig und Berlin, B. G. Teubner, 1924. 136 S. 8°.

I. Sitte, Brauch und Volksglaube. A. Magisch-religiöse Bräuche. B. Zunftbräuche. C. Rechtsbräuche. II. Siedelung, Haus und Hof. III. Volkskunst und volkskundliche Techniken. IV. Volkstracht. Verfasser- und Sachregister.

Angez. PfälzMus 41 (20), 188 (A. Becker); ZfVk 33/34, 174 (J. B[olte]); WZfVk 29, 98 (A. Haberlandt).

Rez. HessBll 23, 148/150 (H. Hepding).

267. Volk, Das deutsche, in Sitte u. Gebrauch, Geburt, Liebe, Hochzeit, Familienleben, Tod, Tracht, Wohnweise, Volkskunst, Lied, Tanz und Spiel, Handwerk und Zünfte, Aberglaube. Hrsg. v. Georg Buschan. Stuttgart, Union, 1923. 462 S. 8°.

(Nicht geliefert).

268. Clemen, C., Deutscher Volksglaube und Volksbrauch. Bielefeld und Leipzig 1921. 90 S.

Angez. ARw 22 (1923/24), 325 (Weinreich).

269. Kauffmann, Friedr., Deutsche Altertumskunde. II. Hälfte: Von der Völkerwanderung bis zur Reichsgründung. München, C. H. Beck, 1923. VIII, 711 S. u. 30 Taf.

I. Wanderung u. Reichsgründung. II. Siedelung. III. Gesellschaft. IV. Wirtschaft. V. Kunst.

Rez. MschlVk 25, 154f. (Siebs?).

270. Wirth, Alfred, Beiträge zur Volkskunde in Anhalt. H. 1: Reste d. Geisterglaubens. 32 S. H. 2/3: Die Hauptstufen d. menschl. Lebens. Geburt u. Taufe, Verlobung u. Hochzeit, Tod u. Grab. 2. Aufl. Dessau, C. Dünnhaupt, [1923]. 67 S. kl. 8°.

Angez. HessBll. 22, 111 (H. Hepding); ZfVk 33/34, 134 (J. B[olte]).

271. Wirth, Alfred, Beiträge zur Volkskunde in Anhalt. H. 4/5: Die Tiere im Brauch, Glauben und Volksreim. Dessau, C. Dünnhaupt Verl., 1924. 64 S. 8°.

272. Fehrle, Eugen, Badische Volkskunde. 1. Teil (Deutsche Stämme, Deutsche Lande). Leipzig, Quelle & Meyer, 1924. XV, 199 S. 8°.

Angez. ZfVk 33/34, 157 (F. B[oehm]); ARw 22 (1923/24), 325f. (Weinreich).

Rez. Hmtl 11 (1924), 9—11 (Hermann Eris Busse); Literarischer Handweiser 60 (1924), Sp. 602f. (Nikolaus Müller); MannhGschbll 25 (1924), Sp. 125f. (Othmar Meisinger); Aus der Heimat (Beilage zur Rastatter Zeitung) 1924, Nr. 37 (Johannes Künzig); ZfrwVk 20/21, 88 (K. Wehrhan); HessBll 23, 177 169 (H. Hepding); DG 25 (1924), 38.

273. Busse, Hermann Eris, Der Überlinger See. Im Auftrage des Landesvereins Badische Heimat hrsg. Karlsruhe, G. Braun, 1924. 244 S. 4°. brosch. M. 6.—, geb. M. 7,50.

Angez. SchwVk 14, 72 (E. H[offmann]-K[rayer]).

274. Lüers, Friedr., Volkskundliche Studien aus den bayerischen und Nordtiroler Bergen. München 1922.

Angez. ZfVk 33/34, 124 (H. Findeisen); BllBayGym 60 (1924), 305.

Reg. WZfVk 29, 17 (A. Pfalz); Alpina (Bern), 15. Juni 1924 (E. Hoffmann-Krayer); ZfVk 33/34, 124 (Hans Findeisen); Teuthonista 1 (1924/25), 80 (E. Grohne); WZfVk 29 (1924), 17 (A. Pfalz); AfdA 43, 155f. (E. Schröder).

275. Fischer, Joh. Bernh., Vom Alt-Ansbacher Bauernleben. Aus Joh. Bernh. Fischer, „Beschreibungen des Burggrafentums Nürnberg unterhalb des Gebirges usw., Ansbach 1887". Mitgeteilt von A. Wilhelm, Kreisbaumeister in Ansbach. FränkHmt 2 (1923), 62—64.

276. Brunner, Johann, Heimatbuch des bayerischen Bezirksamtes Cham. München o. J. [1922].

Angez. SAVk 25, 75 (E. H[offmann]-K[rayer]).

Rez. Sammler 92 (1923), Nr. 6, S. 7 (D. Gahr); MOstbGr 12 (1923), 48.

277. Krauß, Adolf, Das Fichtelgebirge: Land, Leute, Sprache. Bayerl 35 (1924), 437f.

278. Marzell, Heinr., Sitte, Glaube und Brauch im Gunzenhauser Bezirk. Alt-Gunzenhausen (Festschrift zum 1100. Jubiläum Gunzenhausens). Gunzenhausen 1923, S. 71—83.

279. Leoprechting, Karl von, Aus dem Lechrain. Zur deutschen Sitten und Sagenknnde. Unverkürzter Neudruck, 1. Teil: Erzählungen aus dem Volke (Bücher der Heimat Bd. 2). Altötting, Gebr. Geiselberger, 1924. 127 S. M. 1,50.

280. Metz, Friedrich, Land und Leute zwischen Neckar und Main. FränkHmt 3 (1924), 57—66.

281. Straub, Karl, Die Rhön im Wandel der Monate. Kulturgeschichtliche Erzählungen, Stimmungsbilder, Sagen und Geschichten aus der Rhön. Würzburg, Bonitas-Bauer, 1924. VII, 151 S. 8°. M. 2,60.

Rez. HessBll. 23, 172f. (H. Hepding).

282. Schell, O., Bergische Volkskunde. Elberfeld, A. Martini & Grüttefien, 1924. 142 S. 8°.

Stammeskunde, Siedlung, Tracht, Sprache, Volksdichtung, Volksglaube, Sitte u. Brauch, Spiel u. Tanz, Rechtspflege.

Rez. ZfrwVk 20/21, 87 (P. Sartori); HessBll 23, 164f. (H. Hepding).

283. Thies, W., Der hannoversche Bauer. Die Entwicklung des hann. Bauerntums von den Sachsenkämpfen bis zur Gegenwart. Hannover, C. V. Engelhard u. Co. 1923. 187 S.

Rez. DG 25 (1924), 114 (—).

284. Siegen und das Siegerland 1224—1924. Festschrift aus Anlaß der Siebenhundertjahrfeier von Burg und Stadt Siegen... hrsg. v. Hans Kruse. Siegen, Verlag der Siegener Zeitung (W. Vorländer) 1924. VIII, 120 u. 100 S.

Rez. HessBll 23, 165f. (H. Hepding). Reichhaltige volkskundliche Mitteilung.

285. Sohnrey, Heinrich, Die Sollinger. Volksbilder aus dem Sollinger Walde. Berlin, Deutsche Landbuchhandlung, 1924. 392 S. 8°. M. 5.—.

Angez. ZfVk 33/34, 130 (J. B[olte]).

Rez. HessBll 23, 163f. (H. Hepding). Behandelt so ziemlich alle volkskundlichen Gebiete; ZfrwVk 20/21, 88f. (K. Wehrhan).

286. Schönermark, Otto, Zur Harzer Volkskunde. Sitten, Gebräuche und anderes aus dem Harzgebiet. Thale a. H., Willi Bethge, 1924. 101 S. 8°.

Rez. BrnschwHmt 15, 134 (Otto Willke).

287. Lauffer, Otto, Niederdeutsche Volkskunde. 2. Aufl. Leipzig, Quelle & Meyer, 1923. VIII, 161 S. 8°.

Angez. HessBll 22, 110 (H. Hepding).

Rez. Sammler 92 (1923), Nr. 99 v. 8. Dez., S. 7 (—).

288. Peßler, Wilhelm, Niedersächsisches Volkstum. D. Akad. Rundsch. 8. Semesterfolge, Nr. 6 v. 25. Jan. 1923, und Nr. 7 v. 7. Febr. 1923, S. 9.

Hier u. a. ganz knappe Charakterisierung des Niedersächs. Hauses, des Friesenhauses usw.

289. Peßler, Wilhelm, Der niedersächsische Kulturkreis. NdHmtbl 1, 3—5.

290. Finder, Ernst, Die Vierlande, Beiträge zur Geschichte, Landes- und Volkskunde Niedersachsens. Hamburg, Paul Hartung-Verlag, 1922.

Rez. NdZfVk 1, 66—68 (Ernst Grohne); Jahrb. d. Männer vom Morgenstern 21 (1923/24), 163f. (E. R.); Hellweg (Essen) 2, 596 (R. Dohse).

291. Die Pfalz am Rhein. Ein Heimatbuch. In Verbindung mit Albert Becker, Theodor Zink und mit Unterstützung des Pfälzerwald-Vereins hrsg. von Daniel Häberle. Berlin, Verlagsanst. für Farbenphotographie Carl Weller, 1924. 96 S. 6 Taf. 79 Abb. M. 6.—.

Angez. PfälzMus 41 (20), 139 (A. Pfeiffer); ZfVk 33/34, 162 (F. B[oehm]).

Rez. MannhGbll 25 (1924), 200 (—).

292. Findeisen, Hans, Volkstümliches von der Insel Hiddensee (Aus Pommersch. Heimatskal. 1925, G. A. I, 6). Stettin 1923. 8°.

Angez. ZfEthn 56 (1924), 163.

293. Bilder aus• dem Volksleben des Ratzeburger Landes. Hrsg. v. Heimatbund f. d. Fürstentum Ratzeburg. Schönburg (Mecklenburg), Emil Hempel, 1923 (?).

294. Wrede, Adam, Rheinische Volkskunde. 2. Aufl. Leipzig 1922.

Angez. ZfVk 33/34, 63 (F. B[oehm]).

Rez. MschlVk 24, 146 (Siebs).

295. Kentenich, Rheinisches Landleben im 9. Jahrhundert. RheinHmtbll 1924, 117—119.

296. Wrede, Adam, Eifeler Volkskunde. Bonn 1922.

Angez. ZfVk 33/34, 63 (F. B[oehm]); PfälzMus 41 (20) 91 (A. Becker).

Rez. Hmtl 10 (1923), 13 f. (John Meier).

297. Wrede, Adam, Eifeler Volkskunde. (Volksk. rhein. Landschaften hrsg. von A. Wrede, 1). 2. verm. Aufl. Bonn und Leipzig, K. Schroeder, 1924. XII, 294 S. M. 6.—.

Angez. ZfVk 33/34, 177 (F. B[oehm]); ZfrwVk 20/21, 86 f.; PfälzMus 41 (20), 187 (A. Becker).

Rez. ZfrwVk 20/21, 86 f. (P. Sartori); MannhGbll 25 (1924), 231 (—).

298. Kloevekorn, F., Das Saarland. Ein Heimatbuch. Mit Zeichnungen und 4 Tafeln nach Radierungen von Hermann Keuth. Leipzig, Brandstetter, 1924. VIII, 381 S. M. 5.50.

Angez. PfälzMus 41 (20), 188 (A. Becker); ZfVk 33/34, 164 (F. B[oehm]).

Rez. Literarischer Handweiser 60 (1924), Sp. 481 (Ernst Hamm).

299. Das Kuhländchen. Geschichts- und Kulturbilder aus alter und neuer Zeit. IV. Neutitschein, 1922.

Rez. MschlVk 25, 186 f. Darunter manches Volkskundliche: Bräuche bei der Hochzeit und am Andreastage, mundartl. Erzähl. und Verse u. a.

300. Graebisch, Friedrich, Karla Ton, ein treuer Sohn seiner Heimat oder wie der Glatzer Bauer auf eigener Scholle schafft. (Glatzer Heimatbücher I, 3). Mittelwalde, A. Walzel, 1922. 133 S.

Rez. MschlVk 74, 151 (Siebs). Betr. Land und Leute, Haus und Feldarbeit, bäuerliches Leben.

301. Schneider, Karl, Das Riesengebirge und sein Vorland. DV (Sonderheft) 1924. 115 S.

302. Wenisch, Rudolf, Das Erzgebirge und sein Vorland. DV (Sonderheft) Wien 1923. 312 S. 8°.

303. Sartori, Paul, Westfälische Volkskunde. Leipzig, Quelle & Meyer, 1922. 209 S. 8°.

Angez. ZfVk 33/34, 58 (F. B[oehm]).

Rez. MschlVk 24, 146; HessBll 22, 102—104 (Gg. Faber).

304. Schauerte, Heinrich, Sauerländische Volkskunde. I. Bigge-Ruhr, Sauerländ. Heimatverlag der Josephsdruckerei, 1923. 78 S.
Rez. HessBll 22, 111 (H. Hepding).

305. Pfister, Friedrich, Schwäbische Volksbräuche, Feste und Sagen (Veröffentlich. des urgeschichtlichen Forschungsinstituts Tübingen; Volkstümliche Reihe). Augsburg, Benno Filser, 1924. 111 S. 8°.
Angez. ZfVk 33/34, 173 (F. B[oehm]); ARw 22 (1923/24), 326 (Weinreich).
Rez. HessBll 23, 173f. (H. Hepding); HistorJb (München) 44 (1925), 121f. (C. W.); BllAlbV 36 (1924), Beil. zu Nr. 10, Sp. 66 [Nägele].

306. Aich, J. A., Laupheim [Württ.] 1570—1870. 3. und 4. Aufl. Laupheim, Klaiber, [1923]. 168 S.
Rez. BllAlbV 35 (1923), 16 (Nägele).
„In einem Kapitel „Ortskunde" über Mundart, Trachten, Volksglauben, Volkssagen u. a., das man gern reicher ausgestattet und schärfer umrissen gesehen hätte."

307. Brockhausen, E., Österreich in Wort und Bild. Berlin-Wien, Franz Schneider, 1924. 82 S. 185 Abb. 1 Karte.
Rez. Hmtg 5, 325 (E. Straßmayr).

308. Geramb, Viktor, Deutsches Brauchtum in Österreich. Graz, Alpenland-Buchhandlung Südmark, 1924. 159 S. gr. 8°.
Brauchbare und zuverlässige Zusammenstellung.
Angez. WZfVk 29, 99 (A. Haberlandt); ZfVk 33/34, 159 (F. B[oehm]); Vld 26 (1925), 7./8. Heft, 15 (Z[oder]); SchwVk 14, 55f. (E. H[offmann]-K[rayer]).
Rez. HessBll 23, 174 (H. Hepding).

309. John, Alois, Sitte, Brauch und Volksglaube im deutschen Westböhmen. 2., vermehrte Aufl. Reichenberg, Franz Kraus, 1924. XX, 420 S. 8°.
Angez. ZfVk 33/34, 163 (J. B[olte]).

310. Hadina, Emil und Müller-Rüdersdorf, Wilhelm, Großböhmerland. Leipzig, Friedrich Brandstetter, 1923. VIII, 362 S. 8°. Geb. M. 6.—.

311. Haberlandt, A., Volkskunde in Niederösterreich. 16 S. mit Karte der Bauernhausformen. Wien, A. Haase, 1924?
Angez. DG 25 (1924), 85.

312. Geramb, Viktor, Volkskundliches aus Steiermark. Deutsche Kultur in der Welt 10, H. 1—4 (Sonderheft: Die Südmark). S. 13—17.
Siedlungsweise, Bauernhaus, Volkstracht, Geräte, Sitte, Brauch und Glauben (Neujahrssingen, Steirertanz, Maibaumsetzen, Marterln usw.).

313. Geramb, Viktor, Volkskundliches aus Steiermark. Amtl. Anzeiger Steiermarks, Graz, 1922, 237—239.

314. Monschein, Franz, Heimatbuch der Bezirkshauptmannschaft Graz. Wien, Österr. Schulbücherverlag, 1924. 463 S. 8°.
Enthält u. a. Siedlung, Namen, Sagen, Brauch.

315. Köchl, Karl, Steirisch Land und Leute in Wort und Bild. Hrsg. u. redigiert. [2.] Bd.: Eisenerz. Graz, Leykam, 1924. 199 S. gr. 8⁰.

316. Förderreuther, Max, Über die Bildungswerte einer Alpenwanderung. Alpenländische Monatshefte (Graz) 1924, 394—410.

317. Zimmeter, Kunibert, Das Volksleben in Tirol. Bayerl. 34, 181—184.

318. Wopfner, Hermann, Geschichtliche Heimatkunde. Tiroler Heimat (Innsbruck) 5/6, (1924), 5—57.

Die beiden ersten Kapitel einer tirolischen Heimatkunde. Teil I. Beziehungen zwischen Boden und Geschichte der Heimat.

319. Schätz, Josef Julius, Vom Brenner bis Salurn. Ein Buch von Menschen, Bergen und der Schönheit des Landes. Bozen, Amonn; München, Schätz 1923. VI, 94 S. 4⁰.

320. Lex, Franz, Paschinger, Viktor, und Wutte, Martin, Landeskunde von Kärnten. Klagenfurt, W. Merkel, 1923. 240 S. 8⁰.

321. Helbok, A., Heimatkunde von Vorarlberg. Wien, Leipzig, Prag, Schulwissenschaftl. Verlag Haase, 1924f.

322. Barbisch, Hans, Vandans. Innsbruck 1922.
Angez. SAVk 24, 201 (E. H[offmann]-K[rayer]).
Rez. WZfVk 28, 76f. (M. Haberlandt); Bayerl 34 (1922/23), 195f. (Dr. Gero v. Merharts).

323. Patsch, C., Historische Wanderungen im Karst und an der Adria I: Herzegowina. Wien 1922.
Rez. WZfVk 28, 60—64 (A. Haberlandt).

323a. Möller, Karl von und Grothe, Hugo, Das Banat. Eine Gedenkschrift. Deutsche Kultur in der Welt (Leipzig-Gohlis) 1923/24. Nr. 1/4. (Sonderheft).

324. Friedli, Emanuel, Bärndütsch als Spiegel bernischen Volkstums. V. Bd.: Twann (Seeland VI. Teil). Bern 1922.
Angez. SchwVk 14, 55 (E. H[offmann]-K[rayer]); MschlVk 25, 161 (Siebs).

325. Friedli, Emanuel, Bärndütsch als Spiegel bernischen Volkstums. VI: Aarwangen. Mit 218 Ill. im Text u. 13 Einschaltbildern. Bern, A. Francke, 1925. XII, 736. 8⁰. Frs. 25.—.
Rez. HessBll 23, 147f. (Alfred Goetze).

326. Binder, Gottlieb, Aus dem dem Volksleben des Zürcher Unterlandes. SAVk 25, 91—124. 197—228.

Das Haus und seine Bewohner, Dorfleben, Kinderleben, Bursch und Mädchen, Allerlei Beschäftigungen der Bevölkerung, Arbeit, Der Bauerngarten.

327. Kuhn, G., Zur Volkskunde von Maur (Kt. Zürich). SAVk 24, 241—291.

Inhalt: 1. Hausinschriften. 2. Bauart und Namen der Häuser. 3. Bestandteile und Geräte der Häuser. 4. Kleidung. 5. Ländliche Gewerbe und Hausindustrie. 6. Volksfeste und Bräuche. 7. Sagen und Aberglauben. 8. Volksmedizin. — Abbildungen.

328. Kauder, Viktor, Die deutsche Sprachinsel Bielitz-Biala (Deutsche Gaue in Polen, Heft 1). Plauen i. Vogtl., Verlag Das junge Volk, 1923. 80 S. 8⁰.

Enthält: Bauten, Sagen, Brauchtum, Volkslieder, Trachten, Tänze usw.

329. Kaindl, Raimund Friedrich, Bei den deutschen Brüdern in Großrumänien (Deutsche Art — treu bewahrt Bd. 1). Wien, A. Pichlers Wwe. & Sohn, 1924. 107 S. 8⁰. S. 3,60.

330. Kaindl, Raimund Friedrich, Der deutsche Bauer in Galizien und der Bukowina. Deutsche Bauernhochschule (Dresden) 1924, 106—109.

331. Rivinius, Jakob, Die Mennoniten in Südrußland. Die Gründe ihrer kulturellen Überlegenheit über andere Kolonisten. Wolgadeutsche Monatshefte, Berlin, 1924, 113 f. 130—132.

Landwirtschaft, Gewerbe, Kirchenzucht, Soziales.

c) Niederländisches Sprachgebiet.

332. van der Ven, D. J., Neerland's volksleven in den zomer. Groot nationaal en folkloristisch filmwerk in vier afdeelingen met een voor- en naspel. Oosterbeek, [1923]. 8⁰.

Erklärender Text zu einem volkskundlichen Film.

d) Nordgermanisches Sprachgebiet.

333. Neckel, Gustav, Germanisches Wesen in der Frühzeit. Eine Auswahl aus Thule mit Einführungen. Jena, Diederichs, 1924.

Auswahl von sittengeschichtlich kennzeichnenden Erzählungen der Nordgermanen.

334. Norlind, T., Svenska allmogens liv. 2. uppl. Stockholm 1924. 48 S.

335. Hyltén-Cavallius, G. O., Wärend och wirdarne I—II. Andra upplagan. Stockholm, utgiven av C. W. von Sydow, 1921—1922. 8⁰.

Rez. Fatab 1922, 127 fg.

336. Erixon, S., Svensk byggnadskultur och dess geografi. Ymer 1922. H. 3, 4.

Rez. Budk 2, 117—120 (K. Wikman).

337. Erixon, S., Vårt inre kulturförsvar. Hävd o. Hembygd 1923 (Stockholm), 85—88.

338. Enqvist, A., De kulturhistoriska samlingarna i Uppsala. Rig 6, 86—91.

339. Billow, A., och S. Wallin, Kulturhistorien på Jubileumsutställningen i Göteborg. Rig 6, 155—188.

340. Lönqvist, N., Berättelse om Bara härad 1775. Med efterskrift och anmärkningar utg. av G. Carlquist. Bidrag til Bara härads beskrivning. Lund 1924. 31 S. 8⁰.

Rez. Budk 3, 58.

341. Bohuslänska Folkminnen. Studier och uppteckningar, redigerade av D. Arill. Uddevalla, Västsvenska Folkminensföreningen, 1922. 196 S. 8⁰. Schwed. Kr. 6.

Rez. FoF 10, 62—64 (v. Sydow); Fatab 1923, 74 (S. Erixon).

342. Erlandsson, Th., En döende kultur. Bilder ur gammalt gotländskt allmogeliv. Visby, J. Ridelius, 1923. 285 S. 8°.
Rez. Budk 3, 59.

343. Söderberg, H., Sägner, seder och bruk på södra Gotland. Visby, J. Ridelius, 1924. 169 S. 8°. 2 Kr.
Angez. Budk 3, 58f.

344. Hallvarsson, H., Från land och strand vid Ljunga älv. Berättelser om strid med björnar och andra underbara händelser. Stockholm 1923. 124 S. 8°.
Rez. Fatab 1923, 128.

345. Klein, E., Runö. Folklivet i ett gammalsvensk samhälle. Uppsala, Lindblad, 1924. 416 S. 4 Pl.

346. Lovén, N., Folklivet i Skytts härad i Skåne. 4. Aufl. Lund, Gleerup, 1924. XVIII, 262 S. 8°.

347. Svensson, S., Skånskt bondeliv. Klippan, Skånskt folkminnesarkiv, 1924. 100 S. 8°. Kr. 2,50.
Angez. Budk 3, 121 fg.

348. Ellekilde, Hans, C. W. v. Sydow, Skånskt bondeliv. 1924, 73—82.

349. Söderbäck, Per, Skrock, sed och sägen i en Smålandssocken. Stockkolm 1921.
Angez. SAVk 24, 202 (E. H[offmann]-K[rayer]).

350. Hildebrandsson, H. H. och Samuelsson, S., En bok om Värmland.
Rez. Fatab 1923, 76—79 (N. K—d).

351. Kåve, Kultur- och bygdebilder. Ett 30-tal skisser ur allmogens liv. Värnamo och Jönköping 1922.
Rez. Fatab 1923, 128.

352. Västsvensk forntro och folksed (Göteborgs Jubileumspublikationer XV). Göteborg, Elanders Boktryckeri, 1923. 239 S. 4°. Schw. Kr. 10.
Ausgezeichnete illustrierte Darstellung des westschwedischen Volksglaubens und Brauches. Enthält: Frühlingsgebräuche (D. Arill), Sommer, Herbst, Winter (H. Celander), Spiele (K. Ågren), Verlobung und Hochzeit (D. Arill), Tod und Begräbnis (H. Rosén), Volksmedizin (M. Lundquist), Besorgung des Viehs (P. Heurgren).
Rez. FoF 10, 60—62 (v. Sydow); Budk 3, 25—27 (K. Wikman).

353. Visted, K., Vor gamle Bondekultur. Ny forøket utgave, med 216 tekstbilleder og 4 plancher. Kristiania, Cappelens forlag, 1923. 374 S. 8°.
Eine neue vergrößerte Ausgabe des vortrefflichen Übersichtswerkes der norwegischen Volkskultur.
Rez. NFKult 9, 181—183 (R. Berge); BoB 5, 88; Heimen (Kristiania), 1 (1923), 179 (O. Johnson); Fatab 1924, 90f. (N. Hammarstedt); DanSt 1924, 48 (G. Knudsen).

354. Bugge, A., Livet på landeveien i grænsebygderne i Norge for 200—250 år siden. Nordisk Tidskrift 1923 (Stockholm), 53—68.

355. Schömer, Rosa, Eine norwegische Gaubeschreibung. WZfVk 28, 85—88.

356. Bækkestad, E., Gjestebodsskikkar i Aal fraa 1850—60 aari. Kjenn ditt land, (Oslo) 1 (1923), 21 f.

357. Kleiven, Ivar, Gamal bondekultur i Gudbrandsdalen, Lesja og Dovre. Kristiania, Aschehoug & Co., 1923.
Rez. NFKult 10, 88 (R. B[erge]).

358. Setesdalen (Norske Bygder 1). Christiania 1921.
Ausführl. Anz. WZfVk 28, 57—60. 71—74.

359. Lund, W., Træk av gammel tröndersk bondekultur. Trondhjem 1923. 60 S. 8°.

360. Olsen, Chr., Fra Nordvestsjælland. Slægtminder og Folkeminder. Udg. af Historisk Samfund for Holbæk Amt. Kolding, Haase, 1923. 254 S. Kr. 5.—.

361. Christophersen, Marie, Fra Hedeboegnen. Ordnede og udgivne af Henrik Ussing. (Danmarks Folkeminder Nr. 26). København, Schønberg, 1923. 173 S. 8°. Kr. 4,50.

362. Nielsen, H. Grüner, Læsøfolk i gamle Dage. Folkelivsskildring efter trykte og utrykte Kilder. (Danmarks Folkeminder Nr. 29). København, Schønberg, 1924. VIII, 255 S. 8°. Kr. 7.—.

363. Korsgaard, O., Folkeliv i Skanderup Sogn. Fra Ribe Amt 6, 107-142.

364. Nippgen, Joseph, Le Folklore des Eskimos. Ses caractères généraux. REthn 4, 189—192.

365. Jenness, G., The Life of the Copper Eskimos 1922.
Rez. RAnthr 33, 327 f. (J. Nippgen).

e) Romanisches Sprachgebiet.

366. van Gennep, Arnold, Le Folklore. Croyances et coutumes populaires françaises. Paris, Librairie Stock, 1924. 125 S. 16°. Fr. fr. 2.—.
Brauchbare Zusammenstellung der wichtigsten Erscheinungen französischer Gesamtvolkskunde unter Berücksichtigung allgemeiner Gesichtspunkte.
Angez. ZfVk 33/34, 159 (J. B[olte]).

367. Jeanton, Gabriel, Le Mâconnais traditionaliste et populaire. 4 fascicules. Mâcon, Protat Frères Impr., 1920—23. 108; 104; 101; 100 S. Fr. fr. 30.—.
Rez. SAVk 25, 79 f. (E. Hoffmann-Krayer); Mercure de France, 15 Juillet 1924 (A. van Gennep).

368. Rougé, J.-M., Folklore de la Touraine, Tours, Chinon, Loches. Tours, Arrault, 1924. 16°.
Rez. Mercure de France 1 Oct. 1924, 211 (A. van Gennep).

369. Beuret-Frantz, J., Mœurs et coutumes aux Franches-Montagnes [Berner Jura]. Moutier, Imprimerie du Petit Jurassien, 1921.
Rez. SchwVk 13, 30 f. (J. R.).

370. Gerber, Rob., Le folklore d'un village jurassien (Orvin sur Bienne). SAVk 24, 73—97.
Festbräuche, Jagdbräuche, Wetter- und Bauernregeln, Geburt, Hochzeit, Begräbnis, Aberglauben und Volksmedizin, Zauber und Gegenzauber, Segen, Erscheinungen und Geräusche, Sagensteine, Sagen, Ortsnamen, Vereinzeltes aus Hexenprozessen.

371. Pierron, Sander, Le Folklore en Belgique. L'Indépendance Belge des 21, 24, 28 févr., 2, 6, 13, 19, 23 mars et 5 avr. 1924.

Rez. Mercure de France 1 Oct. 1924, 210f. (A. van Gennep).

372. Llano Roza de Ampudia, Aurelio de, El Libro de Caravía. Oviedo 1919.

Angez. SAVk 25, 157 (E. Hoffmann-Krayer).

373. Martín-Granizo, L., Paisajes, hombres y costumbres de la provincia de León. Madrid, J. Pueyo, 1922. 76 S. 8°. Ptas. 2,50. Vortrag.

374. Taracena Aguirre, B., Para el folklore de la provincia de Soria. Actas y Memorias. Soc. Esp. de Antropología usw. (Madrid) 2 (1923), 69—72.

375. Ciuffo, N'Antoni, Folklore alguerés. Bolletí del Diccionari de la Llengua Cat. (Palma de Menorca) 13 (1924), 257—272.

376. Papahagi, Tache, Din folklorul romanic și cel latin. Studiu comparat. Din Publicațiunile Casei școalelor. București 1923. II, 174 S. 8°.

Aus der romanischen und lateinischen Volkskunde. Vergleichende Studie. (1. Anleitung zu volkskundlichen Studien; 2. Folklore der Monate; 3. Volksanschauungen, Aberglauben, Gebräuche, Zauberei u. ä.; 4. Zauber, Gegenzauber, Gebete).

Rez. IzvNEMS 3, 157—161 (St. Mladenov).

377. Bibesco, Princesse, Isvor, le pays des saules. 2 vol. Paris, Plon, 1923. 274 u. 206 S. [Nicht gesehen].

Rez. RAnthr 33, 157—159 (P. Saintyves). Enth. viel Volkskundliches aus Rumänien.

f) Slavisches Sprachgebiet.

378. Bogoraz, V., Novyje zadači rossijskoj etnografii v poljarnych oblastjach (Neue Aufgaben d. russ. Ethnographie in den Polargebieten). Trudy Severnoj Naučno-Promyslovoj Ekspedicii (Arbeiten der wissenschaftl.-gewerblichen Expedition nach dem Norden) 9. 1921. 30 S., 1 Karte.

379. Tager, E., Iskustvo i byt Severa (Kunst und Leben des Nordens). „Na Severnoj Dvine", Sbornik Archangeljskogo Obščestva Krajevedenija („A. d. Norddwina", Sammelbd. d. Heimatkundl. Gesellsch. in Archangelsk) 1924, 28—37.

380. Grigorov, L., Očerki sovremennoj derevni (Skizzen aus dem heutigen Dorfleben). Moskau, Staatsverlag, 1924. 218 S. 16°.

381. Berg, L. S., Naselenije Bessarabii. Etnografičeskij sostav i čislennostj (Die Bevölkerung von Bessarabien. Ethnographischer Bestand u. Zahl). Petrograd, Akad. d. Wiss., 1923. 59 S., 1 Karte.

382. Страшимиров, А., Рупци. Известия 3, 21—32.

Rupzi sind die Bewohner eines Teiles des Rhodope-Gebirges in Bulgarien Ethnograph. Beschreibung derselben.

383. Flajšhans, V., Nový pramen české lidovědy [Eine neue Quelle der tschechischen Volkskunde]. Národop. Věstník (Prag), 16 (1923), 113—116.

„Phyzologiarius", „Exemplarius" und „Astronomiarius".

384. Adamus, Alois, Naše Slezsko (Unser Schlesien). Praha, Česká Grafická Unia, 1924. 128 S. 8°.

385. Gulgowski, Izydor, Kaszubi (Die Kaschuben). Kraków, Księgarnia „Orbis“, 1924. 128 S. 8°.

386. Fischer, Adam, Lud Kaszubski (Die Kaschuben) i. d. Sammelpublikation: Pawłowski, S. — Jakubski, A. — Fischer, A. Z polskiego brzegu. Lwów-Warszawa, Książnica Polska T. N. S. W. 1923, 47—71.

387. Sosnowski, Kazimierz, Beskidy Zachodnie (Westbeskiden). Kraków, Księgarnia „Orbis“, 1924. 248 S. 8°.

Darin auch volkskundliches Material, besonders das Gebirgshirtentum betreffend.

388. Udziela, Seweryn, Górale od Żywca (Die Goralen aus Żywiec). Wierchy (Lwów) 2, 151—166.

389. Udziela, Seweryn, Krakowiacy (Das Krakauer Volk). Kraków, Księgarnia „Orbis“, 1924, 154 S. 8°.

390. Udziela, Seweryn, Krakowiacy (Das Krakauer Volk). Ziemia 8, 161—167.

391. Chętnik, Adam, Kurpie (d. h. die Bewohner der Puszcza am Narew und Bug). Kraków, Księgarnia „Orbis“, 1924. 140 S. 8°.

392. Mańkowski, Alfons, Zwyczaje i wierzenia ludowe w Złotowie pod Lubawą (Volksbrauch und Volksglauben in Zlotov b. Lubava). Zapiski Tow. Naukowego w Toruniu, 6, 69—79. 86—94.

393. Staniewicz, W., Matujzy Bołondziszki, wieś powiatu lidzkiego (Matujzy Bołondziszki, ein Dorf im Kreise Lida). Wilno, Bibljoteka Zakładu polityki agrarnej szkoły głównej gospodarstwa wiejskiego, 1923. 158 S. 8°.

394. Talko-Hryncewicz, Juljan, Muślimowie czyli tak zwani Tatarzy litewscy (Muslimen oder die sogenannten litauischen Tataren). Kraków, Księgarnia „Orbis“, 1924. 126 S. 8°.

395. Radovanović, V., Tikveš i Rajec. SEZb 29 (1924), 129—565.

Anthropogeographie der Landschaften T. und R. in Südserbien; viele Bilder und Skizzen der Haus- und Dorftypen.

Rez. SKGl 15 (1925), 471.

396. Simonović, R., Etnografski pregled. Im Sammelwerk Vojvodina, herausg. von der Neusatzer Sektion des jugoslavischen Ingenieur- und Architektenvereins, Neusatz 1924.

Ethnographische Übersicht über die Vojvodina, 10 Trachtenbilder.

397. Matoušek, Karel, Podkarpatská Rus. Praha, Česká Grafická Unia, 1924. 250 S. 8°.

Betrifft die früher sogenannten ungarischen Ruthenen.

398. Erjavec, Fran, Slovenci. Zemljepisni, zgodovinski, politični, kulturni, gospodarski in socialni pregled. V Lublani, 1923. 259 S.

Die Slovenen. Erdkundlicher, geschichtlicher, politischer, kultureller, wirtschaftlicher und sozialer Überblick.

399. [Ukrainische Volkskunde. Publikationen der Ševčenko-Gesellschaft der Wissenschaften in Lemberg in den Jahren 1916/19.]
Angez. ZfVk 33/34, 131 (A. Löwis of Menar).

400. Weigand, S., Ethnographie Mazedoniens. Leipzig 1924.
Rez. Glasnik Skopskog naučnog društva I, 1, 275—285 (J. Erdeljanović); Sbornik československé společnosti zeměpisné 31, 136 (J. Král, ablehnend); Literaturblatt d. Frankfurter Zeitung 31. Juli 1925 (H. Wendel); Makedonski Pregled I, 111—118 (St. Romanski).

401. Smiljanić, T., Plemenske odlike Mijaka. Star. 7 (1924), 61—74.
Über den Hirtenstamm der Mijaci in Mazedonien.

g) Ostseefinnen und Lappen.

402. Itkonen, T. J., Suomensukuiset kansat [Die Völker finnischen Stammes]. Helsinki, Tietosanakirja-osakeyhtiö, 1921. 288 S. 8⁰ (m. 154 Abb. u. 1 Karte).
Rez. Eesti Keel 1 (1922), 58-60 (A. M. Tallgren).

403. Loorits, Oskar, Liivi rahva olevik [Die Gegenwart des Livenvolks]. Eesti Kirjandus 17 (1923), 37—46. 73—62. 129—139. 166—182.
Historisch-ethnographische Skizze.

404. Sirelius, U. T., Väster och öster i Finlands materiella kultur. Rig 6, 97—110.

405. Schøyen, Carl, Skauluk-Andaras. Berichte aus Lappland, übersetzt von J. Sandmeier. Jena, Diederichs, 1923. 204 S. 8⁰.
Naiv stimmungsvolle Schilderung des Lebens und Treibens vorwiegend der Wanderlappen. Eindruck völliger Zuverlässigkeit. Das vereinzelt Volkskundliche tritt zurück vor dem Alltagsleben mit seinem harten Kampf ums Dasein und vor der Zeichnung besonderer Personen und ihrer Erlebnisse.

406. Rosberg, J. E., Lapplynne. Helsingfors. Söderström u. Co., 1922.
Rez. Ymer (Stockholm) (1923), 271—273 (R. Numelin).

407. Paulaharju, S., Vanhaa Lappia ja Peräpohjaa. Helsinki, 1924. 313 S. 8⁰.
Vom alten Lappland und Nord-Osterbotten.
Rez. Valvoja-Aika (Helsinki) (1924), 212—214 (J. H—ki).

h) Finno-Ugrier in der Sowjetunion.

408. Bogoslovskij, P. S., Ob izučenii Permskogo kraja v lingvističeskom i etnografičeskom otnošenijach (Über die Erforschung des Perm'schen Gebiets in linguistischer und ethnographischer Hinsicht). „Sever" („Norden"), 1 (5), Wologda 1924, 133—143.

409. Arsenjew, Wlad. K., In der Wildnis Ostsibiriens. Forschungsreisen im Ussurigebiet. Übers. v. Franz Daniel. I. Bd. Berlin, Aug. Scherl, [1924]. 444 S.
Rez. Anthr 18/19, 1135f. (W. A. Unkrig).

410. Lvjov, Vl., Samojedy. Očerk (Die Samojeden. Ein Abriß). 7. Aufl. Moskau-Petrograd, Staatsverlag, 1923. 49 S.

411. Donner, Kai, Siperian samojedien keskuudessa. Helsinki, Otava, 1923. 263 S., 74 Fig., 1 Karte. 8°. 2. Aufl.
Unter Sibiriens Samojeden 1911, 1913 u. 1914.

i) Griechen.

412. *Κυριακίδης, Στ. Π., Ἑλληνικὴ Λαογραφία. Μέρος Α': Μνημεῖα τοῦ λόγου. Ἐν Ἀθήναις* 1922.
Kurz angez. SAVk 25, 160 (E. H[offmann]-K[rayer]); ARw 22, 351 (Weinreich); BphW 44, 630 (Soyter); ZfVk 33/34, 129 (J. B[olte]).

413. Holdt, Hans und Hofmannsthal, H. v., Griechenland. Baukunst, Landschaft, Volksleben. Berlin (1922). XIV, 176 S. 4°.
Angez. ByzNeugrJbb 4, (1923), 423 (K. Grote-Hahn).

k) Anderweitiges.

414. Bosch y Gimpera, Die baskische Ethnologie im Lichte der neuesten archäologischen Forschung. (Bericht über einen Vortrag). ZfEthn 55, 87—90.

415. Barandiarán, J. M. de, Nacimiento y expansión de los fenómenos sociales [del pueblo vasco]. Anuario SocEuskoFl 4 (1924), 151—229.

416. Robinson, D., Jedī'at 'ammēnū [= Kunde unseres Volkes]. Berlin, „Ajanoth", 1923. 172 S. 8°.
Jüdische Volkskunde in hebr. Sprache.

417. Russell, Alex., Stray Notes on Gypsies from Burton's Translation of, The Thousand Nights and a Night. JGypsyLS 2, 143 f.

418. Brown, Irving, The Knowledge of Gypsy among the Gentiles of Spain. JGypsyL 3, 143 f.

419. Russell, Alex., Roumanian Gypsies. JGypsyLS 3, 187 f.
Aus: Paul Labbé, La vivante Roumanie. Paris 1913.

420. Ehrenborg, Harald, A Gypsy-like Tribe in Turkestan. JGypsyLS 3, 191 f.
Übersetzung einer Notiz des Russen J. F. G. Aminow aus dem Jahre 1899.

421. Macfie, R. A. Scott, Bulgarian Gypsies. JGypsyLS 3, 188—190.
Aus: Léon Lamouche, La Bulgarie dans le passé et le présent... Paris, L. Baudoin, 1892, S. 150 f.

3. Asien.

422. Negelein, Julius v., Weltanschauung des indogermanischen Asiens. Erlangen, Palm & Enke, 1924. VIII, 186 S. 8°.
Wertvolle Zusammenstellung.

423. Marr, N. Ja., Talyš. Petersburg 1922. 24 S. 8°.
Die Talysch, ein iranisches Völkchen am Kaspischen Meere in Südkaukasus.

424. Enthoven, R. E., The Folklore of Bombay. Oxford, Clarendon Press, 1924. 353 S. kl. 8°. 14 S.

Inhalt: I u. II. Worship of Natural Objects; III. Tree and Snake Worship; IV. Worship of Ancestors, Holy Men, and Saints; V. Spirit Possession and Scaring; VI. Totemism and Animal Worship; VII. Evil Eye and Avoidance. Witchcraft and Magic; VIII. Dreams and Omens; IX. Disease Deities and Curing of Disease in Human Beings; X. Women's Rites; XI. Village, Field, and Other Rites; XII. Miscellaneous Beliefs and Practices. Appendix: Questions on Folklore, by W. Crooke. Index.

425. Butterworth, A., The South-Lands of Siva. London, John Lane, 1923. 10 s. 6 d.

426. Ronaldshay, Earl of, Lands of the Thunderbolt: Sikhim, Chumbi, and Bhutan. London, Constable & Co., 1923. Sh. 16.—.

427. Ward, F. K., In Farthest Burma. London 1921.
Rez. RAnthr 33, 103 (J. Nippgen).

428. Evans, Ivar H. N., Studies in Religion, Folk-Lore, and Customs in British North Borneo and the Malay Peninsula. Cambridge, University Press, 1923. X, 300 S. 8°. 20 s.

429. Cabaton, Antoine, Les Badouis. Ethnographie 1923? Nr. 7 (Juni) 119—132.

430. Rodes, Jean, Les Chinois. Essai de psychologie ethnographique. Paris, Félix Alcan, 1923. III, 233 S. 8°.
Rez. REthn 4, 221 f. (M. Delafosse).

431. Haushofer, K., Japan und die Japaner. Eine Landeskunde. Mit 11 Karten im Text und auf 1 Tafel. Leipzig-Berlin, Teubner, 1923. VI, 166 S. M. 3,60 bzw. 4,20.
Enthält volkskundlich Wichtiges.
Angez. ZfVk 33/34, 20 (F. B[oehm]).

4. Afrika.

432. Delafosse, M., L'âme nègre. Paris 1922.
Rez. REthn 4, 82—84 (R. Basset).

433. Czekanowski, Jan, Ostateczne wyniki badań w Afryce środkowej w latach 1907, 1908 i 1909 (Endresultate der Forschungen in Mittelafrika in den Jahren 1907, 1908 und 1909). Przegląd geograficzny (Warszawa) 4, 138—150.

434. Migeod, F. W. H., Across Equatorial Africa. London, Heath Cranton, 1923. 397 S. 8°. 30 s.
Rez. Man 23, 197 (E. T.).

435. Rattray, R. S., Ashanti. Oxford, Clarendon Press, 1924. 25 s.
Rez. Man 24, 93 f. (R. R. Marett).

436. Darré, E., La tribu bondjo, ses mœurs, ses coutumes. Bull. de la Soc. des recherches congolaises 1923, 53 – 75.

437. Dundas, Charles, Kilimanjaro and its People. A History of the Waschagga. Their Laws, Customs, and Legends. London, H. F. & G. Witherby, 1924. 349 S. 8°. 18 s.
Rez. Man 24, 123 f. (C. W. H.).

438. Driberg, J. H., The Lango: A Nilotic Tribe of Uganda. London, T. Fisher Unwin, 1923. 457 S. 8°. £ 3, 3 s.
Rez. Man 23, 157 (A. Werner).

439. Talbot, P. Amaury, Life in Southern Nigeria: The Magic, Beliefs and Customs of the Ibibo Tribe. London, Macmillan, 1924. Sh. 21.
Rez. The Empire Review (London) 1924, 195—198 (J. Langdon-Davies).

440. Voeltzkow, Alfred, Reise in Ostafrika in den Jahren 1903—1905. Wissenschaftl. Ergebnisse. I. Bd., I. Abt., Reisebericht. Witu-Inseln—Zanzibar-Archipel. Stuttgart, E. Schweizerbart, 1923. 328 S.
Rez. ZfEthn 55, 105 (Schachzabel).

441. Dalrymple, Belgrave C., Siwa. London 1922.
Rez. Anthr 18/19, 1112 f. (P. Borchardt).

5. Amerika.

442. Curtis, Natalie, The Indians' Book. An Offering by the American Indians, of Indian Lore, Musical and Narrative, to form a Record of the Songs and Legends of their Place. Recorded and edited by N. C. Illustrations from Photographs, and from Original Drawings by Indians. New York and London, Harper and Bros, 1923. XXXVI, 584 S. 4°.
Rez. JFSongS 7, 97 f. [Ed.]

443. Lowie, Rob. H., The Cultural Connection of Californian and Plateau Shoshonean Tribes. UnCalPubl 20, 143—156.

444. Kroeber, A. L., Elements of Culture in Native California. UnCalPubl 13, 259—328.

445. Spier, Leslie, Southern Diegueño Customs. UnCalPubl 20, 297 ff.

446. Roth, Walter Edmund, An Introductory Study of the Arts, Crafts, and Customs of the Guiana Indians. RepAmEthn 36, 23—745.

447. Faye, Paul-Louis, Notes on the Southern Maidu. UnCalPubl 20, 35—53.

448. Boas, Franz, Notes on the Tillamook. UnCalPubl 20, 3—.

449. Radin, Paul, The Winnebago Tribe. RepAmEthn 37, 33—560.

450. Hamio, Manuel, La Población del Valle de Teotihucan. México 1922.
Rez. Anthr 18/19, 1127—30 (P. M. Gusinde).

451. Siemiradzki, Józef, O Indjanach południowej Ameryki (Die Indianer Südamerikas). Kraków, Księgarnia „Orbis", 1924. 32 S. 8°.

452. Donwille Fife, C. W., Among the Wild Tribes of the Amazons. 2d Edition. London, Seeley Service & Co., 1924. 21 s.

453. Mello, G., Tradições, lendas, superstições populares. Folklore brasileiro. Rev. ling. port. (Innsbruck) 4(1923), 55—60.

454. Preuss, K. Th., Forschungsreise zu den Kágaba-Indianern der Sierra Nevada de Santa Marta in Kolumbien. Beobachtungen, Textaufnahmen und linguistische Studien. Unternommen im Auftrage der Staatlichen Museen zu Berlin mit Mitteln der Herzog von Loubat-Professur-Stiftung. (Fortsetz.) Anthr 16—17, 737—764.

455. Palma, R., Tradiciones peruanas. I. Madrid, Jiménez y Molina, 1923. XXIV, 352 S. 4°. Ptas. 14.—.

456. Koppers, Wilhelm, Unter Feuerland-Indianern. Eine Forschungsreise zu den südlichsten Bewohnern der Erde mit M. Gusinde. Stuttgart, Strecker & Schröder, 1924. VIII, 243 S. GM. 4,50, bzw. 6.—.

6. Australien und Ozeanien.

457. Horne, G., and Aiston, G., Savage Life in Central Australia. London, Macmillan and Co., Ltd., 1924. 8°. 18 s.

Contents: I. Lake Eyre District. II. Camp and Camp Life. III. Animals and Plants. IV. Implements other than Stone. V. Some Stone Implements. VI. Mooras and Murdus, Myths and Magic. VII. Death, Burial, Pointing-Bones and Sanctuary. VIII. Various Rites, Won konguru Words. Won konguru Names of Persons. Index.

458. Holmes, J. H., In Primitive New Guinea. An account of a quarter of a century spent among the primitive Ipi and Naman groups of tribes of the Gulf of New Guinea. London, Seeley, Service & Co., 1924. 307 S. Sh. 21.—.

459. Reischek, Andreas, Sterbende Welt. 12 Jahre Forscherleben auf Neuseeland. Hrsg. von seinem Sohn. Leipzig, F. A. Brockhaus, 1924. 334 S. M. 13.—, bzw. 15.—.

460. Brewster, A. B., The Hill Tribes of Fiji. London 1922.
Rez. Man 23, 108f. (E. Im Thurn).

461. Hadfield, E., Among the Natives of the Loyalty Group. London 1920.
Rez. RAnthr 33, 155f. (J. Nippgen).

462. Speiser, Felix, Ethnographische Materialien aus den Neuen Hebriden und den Banks-Inseln. Berlin, C. W. Kreidel, 1923. VII, 457 S. 4° u. 109 Tafeln.

Überaus reichhaltiges und prächtig illustriertes Werk, welches die gesamte Ergologie, Soziologie, Religion, Magie, Sitte und Kunst dieses Gebietes umfaßt.

Angez. SAVk 25, 75f. (E. Hoffmann-Krayer); ZEthn 56, 225—226 (B. Thurnwald).

463. Schmidt, P. Jos., Die Ethnographie der Nor-Papua (Murit-Kaup-Karau) bei Dallmannshafen, Neu-Guinea. Anthr. 18/19, 700—732.

464. Fox, C. E., The Threshold of the Pacific: An Account of the Social Organisation, Magic and Religion of the People of

San Cristoval in the Solomon Islands. With a Preface by G. Elliott Smith. London, Kegan Paul Trench, Trubner & Co., Ltd., 1924. XVI, 379 S., 14 Taf., 39 Abb. im Text und 1 Karte. Roy 8°. 18 s.

E. Vermischtes.

(Miszellen aus verschiedenen Stoffgebieten).

1. Ohne ethnographische Umgrenzung.

465. Jahrbuch für historische Volkskunde. Hrsg. von Wilhelm Fraenger. I. Die Volkskunde und ihre Grenzgebiete. Mit 206 Abb. Berlin, Herbert Stubenrauch, 1925. 348 S. 8°. M. 20.—.

Rez. HessBll 23, 151/155 (H. Hepding).

466. Festschrift Eugen Mogk zum 70. Geburtstag 19. Juli 1924. Mit 1 Porträt und 2 Tafeln. Halle a. S., Max Niemeyer, 1924. LII, 652 S. 8°. geb. M. 30.—.

467. Beiträge zur Deutschkunde. Festschrift Theodor Siebs zum 60. Geburstag dargebracht von seinen Schülern. Emden 1922.

Rez. MschlVk 25, 152f. (H. Jantzen).

468. Eichler, Lilian, The Customs of Mankind. London, William Heinemann, 1925. 783 S. 8°. 12 s. 6 d.

Von volkskundlichen Kapiteln sind zu nennen: VIII. Marriage Customs. IX. Gift Making. XIV. Holidays and their Customs. XV. The Dance. XVII. Funeral Customs. XVIII. Concerning Children. XIX. Popular Superstitions. XX. Survivals in Games.

469. Halliday, W. R., Folklore Studies, Ancient and Modern. London, Methuen and Co., 1924. XIX, 172 S. 7 s. 6 d.

Rez. JRomStud 14 (1924), 261 f. (L. H. D. B.).

470. Etnologiska Studier tillägnade Nils Edvard Hammarstedt. Stockholm 1921.

Angez. SAVk 24, 202 (E. H[offmann]-K[rayer]).

471. Folkloristiska och etnografiska studier 1—3. (Skrifter, utg. av Svenska litteratursällskapet i Finland 128. 135. 165). Helsingfors 1916, 1917, 1923. 316, 224, 246 S.

Angez. ZfVk 33/34, 46 (J. B[olte]); SAVk 25, 74f. (E. H[offmann]-K[rayer].

2. Antike.

472. Hoennicke, Volkskundliches aus den römischen Katakomben. MschlVk 25, 170f. (Vortragsreferat).

3. Deutsches Sprachgebiet.

473. Freytag, Gustav, Bilder aus der deutschen Vergangenheit. Illustrierte Ausgabe. 5 Bde. Leipzig, Paul List, 1924.

474. Riehl, Wilhelm Heinrich, Vom deutschen Land und Volk. Eine Auswahl. Hrsg. von Paul Zaunert. Jena, Eugen Diederichs, 1922. 267 S. 4°.

Rez. MOstbGr 12 (1923), 65.

475. Weise, Oskar, Die deutsche Sprache als Spiegel deutscher Kultur. Jena, Frommann, 1923. VIII, 175 S. 8°.
Rez. VjVorarlb 8, 31 (L. Jutz).

476. Reichmann, H., H. Schneider und W. Hofstätter, Ein Jahrtausend deutscher Kultur. Quellen von 800—1800. I.: Die äußeren Formen deutschen Lebens. 2. Aufl. 1922. XVI, 390 S. M. 9.—. II.: Die innere Stellung zur Kultur. 1924. VIII, 296 S. M. 7,50. Leipzig, Julius Klinghardt.
I.: 1. Volkslieder. 2. Zauberformeln. 3. Gebet und Fluch. 4. Bann und Ächtungs-. 5. Schwur-. 6. Verwünschungsformeln. 7. Trinksprüche. 8. Grußformeln. 10. (9. fehlt) Schimpfworte und Lästerungen. 11. Sagen. 12. Schwänke. 13. Fabeln. 14. Märchen. 15. Sprichwörter und sprichwörtliche Redensarten. 16. Rätsel. 17. Sprachliches.
Rez. HessBll. 22, 109f. (Hugo Hepding).

477. Berger, Hans Adalbert, Badnerland. (Brandstetters Heimatbücher deutscher Landschaften Bd. 17). Leipzig, Friedr. Brandstetter, 1924. X, 407 S. 8°. M. 5,50.
„Beiträge geschichtlichen, kulturgeschichtlichen, landeskundlichen und volkspsychologischen Inhalts von verschiedenen Autoren."

478. Das Markgräfler Land. Land, Leute, Kunst, Kultur. (Sonderband von „Badische Heimat".) Hrsg. von Hermann Eris Busse. Karlsruhe, G. Braun, 1923. 184 S. gr. 8°. Fr. 2.— bzw. 3.—.
Angez. SchwVk 13, 70 (W. A[ltwegg]).

479. Becker, Albert, Mosaik zur pfälzischen Volkskunde. PfälzMus 41 (20), 74—78.
Die Kinderprobe im Rhein. Ein Pfälzer Frauenvorrecht (Rumbach). Volkskundliches aus vergilbten Blättern (Bettlersalbe; zwei Heilsprüche). „Wie man die Betler Salben mach soll." Brauchformeln. Grenzlegung in der Pfalz. Landau im Volkslied. Pfälzer Ortsneck-Priamel. Pfälzer Bestattungsbräuche.

480. Beyschlag, Friedrich, Von pfälzischen Sagen und Sitten. PfälzMus 41 (20), 57—64.
1. Die verkehrte Kirche. 2. Eine Durchführung der Bahrprobe in Kusel im Jahre 1605. 3. Lichter und Totenkronen im Herzogtum Zweibrücken. 4. Volkskundliches in der Leininger Polizeiordnung von 1566.

481. Becker, A[lbert], Von Pfälzer Volkstum und Geistesleben. Kurpfälzer Jb 1925. Heidelberg, Paul Braus, 1924.

482. Becker, A[lbert], Zweibrücker Heimatbüchlein für Schule und Haus. Zweibrücken, Zweibr. Druckerei. 1923. 40 S.

483. Kriechbaum, Ed., Wanderfahrten in altbayrischen Landen. Braunauer Heimat 1923, Heft 19.

484. Raff, Helene, „So lang der alte Peter", ein Altmünchener Stadtbuch. München, Knorr & Hirth, 1923. 230 S.
S. 213—227: Vor den Festtagen; S. 157f. Weihnachtsspiele.

485. Wiessner, Georg Gustav, Volksglaube und Sage in der Pottensteiner Gegend. FränkBund (Nürnberg) 3. Heft, April 1924, 179—184.

486. Zuleeg, Ludwig, Brauch und Aberglauben in der Umgegend von Neustadt a. d. Aisch. FränkHmt 3, 408f.

487. Regler, Georg, Volkskundliches aus der Hollfeld-Thurnauer Gegend. Mainbote v. Oberfrank. 8 (1923), 25f.

488. Hartmann, Guido, Aus dem Spessart. Kultur- und Heimatbilder. 4., bedeut. erweit. Aufl. Frankfurt a. M., Englert & Schlosser, 1924. 184 S. 8°.

Darin: Volksleben. Trachten. Sage und Lied. Handwerk. Bauweise. Bildstöcke und Helge.

Rez. DG 25 (1924), 98f. (—); Bayerl 35 (1924), 468 (F. Solleder).

489. Elsaß-Lothringisches Jahrbuch, hrsg. vom Wissenschaftlichen Institut der Elsaß-Lothringer im Reich. Bd. 1—3. Berlin, de Gruyter, 1922—24. 193, 183, 190 S. 4°. Je M. 6.—.

Darin: Bd. 1, 143: H. Rahtgens, Bandornamente in der elsässischen Volkskunst. 2, 60: E. Ungerer, Über Hofzeichen und Hofnamen in einem elsässischen Dorfe. 3, 105: Ph. Hammer, Kennzeichen und Veränderungen der germanischen Ackerbau-Siedlungen mit besonderer Berücksichtigung des Elsasses. 3, 136: W. Zimmermann, Elsässische Volksnamen von Arzneimitteln, Chemikalien und ähnlichen Apothekerwaren.

Angez. ZfVk 33/34, 155f. (F. B[oehm]).

Rez. GöttAnz 186 (1924), 77 (W. Mommsen); Rez. DG 25 (1924), 81 (-).

490. Matthis, Charles, Le Folk-lore de la Région de Niederbronn (Bas-Rhin). RAnthr 33, 88—93.

Aberglauben und Bräuche, die sich an verschiedene Orte des elsäss. Kreises Niederbronn anknüpfen.

491. Grupe-Lörcher, Erica, Bilder aus dem elsässischen Volksleben. Die Bergstadt (Breslau) 11, 366—372.

492. Gessner, Albert, Geschichten vom Malberg: Ein Balduropfer. NassBl 4, 49. Ein Ding. NassBl 4, 62f. Das Bildweibchen. NassBl 4, 94f.

493. Müller, Wilhelm, Heimatkundliches aus Rheinhessen. VolkuSch 1, 196-198.

1. Der Wormser Gerichtsturm. 2. Die Wormser Ochsenköpfe. 3. Die drei Wormser Merkwürdigkeiten. 4. Das Geckengericht zu Bubenheim.

494. Mathar, Ludwig, Die Rheinlande. Bilder von Land, Volk und Kunst. Bd. 2: Die Mosel. 117 Abb. auf Tafeln. Köln, J. P. Bachem, 1924. 607 S.

495. Allerhand altes Volksgut. Rheinisches Land (Bonn) 1923, Heft 1 und 2.

496. Becker, W. J., Vermischte Beiträge zur Volkskunde von Coblenz. ZfrwVk 20/21, 44—50.

497. Emsbach, Volkskundliches aus Notscheid, Kreis Neuwied. ZfrwVk 20/21, 38—44.

Betr. Bauerntrachten vor 100 Jahren. Die Kirmes unserer Vorfahren. Tod und Begräbnis vor 50—80 Jahren.

498. Heinzerling, J., Über Glauben und Brauch unserer Vorfahren im Siegerlande. Siegen und das Siegener Land, 1924. Festschrift 56—63.

499. Schneider, Paul, Ruhrland. Leipzig, Friedr. Brandstetter, 1924. 260 S. 8°. M. 4.—.

„Sammlung von Beiträgen verschiedener Autoren, geographischen, kulturgeschichtlichen und volkspsychologischen Inhalts.“

500. Bergischer Kalender für das Jahr 1924. Ein Heimatjahrbuch für das bergische Haus und die bergische Schule. Hrsg. von August Kiersgel und Anton Jux. Bergisch-Gladbach, August Kiersgel, 1923. 112 S.

Darin über Volkskunst, ferner mundartliche Reime, Sprüche, Rätsel und Sagen.

Angez. ZfVk 33/34, 116 (H. Findeisen).

Rez. ZfrwVk 20/21, 87 (P. Sartori).

501. Gerlach, O., Hauszeichen und Haussprüche in Magdeburg. Heimat-Jahrbuch 1924 f. d. Regbez. Magdeburg.

502. Unsere Heimat Niedersachsen. Hrsg. v. Rud. Benze. Braunschweig, Georg Westermann, 1924. 50 S. 8°.

Darin: Wilh. Pessler, Das niedersächs. Bauernhaus; Franz Fuhse, Die Bader u. Barbiere in der Stadt Braunschweig während des 16. Jahrh.; Otto Hahne, Flurnamen des Dorfes Sickte bei Braunschweig als Zeugen altdörflicher Zustände.

503. Hinrichs, August, Die Hartjes. Nds 29, 365 ff. u. Leipzig, Quelle u. Meyer, 1924.

Volkskundlich überaus wertvoller Roman aus dem nordwestdeutschen Bauernleben.

504. Schönermark, Otto, Sitten, Gebräuche und anderes aus dem Harzgebiet. Thale a. Harz, Fr. Gruppe & Sohn, 1924. 101 S. 8°.

Andreasabend. Der ewige Jude im Harz? Fastnacht. Das Gewitter im Harzer Volksglauben. Goldmacher und Goldsucher. Götter des Harzes und Erinnerungen an dieselben. Johannisfest. Gebräuche an Martini. Ostergebräuche und Osteraberglauben. Pfingstgebräuche. Die Vogelwelt in ihren Beziehungen zum Aberglauben. Volks- und Schützenfeste. Walpurgisfeier und Hexen. Weihnachten und Weihnachtsbräuche. Der wilde Jäger. Der wilde Mann, das Sinnbild des Harzes. Zigeuner im Harz.

505. Märkisches Heimatbuch. Hrsg. von der Staatlichen Stelle für Naturdenkmalpflege in Preußen. Berlin, E. Hartmann, 1924. XI, 295 S.

Enthält einen Aufsatz von R. Mielke über die Volkskunde der Mark.

Angez. ZfVk 33/34, 160 (J. B[olte]).

Rez. Die Neumark (Landsberg, Warthe) 1 (1924), 80 (Kaplick).

506. Ostwald, Hans, Kultur- und Sittengeschichte Berlins. Berlin-Grunewald, Verlagsanstalt von Hermann Klemm A.-G., o. J. (1924). 665 S. mit 545 Abb. und 12 farb. Taf.

Enthält Volkskundliches.

Angez. ZfVk 33/34, 171 (H. Kügler).

507. Varia (Lehniner Weissagung über Brandenburg; Wörterverzeichnis des Baslers Adam Petri; Rattenfänger von Hameln; Störung von Festen und deren wunderbare Bestrafung; Tanz im alten Christentum und frühen Mittelalter). Anfrage von Franz Dornseiff; Antwort von H. Bächtold-Stäubli; E. H[offmann]-K[rayer]. SchwVk 13, 62.

Nachtrag zur Lehninschen Weissagung von P. Speiser, ebda 14, 14.

508. Garduhn, Ernst, Hiddensee. Ein Heimatbuch. In Verbindung mit andern hrsg. Stettin, L. Sanier, 1924. 161 S. M. 2,—.

Darin volkskundlich interessante Aufsätze, so: H. Findeisen, Die Volkssagen der Insel Hiddensee und A. Haas, Vorgeschichte und Geschichte.

509. Łega, Wł., O składnikach etnograficznych Pomorza w wiekach ubiegłych (Ethnographische Elemente Pommerns in den vergangenen Jahrhunderten). Zapiski Towarz. nauk. w Toruniu, 6, 21—36.

510. Schmidt, Herbert, Rügensche Geschichten. (Natur- und Kulturdenkmäler der Insel Rügen IV). Bergen auf Rügen, Walter Krohß, 1924. 64 S.

Sagen, Volksbräuche. Flurnamen u. a.
Angez. ZfVk 33/34, 174 (H. Findeisen).

511. Schnippel, E., Ausgewählte Kapitel zur Volkskunde von Ost- und Westpreußen. Beiträge zu einer vergleichenden Volkskunde. Mit 12 Abb. Danzig, A. W. Kafemann, 1921. 168 S.
Angez. ZfVk 33/34, 59 (J. B[olte]); Ltzbl 74 (1923) 108.
Rez. HessBll 22, 110f. (H. Hepding).

512. Rink, Joseph, Koschneider-Bücher. Danzig, Danziger Verlagsgesellschaft. 8°.

513. Tesdorpf, W., und Haberfeld, R., Danzig, ein Beitrag zur deutschen Kulturkunde. Danzig, A. W. Kafemann, 1924 (?).

514. Marr, Johannes, Volkskundliches aus Draschwitz, Crimmlitz, Schwarzau. Die Mark Zeitz 1924, Nr. 55.

515. Schamberger, Volkskundliches aus dem Zeitzer Landkreise. Die Mark Zeitz 1924. Nr. 54 u. 55.

Gebräuche. Das Beschreien und Besprechen. Wortlaut eines alten Kugelsegens und Feuersegens.

516. Olbrich, Karl, Aus meiner Sammelmappe für Volkskunde. MschlVk 25, 123—126.

I. Ósbeen [eingemauerter Pferdeknochen]. II. Steinnachwerfen. III. Hauswiesel. IV. Betschel. V. Nachgeburt des Pferdes. VI.—VII. [Aberglauben]. VIII. Vorboten des Todes. IX. Vom Bau. X. Kinderspiele.

517. Schoppe, Georg, Volkskunde in schlesischen Archivalien. MschlVk 25, 79—88.

Aus den sog. Malefizbüchern des Breslauer Stadtarchivs.

518. Janosch, Herm., Unsere Hultschiner Heimat in Sagen und Märchen, Sitten und Gebräuchen. Ratibor, Druck v. Reinhard Meyer, o. J. (1924). 99 S. 8°.

519. Krause, W., Volkskundliches aus Mikultschütz. Aus dem Beuthener Lande 2, 3, 148, 154, 167.

Formeln des Aberglaubens. Die Tränenwiese (Sage). Das Muttergottesbild in der Mikultschützer Kirche (Sage). Auszählverse. Hannes Haderlump (Lied). Kinderverse. Gebräuche und Volksheilkundliches.

520. Randt, Aus Oberschlesiens Vergangenheit und Gegenwart. H. 2. Gleiwitz, Heimatverlag Oberschlesien.
Rez. MschlVk 24, 149. Darin kirchliche Bräuche, deutsches Weihnachtsspiel u. a.

521. Nelke, Georg, Volkskundliches aus dem ostschlesischen Grenzgebiet. MschlVk 25, 88—99.

I. Volkstümliche Heilverfahren bei Krankheiten. II. Leiblicher Schutz. III. Ortsneckereien. IV. Diebssegen.

522. Guda Obend. Heimatliches Jahrbuch für die Grafschaft Glatz, hrsg. von A. Walzel. 14. Jahrg. Mittelwalde, Walzel, 1924.
Angez. MschlVk 25, 170.

523. Höft u. Carstens, Am Urdhs-Brunnen. Volkskundl. Zeitschrift für Holstein. Organ des Vereins für Verbreitung volkstümlich-wissenschaftlicher Kunde. 1881 f.
Rez. NdZfVk 1, 132 f. (E. Grohne).

524. Dammann, Walter, u. Schmidt, Harry, Nordelbingen. Beiträge zur Heimatforschung in Schleswig-Holstein, Hamburg und Lübeck. 1. Bd. Flensburg, Verlag des Kunstgewerbemuseums, 1923. 289 S. 8°.
Rez. NdZfVk 1, 133 f. (E. Grohne).

525. Binder, J., Heimatbuch für den Bezirk Leonberg. Leonberg, Reichert, 1924. X, 160 S. 8°.
Darin S. 107—112 Volkskundliches. S. 116—128 Sagen (z. T. Wiedergabe nach Volksmund).

526. Hofmann, Josef, Die Volkstracht und ländliche Bauweise des ehemaligen Herrschaftsgebietes von Choiteschau und eines Teiles des Herrschaftsgebietes von Kladrau im 19. Jahrh. Karlsbad, Selbstverlag, 1923.
Rez. Egerl 28 (1924), 32 (J[ohn]).

527. Hofmann, Josef, Köichla u Räihapüazel. Gedichtla u Gschichtla in Egerländer Mundart. Karlsbad, Selbstverlag des Verfassers, Sommer 1923.
Enthält u. a. diese Heimatschilderungen: Das Todaustragen, Ein Erntefest in alter Zeit, Einzug des Faschings im Dorfe, Egerländer Begräbnis aus der Zeit um 1860.
Rez. Egerl 27 (1923), 124 (Krauß).

528. Sabathil, Rudolf, Eghalanda Art. Gschichtla u Bräuch asn Eghaland. Marienbad, Selbstverlag des Verfassers (1924).
Rez. Egerl 28 (1924), 99 f. (A. Dietrich und [Anton] Krauß).

529. Kern, Josef, Leibmaritz a Laggaz. Leitmeritz, Karl Pickert, 1923. 136 S. K. 6.—.
Rez. ErzgZtg 45, 48.

530. Hübler, Franz, Aus Alt-Reichenbergs Familienleben. Rübezahlkalender (Schweidnitz) 1924, 80—85.
Berufe, Trachten, Nahrung, Bräuche in Alt-Reichenberg.

531. Endt, Johann, Bärringen. DV (Sonderheft) 1923, 236—248. 265—270.
Handwerker-Ordnungen, Hausnamen, bergmännische Ausdrücke in der Mundart von B.

532. Wutte, Martin, Beiträge zur Kärntner Volkskunde. Carinthia (Klagenfurt) 1924, Nr. 1—6.
Sitte, Brauch, Trachten, Volksglauben usw.

533. Kriechbaum, Ed., Die Städte des Inn-Salzachgaues. Braunauer Heimatkunde 1924, H. 20.

534. Pröll, Laurenz, Haslach, die Geschichte der Pfarrei bis zur Übernahme durch Schlägl. Aus dem Nachlaß von L. Pr. Hmtg 5, 236—255.

Enthält einiges über Sagen und Volksglauben.

535. Fuchs, Franz, Aus der Vergangenheit der Pfarre Putzleinsdorf im Mühlviertel. a) Versuch einer Ortsgeschichte. b) Die Pfarrkirche und ihre Einrichtung. Hmtg 4, 149—152.

536. Beiträge zur Landes- und Volkskunde des Mühlviertels. 8. Bd. [1923]. 112 S. 8°.

Rez. MÖstbGr 12 (1923), 130.

537. Neuner, Fr., Volkskundliche Beobachtungen im Traunkreise. Hmtg 4, 191 f.

538. Pramberger, Romuald, Obermurtaler Volksleben. ZAlpV 54, 1—14.

Vorwiegend Volksglauben, Dämonen, Spruch und Reim; von Brauch: Taufe, Hochzeit, Spiel (Auswahl aus einer handschriftlichen Sammlung von 21 Folianten).

539. Gegenbauer, Helene, Tiroler Sitten und Sagen. Die Kultur 2, 2—31.

540. Falkner, Christian, Ein volkskundlicher Spaziergang durch Nassereith. Tiroler Heimatblätter (Kufstein) 1924, Nr. 4.

Siedlung, Bauten, Sagen.

541. Reimmichl (Rieger, Sebastian), Tiroler Kalender. Innsbruck, Verlagsanstalt Tyrolia, 1923 f.

Das reichhaltige Kalendarium enthält Angaben bes. über religiöse Bräuche, Legenden, Heiligenkult, Wetter- und Bauernregeln, Volkspoesie.

542. Naegele, Anton, Aus Lanas alten Tagen. Schlern 5, 44—52, 65—71.

Hof-, Personen- und Ortsnamen. Inneneinrichtungsgegenstände. Von alten Glocken.

543. Auckenthaler, E., Zur Heimatkunde von Pflersch. Schlern 5, 214—222.

Siedlungsgeschichte. Familiennamen.

544. Christian, V., Volkskundliches aus dem Montafon. Mitt. d. Anthr. Ges. in Wien 52, 165—172.

Flachs und Hanfverarbeitung, Spinnen, Spulen, Haspeln und Zwirnen. Weben, Fallriegelschloß, Pumpenbohrer, Graupenerzeugung, Tanzlaube.

545. Schneider, A., Volkssprüche, Volksglaube u. Bräuche aus dem Bregenzerwald. (Aus dem Nachlasse Franz Michael Felders.) HmtVorarlb 5, 137—139.

546. Schweizer Volkskunde, Korrespondenzblatt der Schweizerischen Gesellschaft f. Volkskunde, 13. Jahrg. H. 4/6. 1923.

Rez. NdZfVk 1, 133 (E. Grohne).

547. Kölner, Paul, Unterm Baselstab. Kulturgeschichtliche Skizzen, 2. Folge. Basel 1922.

Angez. SchwVk 13, 92 (W. Bruckner).

548. Bloesch, Hans, Kulturgeschichtliche Miniaturen aus dem alten Bern. (Die Schweiz im deutschen Geistesleben 17). Leipzig 1923.

Angez. BllBayGym 60 (1924), 65.

549. Schwarz, F. W., Ein stiller Winkel. SAVk 24, 105—108.

Oberrickenbach im Kt. Obwalden: Haus, Tracht; Holz- und Heutransport. Alpsegen (Betruf).

550. Geiger, Paul, Aus der Geschichte von Eschlikon (Kt. Thurgau). Eschlikon 1921.

Angez. SchwVk 13, 31 (E. H[offmann]-K[rayer].

551. Weis, A. M., Volkskundliches aus Saas (Wallis). SchwVk 13, 38f.

Hexen. 2 Teufelssagen.

552. Meyer, Leo, Das Turtmanntal. Eine kulturgeschichtliche Studie. JbSAC 58, 279—322.

Darin Alpwirtschaftliches, Kerbhölzer und Älplerbräuche, Sprache und Sagen, Bauerngenossenschaft.

553. Binder, Gottlieb, Kilchberg im Wandel der Jahrhunderte. Kilchberg o. J. [1922].

Angez. SchwVk 13, 31f. (E. H[offmann]-K[rayer].

554. Peterhans-Bianzano, G., Vom Rheinfall zum Schnebelhorn. 2. Bd.: Elggau, Winterthur, mittleres und oberes Tößtal. Winterthur 1922.

Angez. ZfVk 13, 15f. (E. H[offmann]-K[rayer]).

555. Aly, Wolf, Reise in „Kleindeutschland". Briefe aus dem Banat. Sammler 93 (1924), Nr. 146 v. 9. Dez., S. 1—2.

1. „Land und Leute". Mehr nicht in diesem Jahrg.

556. Wilhelm, K., Kulturgeschichtliche Kleinmalerei. DVolkskalender für Bessarabien (Tarutino) 1923, 47—55.

Brauch, Trachten, Gewerbe der deutschen Kolonisten.

557. Nischbach, Allerlei Eigentümlichkeiten der schwäbischen Dörfer. Schwäbischer Volkskalender (Temesvár) 1924, 65—67.

Bauten, Vereine, Sprache, Wirtschaft, Volkstypen, Brauch.

558. Hollmann, F., Die deutsche Kolonie Hirschenhof in Lettland. ZfDkde 37, 117—120.

Volkslieder, Zaubersprüche (gegen Krankheiten).

559. Dinges, Georg, Beiträge zur Heimatkunde des deutschen Wolgagebietes. Mit 1 Karte u. 1 Tabelle. Pokrowsk, Abt. für Volksbildung des Gebietes der Wolgadeutschen, 1923. 88 S. 4°.

S. 73—75: Dinges, Emma, Sprichwörter, Redensarten, Rätsel und Schwänke aus den Wolgakolonien.

Rez. HessBll 23, 170f. (H. Hepding); Teuthonista 1, 80 (T[euchert]).

560. Baj unz jiden (Bei uns Juden). Sammelbuch für Folklore u. Philologie redigiert von M. Wauwild. Warschau, Pinchas Graubard, 1923. IV, 217 S. 4°.

Graubard, Pinchas, Gezangn fun thom (Lieder der Unterwelt); Lehman, Smuel, Ganowim un Genejwe (Diebe und Diebswesen); Heršele, Funem folksmojl (Aus dem Volksmund); Lehman, Smuel, Di kinderwelt (Kinderwelt); Ders., Trejfene schojre (Schmuggelware), Purim-Spiel; Elzet, Jehuda, Idjotizmen (Idiotismen).

561. Aškenazi, Šlojme, Ojs dem Porisower folklor (Volkskundliches aus Borisow). JidFil 1, 396f.

562. Aškenazi, Šlojme, Folklor ojs Porisow (Volkskundliches aus Borisow). JidFil 1, 201f.

563. Hohnke, A., Volkskundliches in Goethes Leben und Werken. Breslauer Diss. 1923.

Maschinenschrift im Auszug.

564. Hoffmann-Krayer, E., Volkskundliches aus Jeremias Gotthelf. XVIII. XIX. XX. SAVk 24, 190–199. 308; XXI ebd. 25, 71–73.

565. Briefe an Joseph Haltrich. ASiebLk N. F. 42, 285—304.

Enthält viel Volkskundliches.

566. Ascher, S., Volkskundliches bei Gerhard Hauptmann. (Versunkene Glocke u. Hannele). Euphorion 25, 669—672.

567. Böttger, Dora, Holteis Werke als Quelle der schlesischen Volkskunde. (S.-A. aus den „Schlesischen Jahrbüchern für Geistes- u. Naturwissenschaften" I, 3/4 und II, 1). Breslau, Verlag der Schlesisch. Gesellschaft f. vaterländ. Kultur 1923.

Rez. MschlVk. 25, 166f. (H. Jantzen).

568. Die Limburger Chronik, eingeleitet von Otto H. Brandt. Jena 1922.

Angez. ZfVk 33/34, 53 (F. B[oehm]).

569. Mensing, Otto, Volkssprache und Volkskunde bei Theodor Storm. Nordelbingen (Beiträge zur Heimatforschung in Schleswig-Holstein, Hamburg und Lübeck) I. (2. Aufl.) 1923, 161—165.

570. Karsch-Haack, F., Der zürcherische Volksdichter Jacob Stutz (1801—1877). Der Eigene 10, H. 1/2, 34—59.

4. Niederländisches Sprachgebiet.

571. Gewin, Everard, Volkskundliche onderzoekingen. 1. In den nacht. Stimmen des Tijds 13, 140—159.

572. Brunard, E., Notes d'archéologie et de Folklore. FLBrab 3, 196f.

Denkmäler, Volksmedizin.

573. Jeandrin, Abbé, Folklore de Beaurieux et du Ruchaux à Court-Saint-Etienne. FLBrab 3, 187—196.

Denkmäler, Bauten, Sonnenuhren, Redensarten.

574. Fuerison, Folklore de Stenokerzeel. (Auch flämisch). FLBrab 1, 27—41.

575. Gossaert, Arth[so!], Notes sur le folklore de Clabecq. FLBrab 3, 161 f.

Aberglauben. Dämonen. Neujahr. Ostern.

576. Halleet, V., L'oeuvre de Peter Breughel au point de vue folklorique et brabançon. FLBrab 4, 31—36.

5. Englisches Sprachgebiet.

577. Coate, Mary, Social Life in Stuart England. London, Methuen, 1923.

Darin interessante Einzelheiten.

578. Anderson, Ruth, Scraps of English Folklore IX. Suffolk, Westleton. FL 35, 346 – 360.
Kalenderbräuche (vereinzelte Bräuche an Weihnacht, Neujahr, April, Karfreitag, Ernte, 5. November, 9. und 21. Dezember, „Kalte Messe" [cold fair]), Geburt, Hochzeit, Bienen, Vorzeichen, unglück- und glückbringende Handlungen, Gespenster, Irrlichter, Elfen, Volksmedizin, Wetterglaube und -regel, Prophezeiung, Lauf rund um die Kirche, Pflanzennamen.

579. Denny, H. L. L.., Handbook of county Kerry family history, biography, etc. 6.—.
Enthält viel Volkskundliches.
Rez. NQ 146 (1924), 128.

580. Wood, F. H., Somerset memories and traditions. [Wo?] R. Scott. 2.6.

581. Savage, F. G., The flora and folklore of Shakespeare. London, Burrow, 1923. 7.6.

6. Nordisches Sprachgebiet.

582. Aasmundstad, P., Folketradisjon i Kvikne. Bygd og bonde 5, 175—177.

583. Stockholm, I. C., Det, som forsvinder. København, M. P. Madsen, 1924. (Nicht eingesehen.)

584. Uhrskov, A., Sagn og Tro (Nordsjællandsk Folkeliv III). Kopenhagen, Aschehoug, 1923. 210 S. 8⁰. Kr. 5,50.

585. Ussing, H., Fra Hedeboegnen. Optegnelsen af Marie Christophersen (Danmarks Folkeminder 26). København 1923. 173 S. 8⁰.

586. Christiansen, Reidar Th., Holberg og Folketraditionen. Holberg Aarbog (København) 1923, 46—88.

587. Aasen, F., Norske Minnestykke ved J. Lindberg (Norsk Folkeminnelag I). Kristiania 1921—23. 216 S. 8⁰.

588. Berge, R., Norsk Sogukunst. Kristiania, Aschehoug, 1924. 175 S. 8⁰.

589. Bergh, Hallvard, Folkeminne ifraa Valdres og Hallingdal. NFKult 9, 81—128.
Märchen, Sagen.

590. Breilid, M., Det gamle fortel. Kristiansand 1922.
Rez. NFKult 9, 184 (R. Berge).

591. Flatin, T., Gamalt frå Numedal V. Kristiania, Olaf Norli, 1923. 95 S. 8⁰.
Rez. NFKult 9, 185 (R. Berge).

592. Christiansen, R., Folkeminner i Land. Landingsboka 2, H. 1—2. Kristiania, Brögger, 1924. 96 S. 8⁰.

593. Kleiven, F., Lesja og Dovre. Gamal bondekultur i Gudbrandsdalen. Kristiania, Aschehoug, 1923. 375 S. 8⁰.
Rez. NFKult 10, 88 (R. Berge).

594. Leem, K., Norske Maalsamlingar fraa 1740-aari. Utg. f. Kjeldeskriftfondet ved T. Hannaas. Kristiania, Dybwad, 1923. XIX, 354 S. 8⁰.
Sprichwörter, Gebräuche u. a.

595. Lunde, P., Kynnehuset. Vestegdske Folkeminne. (Norsk Folkeminnelag VI). Kristiania 1923—24. VII, 264 S. 8°.

596. Mauland, T., Folkedikt og skjemt i Rogaland. Rogalands historielag 1924 (Stavanger), 20—44.

597. Otterstad, H., Folkeminne frå Modalen. Nordh. og Midthord. sogelag 4, 1924 (Bergen), 35 f.

598. Moe, M., Folkeminne frå Böherad. (Norsk Folkeminnelag IX). Oslo (Kristiania) 1924. 173 S. 8°.

599. Vulsberg, S., Gamalt or Sandsvær. NFKult 10, 69—72.

600. Skulerud, O., Utsyn over åndslivet i Telemark. Norsk Aarbok. Bergen 1923, 60—104.
Rez. NFKult 9, 188.

601. Cederblom, Gerda, Svenska folklivsbilder. Stockholm, Nordiska Museet, 1923. 40 S. u. 100 Taf. 4°. Kr. 30.—.
Angez. SAVk 25, 160 (E. H[offmann]-K[rayer]).

602. Salveson, Aa., Folkeminne. Stavanger, E. Gjöstein, 1924. 149 S. 8°.

603. Skrock och vidskepelse. Helsingerunor 4, 91.

604. Smärre bidrag. Budk 2, 87—91; 3, 55—57. 87.
Spiele, Kalenderbräuche u. a.

605. Arill, D., Bohusländska folkminnen. Uddevalla 1922.
Rez. Fatab 1923, 74 (S. E.).

606. Sannes, O., Drangedal med Tördal. Ei Bygdesoga. Drangedal, Holms bokhandel, 1924. 729 S. 8°.

607. Ericsson, Maja, Något om folkliv och folktro i Frändefors socken. Hymbygden 1923, 28—31.
Geburt. Liebschaft und Verlobung. Hochzeit. Käseabgabe an den Pfarrer. Aberglauben. Zauberei und Hexerei. Volksmedizin.

608. Arill, D., Tro, sed och sägen. Göteborg, Västsvenska folkminnesföreningen, 1924. 80 S. 4°. Kr. 1,50.
Angez. Budk 3, 90.

609. Markendahl, Ivan, Folkminnen från Håbol. Hembygden 1923, 16—21.
Dreikönigssingen. Weihnachtsbräuche u. -orakel. Viehaustrieb. Köhlerei. Sagen. 3 Volkslieder. Wiegenlieder. Sprichwörtliche Redensarten.

610. Blumenberg, Robert, Om skrock och vidskepelse bland allmogen i Hedemora landsförsamling. Medd. från Dalarnes fornminnesfören. 8, 21—30.

611. Folkminnen från Hedesunda. Hedesunda 1923. 51—57.

612. Jirlow, R., Folkminnen från Hjulsjö. FoF 11, 68—86.
Sagen, Rätsel, Sprichwörter, Zauberformeln, Volksmedizin, Kalenderbräuche, Volksglaube.

613. Qvigstad, J., Utdrag av J. A. Heltzens Beskrivelse over Ranens prestegjeld. Hålöygminne V, Svorkmo 1924, Heft 3—4, 1—15.

614. Wikman, K., Seder och tro i Sjundeå. Budk 2, 82—85.
Kalenderbräuche, Glauben von Tieren und Unterirdischen.

615. Svensson, S., Tro och sed från en skånesocken. FoF 10, 33—36.
Weihnachtsgebräuche, Volksmedizin u. a.

616. Svensson, S., Skånskt bondeliv. Klippan, Skånskt folkminnesarkiv, 1924. 100 S. 8°. Kr. 2,50.

617. Allardt, A., Strömfors socken. Helsingfors 1923. 354 S. 8°.
Rez. Budk 2, 91 (K. Wikman).

618. Erixon, Sigurd, Skultuna bruks historia. Stockholm 1921.
Rez. WZfVk 28, 27 (R. Jirlow); Fatab 1923, 122f.

619. Gaslander, J., Allmogens i Wästbo sinnelag, seder m. m. Småländska hembygdsböcken 3, 1923 (Stockholm), 97 S. 8°.

620. Arill, D., Celander, H. u. a., Västsvensk forntro och folksed. Skrifter utg. till Göteborgs stads 300-års jubileum Bd. 15. Göteborg, I, 241 S. 8°.

621. Folksägen och folkdiktning i Västra Sverige (Göteborgs Jubileumspublikationer XVI). Göteborg, Elanders Boktryckeri, 1923. 215 S. 4°. Schw. Kr. 10.—.
Rez. FoF 10, 60—62 (v. Sydow); Budk 3, 25—27 (Wikman).

622. Tegengren, J., Anteckningar från Vörå. Budk 2, 108—111.
Volksglauben über Kinder, Hirten, Liebe und Ehe.

623. Gralén, J., Folkminnen, hembygdföreningar o. hembygdsmuseer i Örebro län. Örebro läns allm. bildningsförbunds årsbok 1923/24 (Arboga), 46—53.

7. Französisches Sprachgebiet.

624. Amaudru, Noël, Pays de Loups, souvenirs et impressions. Poligny, P. Birou, 1924.
Rez. Le Mercure de France, 15 Juillet 1924 (A. de Gennep).

625. Lallement, L., Folklore et vieux souvenirs d'Argonne. Paris, L. Staude. 300 S. Fr. 10.—.

626. Gélin, Henri, Au temps passés. A travers Poitou et Charente. 1re série. Niort, imp. Poitevine, 1922. 234 S. 4°.
Enthält viel Volkskundliches.

627. Colson, L., En Wallonie liégeoise. Liège 1923. 142 S. 8°.
Rez. REthn 5, 216f. (V. Bugiel).

628. Beuret-Frantz, J., Dicton et coutume des Franches-Montagnes. SchwVk 13, 39f.
Redensart. Wallfahrt bei Kinderlosigkeit. Steinopfer an die „Roche des âmes du Purgatoire". Phantastische Steine („tête de Pilate").

629. Beuret-Frantz F., La Macquerie et les Accordailles. SchwVk 13, 53—56.
Gesellige Zusammenkünfte von Burschen und Mädchen beim Hanfbrechen. Brautsitten.

630. Gabbud, Maurice, Traditions du Levron (Valais). SchwVk 14, 36—40.

La Chapelle du Levron. La Fée du Len. La Pierre du Diable. Le Violoneux et le Loup. Coutumes et jeux.

631. R[oux], J[ean], Notes de Folklore du Conservateur Suisse. SchwVk 13, 21 f. 66—68; 14, 51—54. 60—66. 77—79.

I. II. III. Grisons: Superstitions; anciennes coutumes. Argovie: A propos des bains de Baden. Zürich: Anciennes coutumes; Naissance; Fin de l'hiver. Zoug: A propos des bateaux du lac d'Aegeri [Einbäume]; Fête de l'Evêque des écoliers. Schwytz: Ruines de Schwanau; Histoire de révenant. Vaud: Antiquités ecclésiastiques au moyen-âge de l'évêché de Lausanne. Argovie: Remède; Géants. St Gall: Usage lors d'un accouchement difficile. Bâle: La mulcte du Harnescar. Lucerne: Voyage de Conrad Gessner au Mont Pilate. Superstitions. Fribourg: Remède; Croyance et coutume. Berne: Superstitions et coutumes. — Vaud: Croyances et superstitions. Lettre sur le Messager boîteux. Aus Vol. V. Vaud: Ancienne coutume. Pain d'orge et de fèves. Fête champêtre. Vases de bois. Construction des chalets. Tradition relative à l'éboulement du Verlohrenberg. Fête pastorale et concours de taureaux. Médecine populaire. Fête champêtre. Berne: La Lenk. Sacs de peau, bandeaux de drap.

8. Italienisches Sprachgebiet.

632. Furrer, Ernst, Natur- und Kulturbilder aus den Abruzzen. JbSAC 58, 227—253.

633. Pansa, Giovanni, Miti, leggende e superstizioni dell' Abruzzo. Vol. I. Sulmona, Ubaldo Caroselli, 1924. VIII, 299 S. 8°.

Steine in Sprache und Volksglauben. Ortsnamen in der Kulturgeschichte. Tierprozesse. Jus primae noctis. Kohlen im Volksglauben.

634. D'Amato, Ant., La verde Irpinia. Cenni storici, geografici e letterari della provincia di Avellino con un saggio di canti popolari e di folklore irpino. 3a ediz. Napoli, Federico e Ardia Librai-Editori, 1924. 173 p. 16°.

I canti sono di Avellino, Bagnoli Irpino, Sturno, Lioni, Montella, S. Angelo dei Lombardi (pp. 161—165). Seguono tre fiabe: L'auciello Grifone; La Fata Colina; Li sette muscilli (pp. 169—172); e una leggenda: La legg. di S. Guglielmo (p. 173).

635. De Pilato, Sergio, Fondi, cose e figure di Basilicata. (Biblioteca Lucana Gens, vol. 2°). Roma, Maglione e Strini, 1923. 264 p. 8°. L. 12.—.

636. Borrelli, N., Tradizioni popolari della Campania. FLCal 9, 83—86.

„L'Aurio" = augurio (un buon demone). Il Ponte Aurunco (leggenda popolare). La Via dell' Oro (tradizione della città romana di Sinuessa). L'Orma di Sansone (impronta del piede di S. sul monte Massico). La Fonte Oracolo (predice l'abbondanza o la scarsezza del ricolto). Mazzamurielli (genietti della casa).

637. Borrelli, N., Sopravvivenze nordiche nella letteratura popolare di Terra di Lavoro. RCamp 3, 24—27.

Contiene: Il lupo Hati. L'insidia della Silfide. La Canzone di Olle. L'implacabile Kobold. Un indovinello finnico.

638. Bottiglioni, Gino, Leggende e tradizioni di Sardegna. Genève, Olschki, 1922.
Angez. FLCal 9, 106 f.
Rez.. Bil 13, 246.

639. Rubino, B., e Cocchiara, G., Usi e costumi, novelle e poesie del popolo siciliano. Palermo e Roma, Remo Sandron, 1924. 191 S. 8°. L. 7.—.

640. Corso, R., Paganitas (Persistenze pagane nelle tradizioni popolari italiane). Bilychnis (Roma) No. 127 (1923).

641. Debenedetti, S., Il Solazzo, contributi alla storia della novella, della poesia musicale e del costume nel trecento. Torino, Fratelli Bocca, 1922.

642. Modigliani, Attilio, Il folklore nelle novelle rusticane di G. Verga, „Siciliana“, 1923, Nr. 1.

643. Aellen, Herm., Volkskundliches aus dem Tessin. III. Tessiner Blätter (Locarno) 1923, 42 ff.

9. Spanisches und portugiesisches Sprachgebiet.

644. Llano Roza de Ampudia, Aurelio de, Del Folklore Asturiano. I: Mitos, Supersticiones, costumbres. Madrid 1922.
Angez. SAVk 25, 157 (E. Hoffmann-Krayer).
Rez. WZfVk 29, 18 (E. Weinkopf).

645. Llano, A. de, El libro de Caravia (1919). Del folklore Asturiano (1922).
Rez. Rev. fil. esp. 11 (1924), 325 f. (J. Krüger).

646. Lehmann-Nitsche, Robert, Zur Volkskunde Argentiniens. ZfVk 33/34, 1—33. (Fortsetzung).
II. Der Schomberghut. III. Der Gauchostiefel. IV. Tierchirurgisches. V. Die Sage von Santos Vega. VI. Der Zweigschuppen.

647. Martinez, Benjamin D., Folk-Lore del Litoral. Buenos Aires, J. Lajonane & Co., 1924. 158 S. 8°.
Enthält außer einigen Rätseln wenig Volkskundliches.

648. Basto, Cláudio, Arquivo etnografico. Lusa 4, 115.
Volkstümliche Aufschriften. Exorzismus. Segenssprecher und Kurpfuscher. Scheinbegräbnis bei kirchlichem Fest. Mai. S. Macário. Sta Cristina. Verschiedene abergläubische Bräuche. Heischegedichte an Weihnachten.

649. Leite de Vasconcellos, J., Costumes de Braga do seculo XVIII. RevLus 24, 295 f.
Geistl. Tracht, Exorzismen, Masken, Karfreitag.

650. Leite de Vasconcellos, Vários confrontos. Lusa 4, 125.
Vermischte Parallelen, meist Aberglaube: Schwangerschaft. Heilige für Homonymes. Tod. Herdketten. Kind vor der Taufe: „Heide“. Fingernamen. Volksjustiz im Mai.

651. Pires de Lima, Aug. C., Curiosidades tradicionaes. Lusa 4, 99—102.
Netze. Fischerei. Feste. Übernamen. Aberglauben. Volkswörter.

652. Indículo dos trabalhos literários de J. Leite de Vasconcellos, 1879—1923. Lisboa, 1924. 59 S. 8°.

653. Barroso, Gustavo, Alma sertaneja. (Contos tragicos e sentimentaes do Sertão). Rio de Janeiro, Benjamin Costallat & Miccolis, 1923. 159 S. 8°.
Erzählungen aus dem Volksleben.

654. Barroso, Gustavo, O Sertão e o Mundo. Rio de Janeiro, Livraria Leite Ribeiro, 1923. 301 S. 8°.
Berührungen brasilianischer Volkskunde mit der anderer Länder (Aberglaube, Sage, Erzählung, Brauch, Freimaurer).

10. Andere romanische Sprachgebiete.

655. Princesse M. Bibesco, Isvor, le pays des saules. Paris 1923. 2 vol. 274 und 206 p. 8°.
Volkskundliches aus Rumänien.
Angez. Rev archéol 17 (1923), 212f. (S. R[einach]).

656. Escher-Bürkli, Jak., Volkskundliche Splitter aus dem Unter-Engadin. [Mitgeteilt von Lehrer Vital in Schuls]. SchwVk 14, 41.

10. Slavisches Sprachgebiet.

657. Bogoslovskij, P. S., Materialy po narodnomu bytu, foljkloru i literaturnoj starine (Materialien z. Volkssitte, Folklore und literar. Altert.). Permskij Krajevedčeskij Sbornik 1 (1924).

658. Bogatyrev, P., Den sv. Jana Křtitele (Ivandel) v Podkarpatské Rusí. [Der Tag des Johannes des Täufers bei den Karpatenrussen.] Český Lid 24, 342f.
Sitten, Aberglauben, Sagen.

659. Baudouin de Courtenay-Ehrenkreutzowa, C., Echa stosunków polsko-rosyjskich w bylinach. (Der Widerhall der polnisch-russischen Beziehungen in den Heldenliedern). Przegląd historyczny 1924 u. S.-A. 33 S. 8°.
Rez. Izv. NEMS 4, 50—51 (St. Mladenov).

660. Bruchnalski, Wilhelm, Z Pamiętnika M. Marksa Witebszczanina (Das Gedenkbuch von M. Marks aus Witebsk). Lud 21, 136—153.
Enthält viel ethnographisches weißrussisches Material aus Witebsk.

661. Polesie ilustrowane. Praca zbiorowa pod redakcją inż. Nelarda (Das illustrierte Polesie. Sammelwerk unter der Redaktion von Ing. Nelard). Brześć n. B., 1923. 133 S. 4°.
Enthält ethnographisches Material Volkslieder, Sitte und Brauch betreffend.

662. Potkański, Karol, Pisma pośmiertne. Krakow, Polska Akademja Umiejętności, 1922—1924. IV, 479 + 498 S. 8°.
Enthält u. a.: Bd. I. Studien die Siedlung von Radom, Kurpie und Podhale betreffend 91—388. Slavische Urheimat 463—471. Bd. II. Nachrichten des Długosz über die polnische Mythologie 1—93. Die Sage von Popiel und Piast 44—112. Die ersten Einwohner in Podhale 333—345.

663. Piasecki, E., Zabawa, obrzęd, pieśń (Spiel, Ritus, Lied). Przegląd Warszawski 1923, 4, 390—398.

664. Đorđević, Tihomir, Naš narodni život (Unser Volksleben). Belgrad, Verlag Srpska Književna Zadruga, 1923. 195 S. 8⁰. 30 Dinar.

Gesammelte Aufsätze aus verschiedenen Gebieten des serbischen Volkslebens.

Rez. NStar 7 (1924), 106 (J. Matasović).

665. Hadži-Vasiljević, J., Caribrod i Bosiligrad. Brastvo 18 (1924), 32—46.

Tracht, Lebensweise und Traditionen in den genannten Landschaften.

666. Sindik, J., O naseljima i migracijama u Dubrovniku i okolini. GlSGD 9 (1923), 37—56.

Siedelungen und Bevölkerung in Dubrovnik (Ragusa).

667. Pavlović, L., Iz života grada Šapca. GlSGD 9 (1923), 56—66.

Volksleben in Šabac zu Beginn des 19. Jahrh.

668. Mal, J., Uskočke seobe i slovenske pokrajine. SEZb 30 (1924), 1—215.

Herkunft und Volksleben der Uskoken in Slovenien. Karte.

Rez. SKGl 15 (1925), 471.

669. Milojević, B., Kuprěsko, Vukovsko, Ravno i Glamočko Polje. SEZb 25 (1923), 5—153.

Anthropogeographie der genannten bosnischen Landschaften.

Rez. SKGl NS. 9 (1923), 80; Bibliographie Géogr. 1923, 201 (Chataigneau).

670. Tomić, Sv., Skopzje — Tetovo — Gostivar — Mavrovo — Galičnik. Brastvo 17 (1923), 215—229.

Hausbau, Tracht, Hirtenleben, Zusammensetzung der Bevölkerung in den genannten Gegenden.

671. Šobajić, P., Bjelopavlići i Pješivci. SEZb 27 (1923), 151—366.

Entstehung der genannten montenegrinischen Stämme, Sitte und Brauch, wirtschaftliche und soziale Verhältnisse.

Rez. SKGl NS. 10 (1923), 637.

672. Mijatović, St., Grad Voden (die Stadt Voden). Brastvo 18 (1924), 60—85.

Haus und Hausrat, Gartenbau, Sitten und Gebräuche in der Stadt Voden in Makedonien.

673. [Pospíšil, Fr.], Hánacký rok v moravském Přerově. [Das „Hannacken-Jahr“ im mährischen Přerové]. S.-A. aus „Český Svět“ (Prag) roč. XIX, 44, 8—9.

Ein mährischer Festtag zu Ehren des Kyrill u. Methodius. Trachten.

674. Slawejkow, R., Български народни обичаи и вервания. Bulgarische Volksbräuche u. Volksglauben]. Sofia, 1924, 191 S. 8⁰.

Rez. JzvNEMS IV, 1—2, 49f.

675. Dostál, Alois, Památky v rodinách. [Familienandenken]. Český Lid 24, 353—356.

Gegenstände, die dem tschechischen Volk als Familienandenken dienen: Kruzifix in einer Flasche, Das Glöckchen des Kranken, Gaben von der Wallfahrt, Tauftuch usw.

13. Anderweitiges.

676. Jahrbuch für jüdische Volkskunde. Hrsg. von Max Grunwald. Berlin und Wien, Benjamin Harz, 1923. 480 S. 8⁰.
Bisher u. d. T.: Mitteilungen zur jüdischen Volkskunde.
Angez. SAVk 25, 158 (E. Hoffmann-Krayer).
Rez. HessBl 23, 158f. (H. Hepding).

677. Marmorstein, A., Beiträge zur Religionsgeschichte und Volkskunde. JahrbJüdVk 1, 280—319.
Kieselsteine in der talmudischen Magie. Gebete und Fasten für Nachkommenschaft. Binden und Lösen im Zauber. Die Schlange in der Agada. Riten zum Schutze gegen Zauber und Dämonen in den Pirke des Rabbenu ha-Kadosch.

678. B[ūga], K., Keli tautotyros mažmožiai iš kun. A. Kosarzevskio rinkinio [Einige volkskundliche Kleinigkeiten aus der Sammlung des Priesters A. Kosarzewskis]. TiŽ 1, 100—123.
Proben aus dem polnisch geschriebenen handschriftlichen Nachlasse des Verfassers: Sprichwörter, Tänze, Gottheiten usw., Volkslieder, Bestandteile von Wagen und Rüstung, Pferdegeschirr usw.

679. Bulota, A., Žemaitės Raštai I. tomas (Žemaitės Schriften I. Bd.) Kaunas u. Mariampolė, „Dirvos" bendrovė, 1924, XI, 362 S. 8⁰.
Enthält viel volkskundliches Material.

680. Janulaitis, A., Iš Lietuvos folkloro [Aus dem litauischen Folklore]. TiŽ 1, 333—344.
220 Regeln aus den Gebieten der Wetterprophezeiung, des Tier- und Pflanzenlebens, der Feld- und Hausarbeiten sowie des häuslichen Zauberwesens und Aberglaubens.

681. Švābe, Arveds, Raksti par latvja folklora I (Schriften über das lettische Folklore). Riga, J. Roze, 1923. 109 S. 8⁰.
Inhalt: Ästhetische Tradition des lettischen Volksliedes. Kriegslieder. Die Eiche und die Linde in der lettischen Religion. Lettische Sonne. Psychologie und Motive der Märchen.

682. Smits, P., Etnografiska rakstu krājums (Sammlung ethnographischer Schriften). II. Riga, A. Gulbis, 1923. 140 S. III. Riga, Izglītības ministrija, 1924. 157 S. 8⁰.
Inhalt: II. Von dem Alter unserer Volkslieder. Grüne Schwerter. Vom Morden der Kinder. Von den ausgestorbenen baltischen Waldtieren. Baumrinde in altlettischer Wirtschaft. Von Bienenzucht. Von Flachszucht. Vom lettischen Bier und Met. Die Besten oder Bojaren. Knechte. Riga in unserem Volksliede. Verschiedene Münzen in unserem Volksliede. III. Altlettische Familie. Altlettisches Haus. Das Weib unserer Volkslieder. Vom Mahlen des Mehles. Vom Spinnen und Weben. Das Gerede böser Zungen. Das Pferd bei den alten Letten. Die Erziehung der Jugend bei den alten Letten.

683. Juhlajulkaisu professori Kaarle Krohn'in kuusikymmenvuotispäivänä. Suomi 5, 2. Helsingfors 1923. 490 S. 8⁰.
Rez. Budk 3, 90—92 (K. Wikman).

684. [Manninen, I.], Rahva[s]teaduslikud küsimuskavad. I. Rahvariided. II. Ehitused. [Ethnographische Fragebogen. I. Volkstrachten. II. Gebäude.] Tartu, Eesti Rahva Muuseum, o. J. [1923/24]. 8 bzw. 16 S. kl. 8⁰.

685. Manninen, I., Rahvateaduslised küsimuskavad. III. Matmiskombed. [Ethnographische Fragebogen. III. Begräbnisbräuche.] Eesti Kirjandus 18 (1924), 173—176.

Die beiden ersten Fragebogen betrafen estnische Volkstrachten und Gebäude und erschienen nur separat (oben nr. 684).

686. Mg. [= Mägiste], J., Reisust Eesti-Ingeris [Über eine Reise durch Estnisch-Ingermanland]. Eesti Keel 1 (1922), 156—164.

Auch volkskundlich.

687. Kettunen, Lauri, Teekond karjalaste juurde [Reise zu den Kareliern]. Eesti Keel 2 (1923), 15—24.

Gemeint sind die ostkarelischen Flüchtlinge in Finnland. Der Aufsatz enthält verschiedene ethnographische, folkloristische und sprachliche Notizen.

688. Dawkins, R. M., Modern Greek in Asia Minor. A study of the dialects of Silli, Cappadocia and Pharasa with grammar, texts, translations and glossary. With a chapter on the subject-matter of the folk-tales by Halliday. Cambridge 1916. XII, 695 S. 8°.

Enthält auch folkloristische Schilderungen und Sagen.

Rez. ByzneugrJbb 4 (1923), 129 ff. (A. Maidhof).

689. *Πολίτης, Ν. Γ., Λαογραφικὰ σύμμικτα τ. β'* Athen 1921.

Angez. ARw 22 (1923/24), 347 (Weinreich).

690. *Λαογραφία. Δελτίον τῆς Ἑλληνικῆς Λαογραφικῆς Ἑταιρείας. Τόμ. Ζ': Μνημόσυνον Ν. Γ. Πολίτου.* Athen 1923. LI, 562 S.

Angez. ARw 22 (1923/24), 347 f. (Weinreich); ZfVk 33/34, 123 (J. Bolte).

691. Jovićević, A., Malesija. SEZb 27 (1923), 1—149.

Volksleben der Albaner im jugoslavischen Teil der Malesija.

692. *Κουκουλές, Φ. Ι., Λαογραφικαὶ εἰδήσεις παρὰ τῷ Θεσσαλονίκης Εὐσταθίῳ. Ἐπετηρὶς τῆς ἑταιρείας Βυζαντίνων σπουδῶν.* Bd. *Α'*, Athen 1924, 7—40.

Volkskundliches bei Eustathios v. Thessalonice.

693. Nopcsa, Franz, Albanien. Bauten, Trachten und Geräte Nordalbaniens. Berlin-Leipzig, de Gruyter, 1925. VIII, 257 S. 4 Tafeln.

Rez. Népélet (Ethnographia) 1925, 76 (Z. Szilády).

694. Jokl, N., Linguistisch-kulturhistorische Untersuchungen aus dem Bereiche des Albanischen. (Streitbergs Unters. z. idg. Sprach- und Kulturwissenschaft 8). Berlin, de Gruyter, 1923. XII, 368 S.

Recht, Sitte, Glaube, Haus, Hausrat, Landschaft, Viehzucht, Bienenzucht u. dgl.

695. Hirth Anniversary volume, ed. B. Schindler. London, Probsthain, 1922.

Darin: Brockelmann, Altturkestanische Volkspoesie; Hommel, Zu den alttürkischen Sprichwörtern; Stübe, The Bear-cult and the dramatic plays of the Maniza in NW. Siberia.

696. Zachariae, Theodor, Kleine Schriften zur indischen Philologie, zur vergleichenden Literaturgeschichte, zur vergleichenden Volkskunde. Bonn 1920.

Rez. SAVk 24, 309 f. (E. H[offmann]-K[rayer]).

697. Lindblom, G., The Akamba in British East Africa. Archives d'études orientales publ. p. I. A. Lundell, Vol. 17. 2. Ed. (enlarged). Uppsala 1920. 607 S.

U. a. mag. Bedeutung der Zahl 7; Tod des Herrn wird den Bienen angesagt usw.

Angez. ARw 22 (1923/24), 180 (Meinhof).

Rez. Anthr 18/19, 1094—96 (P. P. Schebesta).

698. Decary, R., Notes ethnographiques sur les populations du district de Maromandia (Sokalava et Tsimihety). REthn 5, 343—367.

Darin über Religion, Recht, Hochzeitsbräuche; am Schluß werden einige Rätsel und Märchen wiedergegeben.

699. Frazer, James, Folklore in the Old Testament. Abrev. ed. London, Macmillan, 1924.

Rez. Mercure de France 15 mai 1924, 195f. (A. van Gennep).

700. Saintyves, P., Essai de folklore biblique. Magie, mythes et miracles dans l'Ancien et le Nouveau Testament. Paris 1923. XVI, 483 S. 20 fr.

Angez. Rev. archéol. 17 (1923), 211 (S. R[einach]).

Rez. REthn 4, 214—216 (M. Delafosse); RAnthr 34, 223f. (G. P.); Bull. de la Soc. neuchâteloise de Géogr. 33, 73 (M. Neeser).

701. Bugiel, V., Les „Gesta Romanorum" et l'éthnographie moderne. REthn 4, 23—40.

F. Zusammenfassendes und Vermischtes über stoffliche Einheiten.

Alphabet. — 702. Dornseiff, Franz, Das Alphabet in Mystik und Magie. Leipzig 1922.

Angez. SAVk 25, 160 (E. H[offmann]-K[rayer]); ZfVk 33/34, 45 (F. B[oehm]); Amer Journ. Phil. 44 (1923), 184ff. (E. Rieß).

Rez. Class. Philol. 18 (1923), 371ff. (Eugene S. McCortney); Class. Rev. 37 (1923), S.? (W. Scott).

703. Casanova, M., Alphabets magiques arabes (2e article). Journal Asiatique Nr. 19.

Annonce. — 704. Kupfer, Konrad, Zeitgenössische Kulturbilder im Spiegel der Zeitungsannonce. DG 25, 60—62.

Asbest. — 705. Jacoby, A., Aus der Geschichte des Asbestes. Société des Naturalistes Luxembourgeois 1924, 132—153.

Baum. — 706. Spieß, Karl, Monatsbaum, Jahresbaum, Weltenbaum. WZfVk 28, 17—23. 37—43. 49—55. 65—71.

707. Bulat, P. K., Drvo i čovjek [Der Baum und der Mensch]. Slavia 2 (1924), 613—627.

Die Vermenschlichung des Baumes in der Volksvorstellung. Ihr Widerhall in der Volkspoesie und Sprache bei den Slaven.

Bernstein. — 708. Chętnik, Adam, O bursztynie i przemyśle bursztyniarskim [Bernstein und Bernsteinindustrie]. Nowogród Łomżyński, nakł. Gońca Pogranicznego, 1923. 40 S. 8⁰.

Brunnen. — 709. Grünbauer u. a., Brunnen und Quellen in der Überlieferung. DG 24, 36f.

710. Scherzer, Conrad, Dorfbrunnen. FränkHmt 3 (1924), 283—288.

711. Bender, Bernhard, Drei Brunnen in Ettlingen. Hmtl 11, 130—133.

712. Fontaines, pompes et puits publiques. EnqMusWall 1, 126—128.

2 Abb.: Brunnen in Spa und Pumpe in Lüttich.

713. Munck, E. de, Notes de folklore. 1. Les sources [Auch flämisch]. FLBrab 1, 137—142.

Donner. — 714. Wouters, J., Le tonnerre. FLBrab 3, 209.

Erdbeben. — 715. Montessus de Ballore, F. de, Ethnographie sismique et volcanique, ou les tremblements de terre et les volcans dans la religion, la morale, la mythologie et le folklore de tous les peuples. Paris, Honoré Champion, 1923. VII, 206 S. gr. 8°.

Rez. Mercure de France 15 juill. 1924 (A. van Gennep).

716. -ld, Erdbeben und Mythologie. Sammler 93 (1924), Nr. 144 vom 6. Dez., S. 5.

Feuer. — 717. Crome, Bruno, Heiliges Dorffeuer. Festschrift Mogk S. 510—518. Halle a. S., Niemeyer, 1924.

Frau. — 718. *Κυριακίδης, Στ. Π., Αἱ γυναῖκες εἰς τὴν Λαογραφίαν. Σύλλογος πρὸς διάδοσιν ὠφελίμων βιβλίων.* Grüne Bändchen Nr. 31. Athen [1922]. 152 S.

4 Vorträge: 1. Die Frau als Kulturelement, 2. Dichterin von Volksliedern, 3. Märchenerzählerin, 4. Zauberin.

Rez. BphW 44 (1924), 630 (Soyter).

Angez. ARw 22 (1923/24), 350 (Weinreich).

720. Reitzenstein, Ferd. Frh. v., Das Weib bei den Naturvölkern. Berlin, Neufeld & Henius, 1923. 485 S. 4°. 265 Abb. und 11 Tafeln. M. 40,—.

Friedhof. — 721. Caminada, Christian, Die Bündner Friedhöfe. Zürich 1918.

Rez. HmtVorarlb 4, 123—124 (H. Wopfner).

Füllhorn. — 722. Kluge, Friedrich, Cornucopia-Füllhorn. Philol. Quart. 2 (1923), 161—163.

Fuß. — 723. Nacht, Jakob, Der Fuß. Eine folkloristische Studie. JbjüdVk 1923, 123—177.

Geld. — 724. Laum, Bernhard, Heiliges Geld. Eine historische Untersuchung über den sakralen Ursprung des Geldes. Tübingen, J. C. Mohr, 1924.

Angez. ASchwAlt N. F. 26, 200 f. (H. L[ehmann]).

725. A., M., Fausses monnaies. FLBrab 2, 165—168.

Französisch und flämisch.

726. Probszt, Günther, Der Gebrauch des „Schillings“ in Österreich. BllHk 1, Nr. 9/10, 11—13.

Gestirne. — 727. Drews, Arthur, Der Sternhimmel in der Dichtung und Religion der alten Völker und des Christentums.

Eine Einführung in die Astralmythologie. Jena, E. Diederichs, 1923. 319 S. 8°. M. 7.— bzw. 10.—.
Angez. ZfVk 33/34, 110 (Ed. Hahn).
Rez. MschlVk 25, 143—147 (J. Nikel); BphW 44 (1924), 679 ff. (Gundel).

728. Drews, Arthur, Sternhimmel und Mythos. Faust 1924/25, Heft 8, 1—8.

729. Ruehle, Oskar, Sonne und Mond im primitiven Mythus [Philosophie und Geschichte, Heft 8]. Tübingen, Mohr, 1925. 48 S. 8°.

730. Boll, Franz, Die Sonne im Glauben und in der Weltanschauung der alten Völker. Stuttgart, Franckh, 1922.
Angez. Hmtl 11 (1924), 93 (Eugen Fehrle).

731. Wolff, Hans Felix, Gestirnverehrung im ältesten Sonnenkult. Faust 1924/25, Heft 8, 15—21.

Glocke. — 732. Oberchristl, Florian, Glocken. Hmtg 4, 91—94.

733. Oberchristl, Florian, Glockensagen. Hmtg 4, 382—384.

734. Schmidt, Grete, Die Glocken des Jeschken-Isergaues. MVerHmtkde d. Jeschk.-Iserg. (Reichenberg) 16, 121—126; 17, 41—58.

735. Šorm, A., Když nám brali zvony ... [Als man uns die Glocken nahm ...]. Český Lid 24 (1924), 54—56.
Von der Liebe des tschechischen Volkes zur Kirchenglocke.

736. Engelhart, P. Gottfried, Die Glocken von Kirchberg bei Kremsmünster. Hmtg 4, 94—99.

737. D[epin]y, Die Glocken von Kirchberg bei Kremsmünster. Hmtg 4, 363.

738. Doorslaer, G. van, Le carillon de Steenockerzeel. FLBrab 2, 265—297.

739. Cahorn, A., Les cloches du Canton de Genève. Genava (Genf) 2, 130—166.

Glück. — 740. Schultz, Wolfg., Das Glück des Lebens und die Gebote der Sittlichkeit in alter Spruchdichtung. *Λαογρ.* *Z'* (Festschr. Politis) 1923, 100—114.

Kalender. — 741. Lexow, Einar, Primstavtegn og helgendyrkelse. NFKult 10, 54—58.

742. Vinogradov, Georgij, Detskij narodnyj kalendar' (Volkskalender der Kinder). Sibirskaja Živaja Starina (hrsg. v. d. Ost-Sibir. Abt. d. Russ. Geogr. Ges.), 2, Irkutsk 1924, 55—86 (dazu 4 Seiten Noten).
Ein interessanter Beitrag zur Kinderethnographie.

Kind. — 743. Perlick, Alfons, Zur Bibliographie einer oberschlesischen Kindervolkskunde. Volk und Heimat (Hindenburg OS) 1924, 41f. 58.

744. Perlick, Alfons, Kindervolkskundliche Fragen. Volk und Heimat (Hindenburg OS) 1924, 48.
Fragebogen: darin auf allerlei Volkskundliches (Bräuche, Aberglauben, Volkslied) hingewiesen.

745. Freiherr, Theodor, Zur Volkskunde des Säuglings. Volk und Heimat (Hindenburg OS) 1924, 46.

746. Córdoba de Fernández, S., El folklore del niño cubano. Revista de la Facultad de Letras y Ciencias (Habana) 33 (1923), 268—306.

747. *Kohle*-Sprichwörter. Sammler 92 (1923), Nr. 75 vom 15. September, S. 5.

Sprichwörter, die die Kohle in Beziehung zum moralischen Leben des Volkes setzen.

Krieg. — 748. Durham, M. Edith, Head-hunting in the Balkans. Man 23, 19—21.

Kuß. — 749. Corso, R., Il bacio nei canti popolari italiani. RassSess 3, 369—376.

Meer. — 750. Brunot, Louis, La mer dans les traditions et les industries indigènes à Rabat et à Salé. [Paris], Leroux, 1924.

Rec. Mercure de France 15 juill. 1924 (A. van Gennep).

751. Pansa, G., *Ovidio* nel medioevo e nella tradizione popolare. Sulmona, Ubaldo Caroselli Editore, 1924. 159 p.

Pflanze. — 752. Marzell, Heinrich, Volksbotanik 1919. Just's Botanischer Jahresbericht 47 (für 1919), 1. Abt. 112—115.

Bibliographie.

753. Marzell, Heinrich, Die heimische Pflanzenwelt in Volksbrauch und Volksglauben. Leipzig 1922.

Rez. DG 24 (1923), 28 f. (Frank).

754. Birkner, J., Aberglaube in Oberfranken. FränkHmt 2 (1923), 55.

Pflanzen im Volksaberglauben.

755. Marzell, Heinrich, Die Pflanzen im Kinderspiel. Sammler 92 (1923), Nr. 16 v. 24. Febr., S. 4 f.

756. Marzell, Heinrich, Pflanzen im fränkischen Volksleben. Ein Beitrag zur Volkskunde des bayerischen Frankens. FränkHmt 3 (1924), 336—339.

557. Schullerus, Pauline, Pflanzen in Glaube u. Brauch der Siebenbürger Sachsen. ASiebLk 40, 78—188. 348—426.

758. Marzell, H., Unsere Heilpflanzen. Freiburg i. B. 1922.

Angez. SAVk 24, 205/206 (E. H[offmann]-K[rayer]).

Rez. WZfVk 29, 18 f. (A. Haberlandt); HmtVorarlb 4, 77 (Josef Blumrich); Die Naturwissenschaft 11, 154—157 (Touton); Umschau 27, 140 (Burdian); Pharmazeut. Zentralhalle 64, 190 (Kroeber); ZfVk 33/34, 54 (F. Boehm); Archivio di Storia della Scienza 3, 332—334 (de Toni); WZfVk 29, 18 f. (A. Haberlandt).

759. Bodlak, Sepp, Alti Pflenk vo da Krüter. (Meinungen). Gesammelt in der Innerfratte. HmtVorarlb 4, 178—182.

760. st, Heimische Heil- und Arzneipflanzen. Sammler 93 (1924), Nr. 141 v. 29. Nov., S. 5.

761. Bastin, Jos., Les Plantes dans le parler. l'histoire et les usages de la Wallonie malmédienne. Folklore (Malmédy) 1, 12—39. 104—116; 2, 5—16; 3, 27—31; 5, 41—52 (à suivre).

762. Böök, A. Th., Vähän kansanomaisista lääkekasveista. Luonnon Ystävä (Helsinki) 1923, 30—32.
Etwas über volkstümliche Heilpflanzen.

763. Heeger, F., Pfälzer Volksbotanik. Der Pfälzerwald 1924, Nr. 3. 4.

764. Kummer, Georg, Aus der Schaffhauser Volksbotanik. S.-A. aus d. Sonntagsblatt des „Schaffh. Bauer" 1924, 26ff.

765. Christ, Hermann, Zur Geschichte des alten Bauerngartens der Schweiz und angrenzenden Gegenden. 2., sehr verm. Aufl. Basel, Benno Schwabe & Co., 1923. 161 S., 8°. Geb. Fr. 5.—.
Angez. SchwVk 14, 23 (E. H[offmann]-K[rayer]).

766. Willke, Otto, Der ländliche Garten. BrnschwHmt 15, 51—58.

767. Speer, Otto, Der alte Bauerngarten. Die Pyramide 13 (1924), 235—237.
Geschichtlicher Rückblick auf die Pflanzen und Blumen des Bauerngartens.

768. Scherzer, Hans, Die Flora alter Bauerngärten und Friedhöfe. Mit Zeichnungen und einem Beitrag über Friedhofskunst von C. Scherzer. Lorenz Spindler, Verlag, Nürnberg. 31 S.
Rez. Bayerland 34 (1922/23), 163f.

769. Murr, Josef, Die heimischen Elemente unserer Gartenflora. HmtVorarlb 4, 90—93.

770. Birkner, J., Einiges über Alchemisten-Pflanzen. FränkHmt 3 (1923), 136.

771. Voigt, Alban, Die Binse in der Kulturgeschichte. Sammler 93 (1924), Nr. 35 v. 22. März, S. 5.

772. S., Die Eibe, ein aussterbender Waldbaum. FränkHmt 2 (1923), 55.
Volkskundlich?

773. Hepding, Hugo, Die Heidelbeere im Volksbrauch. HessBll 22, 1—58.

774. Marzell, Heinrich, Die Jerichorose. Eine kulturgeschichtliche [volkskundliche] Betrachtung. Natur (Leipzig) 15, 246—248.

775. Birkner, J., Das Johanniskraut (Hypericum perforatum). (Eine Pflanzensage). FränkHmt 2 (1923), 135f.

776. Behrends, Johanniskrut. HmtK 33, 236.
Legende.

777. st., Die Kartoffel im Volksmund. Sammler 92 (1923), Nr. 61 v. 28. Juli, S. 5.
Nach W. H. Riehl.

778. Gruber, A., Marienpflanzen. Sammler 92 (1923), Nr. 28 v. 7. April, S. 4—5.

779. Marzell, Heinrich, Die Mistel in der Volkskunde (Folklore). In: Tubeuf, Karl Frh. v., Monographie der Mistel. München u. Berlin 1923, 28—37.

780. Tubeuf, K. v., Monographie der Mistel. München, Oldenbourg, 1923.
Darin S. 20—23: G. Neckel, Die Mistel in der Sagendichtung.

781. Ragl, Fr. X., Nuss'n. Sammler 93 (1924), Nr. 120 v. 11. Okt., S. 5.
Haselstrauch und Walnußbaum im Volksglauben.

782. Gruber, Alois. Wenn die Pälzer Bube rachen [rauchen]. Aus der Pfälzer Kinderbotanik. Der Heimgarten 2, 103 f. und Bayerl 35, 77—79.

Rosmarin. — 783. Buvé, C., Le Romarin. FlBrab 3, 78 f.

784. Wilde, J., Der Tabak in Redensarten, Sprüchen und Liedern der Pfälzer. Bayerl. 35, 74 ff.
Aus des Verfassers „Pflanzennamen im Sprachschatze der Pfälzer, ihre Herkunft, Entwicklung und Anwendung". Neustadt a. d. Haardt, Pfälz. Volksbildungsverlag, 1923. M. 5.—.

785. Henriksson, J., Dalslands provinsblomma förgätmigej *[Vergißmeinnicht]*. Hembygden 1923, 14 f.

786. Stemplinger, E., Die Wegwarte. MNN Nr. 172 v. 28. Juni 1923, S. 5.
Verse u. a. von Wickram als Übersetzer des Ovid. — Vintler weiß schon im 15. Jahrh. von der Wegwarte als wartender Jungfrau zu berichten. (Bek. Gedicht von Julius Wolff).

Zwiebel. — 787. *Σβορῶνος, I. N., Ἡ σκίλλα, ὁ σχινοκέφαλος Περικλῆς καὶ ἡ στέγη τοῦ ᾠδείου αὐτοῦ. Λαογρ. Ζ'* (Festsch. Politis) 1923, 137—176.
Die Zwiebel als Architekturform und im Aberglauben.

Phallus. — 788. Rohlfs, G., Phallische Vergleiche bei technischen Ausdrücken. AnSpr. 143 (1923), 126—129.

Regenbogen. — 789. Stoilov, A. E., Slavjanski věrvanija za nebesnata dăga. (Slawische Meinungen über den Regenbogen.) IzvNEMS 9, 37—41.

Schwelle. — 790. Meister, Karl, Die Hausschwelle in Sprache und Religion der Römer. SitzbHeidAk 15, 1923/25, 3. Heft. 48 S.

Steine. — 791. Schmidt, A. F., Sagn og tro knyttet til stene i Viborg Amt. Skivebogen 16, 49—73.

792. Tegengren, J., Stennamn och stensägner från Vörå. Budk 3, 84—86.

793. Lorenz, M., Okkulte Bedeutung der Edelsteine. 3. Aufl. 1922, 112 S.

794. Laufer, Berthold, The Diamond, a study in Chinese and Hellenistic Folklore. Field Museum of Natural History, Anthrop. Series 15, No 1. Chicago 1915. 75 S. 8°.

795. Studer, Paul, and Evans, Joan, Anglo-Norman Lapidaries. Paris, Champion, 1924. XX, 404 S. 8°.
Rez. FL 35, 388—90.

Straße. — 796. Maynard, Louis, Histoires, légendes et anecdotes à propos des rues de Lyon. Lyon, Desvigne, 1922. 442 S. 8°.

Teufel. — 797. Ziegert, Max, Der Teufelsammler. Antiquit.-Z. 31 (1923), 129—131.

Tier. — 798. Abel, Othenio, Die vorweltlichen Tiere in Märchen, Sage und Aberglaube. (Wissen und Wirken Bd. 8). Karlsruhe, G. Braun, 1923. 66 S. 8 Tafeln.

Angez. ASchwAlt N. F. 25, 251 (H. L[ehmann]); Hmtg 5, 266 (D[epin]y); BllBayGym 60, 1924, 64; FLCal 9, 105 f.; ZfVk 33/34, 153 (J. B[olte]); HessBll 22, 113 (H. Hepding); MainzZ 17/19, 120.

Rez. Bilychnis 13, 246; ZfEthn 56, 130 (R. Mielke); MschlVk 25, 147 f. (Siebs); HessBll 22, 113 (H. Hepding); Sammler 92 (1923), Nr. 75 v. 15. Sept., S. 7; MschlVk 25, 142f. (Siebs).

799. Jahne, Unsere Tiere in Sage, Spruch und Glauben. Höhenfeuer 4 (1924), H. 1 u. 3.

800. Brunner, J., Die Haustiere und der Bauer. Sammler 92 (1923), Nr. 55 v. 11. Juli, S. 2 f.

801. H[offmann]-K[rayer], E., Einhorn. SchwVk 14, 13. (Nachtrag zu SchwVk 10, 14. 78 f.).

802. Monner Sans, R., Perrología; el perro a través del diccionario y del refranero. Humanidades (Publ. de la Facultad de Ciencas de la Educación, Univers. de la Plata, República Argentina) 5 (1923), 49 – 214.

Hund in der Volksrede.

Katze. — 803. Refsum, H., Katten som ulykkesdyr. NF-Kult 10, 162.

804. Birkner, H., Vom Marienkäferchen. FränkHmt 3 (1924), 155 f.

Volksnamen u. -glauben.

805. John, Ronnald, Der Marienkäfer im Volksglauben und Kindersprüchen der Sudetendeutschen. Deutsch-mährische Heimat 1924, 40—44.

Maus. — 806. Cornelissen, Jozef, De Muizen en de Ratten in de Folklore. Antwerpen, Gust Janssens, 1923. 101 S. kl. 8°. Belg. Fr. 2,50.

807. Nordgård, O., Litt lemmologi. MoM 1924, 119—124.

Bergmaus (Lemmus borealis).

Schlange. — 808. Snakes die at sunset. NQ 13 ser. Bd. 1, 172. 218. 299. 415. 456. 478; Bd. 2, 180.

809. Riegler, Rich., Die Schießschlange = franz. *le gicle.* WuS 8, 105 f.

Schlange, die von den Bäumen auf ihre Beute herabschießt.

Vögel. — 810. Ingersoll, Ernest, Birds in Legend, Fable and Folklore. London, Longmans, Green & Co., 1923. V, 292 S. 8°. 12 s. 6 d.

Rez. FL 31, 288 f. (D. H. M. Read).

811. Schuhmacher, Ludwig, Unsere Vogelwelt. Folklore (Malmédy) 2, 86—127.

Namen, Vogelstimmen, Redensarten. Vogelnamen in der Pflanzenwelt.

Adler. — 812. Eagle stone. NQ 12 ser. 189. 236. 13 ser. Bd. 1. 52. 74. 92. 111. 132. 153.

Elster. — 813. Schaddahax, Schätterherz (zu DG 25, 37 Nr. 11), DG 25 (1924), 75.

Elster.

Eule. — 814. Shams-Ul-Ulma Jivanji Jamshedji Modi, Owl in Folklore. Journ. a. Proc. Asiatic Society of Bengal, NS. 19, Nr. 3.

815. Birkner, J., Vom Kreuzschnabel. FränkHmt 3 (1924), 25.

816. nk, Der schwarze Storch in der Volkskunde. Sammler 92 (1923), Nr. 31 v. 18. April, S. 4.

Nach Gr. Conwentz in der Zs. „Naturschutz".

Taube. — 817. Krekelberg, Gerhard, De Duif in het Volksleven. NdlTV 29, 41—53.

Wasser. — 818. Ninck, Martin, Die Bedeutung des Wassers in Kult und Leben der Alten. Leipzig 1921.

Angez. SAVk 24, 202f. (Ph. Schmidt).

Wein. — 819. Busse, Ed., Der Wein im Kult des Alten Testaments. (Freiburger theol. Studien 29. Heft). Freiburg, Herder, [1922]. 70 S.

Rez. LitBeilzAugsbPZ Nr. 13 v. 28. März 1923, S. 51; BPhW 44, (1924) 374f. (Fr. R. Lehmann).

820. Mang, Hermann, Der Wein im Wetterspruch. Schlern 5, 309—314.

Zahl. — 821. McCartney, Eugene S., Folklore of Number in Plinys Natural History. Philol. Quart. 2, 1923, 26—37.

822. Fretz, Dieth., Zu den Bauernzahlen. (Vgl. SchwVk 7, 33ff. 81f.; 8, 13ff. 68). SchwVk 13, 23.

Darstellung einer altertümlichen Zählmethode auf einem Gemälde in der Kapelle zu Mitteelägeri.

823. Schell, Otto, Einiges von der Vierzahl. ZfrwVk 20/21, 21—24.

824. Leite de Vasconcellos, J., Modo enigmatico de indicar datas. Lusa 4, 93.

Volkstümliche Zahlenrätsel (s. Bolte in ZfVk 10, 186ff.).

825. Schlappinger, Hans, „Fenster". OstbGr 13 (1924), 96.

Zur volkstümlichen Vorstellung von 365 Fenstern an Schlössern und Burgen (ähnl.: 365 Stufen, 365 Stadien). Anführung eines österreichischen Rätselllieds.

Zeit. — 826. Saintyves, P., Les notions de temps et d'éternité, dans la magie et la religion. Revue de l'hist. des relig. 79, Nr. 1.

II. Siedlung.

828. Helbok, Adolf, Siedlungsforschung. Berlin 1921.

Rez. SAVk 24, 310 (H. Hassinger).

829. Wopfner, Hermann, Beobachtungen über den Rückgang der Siedlung. Tir. Hmt. 5/4, 68—83.

830. Wopfner, Hermann, Beschreibung des Siedlungsrückgangs. HmtVorarlb 3, 24—31.

831. Wopfner, Hermann, Gründung einer Arbeitsgemeinschaft für Beschreibung der Wüstungen (des Siedlungsrückganges). (Vortragsreferat.) VjVorarlb 7 (1923), 100.

832. Nerman, B., Die Herkunft und die frühesten Auswanderungen der Germanen. Kungl. Vitterhets etc. handlingar 34, 5. Stockholm 1924. 64 S. 8⁰.

833. Kramař, Karl, Die Ankunft der Germanen, Litauer und Slaven aus der Urheimat am Altaj. Budweis 1916.
Rez. Narodna Star. 1924, IV, 79f. (N. Županić).

834. Mayer, Anton, Völkerverschiebungen in Böhmen und Mähren mit besonderer Berücksichtigung der markomannischen Frage. Zs. des deutschen Vereins für die Gesch. Mährens und Schlesiens (Brünn) 1924, Nr. 1—3.

835. Hammer, Ph., Kennzeichen und Veränderungen der ersten germanischen Ackerbausiedlungen mit besonderer Berücksichtigung des Elsasses. Elsaß-Lothringisches Jahrbuch (Berlin) 3, 105—135.

836. Heeger, Georg, Römische und altgermanische Siedlungen am pfälzischen Rhein. Pfälzer Land 1923, Nr. 18/19.

837. Göpfert, G., Castellum (Siedlungs-Kastelle der Franken). Würzburg, Verlagsdruckerei, 1923.

838. Groos, W., Franken und fränkische Mundarten im Ausland. FränkHmt 3 (1924), 175—178.

839. Groos, W., Mainfranken in Ungarn. FränkHmt 3 (1924), 397.

840. Vereinigung zur Erforschung deutscher Stammesgrenzen (Einladung). FränkHmt 3 (1924), 81.

841. Vereinigung zur Erforschung deutscher Stammesgrenzen. ZrwVk 20/21, 91—93.
Aufruf.

842. Much, Rudolf, Deutsche Stammeskunde. 3. verb. Auflage. Berlin-Leipzig 1920.
Angez. ZfVk 33/34, 125 (W. Pessler).

843. Bach, Adolf, Deutsche Siedlungsnamen in genetisch-wortgeographischer Betrachtung. S.-A. aus: Beiträge zur germanischen Sprachwissenschaft, Festschrift für Otto Behaghel zum 3. Mai 1924, S. 233—279. Heidelberg, C. Winter.
Angez. ZfrwVk 20/21, 83f. (P. Sartori).

844. Kaltenbach, Ernst, Beiträge zur Anthropogeographie des Bodenseegebietes. Diss. Basel 1922.
Angez. VjVorarlb 8, 29—31 (A. Helbok).

845. Wagner, Friedr., Die Römer in Bayern. München 1924. 107 S., 43 Ill., 2 Karten. M. 4.—.
Rez. RomStud 14 (1924), 270f. (D. A.).

846. Wallner, Eduard, Altbairische Siedlungsgeschichte in den Ortsnamen der Ämter Bruck, Dachau, Freising, Friedberg, Landsberg, Moosburg und Pfaffenhofen. München, Oldenbourg, 1924. X, 135 S. 8°. M. 6,—.
Rez. Bayerl 35 (1924), 403f. (Georg Buchner); OstbGr 13 (1924), 160 (Konrad Schiffmann); DG 25 (1924), 67f. (Fr. = Christian Frank)

847. Bacherler, Michael, Die Siedlungsnamen des Bistums. Eichstädt. Sammelblatt d. HistV Eichstädt 38 (1924). VI, 106 f. 8°.

848. Götz, Joh. B., Etting und seine drei „elenden" Heiligen. Ein Beitrag zur ältesten Siedlungsgeschichte Ingolstadts. Sammelblatt des hist. Ver. Ingolstadt 43 (1923), Ingolstadt 1924, 1—74.

849. Kreuter, R., Wie die Feldmark von Oggersheim entstand. Heimatblätter für Ludwigshafen a. Rh. 1924, Nr. 9. 10.

850. Wolf, Gustav, Das norddeutsche Dorf. Bilder ländl. Bau- und Siedlungsweise. München, Piper & Co., 1923. VIII, 222 S. gr. 8°.
Angez. BllBayGym 60 (1924), 75.
Rez. ZfEthn 56, 131 (R. Mielke); HmtK 33, 237—238 (Walter H. Dammann); HessBll 22, 106 (Chr. Rauch); ZVHambG 25 (1924), 297f. (Walter H. Dammann).

851. Prüser, Friedrich, Die Geschichte der Siedlung in Niederdeutschland. Nds 29, 103—109.

852. Beckerath, Hilde von, Das niederdeutsche Dorf. Braunschweig und Hamburg, Georg Westermann, 1921. (Hansische Welt III) 34 S. und 87 Abb.
Rez. MschlVk 25, 163f. (Siebs); HessBll 22, 106f. (Chr. Rauch).

853. Maßberg, Karl, Die Siedlungsgeschichte v. Gebhardshagen. BrnschwHmt 15, 40—49.

854. Mitzka, Walther, Sprache und Siedlung am Südufer des Frischen Haffs. ZfdMda 18, 161—173.

855. Mortensen, H., Siedlungsgeographie des Samlandes. Stuttgart 1923. 80 S.

856. Kloeppel, Otto, Die bäuerliche Haus-, Hof- und Siedlungsanlage im Weichsel-Nogat-Delta. Mit 111 Abb. Danzig 1924. 107—207. 4°.
S.-A. aus Bertram-La Baume u. Kloeppel, Das Weichsel-Nogat-Delta. Danzig 1924. 4°. S. 107—207 [Teil III des Ganzen]. Hier S. 107—136: „Gesamtbild der Entwicklung des deutschen Bauernhauses."

857. Häberle, D., Die Wüstungen der Rheinpfalz auf Grundlage der Besiedlungsgeschichte. Kaiserslautern 1922.
Angez. PfälzMus 41 (1920), 89 (A. B[ecker]).

858. Schumacher, K., Siedlungs- und Kulturgeschichte der Rheinlande. II. Bd.: Die römische Periode. Mainz, L. Wilckins, 1923. 362 S.
Rez. MainzZ 17/19, 115f.; Bd. I u. II. Angez. RevArchéol 18 (1923), 179f. (S. R[einach]).

859. Curschmann, J., Die älteste Besiedlung der Gemarkung Dantenheim bei Alzey. MainzZ 17/19, 79—107.

860. Hagen, J., Zur Besiedlung des Laacher Seegebiets. Germ 7 (1923), 70—74.

861. Hellmich, Max, Die Besiedlung Schlesiens in vor- und frühgeschichtlicher Zeit. Breslau, Preuß und Jünger, 1923. 23 S., 8 Kart., 4 Auflegeblätter. 4°.

Angez. Wiener prähist. Zeitschr. 11 (1924), 92 (H. Mitscha-Marheim); Germ. 7 (1923), 48 (Ernst Wahle).

862. Kleber, P., Die deutsche Besiedlung Schlesiens. Grenzgau Schlesien (Friedeberg) 1924, November, 1—5.

863. John, M., Eine altgermanische Siedlung bei Beuthen O.-S. Aus dem Beuthener Lande 2, 89—90 und Heimat-Arbeit 1 (1924), 19—21.

864. Heilborn, P., Ein zweites verschwundenes Dorf im alten Kreise Beuthen (Brzezina zwischen Hohenlinde und Piasniki). Aus dem Beuthener Lande 2, 103.

865. Karell, Viktor, Das Erzgebirge und seine Besiedlung. Mit 2 Federzeichnungen von G. Zindel. (Uhls Heimatbücher des Erzgebirges und Egertales 4.) Kaaden, Vinzenz Uhl, 1924. 74 S. kl. 8°. Kart. M. 6,60.

866. Karell, Viktor, Die Besiedlung des Erzgebirges. DV (Sonderheft) 1923, 215—222.

867. Bitzer, J., Die Entstehung unserer württembergischen Ortschaften. Kurze Siedlungsgeschichte auf neuer Grundlage. BllAlbV 35 (1923), 49—59.

Ortsnamen.

868. Bitzer, J., Ortschaften mit alten Königshöfen und Gaugrafensitzen in Württemberg. Aus dem Schwarzwald 32, 58—61.

869. Veeck, Ein Beitrag zur Besiedlung des Heidengrabens bei Grabenstetten O. A. Urach. Germ 3 (1923), 8.

870. Bitzer, J., Besiedlung des Oberamts Nagold. Aus dem Schwarzwald 32, 32—34.

871. Goeßler, P., Die vor- und frühgeschichtliche Besiedlung des Oberamtes Riedlingen. Stuttgart 1923. (S.-A. aus d. Beschreibung des O.-A. Riedlingen, hrsg. v. Württ. Statist. Landesamt, S. 167—272).

Angez. Germ 8 (1924), 47 f. (P. Reinecke).

872. Pirchegger, Hans, Die deutsche Besiedlung des heutigen Österreich. Südmark-Jahrbuch 1923, 42—47.

873. Commenda, R. H., Die Bevölkerungsbewegung in Österreich, insbesonders Ober-Österreich 1824—1923. Ein Rückblick und Ausblick. Hmtg 5, 209—216.

874. Baravalle, Robert, Auf Clobucciarichs Spuren. BllHk 2, 59 f.

Der Augustinermönch Clobucciarich machte in den Jahren 1601—1605 eine Landesaufnahme Innerösterreichs.

875. Adametz, Edg., Dorfarten und Dorfformen im westl. böhm. Erzgebirge, im Kaiser- und Duppanergebirge und im vorliegenden Flachlande. ErzgZ 43, 21—23.

876. Adametz, Edg., Geschichte und Entwicklung des Siedlungswesens in Nordwestböhmen. DV (Sonderheft) 1923, 212—215.

877. Mauder, Emil, Die Niedergruppaier Bauerngehöfte. MNordböhmVer. f. Hmtfrschg. u. Wanderpfl. (B. Leipa) 47, 97—107.

878. Bolis, Eugen, Keltensitze im Bielagau. ErzgZtg 44, 88—90. 124—126.

879. Schmidt, Valentin, Versuch einer Siedlungsgeschichte des Böhmerwaldes. Oberplan, Verlag des Vereins „Böhmerwaldmuseum" (1923). 72 S. 8°. 5 tschech. Kr.
Rez. M. Ostbair. Gr 12 (1923), 131.

880. Schwab, Emanuel, Die deutsche Besiedlung der Sudetenländer. Zs. d. deutschen Vereins f. die Gesch. Mährens u. Schlesiens (Brünn) 1924, Nr. 4.

881. Berger, Franz, Zur Besiedlungsgeschichte des Innviertels. Braunauer Heimat 1923, Heft 19.

882. Klein, Anton, Runddörfer in Steiermark. BlHmtkSteierm 1, Nr. 7/8, 6.

883. Gstirner, Adolf, Die Entstehung der steirischen Rinderrassen. Ein Beitrag zur Besiedlungsgeschichte des Landes. BllHk 1, Nr. 3, 7 f.; Nr. 4, 7 f.; Nr. 5/6, 9—16; Nr. 7/8, 6—16; Nr. 9/10, 14 f.
Zwei Hauptrassen: die eine auf dem ursprünglich von den Slovenen, die andere auf dem von den Baiern besiedelten Gebiet.

884. Sidaritsch, Marian, Die Landesaufnahme unter Kaiser Franz I. und ihre Bedeutung für die steirische Siedlungsgeographie. BllHk 2, 31 f. 46 f.

885. Wopfner, Hermann, Tirols Eroberung durch deutsche Arbeit. 2. Aufl. Tiroler Heimat (Innsbruck) 1 (1923), 5—38.

886. Heuberger, Richard, Die Bevölkerung Tirols im Wandel der Geschichte. Tiroler Heimat (Innsbruck) 3/4, 39—60.

887. Klebelsberg, R[aimund] von, Die Obergrenze der Dauersiedlung in Südtirol. (Schlern-Schriften. Veröffentlichungen zur Landeskunde von Südtirol. Hrsg. von R[aimund] v. Klebelsberg 1). Innsbruck-München, Univ.-Verl. Wagner, 1923, 35 S. mit eingedr. Kartenskizze, gr. 8°.
Rez. Schlern 4, 267 f. (H. Wopfner).

888. Klebelsberg, R. von, Die alten Höfe am Fuchsberg in Schnals (Vinschgau). Schlern 5, 15—17.

889. Schatzmann, F., Matschels. Ein Beispiel einer Entsiedlung. HmtVorarlb 4, 93—95.

890. Prähistorische Topographie und Siedlungskunde. Fünfzehnter Jahresbericht d. Schweiz. Gesellsch. f. Urgesch. (1923), Aarau 1924, S. 151—156.

891. Hassinger, H., Neuere Arbeiten zur Anthropogeographie der Schweiz. Zeitschr. d. Ges. f. Erdkunde zu Berlin 1924, 97—129.

892. Saladin, Guntram, Zur Siedlungsgeschichte des freiburgischen Sensebezirks. Thèse de doctorat prés. à la Fac. des Lettres de l'Un. de Fribourg (Suisse). Fribourg, Fragnière frères, 1923.

Erschien auch in Freiburger Geschichtsblätter 27 (1923), S. XXV–XXXI und 1—126.

893. Kirchgraber, R., Das Gebiet des ehemaligen Hochgerichtes Vier Dörfer. Ein Versuch zur Kulturgeographie der Landschaften des Kt. Graubünden. Mitteilungen der Geogr.-Ethnograph. Gesellschaft Zürich 1921/22, Bd. 22. Zürich 1923. S. 17—212.

894. Bühler, Alfred, Siedlungsforschung. SAVk 24, 183—190.

Beantwortung des Fragebogens (vgl. SAVk 24, Heft 1) für die Siedlung Dörfli im Meiental, Kt. Uri.

895. Derron, W., La migration d'été des gens de Mutrux (Jura vaudois). Bulletin de la Soc. Neuchâteloise de Géographie 33, 21—25.

896. Mohr, Fr. W. und Hauff, W. von, Deutsche im Ausland. Breslau, Ferd. Hirt, 1923. 296 S. M. 5.—.

Rez. MschlVk 25, 158 (Siebs).

897. Huß, Richard, Die Besiedlung des Sachsenlandes in Siebenbürgen. ZfdMda 18, 258—285.

898. Klaiber, Sächsische Dorfanlagen und Kirchenburgen Siebenbürgens. Mit neuesten Aufnahmen von Dipl.-Ing. Treiber, Stadtingenieur von Kronstadt. (Hierzu die in Nr. 86/87 vorausgeschickten Abb.). DBauz[eitung] 57 (1923), 369 f.

Grundrisse dazu a. a. O. 371.

899. Schreiner, Andreas, Vom Rhein und Sachsen. ASiebLk N. F. 42, 74—92.

900. Schüneman, Konrad, Die Deutschen in Ungarn bis zum 12. Jahrh. (Ungarische Bibliothek hrsg. von R. Gragger I, 8). Berlin und Leipzig, W. de Gruyter & Co., 1923. V, 153 S.

Angez. ZfVk 33/34, 175 (J. B[olte]).

901. Das Banat, ein Bild deutschen Volkstums u. deutschen Schaffens im Südosten Europas. (Deutsche Kultur in der Welt, hrsg. von der Deutschen Kulturpolitischen Gesellsch., 14. Sonderh.). Leipzig-Gohlis 1923.

Angez. unter dem Titel: Pfälzer Kolonisten in Ungarn. PfälzMus 41 (20), 137 (D. Häberle).

902. König, Fr., Die Lothringer im Banat. Elsaß-Lothringen. Heimatstimmen, Berlin, 1923, 167—169.

903. Meier, Hans, Die deutschen Siedlungen in Bosnien. Stuttgart, Ausland und Heimat, Verlags-A. G., 1924. 60 S. 8°.

904. Thirring-Waisbecker, Iren, Néhány szó a heincek eredetéröl (Einige Worte zur Abstammung der Hienzen). Ethnographia 33, 99—102.

905. Kalmbach, Christian, Deutsche Siedlungsweise in Bessarabien. Festschr. zum II. deutschen Ferienhochschulkurs. Hermannstadt, W. Krafft, 1921, S. 9—16.

906. Tallgren, A. M., De förhistoriska nationalitetsförhållandena i nordöstra Europa och speciellt i Ostbaltikum. Rig 6, 127—138.

907. Ekblom, R., Nordbor och västslaver för tusen år sedan, Fornv 1921 [1923] 236—248.

908. Nerman, B., Goternas äldsta hem. Fornv 1923, 165—182.

909. Weibull, C., Sveriges bebyggelse, bronsålderns karaktär. Diskussionsinlägg. Lund 1923. 34 S. 8°.

910. Qvigstad, J., Nationaliteterne i Troms fylke, særlig i ældre tid. Hålöygminne 4, (1923) (Svorkmo), H. 3—4, 27—39; 5, (1924) H. 1, 1—13.

911. Granlund, Erik, Ur Norra Smålands bebyggelsehistoria. MSmålFJ 7, 47—71.

912. Erixon, S., Hälsingarnas hem. Svenska Turistföreningens årsskrift 1923 (Stockholm), 52—84.

913. Kalén, J., Halländska gränsmärken. Göteborg, Wettergren och Kerber, 1924. 207 S. 8°.

914. Karlgren, A., Gammalsvenskby. Svenska landsmål 1924 (Stockholm). 64 S. 8°.
Schwedische Siedlung am Dnjepr, begründet 1781.

915. Toll, Hans, En gammal dansk kungsgård i Sverige. NoB 11, 1—12.

916. Nerman, Birger, Härstamma Danerna ifrån Svealand? Fornv 17, 129—140.

917. Kleiven, Ivar, Samferdslevegjer og samferdsle i Gudbrandsdalen til ymse tider og lite um bygningsskikken. Den Norske Turistföreningens årbok 1923, 1—9.

918. Sirelius, U. T., Die Herkunft der Finnen. Helsingfors 1924.
Rez. EthnAnz 1, 194.

919. Scheel, F., Finnerud. MoM 1923, 206.

920. Koht, H., Var „finnane" alltid finnar [Lappen]? MoM 1923, 161—175.

921. Juvelius, E. W., Suur-Sysmän asutuskysymyksiä (Besiedlungsfragen der Gegend von Sysmä). Kotiseutu (Helsinki) 1923, 18—39.
Untersuchung besonders auf Grund der Ortsnamen.

922. Ekholm, Gunnar, När kommo svenskarne till Finland? Fornv 1921 [1923], 48—60.

923. Nissen, K., Skogfinnene i Nordmarken. Den Norske Turistför. årbok 1924 (Kristiania), 21—38.

924. Østberg, K., Finnernes rydning i Trysil. Ny Jord 11 (1924) (Kristiania), 1—15.

925. Finskogen. Tidsskrift f. skogbruk 31 (1923) (Kristiania), 33—50.

926. Schütte, G., Lappiske Smaating. 1. Finnenavnet. — 2. Skadesisuolo. — 3. Mons Saevo. MoM 1924, 192—205.

927. Schmiedehelm, Martha, Beiträge zu der sog. gotischen Frage im Baltikum. SberGEG 1922, 76—108 (mit 4 Karten u. 6 Abb.).
Vorgeschichte.

928. Westrén-Doll, A., Die zeitliche Priorität der Liven vor den Letten im Ostbaltikum. SberGEG 1923, 32—49.

929. Bujak, Franciszek, O stosunkach plemion litewskich z germańskiemi (Die Beziehungen der litauischen und germanischen Stämme). SprawPolskAkadUmiej, 1923, 1, 5—7.

930. Būga, K., Lietuvių įsikūrimas šių dienų Lietuvoje (Die Niederlassung der Litauer im heutigen Litauen). Tauta ir Žodis (Kaunas, Litauen) 2 (1924), 1—27.

931. Bruckner, Wilh., Von den Schicksalen der romanischen Sprachen auf dem Boden des alten römischen Reichs. GRM 1924, 3—16. 68—77.

932. Disposition des habitations dans le village. EnqMusWall 1, 39 f.

933. Vasmer, M., Untersuchungen über die ältesten Wohnsitze der Slawen. Leipzig 1923.
Angez. ZfslavPhil. 1, H. 1/3, 232 (M. Vasmer).

934. Pogodin, A., Rodina slavjanstva i načalo russkogo gosudarstva (Heimat der Slaven und Anfang des russ. Staates). Belgrad 1921. (S. A. aus Sbornik filol. i lingv. stud. Beliču).

935. Mielke, Die altslawische Siedlung. [Mit 8 Planskizzen.] ZfEthn 55 (1923), 59—79.
Einzelhöfe in Rußland 60, in den Balkanländern 64, bei den Westslawen 66.

936. Lehr-Spławiński, Tadeusz, Kilka uwag o praojczyźnie Słowian (Einige Bemerkungen über die Urheimat der Slaven). SprawTowNauk 4, 62—65.

937. Preidel, Helmut, Seit wann wohnen Slaven in Böhmen? Tetschen 1924.
Angez. ZfslavPhil 1, 1—2, 255.

938. Schwarz, Ernst, Zur Namenforschung u. Siedlungsgeschichte in den Sudetenländern. Prag 1923. 123 S. 8°.
Angez. ZfslavPhil 1, 1—2, 255.

939. Kiekebusch, A., Wendische Wohnstätte bei Gandenitz, Kr. Templin. Brandenburgia 32, 61—64.

940. Modelski, Teofil Emil, Kolonizacja wołosko-ruska na polskiem Pogórzu i Podhalu (Walachisch-ruthenische Kolonisation im poln. Pogórze und Podhale). SprawTowNauk 4, 24—26.

941. Kozierowski, St., Pierwotne osiedlenie ziemi gnieźnieńskiej wraz z Pałukami w świetle nazw geograficznych i charakterystycznych imion rycerskich (Die alte Siedlung des Kreises Gnesen mit Pałuki im Lichte der geographischen Namen und der charakteristischen Ritternamen). Slavia occidentalis (Poznań) 3—4, 1924. 129 S. 8⁰.

942. Kozierowski, St., Studja nad pierwotnem rozsiedleniem rycerstwa wielkopolskiego. IX. Ród Doliwów (Studien zur alten Ansiedlung des großpolnischen Rittertums. IX. Das Geschlecht der Doliwa). Poznań 1923. 62 S. 8⁰.

943. Rudnicki, Mikołaj, Drogio sadnictwa lechickiego w Lechji przybałtyckiej na Zaodrzu (Les voies de la colonisation lékhite dans la Lékhie baltique, à l'ouest de l'Oder). Slavia occidentalis 3—4, 366—376.

944. Arnold, Stanisław, Wieś Polska przed kolonizacją na prawie niemieckiem (Das polnische Dorf vor der deutschen Kolonisation). Warszwa, E. Wende, 1923. 29 S. 8⁰.

Enthält drei kulturell wichtige Urkunden aus den Jahren 1203, 1204, 1224, das Kloster der Zisterzienserinnen in Trzebnica betreffend.

945. Cvijić, J., Les migrations dans les pays yougoslaves. Revue des études slaves 3 (1923), 3—18.

946. Šišić, Ime Hrvat i Srbin i terije o doseljavanju Hrvata i Srba. Godišnjica Čupića 35 (1923), 1—49.

Kritische Beleuchtung aller bisher aufgestellten Theorien über den Namen und die Herkunft der Serben und Kroaten.
Rez. ČZN 17, S. 78ff. (Kovačić).

947. Županić, N., Srbi Plinija i Ptolemeja. Im Festband für Cvijić, Belgrad 1924.

Nach Ž. sind die Serben ein kaukasischer Stamm gewesen, der einen slawischen Stamm unterjocht, ihm den Namen aufgedrückt, aber seine Sprache aufgegeben habe.
Rez. Prilozi 4 (1924), 322 (V. Čajkanović).

948. Županić, Niko, Bela Srbija. Primedbe Jagićevom shvatanju K. Porfirogenita o dolasku Hrvata i Srba. NStar 2, 107—118.

Weißserbien. Bemerkungen zu Jagićs Auffassung des K. Porphyrogenetos über die Ankunft der Kroaten und Serben.

949. Ilesicz, Fr., Z jugosłowiańskiej historjografji (Aus der jugoslawischen Historiographie). Przegeąd historyczny (Warschau) 24, 187—188.

Betr. die Siedlung der Serbokroaten auf dem Balkan und das serbische Familienfest „krestne ime".

950. Drobnjaković, B., Jasenica u Srbiji. SEZb 25 (1923), 191—376.

Rez. SKGl NS. 9 (1923), 80; Bibliographie Géographique 1923, 201 (Chataigneau).

951. Ivić, A., Migracije Srba u Hrvatsku tokom 16., 17., 18. veka. SEZb 28 (1923), 1—158.
Einwanderung der Serben nach Kroatien und ihre spätere Abwanderung nach Syrmien, Slavonien, Dalmatien.
Rez. GlSED 9 (1923) 148 (M. Kostić); Entgegnung Ivić, ib. S. 149.

952. Popović, D., Posledice velike seobe. Letopis Matice Srpske 302/II (1924), 23—28.
Folgen der großen Wanderung der Serben in die Vojvodina 1690.

953. Desnica, B., Kako je naseljen kraj od Plavna do Žegara u severnoj Dalmaciji. GlSGD 9 (1923), 66—69.
Wiederbesiedlung der Gegend von Plavno bis Žegari durch bosnische Kolonisten 1692.

954. Juras, J., O obliku i položaju naselja u Kaštelima u Donjim Poljicama. Strena Bulićiana, 1924, S. 643—646.
Entstehung der Siedlungen Kašteli in Dalmatien.

955. Drobnjaković, B., Postanak naselja i poreklo stanovnika u Smederevskom Podunavlju. Festband für Cvijić, Belgrad 1924.
Herkunft und Zusammensetzung der Bevölkerung um Smederevo (Semendria).

956. Pandurović, V., Iz prošlosti baranjskih Srba. Esseg 1923.
Bevölkerungsverschiebungen in der Baranja (Winkel zwischen Donau und Drau).
Rez. SKGl NS. 9 (1923), 394.

957. Škarić, Odakle su žumberački Uskoci? (Woher stammen die Uskoken in Žumberak [= Sichelburg]?). GlSGD 10 (1924), 46—59.

958. Hauptmann, Ljudmil, Prihod Hrvatov (Die Landnahme der Kroaten). Strena Bulićiana (Festschrift Franz Bulić). Zagreb 1924, S. 515—546.
Herkunft der Kroaten.

959. Bosch Gimpera, P., El Problema etnológico vasco y la Arqueología. RIntEstVasc 14, Nr. 4.

960. Christian, V., Vor- und frühgeschichtliche Völkerwanderungen im vorderen Orient. Anthr 16—17, 577—587.

III. Bauten.

A. Haus und Zubehör.

1. Wohnhaus.

961. Wopfner, H., Methode der Hausforschung (Vortragsreferat). VjVorarlb 7 (1923), 99 f.

962. st., Der Hausbau im Licht der Sprache. Sammler 93 (1924), Nr. 122 v. 16. Okt., S. 5.

963. Roth, Karl, Das „arische“ Haus. Sammler 93 (1924), Nr. 154 v. 30. Dez., S. 1—2.

964. Keller-Tarnuzzer, Karl, Das Bruderloch bei Schönholzerswilen und die verwandten künstlichen Höhlen in Mitteleuropa. Thurgauische Beiträge zur vaterländ. Gesch. 61, 17—48.

965. Hatchell, G. W., Pile-Dwellings in Lake Nyassa. Man 24, 59 f.
Afrikanische Parallele zu unsern Pfahlbauten.

966. Reinerth, Wohnbau der Pfahlbaukultur. Winterthur 1924.

967. Behn, Fr., Hausurnen. Berlin 1924. 120 S. 39 Taf. M. 16.—.

968. Behn, Fr., Das Haus in vorrömischer Zeit. Mainz 1922.
Angez. ZfVk 33/34, 116 (W. Pessler).

969. Schulz, Walter, Das germanische Haus in vorgeschichtlicher Zeit. 2. Aufl. Leipzig 1923. VIII u. 146 S., 61 Abb. (Mannus-Bibl. 11).
Angez. Germ. 8 (1924), 96 (E. Wahle); ZfVk 33/34, 128 f. (R. Mielke).

970. Oelmann, F., Zur Kenntnis der karolingischen und omaijadischen Spätantike. RömMitt 38/39 (1923/24), 193—248.
Gebäudetypen auf dem Bauriß des Klosters St. Gallen vom Jahre 820; Karolingische Pfalzen etc.

971. Geramb, Viktor, Die Kulturgeschichte der Rauchstuben. Ein Beitrag zur Hausforschung. WS 9, 1—67.
Rez. Carinthia (Klagenfurt) 1925, S. 107—111 (G. Graber).

972. Haberlandt, Arthur, Die Kulturgeschichte der Rauchstuben. Eine kritische Betrachtung. WZfVk 29, 81—87.
Kritische Betrachtungen zu einer unter demselben Titel in WS 9 erschienenen Arbeit von V. Geramb.

973. Jutz, Leo, Das deutsche Haus. (Vortragsreferat). VjVorarlb 7 (1923), 99.

974. Klopfer, P., Das deutsche Bauern- und Bürgerhaus. Seine Entwicklung und Geschichte mit Berücksichtigung des Dorf- nnd Stadthauses. III. Leipzig, A. Kröner, 1915. 185 S. Geb. M. 4.—.
Rez. DG 25 (1924), 114.

975. Winter, Maria, Vom deutschen Bauernhaus. Zeitschrift f. kulturgeschichtl. u. biolog. Volksk. 1, 137—140.

976. Harrar, Annie, Der Stil der Heimat. Gartenlaube 1923, 383—386. (Mit 10 Abb.).
Behandelt das Bauernhaus, vor allem den Fachwerkbau.

977. Prümer, Karl, Das Bauernhaus auf dem Hellwege. Sitten und Gebräuche aus Westfalen (Hellwegbücher hrsg. von B. Zytur und F. Behr. V.) Frankfurt a. M., M. Diesterweg, 1924. 38 S. 8°. M. 1.—.
Rez. HessBll 23, 172 (H. Hepding).

978. Pott, K. R., Niedersächsische Dreiständerbauten in Holstein. HmtK 34, 229—232.

979. Hansen, C., Haus und Herd in alten Tagen. Hmtbl. f. d. Kr. Sonderburg 1923, 94—99.

980. Schwindrazheim, Wannerdag in Angeln. Kunstkalender des Schleswig-Holsteinischen Jahrbuches hrsg. von Dr. E. Sauermann 1924, 92—97.

Das anglische Haus in seiner geschichtlichen Entwicklung, Siedlung und Dorfanlagen.

981. Pessler, Wilhelm, Wortgeographie von Nordwestdeutschland im Rahmen der vergleichenden deutschen Ethnogeographie. Teuthonista 1, 6—24.

Betrifft die plattdeutschen Bezeichnungen für das Fach im Bauernhause und das Wandbett.

982. Becker, Hans Otto, Das Odenwälder Bauernhaus. „Unter der Dorflinde", Monatsschr. d. Odenwaldklubs, Darmstadt, 10 (1924), Heft 6 (110), nicht paginiert. Mehr als zwei Quartseiten.

Mit 1 Bild: „Rathaus zu Heppenheim a. d. B."

983. Karstens, H., Goslarsche Baukunst und Hausinschriften. NdHmtbl 1, 30 f.

984. Heinen, Das Freilandmuseum in Bad Zwischenahn. Nds 29, 378.

Altammerländer Bauernhaus (Oldenburg).

985. Richter, Reinhold, Die sächsischen Häuser und Vierkanthöfe im hinterpommerschen Küstenstrich. Heimatkalender für Pommern 1924, 92—97.

986. Vogt, Hans, Das Hunsrückhaus und sein Hausrat: Der Rheinische Christopher, Rhein-Mainischer Heimatkal., Frankfurt a. M., 1925, 50—56 mit 11 Abb.

987. Fehrle, E., Bauernhäuser. KurpfälzJb 1925. Heidelberg, Paul Braus, 1924.

988. G., K., Veranstaltungen des Bundes „Fränkische Heimat". FränkHmt 2 (1923), 69.

Einzelnes über Bauernhaus und -hof im Norden der Altstadt Nürnberg.

989. Gradmann, Robert, Frankenland und Schwabenland. FränkHmt 3 (1924), 367—372.

S. 370 f. besondere Formen des Bauernhauses in Schwaben und Franken; S. 372 zum „fränkischen Gesicht" (W. Hellpachs).

990. Winter, Maria, Das Bauernhaus im nürnberg.-fränk. Land (Beiträge z. fränk. Kunstgesch., hrsg. v. Fr. Haack, Nr. 10). Nürnberg, Lor. Spindler, 1924. 84 S. M. 2.—.

Rez. DG 25 (1924), 118; Gunzenhauser Heimatbote 1 (1924), 84.

991. Schimmel, Walter, Baudengeschichte. Grenzgau Schlesien (Friedeberg) 1924, Dezember, 1—3. 1925, Januar, 22.

992. Hofmann, Josef, Etwas über ländliche Bauten im Erzgebirge. DV 1924, 142—144.

993. Klatt, Georg, Das Oberlausitzer Bauernhaus. Heimatbildung (Reichenberg i. Bö.) 4, 105—109.

994. Tutte, Karl, Anlage von Haus und Hof im Saazer Lande. DV 1924, 179 f.

995. Schier, Bruno, Das deutsche Bauernhaus Ostböhmens. DV (Sonderheft) 1924, 47 - 54.

996. Schmieder, Ludwig, Das Bernauer Schwarzwaldhaus. Mit Bildern und Skizzen. Ekkhart, Jahrb. f. d. Badner Land 1924, 43—50.

997. Gut, Albert, Ein Holzhaus aus Oberbayern aus dem Jahre 1581. Denkmalpfl. u. Heimatschutz 1923, 117—121. Mit 5 Abbildungen.

Betr. das sog. „Hirtenhaus" in Niederneuching bei Schwaben in Oberbayern. „Gred" und „Laube". S. 118.

998. Phleps, Hermann, Über die Urformen des siebenbürgisch-sächsischen Bauernhauses. ASiebLk 42, 261—275.

Mit zahlreichen Abbildungen.

998a. Phleps, Hermann, Über die Urformen des siebenbürgisch-sächsischen Bauernhauses. 2. Das Haus des Nösnergaues. DenkmalpfluHmtschutz (Berlin) 1923, 47—51.

999. Roth, Victor, Zur Geschichte des sächsischen Bauernhauses in Siebenbürgen. ASiebLk NF. 42, 238—260.

Mit zahlreichen Illustrationen.

1000. Phleps, Hermann, Über siebenbürgisch-sächsische Holzbaukunst. [Mit 8 Abbild.] Denkmalpfl. und Hmtsch. 1924, 137—145.

1001. Gottwald, Ernst, Das Fachwerk auf dem Lande. Mit 5 Zeichn. Hmtl 11, 7—9.

1002. Höpfel, K., Vom altfränkischen Fachwerkbau. FränkHmt 2 (1923), 181.

1003. Kock, Chr., Vom Strohdach und seinem Schöpfer. HmtK 34, 9—12.

1004. Tiedemann, Franz, Das Strohdach. Mitteilungen für das Fürstentum Ratzeburg 6 (1924), 3—8.

1005. Eichhorn, A., Schindelgiebel, Schindel- u. Strohdach im östlichen Erzgebirge. Mitt. des Landesvereins Sächsischer Heimatschutz 13, 129—134.

1006. Scherzer, Conrad, Fränkische Schlotformen. FränkHmt 2 (1923), 150. Mit Abb.

1007. Croissant, Aug., Hof- und Hauseingänge. PfälzerLand 1924, Nr. 17.

1008. Zink, Th., Unsere Haustüren. PfälzerLand 1923, Nr. 29.

1009. Pirang, Heinz, Alt-Rigasche Hausportale. Jb. und Kalender des Deutschtums in Lettland (Riga) 1924, 104—109.

1010. Stoy, Die Hoftürbank. Heimatkalender f. d. Kreis Liebenwerda 1924, 65.

1011. Clauß, Der Hausrat eines Bauernhauses vor 300 Jahren. Gunzenhauser Heimatbote 1, 75 f.

Inventar des Gunzenhauser Spitals v. J. 1609.

1012. Volz, Ludwig, Ofenkragsteine. Aus dem Schwarzwald 32, 122f.

1013. Kriechbaum, Eduard, Dorf und Bauernhaus im oberen Innviertel. MOstbGr 12 (1923), 100—104.

1014. Neuner, Franz, Das Wohnhaus im alten Bauernhof des unteren Mühlviertels. Hmtg 5, 315f.

1015. Narholz, Siegmund, Das Pinzgauer Bauernhaus und seine nächste Umgebung. Alpenländische Monatshefte 1924, 353—364.

1016. Wopfner, Herm., Das Tiroler Bauernhaus. Innsbruck, Tyrolia, 1923. 29 S. 8⁰.

1017. Perathoner, J. A., Bäuerliche Hausformen im Grödentale. Schlern 5, 7—15.

1018. Bauernhöfe = alte Adelssitze. HmtVorarlb 4, 32.

1019. Beblo, Fritz, Alemannische und fränkische Elemente des Straßburger Bürgerhauses. Mit 17 Abbild. Elsaß-Lothringisches Jahrbuch (Berlin) 3, 92—104.

1020. Walter, Thiebaut, Alte Wasserhäuser im untern Largtal. ElsaßI. 1924, 276—278.

1021. Schmitz, P., Das Eupener Patrizierhaus. Folklore (Malmédy), 51—54.

1022. Das Bürgerhaus in der Schweiz. Bd. XI.: Das Bürgerhaus im Kanton Bern, 2. Teil. Zürich 1922.
Rez. ASchwAlt NF. 25, 62f. (H. L[ehmann]).

1023. Das Bürgerhaus in der Schweiz. Bd. VIII: Das Bürgerhaus im Kanton Aargau. Zürich, Art.-Inst. Orell Füssli [J. ?].
Angez. ASchwAlt NF. 26, 201 (H. L[ehmann]).

1024. Das Bürgerhaus in der Schweiz. Bd. XII: Das Bürgerhaus im Kanton Graubünden. 1. Teil: Südliche Talschaften. Zürich, Art. Inst. Orell Füssli, 1923. 60 S. u. 135 Taf. Fr. 30.—.

1025. Das Bürgerhaus in der Schweiz. Bd. XIX: Das Bürgerhaus im Kanton Graubünden. 2. Teil. Zürich, Art. Inst. Orell Füssli, 1924.
Angez. ASchwAlt NF. 26, 201 (H. L[ehmann]).

1026. Bündner Bauernhaus. SchwVk 14, 67.

1027. Les anciennes maisons rurales du canton de Genève. SchwVk 13, 29f.

1028. Aubert, P., L'ancienne maison rurale dans le canton de Genève. Genava (Genf) 1, 129—141.

1029. Maisons rurales. SchwVk 14, 54.

1030. Beata, E., Casa e paesaggio nel Ct. Ticino. Hmtschutz (Basel) 19, 1—12.

1031. Cheminées sarrasines en Suisse? Anfrage von G. Jeanton. Antwort von Hans Schwab. SchwVk 14, 17f.

1032. Stückelberg, E. A., Die Entstehungszeiten der Lavez- und Specksteinöfen. ASchwAlt 25, 55—57.

1033. Cosyn, Arthur, La masure d'Anderlecht. [Auch flämisch.] FLBrab 1, 142—145.
Typus der alten kleinen Bauernhütte. Mit Abbildungen.

1034. Masures brabançonnes (Brabantsche Hütten). FL-Brab 2, 335—342.

1035. Coster, Robert De, La cabane conjolaise de Vollezeele. FLBrab 3, 164 f.

1036. Clouston, J. S., Old Orkney houses. Proc. Orkney AntiqSoc 1 (1923), 11—19. 39—47; 2 (1924), 7—14.

1037. Erixon, S., Svensk byggnadskultur och dess geografi. Ymer (Stockholm) 1922, H. 3—4.
Rez. Budk 2, 117—120.

1038. Boning, J., Byggnader med förstuga. AntTidskr 21, H. 1, 193—201.

1039. Christofferson, O., Hur en bondgård i Skytts härad såg ut på 1700-talet. Skåne Årsbok 1924, 96—107.

1040. Bannbers, O., Före eldhuset. En liten studie till det nordiska husets historia. Dalarnes hembygdsförbund 1923 (Hedemora), 9—19.

1041. Olsson, P. A., Rester av äldre allmogebyggnader i Uvshult socken, Småland. Rig 6, 80—86.

1042. Svensson, S., Spis och ugn i de gamla blekingska allmogehusen. Blekingebygder (Karlskrona) 1923, 19—33.

1043. Andersson, A., Bondgården i Blekinge. Blekingebygder 2, 88—100.

1044. Boëtius, G., Bidrag till det nordiska timmerhusets historia. Ymer (Stockholm) 1923, 349—363.

1045. Sjöbeck, M., Bidrag til kännedomen om utkragande och flätade gavelrösten i den skånska korsvirkesgården. FoF 10, 109—121.

1046. Forsslund, K., Gamla broar och nya Hävd o. Hembygd (Stockholm) 1923, 89—95.

1047. Hofrén, M., Nyförvärvade ångermanländska möbler i Nordiska Museet. Fatab 1923, 168—172.

1048. Moltu, P., Om skapet fra Nœröy. Tidskrift for Sunnmör historiske lag (Ålesund) 1923/24, 65—67.

1049. Meyer, J., Fortids kunst i norske bygder 11. Kristiania, Aschehoug, 1924. 39 S. 11 Pl. 4°.

1050. Bugge, A., Byggeskik og Arkitektur paa Toten. BoB 5, 137—153.

1051. Lindström, J., Gammel byggeskikk i en Vestlandsbygd, Vik i Sogn. Fortidsm. foreningens årsberetning 1922 (Oslo 1923), 202—211.

1052. Jürgens, K., Gamle bygninger i Romsdal. Fortidsm. foreningens årsberetning 1922 (Oslo 1923), 212—222.

1053. Litleskare, J., Gamle bunadshus i Nordhordland. Nordhordl. og Midthordl. sogelag (Bergen) 1924, 1—22.

1054. Sandvig, A., Lidt om husebygning i ældre tid. BoB 2, 1—40.
Angez. Budk 4, 25 f.

1055. Erixon, Sigurd, Prästgårdar i Dalarna under 1600-talets senare del och början av 1700-talet. Fatab 1924, 35—84.
Pfarrhäuser nebst Einrichtung.

1056. Blanchet, A., Les souterrains refuges de la France. Contribution à l'histoire de l'habitation humaine. Paris, Picard, 1923. 341 S. 1 carte, 16 planches.
Angez. ASchwAlt NF. 25, 63 (D. V.); RAnthr 33, 326 (P. Deffontaines).

1057. Jeanton, Gabriel, Les cheminées sarrasines. Etude d'éthnographie et d'archéologie bressane. 24 planches. Macon, Protat, 1924. 96 S. 8°.
Rez. Mercure de France, 1er Sept. 1924 (A. v. Gennep).

1058. Orientation et distribution de la maison rurale. EnqMusWall 1, 128—130.
Mit Grundriß.

1059. Mernier, Lucien, Léonard, Th., Verhulst, Louis, Distribution de la maison rurale. EnqMusWall 1, 40 f.

1060. Gozin, Armand, Maison à Crupet. EnqMusWall 1, 38 f.
2 Zeichnungen von belgischen Bauernhäusern, als Antwort auf den volkskundlichen Fragebogen eingesandt.

1061. Une énigme architecturale. EnqMusWall 1, 42. (Abb.).
Hufeisenförmiges Eisen, 2½ m über dem Kellereingang, an alten Häusern in Lüttich.

1062. La „drèsse." EnqMusWall 1, 43 f.
Küchenbuffet, wie es in Luxemburg und gewissen Teilen Frankreichs und Belgiens vorkommt.

1063. Les mosaïques de cailloux. EnqMusWall 1, 130 f.
Beschreibung und Abb. eines Mosaik-Vorplatzes.

1064. Peinture des boiseries [an wallonischen Bauernhäusern]. EnqMusWall 1, 42.

1065. Goldstern, Eugenie, Eine volkskundliche Erkundungsreise im Aostatale. (Vorläufige Mitteilung). WZfVk 28, 55—57.

1066. Rubino, Benedetto, Abitazioni rurali in Sicilia. Gli ultimi Trogloditi. Lettura 24, 153—155.

1067. Buga, K., Lietuvių trobesiai S. Daukanto aprašymu [Die litauischen Häuser nach der Beschreibung von S. Daukantas]. TiŽ (Kaunas) 1, 93—100.

1068. Buga, K., Pečius ir krosnis in Kalba ir senovė I. (S. 177—187). Kaunas 1922. XVI, 354 S. 8⁰.
Verschiedene Benennungen des Ofens.

1069. Rotkirch, G. Al., Piirteitä Ratula kartanon historiasta (Aus der Geschichte des Herrenhofs von Ratula). Kotiseutu 1923, 40—58.
Enthält u. a. 8 Photogr. von Bauernhäusern des Herrenhofgebietes.

1070. Dzērvīts, A., Eku izgreznojumi Nīcā un Rucavā (Häuserverzierungen in Nieder-Bartau und Rutzau). Latvijas Saule (Riga) 1923, 46.

1071. Brastiņš, E., Latviska istaba (Ein Zimmer im lettischen Stile). Latvijas Saule (Riga) 1923—24, 43—45. 58f. 77. 80. 122f.

1072. Vilberg, G., Talutuba kõrvaliste hoonetega XIX aastasaja viimasel poolel Saunja külas, Jõelehtme kihelkonnas [Ein Bauernhaus mit seinen Nebengebäuden in der zweiten Hälfte des XIX. Jahrh. im Dorfe Saunja, Kirchspiel Jegelecht]. Eesti Kirjandus 17 (1923), 402—415. 465—469 (m. 2 Planskizzen).
In Nordestland.

1073. S-te [= Saareste], A., Mitmesugused riismed [Verschiedene Miszellen]. Eesti Keel 3 (1924), 159—165 (m. 15 Planskizzen).
Über die Lage der Räumlichkeiten des nordestnischen Bauernhauses und deren Benennungen.

1074. Siczyńskyj, Wołodymyr, Ukrajińška chata w okołyciach Lwowa (Das ukrainische Bauernhaus in der Gegend von Lemberg). Lwów, 1924. 22 S. 8 Illustr. 8⁰.

1075. Osipow, D. P., Krestjanskaja izba na severe Rossii. Totemskij kraj (Das Bauernhaus in Nordrußland. Das Gebiet von Totjma). Totjma, Verl. d. Ges. f. Heimatkunde am Totemschen Museum, 1924. 20 S., 8 Taf. 8⁰.

1076. Novak, Jela, Seljački dom u Zvečaju. (Bauernhaus in Zvečaj bei Agram, 6 Bilder). NStar 5 (1923), 186—192.
Inneres und Äußeres serbischer Bauernhäuser.

Garten. — 1077. Berger, R., Im schlesischen Bauerngärtel. Schlesien 4, 110—112.

2. Wirtschaftsgebäude.

1078. Meyer-Lübke, W., Gallisch **sútege* „Schweinstall". WuS 8, 185f.

1079. Stroh, Franz, Erdstätte im Mühlviertel. Hmtg 4, 43—53.

1080. Forsblom, V., Två österbottniska stugor. Budk 3, 1—5.

1081. Forsblom, V., Steiset. En försvinnande byggnadstyp. Budk 3, 108—111.

1082. Forsblom, V., Om samfällda ängslador (Scheunen auf freiem Felde) i Esse. Budk 3, 76—79.

1083. Rapola, M., Heinäsuovan suomalaisten nimitysten leviämissuhteista. Virittäjä (Helsinki) 1924, 4—16.
Über die Verbreitungsverhältnisse der finnischen Namen des Heuschobers und über dessen Arten.

B. Kirche.

1084. Pirang, Heinz, Baltische Baudenkmäler. ZfDkde 37, 94—100.

1085. Croissant, Aug., Dorfkirchen. Pfälzer Land 1924, Nr. 8.

1086. Böhaimb, August, Landkirchen in Oberbayern (mit Satteltürmen, Spitztürmen, Kuppeltürmen). BayerI 35 (1924), 433—435.
27 Einzelbilder auf drei Seiten ohne Text.

1087. Tremmel, J., Das Wallfahrtskirchlein in der Bärnstatt. Tiroler Heimatblätter (Kufstein) 1924, Nr. 1. 3. 6.

1088. Sieghardt, August, Die St. Leonhardskirche bei Kundl. Tiroler Heimatblätter (Kufstein) 1924, Nr. 5.

1089. Pöll, Josef, Geschichte der Kirche des Klosters in Seefeld. Tiroler Heimatblätter (Kufstein) 1924, Nr. 5.

1090. Stumpf, Gustav, Die ehemalige Holzkirche in Taschendorf. Kuhländchen (Neutitschein) 46, 2—6. 17—21.

1090a. Mankowski, H., Die letzten Holzkirchen Ostdeutschlands. Danziger Heimatwarte (Danzig) 1922, 66—68.

1091. Schmitt, J. Charles, Elsässische Dorfkirchen. ElsaßI 1924, 48—50.

1092. Jahnel, Karl, Marian, Alexander und Umlauft, Franz Josef, Das Spital und die Kirche St. Materni außerhalb der Mauern in Aussig. Aussig, Verlag der Arbeitsgemeinschaft f. Hmtforschg., 1924. 100 S. 8°. Kr. 15.—.

1093. Lipser, Heinrich, Die Augiessler Kapelle. Jahrb. und Kalender für Türmitz und seine Nachbarschaft (Aussig) 1924, 98.

1094. Krause, Ernst, Holzkirchen im Waldenburger Gebirge. Rübezahlkalender (Schweidnitz) 1924, 100—103.

1095. Stoy, Dorfkirche und Schmiede. Heimatkalender für den Kreis Liebenwerda 1924, 51.

1096. Weselscheid, H., Ein alter Bauernfriedhof. Die Heimat (Dortmund) 6, 182f.

1097. Buchner, F., Die befestigten Friedhöfe. Oberpf 17 (1903), 123f.
Mit Abb.: Befestigter Friedhof in Gebenbach bei Amberg.

1098. Curman, S., Kyrkorna såsom kulturminnesmärken. Hävd och Hembygd (Stockholm) 1923, 67—84.

1099. Pettersen, A., Vike kirke paa Modum. En historisk undersökelse. Drammen, Drammens Museum, 1923. 14 S. 8°.

1100. Rydbeck, O., Lunds domkyrkas byggnadshistoria. Lund, Gleerup, 1923. 344 S. 4°.

1101. Reinton, S., Hol gamle kyrkje. Dölaminne (Kongsberg) 1924, 110—120.

1102. Mathiesen, H., Erkebiskopsgaarden i Trondhjem. NFKult 9, 55—62.

1103. Thordeman, B., Sankt Per i Sigtuna. Fornv 1924, 204—223.

1104. Zapletal, Florian, Dřevěná „cerkóv" v Tročanech na východním Slovensku. [Eine Holzkirche in Tročany im Ostgebiet der Slovakei.] Český Lid 24, 168—173.

1105. Zíbrt, Čeněk, Dřevěne kostelíky v zemích československých a Podkarpatské Rusi. [Hölzerne Kirchen in den tschechoslovakischen Ländern und bei den Karpathorussen.] Český Lid 24, 327—338.

1106. Millet, G., L'ancien art serbe. Les églises. Paris 1919. 208 p. Rez. Slavia (Prag) 2 (1923), 556f. (Vlad. R. Petković).

1107. Buczkowski, Kazimierz, Kapliczki i figury przydrożne. (Die Dorfkapellen und Statuen). Orli Lot (Kraków) 5, 8—11.

1108. Udziela, Seweryn, Opis kapliczek. (Beschreibung der Kapellen.) Orli Lot (Kraków) 4, 148—149.
Fragebogen die Volkskapellen und Grabinschriften betreffend.

IV. Sachen.

A. Zusammenfassendes und Vermischtes.

1109. Rütimeyer, L., Ur-Ethnographie der Schweiz, ihre Relikte bis zur Gegenwart mit prähistorischen u. ethnographischen Parallelen. Schr. der Schweizer. Ges. f. Vlk. XVI. Basel, Helbing & Lichtenhahn, 1924. XXI, 399 S. 8°. Fr. 20.—.

Haus- und Alpwirtschaft: Brotstempel und Eigentumszeichen, Kerbhölzer, Steinlampen, Birkenkerzen, Gefäße aus Topfstein, Gefäße aus Kürbis, Leder, Holz und Ton, Kesselketten, Schaber, Messer, Schere, Spielzeugtiere der Kinder. Kleidung: Fellkleider. Nahrungsbereitung: Archaistische Verarbeitung der Zerealien und Kastanien, Archaistische Backmethoden. Ackerbau: Archaistische Ackerbaugeräte, Wagen mit Scheibenrädern. Schiffahrt und Fischerei: Archaistische Boote und Fischereigeräte. Obdach und Hausbau: Archaistische Züge in der Bauart, Abri sous roche, Pfahlbauten, Wohngruben, Schilfhütten, Kerbbalken. Archaistische Ornamentik. Masken und Maskenbräuche. Schalen- und Gleitsteine.

Rez. Budk 3, 122; SchwVk 14, 90 (E. Hoffmann-Krayer); Blätter f. bernische Gesch. 20, 315 (H. Morgenthaler); ZfEthn 56, 129 (Staudinger); Anz. schweiz. Alt. 26, 259 (D. V.).

1110. End, Gotthard, Biasca und Val Pontirone. JbSAC 58, 10—81.
Darin: über Hausbau, Geräte, Kerbhölzer u. a.

1111 Bielenstein, A., Die Holzbauten und Holzgeräte der Letten. Ein Beitrag zur Ethnographie, Kulturgeschichte und Archäologie der Völker Rußlands im Westgebiet. St. Petersburg 1907—1918. 838 S. 700 Abb. Fol.
Angez. ZfVk 33/34, 153 f. (K. Brunner).
Rez. Fatab 1924, 91—94 (S. Erixon).

B. Unbewegliches. Denkmäler.

1. Zusammenfassendes und Vermischtes.

1112. Tallgren, A. M., Eesti eelajaloolised liikumata muinasjäänused [Die vorhistorischen unbeweglichen Altertümer Estlands]. Ajalooline Ajakiri 1 (1922), 121—130.

2. Einzelnes.

1113. Stumpf, Gustav, Holzbrücken der Heimat. Kuhländchen (Neutitschein) 6, 177 f.

1114. Sitzmann, Karl, Über einige Bildstöcke. Mainbote v. Oberfrank. 8 (1923), 62 f.

1115. Weser, Über württembergische Bildstöcke. Schwäbisches Heimatbuch 1922.

1116. Konietzny, M., Der Bildstock von Schomberg. Mit Ergänzungen von S. Macha. Aus dem Beuthener Lande 2, 80.

1117. Konietzny, M., Der Bildstock an der Krakauer Straße, Ecke Kluckowitzer Straße. Oberschlesien im Bilde 1, 85.

1118. Les Chapelles du Bon Dieu de Pitié [Bildstöcke]. FLBrab 2, 342—344.

1119. Schuchhardt, Carl, Vineta. SitzBerl 1924, 176—217.
Slavische und deutsche Burgen, Gräber usw. in Pommern.

1120. Revellio, Paul, Schutz unsern alten Erdbefestigungen. Hmtl 11, 87 f.

1121. Franz, Leonhard, Vorgeschichtliche Gräber in volkstümlicher Überlieferung WZfVk 29, 1—4. 32—35.

1122. Rau, Paul, Kurgane (Grabhügel) und Altertumskunde in der Vorstellung der wolgadeutschen Bauern. Aus dem Volksleben des Flußgebietes Jeruslan-Torgun. HessBll 23, 39—46.

1123. Brastiņš, E., Latvijas pilskalni. I Kuršu zeme. (Die Hünengräber Lettlands. I Kurland.) Izdevusi Latvijas senatnes pētītāju biedrība (herausgegeben vom Verein lettischer Altertumsforscher). Riga 1923. 135 S.

1124. Walter, Max, Vom Steinkreuz zum Bildstock. (Vom Bodensee zum Main, Nr. 25.) Karlsruhe, C. F. Müller, 1923. 37 S. 4°.
Angez. HessBll 22, 115 f. (H. Hepding); WZfVk 29, 100 (L. Weiser).
Rez. Hmtl 11 (1924), 24 (Hermann Eris Busse); MannhGbll 25 (1924), Sp. 124 f. (Meisinger); DLZ 1924, 2376—2378 (J. Sauer).

1125. Schmidt, Gg., Amtliche Verzeichnung der Steinkreuze. Egerl 27 (1923), 11.

1126. Busse, Hermann Eris, Kreuze und Bildstöcke der Lahrer Gegend. Ekkhart, Jahrbuch für das Badner Land 1924, 62—69.

1127. Kuhfahl, Von alten Steinkreuzen. Der Alpenfreund 1924, 223—227.

1128. Wipprecht, Alfred, Kreuzsteine in Niedersachsen. NdHmtbl 1, 84—87.

1129. Wagner, Steinkreuze am Wege. Monatsschrift für die Heimat 1, 175—177.

1130. Mönch, W., Sühnekreuze im Bezirk Calw. Aus dem Schwarzwald 30, 7—8.

1131. Schmidt, Rudolf, Märkische Sühnekreuze. Ein weiterer Beitrag zur Steinkreuzforschung. KblGesVer 71 (1923), 31—34.

1132. Rolfs, C., Martelkreuze (Sühnesteine) in Dithmarschen. Mit 1 Abb. Nordelbingen (Beiträge zur Heimatforschung in Schleswig-Holstein, Hamburg u. Lübeck) I (2. Aufl.) (1923), 161—165.

1133. Obst, Emil, sen., Mord- und Sühne-Kreuze, „Tote Männer", auch Unfallmale in den Muldekreisen Bitterfeld und Delitzsch und in der Dübener Heide. 2. verm. Aufl. Bitterfeld, Selbstverlag, 1921. 38 S. 8°.

1134. Hellmich, Max, Steinerne Zeugen mittelalterlichen Rechtes in Schlesien. Steinkreuze, Bildsäulen, Staupsäulen, Galgen, Gerichtstische. Leipzig, Selbstverlag des Verf., 1923. 434 S. u. 13 Taf. mit 434 Abb.

1135. Krahl, Franz, Die alten Steinkreuze im Tetschner Bezirke. MNordböhmVHmtf (B. Leipa) 46 (1923), 69—73.

1136. Fechtner, Karl, Die Steinkreuze bei B. Leipa. MNordböhmVHmtf 46, 81—93.

1137. Preidel, Josef, Zwei weitere Steinkreuze im Bezirke Tetschen. MNordböhmVHmtf 47 (1924), 8f.

1138. Kern, J., Vergessene Steinkreuze. MNordböhmVHmtf 47, 41—45.

1139. Wagner, Eduard, Alte Steinkreuze im Aussig-Karbitzer Bezirke. Beiträge z. Hmtkde. d. Aussig-Karbitzer Bez. (Aussig) 1924, 166—176.

1140. Wichtrei, Franz, Das Friedhofskreuz von 1822. Jb. und Kal. f. Türmitz und seine Nachbarschaft (Aussig) 1923, 64.

1141. Wichtrei, Franz, Was uns ein Grabstein erzählt. Jb. und Kal. f. Türmitz und seine Nachbarschaft (Aussig) 1924, 20—23.

1142. Schad'n, Hans P., Alte Steinsäulen und Wegkreuze aus Zistersdorf und Umgebung. Jb. Landesk. Niederösterr. N. F. 19 (1924. Festschrift), 271—293.
Mit 15 Abb. im Text.

1143. Hoch, Fritz, Flurdenkmäler um Nürnberg. FränkHmt 2 (1923), 60—62.

1144. Hagn, Hugo, Das Vituskreuz. Hmtl 11 (1924), 85.
Steinkreuz zwischen Zeutern u. Odenheim, A. Bruchsal, mit dem eingegrabenen Zeichen einer Axt.

1145. Leute, J., Das Vituskreuz zu Odenheim. Hmtl 11 (1924), 116.
Deutet das Vituskreuz als Sühnekreuz. Abwegig sind wohl die Sätze über Radkreuze als Zeichen eines germ. Sonnenkultes.

1146. Mayr, Sebastian, Grabkreuze aus Schmiedeeisen zu Windischgarsten. Hmtg 4, 292—294.

1147. Neweklowsky, Ernst, Zwei Erinnerungen aus Tirol an die oberösterreichische Schiffahrt. Hmtg 5, 317.
Marterl und Votivtafel.

1148. Sinwel, Rudolf, Marterl-Studien. Tiroler Heimatblätter (Kufstein) 1924, Nr. 5.

1149. Kofler-Gosten, E., Alte Marterln. Schlern 4, 298.

1150. Becker, Albert, Kein neuer Homburger Meteorstein. PfälzMus 41 (20), 21.
Göttliche Verehrung der Meteorsteine. Entstehung von Sagen aus dem Erlebnis.

1151. Wiedemann, Alfred, Die religiöse Bedeutung der ägyptischen Pyramiden. Anthr 16—17, 657—680.

1152. Huber, Bruno, Sagenumwobene Metallringe an Felsen unserer Heimat. Schlern 6, 397.

1153. Wehrhan, Karl, Die Externsteine im Teutoburger Walde in Natur, Kunst, Geschichte, Dichtung und Volkssage. Detmold, Meyersche Hofbuchhandlung, 1922. 54 S.
Angez. ZfrwVk 20/21, 85f. (P. Sartori).
Rez. MschlVk 24, 147 (Siebs); Hmtschollen 3, 39.

1154. Becker, Albert, Der Gollenstein. Ein Beitrag zur Religionsgeschichte des Westrichs. PfälzMus 41 (20), 22—24.
Monolith unweit Blieskastel, der Spuren von gallisch-römischer und christlicher Verehrung zeigt, und an den sich Feenglauben knüpft. — Dazu Nachtrag: Der Gollenstein bei Blieskastel, v. Sprater, ebd. 41 (20), 121.

1155. Sartori, P., Hünensteine in Wickede. ZrwVk 20/21, 76.

1156. Pfaff, Wilhelm, Zwei merkwürdige Findlinge. Schlern 4, 260f.
Prieda u. „blauer Grenzstein".

1157. Anneler, Hedwig, Der Schalenfels in der Gugginen. Der kleine Bund (Bern). Jahrg. 4, Nr. 8.

1158. Bourguignon, E., La grosse pierre de Perwez. [Auch flämisch.] FLBrab 1, 185—188.

1159. Collet, Paul, La pierre du Diable. [Auch flämisch.] FLBrab 1, 53.

1160. Stone, E. Herbert, Stonehenge — the Heel Stone. Man 24, 68f.

1161. Murray, M. A., and Passmore, A. D., The Sheela-na-gig at Oaksey. Man 23, 140f.
Skulpierte nackte Frauenfigur, vorchristlich. Fruchtbarkeitskult?

1162. Holy stones and witches. NQ 146 (1924), 96. 142.

1163. Berge, Rikard, Heilage steinar. NFKult 10, 59—66.

1164. Tegengren, J., Offerstenar [Opfersteine]. Budk 2, 21—23.

1165. Wikman, K., Offerstenar [Opfersteine] och stensägner. Budk 2, 85—87.

1166. Lödöen, O., Et offeralter („horg") fra den hedenske tid (?). Heimen 1, 1923 (Kra.), 118 f.

1167. Nylund, J., Sparbössan. Budk 2, 52.
In die Spalte zwischen 2 Steinen, „Sparbüchse" genannt, werfen Hirtenknaben Steine.

1168. Barandiarán, J. Miguel de, Los Dólmenes. EuskoFL 4, 25—28.
Aberglauben u. Sagen; Grabstätten; Wohnungen v. Dämonen; D. als Grenzsteine; Wallfahrten zu ihnen.

1169. Barandiarán, José Miguel de, Los monumentos prehistóricos. EuskoFl 4, 13—20.
Menhir u. Cromlech.

1170. Barandiarán, José Miguel de, Las huellas (Eindruckspuren) misteriosas. EuskoFL 3, 29—35.
Fußspur von Mensch, Pferd, Esel, Wagen. Aberglauben u. Kult.

1171. B(arandiarán), José Miguel, Los monumentos. I. Las rocas y las piedras. EuskoFL 3, 1—16.

1172. Probst-Biraben, J. H., Les tas de pierres magiques en Corse. REthn 4, 256—288.

1173. Tarasenka, V., Alko akmenys Trakų apskrityje [Opfersteine im Kreise Trakai]. Kultūra 1923, 25—34.

1174. Das Wahrzeichen von Tübingen. Mit Abb. BllAlbV 36 (1924), 62.
Hinweis auf die volkstümliche Umdeutung des um 1480 geschaffenen Steinbildes (die Sage schon bei Crusius 1596) und die Erzählung von Pfr. Karl Maximilian Eifert 1808—88 „Das W. v. Tüb.", Neuausg. d. d. Verleger Hugo Matthäs in Stuttgart 1924 mit 26 Bleistiftzeichnungen des Sohnes d. Verf., Prof. Dr. R. Eifert. M. 5.—.

1175. Grom, Anna, Das Augsburger Turamichele. Sammler 93 (1924), Nr. 114 v. 27. Sept., S. 1—2.
Augsburger Wahrzeichen.

C. Bewegliche Gegenstände.

1. Zusammenfassendes und Vermischtes.

1176. Heimatmuseum. FränkHmt 2 (1923), 70—73.

1177. Steilen, D., Volkskundliche Museen Niedersachsens. Jahrb. d. Männer v. Morgenstern 21 (1923/24), 141—152.

1178. Herbster, Karl, Das Kanderner Heimatmuseum. BadHmt 10, 86—90.

1179. Siegl, Karl, Das Egerer Museum. Ein Gedenkblatt anläßlich seines fünfzigjährigen Bestandes. Egerl 28 (1924), 45—57.
Volkskunde des Egerlandes 56f.

1180. Leisching, Julius, Die volkskundliche Sammlung des Salzburger Museums. Salzburger Museumsblätter 3, Nr. 3, 2ff.

1181. Franz, Leonh., Volkskundliche Sammlungen in Schweden. WZfVk 28, 88—90.

1182. Hammerstedt, N., Nordiska Museet och hembygdsmuseerna. Tidskrift för hembygdsvård (Lund) 1923, 152—58.

1183. Schömer, Rosa, Die Volkskunde auf der Jubiläumsausstellung zu Göteborg (Schweden). WZfVk 29, 9—12. 39—41.

1184. Erixon, Sigurd, Södermanland i Nordiska Museet. (Skansens Vårfestbok 1924, I.) Stockholm, Nord. Mus., 1924. 60 S. 4°.
Reich illustriert.

1185. Hofrén, M., Kalmar Museum. Rig 6, 91—95.

1186. Lithberg, N., Våra folklivsmuseen. Svenske Turistf. årsskr. (Stockholm) 1923, 211—32.

1187. Norsk Folkemuseum, Beretning om Virksomheten 28 (1912—23), 29 (1923—24). Kra 1923. 1924.

1188. Friluftsmuseet på Norsk Folkemuseum. Oslo 1925. 4°. Norw. Kr. 4.—.
47 Tafeln von Gebäuden in dem norweg. Freilandmuseum zu Bygdöy, mit Text.

1189. Suomen maaseutumuseoita (Finnische Provinzialmuseen). Kotiseutu 1921, 7—34.
Aufsätze von verschiedenen Verf. über die Museen in Jyväskylä, Kirkkonummi, Kuopio, Lahti, Lappeenranta, Lohja, Olavinlinna, Pietarsaari, Raippaluoto, Tammisaari. Illustriert. (Fortsetzung zu Volksk. Bibl. 1921/22, 980).

1190. Leau et son exposition d'Art, d'Archéologie et de Folklore 1924.
Auch mit flämischem Titel.
Rez. NdlTVk 29, 187.

1191. Le Musée Wallon. EnqMusWal 1, 1—32.
Darin: Illustrierter Fragebogen.

1192. Frankowski, Eugenjusz, Zbiory etnograficzne w Polsce. (Die ethnographischen Sammlungen in Polen.) Lud 21, 40—55.
Berücksichtigt sind die Sammlungen in Lemberg, Krakau und Warschau.

1193. Seweryn, Tadeusz, Dziwne Muzeum (Das merkwürdige Museum). Przemysł-Rzemiosło-Sztuka (Kraków) 4, 22—24.
Betr. die Sammlungen eines huzulischen Bauern bei Jaworów.

1194. Żelechowski, W., Placówka naukowa u stóp Tatr (Das Tatramuseum in Zakopane). Orli Lot (Kraków) 4, 139—142.

1195. Gavazzi, Milovan, Dział etnograficzny Chorwackiego Muzeum Narodowego w Zagrzebiu (D. Ethnographische Abteilung des Kroatischen Nationalmuseums in Zagreb). Lud 22, 140f.

1196. Manninen, J., Latvian kansatieteellinen museo (Das lettische ethnographische Museum). Suom. Mus. 1924, 1—8. 5 Fig. Deut. Referat, hinten S. 1.

1197. Führer durch das Museum des Archäologischen Kabinetts der Universität Dorpat. SberGEG 1923, 76—98 (m. 4 Karten u. 1 Plan).

1198. Jaberg, C., e Jud, G., Un atlante linguistico-etnografico svizzero-italiano. „Le Vie d'Italia" (Milano), Maggio e Novembre 1923.

Bericht über Wege und Ziele des ital.-schweiz. Sprachatlasses, mit interessanten Bildern u. Karten.

1199. Les appareils de transport. EnqMusWall 1, 49—51.

La palanche, le joug, l'èk'nèye (= pincette: 2 scherenartig verbundene Holzstäbe zum Tragen von Körben).

1200. Aranzadi, Telesforo de, Espantajos de ingenio y monigotes de superstición. In: Homenaje a D. Carmelo de Echegaray. San Sebastian, Imprenta de la Disputación de Guipuzcoa, 1923.

Wasser- u. Windklappern, Scheuchen; Talismane.

1201. Gavazzi, Dr. Milovan, Iz materijalne kulture (Etnografski Muzej u Zagrebu): Pekve (crijepnje); Rogožari i njihova izradba. Sa 4 slike. Nar. Star. 3, 330—334.

Aus der materiellen Kultur (Ethnographisches Museum in Agram): Backglocken; Schilfkörbe und ihre Herstellung.

1202. Zēvers, J., Latviešu mājas un saimniecibas lietu kultūr vēsturiskā attīstiba (Kulturhistorische Entwicklung der lettischen Haus- u. Wirtschaftsgeräte). Jzglīt. ministr. mēnešraksts (Riga) 1924, Nr. 1, 36—47.

1203. Loewenthal, J., Worterklärungen. WuS 8, 176 bis 178.

Ofen; gr. *λώπη* „Hülle, Gewand"; ir. *curach* „Fellboot". Namen und Abb. verschiedener Gerätschaften.

2. Einzelnes.

Beleuchtung. — 1204. Chrobok, L., Haus- und Straßenbeleuchtung in Miechowitz in früherer Zeit. Aus dem Beuthener Lande 2, 182f.

1205. Schubert, Josef, Fortschritt in den Beleuchtungsarten. Braunauer Bote (Braunau i. Bö.), 1924, 53—55.

Fuhrwesen. — 1206. Jacobsthal, P., Scheuklappen. Arch. Jahrb. (Anz.) 38/39 (1923/24), 263ff.

Sch. für Pferde in Ägypten (18.—20. Dynastie) erfunden, von da nach Phönizien und Kypros. Übergang ins Abendland ungewiß.

1207. Volksbräuche und Pferdegeschirr. HmtVorarlb 4, 96.

1208. Van Gennep, A., Plaques à mulets datées, de la vallée de Bozel (Savoie). Aréthuse J (1924), nr. 4, chronique, 54—58.

„plaques . . . qui se placent sur le front de l'animal . . .".

1209. Hoyos, Sáinz, L. de, Medios naturales o primitivos de tasporto en las diversas regiones de España. Actas y Memorias, Sociedad esp. de Antropología . . . (Madrid), 1922, I, 108—118.

Hausrat. — 1210. Arnreiter, Hans, Einige alte Bürger- und Bauernhaus-Inventare aus dem unteren Mühleviertel (1719—1849). Ein kulturgeschichtlicher Beitrag. Hmtg 4, 186—188. 287—292. 353—357.

1211. Uebe, F. Rudolf, Deutsche Bauernmöbel. Ein Überblick für Sammler und Liebhaber, mit 241 Abb. (Bibl. für Kunst- und Antiquitätensammler Bd. 23). Berlin, Richard Carl Schmidt & Co., 1924. VIII, 221 S. gr. 8⁰. Lw. M. 9.—.

Rez. AntiquitZ 32 (1924), 103 (H. H. Jösten); (u. d. T. „Bauernmöbel. Ein neues Sammelgebiet"). AntiquitRundsch 22 (1924), 352 f. (U. N. = Ulrich Nicolai); DG 25 (1924), 68 (—).

1212. Baron de la Chaise, Le meuble rustique lorrain. Mémoires de l'Académie nationale de Metz (Metz) 1924, 109—117.

1213. Baron de la Chaise, Bettstellen und Truhen mit dreitürmigen Tempeln bemalt. Gegend von Miesbach, Aibling, Tölz. DG 25 (1924), 103.

Umfrage.

1214. Büddemann, Werner, Westfälische Truhen. I. Die Truhen des 15. u. 18. Jhs. AntiqZ 32 (1924), 193—195. II. Die Truhen des 17. u. 18. Jhs. AntiqZ 32 (1924), 203—206. Mit 2 Abb. auf S. 205.

1215. La table-maie ou huche. EnqMusWall 1, 43.

Truhe auf 4 Beinen, mit einer Tischplatte bedeckt, aus dem nördlichen Luxemburg.

1216. Dobrowolski, T., O skrzyni z Nowego Sącza. (Die Truhe aus Neu-Sandez). Przemysł-Rzemiosło-Sztuka (Krakau) 1923, Nr. 3—4.

1217. Pflug, Walter, Die Kinderwiege, ihre Formen und ihre Verbreitung. ArchfAnthr 19, 185—223.

1218. Virchow, H., Die armenische Wiege. ZfEthn 56 (1924), 208—211.

Mit Bezugnahme auf 56, 74: Boas, Franz, Bemerkungen über die Anthropometrie. Ergänz. zu Obigem 57, 257 unter Nr. 6.

1219. Schütte, Mittelalterliche Gefäße im Baugrunde alter Häuser. Der Grund der Niederlegung und die Notwendigkeit ihrer sicheren Bergung durch Bauleitungen und Museen. DenkmalpfluHmtschutz (Berlin) 1923, 51—54.

1220. Grolla. Anfrage von J. Brocherel; Antwort von J. R[oux]. SchwVk 14, 18 f. 41.

„grolla" = in der Mundart des Aostatales ein Weinbecher.

1221. Kletzl, Otto, Eine schöne alte Sitte. Bundeskalender (Teplitz-Schönau) 1924, 113.
Über Freundschaftsbecher, Badegläser usw.

1222. La cuisine et la table. EnqMusWall 1, 46f.
Abbildungen verschiedener wallonischer Küchen- und Tischgeräte.

1223. Le poêle ou poile. EnqMusWall 1, 45f. (Abb.).
Primitiver gußeiserner Ofen, der mit dem Herde in Verbindung stand und zum Heizen des an die Küche grenzenden Raumes diente.

1224. Fuhse, F., Der Kräuel. WuS 8, 107.

1225. Le petit brasier et les pincettes. EnqMusWall 1, 45 (mit Abb.).

1226. Udziela, Seweryn, Gliniane kropielniczki ludowe. (Tönerne Volksweihkesselchen.) Przemysł - Rzemiosło - Sztuka 1924, Nr. 2.

1227. H., L., Die Hillebille im Oberharz. NdHmtbl 1, 102.
H. ist ein schwebendes Buchenbrett zum Herbeiruf der Köhler.

1228. Leib, K., Etwas von Kerbhölzern, Kerbstöcken, Waldscheitern und anderen Holzurkunden. Rundschau f. d. oberschles. Volk. 25. Febr. 1921.

Landwirtschaft. — 1229. Jutz, Leo, Landwirtschaftliche Geräte. (Wörter und Sachen.) HmtVorarlb 5, 196—199.
Vgl. Jg. 1923, S. 116f.

1230. Mielke, R., Der Pflug von Dabergotz. ZfEthn 56, 121—124.
Mit Abbildung altertüml. Pflüge.

1231. Wann kam die Sense in Gebrauch? SchwVk 14, 67f.

Technik. — 1232. Космовъ, Ст. Л., Прелици. [Der Spinnrocken.] Извест. нар. етн. муз. въ София (Sofia) 4, 1—2, 25—32.
Formen des Spinnrockens bei den Bulgaren, ihr Schmuck. Spinnerlied.

1233. Sinwel, Rudolf, Vogelscheuchen. Hmtbl 1, H. 12, 3f.

Münzen. — 1234. Heuser, E., Rechenpfennige. Pfälzer Land 1924, Nr. 7.
Aus Burg Lemberg.

1235. Bernhard, Jos., „Der Tembl von Sulden Schlägt Rösslgulden." Schlern 4, 156—158. Nachtr. Waschgler, Heinr. Ebd. 262—265.

1236. Pulver, J., A dictionary of Old English music and musical instruments. New York, Dutton, 1923. 253 S. 8°.

Ring. — 1237. Dervieu, La bague au Moyen-Age. Rev archéol 19 (1924), 55ff.

Schiff. — 1238. Andersson, O., Kyrkestocken i Lund. Budk 3, 79f.
Spezielle große Boote für die Kirchfahrt.

1239. Itkonen, T., Suomen tasapohjaiset runhimuodot. (Die Formen der finnischen Flachkähne [runhi].) SuomMus 1924, 46—59. 7 Fig., 1 Karte. Deutsches Referat, hinten S. 3f.

Schilder. — 1240. Siegris, Emmerich, Alte Wiener Hauszeichen und Ladenschilder. Wien, Burgverlag Ferd. Zöllner, 1924. 111 S.

Rez. DG 25 (1924), 69 (—).

1241. Croissant, A., Pfälzische Wirtshausschilder. Pfälzerland 1924, Nr. 9.

1242. Lefftz, Joseph, Elsässische Wirtshausschilder. Mein Elsaßland (Colmar) 1923, 47—50.

1243. Noggler, Jos., Wirtshausschilder in Sterzing. Schlern 5, 261.

Vierzeiler als Inschrift.

1244. Les enseignes. EnqMusWall 1, 60—62 (Abb.).

1245. Buvé, Cl., Enseignes. FLBrab 3, 80 f.

1246. Marneffe, A. de, Vieille enseigne. FLBrab 3, 117.

Steingerät. — 1247. Barandiarán, José Miguel de, Otros instrumentos de piedra. EuskoFL 3, 41—44; Litocultura ib. 45—48; ib. 4, 1—12.

Steingerät u. Gegenstände aus Stein.

1248. Barandiarán, José Miguel de, Litocultura. EuskoFL 3, 37—40.

Kiesel: Zur Feuererzeugung, im Dreschschlitten, für Schleudern, Schleifsteine.

Waffen. — 1249. Gessler, E. A., Schweizersäbel des Hans Jauch von Uri. ASchwAlt N. F. 25, 50—54.

1250. Gessler, E. A., Die sogen. Lederkanonen aus dem Zeughausbestand der Stadt Zürich. ASchwAlt N. F. 26, 50—66. 154—166.

1251. Balfour, H., The Archer's Bow in the Homeric Poems: an Attempted Diagnosis. Journal of the Royal Anthropol. Institute of Great Britain and Ireland 51, July to December.

1252. Pope, Saxton T., A Study of Bows and Arrows. UnCalPubl 13, 329—374. Mit 20 Tafeln.

1253. Strmšek, P., Topuz in buzdovan. ČZN 19 (1924), 25—58.

Kurze vergl. Studie über die Keule und den Morgenstern.

Wagen. — 1254. Eitrem, S., Vognen i Osebergskibet. Kunst og Kultur (Bergen) 11 (1923), 75—85.

1255. Les Charrettes. EnqMusWall 1, 51 f. (Abb.).

1256. Tappolet, E., Les noms gallo-romans du moyen. Romania 49, 481—525.

Wertvolle sach-wortliche Zusammenstellungen über die Radnabe.

Werkzeuge. — 1257. Tkalčić, Vladimir, Stružnica iz okolice Lepoglave. [Eine Hobelbank aus der Gegend von Lepoglave.] Narodna Starina 5, 172 f.

Beschreibung einiger Werkzeuge der Hausindustrie bei den Serbokroaten.

Zahnstocher. — 1258. Anfrage von C. B.; Antwort von E. H[offmann]-K[rayer]. SchwVk 14, 48.

Zigarre. — 1259. Gessler, E. A., Eine Beschreibung der Zigarre von 1579. SAVk 24, 114f.
Älteste Erwähnung der Zigarre.

V. Zeichen.

1260. Gaerte, W., Das Schuhsohlen-, Rad- und Kreuzsymbol auf den schwedischen Felszeichnungen. Mannus 15, 271 bis 285.

1261. Krebser, H., Meteorologische Bauernzeichen. SchwVk 13, 20f.

1262. Kellermann, Richard, Gaunerzinken. Wie sich Verbrecher verständigen. Schweizerische Unterhaltungs-Blätter 1924, 701f.

1263. Förtner, S., Was bedeutet das Hakenkreuz? Ein Beitrag zur Weltanschauung der indogermanischen Völker. (I. II.) Sammler 93 (1924), Nr. 79 v. 8. Juli, S. 1—2.

1264. Eisen, M. J., Viisnurk. [Das Pentagramm.] Eesti Kirjandus 17 (1923), 556—559.
Im Aberglauben der Esten und anderer Völker.

1265. Eisen, M. J., Jumalate viisnurk. [Das Pentagramm der Götter.] Eesti Kirjandus 18 (1924), 509f.
Betrifft eine in J. Hurts Materialien sich findende, angeblich aus dem Volksmunde aufgezeichnete phantastische Notiz über die Rolle des Pentagramms in der estnischen Mythologie.

1266. Schirmeisen, Karl, Runen als Göttersymbole. Zeitschr. des Dtschen Ver. f. d. Gesch. Mährens u. Schlesiens 26 (1924), 149—179.

1267. Salin, Bernh., Hjulstenen vid Gravsjön. Fornv 1921 [1923], 195—210.
Sonnenrad u. a. auf Steinen.

1268. Stecki, Konstanty, Znaki poszukiwaczy skarbów. (Die Zeichen der Schatzsucher im Tatragebirge.) Wierchy (Lwów) 1, 43—49.

1269. Kern, Josef, Alt-Leitmeritzer Hausmarken und Wetterfahnen. (Veröffentl. der Leitmeritzer hmtkdl. Arbeitsgemeinschaft.) Leitmeritz 1923, Nr. 3.

1270. Ungerer, Edm., Über Hofzeichen und Hofnamen in einem elsässischen Dorfe. Mit 1 Tafel. Elsaß-Lothringisches Jahrbuch (Berlin) 2, 61—71.

1271. Ein altes Aussiger Handwerkerzeichen. Aussiger Tagblatt 1924, Nr. 280.

VI. Technik, Berufe, Volksindustrie und Volkskunst.

A. Allgemeines und Vermischtes.

1272. Buxton, L. H. Dudley, Primitive Labour. London, Methuen & Co. Ltd. [1924]. VII, 274 S. 8°. 7 s. 6 d.

1273. Herfst, P., Le travail de la femme dans la Grèce ancienne. Utrecht 1922. 122 S.
Angez. JHellStud 43 (1923), 216 (?).

1274. Kühn, Herbert, Die Kunst der Primitiven. München, Delphin-Verlag, 1923. 248 S., 166 Taf. 8°.
Rez. REthn 5, 383 (J. Nippgen).

1275. Lehnert, Georg, Geschichte des Kunstgewerbes. Teil 1: Das Kunstgewerbe im Altertum. (Sammlung Göschen Bd. 819.) Berlin, W. de Gruyter & Co., 1921. 88 S. m. 32 Taf. kl. 8°.

1276. Lehnert, Georg, Geschichte des Kunstgewerbes. 2. Teil: Das Kunstgewerbe der vorromanischen u. romanischen Zeit. (Sammlung Göschen Bd. 820.) Berlin, W. de Gruyter & Co., 1922. 112 S., 32 S. Abb. kl. 8°.
Angez. BllBayGymn 59 (1923), 4 (O. S.).

1277. Blau, Jos. [nicht: Joh.], Alte Bauernkunst in deutscher Schul- und Volkserziehung, Heimatschutz und Wohlfahrtspflege. 2. verm. Aufl. mit 50 Bildern. Leipzig, Schulwissenschaftl. Verlag A. Haase, 1922. 82 S. 4°. Geb. 38 M.
Rez. DG 24 (1923), 30f. (Frank).

1278. Graser, Ph., Wiedererwachen der Volkskunst. [Mit Abb.] Kunst und Kunstgewerbe 3 (1923), 83—87.

1279. Deutsche Volkskunst. Antiquit-Rundsch 21 (1923), 210f.
Zur Redslob'schen Sammlung Deutsche Volkskunst.

1281. Busse, Hermann Eris, Volkskunst. Hmtl 11 (1924), 61—64 = Die Pyramide 13 (1924), 210—212.
Einiges über das Wesen der Volkskunst, anläßlich der Rez. von Pessler, Niedersachsen. (Deutsche Volkskunst hrsg. von Redslob. Bd. 1.) München, Delphin-Verlag.

1282. Orend, Misch, Vom Wesen der Volkskunst. Klingsor (Kronstadt) 1924, 184—188.
„Die Volkskunst ist das Ursprüngliche, aus der sich erst die große Kunst, die Stilkunst entwickelt hat; sie ist der unterste Grund, der Keim, die Zelle, aus der die Pflanzen und Blumen der Stilkunst wuchsen . . .“

1283. Hoch, Fritz, Volkskunst. FränkHmt 2 (1923), 148f.

1284. Creutz, Max, Die Rheinlande. (Deutsche Volkskunst, hrsg. v. Edwin Redslob. Bd. 2.) München, Delphin-Verlag [1924]. 4°.
Nicht gesehen.

1285. Gimers, John, Volkskunst in den Vierlanden. Nds 29, 491—497.

1286. Pessler, Wilhelm, Niedersachsen. (Deutsche Volkskunst hrsg. v. Edwin Redslob. Bd. 1.) München, Delphin-Verlag, o. J. [1923], 52 S. u. 80 Tafeln. 4°.

Abbildungen aus dem gesamten Gebiet der sachlichen Volkskunde.
Angez. ZfVk 33/34, 172 (F. B[oehm]); Bayerl 35, 160.
Rez. VjVorarlb 9, 31 f. (Helbok); Hmtg 5, 268 (D[epin]y); VdZfV 2, 196 f. (Ernst Grohne); Sammler 92 (1923), Nr. 95 v. 24. Nov., S. 6 (—); NdZfVk 2, 196 f. (E. G.)

1287. Baud-Bovy, Daniel, L'Art rustique en Suisse. (Peasant Art in Switzerland.) Londres, „The Studio" 44 Leicester Square, 1914. 78 S. Text, 432 Abbildungen auf farbigen u. schwarzweißen Tafeln, sowie zahlreiche Figuren im Text. 4°.
Überaus reich ausgestattetes Werk, zu dem die bedeutendsten privaten und öffentlichen Sammlungen der Schweiz Stoff geliefert haben.
Rez. SchwVk 14, 72 (E. Hoffmann-Krayer).

1288. Zimmeter, Kunibert, Tiroler Heimatkunst. (Die Kunst in Tirol. Sonderband 5.) Wien, Österreich. Verlagsgesellschaft Ed. Hölzel & Co. 100 S.
Rez. HessBll 22, 107 f. (Chr. Rauch).

1289. Cornette, A. H., Volkskunst. NdlTVk 29, 69—82.

1290. Hofrén, M., Norrländska konstprovinser. Sonderabdruck aus Tidskrift för konstvetenskap (Lund) 1924. 28 S. 4°.
Rez. Budk 4, 23 f. (Wikman).

1291. Berge, Rikard, Norskt Bondesylv. H. 21—22. Risør, Erik Gunleikson, 1924. Sp. 417—448. Taf. LXXI—LXXX. gr. 4°.

1292. Las Casas, Ph. de, L'art rustique en France: L'Alsace. [Paris], Ollendorff 1924.
Rez. Mercure de France, 1. Oct. 1924, 209 f. (A. van Gennep).

1293. Riff, Adolphe, L'Art populaire en Alsace. Strasbourg, Musée Alsacien et Kahn, 1924. 4°.
Rez. Mercure de France, 1. Oct. 1924, 208 f. (A. van Gennep.)

1294. Apraiz, Angel de, Baskische Volkskunst. Vortrag. (lediglich Anführung). ZfEthn 55 (1923), 89.

1295. Kietlicz-Rayski, K., Chłopi a sztuka. (Die Bauern und die Kunst.) Ziemia 8, 192—194.

1296. Witkiewicz, K., Pamiątki i zabawki ludowe z kiermaszu krakowskiego. (Volkstümliche Erzeugnisse und Spielzeuge von der Krakauer Kirmes.) Przemysł-Rzemiosło-Sztuka 1924, Nr. 1.

1297. Rayski-Kietlicz, Konstanty, Sztuka u górali szczawnickich. (Die Volkskunst d. Goralen in Szczawnica). Wierchy (Lwów) 1, 69—82.

1298. Nekrasov, A. J., Russkoje narodnoje iskusstvo. (Die russische Volkskunst.) Moskau, Staatsverl., 1924. 163 S. 8°.

1299. Nikolskij, V. A., Drevne-russkoje dekorativnoje iskusstwo. (Die altrussische dekorative Kunst.) Petersburg, Brockhaus-Jefron, 1923. 8°.
Darin S. 17—29 über die russ. Bauernkunst.

1300. Sokolov, S., i Tomskij, I. Narodnoje iskusstvo Severa Rossii. (Volkskunst Nordrußlands.) Moskau, Gubsovnarchoz von Archangelsk, 1924.
Nicht gesehen.

1301. Voronov, V., Krestjanskoje iskusstvo. (Die Bauernkunst.) Moskau, Staatsverlag, 1924. 139 S., 4 Taf. 8°.

1302. Istomin, P. G., Sovremennoje narodnoje iskusstvo na Severe. (Die moderne Volkskunst im Norden.) „Na Severnoj Dvine“ (An der nördl. Düna) hrsg. v. d. Heimatkundl. Ges. zu Archangelsk 1924, 19—27 (1 Taf.).

1303. Taranušenko, S. A., Pamjatky mystectva staroj Slobožanščyny. (Denkmäler der Kunst der alten Slobožanščyna [Teil d. Ukraine links vom Dnjepr].) Charkiv, s. a. (1923—1924).

114 Tafeln zur Geschichte der ukrainischen Kunst. Der erklärende Text noch nicht erschienen.

1304. Malickij, G. L., Bytovyje motivy i sjužety narodnogo iskusstva. (Die realistischen Motive und Sujets in der Volkskunst.) Kazanj, Staatsverlag d. Tatar. Republik, 1923. 44 S., 13 Taf.

Über die Volksmalerei u. -Schnitzerei.

1305. Latvju raksti — Ornement letton. Art vestimentaire, textile, architectural, céramique etc. D'après des documents officiels et privés. Riga, Édition de l'Imprimerie de l'État, 1924. 1—3. Je 4 S. Texte und 10 - 12 lose Blätter mit Zeichnungen. Folio.

Costumes nationaux des jeunes filles. Assiettes d'argile. Ornements pour „villaines“ [shawls], chemises, gants, tabliers. Ceintures. Jupes. Tissage de lin, Candelabre. Couvercles des barillets. Maison, étable. Poignées de fer. Croix. Sièges. Clocher.

1306. Volteris, E. Archaiologiniai nesusipratimai. (Archäologische Mißverständnisse.) Tauta ir Zodis (Kaunas) 2, (1924) 156—163.

Volkskundliches aus dem alten Litauen.

1307. Simonis, K., Mūsų protėvių menas. [Die Kunst unserer Vorfahren.] Kultūra 1923, 127—135.

1308. Szabó, Gjuro, O hrvatskim zbirkama i sabiračima (sa 13 slika). NStar 2, 186—193.

Über kroatische Sammlungen und Sammler.

1309. Филовъ, Чочданъ Д., Старобългарското изкуство. Издан. Арх. муз. въ София. [Altbulgarische Kunst.] Sofia 1924. 128 S. 4°.

Rez. Изв. нар. етн. муз. въ София 4, 3—4, 123 f. (sine nom. auct.)

Architektur, Malerei u. Kunsthandwerk.

1310. Reitzes, Josef, Jüdische Volkskunst. Das Zelt 1, 51—53.

1311. Denike, B., Iskusstvo Vostoka. Očerk istorii musuljmanskogo iskusstva. (Kunst des Ostens. Abriß der Gesch. d. muselmanisch. Kunst.) Kazanj, Staatsverlag d. Tat. Republik, 1923. 250 S., 11 Taf.

1312. Boldyrev-Kazarin, D. A., Narodnoje iskusstvo v Sibiri. (Die Volkskunst in Sibirien.) Sibirskaja Živaja Starina (hrsg. v. d. Ost-Sibir. Abt. d. Russ. Geogr. Ges., Irkutsk) 2 (1924), 5—20 (2 farb. Tafeln).

1313. Smith, Harlan I., An Album of prehistoric Canadian Art. Bulletin [of] Canada Department of Mines Nr. 37 (Anthropological Series Nr. 8). Ottawa, F. A. Acland, 1923. 195 S. 8⁰. Cts 50.

B. Volksindustrie und Volkskunst.

1. Textilindustrie und -kunst.

1314. Flemming, Textile Künste. Berlin, Verl. f. Kunstwissenschaft, o. J. [1924]. 384 S. 8⁰.

1315. Hunter, George Leland, Decorative textiles. An illustrated book on coverings for furniture, walls and floors ... etc. Philadelphia und London 1918. XXII, 458 S., 27 farbige Taf., 580 Abb. 4⁰.
Angez. Rev archéol 17 (1923), 218 f. (S. de Ricci).

1316. Hahn, Ida, Spinnen und Weben im Orient und in Europa. ZfEthn 56, 190—193.

1317. Neggo, H., Eesti rahvakunstist. (Publikation des Estn. Nationalmuseums Nr. 16.) Tartu (Dorpat) 1918. 24 S., 4 Abb. 8⁰.
Über die estnische Volkskunst, bes. über die Textilkunst.
Angez. JEstPhG 1 (1918), 61 f. (A. M. Tallgren).

1318. Jirlow, R., Om linberedning [Flachsbereitung] och linspinning hos svensk allmoge. En översikt till ledning för folklivs- og landsmåls-undersökare. Fatab 1924, 143—162.

1319. Schoneweg, Eduard, Das Leinengewerbe in der Grafschaft Ravensberg. Ein Beitrag zur niederdeutschen Volks- u. Altertumskunde. Bielefeld, E. Gundlach, 1923. 260 S. 4⁰.
Angez. ZrwVk 20/21, 85; ZfVk 33/34, 128 (K. Brunner).
Rez. NdZfVk 1, 131 f. (Ernst Grohne); LitZbl 74 (1923), 631.

1320. Curti, P. Notker, Alte Leinwanddrucke in Graubünden. Bündnerisches Monatsblatt (Chur) 1924, 54—62.

1321. Nylaend, Johanne, Norske plantefargar. 2. utgaava ved R. Berge. Risör, E. Gunleikson, 1923. 31 S.
„46 Rezepte für Garnfarbe aus norwegischen Pflanzen." (ZfVk 33/34, 171.)

1322. Končev, P., Narodno bagrilno izkustvo v Gabrovo. IzvNEMS 3, 116—129.
Volkstümliche Färbkunst in Gabrovo. Baumblätter, Kräuter u. Blumen als Farbstoffe verwendet.

1324. Collin, Maria, Yllebroderien i Skåneslöjden. Fatab 1923, 67—73.

1325. Gulgowski, I., Hafty ludowe na Kaszubach. (Die volkstümliche Stickkunst in der Kaschubei.) Przemysł-Rzemiosło-Sztuka 1924, Nr. 2.

1326. Wo lismet man am Steckli? SchwVk 13, 27. 43—45.

1327. Hausweberei und Webeschulen. Umfrage. Nds 29, 522.

1328. Stückelberg, E. A., Unveröffentlichte Walliser Gewebefunde. Mit 20 Abb. ASchwAlt N. F. 26, 95—115.

1329. Sylwan, Vivi, Om brickband. [Brettchenweberei.] Ett bidrag till Överhogdals- och Skogstapeternas teknikhistoria. Fornv 1921 [1923], 211—235.

1330. Durham, Edith, Some Balkan Embroidery Patterns. Man 23, 69—72.

1331. Grāmata audējiem. (Ein Weberbuch.) Latvijas Saule (Riga) 1923, 61f. 67—69.
4 Proben aus einem handschriftlichen Musterbuche vom J. 1771.

1332. Birğel-Paegle, A., Jostas un prievītes. (Gürtel und Bänder.) Latvijas Saule (Riga) 1923, 113—116.

1333. Brastiņš, E., Latgales josta. (Ein Gürtel aus Lettgallen.) Latvijas Saule (Riga) 1923, 30—32. 37.

1334. Paegle, Ed., Josta ar ugunskrustiem. (Ein Gürtel mit Hakenkreuzen.) Latvijas Saule (Riga) 1923, 89—93.

1335. Цончевъ, П., Коринарството въ Габрово. Известия 3, 33 bis 42.
Seidenindustrie in Gabrovo.

1336. Endt, Johann, Vom Bärringer Spitzenhandel. ErzgZtg 44, 126f. 149f.; 45, 37—39.

1337. Collin, M., Till textilmönstrens vandringshistoria. Några ord i anledning av Erik Salvéns arbete om bonaden från Skog. Tidskr. f. konstvetensk. (Lund) 1924, 67—75.

1338. Collin, Maria, Bildvävnaderna från Över-Hogdal och Skog. Fornv 18, 38—59.

1339. Sylwan, V., Studier i senantik textilkonst. Några skaftvävnader. Rig 6, 59—79.

1340. Zdravković, D., Pirotsko ćilimarstvo. Belgrad 1924. (Die Teppichweberei in Pirot.)
Rez. SKGl, NS 11 (1924) 476.

1341. Sirelius, U. T., Suomen ryijyt. Helsinki, Otava 1924. 239 S., 334 Textfig., 93 Farbentaf. 4°.
Die Ryen (schwed. rya, eine Art Knüpfteppiche) Finnlands. Hervorragend ausgestattet.
Rez. Valvoja-Aika (Helsinki) 1924, 503—509 (A. Europaeus).

1342. Sirelius, U. T., Viisi tulpaaniryijyä. (Fünf Tulpenryen.) Kalevalas. vuosik. 3, 76—84.
Über Ryen — finnische Wandteppiche — mit Tulpenornamenten. 4 Fig., 1 farb. Taf.

1343. Major, E., Eine Wirkerei nach einem Holzschnitt von Urs Graf. ASchwAlt N. F. 24, 236f.
Dazu Nachtrag von R. Forrer: Zur Liebes-Inschrift des Urs-Graf-Teppichs von 1565. Ebd. 25, 182f.; Replik von E. Major 26, 71f.

2. Bildwerk, Zeichnung, Malerei.

1344. Sandner, Joh., Königsberger [Böhmen] Kleinkunst. Egerl 27, 65—67.

1345. Stein, O. Th., Ein schlesischer Schwarzkünstler aus dem Volke. Grenzgau Schlesien (Friedeberg) 1924, Okt., 21—23.
Johann August Eckert (1807—1868) und seine Schattenrißkunst.

1346. Elgström, O., De bohuslänska hällristningarnas skeppsbilder. (Steinzeichnungen: Schiffsbilder). Fornv 1924, 281—297.

1347. Saint-Périer, Dr. de, La dernière statuette stéatopyge paléolithique. RAnthr 33, 179.

1348. Rydh, Hanna, En ristning på lös skifferplatta. Fornv 1921 [1923], 61 f.

1349. Koninckx, J., Une image de N.-D. de Montaigu. FLBrab 2, 344. 348.

1350. Livesey, Herbert, A Note on Threshold and Hearth Design in N.-W. Cumberland. Man 23, 148—150.

1351. Capitò, Gius., Il carretto siciliano (Monografie di arti decorative). Milano, Bottega di Poesia, 1923. 8 p. L. 20.
Rez. FLCal 10, 45—47 (G. Cocchiara).

1352. Sautier, Alberto, Tappeti rustici italiani (Monografie di arti decorative). Milano, Bottega di Poesia, 1924. 45 p. 8°. L. 20.

1353. Witkiewicz, K., Malunki ludowe z okolicy Dąbrowy w Tarnowskiem. (Volksmalereien aus Dąbrowa im Kreis Tarnów). Przemysł-Rzemiosło-Sztuka 1924, Nr. 1.

1354. Ščekotov, N., Russkaja krestjanskaja živopisj. (Die russische Bauernmalerei). Moskau-Petrograd, Staatsverlag, 1923. 32 S. 5 Taf. R. 0,50.

1355. Окунбев, Николаі, Сшари Срнеки Ікивоние и нвечоки Сноменици у блиисоі околини Сконма. [Altserbische Malerei aus der Umgegend von Skoplje]. Чрква и Живт, 1923, 1. 2.
Rez. Narodn. Starina 4, 86.

1356. Молеров, А. Г., Иконопис в Банско. Известия 3, 43—46.
Malerei von Heiligenbildern in Bansko.

1357. Radl, Josef, Eine alte Schützenscheibe in Lieboch. BrHmtkSteierm 2, Nr. 7/8, 64.

1358. Šorm, A., Nápisy na kraslicích. [Inschriften auf böhmischen Ostereiern]. Ceský Lid 24, 254.

1359. Frankowski, Eugenjusz, Wycinanki i ich przeobrażenia. (Die Entwicklung der Scherenschnitte). Lud 22, 82—128.
Die Lederschnitte bei den Tschuktschen und Golden. Aïno. Nordchina. Turkestan. Tataren aus Kasan u. Krim. Das Mittelmeergebiet. Die iberische Halbinsel. Verschiedene Typen polnischer Scherenschnitte. Jüdische Scherenschnitte.

1360. Bossert, H. Th., Das Ornamentwerk, eine Sammlung angewandter farbiger Ornamente und Dekorationen. 120 Taf. Unter besonderer Berücksichtiguug der weniger bekannten Kulturen für den praktischen Gebrauch ausgewählt und mit Erläuterungen versehen. Mit einem Geleitwort von Otto v. Falke. Berlin, Ernst Wasmuth, 1924. IX, 35 S. M. 160.—.

1361. De Pange, Ornements primitifs sur les parois de maisons pays. alsac. AnzElsAltk 1923, 1277.

1362. Deonna, W., Prototypes de quelques motifs ornementaux dans l'art barbare. Revue de l'hist. des relig. 73, Nr. 2.

1363. Cederblom, G., Renhornsornament å Helsinglands kjolväskor, dess uppkomst och härstamning. Fatab 1923, 109—114.

1364. Deonna, Waldemar, Rosaces et entrelacs. SAVk 25, 81—90.
Primitive Ornamentik.

1365. Brastiņš, E., Latviešu ornamentika. (Lettische Ornamentik). I. Rigā, Latviešu senatnes pētītāju biedrība, 1923. 82 S. 4°.

1366. Sudmal, J., Lettische Ornamente. Riga, Walter u. Rappa, 1923.

1367. Sič, A., Narodni okraski na orodju in pohistvu. (Slovenische Ornamente auf Haus und Hausrat). 1. Heft. Laibach 1923.
Rez. Slavia 5 (1926) 182 ff. (D. Stránská).

1368. Hepding, H., Blumenmalen. HessBll 23, 66.
Blumen in der Volkskunst.

1369. Fehr, Hans, Massenkunst im 16. Jahrhundert. Mit 112 Abb. Flugblätter aus der Sammlung Wickiana (Denkmale der Volkskunst, hrsg. von W. Fraenger 1). Berlin, H. Stubenrauch, 1924. 5, 121, 86 S. 4°. M. 10.—.
Angez. ZfVk 33/34, 156 (J. B[olte]).
Rez. FL 35, 387 f. (M. Gaster).

1370. Rathaus, Rudolf, Polnische Volksholzschnitte. ZfBuchkde 1, Leipzig 1924, 131—134. [Mit 4 Abb.]
Auf Grund des von Prof. W. Husarski zur Verfügung gestellten Materials.

1371. Une exposition d'imagerie populaire. FLBrab 3, 211 f.
Exposition au Musée du Cinquantenaire à Bruxelles.

1372. Udziela, Seweryn, Wycinanki ludu polskiego łowickie i kurpiowskie. (Die Scherenschnitte des polnischen Volkes in Lowicz und Kurpiegebiet). Kraków, Wyd. Muzeum Miejskiego Przemyłdowego (ohne Jahr, um 1924).
14 farbige Tafeln mit 8 Ausschnitten aus Lowicz und 18 aus Kurpie. Mit einem Vorwort von S. Udzielw.

1373. Van Es, E., Le tapis de sable à Hekelgem. [Auch flämisch.] FLBrab 1, 168—169.
Herstellung eines Teppichs auf dem Fußboden mit farbigem Sand. [Siehe Tafel].

1374. Szabó, Gjuro, O oltarima u našim crkvama. (Von unseren Kirchenaltären). Narod. Star. 2, 6, 217—239.
Kroatische und slavonische Altäre vom 17. Jahrh. bis auf unsere Zeit.

1375. Matasović, Antun, Slavonske graničarske tikvice (sa 15 slika). N. Star. 2, 146—161.
Kürbisgefäße im slawonischen Grenzland. (Mit 15 Abb.). Technik und Ornamentik.

3. Holzbearbeitung.

1376. Macha, S., Peter Gruschka, der heimische Schnitzkünstler. Geb. 28. April 1843 in Deutsch-Piekar. Oberschles. Jahrb. f. Heimatgesch. u. Volkskunde 1, 178.

1377. Rapprich, Ida, Die Holzdrechslerei im Erzgebirge. DV 1924, 431.

1378. Heller, Rich., Der Krippenschnitzer Jakob Tyroller. WZfVk 28, 25—27.

1379. Perathoner, J. A., Über das Alter der Grödner Holzspielwarenindustrie. Schlern 4, 294—296.

1380. Kock, Chr., Unsere Väter als Meister in der Verarbeitung des Holzes. HmtK 33, 5—7.

1381. Seweryn, T., Huculska wykładanka w drzewie. (Die huzulische Holzinkrustation). Przemysł-Rzemiosło-Sztuka 1924, Nr. 1—2.

1382. Marchini, Marco, I presepi genovesi. VItAm 30, 1473—1478.

1383. Hilton-Simpson, M. W., The Pole-Lathe [Stangen-Drehbank] in Algeria and in England. Man 24, 49—51.

1384. Basto, Cláudio, Jugos (Joche) ornamentados. Lusa 4, 103.

4. Töpferei.

1385. Casson, S., A Pottery Decorative Design of the Hallstatt Period. Man 24, 7—10.

1386. Hildenbrand, Fr. J., Terrasigillata-Gefäße in der stadtgeschichtlichen Sammlung in Ludwigshafen a. Rh. PfälzHmt, Beil. zur Pfälz. Rundschau vom 29. Juli 1923.

1387. Strauß, Konr., Studien zur mittelalterlichen Keramik. (Mannus-Bibl. Nr. 30). Leipzig, Curt Kabitzsch, 1923. IV, 46 S. 8°.

1388. Antz, E. L., Aus der Geschichte der Keramik Deutschlands. Jahrb. des Vereins deutsch. Ingenieure 12 (1923).

1389. Strauß, Konrad, Alte deutsche Kunsttöpfereien. Berlin, Albert Lüdtke Verlag (1924). 78 S., 73 Taf. 4°. M. 15.—.
Übersicht der Entwicklungsgeschichte der Steinzeug- und Erdenwaren-Töpferei.

1390. Fraenger, W., Der Bildermann von Zizenhausen. Erlenbach-Zürich und Leipzig 1922.
Tonreliefs und bunte Terrakottafiguren des Anton Sohn (1769—1841). Angez. ZfVk 33/34, 119 (J. B[olte]).

1391. Sprater, Die pfälzischen Porzellane im histor. Mus. der Pfalz. PfälzMus 41 (20), 107—110.

1392. Heuser, E., Kurpfälzische Porzellankunst. Neue Bad. Landesztg. 1923, Nr. 258.

1393. Lohmeyer, K., Die Fürstlich Nassau-Saarbrückische Porzellanmanufaktur Ottweiler. Leipzig, Klinkhardt und Biermann, 1924. 20 S. 5 Taf. M. 3.—.
Angez. PfälzMus 41 (20), 140 (A. Becker).

1394. O. D. R., Westerwälder Steinzeugkunst. Nassovia 24, 104—106.

1395. Walcher-Molthein, Alfred, Ein bunt glasiertes Hafnergeschirr aus dem Mühlviertel. Hmtg 5, 47—49.

1396. Schwab, Fernand, Beitrag zur Geschichte der bernischen Geschirrindustrie. Weinfelden-Konstanz 1921.
Rez. ZfschweizGesch 3, 239f. (A. Babel).

1397. Frei, Karl, Zur Geschichte der Keramik in der Schweiz (Fortsetzung). „M. Hans Weckerli", ein Zuger Hafner? (Schluß). ASchwAlt NF 34, 238—246.

1398. Albrecht, Christoph, Beitrag zur Kenntnis der slavischen Keramik. (Mannus-Bibl. Nr. 33). Leipzig, Kabitzsch, 1923. III, 48 S. 8°.

1399. Szafran, T., Garncarstwo ludowe w przemyśle ceramicznym. (Volkstümliche Keramik in der keramischen Industrie). Przemysł-Rzemiosło-Sztuka 1924, Nr. 2.

1400. Udziela, Seweryn, Garncarze w Bieczu. (Die Töpfer in Biecz). Przemysł-Rzemiosło-Sztuka 1924, Nr. 2.

1401. Gulgowski, I., Garncarstwo na Kaszubach. (Das Töpferwesen in der Kaschubei). Przemysł-Rzemiosło-Sztuka 1924, Nr. 1.

5. Steinbearbeitung.

6. Metallbearbeitung.

1402. Babelon, Ernest, Le tombeau du roi Childéric et les origines de l'orfèvrerie cloisonnée. Paris 1923 (extr. des Mém. de la Soc. des Antiquaires t. 76). 113 p., 15 fig. 8°.
Angez. Rev. archéol 17 (1923), 369 (S. R[einach]).

1403. Völker, Karl, Ein Salzburger Emigranten-Schraubentaler zum 200jährigen Jubiläum des Augsburger Bekenntnisses. WZfVk 29, 25—31.

1404. Szabó, Gjuro, Monstrance i kadionice u našim crkvama. (Monstranzen u. Weihrauchgefäße in unseren Kirchen). NarStar 3, 244—254.
Die Form der kroatischen von Nordeuropa, die der küstenländischen von Italien her beeinflußt.

1405. Eimers, John, Volkskunst in den Vierlanden Nds 29, 491—497.
Einlage- und Schmiedearbeiten.

1406. Gahlnbäck, J., Zinn bei den Esten und Finnen nach den Mythen des Kalewipoeg und des Kalewala und den noch erhaltenen Zinngegenständen späterer Zeit. Sitzber. der Gelehrten Estnischen Ges. Dorpat, 1924, 25—43.

7. Varia.

1407. Mainka, H., Die Eisenerzgräberei im Kreise Beuthen. Aus dem Beuthener Lande 1, 174 f. 184. 186.

1408. Mainka, H., Wie im Beuthener Lande Galmei gegraben wurde. Aus dem Beuthener Lande 1, 137 f.

1409. Walter, Hans, Bergbau und Bergbauversuche in den fünf Orten. Der Geschichtsfreund 78, 1—107.
Goldgewinnung. Goldwäscherei. Gewinnung. Sagen.

1410. Cardinall, A. W., Notes on Fire and Fire-making (in West-Afrika). Man 23, 139 f.

1411. Udziela, Seweryn, Wyrób sprzętów ludowych w Skawinie pod Krakowem. (Hausratindustrie in Skawina bei Krakau). Przemysł-Rzemiosło-Sztuka (Krakau) 1924, Nr. 1.

1412. Kofler, Oswald, Die Starzinger Hornindustrie. Schlern 5, 222 ff.
Darin einige Inschriftreime.

1413. Corrodi, Walter, Die schweizerische Hutgeflecht-Industrie (Strohindustrie). Dissert. Zürich. Wädenswil 1925. 179 S. 8⁰.

1414. Johnsson, Selma, Hattflättningen i Ärtemark. Hembygden 1923, 25—27.
Strohhutflechterei.

C. Handwerk, volkstümliche Berufe.

1415. Miller, Verschwundene und verschwindende Gewerbe. Sammler 93 (1924), Nr. 31 vom 13. März, S. 3—5.

1416. Schacherl, Anton, Das Gewerbe im Böhmerwalde. Wäldler Kalender (Staab) 1924, 93—95.

1417. Walter, Max, Odenwälder Handwerk um 1800. Zwischen Neckar und Main. Heimatblätter des Bezirksmuseums Buchen, hrsg. von Karl Trunzer, H. 6. Buchen, Verl. d. Bezirksmuseums, 1923.

1418. Eichelsbacher, Aug., Das Meisterstück. FränkHmt 3 (1924), 290—293.

1419. Hellwag, Fritz, Die Geschichte des deutschen Tischlerhandwerks. Vom 12. bis zum 20. Jahrh. Berlin, Verlagsanstalt des Deutschen Holzarbeiter-Verbandes, 1924. 653, 111 S. 8⁰. M. 20.—.

1420. Le porteur de bain à domicile. EnqMusWall 1, 134f. (Abb.).

Der „porteur de bain" versorgt die Haushaltungen mit heißem Wasser zu Badezwecken.

1421. Maréchal, Lucien, La boulangerie namuroise. EnqMusWall 1, 105—114.

Le pain. Préparations au sucre. — Zahlreiche Abbildungen.

1422. Le barbier à domicile. EnqMusWall 1, 55 (Abb.).

1423. Types de la rue. EnqMusWall 1, 133f.

Verschwundene Berufe der Straße: Wasserträger, Oliven- und Kokosnußverkäufer, Kesselflicker, Hundescherer u. ä. Abdruck eines Artikels aus der Pariser Zeitung „Excelsior".

1424. Allardt, Andreas, Ölbrygd, brännvinsbränning och nykterhetssed i det forna Strömfors. Budk 3, 1—5.

1425. Koch, Wilhelm, Fischerei und Glockenläuten. Gunzenhauser Heimatbote 1, 53f.

1426. Pälsi, S., Suomenlahden jäiltä. (Vom Eise des Finn. Meerbusens). Helsinki, Otava, 1924. 202 S. 42 Fig. 10 Kart. 8⁰.

Schilderung des Fischerlebens auf Suursaari-Hochland; Robbenfang.

1427. V[irtanen], E. A., Pieni lisä Kokemäenjoen kalastushistoriaan. (Kleiner Beitrag zur Fischereigeschichte am Kokemäenjoki). Kotiseutu 1920, 117f.

1428. Clark, J. Cooper, Fishing in the Bay of Rio de Janeiro. Man 23, 17f.

1429. Zopfflechten bei Pferden. DG 25 (1924), 113.

1430. Treiber, W. G., Sitten und Gebräuche bei den Bamberger Gärtnern. BayerI 32, 409—415.

1431. H., B., Arbeitsteilung im mittelalterlichen Gaunerwesen. Sammler 93 (1924), Nr. 153 v. 27. Dez., S. 5.

Neun auffällige Bezeichnungen bestimmter Gaunergruppen.

1432. Jecklin, F., Beitrag zur Geschichte des Gaunerwesens in der Schweiz im 16. Jahrh. Bündnerisches Monatsblatt 1924, 383—385.

1433. Bloomfield, Maurice, The art of stealing in Hindu fiction. AmerJournPhilol 44 (1923), 97—133. 193—229.

Diebswissenschaft und -erziehung.

1434. Hansén, H. P., Natmandsfolk og Kæltringer i Vestjylland 2. Köbenhavn, Gyldendal, 1922.

Rez. DanSt 1924, 45—47 (P. Severinsen).

1435. Pälsi, S., Tukkimetsistä ja uittopuroilta. Helsinki 1923. 206 S. 8⁰.

Von Holzhauern und Flößern. Von Holzhauerwäldern und Flößerströmen in Finnland; ausführlich über Wohnungen, Sitten usw.

Rez. Valvoja-Aika (Helsinki) 1924, 212—214 (J. H—u).

1436. Elezović, Gl., Sokolari kao društvena i vojnička organizacija. (Falkenjagd bei den Serben.) Južna Srbija 4 (1923), 583—591.

1437. Meusburger, Karl, Tiroler Gemsenjagden vor 400 Jahren. Schlern 4, 99—106.

1438. Allardt, A., Säljakt [Seehundjagd] i Pellinge. Budk 2, 97—101.

1439. Itkonen, T., Suomenlahden saarelaisten hylkeenpyynti. SuomMus 30, 25—36, 5 Fig.
Der Seehundsfang der Inselbewohner des finn. Meerbusens.

1440. Saxl, J., Wolfsgruben. Schlern 4, 159.

1441. V[irtanen], E. A., Sudenverkon käytöstä Pöytyällä. (Vom Gebrauch des Wolfsnetzes in Pöytyä.) Kotiseutu 1920, 118.

1442. Grunwald, Max, Berufe der Juden. JbjüdVk 1923, 394—426.

1443. Keyland, N., Om kolning i Västra Värmland. Stockh., Nordisk Fotogravyr, 1923. 61 S. 8⁰. Kr. 3.—.
Angez. Budk 3, 59f. (Wikman).

1444. Dengler, Pieps [so!], Die Kürbenzäuner. Oberpf 18 (1924), 157—159.
Korbmacher.

1445. Udziela, Seweryn, Kuśnierstwo w Starym Sączu. (Die Kürschnerei in Alt-Sandez.) Przemysł-Rzemiosło-Sztuka (Krakau) 1923, Nr. 1—2.

1446. Cons, Louis, Coppersmiths in Paris. JGypsyL 3, 142f.

1447. Moeller, Armin, Ein Beitrag zur Geschichte der Mühle und der alt-thüringischen Müllerin. „Bauernspiegel" (Weimar). 1924, H. 3, Juni.
Angeführt: ZfEthn 56 (1924), 161.

1448. Seweryn, T., Kożusznictvo i torebkarstwo w Kossowie. (Pelz- und Taschenproduktion in Kossów b. d. Huzulen.) Przemysł-Rzemiosło-Sztuka 1924, Nr. 2.

1449. Ciszewski, Stanisław, Studja etnologiczne I. Sól. (Ethnologische Studien I. Salz.) Warszawa 1922. 91 S. 8⁰.
Genaue Schilderung der Salzsiederei und des Salzhandels bei den Slaven.

1450. Adrian, K., Der Laufener Schiffer. Bayerl 34, 71 bis 75.
Über die Schifferzunft in Laufen. Volkskundliches.

1451. Althin, T., Några tjärbränningsmetoder i västra Sverige. Fatab 1923, 81—93.
Teerbrennerei.

1452. Tilscher, Georg, Der Wagenschmiermann. Eine Gestalt der Deutsch-Brodeker Sprachinsel. MSchönhL 20, 91f.

1453. Barabasz, St., Kłusownicy i zwierzyna w Tatrach. (Die Raubschützen im Tatragebirge.) Wierchy (Lwów) 1, 158 bis 184.

1454. Clauß, Zur Geschichte des Wirtschaftsgewerbes im Altmühlgau. Gunzenhauser Heimat-Bote 1, 58f.

1455. Weiß, Eugen, Die Entdeckung des Volks der Zimmerleute. Jena, Diederichs, 1923. 235 S. gr. 8⁰. M. 5.—; gbd. M. 6.50.

Darin S. 126f. Gereimtes u. Ungereimtes vom schwäb. Zimmerplatz; S. 185ff. Zimmersprüche, Rammlieder, Handwerkslieder.

Angez. HessBll 23, 129f. (H. Kling); ZfVk 33/34, 132 (F. B[oehm]); Arbeit u. Beruf 3, 456; Hefte für Büchereiwesen 9, 249 (Löffler); Ztbl. d. Bauverwaltung 44, 204.

Rez. DG 25 (1924), 82 (—); Literarischer Handweiser 59 (1923), Sp. 737f. (Jos. Wittig); Kunstwart 37 (1924), 116 (W. B.).

1456. Noggler, Josef, Eine Gildenstube aus dem 16. Jahrhundert. Schlern 4, 232f.

Wirtsstube im Gasthofe zum „Schwarzen Adler" in Sterzing. Seit Jahrhunderten die Herberge der Genossenschaft der Zimmerleute.

D. Land- und Viehwirtschaft.

1457. Schumacher, H., Der Ackerbau in vorrömischer und römischer Zeit. Mainz 1922.

Angez. ZfVk 33/34, 129 (W. Pessler).

1458. Dumke, Hubert, Die Terminologie des Ackerbaues im Dakoromänischen. Jahresbericht d. Instituts f. rumän. Spr. zu Leipzig 19 u. 20 (1913), 117.

Rez. KblSbLk 47 (1924), 22 (R. Br.).

1459. Manninen, I., Pohjois - Karjalan vanhanaikainen talous. Helsinki 1922. 210 S. + 14 S. Deutsches Referat.

Die altertümliche Wirtschaft Nord-Kareliens.

Rez. Historiallinen Aikakauslehti (Helsinki) 1923, 458—463 (K. R. Melander).

1460. Dubrovskij, S. M., Očerki russkoj revoljucii i sseljskoje chozjajstvo. (Skizzen d. russischen Revolution. u. Landwirtschaft.) 2. Aufl. Mosk., Verl. „Novaja Derevnja", 1923. 404 S. 8°.

1461. Mazversits, Janis, Mūsu senču lauksaimnieciba. Pēe latvju dainām. (Landwirtschaft unserer Ahnen. Nach lettischen Volksliedern.) Jelgava, Zemg. lauks. centrālbiedr., 1924. 54 S. 8°.

1462. Lapčević, D., Naša stara poljoprivredna kultura. Belgrad 1923.

Die serbische Landwirtschaft und Viehzucht im Mittelalter.

Rez. SKGl NS 9 (1923), 159.

1463. Dem. L. Zográphos, *Ἱστορία τῆς Ἑλληνικῆς Γεωργίας. Τομ.* I (1821—1833). Athen 1921. II, 1923.

Angez. JHellSt 43 (1923), 70; 43 (1924), 117 (William Miller).

1464. Paulaharju, S., Muutamia maanviljelystapoja ja -taikoja Peräpohjasta ja Etelä-Lapista. Suomi 5. Folge, 2, 248—259.

Einige Ackerbausitten und -zauberbräuche aus Nord-Österbotten und Süd-Lappland.

1465. Dąbkowski, Przemysław, Bartnictwo w dawnej Polsce. (Die Bienenzucht im alten Polen.) Lwów 1923. 41 S. 8°.

Betr. die wirtschaftliche und soziale Organisation d. Bienenzucht b. d. alten Polen und Ruthenen.

1466. Küppermann, Über die Schweinemast in der Wickeder Mark. ZrwVk 20/21, 75 f.
Aus der Chronik des Pastors Friedr. Carl Zahn.

1467. M., Dat Döschen [Dreschen]. HmtK 33, 258.

1468. Jutz, Leo, Wörter und Sachen beim Heumachen. Heimat (Bregenz) 1923, 116—119.

1469. Zadig. V., Hör [Flachs]. FoF 11, 87—96.

1470. Wessman, V. E. V., Skörd, tröskning, slaga och lie i Österbotten och Sastmola. BrageÅ 12—14, 100—112.

1471. Almgren, O., Svenska jordbrukets anor. „Jorden" Festskr. till Jordbrukets dag år 1924, 37—40.

1472. Henriksson, J., Några drag ur livet i Dalslands skogstrakter för 100 ar sedan. Hembygden (Uppsala) 1924, 18 bis 24.
Roden (Schwenden), Köhlerei, Weidgang, Jagd.

1473. Anreiter, A., Die Arbeit unserer Waldbauern. (Aurach.) Hmtg 5, 51 f.

1474. Reiterer, Karl, s'Heu-, Holz- und Erzziehen im Ennstal. BlHmtkSteierm 2, Nr. 7/8, 62.

1475. Meier, S., Volkskundliches aus dem Frei- u. Kelleramt: Ernt und Tröschet. SAVk 24, 99—104.
Beschreibung der älteren u. neueren Ernte- u. Dreschsitten.

1476. Jud, J., Zu einigen vorromanischen Ausdrücken der Sennensprache. ZfdMda 1924, 199—209.

1477. Frehner, Otto, Die schweizerdeutsche Älplersprache. Alpwirtschaftliche Terminologie der deutschen Schweiz. Die Molkerei. Frauenfeld, Huber & Co., 1909. 176 S.
Rez. VjVorarlb 7 (1923), 38—40 (Dr. Anton Schneider).

1478. Walkmeister, Chr., Anbau u. Verarbeitung des Hanfes in Peist u. Umg. im vorigen Jahrhundert. Bündnerisches Monatsbl. 1923, 80—89. 112—123.
Mit Bräuchen.

1479. Gutzwiller, Karl, Die Milchverarbeitung in der Schweiz und der Handel mit Milcherzeugnissen. Schaffhausen, Buchdr. Kühn & Cie., 1923. XII, 252 S. 8°.
Illustrierte Arbeit mit mancherlei volkskundlichem Stoff, worunter auch Älplerbräuche.
Rez. SchwVk 13, 69 f. (E. Hoffmann-Krayer).

1480. La laiterie. EnqMusWall 1, 56—59.
Abbildungen verschiedener Geräte, wie Melkstuhl, Krüge, Milchbecken, Buttermaschinen.

1481. Bienvenu, Vittaz, La vie valdôtaine. Augusta Prætoria 5, 206—211.
Landwirtschaftl. Arbeiten.

1482. Królikowski, J., Oszczypek. (D. Käse in d. poln. Tatra.) Wierchy (Lwów) 2, 36—47.

1483. Virtanen, E. A., Eräiden itämerensuomalaisten kansain kyläpaimenista. Kalevalas. vuosik. 3, 231—248.

Von den Dorfhirten einiger ostseefinnischen Völker.

1484. Escagedo, Salmón, M., Costumbres pastoriles cantabromontañesas. Santander 1921. 202 S. 8°.

1485. Virtanen, E. A., Kansankalenterie ja karjan laitumella pitäminen Suomessa. (Volkskalender und Weidewirtschaft in Finnland.) Kotiseutu 1922, 30 43.

Anschauungen und Sitten bei Finnen und Schweden Finnlands.

1486. Tumler, Franz †, Herkunft und Terminologie des Weinbaues im Etsch- und Eisacktale. Aus dem handschriftlichen Nachlasse herausgegeben von Karl M. Mayr. (Schlern-Schriften 4). Innsbruck, Universitätsverlag Wagner, 1924. 42 S. gr. 8°. M. 1.20.

1487. Ladurner, Matthias, Vom Wimmen. Schlern 5, 314—320.

„Wimmen“: Weinlese. Volkstümliche Namen und Bezeichnungen im Weinbau (vgl. 1923, 107f. 306f.).

1488. Eichhorn, Jakob, Die Anfänge des Weinbaues in den deutschen Wolgakolonien. Wolgadeutsche Monatshefte (Berlin) 1924, 105—107.

1489. Ladurner, Matthias, Das „Stoassn“. Ein volkstümlicher Beitrag zur Geschichte des Weinbaues im Burggrafenamte. Schlern 4, 107—113.

VII. Charakteristik des Volkes. Volkstypen.

1490. Beetz, K. O., Der Bauer und sein Volkstum. Beiträge zu einer deutschen Kultur- und Lebenskunde. Osterwieck am Harz 1924. 32 S.

Rez. HessBll 23, 136 (K. Helm).

1491. Hellpach, Willy, Die Physiognomien der deutschen Stämme. Neue PreußZ Nr. 18, Morgenausgabe 12. Januar 1923, S. 2.

1492. Kletzl, Otto, Vom städtischen und bäuerlichen Schönheitsgefühl. Heimatbildung (Reichenberg i. B.) 6, 15f.

1493. Nischbach, Josef, Die Volkspsyche des schwäb. Volkes. Deutsche Kultur in der Welt (Leipzig) 1923/24, Nr. 1—4.

1494. Banse, Ewald, Landschaft und Seele von Niedersachsen. Nds 29, 87—97.

1495. Ehlers, Karl, Ein Urteil über die Niedersachsen aus dem 16. Jahrh. Nds 29, 61.

Nach Sebastian Münsters „Cosmographey“.

1496. Brepohl, Wilhelm, Niedersachsen, Innere u. äußere Kulturform in ihrem Zusammenhang mit dem Lebensraum. Nds 29, 331—335.

1497. Wossidlo, Richard un Gosselik, Hanns, Von allerhand Slag Lüd! Rutgäben. (Watt plattdütsch Lüd' singen un seggen un süs noch wat. H. 3). Bökerie von'n Plattdütschen Landsverband Meckelborg. Wolgast, P. Christiansen, 1924. 47 S. 8⁰. M. 0,50.

1498. Rauschning, Hermann, Vom Charakter des Ostdeutschen. Deutsche Blätter in Polen (Posen) 1924, Nr. 2.

1499. Ries, Hermann, Das Ammerland. Nds 29, 336—344.
Charakteristik des Ammerländers (West-Oldenburger).

1500. Fischer, Karl Wilhelm, Das Volkstum im Riesengebirge. DV (Sonderheft) 1924, 12—21.

1501. Olbrich, Karl, Allerlei Geschichten von merkwürdigen Schlesiern und ihren seltsamen Erlebnissen. Breslau, Priebatsch, 1923. 123 S.
Angez. MschlVk 25, 167 f. (S[iebs]?); ZfVk 33/34, 171 (H. Findeisen).

1502. Krummacher, Karl, Worpsweder Bauernstudien. NdHmtbl 1, 63—67.

1503. Kühl, Hugo, Die Geschlechter und Geschlechterkämpfe der Dithmarschen. Nds 29, 98—101.

1504. Lousberg, J., Bettlergestalten des Limburger Landes. Folklore (Malmédy) 1, 130—134.

1505. Macha, S., Der lustige Lumpensammler. Aus dem Beuthener Lande 2, 103.

1506. Blümel, W., Vom Biskupitzer Lumpensammler. Aus dem Beuthener Lande 2, 184.

1507. Gorzel, K., Fahrendes Volk in Roßberg. Aus dem Beuthener Lande 2, 4.
Italiener. Moritatensänger. Figurino italiano. Musikanten.

1508. Mainka, K., Fahrendes Volk. Oberschles. Zeitung Nr. 90 und 91 (20/21. IV. 1923).

1509. Mainka, H., Räuberhauptmann Schydlo. Aus dem Beuthener Lande 2, 83.

1510. K. S., Ein niedersächsischer Kaspar Hauser, der wilde Peter von Hameln. Nds 29, 319 f.

1511. Stolz, Otto, Land und Volk von Tirol im Werden des eigenen Bewußtseins und im Urteil älterer Zeitgenossen. TirHmt 3/4 (1923). 5—38.

1512. Metzler, Franz Gerhard, Der Bregenzerwäldlercharakter. HmtVorarlb 5, 110—112.

1513. Webinger, Adolf, Vom Wesen des Böhmerwäldlers. Wäldler Kalender (Staab) 1924, 110 f.

1514. Schreiber, H., Kreuzköpfel aus dem Böhmerwalde. Wäldler Kalender (Staab) 1923, 106—108.

1515. Siegl, A., Fünf Starke. Heimatliche Dorfhelden aus vergangenen Tagen. DVolkskalender f. d. Iglauer Sprachinsel (Iglau) 1923, 37—39.

1515a. Hans von Schaiba, der „schwarze Hans“ genannt. Langenau [Nordböhmen]. MNordböhmVHmt 46 (1923), 64 f.
Ein schwarzer Kater oder eine schwarze Henne seine Begleiter.

1516. Lyr, René, Le type wallon. EnqMusWall 1, 37 f.
Beschreibung des Volkstypus aus Couvin.

1517. Verhavert, Cypriaan, Brusselsche Typen. Bruxelles, Edit. F. Spaeverke, (1923). Belg. Fr. 5.25; éd. de luxe Fr. 10.25.

1518. Azevedo, Pedro de e Machado, A. Reis, Habitos e costumes dos portugueses, segundo os estrangeiros. RevLus 24, 35—188.
Berichte von Ausländern über die Portugiesen (mehr Volkscharakter als Volkssitten).

1519. Jovanović, P. S., Banja. SEZb 29 (1924), 1—128.
Zusammensetzung der Bevölkerung (Karte) um Soko Banja, Binnenwanderungen.
Rez. Srpski Književni Glasnik 15, 471.

1520. Erdeljanović, J., Nekoliko etničkih problema kod južnih Slovena. Festband für Cvijić, Belgrad 1924, S. 359—384.
Ethnische Gruppen der Südslaven, Wanderungen und Verschmelzungsprozeß.
Rez. Archiv für Albanologie 2 (Belgrad) 1924, 415 (H. Barić).

1521. Erdeljanović, J., Etnički položaj Srba Stare Srbije i Makedonije među Južnim Slovenima. Nova Evropa 10 (1924), 328 ff.
Über die ethnische Stellung der Serben in Altserbien und Mazedonien.

VIII. Tracht.

1522. Andrejevskaja, V. D., Istorija odeždy. (Geschichte der Tracht). Vologda, Gosizdat (Staatsverlag), 1923. 24 S. 20 farb. Tafeln.
Eine gemeinverständliche Darstellung für die Schulen.

1523. Schmid, W. M., Über Wege und Ziele der Trachtenkunde. BayHfte 10, 3—20.

1524. Helbok, Adolf, Mode und Volkstracht. Heimat (Bregenz) 5 (1924), 1—8.
Entwicklung und Änderung der Tracht (im Bregenzerwalde) durch modische Einflüsse.

1525. Schrott-Fiechtl, Hans, Der Bauer als Wurzel der Volkstracht. München-Gladbach, Volksvereinsverlag, 1921. 77 S.
Rez. HessBll 22, 101. Ohne unmittelbare volkskundliche Bedeutung.

1526. Kleiweg de Zwaan, J., L'échange de vêtements entre hommes et femmes. RAnthr 34, 102—114.

1527. Quink, G., Tracht und Stand. Die Bergstadt 12, 380—84.
Tracht des Bergmanns.

1528. Heuzey, Léon, Histoire du costume antique. Paris 1922. XV, 308 S., 8 Taf., 142 Ill. Fr. 60.—.

Angez. JHellStud 43 (1923), 207 (?); ClassPhilol 18 (1923), 273 ff. (Lillian M. Wilson); RevArchéol 17 (1923) (S. R[einach].)

1529. Frischbier, Erich, Germanische Fibeln im Anschlusse an den Pyrmonter Brunnenfund. Leipzig 1922 (Mannus-Bibl. 28).

Angez. Germ 7 (1923), 48 (E. Wahle).

1530. Klapper, Joseph, Spätmittelalterliche Tracht in Schlesien. MschlVk 25, 68—79.

1531. Hottenroth, Friedrich, Deutsche Volkstrachten vom 16. bis zum 19. Jahrh. 2. Aufl. [Anast. Neudr.] 3 Teile in 1 Bd. Frankfurt a. M., H. Keller, 1923. XI, 223; VII, 218; VII, 244 S. 8°.

Rez. Literarischer Handweiser 59 (1923), Sp. 544 f. (H. Sernatinger).

1532. Pessler, W(ilhelm), Niedersächsisches Trachtenbuch. (Veröffentlichung aus dem Vaterländischen Museum der Stadt Hannover Nr. 2). Hannover 1922.

Angez. Teuthonista 1, 79 (H. T.); ZfVk 33/34, 57 (R. Julien).
Rez. NdZfVk 1, 129 f. (Hubert Stierling); NdZfVk 29, 98 f. (A. Haberlandt).

1533. Hollop, Trachten im Allertal. Heimat-Jahrbuch 1924 f. d. Reg.-Bez. Magdeburg, Verlag August Hopfer in Burg bei Magdeburg.

Nicht im Germ. Mus., vorgefundenes Zitat ohne Angabe der Seitenzahlen.

1534. Förster, Hans, De ol Buerndracht. NdHmtbl 1, 6.

1535. Stierling, Hubert, Altdithmarsische und altfries. Frauenkopftrachten um 1600. Aus Nordelbingen. Beiträge zur Heimatforschung in Schleswig-Holstein. Hamburg und Lübeck, Verlag Kunstgewerbemuseum Flensburg, 1923, 2, 96—118.

Rez. Zeitschr. histor. Waffen- u. Kostümkunde NF 1 (10), 1 (1924), 147 (Paul Post).

1536. Stierling, Hubert, Über die friesischen Volkstrachten um 1600. Vortrag in Hamburg. Inhaltsangabe. Mitt. d. Ver. f. Hamb. Gesch. 14 (o. J.), 758.

1537. Häberlin, Nordfriesische Trachten. Schleswig-Holsteinisches Jahrbuch (Flensburg und Kiel) 1922, 39—49.

1538. Plawneck, Beata, Das Brusttuch der mecklenburgischen Volkstracht. Rostocker Anzeiger Nr. 153 v. 3. Juli 1924.

1539. Blümel-Perlick, M., Vom Tuchtragen unserer Schulmädchen. Volk und Heimat. ZfoberschlHmtkde 1, 43.

Das Tuch als Bekleidungsstück. Spielerisches Tuchtragen.

1540. Grabowski, E., Roßberger Bauerntracht. Aus dem Beuthener Lande 2, 113—114. 117.

1541. Roßberger Hochzeitstrachten. 4 Abb. Oberschlesien im Bilde. Wöchentl. Unterhaltungsbeilage des Oberschlesischen Wanderers 1, 8.

1542. Alte Roßberger Bauernknöpfe aus Messing. Oberschlesien im Bilde. Wöchentliche Unterhaltungsbeilage des Oberschlesischen Wanderers 1, 46.

1543. Schmid, W., Trachtler-Spiegel. Trachten-Taschen-Kalender f. das Jahr 1924. Jg. 5, 166—181.
Bayerische Tracht.

1544. Heeger, Fritz, Die Weibertracht im Schweinfurter Gau. Bayerl 34, 280 f.

1545. K., M., Die Zöpfe der Bayreuther Bäuerinnen. Sammler 93 (1924), Nr. 119 v. 9. Okt., S. 4.

1546. Sulzbacher, S., Saargauer Frauentrachten. Der Pfälzerwald 1924, 9—11.

1547. Stückrath, Otto, Die Volkstrachten des Westerwaldes. Der Westerwald 1924, 97—103.

1548. Maier, Rich. Aug., Die Markgräfler Volkstracht. BadHmt 10 (1923), 99—106.
Mit Bildern nach Lithographien und Stichen.

1549. Maier, Rich. Aug., Die Volkstracht des Hanauer Landes. Mit Bildern. Ekkhart, Jahrb. f. d. Badener Land 1924, 62—73.

1550. Maier, Rich. Aug., Die Hauensteiner Volkstracht. Mit Bildern. Ekkhart, Jahrb. f. d. Badener Land 1924, 70—77.

1551. — Der Schapel als Jungfrauenkrone. Unterm Rosenhut 1 (1924), Sp. 38.
Beleg aus dem Schiltacher Kirchenbuch vom Jahr 1598.

1552. Ruß, Johann, Trachten und Gebräuche der Schwaben. Deutsche Kultur in der Welt (Leipzig) 1923/24, Nr. 3—4.

1553. Kaisig, Fr., Schönwald. Trachtenbilder aus einem deutschen Dorf. Gleiwitz, Heimatverlag, o. J.

1554. Hofmann, Josef, Die Volkstracht im Erzgebirge und dessen Vorbergen. DV 1924, 185—190.

1555. Oberleithner, Marie, Die Tesstaler Trachten. DmährHmt (Brünn) 1924, 89—94.

1556. Türk, Volkstrachten des Schönhengstgaues. DmährHmt (Brünn) 1924, 169—173.

1557. Tiroler Volkstrachten-Postkarten. Kufstein, Verlag Ed. Lipott, 1924 f.

1558. Wutte, Martin, Kärntner Trachten um 1844. Car (Klagenfurt) 1923, Nr. 1—6.

1559. Wutte, Martin, Beiträge zur Kärntner Volkskunde. Car 114 (1924), 41—60.

1560. Collection de Costumes Suisses des XXII Cantons, peints par J. Reinhard de Lucerne et réimprimés par Lang & Laube à Zurich 1924. Zürich, Lang & Laube, 1924. 46 polychrome Tafeln mit Text. 4°. Prachtband Fr. 600.—; Luxusband Fr. 650.—.

Reproduktion der sehr selten gewordenen, besten Publikation von alten Schweizertrachten durch Birmann & Huber in Basel (1819).

Angez. SchwVk 14, 22f. (E. Hoffmann-Krayer.)

1561. Alte Schweizer Trachten. Nach Zeichnungen von F. N. König, Lory u. a. Mit Einleitung von Dr. R. Nicolas. Zürich-Rüschlikon u. Stuttgart, Montana-Verlag, 1924. M. 30.—; Fr. 37.—.

Völlig getreue Wiedergaben der 60 kol. Kupfer aus der „Neuen Sammlung von Schweizertrachten aus den XXII Cantonen" 1815.

Rez. Antiquit-Z 32 (1924), 221 (R. W. = Robert Weihrauch); ZfBücherfreunde NF 16 (1924), 295f. (P. L.)

1562. Heierli, Julie, Die Volkstrachten der Innerschweiz. Zürich und München, E. Rentsch, 1924. 160 S., 12 Taf., 165 Abb. 4°. M. 12.— bzw. M. 4.—.

Angez. SchwVk 13, 32 (E. H[offmann]-K[rayer]).

Rez. ZfVk 33/34 (R. Julien) ZHistWaffen- u. Kostümkde NF (Berlin) 1 (1924), 146f. (E. A. Gessler.)

1563. Tavel, Rudolf von, Die Volkstrachten der Innerschweiz. Die Garbe (Basel) 1923/24, 10—15.

1564. Heierli, Julie, Die Volkstrachten der Schweiz in fünf Bänden. Bd. 2: Die Volkstrachten der Ostschweiz. Erlenbach-Zürich, Eugen Rentsch, 1924. 112 S. 4°. Preis pro Band: Fr. 15.- bzw. Fr. 18.—

Rez. ASchwAlt 26, 269 (H. L.).

1565. Furrer, A., Die Solothurner Tracht. Heimatschutz (Schweiz) 19, 33—42.

1566. Hoppeler, G., Das Sonntagskleid der Rheinauer Gotteshausleute. (15. Jh.) ASchwAlt 25, 61.

1567. Le Costume Vaudois. SchwVk 13, 29.

1568. Helfer, E., Schweizer. Trachten und Volksliederwesen. SchwVk 14, 71.

1569. Heierli, Julie, Schweizerische Trachtenfeste. Heimatschutz (Schweiz) Mai 1923.

1570. Cederblom, G., Svenska allmogedräkter. Stockholm 1921. 79 S.

Rez. Rig 7, 52 (O. Paulin).

1571. Heikel, Yngvar, Mansdräkt från Oravais från 1820-talet. Brage Å 12—14, 98f.

1572. Sydow, C. W. von, Folkdräkter och folktradition. FoF 10, 37—42.

1573. Cederblom, G., Svenska allmogedräkter. Jorden, Festskr. till Jordbrukets dag år 1924, 55—59.

1574. Hedlund, G., Något om Ovansjö[?] sockens gamla dräkter. Från Gästrikebygder 5, 94—146.

1575. Garborg, H., Brurebunader frå Gudbrandsdalen. For Bygd og By, Weihnachtsnummer 1923 (Oslo, Vorli).

1576. Skirbekk, H., Solörbunaden. For Bygd og By 1923 (Oslo), 84.

1577. Dale, J., Nordhordlandsbunaden. For Bygd og By 1923 (Oslo), 286.

1578. Hjelbrekku, E., Jölstrabunaden. For Bygd og By 1923 (Oslo), 363.

1579. Kleiven, I., Gudbrandsdalsbunad. For Bygd og By 1923 (Oslo), 397f.

1580. Eidnes, J., Nordlandsbunaden. For Bygd og By 1924 (Oslo), 99.

1581. Sognebunaden. For Bygd og By 1924 (Oslo), 115.

1582. Hirth, E., Skauti i Hordaland. For Bygd og By 1924 (Oslo), 246—250.

1583. Ottesen, Louise, Danske Folkedragter. Kopenh., Hasselbach, 1923. 92 S. 8⁰.

1584. Mygdal, E., Danske Folkedragter. Nœr og fjœrn 1924, 135—146.

1585. Heikel, Y., Några iakttagelser om allmogedräkterna i Nyland och på Åland. Budk 3, 16—20.

1586. Heikel, Y., Några anteckningar om allmogens äldre dräktskick i Borgå socken. Budk 3, 111—121.

1587. Nikander, G., Dräktskicket i Malax socken i slutet av 1700-talet. Budk 3, 65—71.

1588. Heikel, Y., Svenskfinlands tvenne första bygdedräktmöten. Brage Årsskrift 12—14 (1923), 33—59.
Enthält u. a. einen Abschnitt: Die Methoden in der Trachtenforschung.

1590. Sirelius, U. T., Hämäläisiä kansanpukuja v:lta 1807. (Tavastländische Volkstrachten vom J. 1807.) SuomMus 1924, 41—45. 6 Fig. Deutsches Referat, hinten S. 3.

1591. Holmberg, Uno, The shaman costume and its signification. Annales Universitatis Fennicae Aboensis, Ser. B, Bd. 1, Nr. 2. Åbo, 1923. 36 S. 8⁰.
Totemistische Tiernachbildungen.

1592. Fortini, Pino, Gli italiani a Marsiglia: Vita e lavoro dei pescatori italiani nel gran porto francese. VIt 30, 39—48.
Tracht.

1593. Arco, R. del, El traje popular altoaragonés (Aportación al estudio del traje regional español). Huesca, V. Campo, 1924. 72 S. 4⁰.

1594. Hoyos Sáinz, L. de, Etnografía española: cuestionario y bases para el estudio de los trajes regionales. Actas y Memorias, Sociedad esp. de Antropología . . . (Madrid) 1922, I, 91—328 bis.

1595. Vochala, Jóža, Z posledních zbytků svérázu jablunskovského Pobezkydí. [Die letzten Spuren von den Bauten,

Trachten u. Bräuchen aus den Jablunskovschen Beskiden.] Český Lid 24, 132—136.
Volkskundliches Material aus dem nordöstlichen Mähren.

1596. Bojničić, Ivan, Oprema jedne hrvatske velikašice u XVI. stoljeću. NStar 2, 196f.
Ausstattung einer kroatischen vornehmen Frau im 16. Jahrhundert.

1597. Haberlandt, A., Der Hornputz, eine altertümliche Kopftracht der Frauen in Osteuropa. Slv 2 (1924), 680—717.

1598. Zega, N., Zbirka Nikole Arsenovića. NStar 5 (1923), 129—150.
Über die Sammlung alter serbo-kroatischer Trachtenbilder des N. Arsenović, derzeit im Besitz des Belgrader Ethnogr. Museums.

1599. Kletnova, E. N., Simvolika narodnych ukras Smolenskogo kraja. (Symbolik d. Volksschmuckstücke im Gebiet von Smolensk.) Trudy Smolenskich Gosud. Musejev (Schriften d. Staatsmuseen zu Smolensk) 1 (1924), 111—126 (mit 3 Taf.).

1600. Kostov, St. L., Paritě Kato nakił. IzvNEMS 130 bis 141.
Bulgar. Gold- u. Silbermünzen als Haupt- und Halsschmuck.

1602. Moora, H., Über die Augenfibel in Est- und Lettland. SberGEG 1922, 109—123 (m. 2 Karten u. 1 Tafel).
Vorgeschichte.

1603. Brastiņš, E., Veclatviešu apģērba rekonstrukcijas. (Rekonstruktion altlettischer Trachten.) Latvijas Saule (Riga) 1923, 18f.

1604. Šmits, P., Pas senu latviešu apģērba krāsu. (Über die Farbe der Kleidung der alten Letten.) Filologu biedr. raksti (Riga) 1923, 3, 7—33.

1605. Paegle, Ed., Senlatviešu rotas lietas. (Altlettische Schmucksachen.) Latvijas Saule (Riga) 1923—24.
Emailarbeiten (42f.), Nadeln (74—78. 86—89), Heftnadeln (110f. 134 bis 138), Halsschmuck (162—168), Gehänge (174—185), Armbänder (194—197. 210—214).

1606. Brastiņš, E., Latviešu vainags. (Der lettische Kranz.) Latvijas Saule (Riga) 1923, 2—4.

1607. Zborowski, Juljusz, Zapiski ludoznawcze z 1813 r. (Ethnolog. Aufzeichnungen von 1813.) Lud (Lwów) 22 (1923), 137f.
Kurze Notizen über den Volkscharakter u. die Tracht kleiner polnischer Völkerschaften.

1608. Seweryn, Tadeusz, Fartuszki kosowskie. (Die Schürzchen aus Kosów.) Przemysł-Rzemiosło-Sztuka (Kraków) 4, 24—25.

1609. Pluciński, Jan, Jakie na Śpisu nosieli zbójnicy odzienie. (Die Räuberkleidung in der Zips.) Orli Lot 5, 34.

1610. Dříza, A., Národní kroj na Blatensku. [Die Volkstracht in Blatná (Böhmen).] Národ. Věstník 16, 3—4, 153—158.

1611. Rutte, Ladislav, Adam Bílek, chodský krejčí. [Adam Bílek, ein Schneider aus dem Choden-Gebiet.] Český Lid 24 (1924), 58—61.
Trachtenstudie aus dem Böhmerwald.

1612. Paulus, Vincenc, Vlasy a vousy. [Haare u. Bart.] Český Lid 24, 359—362.
Alte böhmische Haar- u. Bartmoden u. a.

1613. Weigand, Gustav, Ethnographie von Makedonien. Mit einem Trachtenbild. Lpz. 1924. 104 S. 8°.
Rez. Изв. нар. етн. муз. въ София 4, 3—4, 132 f.

1614. Huss, R., Mitteilungen aus dem Debreziner Trachtenkodex. In: Stepan, Eduard, Siebenbürger Sachsen. Landschafts- u. Kulturbilder. (Aus „Deutsches Vaterland". Wien 1922. 232 S.) gr. 8°.
„Sehr wertvoll": KblSbLk 47 (1924), 48 (A. Schullerus).

1615. Drachenfels, Hedw. v., Beiträge zur Kostümkunde des Kaukasus. Anthr 16/17, 829—837.

1616. Bronner, Jakob, Puppenmodelle in der Festtracht polnisch-jüdischer Bürgerfrauen aus dem 17.—19. Jh. JbjüdVk 1923, 333 f. (m. Tafel).

1617. Mötefindt, Hugo, Zur Geschichte der Barttracht im alten Orient. Leipzig, Dieterich, 1923. IV, 64 S.
Angez. ZfVk 33/34, 125 (J. B[olte]).

IX. Speise und Getränk.

Brot. — 1618. Brockmann-Jerosch, H., Unser täglich Brot. Wissen und Leben 1923/24, Heft 25. 4 S.
Ursprüngliche Herstellung des Brotes. Gemeinverständliche Darstellung.

1619. Waltinger, M., Vom Brot. Volkskundliche Skizze aus dem Niederbayerischen. OstbGr 13 (1924), 93—96.

1620. Sch., Volkskundliches vom täglichen Brot. Wochenschau (Heydekrug) 1924, 579.
Sä-, Ernte-, Backbräuche. Wertschätzung des Brotes.

1621. Grøn, Fr., Vort brød i fordums tider. Den norske tandlægeforenings tidende 34, 82—89.

1622. Liakka, N., Suomen rahvaan jokapäiväinen leipä 19. vuosisadan ensi kymmenillä. Historiallinen Aikakauskirja (Helsinki) 1923, 177—184.
Das tägliche Brot des finnischen Volkes in den ersten Jahrzehnten des 19. Jhs. Über Rindenbrot u. a.

1623. Florin, Gertrud, Die Verbreitung einiger Mehlspeisen- und Gebäcknamen im deutschen Sprachgebiet. Teildruck: Die Bezeichnung der Mehlspeise „Klöße". Gießener Beiträge zur deutschen Philologie. V. Gießen, Kindt, 1922. 24 S.
Rez. HessBll. 22, 105 (Luise Berthold).

1624. Eltz, J. von, Wie man früher aß. Zeiten u. Völker 20, 149—153.

1625. Kostka, O., Die frühere Zubereitung der Speisen in Rokittnitz. Aus dem Beuthener Lande 2, 88. 108. 178.
Der Żur. Kraut und Kartoffeln. Eine Sonntagsmahlzeit aus früherer Zeit.

1626. Pöhlmann, C., Pfälzer Küchenzettel vom 15. Jahrhundert. PfälzHmt, Beilage zur Pfälzer Rundschau vom 27. April 1924.

1627. Schweizerische Speisen. Anfrage v. H. Ad. Wagner; Antwort von E. H[offmann]-K[rayer]. SchwVk 14, 45f.
Dazu Nachträge von Hans Boner (Der „Guntersche Bock"); Heinr. Keßler („Röteli", „Birewegge", „Gunterscher Bock"); Th. Weiß, ebda. 66 f. 80 f.

1628. Kraus, J. G., „Semmlamilch". Oberpf 18 (1924), 72.
Zuspeise zum Abendessen am Allerheiligenfeste in der Umgebung des Rauhen Kulms.

1629. Weiner, Otto, Die Kanderner Brezeli. Hmtl 10, 22.

1630. Grund, Edith, Der „große Striezel" von Schönlinde. Warnsdorfer Bote 1923, 81–83.

1631. Hammer, W. A., Deutsche Weinbräuche. Deutscher Volkskalender 1924, hrsg. vom Deutschen Schulverein in Troppau, 12, 62—64.
Die Gebräuche, die sich bei den verschiedenen Ständen und dem Hofe an das Weintrinken knüpfen.

1632. Kügler, Hermann, Bernauer Bier. Brandenburgia 32, 39—45.

1633. Bring, S. E., Vår äldsta beskrifning på mjöd [met]. Sv. bryggare-föreningens månadsblad 38, 96—100.

1634. Berger, Mme Fernand, La tarte au ‚Stofé'. EnqMusWall 1, 58.
Kuchenrezept.

1635. Cornette, R., Aux amateurs de Faro. FLBrab 3, 115–117.
Faro ist ein Bier, das in Brüssel fabriziert wird.

1636. Ballester, Pere, De re cibaria. Cocina, pasteleria, reposteria menorquinas. Mahó, Imp. de M. Sintes Rotgr, 1923. 394 S. 4°.
Rez. Butlletí de l'Ass. catal. 1, 204 (T. Carreras y Artau).

1637. Schiaffini, Alfredo, La diffusione e l'origine di filelli ‚vermicelli' — fidelini ‚capellini'. ARom 8, 294—305.

1638. Zíbrt, Čeněk, Recepty na staročeskou medovinu „milivskou". (Rezepte des altböhmischen „medovina milivska"). Český Lid 24, 304—307.
Altböhmisches Honiggetränk.

1639. Ortiz, F., La cocina afrocubana. Revista bimestre cubana (Habana) 18 (1923), 401—423.
Lexikalisches.

1640. E., Tautas ēdieni. (Volksspeisen). Latvijas Saule (Riga) 1924, 143f. 170. 190. 206. 241.

X. Sitte, Brauch, Fest, Spiel.

A. Zusammenfassendes und Vermischtes.

1. Allgemeines.

1641. Wikman, K., Folksedforskning. Budk 3, 33—38.

2. Antike.

1642. Nilsson, Martin P., Fire festivals in Ancient Greece. IHellStud 43 (1923), 144 ff.

3. Deutschland, Deutsch-Österreich, Deutsche Schweiz.

1643. Laßmann, A., Deutsche Volksfeste. Wien, Österr. Schulbücherverlag, 1923. [Nicht gesehen].
Angez. WZfVk 28, 76.

1644. Kück, Eduard und Sohnrey, Heinrich, Feste und Spiele des deutschen Landvolks. 3. neubearb. Auflage. Berlin, Deutsche Landbuchhandlung, 1925. 372 S. 8°. M. 5.—.
Rez. HessBll 23, 171 f. (H. Hepding).

1645. Schmid, Luise, Volksbräuche u. Meinungen. Hmtbl 1, H. 11, 8 f.
Summar. Inhalt.

1646. Fehrle, Eugen, Markgräfler Segensbräuche. BadHmt 10, 107—111.
Mittfasten. Ostermontag. Hochzeit. Himmelfahrt. Mai. Volksglauben.

1647. Heidelberger, F., Volksglaube und Volkssitte im Spiegel des Brauchbuches. Hmtl 11, 107—111.

1648. Wolfhard, Adolf, Vom Kaiserstühler Volkstum u. Sprachschatz. III. Sprachgut und Bräuche. Hmtl 21 (1924), 16—19.
Vgl. Volksk. Bibliogr. für 1921/22, Nr. 525 und 4684.

1649. Walter, Max, Pfälzisches Volksleben des hinteren Odenwaldes. KurpfälzJb 1925. Heidelberg, Paul Braus, 1924.

1650. Birnmeyer, J. Th., Bilder aus dem fränkischen Volksleben. Das Schwabacher Land. Landwirtschaftliches Festbuch. Herausgeber: H. Krauß-Schwabach. Schwabach 1924, S. 13—18. 8°.
1. Die Hopfenpflücke S. 13—15; 2. Dorfkirchweih S. 15—18.

1651. Haerlein, Hans, Die Volksfeste in Velden bei Hersbruck. Heimgarten 2, 246 f.

1652. M. [Miedel], Von alten Bräuchen. MemmingerGBll 9 (1923), 15.

1653. Vogelgesang, H., Sitten und Gebräuche im Bezirk Kusel. Kusel 1922.
Angez. PfälzMus 41 (20), 90 (A. B[ecker]); siehe Volksk. Bibliogr. 1921/22 Nr. 1309.

1654. Grupe-Lörcher, E., Deutsche Volksgebräuche im Elsaß. UhbeildDtschnZ Nr. 42 v. 26. Jan. 1923.

1655. Zewe, Jak., Sitte und Brauch im Saargebiet. (Unsere Saarheimat. Eine Reihe volkstüml. Heimatschriften v. d. Saar. Hrsg. unter Förderung der Lehrerkammer des Saargebietes von Karl Schneider Bd. 4). Saarbrücken, Gebr. Hofer A.-G., 1924. 130 S. 8⁰. M. 3.—.

1656. Wrede, Adam, Die volkliche Bedeutung der Sitten und Bräuche am Rhein. Das Rheinlandbuch. Leipzig-Köln 1924. S. 142—150.

1657. Girretz, P., Das Junggesellenrecht und andere Gebräuche. Folklore (Malmédy) 1, 138—142.

1658. Lengler, Karl, Birkenfelder Bilder. 2., verm. Aufl. Birkenfeld, August Fillmann, 1922. 182 S.

Rez. HessBll 22, 102 (Heinrich Bechtholsheimer). Taufe, Hochzeit, Tod, Begräbnis usw.

1659. Zeppenfeldt, L., Mittelalterliche Volksspiele und Feste in Hildesheim. Nds 28, 84—88.

1660. Hanolt, Alte Sitten und Gebräuche in Gr.-Hotten. Heimatkalender für den Netzekreis 1924, 51.

Vorsichtsmaßregeln zum Abhalten der Pest.

1661. Haustein, A., Oberpfälzisches im sächsischen Vogtland. Oberpf 17 (1923), 159 f.

Mundart, nebenher auch Sitten und Gebräuche.

1662. Samol, T., Oberschlesische Sitten und Gebräuche. Aus dem Beuthener Land 2, 16.

Grüssen. Abschrift des Evangeliums wird am Fronleichnam in den Acker gesteckt um ihn gegen Hagel zu schützen (Roßberg). Weihwasser. Leuchten vor dem Marienbilde (Birkenhain). Beten bei Engel des Herrn (Blei-Scharley). Aufdecken von Diebstählen mit Hilfe von Bibel und Schlüssel. Suchen nach einem Verschollenen mit Brot und Holzkohle.

1663. Naumann, Über die Bedeutung alter Sitten und Gebräuche im Kuhländchen. Kuhländchen (Neutitschein) 5, 40—43.

1664. Krischke, Marie, Brauch und Volksglaube im Kuhländchen. Kuhländchen (Neutitschein) 5, 167—170.

1665. Frieß, Edmund, Zum Brauchtum in Österreich. WZfVk 29, 104—107.

Fastnacht. Dreikönige. „Brunnenräumen“ (Wiederaufbau der verfallenen Brunnen als Regenzauber). Hochzeit.

1666. Frieß, Edmund, Einige Volksbräuche in Niederösterreich. WZfVk 28, 43—45.

Gesundbeten. Maibaum. Dukatenschlucken. Pfänderspiel.

1667. Tiroler Heimat. Beiträge zu ihrer Kenntnis und Wertung. Heft 3/4. Innsbruck, Tirolia, 1923. 94 S. 8⁰.

Angez. SAVk 24, 206 f.

1668. Meusburger, Pauline und Karl, Aus dem alten Bruneck. (Ungefähr 1830—1870). Schlern 4, 1—7. 36—40. 65—71. 235 f.

Mit eingestreuten Volksreimen; zum Mädchenspiel „Trachteln“ vgl. ebda. S. 235. 266. 298. 363. Osterbräuche.

1669. Dieth, Franz, Zwei Bräuche aus Hirschau. HmtVorarlb 5, 12—13.
Silvester- und Hochzeitsbrauch.

1670. Heim, Josef, Bräuche von Sulzberg. HmtVorarlb 5, 81—87.
St. Nikolaus, Hochzeit und Tod.

1671. Maschek, Josef, Sitten und Bräuche aus der Staaber Gegend. Egerl 28 (1924), 41—43.
Todaustragen 41 f. Weitere Bräuche an bestimmten Tagen 42 f. Erntebräuche 43. Hochzeitsbräuche 43.

1672. Hofmann, Josef, Einige Egerländer Bräuche. DLandvolkskalender (Karlsbad) 1924, 95—100.
Das Todaustragen. Ein Erntefest in alter Zeit. Einzug des Faschings im Dorfe.

1673. Hofmann, Josef, Zwei Volksbräuche. DV 1924, 190. 225—231.
Das „Kammerwagenfahren" (ein Hochzeitsbrauch). Das „Sommerdockenaustragen", auch „Tännelaustragen" (Frühlingsbräuche aus dem Erzgebirge).

1674. Posselt, J., Allerlei Altes aus Haus, Hof und Leben. MVerHmtkde d. Jeschk.-Iserg. (Reichenberg) 18, 32—36.

1675. Schlegel, Ludwig, Aus Stadt und Bezirk Warnsdorf. MNordböhmVer. f. Hmtfrschg u. Wanderpfl. (B. Leipa) 46, 4—7.

1676. Harrer, F., Land und Leute im Tesstale Anno 1800. DmährHmt (Brünn) 1924, 84—88.

1677. Hadwich, Rudolf, Im Wandel des Alltags. DmährHmt (Brünn) 1924, 13—28.

1678. Weiß, M., Die deutsche Kolonie Alt-Posttal in Bessarabien. Festschrift. Tarutino 1923. 68 S. 8°.
S. 52—55: Über Sitten und Gebräuche bei Taufen, Beerdigungen, Hochzeiten, Kirchweih, Pfingsten, Mai u. a. Gelegenheiten.

1679. Göth, Ignaz, Arbeits- und Festtage in der Zips. DVolkskalender f. d. Iglauer Sprachinsel, (Iglau) 1923, 53—57.

1680. Stauber, Emil, Sitten und Bräuche im Kanton Zürich. I. Teil. Zürich 1922.
Angez. SchwVk 13, 31 (E. H[offmann]-K[rayer]).

1681. Stauber, Emil, Sitten und Bräuche im Kanton Zürich. II. Teil. 124. Neujahrsblatt hrsg. v. d. Hülfsgesellschaft in Zürich auf d. J. 1924. Zürich, Beer & Co., 1924. 180 S. 4°.
Zweiter (Schluß-)Teil von Nr. 1322 der Volkskdl. Bibliogr. v. 1921. Festliche Anlässe im Beruf und Gelegenheitsbräuche. Verschiedenartige Sitten. Kalendare Feste und Bräuche. Umfassende Abhandlung mit zahlreichen Illustrationen.
Rez. SchwVk 14, 20 f. (E. Hoffmann-Krayer).

4. Niederlande und flämisch Belgien.

1682. Paduwa, Evariste de, Le Payottenland. Ses anciens usages populaires relatifs aux baptêmes, mariages et décès. [Auch flämisch.] FLBrab 1, 162—164.

1683. Peremans, M., Quelques coutumes populaires à Thollembeek. FLBrab 3, 200—203.

Charivari. Conduire une pierre. Tracer une voie de tram. Arborer le tablier bleu. Offrir un bouquet au fermier. La remise.

1684. Celis, Gabriel, Het Gentsche Volksleven. St. Amandsberg bij Gent, Ch. Snoeck-Cools.

Rez. NdlTVk 29, 185.

5. Nordische Länder.

1685. Ellekilde, Hans, Evald Tang Kristensens Æresbog. (Danmarks Folkeminder Nr. 28.) København, Schønberg, 1923. VIII, 159 S. 8°. Kr. 4.50.

Festschrift mit Beiträgen zahlreicher Verfasser über: Volkslieder, Märchen, u. Tierfabeln, Sagen, Volksglauben, Festbrauch u. Volkstracht, Volksleben.
Angez. ZfVk 33/34, 155 (J. B[olte]).
Rez. Budk 3, 27.

1686. Moos, Hvad Kirkebogen forteller. SöndMaa 1, 74f.

1687. Uhrskov, A., Dagligt Liv (Nordsjællandsk Folkeliv 5). Kopenh., Aschehoug, 1924. 250 S. 8°. Kr. 6.50.

1688. Uhrskov, A., Höjtid (Nordsjlælandsk Folkeliv 4). Kopenh., Aschehoug, 1924. 208 S. 8°. Kr. 5.50.

1689. Solvang, J., Gamal tru og skikk i bygda. Hålöygminne (Svorkmo), 5 (1924), H. 2, 23—28.

1690. Skeidsvoll, A., Gamle skikkar i Tresfjord. Årsskr. åt Romsdals sogelag (Molde) 3 (1923), 70—74.

1691. Cederblom, Gerda, Svenska Folklivsbilder. Stockholm, Nordiska Museet, 1923. 40 S. und 100 Tafeln. 4°. Kr. 30.—.

1692. Krok, S., Urshultsinbyggarnes seder. Växiö, N. Werner, 1922.
Rez. Fatab 1923, 127.

1693. Gamla seder, bruk och sägner hos allmogen. (Västerbergs elevförbunds folktraditionsinsamling 4.) Från Gästrikebygder 4, 30—43.

6. Frankreich.

1694. Collet, Vital, Aux fêtes villageoises d'autrefois: Chevaux de bois, sur la fête, au bal. Pays Lorrain 15, 318—322.

1695. Busquet, Coutumes corses d'antan et d'aujourd'hui. Revue de la Corse, Janvier-Février 1920, 81.

7. Italien.

1696. Metalli, Ercole, Usi e costumi della campagna romana. Roma, Maglione e Strini, 1924. XII, 309 S. Lex.-8°. L. 35.—.

Land- u. Viehwirtschaft. Religion u. Aberglauben. Anekdoten u. Sprichwörter. Volksmedizin. Lieder. Volksindustrie.
Rez. Mercure de France, 1er Sept. 1924 (A. van Gennep).

1697. Tegani, Umberto, Camogli e il suo popolo marinaro. VIt 30, 17—26.

1698. Rubino, Benedetto, Provincia siciliana: il sacerdote novello. Lettura 23, 471f.
Soll Bräuche enthalten.

8. Spanien.

1699. Costumari Català: I. Usos i costums de bon pagès sobre boscos i arbredes. II. Costums sobre termenals, camins i aigües en terres de pagès. Barcelona, Mancomunitat de Catalunya, 1920—21. 192; 135 S.
Rez. Butlettí de dial. cat. 10 (1922), 150—152.

9. Slavische Länder.

1700. Pospíšil, František, Almanach Hanáckého roku. [Jahreskalender der Hannacken.] V Přerově 1923. 133 S.
Bräuche, Sitten, Trachten, Tänze usw. der Hannacken.

1701. Поповић, Іордан, Народни обичаіи. (Volksbräuche.) Црква и Живот 1, 5. 6.
Serbische Volksbräuche aus der Gegend von Skoplje.
Angez. NStar 4, 86f.

1702. Čajkanović, V., Studije iz religije i folklora. SEZb 31 (1924), 182 S.
Enthält 15 Studien zur serbischen Volkskunde: 1. Gastfreundschaft u. Theophanie. 2. Das magische Lachen. 3. Subota—đačka bubota. (Der Brauch, die Schüler Samstags zu prügeln, wurzelt im „Schlag mit der Lebensrute".) 4. Wasserschütten am Gründonnerstag. 5. Die Patenschaft, geknüpft an die Kappe. 6. Haben die alten Serben Idole gekannt? 7. Sekula verwandelt sich in eine Schlange. 8. „Ich fürchte niemanden außer Gott." 9. Das Bestatten unter der Schwelle. 10. Durch die Höhle in die Unterwelt. 11. Wolle und Flachs. 12. Fremdes Begräbnis. 13. Oleum et opera. (Das lat. Sprichwort wurzelt in kultischen Handlungen: „Salböl und kultischer Akt".) 14. Der erste Besucher am Christtag, menschen- und tiergestaltig. 15. Der hl. Sava und die Wölfe.
Rez. Prilozi 4 (1925), 335.

10. Anderweitiges.

1703. Fiestas populares. Anuario de la Sociedad de Eusko-folklore. II 1923.
Angez. RIntEstVasc 14, Nr. ? (G. Lacombe).

1704. Väisänen, A. O., Syntymä, lapsuus ja kuolema. Setukaisten tapoja ja uskomuksia. Kalevalas. vuosik. 4, 193—223.
Geburt, Kindheit und Tod, Sitten u. Glauben der Setukesen-Esten.

1705. Paulaharju, S., Syntymä, lapsuus ja kuolema. Kalevalaseuran julkaisuja 2. Borgå, W. Söderström, 1924. 186 S. 8°.
Geburt, Kindheit und Tod, Sitte und Glaube Russisch-Kareliens.
Rez. Virittäjä (Helsinki) 1924, 129—132 (I. Manninen); SuomMus 1924, 60 (A. Hämäläinen).

1706. Richet, Etienne, Les Esquimaux de l'Alaska 1. (Moeurs et coutumes). Paris, Librairie littéraire et scientifique 1921. 248 S. 8°.
Rez. REthn 5, 217 (J. Nippgen).

1707. Xesspe, Toribo, Mejía, Costumbres Indígenas. Region andina. (Distrito de Toro, provincia de La Union, departamento de Arequipa.) Inca 1, 884—903.

1708. Choquehuanca, José Domingo, De la biografía particular del Indígena que comprende sus usos, costumbres, vicios y preocupaciones. Inca 1, 951—959.

1709. Zacharko, E. de, Usages des Tatares de l'Abakan. Muséon (Louvain) 35, 261—272. 36, 249—286.

1710. Pubano, F. M., Historia y Costumbres de los Gitanos etc. Barcelona, Montaner y Simón, 1915.
Rez. JGypsyLS 2, 139 f. (H. W. Greene).

B. Einzelnes.

1. Geburt und Taufe.

1711. Roblot, Maurice, Etude sur l'heure à laquelle accouchent les femmes, suivie de commentaires sur l'influence de la lune. Paris, A. Legrand, 1925. 54 S. 8°.
Rez. RAnthr 35, 414—416 (P. S.)

1712. v. L., Der Lebensanfang im Spiegel der Volkssitte. Die Dorfkirche 17, 77—80.
Bräuche bei der Geburt. Das Ansagen. Taufe. „Bimbelesweckchen".

1713. Tegengren, J., Seder vid barnfödsel och barnsöl i Vörå. Brage Årsskrift 12—14 (1923), 60—67.
Geburt und Taufe.

1714. Burjam, F., Segerhuvan (Glückshaube) i skandinavisk folktro. Brage Årsskrift 12—14 (1923), 84—97.

1715. Usage lors d'un accouchement difficile. SchwVk 13, 68.
Ein fast lebloses Kind nach der Geburt in den geöffneten Bauch eines Mutterschweins gelegt (ehemals in St. Gallen).

1716. Peremans, Usage populaire à Schaerbeek. FLBrab 3, 82.
Geburt.

1717. Manninen, I., Sündimine ja lapsepõlv eesti rahva traditsioonis. [Geburt und Kindheit in der estnischen Volkstradition.] Eesti Arst (Dorpat) 3 (1924), 75—78. 95—104. 143 bis 153.

1718. Manninen, I., „Harakkapaita." Virittäjä (Helsinki) 1924, 137—140.
Das „Elsterhemd": glückbringendes Hemdchen, das die neugeborenen Kinder bei den griech.-kathol. Kareliern die ersten 3 Tage tragen, und das auf die Vorstellung von der „Glückshaube" zurückgeht.

1719. Bamberger, M. L., Aus meiner Minhagimsammelmappe. JahrbJüdVk 1, 320—332.
Minhagim sind nicht-religionsgesetzlich festgelegte, aber doch peinlich eingehaltene Gebräuche. Hier werden behandelt: 1. Die Zettel in der Wochenstube. 2. Das Lernen in der Nacht vor der Beschneidung: Wachtnacht. 3. Der Sochor (Fest, anläßl. der Geburt des Knaben am Freitagabend). 4. Der Eliasthron bei der Beschneidung. 5. Gevatter u. Gevatterin. 6. Brismiloh- (Beschneidungs-)Kerzen. 7. Die Namengebung bei Knaben u. Mädchen. 8. Das

erstmalige Haarschneiden der Knaben. 9. Das Beschütten des Kindes (mit Früchten u. Konfekt). 10. Das Segnen der Kinder. 11. Die Wimpel = Mapoh (bestickte Leinwandstreifen, mit denen 2 Jahre nach der Beschneidung die Thorarolle umwickelt wird.) 12. Einführung in die Schule.

1720. Le maillot. EnqMusWall 1, 132.
Anfrage betr. das Wickeln der kleinen Kinder.

1721. Travélé, Moussa, Usages relatifs aux naissances survenues hors du village en pays bambara. REthn 5, 373f.

1722. Volz, G. A., D'Täufe uf'm Wald. Aus dem Schwarzwald 29, 23–26.

1723. R., H. (Br.), Taufen mit Regenwasser. (Ein erloschener altdeutscher Brauch.) Sammler 93 (1924), Nr. 64 v. 3. Juni, S. 3.

1724. Forster, Georg, Der Gevatterstand im Volksleben. Oberpf 17 (1923), 131—133.

1725. Plaschke, Wenzel, Gevatter- und Patenbriefe. Beiträge z. Hmtkde. d. Aussig-Karbitzer Bezirkes 1923, H. 1.

1726. Plattner, Johann, Eine sächsische Taufe 1872 mit Noah. Klingsor (Kronstadt), H. 7.
Volkskundlich?

1727. Wymann, Eduard, Vornehme Schlotterten in Altdorf. Geschichtsfreund (Stans) 79, 181—238.
Schlotterte = Taufe. — Auch Glockentaufen behandelt.

1728. Le Baptême. EnqMusWall 1, 53f.
Die Paten verteilen beim Verlassen der Kirche Geldstücke und Süßigkeiten unter die Straßenkinder. Mit Band durchzogene Münze, von den Paten den Teilnehmern am Taufschmaus als Andenken geschenkt.

1729. Le Baptême. EnqMusWall 1, 131.
Kinder verfolgen den Taufzug und erbetteln von den Paten „des pois de sucre".

1730. Monnaies de Baptême. EnqMusWall 1, 131f.
Münze, die an der Einladungskarte befestigt ist.

1731. Zíbrt, Čeněk, O dětské karkulce a křticím vínku. [Von dem Kinderhäubchen u. den Taufgeschenken.] Český Lid 24, 368—371.
Tauftracht, Aberglauben.

2. Reifebräuche.

1732. Zeller, Moritz, Die Knaben-Weihen. Eine psychologisch-ethnologische Studie. Bern, Paul Haupt, 1923. 160 S. 8°. Fr. 4.—.
Angez. SAVk 24, 207f. (S[peise]r).
Rez. Anthr 18/19, 595f. (W. Koppers); ZfEthn 56, 128f. (B. Ankermann).

1733. Hocart, A. M., Initiation. FL 35, 308–323.
Nur Außereuropäisches.

1734. Kleiweg de Zwaan, J. P., Une curieuse coutume à l'âge de puberté. RAnthr 33, 195—197.

3. Liebe, Verlobung, Hochzeit.

1735. Allgäuer, Emil, Vom Liebesleben unseres Landvolkes. Heimat (Bregenz) 1922, 1—5. 18—21.

1736. Maraite, P., Das Freien. Folklore (Malmédy) 2, 148—153.

1737. Geiger, Paul, Schweizerische Kiltsprüche. SAVk 24, 124—126.
Burleske Sprüche der Burschen vor dem Fenster der Mädchen.

1738. Schaller, A., Kilten. SchwVk 13, 62f.

1739. Kiltgang. Anfrage von E. Tappolet; Antwort von d. Red. SchwVk 14, 48.

1740. Fretz, Dieth., Zum Knoten in der Schürze [vgl. SchwVk 8, 11]. SchwVk 13, 56—59.

1741. J. Lr., Verlobung, wie sie einst in den Wolgakolonien zustande kam. Wolgadeutsche Monatshefte (Berlin) 1924, 179f.

1742. Abraham, Władysław, Dziewosłęb. Studjum z dziejów pierwotnego prawa małżeńskiego w Polsce (Der Brautwerber. Studie aus der Geschichte des primitiven Hochzeitsrechtes in Polen). Lwów, Towarzystwo Naukowe, 1922. 47 S. 8°.

1743. Φάβης, Βασ., Τὸ φίλημα τῶν μνηστήρων. Λαογρ. Ζ' (Festschr. Politis 1923), 457—459.
Verlobungsbräuche.

1744. Lipser, Heinrich, Kostner Kinderheiraten. Jb und Kalender für Türmitz und seine Nachbarschaft (Aussig) 1924, 69—71.

1745. Westermarck, Edward, The History of Human Marriage. 5. Aufl. 3 Bde. London, Macmillan & Co., 1921. VIII, 571; XI, 595; VIII, 587 S. 4 £ 4 s.
Rez. SAVk 25, 76—78 (Hs. Bächtold-Stäubli); Man 24, 75f. (E. N. F.).

1746. Goldschmidt, Heinz, Ein alter Brauch im heutigen Rußland. WS 8, 183—185.
Brauch der Zeugungshilfe.

1747. Abraham, Władysław, Małżeństwo przez kupno w dawnej Polsce (Die Kaufehe im alten Polen). Spraw. Tow. Nauk. 3, 73f.

1748. Đorđević, Tihomir, La polyandrie chez les Slaves du Sud. Revue des études slaves 4 (1924), 101—112.

1749. Zallinger, O., Die Eheschließung im Nibelungenlied und in der Gudrun. SitzbWien 199/201 (24. I. 1923). Wien, Hölder, 1923. 28 S.
Angez. AnSpr 147 (1924), 297.

1750. Fehrle, Eugen, Badische Hochzeitsbräuche. Mit 2 Trachtenbildern. Ekkhart, Jahrbuch für das Badner Land 1923, 54—61.

1751. Lechner, Rupert, Vom Heiraten. Ein Kulturbild aus der Dingolfinger Moosgegend. OstbGr 13 (1924), 56—59.

1752. Stieler, Karl, Altbayr. Bauernhochzeit. Trachten-Kalender f. d. Jahr 1924. Jahrg. 5. 182—186.

1753. Strobl, L., Altbayerische Bräuch, wenn zwoa Hochzat machen. Sammler 91, 114, 3 f.

1754. Anranter, A., Eine große Bauernhochzeit in Grän. Tiroler Heimatblätter (Kufstein) 1924, Nr. 6.

1755. Marsch, Karl, Hochzeit im Böhmerwalde. DV 1924, 101—106.

1756. Brehm, Helene, Hessische Hochzeitsbräuche. Hmtschollen 4, 23 f.

1757. Wehrhan, K., Der lippische Hochzeitsbitter und seine Sprüche. ZrwVk 20/21, 51—60.

1758. Ehlers, Karl, Ein alter Hochzeitsbittergruß. Nds 29, 520 f.

Aus Dingslede i. Oldenburg.

1759. Krüger, C., Ein Heiratsgesuch aus dem 18. Jahrh. Nds 29, 520.

Mitgeteilt aus der Rostocker Zeitung 1792.

1760. Saft, Otto, Die Aussteuer vierländischer Bauerntöchter im 17. Jahrh. Der Heidewanderer, Beil. zur Allg. Ztg. der Lüneburger Heide 9, 132 f.

1761. Haas, A., Hochzeitsbitterspruch aus alter Zeit (aus dem Kr. Greifenhagen). PommHmt 13 (1924), Nr. 4.

1762. Meyer, Gustav Fr., Hochzeitsbräuche. HmtK 33, 210.

1763. Meyer, Theodor, Eine Hochzeitsfeier in Schwabstedt vor fünfzig Jahren. HmtK 33, 230—232.

1764. Ziesemer, Walther, Ein lausitzisches Hochzeitsgedicht von 1659. Mitgeteilt von W. Z. MschlVk 25, 104—106.

1765. Aßmann, A., Eine alte schlesische Bauernhochzeit. Wir Schlesier 3, 176 ff. 191. 199—201.

1766. Grabowski, E., Trachten und Hochzeitssitten in Oberschlesien. Oberschlesien 1, 42—47.

1767. Hofmann, Josef, Egerländer Hochzeitsbräuche um 1830. Dramatisch dargestellt in 9 Aufzügen. Mit Wortlaut und Weise der üblichen Lieder, zahlreichen Ansprachen und vielem Reimwerk aus der alten Zeit). Karlsbad 1924.

1768. Urban, Michl, Wói i a Håuchzat in Eghalånd mitgemåcht ho. Egerl 27 (1923), 4. Mundart-Beilage [mit besonderer Seitenzählung], 13—16.

1769. Oehl, Wilh., Deutsche Hochzeitsbräuche in Ostböhmen. Beiträge zur deutsch-böhmischen Volkskunde, hrsg. v. Adolf Hauffen. XV (Prag 1922). 165 S.

Angez. ZfVk 33/34, 56 (F. B[oehm]).

Rez. MschlVk 24, 148 (Siebs); Vld 26 (1924), Heft 5/6, 19 f. (Raimund Zoder); Egerl 27 (1923), 88 (—).

1770. Lehmann, E., Der Hochzeitsbitter aus dem Schönhengstgau. Hochzeitsaffereien oder Unterricht eines Prokurators. Landskron, J. Czerny, 1923. 31 S.
„Abdruck einer Hs. v. 1841" (Jsb 44, 77).

1771. Prillinger, Franz, Eine Laakirchener Bauernhochzeit in alter Zeit. Hmtg 5 (1924), 144—152.
Mit Liedern, Schnaderhüpfeln, Gaßl-, Lader- und Schrankenspruch.

1772. Depiny, Zu den Hochzeitsgebräuchen aus Laakirchen. Hmtg 5, 152 f.

1773. Lindenthaler, M., Hochzeitssprüche im Mondsee-Gau. Mitteilungen des Hochzeitsladers, Tischlermeisters J. Gastberger. Hmtg 4 (1923), 379.

1774. Neuner, Fr., Der Kranzeltanz. Hmtg 5, 52 f.
Aus dem östlichen Mühlviertel.

1775. Schmid, Johann, „Wiederlaibtanzen". Ein interessanter Hochzeitsbrauch. BllHk 1, Nr. 11/12, 12—14.
Tanz der Burschen und Brautjungfern; die letzteren tragen dabei einen mit brennenden Kerzen geschmückten Wiederlaib (= Gugelhupf) auf dem Kopf.

1776. Rohrer, Hans, Hochzeitsgebräuche aus dem oststeirischen Grenzland. Südmark-Jahrbuch 1923, 77—79.

1777. Stöffelmeier, Karl, Eine weststeirische Bauernhochzeit. Aus eigenen Erlebnissen zusammengetragen. Alpenländische Monatshefte 1924, 292—296.

1778. Hochzeitsbräuche in Sillian. OstTirHmtbl 1, Nr. 8.

1779. Lerer, Mojše, An amolike jidiše chasene in Chełem (Wie einst eine jüdische Hochzeit in Chełm aussah). JidFil 1, 392—394.

1780. Wachner, Helene, Aus dem Banat. Vld 26 (1924), 5./6. Heft, 11.
1. Trinkspruch bei einer Hochzeit. 2. Lied beim Kranzabnehmen.

1781. Toepfer, J., Verlobungs- und Hochzeitssitten im Wolgagebiet. Wolgadeutsche Monatshefte (Berlin) 3 (1924), 84 f. 110—112.

1782. Mets, W. J., 'n Ouwerwesse Tesselsche Brulloft. Ons Eigen Tijdschrift (C. J. van Houten & Zoon, Weesp), 1924, 215—219.
Mit alten „Brulloft-Liedjes".

1783. Cornette, R., Minne, A., Buvé, C., Peeters, Jean-Ch., Superstitions et usages concernant le mariage et le veuvage (Bijgeloof en gebruiken betreffende het huwelijk en den weduwstaat). FLBrab 2, 316 - 321.

1784. Peeters, Ch., Les Noces d'or à Léau. FLBrab 3, 162 f.

1785. Nicolaissen, O., Gamle bryllupsskikke i Nord-Norge. Hålöygminne (Svorkmo) 5 (1924), H. 1, 21—25.

1786. Wikman, K. Rob. V., Bröllopsträdet. Rig 7, 143—168.
Wichtige Untersuchung über schwedische Hochzeitsgebräuche (Hochzeitsbäume).

1787. Wikman, K., Ett bröllop [Hochzeit] i Lappträsk i slutet av 1890-talet. Budk 2, 111—113.

1788. Gamla bröllopsseder i Hedesunda. Från Hedesunda 1923, 58—63.

1789. Sjöberg, W., Från skriftskolan till brudstolen. Seder och bruk i Björkö. Budk 3, 47—53.
Verlobung und Hochzeit.

1790. Wessman, V. E. V., Frieri, lysning och bröllop i Sibbo. Budk 2, 51f.

1791. Weegar, Joh., Ett Pörtom-bröllop fordomdags. Budk 2, 43—49.

1792. Andersson, O., Österbottnisk bondebröllop, 7 tablåer enligt traditioner och originala sång-och melodiuppteckningar. Dialoger och monologer på Petalaksdialekt. 3. upplagan. Helsingfors 1923. 24 S.

1793. Folklore en Bas-Poitou. La mariée Noirenoutaine. Revue du Bas-Poitou 1923, livre III. 8°.
Erzählung einer Hochzeit vor 50 Jahren, und Lieder, die dazu gesungen wurden.

1794. Fage, René, Autour du mariage. Coutumes rurales en Limousin. Limoges, Imp. Commerciale Perrette, 1922. 20 S. 8°.

1795. Largillière, René, Les nouveaux mariés à la procession de l'assaut de Beauvais. Mélanges N. Lebloud. Beauvais, Maurice Dubois, 1924, 37—45.
Rez. REthn 5, 216 (Maurice Delafosse).

1796. Corso, Raffaele, Patti d' amore e pegni di promessa. Studi sui riti nuziali. S. Maria Capua Vetere, „La Fiaccola", 1923.

1797. Corso, Raffaele, Trinoctium castitatis. Rassegna di Studi sessuali 4, 1—7.

1798. Antonucci, Giov., L' origine giuridica delle partecipazioni nuziali. Marzocco 28, Nr. 31.

1799. Antonucci, Giov., Gli sponsali di fanciulli. FLCal 9, 56—63.

1800. Antonucci, Giovanni, La percossa nuziale. Emporium 59 (1924), 86—92.

1801. Alvarado y Albo, J., Colección de cantares de boda. León, Imp. de „La Democracía", 57 S.

1802. Захариевъ, Г., Котлеиска сватба. (Bulgarische Hochzeitsbräuche). Изв. нар. етн. муз. въ. София, 4, H. 3—4, 94—122.
Hochzeitslieder [mit Noten] und Bräuche.

1803. Butėnas, P., Vestuvių apeigos (Hochzeitszeremonien). Tauta ir Žodis (Kaunas) 2 (1924), 164—189.
Beschreibung von Werbung, Verlobung und Hochzeit in Dovydai (Nordostlitauen) mit dazugehörigen Liedertexten.

1804. Baróti, Ludwig, Ősrégi magyar lakodalmi szokás. (Uralter ungarischer Hochzeitsbrauch). Ethnographia 33, 93—95.

1805. Holmberg, U., Vepsäläisten häämenot. (Die Hochzeitsgebräuche der Wepsen.) SuomMus 1924, 9—16; deutsches Referat, hinten 1f.

1806. Holmberg, U., „Uunin särkeminen" ja isännän ylistys. Virittäjä (Helsinki) 1924, 24—26.

„Das Zerbrechen des Ofens" und das Preisen des Wirtes. An (verschiedenen) Festtagen ziehen in Finnland junge Burschen in die einzelnen Bauernhäuser und verlangen mit der Drohung, „den Ofen zu zerbrechen", Bier, worauf sie dem Wirt mit einem Lied danken. Geht auf einen Hochzeitsbrauch zurück.

1807. Bukhsh, S. Khuda, Marriage and Family Life among the Arabs. Calcutta Review 1923, 183—198.

1808. Coutouly, François de, La famille, les fiançailles et le mariage chez les Peals du Liptako (Haute-Volta). REthn 4, 259—270.

1809. —, An welchem Tage soll man heiraten? Sammler 93 (1924), Nr. 89 v. 31. Juli, S. 5.

1810. R., H., Hölzerne Hochzeiten. Sammler 93 (1924), Nr. 5 v. 12. Januar, S. 5.

Feier und Geschenke von Gegenständen aus Holz am Tage der zehnten Wiederkehr eines Hochzeitsfestes in Bremen und Umgebung.

1811. Buddin, Fr., Altratzeburgische Brautkronen. Hmtkal. f. d. Fürst. Ratzeburg 1923.

1812. Schröder, Edward, Brautlauf und Tanz. ZfdA 61, 17—34.

**brud-hlauftiz* oder *hlaupom* bedeutete „Brautsprung, Brauttanz". Über den rituellen, mimischen und unterhaltenden Tanz.

1813. Runge, Hans, Allerlei Brautorakel. Sammler 93 (1924), Nr. 83 v. 17. Juli, S. 6.

1814. Kock, Chr., In de Brutkist beten. HmtK 34, 287f.

1815. Veer un veer. Nds 29, 521f.

Alte gereimte Regel für den Brautschatz der Töchter eines Vollhofes.

1816. Wedding superstition. (Man darf nicht in der Kirche sein, während die Glocke schlägt.) NQ 13 ser. Bd. 1 (1924), 172. 218.

1817. Bridal garter. NQ 146 (1924), 113. 163.

1818. *Ῥωμαῖος, Κ. Α., Τὸ ὑνὶ κατὰ τὸν γάμον. Λαογρ. Σ′* (Festschr. Politis, 1923), 346—368.

Pflug im Hochzeitsbrauch.

3. Tod und Begräbnis.

1819. Zulliger, Hans, Zur Psychologie der Trauer- und Bestattungsgebräuche. Imago 10, H. 2/3. S.-A. 54 S. 8°.

1820. Mackensen, Lutz, Die Entstehung des Leichenbrandes. ZfEthn 55, 47—51.

1821. Ghurye, Govind S., Egyptian Affinities of the Indian Funerary Practices. Anthr 18/19, 420—430.

1822. Duhn, Friedrich von, Italische Gräberkunde. Erster Teil (Bibliothek der klass. Altertumswissenschaft hrsg. von Geffcken). Heidelberg, Winter, 1924. 688 S.
Angez. Hmtl 11, 92 (E. Fehrle); AmerJournPhil 45 (1924), 391 ff. (Lily Ross Taylor).

1823. Rose, H. J., Celestial and Terrestrial Orientation of the Dead. Journal of the Royal Anthropol. Institute of Great Britain and Ireland 52, January—June.

1824. Metzger, E., La mutilation des morts. Contribution à l'étude des croyances et rites funéraires des Germains. Publ. de la Fac. des Lettres de l'Univ. de Strasbourg 21 (= Mélanges Ch. Andler) 257—267.

1825. Malten, Ludolf, Leichenspiel und Totenkult. Röm. Mitt 38/39 (1923/24), 300—340.

1826. Gummel, Hans, Vorgeschichtliche Bestattungsformen in Niedersachsen. Nds 29, 347—352.

1827. Semken, M., Das Steinpackungsgrab aus Neddenaverbergen im Verdener Heimatmuseum. Nds 29, 45 f.

1828. van Gennep, A., La tombe d'Alaric. RevArchéol 29 (1924), 195 ff.

1829. Meyer, G. F., Totenaberglaube. HmtK 33, 185.

1830. Pferdeopfer bei Fürstenbegräbnissen. Anfrage von J. M.; Antwort von E. H[offmann]-K[rayer]. SchwVk 13, 24.

1831. Becker, A., Pfälzer Bestattungsbräuche. PfMH 1924, 74.

1832. Meyer, Gustav Fr., Beerdigungsbräuche (aus Ebüll bei Niebüll). HmtK 33, 210.

1833. Brederek, Hinz, J. Haan, Beerdigungsgebräuche. HmtK 33, 255 f.

1834. Lunzer, Reckerläuten. DG 25 (1924), 102.
Läuten vor der Beerdigung. — Umfrage.

1835. Bielfeldt, Joh., Begräbnisbräuche im alten Wilster. HmtK 34, 125 f.

1836. Tönsfeldt, Beerdigungsgebräuche. HmtK 34, 76 f.

1837. Bemalte Totenschädel. DG 24, 22 f.
Verbreitung in Oberbayern, Schwaben, Steiermark.

1838. Depiny, Totenbretter: 1. Totenbretter im Gebiete von Mondsee. 2. Totenbretter in der Gemeinde Oberwang. Hmtg 5, 53.

1839. Depiny, Das Totenhemd. Hmtg 4, 375 f.

1840. Beyschlag, F., Lichter und Totenkronen im Herzogtum Zweibrücken. PfMH 1924, 63.

1841. Runge, Hans, Vom „Terpennig". Literatur, Kunst, Wissenschaft, Sonntagsblatt d. Neuen PreußZ Nr. 1 v. 7. Jan. 1923 (Beilage zu Nr. 10).
Zehrpfennig, Totengroschen.

1842. H. R., Vom Terpennig (Zehrpfennig). NdHmtbl 1, 74.

1843. Pausewang, Julius, Zeugen eines vergessenen Brauches. Trostbärnla (Mittelwalde) 1924, 86.
. Über Privatdrucke von Heiligenbildern, die man den Toten in den Sarg legte.

1844. Hofmann, Josef, Egerländer Begräbnis aus der Zeit um 1860. In: Hofmann, Josef, Köichla u. Raihapüazel. Gedichtla u. Gschichtla in Egerländer Mundart. Karlsbad, Selbstverlag des Verfassers, Sommer 1923.

1845. Weis, A. M., Schaller, A., Schemer, R., Totenbräuche. SchwVk 13, 41—43.
Gewandopfer. Leichentransport. Der Leiche die Wange streicheln.

1846. Geiger, Paul, Leichen im Schnee. SchwVk 14, 42.
Nachtrag zu 14, 7. — In verschiedenen Gegenden der Schweiz war es Sitte, Leichen im Winter, solange der Weg zum Kirchhof ungangbar war, im Schnee liegen zu lassen.

1847. Covered mirrors at funerals. NQ 146 (1924), 325. 386. 420. 424.

1848. Keyland, N., Seder och bruk vid dödsfall och begravning i västra Värmland. Fatab 1923, 94—108.
Sitte und Brauch bei Tod und Begräbnis.

1849. Aramis, Västerbottnisk tro och sed i samband med döden. Västerbotten 1923, 176—78.

1850. Mortier, Ad., Li payasse dès moirts. FLBrab 3, 79.

1851. Satames = Leichenmahl? SchwVk 13, 46.
Frage und Antwort. Waadtländisch *chatamot* = lat. *septimus* „der siebente [Tag]".

1852. Obbink, De Groeve. DriemBl 20, 102—106.

1853. Begravelsesskikke: I. Fra Udbjerg Sogn. SöndMaa 1, 77 f.; II. Fra Roost i Arrild Sogn. 1, 94 f.; III. Fra Lógumkloster. 1, 127 f.

1854. Sydow, C. W. von, „Bära skugga", en egendomlig begravningssed. FoF 11, 153 f.

1855. Lindqvist, Sune, Ynglingaättens gravskick. Fornv 1921 [1923], 83—194.

1856. Nippgen, J., La maladie, la mort et les coutumes funéraires chez les Eskimos du Cuivre. Ethn Nouv. Sér. Nr. 8 (Déc. 1923) S. 177—88.

1857. La résurrection d'un vieil usage (lanterne des morts). [Auch flämisch.] FLBrab 1, 187.

1858. Lombardi Satriani, R., Riti pietosi in Calabria. Ethnos (Napoli) 2, Nr. 2—3, S. 21.
Toten- und Begräbnisbräuche: Laute Totenklage, Aberglauben, Läutebräuche, Trauertracht, Bärte wachsen lassen.

1859. Traina, Gius., Usanze mortuarie in Castronovo di Sicilia. FLCal 9, 19.

1860. Paço, Afonso do, O Têno. RevLus 24, 296 f.
Speisestiftung für die Armen bei Todesfällen.

1861. Dobrzycki, J., Z polskich zwyczajów pogrzebowych w dawnych wiekach. (Alte Begräbnisbräuche in Polen). Orli Lot (Kraków) 4, 132—134.

1862. Creencias y Ritos funerarios. Anuario de la Sociedad de Eusko-Folklore 3 (1923), 1—139.

1863. Sobre el buey en los entierros. RIntEstVasc 15, 376.
Nach dem Reisebericht von Hieron. Münzer von 1495 aus Santiago de Compostela wurden bei einer Beerdigung ein Schlauch mit Wein, 2 Säcke mit Brot, 2 Ochsenviertel, 2 Hammel vor dem Sarge hergeführt.

1864. Manninen, I., Setude matusekommetest. (Über die Begräbnisbräuche der Setukesen). Eesti Keel 3 (1924), 10—19 (mit 4 Abb.).
Südostestland.

1865. Haberlandt, Mizzi, Über ein im Jahre 1922 in Wien erfolgtes Zigeunerbegräbnis. WZfVk 28, 76.

1866. Thompson, T. W., English Gypsy Death and Burial Customs. JGypsyL 3 (1924), 5—38. 60—93.

1867. Mansikka, V. J., Eräs inkeriläis-itäkarjalainen vainajainjuhla. Suomi, 5. Folge, 2, 173—184.
Ein ingrisch-ostkarelisches Totenfest.

4. Hausbräuche und Hausleben.

1868. Endt, Johann, Einiges vom Auszug in Bärringen. ErzgZtg 44, 64 f.

1869. Wiepert, Peter, Lemelbeer un Richelbeer. HmtK 34, 143 f.
Bewirtung beim Hausbau.

1870. Lindenthaler, M., Bräuche beim Aufstellen eines Dachstuhles in Mondseeland. Hmtg 5, 263 f.

1871. Berg, Gösta, Taklagsöl (Richtebier, Aufrichtefest) på södra Dal och annorstädes. Hembygden (Uppsala) 1924, 47.

1872. Serra i Pagès, Rossend, Petites notes sobre els ritus de construcció. Butlletí de l'Ass. catal. 1, 141—146.

1873. Wiebalck, R., Wurstfriesische Familienfeierlichkeiten. Nach einem am 15. Juli 1923 in Dorum von Dr. v. d. Osten gehaltenen Vortrage. Jahrbuch der Männer vom Morgenstern 21 (1923/24), 10—15.

1874. C., Dr. P., Im Schlachtmonat. Die Schweizer-Familie 1923, 54—60.

1875. Peters, Matthias, Bi't Swiensslachten. HmtK 33, 257.

1876. Stöcklin, Leonh., 's Würstli-Singe. Ein Dorfbrauch aus dem Unter-Baselbiet. Für Haus und Hof (Wädenswil) 1923, 714.
Heischereim beim Einschlachten.

1877. Lid, N., Innsamling av skikkar og truer um slakt. (Frå Norsk Folkeminnesamling IV). MoM 1924, 125—134.

1878. Lid, Nils, Norske Slakteskikkar med jamføringar frå nærskylde umråde. Fyrste Luten. (Videnskapsselskapets Skrifter. II. Hist.-filos. Klasse 1923, Nr. 4). Kristiania, Jacob Dybwald, 1924. 229 S. Lex. 8°.

Ausführliche vergleichende Monographie über Brauch und Glaube beim Schlachten.

Angez. ZfVk 33/34, 168; SAVk 25, 202; NFKult 10, 163—171 (J. Reichborn-Kjennerud).

1879. Stören, E., Fra gamle dage i Rennebu. Orkdölafylket (Svorkmo) 1924, 52—55.

1880. —, Die Verschiebung der Tischzeiten. Sammler 93 (1924), Nr. 56 vom 15. Mai, S. 5.

5. Schulbräuche.

1881. Benoit, Oswald, La Saint-Grégoire à Marilles (Brabant). FLBrab 3, 113 f.

Fest der Schulkinder zu Ehren ihres Schutzheiligen St. Grégoire.

6. Dorfleben.

1882. Schulze, Theodor, Heimatklänge. Bilder aus dem Niederlausitzer Dorfleben. Zerbst, F. Gast, 1924. VII, 108 S. 8°. M. 3.—.

Rez. Teuthonista 1, 252 (H. T.).

1883. Schimmel, Walter, An der sommerlichen Dorfstraße. Grenzgau, Ill. Monatshefte für Schlesien, Lausitz und Deutschböhmen 1924, 15—17.

Sitten und Bräuche des schlesischen Dorfes.

1884. Wilhelm, A., Vom Alt-Ansbacher Bauernleben. FränkHmt 2, 62—64.

1885. Dorofejev, Ja., Derevnja Moskovskoj gub. (Das Dorf im Moskauer Gouvernement.) Moskau, Verl. „Moskovskij Rabočij", 1923. 42 S. 8°.

1886. Jakovlev, Ja., Derevnja kak ona jestj. Očerki Nikoljskoj volosti. (Das Dorf wie es ist. Skizzen aus d. Nikolskischen Amtsbezirk.) Moskau, Verl. „Krasnaja Novj", 1923. 132 S. 16°.

1887. Jakovlev, Ja., Naša derevnja. Novoje v starom i staroje v novom. (Unser Dorf. Das Neue im Alten u. das Alte im Neuen.) Moskau, Verl. „Krasnaja Novj", 1924. 176 S. 8°.

1888. Sturm, Angelus, Eine Kirchweihfeier zur Zeit des dreißigjährigen Krieges. Bayerwald 21, H. 3/4, 3—7.

1889. S., C., Die Kirchweih in Neunhof bei Kraftshof (zwischen Nürnberg und Erlangen). FränkHmt 2 (1923), 152.

1890. Gießberger, Hans, Das Stopfenheimer Bauernrennen. FränkHmt 3 (1924), 52 f.

1891. Peterlechner, Franz, Die Vierhundertjahr-Feier der Kirchweihe in Mörschwang. Hmtg 3, 197 f.
Maibaum aufgerichtet.

1892. Strobl, Lorenz, Pferdeumritte im Inn- und Isengau. Der Inn- u. Isengau, Blätter für die Heimatgeschichte und Volkskunde, hrsg. v. Josef Weber, Watzling, Jahrg. 1924, H. 8.

1893. Gastierer, H., Kirchtagsgebräuche in Südmähren. 25 Jahre Znaimer Tagblatt 1922, S. 38 f.

1894. Zenegg, Emmerich, Vom Flattnitzer Kirchtag. Carinthia (Klagenfurt) 1924, Nr. 1—6.

1895. Krebsbach, Michelskermess. Folklore (Malmédy) 2, 29—33.

1896. Draaijer, W., Herinneringen aan de Deventer kermis. DriemBl 20, 86—90.

1897. Buvé, Cl., La „Grietmuil" de Bost. FLBrab 2, 258f.
Flämisch und französisch.

1898. Collet, Paul, Une „ducace" en Brabant Wallon. La Saint-Aubin à Opprebais. [Auch flämisch.] FLBrab 1, 55—64.
Kirchweihfest in Wallonisch-Brabant.

1899. C., S., Une kermesse à Nancy en 1783. Pays Lorrain 16, 225—257.

1900. De Jager, W., Het volksdansfeest te Ebersdorf in het mooie Thuringerland. Ons Eigen Tijdschrift (hrsg. von Van Houten, Weesp, Holland) 1924, 344 f.

1901. Barczewski, W., Kiermarsz na Warmji. Wyd 4-te. (Die Ermländische Kirmes.) 4. Ausgabe. Olsztyn 1923. 140 S. 8°.

1902. Weisbecker, Adam, Kirchweihfeste in den katholischen Dörfern an der Wolga. Wolgadeutsche Monatshefte (Berlin) 1922, 127 f.

1903. Wehrhan, Karl, Das Schwalenberger Heimatfest. Nds 29, 507.

1904. Heinz, Gg., Ergänzung der Benennungen für die Abendunterhaltungen der fränkischen Frauen, Mädchen und Burschen. FränkHmt 3 (1924), 433.

1905. Scheuermann, Heinrich, Rockenstuben. Aus Nürnberger Chroniken. Sammler 92 (1923), Nr. 57 v. 16. Juli, S. 2.

1906. Seiffert, Hans, Aus der Spinnstubenzeit der Frankenwalddörfer. FränkHmt 3 (1924), 383 f.

1907. Mezger, Pfälzer Spinnstubenordnung 1767. PfälzMus 41 (20), 178f.

1908. Brehm, Helene, Spinnstube. Eine Erinnerung Hmtschollen 4, 94 f.

1909. Felder, Hermann, D' Na'tstubet. HmtVorarlb 5 8—12.

1910. Ullius, Fritz, Ums Dorfbackhaus. NassBl 4, 109f.
Dörfliche Backbräuche.

1911. Ullius, Fritz, Die Festred. NassBl 3, 38f. 45.
Schilderung eines dörflichen Festes.

1912. H., J., Fahnaweih. Sammler 92 (1923), Nr. 43 v. 30. Mai, S. 4.

1913. Schwab, M. B., Zechen und Trinken in den Wirtshäusern. Dorflinde (Scheinfeld) 1 (1924), Nr. 3.

1914. Schlappinger, Hans, Raufen. Eine Wirtshausszene aus der Zeit vor dem Kriege. MOstbGr 12 (1923), 26—28.

1915. Hasund, S., Måldrikking og drikkemål. Meldinger fra Norges Landbrukshöiskole (Ås) 1924, 182—193.

1916. Hérelle, G., Les Charivari nocturnes dans le Pays basque français. REtBasques 18, 505—522.
Katzenmusik gegen Sittenlose, mit Spottversen.

7. Landwirtschaftsbräuche.

1917. Umfrage nach alten Sitten u. Gebräuchen in Franken bei der Felderbestellung im Frühjahre. FränkHmt 3 (1924), 122.

1918. Heybach, Gustav, Die Ernte im Volksglauben. Volk und Heimat 1924, Nr. 32.

1919. Geramb, Viktor, Deutsche Erntebräuche. Südmark (Graz) 1923, 318—324.

1920. Müller-Brauel, Hans, Altgermanische Vorstellungen in niedersächsischen Erntebräuchen. Nds 29, 299—301.
Roggenmuhme, Helljägers Pferd, Hackelberg, Wodan, Vogelzehnt, Umzüge, Halmenschlagen, letzte Garben, Binden, Trankopfer.

1921. Fiedler, Rudolf, Das religiöse Leben des germanischen Landwirtes. Deutscher Volkskalender (Wien) 1924, 87—89.

1922. Sartori, Paul, Westfälische Erntebräuche. ZrwVk 20/21, 60—68.

1923. Thies, Wilhelm, Ernte. NdHmtbl 1, 43f.

1924. Gehrke, Carl, Tro-Goden-Deel. Der Heidewanderer, Beil. z. Allg. Ztg. der Lüneburger Heide 9, 231.
Das niedersächsische Erntefest in früherer Zeit.

1925. Patschovsky, Ernte und Erntefest in Schlesien. Schweidnitz, Heege, 1923. 19 S.

1926. Stauber, Emil, Erntesitten in der Zürcher Landschaft. Heimkalender 1923.

1927. Hofmann, Josef, Ein Erntefest in alter Zeit. In: Hofmann, Josef, Köichla u. Räihapüazel. Gedichtla u. Geschichtla in Egerländer Mundart. Karlsbad, Selbstverlag des Verfassers, Sommer 1923.

1928. Spatzal, Franz, Das Rosenthaler Saatreiten im Jahre 1736. MVerHmtkde d. Jeschk.-Iserg. (Reichenberg) 18, 30f.

1929. Sinwel, Rudolf, Bräuche bei der Heuernte. TirHmtbl 2, H. 6, 12.

1930. Jutz, Leo, Wörter und Sachen beim Heumachen. HmtVorarlb 4, 116—119.

1931. Krause, W., Brauch aus Przeschlebie bei Peiskretscham. Aus dem Beuthener Lande 1, 148.

„Kullern" der Mädchen beim Kartoffelstecken.

1932. Tippl, Johann, Die Brechelvesper im Mürztal. BllHk 2, 57f.

Maskenscherz (Habergeiß) und Tanz zu Ehren des Flachsbrechens.

1933. Schroll, Julius, Vom Brecheln und Spinnen. BllHk 1, Nr. 7/8, 5.

Allerlei Bräuche beim Flachsbrecheln und Spinnen; Aberglauben.

1934. Hagberg, L., Linmagi [Flachsmagie]. Fatab 1923, 115—117.

1935. Toivonen, Y. H., „Pitkiä pellavia, napanauriita!" Kalevalas. vuosik. 3, 85—107.

„Langer Flachs, Wurzelrüben!" Um das Wachstum des Flachses zu befördern, fährt man in Finnland (u. a.) mit Schlitten usw. Fastnacht einen Hügel herunter und ruft dabei das Obige. Verbreitung der Sitte u. a.

1936. Holmberg, Uno, „Pyhän Iljan parta." Suomi 5. Folge, 2, 120—127.

„Der Bart des heiligen Elias", die stehengelassenen Ähren auf dem Felde, ein russisch-karelischer Brauch u. seine Parallelen.

1937. Lorenzen, Chr. L., Høstning med Segl. Sønd Maa 1, 47.

1938. Fill, Josef, Brautausläuten in Wildschönau. Hmtbl 1, H. 6. 7.

Erntebrauch.

1939. Jeter l'oie, décapiter le coq. EnqMusWall 1, 63.

Erntebrauch: Köpfen einer Gans oder eines Hahns am 29. August.

1940. Högger, Paul, Schuhputzen. Hmt (Dortmund) 5 (1923), 183.

Feldbrauch mit Reim.

1941. Sinwel, Rudolf, Abfahrt von der Alm. Hmtbl 1, H. 4, 6f.

1942. Brocherel, Jules, Le Combat des Reines. Augusta Prætoria (Aosta) 6, 55—66.

Schilderung des Kuhkampfs mit Abbildungen u. einer gereimten Darstellung von I. B. Cerlogne.

1943. Kaiser, Isabelle, Le jour des pâtres. Croquis de Nidwalden. MonChezMoi (Lausanne), Nov. 1924.

1944. Toussaint, Les Derniers Bergers. Folklore (Malmédy) 2, 20—28.

1945. Bondwik, K., Arbeidet med grjonavlen i folketrui i Sogndal. NFKult 9, 63—66.

Vegetationsriten.

1946. Lindquist, J., Äringsriter [Vegetationsriten] i Bohuslän under bronsåldern. Göteborg och Bohusläns Fornminnesförenings tidskrift 1923 (Göteborg 1924), 1—36.

1947. Finne, A., Um konnavling, kvednhus og maling i gamle daga. Vossebygderne 1923 (Voss), 58—61.

1948. Chaves, Luís, Festas Agrícolas (Alentejo) Lusa 4, 127—134.

8. Stände und Berufe.

1949. Krebs, Werner, Alte Handwerksbräuche. Schweiz. Gewerbekalender für 1925. Bern, Büchler & Co., S. 17—20.

1950. Schumann, C., Handwerker- und Zunftleben unter den Grafen von Nassau-Saarbrücken. Saarkalender (Saarbrücken) 1924, 91—96.

1951. Sterbende Berufe. Braunauer Bote (Braunau i. Bö.) 1923, 44.
Ruß-, Essigverkäufer.

1952. Heimfelsen, Sepp, Se hab'n 'ma Geign g'macht. TirHmtbl 2, H. 1, 7f.

1953. Morandini, Andrea, Usi e costumi pastorali. Illustrazione Camuna (Breno) 21, 5—8.

1954. Meier, John, Zu Zeitschr. 19, S. 34ff. (A. Schüller über den Brauch des Kutterolfschneidens.) ZrwVk 20/21, 68f.

1955. van der Ven, D. J., Uit onze eigen oude vakgeschiedenis. De Vee- en Vleeschhandel (Doetinchem) 8. Jg., Nr. 101, 18. Apr. 1924.
Die Metzger in der Volkskunde.

1956. Bächtold-Stäubli, H., Schmiedebrauch. SchwVk 24, 9f.

1957. Le „Tirage au sort". [Auch flämisch.] FLBrab 1, 147—151.

1958. Haberlandt, Arthur, Volkstümliches aus Groß-Wien. Ein Winzerbrauch aus Neustift am Walde. WZfVk 28, 1—3.

1959. Kirnbauer, Franz, Der Bergmann. DV 1924, 453—474.
Alte Arbeitsweise, Trachten, Feste, Lieder m. Singweisen, Singspiel, Gebete, Sagen.

1960. Moser, Marie, Beiträge zur Kulturgeschichte des deutschen Arbeiters. DV 1924, 474—479.
Bergarbeiter, Sitte und Brauch um Eisenerz.

1961. Kiefer, Peter, Vom Bergknappenstand an der Saar. Saarkalender (Saarbrücken) 1924, 77—79.

1962. Stütz, Oskar, Über die Musiker und Musikinstrumentenerzeuger des Erzgebirges. DV 1924, 407—413.

1963. Stütz, Oskar, Über die Musiker und Instrumentenbauer des Erzgebirges. (Uhl's Heimatbücher 9). Kaaden 1924.

1964. Schubert, Josef, Schulzenamt oder Dorfrichter. Braunauer Bote (Braunau i. Bö.) 1924, 56f.

9. Verkehr, Märkte, Messen.

1965. Ring, Leonh., Iglauer Tuchmacherleben in alter Zeit. DmährHmt (Brünn) 1923, 85—96.

1966. Der Imster Vogelhändler. Tiroler-(Reimmichl-) Kalender (Innsbruck) 1923, 139.
Schwarz-weiß Kopie nach A. Gabl, mit Spruch (6 Zeilen). Im 17. u. 18. Jhdt. war Imst (Tirol) der Haupthandelsplatz für Kanarienvögel.

1967. Kubig, Karl, Die Lichtschnur. DmährHmt (Brünn) 1923, 71f.
Ein Weberbrauch vor Beginn der Arbeitszeit bei Licht.

1968. Kubig, Karl, Schellenmarkt auf dem Fohrenbühl. Unterm Rosenhut 1 (1924), Sp. 47.
Notiz über den Glockenmarkt der Hirtenjungen.

1969. Lehner, Alfons, Jahrmarkt. Oberpf 17 (1923), 98f.

1970. Schrödel, Georg, Vom Spalter „Saumarkt". Das Schwabacher Land. Landwirtschaftliches Festbuch. Herausgeber: H. Krauß-Schwabach. Schwabach 1924, 35—37. 8⁰.
Volksfest.

1971. F., Ein altpfälzisches Volksfest. DHeimg 2, 373f.
Der Billigheimer „Purzelmarkt".

1972. Siegl, Karl, Egerer Jahrmarktswesen in alter Zeit. Egerl 28, 7—9.

1973. Ammann, Hektor, Die Zurzacher Messen im Mittelalter. Taschenb. d. Hist. Ges. d. Kt. Aargau f. d. J. 1923, S. 3 bis 155.

1974. Martha, M. Cardoso, A „feira dos moços". Lusa 4, 72.
Knechtedingung: Marktfest.

1975. Basto, Cláudio, A „Feira dos pucarinhos" (Töpfereienmarkt) em Vila-Real. Lusa 4, 118—121.
Am Peterstag, 29. Juni.

10. Vereine, Genossenschaften, Bünde.

1976. Webster, Hutton, Società segrete primitive, studio sulle forme elementari della politica e della religione con una prefazione di R. Pettazzoni (Storia delle religioni a cura di Raffaele Pettazzoni, vol. II). Bologna, Zanichelli [1924.] 323 S.
Angez. Hmtl 11, 92 (E. Fehrle).

1977. Wehrhan, K., Die Freimaurerei im Volksglauben. 2. Aufl. Detmold 1921. 95 S.
Angez. ARw 22 (1923/24), 332 (Weinreich).

1978. Dobrowolski, K., Związki i tradycje rodowe na Podhalu, Spiszu i Orawie. (Geschlechtsvereine und Traditionen in Podhale, Zips und Arva.) Spraw. Polsk. Akad. Umiej. 1923, 3, 6—7.

1979. Pauls, Eilhard Erich, Der Kaland. Nds 29, 359 bis 361.
Behandelt die mittelalterl. Kalandsbruderschaften niedersächs. Städte.

1980. Hoppeler, Guido, Zürcherische Bruderschaften im ausgehenden Mittelalter. Zeitschr. f. Schweiz. Kirchengesch. 17, 65—68.

1981. Hertmanni, Josef, Geschichtliche Mitteilungen über den St. Vither Junggesellenverein. Folklore (Malmédy) 3, 113—124.

1982. Rüther, E., Die kirchlichen Gilden im Lande Hadeln. Jahrb. d. Männer v. Morgenstern 21 (1923/24), 11f.

1983. Maxicq, A., Le Serment de Saint-Georges à Grez-Doiceau. FLBrab 2, 153—165.
Französisch und flämisch.

1984. Bach, Hans, Das Zunftwesen der Stadt Gunzenhausen. Gunzenhauser Heimat-Bote 1, 51f. 54f. 60. 63. 68.

1985. Fürsen, Die Sonderburger Handwerks-Ämter (Zünfte) und Gilden. Hmtbl. f. d. Kr. Sonderburg 1923, 122—126.

1986. Helmer, Georg, Die Sonderburger Schuhmacherzunft. Hmtbl. f. d. Kr. Sonderburg 1923, 1—21.

1987. Gadomski, Erwin, Über das Zunftwesen in Straßburg. Elsaß-Lothringische Mitteilungen (Berlin-Schö.) 1924, Nr. 33.

1988. Scherlen, August, Das Zunftwesen Colmars und der Umgebung. Colmar, Impr. Strasbourgeoise, 1923. 35 S. 8°.

1989. Wetterwald, Charles, Die Zünfte in Gebweiler. Elsaßl 1924, 122f.

1990. Kleiner, Viktor, Die Zunftordnung der Sattler, Gerber und Schuhmacher in Bregenz vom 25. Juli 1650. Heimat (Bregenz) 1924, 49—52.

1991. Kleiner, Viktor, Die Bäckerordnung der Stadt Bregenz vom Jahre 1665. Heimat (Bregenz) 1924, 73f.

1992. Mikusch, Gustav und Gabler, Rudolf, Die „Beutelschneiderzunft“ in Schildberg. Trostbärnla (Mittelwalde) 1924, 102f.

1993. Heuser, E., Zunftordnung der Küfer im Fürstbischöflichen Amt Madenburg 1785. Pfälzer Land 1924, Nr. 14.

1994. Karafiat, Karl, Zunft-Artikel der Zimmerleute von Seestadtl aus dem Jahre 1707. ErzgZtg 44, 20. 69. 97. 158f.

1995. Franz, Leonhard, Innungszeichen in Orth an der Donau. WZfVk 29, 107f.

1996. D(epin)y, Vom Schützenwesen. Hmtg 4, 100.

1997. Nicolai, Georg, Zur Entstehung der Schützengilden in Schlesien. Grenzgau Schlesien (Friedeberg) 1924, Juli, 14—16.

1998. Zum Winkel, Arnold, Aus der Jugendzeit einer schlesischen Schützengilde. Grenzgau Schlesien (Friedeberg) 1924, Juli, 20—22.

1999. Kuhn, A., Das Biberacher Schützenfest. Biberach a. Riß 1921. Angez. SchwVk 13, 52.

2000. Hildenbrand, Fr. J., Zur Geschichte des Frankenthaler Schützenwesens. Monatsschr. des Frankenth. Altert.-Ver. 1923, S. 5—7.

2001. Czwoydzinski, Eduard, Das Königsvogelschießen bei der St. Sebastianus-Bruderschaft, Düsseldorf. Alt-Düsseldorf 1924, Nr. 6, 19. Juli, S. 5f.

2002. Böttcher, Aug., Die Harzschützen. Nds 29, 228—232.
Freibeutertrupps der Harzer im 30jähr. Kriege.

2003. Steinacker, K., Schützenfest und fahrendes Volk. BrnschwHmt 15, 104—108.

2004. Samol, F., Die Schießstätten der Beuthener Schützengilde nach der Wiederbegründung i. J. 1728. Aus dem Beuthener Lande 1, 86f.

2005. Samol, F., Die Erneuerungsurkunde der Beuthener Schützengilde 1728. Aus dem Beuthener Lande 1, 91—92.

2006. Das erste eidgenössische Freischießen in Aarau, 7. bis 12. Juni 1824. Eidgenössischer National-Kalender f. 1924, S. 51—56.

2007. Büchi, Alb., Freiburgisches Schützenwesen in der zweiten Hälfte des 15. Jahrh. Freiburger [Schweiz] Geschtsbll. 27, 158—171.

2008. Stauber, Emil, Vom Tätschschießen. Zürcher Kalender 1923.

2009. Fretz, Dieth., Der Schützenpreis „Magd". (Vgl. SchwVk 9, 35.) SchwVk 13, 9f.
Erklärung des in Brugg im 16. Jahrhundert belegten Ausdrucks „Magd".

2010. Delvaux, J., Plat d'étain du Grand Serment de Braine-l'Allend. FLBrab 2, 346f. 350f.
Zinnplatte v. e. Bogenschützengesellschaft.

2011. Irama, Le tir pour le titre du roi à Becquevoort. [Auch flämisch.] FLBrab 1, 111 f.

2012. Irama, Le tir pour le titre de roi à Winghe. FLBrab 3, 79f.

2013. Es, J. Van, Les Serments des Arbalétriers. (Traduction.) FLBrab 3, 100—105.

2014. Voss, Carl, Vetterschaften auf der Insel Fehmarn. HmtK 34, 181—191.

2015. Ostberg, K., Dugnad-dovning. Tidsskrift for skogbruk (Kristiania) 1923, 205 207. 264—266.
Über die traditionellen Zusammenkünfte von Nachbarn zur gemeinschaftlichen Verrichtung einer bestimmten Arbeit.

11. Kirchliche Bräuche und Feste.

2016. Rathgeber, Alfons M., Im Schatten des Dorfkirchleins. Ein Gang durchs Dorfkirchenjahr von Nikolaus bis Martini 1923.
Angez. BllBayGym 60 (1924), 77.

2017. Blau, Josef, Vivat, am Johannessegen. Wäldler Kalender (Staab) 1924, 105—107.

2018. Pfleger, Alfred, Der Kräuterbuschen an Mariä Himmelfahrt. ElsaßI 1923, 238—240.

2019. Die Magdalenenfeier am Latzfonser Kreuz auf Ritzlar. Schlern 4, 233—234.

2020. Bousset, Hermann, Das Seidorfer Annenfest. Rübezahlkalender (Schweidnitz) 1924, 18—20.

2021. Kux, Das Wachsstockfest in Mähr.-Neustadt. Zeitschrift d. dtsch. Vereins f. d. Gesch. Mährens u. Schlesiens (Brünn) 25 (1923), 119—122.

2022. Kühnert, Otto, 500 Jahre Wachsstock-Fest in Mährisch-Neustadt. Mährisch-Neustadt, Wachsstock-Frauen-Institut, 1924.

2023. Binna, Albert, Der Pfarr-Ritt am Feste der Auffindung des hl. Kreuzes (3. Mai) in Fischlham. Hmtg 4, 379—382.
Prozession um die Pfarre.

2024. Levy, Josef, Die Heilig-Kreuz-Wallfahrten im Elsaß. 2. Aufl. Colmar, Alsatia, 1923. 68 S. 8⁰.

2025. Gasser, A., Le pélerinage de Notre-Dame de Thierenbach. Histoire documentaire. Revue d'Alsace (Colmar) 1923, 119—138. 1924, 114—134. 247—255. 304—336. 424—443. 502—524.

2026. Pelt, Un spécimen de la vie liturgique à Metz au XIIe siècle. La procession de Saint-Marc. Almanac de Marie Immaculée (Metz) 1924, 33—42.

2027. Buhl, Alois, Eine Primizfeier im bayerischen Allgäu. Bayerl 34 (1923), 237—239.
Maibaum 237. 238.

2028. Mahl, Hans, Das Primiz-Essen. OstTirHmtbl 1, Nr. 8.

2029. Büchi, Alb., Les processions pour demander d'être préservé de la peste, en 1519. Annales Fribourgeoises 11, 64—67.

2030. Timmermans, Felix, De Processies in Vlaanderen. Ons Eigen Tijdschrift (C. J. van Hauten & Zoon, Weesp) 1924, 231—233.

2031. Haudenard, M. Van, Notre-Dame du Hal et les Athois. FLBrab 4, 28 f.

2032. Marneffe, A. de, et Buvé, Cl., Les processions à cheval. FLBrab 3, 62.

2033. L'escorte à cheval des processions. FLBrab 2, 345. 349.

2034. Buvé, Cl., Soppe et suipe (le souper). FLBrab 3, 81.
Gemeinsames Nachtmahl belgischer Geistlicher am Hohen Donnerstag u. a.

2035. Meller, W. C., The Boy Bishop and other Essays on Forgotten Customs and Beliefs of the Past. London, Bell, 1923. 7 s. 6 d.

2036. La messe du rossignol. EnqMusWall 1, 137.
In der Messe am ersten Mai-Sonntag wurde in Ath die „Nachtigall“ (Instrument aus Zinn oder Blei, mit Wasser gefüllt) gespielt.

2037. Collomb, Alfred, Les fêtes du couronnement de Notre-Dame de Bourguillon. Nouvelles Etrennes fribourgeoises 57 (1924), 129—141.

2038. Gennep, Arnold van, La Chandeleur et la Saint-Valentin en Savoie. REthn 5, 225—245.

2039. Kessler, Gottfried, Geschichtliche Notizen über das Fronleichnamsfest. Die Woche im Bild (Zürich), 21. Juni 1924, 481f.

2040. Puccioni, Nello, La festa della „Seconda di Maggio" e le „mulatterie" alla Madonna del Sasso. VIt 29, 292—296.

2041. Bruno, Bianca, La Santuzza. Chiosa 6, N. 31.
La festa di S. Rosalia di Palermo.

2042. Rubino, Benedetto, Tipi e figure di santi: San Benedetto da San Fratello detto il Nero. La Meta (Palermo) 2, 87—89. 205—207.

2043. Rubino, Benedetto, Feste patronali in Sicilia. La sagra di San Fratello. Varietas 20, 611—614.

2044. Lancellotti, Arturo, La Settimana Santa in Sicilia. Roma, Direzione della Nuova Antologia, 1923. 15 p. 8⁰.
Cerimonie, funzioni e rappresentazioni sacre: la processione della Madonna della Soledad in Palermo, dei Misteri in Trapassi; il trasporto della donna nero-vestita in barella per le strade di Monte Erice; il Demonio e la Morte in Casteltermini; i Dodici Apostoli in Butera; i Giudei di S. Fratello.

2045. Rose, H. J., The Festival of San Zopito. Man 23, 107f.

2046. Guerreiro Gason, José Antonio, Festas de Monchique. IV. Santo-Espirito.. RevLus 24, 274—285.

12. Kalenderbräuche.

a) Allgemeines und Vermischtes.

2047. Wissowa, Georg, Neue Bruchstücke des römischen Festkalenders. Herm 58 (1923), 369—392.

2048. Wagenfeld, Karl, Sitte und Brauch. HmtKal. f. d. Landkreis Münster. Münster, Selbstverlag des Landkreises Münster i. W. 1925 (1924), 28—31.
Das festliche Jahr.

2049. Leppa, Karl Franz, Etliche Stündlein Böhmerwäldler Bauernjahr. Nach Aufzeichnungen meines Vaters. Böhmerlandjahrb. für Volk und Heimat 1923. Hrsg. im Auftrage aller deutschen Schutzvereine der Tschechei von Otto Kletzl. Eger, Böhmerland-Verlag (1923), 36—41.

2050. Leppa, Karl Franz, Böhmerwäldler Bauernjahr. Etliche seiner Stündlein aus dem südlichen Wald. Ill. Festschr. d. Ver. Bayerland, Sitz Straubing, anläßl. d. groß. Heimattagung in Straubing (1924).

2051. Celis, Gabriel, Volkskundige Kalender voor het vlaamsche Land. Gent, bij den Schrijver: Heirnislaan 5, 1923. IV, 336 S. 8°. Fr. B. 25.—.

Bräuche des Jahres. 1. Die beweglichen Kalendertage. 2. Die Heiligentage. Für die Hagiographie besonders wertvoll.

2052. Duchesne, Os., Folklore du Calendrier. FLBrab 2, 231—237. 243—248.

Französisch und flämisch. — L'épiphanie. La purification ou Fête de la Chandeleur. Saint Grégoire.

2053. Hornstein, Célestin, Fêtes légendaires du Jura Bernois. Réjouissances et traditions populaires qui s'y rattachent. Neuveville, W. Henry, 1924. 8°.

b) Winterbräuche.

2054. Geramb, Viktor, Vorwinterbräuche. Südmark (Graz) 1923, 433—442.

2055. Marzell, Heinrich, Der altbayerische Hirtentag. Weiteres vom Martinstage. DHeimg 2, 355f.

Martinstag.

2056. R. S., Vom Martiniritt in Miltach. DHeimg 2, 349f.

2057. Thomas, Erich, Martenstag (Martinstag). NdHmtbl 1, 102.

2058. Reimèrdes, Ernst Edgar, Martinsumzüge in Niedersachsen. NdHmtbl 1, 88.

2059. Kück, Eduard, Das Martinslied von Lüneburg und Ebstorf. NdZVk 1, 49—58.

2060. Hencke, Kinderlied, gesungen am Martinstage in Lauenburg (Elbe). HmtK 33, 235.

2061. Voskuil, K., Sint Maarten in Zwolle. Ons Eigen Tijdschrift (hrsg. v. Van Houten, Weesp, Holland) 1924, 20f.

2062. Mainka, K., Der St. Andreastag und seine Bräuche in Oberschlesien. Der Oberschlesier (Organ des Oberschles. Kulturverbandes) 6, 486f.

2063. Udziela, Seweryn, Wigilja św. Andrzeja. (Der Vorabend des Andreastages). Orli Lot (Kraków) 4, 146f.

2064. Klein, Ernst, Midvinter och tjugondag. Fatab 1923, 44—66.

2065. Perathoner, J. H., Alte Advent- und Weihnacht-Bräuche in Gröden. Schlern 5 (1924), 361—366.

Darin S. 363f. ein Klöpfelnachtslied aus Wolkenstein.

2066. Vyhlídal, Jan, Advent slezscých dětí. (Der Advent der schlesischen Kinder). Český Lid 1924, 64f.

Adventsagen.

2067. Pachinger, St. Nikolaus. Eine Historie zum 6. Dezember. Sammler 93 (1924), Nr. 144 v. 6. Dez., S. 1f.

Mit Abb. S. 1: St. Nikolaus. Linienholzschnitt um 1480.

2068. Der Nikolaustag in Ostfriesland. Nds 29, Weihnachtssonderheft 32.

Darin St. Nikolaus-Verse.

2069. Das Ruhklasgehen in Mecklenburg. Nds 29, Weihnachtssonderheft 32.

2070. Haroska, J., Von St. Nikolaus bis hl. Dreikönige. Aus dem Beuthener Lande 2, 13.

2071. van der Ven, D. J., Sinterklaas en zijn rivalen. Ons Eigen Tijdschrift 1924, 45—53.

2072. Mets, W. J., Sinterklaasvreugde op Texel. (Een jeugdherinnering). Ons Eigen Tijdschrift (Weesp, Holland) 1924, 56 f.

2073. Bragard, Henri, La Saint-Nicolas à Malmédy il y a 25 ans. Folklore (Malmédy) 2, 79—85.

2074. Wiechmann, Hermann Adolf, Deutsche Weihnachten. Ein Handbuch für jung und alt. München, Wiechmann, 1924. 48 S. 8°. M. 3.–.

2075. Götze, A., Das Weihnachtsfest in deutscher Sprache und Sitte. ZSprV 38, 3—8.

2076. Jann, Karl, Weihnachten im Volkslied. D. Heimg 2, 402 f.

2077. Hofmann, Wolfgang, Weihnachtsbräuche und ihre Bedeutung. Sammler 92 (1923), Nr. 103 v. 22. Dez., S. 1 f.

2078. Sieghardt, August, Die Weihnachtsbräuche in Nordbayern. D. Heimg 2, 404 f.

2079. Heinz, Georg, Altdeutsche Weihnachtsbräuche in Franken. FränkHmt 2 (1923), 179 f.

2080. Wilz, Leo, Fränkische und bayerische Weihnacht. Bayerl 34 (1923/24), 242—245.

2081. Peinkofer, Max, Waldweihnachten. Heimatbilder aus dem Bayerischen Wald. Passau, M. Waldmüller, 1922. 61 S. kl. 8°.

Rez. OstbGr 13 (1924), 198.

2082. Heeger, Fritz, Volksglauben und Brauch an Weihnachten. Pfälzer Land 1923, Nr. 44. 45.

2083. Geramb, Viktor, Christmonatbräuche. Südmark (Graz) 1923, 469—483.

2084. Jedlitschka, Heinrich, Weihnachts- und Neujahrsaberglaube in der Wagstädter Gegend. Kuhländch. (Neutitschein) 5, 140 f.

2085. Tschinkel, Wilhelm, Weihnachtsbräuche im Gottscheerlande. Gottscheerkalender 1923, 60—66.

2086. Mandat wider das Christkindlein. Nds 29, Weihnachtssonderheft 32.

Hamburger Verordnung vom 23. 12. 1666 gegen entartete Weihnachtsumzüge.

2087. Thies, Wilhelm, Weihnachtsbräuche in der Heide. NdHmtbl 1, 113.

2088. Tegtmeier, Konrad, Weihnachtsbräuche in Niedersachsen. NdHmtbl 1, 111 f.

2089. Weihnachtsbräuche in Westfalen. Nds 29, Weihnachtssonderheft 31.
Christkind in den Schlaf wiegen zu Soest. Die „Uchle", eine Frühmesse vor der Kinderbescherung zu Hamm. In Ahaus wird zur Christmitternacht alles Wasser zu Wein.

2090. Altmärkische Weihnachtsgebräuche. Beiträge z. Gesch., Landes- und Volkskunde der Altmark (Stendal) 4, 8 (1922), 424.

2091. Ostwald, Hans, Weihnachten und Neujahrssitten in Berlin von ehedem. (Mit neun Bildern.) IllZ 163, Nr. 4161 (1924), 898 f.

2092. Philipp, Oskar, Das Bornkinnl, ein alterzgebirgischer kirchlicher Weihnachtsbrauch. Alt-Zwickau, Beil. z. Zwickauer Ztg., zugl. N. F. d. MZwickAltV 1923, 45.
Holzgeschnitzte angekleidete Kinderfigur zu Weihnachten auf den Altar gesetzt. Zur Sache vgl. auch den Kalender f. d. Erzgeb. u. Vogtl. auf 1907.

2093. Marx, R., Weihnachts- und Silvestersinga in Willemann. Der Harz 1924, 712.

2094. Vochala, Jóža, Vánoce na slezské dědině. (Weihnachten im schlesischen Dorfe.) Český Lid 24, 115—117.

2095. Samol, T., Wie in früheren Jahren auf dem Lande Weihnachten gefeiert wurde. Aus dem Beuthener Lande 1, 23.

2096. Kostka, O., Oberschlesische Speisen am hl. Abend. Der Oberschlesier (Organ des Oberschlesischen Kulturverbandes) 6, 490 f.

2097. Mudrak, A., Weihnachten der Heimat, das Zwittauer Hirten- und Dreikönigsspiel. (Schönhengster Heimatbücherei 8.) Landskron, J. Czerny, 1923. 76 S.
Angez. ZfVk 33/34, 170 (J. B[olte]).

2098. Angerle, E., Weihnachten in Tirol. OsttirHmtbl 1, Nr. 17. 18. 19.

2099. Mang, Hermann, Weihnachten im Wetterspruch. Schlern 6, 381—383.

2100. Brix, Hans, De tre Helligaftener. DanSt 1923, 92.

2101. Feist, S., Die Etymologie des Festnamens Jul. Zs. f. vgl. Sprf. 51, 143.

2102. Bondevik, K., Jol-Paaske. SoS 1924, 460—463.

2103. Flaten, H., Jol (Weihnachten) i Hemsedal. Kjenn ditt land (Oslo) 2 (1923), 79.

2104. Röisgard, L., Gamalt frå Uvdal. Joleskikkar. Dölaminne (Kongsberg) 1923, 118 f.

2105. Svensson, S., Julseder från Albo härad i Skåne. FoF 10, 102—108.
Weihnachtsgebräuche.

2106. Liseth, J., Frå Nore. Gamle joleskikkar. Dölaminne 1923 (Kongsberg), 66 f.

2107. Forslund, M., Julgranen och dess „föregångare" i Örebro län. Örebro läns allm. bildningsförbunds årsbok 1923—24 (Örebro 1923), 57—68.

2108. Ussing, H., Nordisk Jul. Nær og fjærn 1923, 203 bis 218.

2109. Ridder, F. De, La couque de Noël (toteman) et la procession à rebours, à Tirlemont (Traduction). FLBrab 3, 108—111.

2110. Minne, A., Nuit de Noël. FLBrab 3, 167 f.

2111. Delpech, Joseph, Les Noëls bourguignons. La Vie des Peuples (Paris) 1924, 164—192.
Weihnachtslieder.

2112. Julia, Ant., Il natale nei canti del popolo. Nosside 3, 13—15.

2113. Denková, Anna, Štědrovečerní obyčeje českomoravské. (Böhmisch-mährische Weihnachtsbräuche.) Český Lid 24, 105—107.

2114. Vyhlídal, Jan, Vánoce u vymírajících Moravců na ostrůvku bavorovském na Hlubčicku. (Das Weihnachtsfest bei den aussterbenden „Moravci" auf der Insel Bavorov in der Gegend von Hlubčicko.) Český Lid 24, 117—120.
Weihnachtssitten u. Lieder.

2115. Faměra, Vojt., Vianoce v spišskej dedine Letanovciach. (Weihnachten im Dorfe Letanovce in der Gegend von Spiš.) Český Lid 24, 129—131.
Nordslovakische Weihnachtsfeier.

2116. Vyskočil, Guido Maria, Štědrovečerní průvod havířský na půlnoční. (Der Gang der Bergwerksleute zur Mitternachtsmesse am heiligen Abend.) Český Lid 24, 89—91.

2117. Zíbrt, Čeněk, Nejstarší vyobrazení pražské velikonoční slavnosti Fidlovačky. (Die ältesten Bilder der Prager Weihnachtsfeier von Fidlovač.) Český Lid 24, 240—242.

2118. Zíbrt, Čeněk, Břevnovský mnich Aleš o staročeském slavení vánoc (o koledě) ve věku 14. (Der Břevnower Mönch Aleš von der alttschechischen Weihnachtsfeier im 14. Jahrhundert.) Český Lid 24, 81—89.

2119. Schneeweis, Edmund, Die Weihnachtsbräuche der Serbokroaten. (Erg.-Bd. 15 zur WZfVk). Wien, Verein f. Volkskunde, 1925 (Dezember 1924). VIII, 232 S. 8°.
Reichhaltige, vergleichende Abhandlung.
Rez. WZfVk 29, 110 f. (M. Haberlandt); NStar 7, 112 (M. Gavazzi).

2120. Čajkanović, V., Badnji dan i Božić. (Weihnachtsabend und Christtag.) SKGl NS 11 (1924), 40—49. 124 -132.

2121. Matasović, J., Svečanosti „Biranih kraljeva“ u Mletačkoj Dalmaciji. NStar 7 (1924), 84—90.
Wahl des Narrenkönigs in Dalmatien unter venetianischer Herrschaft.

2122. Čajkanović, V., Božićna slama. (Das Weihnachtsstroh.) Prilozi 3 (1923), 123—132.

2123. Rostafiński, Józef, Turoń i gody. (Die Habergeiß und die Weihnachten.) Spraw. Polsk. Akad. Umiej. 1923, 2, 2f.

2124. Kallio, Niilo, Halikon hakoniskat I. 1920.
Schilderung der Weihnachtszeit in Halikko. Nicht gesehen.

2125. Mattila, V., Joulunvietto Lapin pitäjässä vuoden 1860 tienoilla. (Weihnachtsfeier im Ksp. Lappi um 1860.) Kotiseutu 1921, 37—42.

2126. Becker, Albert, Zur Geschichte des Weihnachtsbaums. HessBll 23, 112.

2127. Yu-Sjeng, Min, De Kerstboom. NdlTVk 28, 35—44.
Chinesische Parallelen.

2128. Zíbrt, Čeněk, Krištofa Schmida „Štědrý večer“, původcem vánočního stromku u nás. (Christoph Schmids „Weihnachtsabend“ als Urheber der Christbaumsitte bei uns.) Český Lid 24, 107—112.
Zur Verbreitung der Christbaumsitte bei dem tschechischen Volk.

2129. Wagner, J., Weihnachtsgottesdienst vor 70 Jahren. Hmtschollen 4, 94.

2130. Seifert, Hermann, Eine Christmette aus der Kremnitzer Sprachinsel in der Slowakei. Hmtbldg (Reichenberg) 5, 41f.

2131. Zinck, Paul, Deutsches Weihnachtsgebäck. (Mit acht Bildern.) IllZ 163 (1924), Nr. 4161, 886.

2132. Weiser, Lily, Jul. Weihnachtsgeschenke und Weihnachtsbaum. Stuttgart u. Gotha, F. A. Perthes, 1923. VII, 92 S. M. 2.—.
Angez. ZfVk 33/34, 132 (F. B[oehm]); Hmtbl 11, 145 (E. Fehrle); WZfVk 28, 96.
Rez. HessBll 22, 111f. (Hugo Hepding); HmtVorarlb 5, 63f. (Franz Josef Fischer).

2133. La superstition de l’étrenne. (Auch flämisch.) FLBrab 1, 187.

2134. Brunner, Johann, Krippenerinnerungen. Oberpf 17 (1923), 189f.

2135. Königseder, Felix, Krippenkurs u. Krippenausstellung in St. Georgen a. d. Gusen. Hmtg 4, 302f.

2136. Mudrak, A., Krippen der Heimat (Zwittau-Neutitschein. (Schönhengster Heimatbücherei 3). Landskron, J. Czerny, 1923. 32 S.
Angez. ZfVk 33/34, 170 (J. B[olte]).

2137. Oberwalder, Oskar, Die Linzer Weihnachtskrippenausstellung (7.—17. Dez. 1922). Hmtg 4, 295—302.

2138. Mang, Hermann, Krippenschau in Bruneck. Schlern 6, 20f.

2139. Ringler, Josef, Die Weihnachtskrippe in Tirol. Mit 9 Abb. Tirol (Innsbruck) 3 (1924/25), 24—31.

2140. Blattl, Josef, Krippenkunst. Tiroler Heimatblätter (Kufstein) 1924, Nr. 6.

2141. Göth, Ignaz, Iglauer Krippen. Eine heimatkundl. Skizze. (11. Folge. „Der Heimatbrunnen".) Iglau, Selbstverlag der Arbeitsgemeinschaft f. Hmtkde. der Iglauer Sprachinsel, 1924. 44 S. kl. 8°.

2142. Inocencio, Alfredo, Um presepe do Natal. Lusa 4, 73 f.

2143. Dieterich, Julius Reinhard, Neues vom Treburer Weihnachtswunder. VolkuSch 2, 265—268.

Betr. einen Apfelbaum in Trebur, der in der Christnacht Blüten und Früchte hervorbringen soll. Geschichtliche Mitteilungen nach Akten.

2144. Schönwerth, Frz. X. v., Die Wunschblume (in der Christnacht). Oberpf 18 (1924), 223.

2145. Schönwerth, Frz. X. v., (Nachlaß), Wein in der Christnacht. Oberpf 18 (1924), 223.

2146. Heinz, Georg, Die zwölf Nächte im fränkischen Volksleben. FränkHmt 3, 22 f.

Mit Neujahrsruf und -spruch.

2147. Zelle, Ernst, Volksbrauch u. Volksglaube in den Zwölften. NdHmtbl 1, 127—129.

2148. Sartori, P., Die Johannisknechte in Waltringhausen, Kreis Lippstadt. ZrwVk 20/21 (1923/24), 76 ff.

Ansingelied am Stephanustage.

2149. Schömer, Rosa, Das Stephansreiten. WZfVk 28, 9—11.

2150. Hoffmann, W., Den Johannissegen trinken. HessBll 23, 110 f.

2151. Bleibtreu, Walther, Aus der Geschichte der Neujahrswünsche und Neujahrskarten. Der Deutsch-Canad. Hausfreund (Regina-Sask.) 1923, 119 f.

2152. Lehner, Silvesterbräuche in der Oberpfalz. Oberpf 18 (1924), 222 f.

2153. Kock, Otto, Altjahrabendspruch aus dem Gute Windeby. HmtK 34, 21,

2154. ten Napel, G., Oldejaorsaovend. DriemBl 20, 78—85.

2155. Guttenberg, Franz Karl Frhr. v., Fränkische Neujahrs-Bräuche und Gewohnheiten. MainbotevOberfrank 9 (1924), 59—62.

2156. Krauß, Heinrich, Silvester- und Neujahrssitten in Franken. Heimat-Sammelmappe. Herausgeber: Heinrich Krauß, Schwabach. Ebenda 1923/24, 29—37.

1. Silvester in Alt-Schwabach S. 29—32. 2. Neujahrssitten S. 32—34. 3. Volksglaube und Wunschpoesie S. 34—36. 4. Neujahrsaufzüge S. 37.

2157. M., E. H., Das Neujahrsverbot. Sammler 92 (1923), Nr. 50 v. 23. Juni, S. 6.

2158. Schönwerth, Frz. X. v., Neujahr in der Oberpfalz. Nach den Aufzeichnungen von Frz. X. v. Schönwerth zusammengestellt von J. B. Laßleben. Oberpf 17 (1923), 2—5.

2159. Neujahrsbräuche in Herscheid. Aufgezeichnet 1785. Süderland 2, Nr. 1. Jan. 1924.

2160. Schön, Otto, Silvester und Neujahr in der Oberlausitz. Oberlausitzer Heimatzeitung 1923. Nr. 20, 232—234.

2161. Constantini, Carl, Das Neujahrwünschen. OsttirHmtbl 1, Nr. 19.

2162. Le Nouvel An. EnqMusWall 1, 62f.
Neujahrskarten.

2163. Kozák, V., Povery na Nový rok na Železnicku. (Neujahrsaberglauben in Železnice). Český Lid 24, 131f.
Nordöstliches Böhmen.

2164. Jorga, M., Le Nouvel An en Orient européen. Revue Bleue 1923, Nr. 3.

2165. Metz, Jakob, Der Perchtentag. Sammler 92 (1923), Nr. 2 v. 5. Jan., S. 1f.

2166. Preisendanz, K., Dreikönigstag. Baden-Baden, Bühnenbl. 3, 1, 1—3.

2167. Schubert, Josef, Das Dreikönigsschreiben im Pfarrsprengel Ober-Wernersdorf. Braunauer Bote (Braunau i. Bö.) 1924, 53.

2168. Krauß, H., Musik und Sang in der schweizerischen Sitte. 2. Das Dreikönigsansingen. SchweizMusikztg 18. Apr. 1923.

2169. Dewert, J., L'Epiphanie à Jodoigne. FLBrab 4, 39f.
Enthält 3 Dreikönigssprüche.

2170. Ducrest, F., Le curé d'Estavayer et le Jeu des Rois en 1563. Annales Fribourgeoises 11, 241—247.

2171. Ponti, Ermanno, La Befana. Italia (Roma) 1923, 11—15.

2172. Dhumez, Hubert, Le rôti de Barjols. Horizons de France 1922 (Mars), 22—24.
Umzug mit einem Ochsen und Braten desselben am Spieß auf offenem Platz, am Tage des hl. Marcel (17. Jan.) in Barjols (Dép. Var).

2173. Lüers, Friedrich, Lichtmeßtag. Sammler 92 (1923), Nr. 9, S. 1—2.

2174. Reimèrdes, Ernst Edgar, Laternenumzüge in Niedersachsen. NdHmtbl 1, 56f.

2175. Mortier, Ad., Li djou dès tchandèles (Le jour des chandelles). FLBrab 3, 81f.

2176. Dewert, J., La Chandeleur. FLBrab 4, 40.

c) Frühlingsbräuche.

2177. Geramb, Viktor, Deutsche Vorfrühlingsbräuche. Südmark (Graz) 1923, 67—70.

2178. Künzig, Johannes, Alte Frühlingsbräuche aus einem fränkischen Dorf. Hmtl 10 (1923), 18—20.
Berichte aus einem Kopialbuch der Pfarrei Pülfringen aus dem Jahre 1705 über das Todaustragen und das Mailehen.

2179. Kleinpaul, Johannes, Alte sächsische Frühlingsbräuche. Plauener Sonntagsanzeiger vom 30. März 1924, S. 11.
Schifferfastnacht in den Elborten. Winteraustreiben in Radeberg. Ostereierverschenken. Kreuzreiterprozession im Kloster Marienstern am Ostersonntagmorgen. Frühlingsprozession der Kamenzer Jungfrauen. Aufführungen. Osterspiele. Tanz um den Pfingstochsen in Hospuden u. Crossen bei Leipzig.

2180. Stauber, Emil, Kalendare Frühlingsbräuche im Kanton Zürich. Heimatschutz (Schweiz) 19, 17—25 (mit Bildern).

2181. Manz, Werner, Palmsonntag im Brauch und Glauben. Fastnacht oder Fasnacht? Fastnachtfeuer. S.-A. aus: „Oberländer Anzeiger“ und „Sarganserländische Volkszeitung“ vom 16. April, 12. u. 16. Mai 1924.

2182. Christiansen, W., 3 Fester i Hjerpsted. SøndMaa 1, 14f.
Ostern (Paaskebruden), Mittsommer (Snaredag), Fastnacht (Stjæledag).

2183. Manz, Werner, Zum St. Agatha-Tag. S.-A. aus „Sarganserländ. Volkszeitung“ 5. Febr. 1923.
Vieles über Agathenglauben.

2184. Cecchelli, Carlo, La Lupa ed il Lupercale. La Lettura (Milano) 24, Nr. 6.

2185. Merrill, E. T., The Roman calendar and the regi fugium. ClassPhilol 19 (1924).
Rez. Revphil 48 (1924), 164f. (A. Guillemin).

2186. Goebel, Ferdinand, Das Bükenbrennen auf Sylt. Nordland 1, 68f.
Geschichte des Bükenbrennens. Altheidnisches Frühlingsfeuer. Kinderbelustigung 22. Februar.

2187. Geramb, Viktor, Deutsche Faschingsbräuche. Südmark (Graz) 1923, 16—24.

2188. Mezger, Victor, Die Ueberlinger Fastnacht. BadHmt 11 (1924), 88—90.

2189. Weitzel, Rudolf, Der Schnabelgiere von Meersburg. Im Rahmen der Fastnachtgebräuche am Ueberlinger See. BadHmt 11 (1924), 152—156.
Mit einer Federzeichnung von Seilnacht.

2190. Layer, Das Sonnenrad von Langenthal. KurpfälzJb 1925. Heidelberg, Paul Braus, 1924. S. ?.

2191. Grissemann, Hans, Das Scheibenschlagen auf dem Scheibenbühel in Grins. TirolerHeimatblätter (Kufstein) 1924, Nr. 5.
Ein Brauch am 1. Sonntag in der Fastenzeit.

2192. Schroll, Julius, Sautanz. Schilderung einer Volksbelustigung zur Faschingszeit, wie sie in der Kirchbacher Gegend ab und zu gebräuchlich ist. BllHk 1, Nr. 9/10, 15f.

2193. Stemplinger, Ed., „Invocavit". BayerStaatsz Nr. 40 v. 17. Febr. 1923, S. 9.
„Weißer Sonntag". „Schönheit" und „Starke"trinken. Brezelessen.

2194. Neumann, Fastnachtsbräuche. Hmtschollen 3, 62f.

2195. Muer, H., Zwei Fastnachtsbräuche. Heimat (Dortmund) 5 (1923), 44.
Ein Heischelied an Lütke-Fastnacht und das Zehenbeißen.

2196. Das Fastnachts-Singen in Oeynhausen, Kr. Höxter. Heimat (Dortmund) 5 (1923), 44.
Ein Kinderlied.

2197. Eschenburg, H., Fastnacht in Holstein. HmtK 34, 72f.

2198. Siemer, Jochen, Fastnachtsbrauch. HmtK 34, 21.
Rummelpott und Reim.

2199. Scholz, Adam, Das Kohlenblasen. DmährHmt (Brünn) 1923, 133—135.

2200. Neudeck, Poldi, Der Rechtstisch. Kuhländch. (Neutitschein) 6, 128.
Ein Tanzbrauch am Fastnachtssonntag.

2201. Krischke, Maria, Der Strohbär, ein alter Fastnachtsbrauch. Kuhländch. (Neutitschein) 6, 170f.

2202. Kostka, O., Vom Cumber und dem Tanzbär in der Faschingszeit. Oberschlesien im Bilde, Wöchentliche Unterhaltungbeilage des Oberschlesischen Wanderers 1, 50.

2203. Chrobok, L., Vom Umgang mit der „Marzanka". Aus dem Beuthener Lande 1, 53.
Umtragen einer an einer Stange befestigten Strohpuppe, die dann nachher vor dem Dorfe ertränkt wird.

2204. Hofmann, Josef, Einzug des Faschings im Dorfe. In: Hofmann, Josef, Köichla u Räihapüazel. Gedichtla u Gschichtla in Egerländer Mundart. Karlsbad, Selbstverlag des Verfassers, Sommer 1923, S. ?.

2205. Urban, Michl, 's Fosnatbagro(b)m in Sånda. Egerl 28 (1924), 1. Mundart-Beilage (mit besonderer Seitenzählung), S. 2f.
Fastnacht-Begraben.

2206. Peter, J., Das Gstanzlsingen auf dem Tanzboden, ein Faschingsbild aus dem Böhmerwald. Bayerl 34, 205f.

2207. Meyr, Karl M., Die Bedeutung des Wortes „Tinseltag". Schlern 4, 158.

2208. Weis, A. M., Fastnachtsbrauch. SchwVk 13, 6f.
Am feisten Frohntag, Donnerstag vor Estomihi, wird in Saas (Wallis) ein fettes Essen gekocht; dieses wird, wenn die Hausbewohner es nicht gut hüten, von Spaßvögeln gestohlen.

2209. Keller, Alfr., Zu den Einsiedler Fastnachtsfiguren. SchwVk 13, 46.

2210. Schaller-Donauer, A., Das Nüsseln oder der Narrentanz in Schwyz. SchwVk 13, 17—20.

Dazu Nachtrag: Zu den Einsiedler Fastnachtsfiguren von Alfred Keller, ebd. S. 46, mit Anm. der Red.

2211. Fischer, Eduard, Fastnachtsbräuche aus dem solothurnischen Gäu. SchwVk 13, 4—6.

2212. Walker, Jakob, Eine Urkunde über das Fastnachtfeuer aus dem Jahre 1505 von Magister J' W'. Blätter aus der Walliser-Geschichte 6, 334 f.

2213. Bucherer, Max, Schweizer Masken. 12 Originallithographien. Zürich, Orell Füssli (1924). 4°.

Dazu Einleitung von Werner Manz, Die Maske in Brauch und Glauben.

2214. Laloire, Ed., Le Carnaval à Malmédy et les anciennes ordonnances des princes-abbés. Folklore (Malmédy) 1, 143—150.

2214a. Bragard, Henri, Haguette. Folklore (Malmédy) 3 (1924), 5—11.

Im Anschluß an seinen Artikel in „La Semaine de Malmédy" (14. Febr. 1914, gez. E. Buron) führt der Verf. die wallonische Form „la haguette" unter Heranziehung ahd. as. au. andl. alem. afrz. Paralellformen auf die germ. Wurzel 'hag' in ahd. 'hagazusa' zurück. Die Bedeutung des Wortes verblaßt jedoch und wird Bezeichnung für Masken jeder Art. So werden die Masken der vier Donnerstage vor Quinquagesima in Malmédy „Petites Haguettes", die der Karnevalszeit „Grandes Haguettes", genannt. Selbst die beliebte Maske des „Happe-chair" deren Herkunft, Kostüm und Charakter näher beschrieben wird, erhält die allgemeine Bezeichnung „la haguette".

2215. Thélismar, De Greef Valoke (van Looken)? L'homme de faille. FLBrab 3, 167.

2216. Vermeyen, „Sint-Greef", à Droeshout (Opwij R). FLBrab 3, 167.

2217. „Blätz"-Kostüme aus Italien. Anfrage von Eugen Fehrle; Antwort von E. H[offmann]-K[rayer]. SchwVk 14, 19.

2218. Hula, Emil, Bursa (fašiangová zábava v krčme) v západnom Slovensku. (Fastnachtsunterhaltung im Wirtshaus in der westlichen Slowakei.) Český Lid 24, 164—168.

Fastnachtssitten und Tänze.

2219. Linhartova, Stáz., Masopustní škádlivky o tanci. (Leckerbissen beim Faschingstanz.) Český Lid 24, 149—153.

Tschechische Faschingsbräuche.

2220. Trojanović, S., Maske kod našeg naroda. Strena Bulićiana, 1924, S. 695—699.

Masken bei den Serbokroaten.

2221. Mareš, Frant, Zábava na popeleční středu: poddaní trhali konmo huse živé, pověšené na rozpjatém provaze, hlavu. (Ein Spiel am Aschermittwoch: die Beteiligten bemühen sich zu Pferd einer auf einer Schnur aufgehängten Gans den Kopf abzureißen.) Český Lid 24, 222—224.

2222. Koštál, Antonin, Popeleční středa v horácké dědině moravské. (Aschermittwoch im mährischen Gebirgsdorf.) Český Lid 24, 214—216.

2223. Hofmann, Josef, Das Todaustragen. In: Hofmann, Josef, Köichla u Räihapüazel. Gedichtla u Gschichtla in Egerländer Mundart. Karlsbad, Selbstverlag des Verfassers, Sommer 1923. S.?

2224. Urban, Michl, Ein heimatliches „Tåutastroghsg'sangl". Egerl 28 (1924), 1. Mundart-Beilage (mit besonderer Seitenzählung), S. 4.

An Mittfasten (Sonntag „Laetare"). Eingeleitet durch Mitteilungen zum Brauch des Todaustragens.

2225. Cocchiara, G., La Settimana Santa dei Siciliani. „Tutto" 1. Apr. 1923.

Zitat aus „Ethnos" (Napoli) 2, Nr. 2—3, S. 32.

2226. Lancellotti, A., Settimana Santa in Sicilia. Nuova Antologia 1923 (Nr. 16?).

Ebd. S. 31.

2227. Cavaterra, G., La Settimana Santa a Gerusalemme. „Tutto" 1. Apr. 1923.

Ebd. S. 32.

2228. Tay, Marie, Souvenir de la Semaine sainte en Espagne. Le Feu (Aix-en-Provence) 1924, 174—177.

2229. Strobl, L., Der Palmsonntag in Altbayern. Sammler 92 (1923), Nr. 24, S. 2f.

2230. Krauß, (H[einrich]), Palmsonntagsbräuche in Franken. Der Palmesel. Eine kulturhistorische Skizze. Heimat-Sammelmappe. Herausgeber: Heinrich Krauß, Schwabach. Sammler 1923/24, 69—73.

2231. Stemplinger, Ed., Der Palmesel. Bayer. Staatsz. Nr. 70 v. 24. März 1923, S. 9.

2232. Palmsonntag-Palmesel in Osttirol. OsttirHmtbl 1, Nr. 1.

Liturgisches u. Kulturgeschichtliches.

2233. Der Palmesel aus der alten Kirche in Egg. HmtVorarlb 5, 134—136.

Auszug aus: Strehle, Richard v., Der Palmesel in: ZAlpV 28 (1897).

2234. Bilgeri, Martin, Der Hittisauer Palmesel. Hmt-Vorarlb 5, 181f.

2235. Becker, Alb., Die Speyerer Palmsonntagsprozession. Palatina 1922, Nr. 14; Pfälz. Rundschau 1924, Nr. 66.

2236. Sinwel, Rudolf, Der Antlaßritt der Brixentaler. Hmtbl 1, H. 1, 2f.; H. 2, 1ff.

2237. Taylor, Archer, The Burning of Judas. Washington University Studies 11, Humanistic Series 1, 159—186. 1923.

Angez. ZfVk 33/34, 176 (J. B[olte]).

2238. Stelzle, L., Das Jaudasverbrennen im Paartal. DHeimg 2, 117.

2239. Chrobok, L., An der Jędrichówkaquelle in der Karfreitagsnacht. Aus dem Beuthener Lande 2, 53.

2240. Schmitt, Cornel, Die Karfreitagsprozession in Lohr. Bayer. Staatsz. Nr. 74 v. 29. März 1923, S. 3.

2241. Schwarz, Hanns, Ostern in Geschichte, Liturgie, Sitte und Sage. DHeimg 2, 114f.

2242. Freiherr, Theodor, Volkskundliches Kindergerät aus der Osterzeit. Aus dem Beuthener Lande 1, 52f.
Klapper und Knarre, die während der Osterzeit die Kirchenglocken ersetzen sollen.

2243. Lützendorff, M. A. v., Ernst und Frohsinn im deutschen Osterbrauch. DHeimg 2, 116f.

2244. Rienau, Frau E., (Reim) beim Einsammeln zum Osterfest. HmtK 34, 21.

2245. Kluge, Friedr., Die Ostereier in Deutschland. ARw 22, 356—359.
Sicher bezeugt sind die gefärbten Eier in Deutschland erst 1741 (in Frischs Wörterbuch).

2246. Brehm, Helene, Ostereiersuchen. Hmtschollen 4, 14.

2247. Dreyer, A., Ostermärchen und Ostergelächter. Sammler 92 (1923), Nr. 26 v. 31. März, S. 2.

2248. Arens', Eduard, Ostertags-Prozession. ZrwVk 20/21, 69f.

2249. Eine ländliche Osterunterhaltung und ihre Folgen. VolkuSch 2, 159f.
Osterbrauch aus dem Jahre 1657.

2250. Graber, Georg, Alte Osterbräuche. Der getreue Eckart 1924, 300—304.

2251. Strobl, L., Ostersitten und Bräuche im Altbayerischen. Sammler 92 (1923), Nr. 26 v. 31. März, S. 5.

2252. Krauß, (H[einrich]), Osterbräuche in Franken. Beiträge zur Volkskunde. Heimat-Sammelmappe. Herausgeber: Heinrich Krauß, Schwabach. Sammler 1923/24, 74—77.

2253. Mainzinger, Fritz, Bei den Osterfeuern in Leutershausen. FränkHmt 3, 194f.

2254. Blümel-Perlick, M., Verschiedene Gebräuche aus den Ostermonaten. Oberschlesien im Bilde, Wöchentliche Unterhaltungsbeilage des Oberschlesischen Wanderers 1, 50.

2255. Lechmann-Tharnau, Ostergebräuche in Oberschlesien. Schlesien 4, 125f.
Todaustreiben. Palmenweihe. Der „grüne" Markt am Gründonnerstag. Holz-, Feuer- u. Lichterweihe am Sonnabend vor Ostern. „Schmackoster" am Ostermontag.

2256. Perlick, A., Ostervolkskunde im Beuthener Lande. Das Ostervolkstum als Forschungsgebiet. Aus dem Beuthener Lande 1, 49.

2257. Kostka, Ottilie, Blümel, Maria, Freiherr, Theodor, Beiträge zur Ostervolkskunde von Rokittnitz. Aus dem Beuthener Lande 1, 49—51.

1. St. Valentin. 2. Verschiedene Gebräuche aus den Ostermonaten. 3. Vom Cumber und dem Tanzbär in der Faschingszeit. 4. Das Osterspritzen. 5. Das Osterwaschen.

2258. Kosmol, Paul, Ostervolkskunde in Wieschowa. Aus dem Beuthener Lande 1, 51—53.

1. Einige frühere und jetzige Bräuche der Karwoche in W. 2. Wie man um Ostern leicht zu Reichtum kommen kann. 3. Ein Kinderosterbrauch in W.

2259. Kaisig, Karl, Ostereiersprüche aus Schönwald. Aus dem Beuthener Lande 1, 54.

2260. Blümel-Perlick, Maria, Zur Kenntnis der Osterbräuche in Biskupitz. Aus dem Beuthener Lande 1, 55.

2261. Babucke, G., Vom Osterreiten in der Gegend von Wittichenau. Schlesien 4, 120f.

2262. Czmok, Emanuel, Volkskundliches, besonders von der Osterzeit, aus dem Dorfe Zernik bei Gleiwitz. Aus dem Beuthener Lande 1, 53f.

2263. Böhs, Ed., Osterbräuche in Nordmähren. Hmtbildung 4, 158f.

2264. Tilscher, Georg, Das Osterklappern in Runarz. MSchönhVk 19, 54—61.

2265. Freiherr, Th., Das Osterspritzen und Osterwaschen. Oberschlesien im Bilde, Wöchentliche Unterhaltungsbeilage des Oberschlesischen Wanderers 1, 50f.

2266. Geramb, Viktor, Das Blochziehen. Südmarkkalender (Graz) 1923, 74—76.

Verf. führt das Bloch-(Block-)Pflugziehen auf indogermanischen Fruchtbarkeitszauber zurück.

2267. Geramb, Viktor, Osterbräuche. Südmark (Graz) 1923, 146—155.

2268. Reimmichl (Rieger, Sebastian), Das Kaisertum von Ostern. Tiroler (Reimmichl-)Kalender (Innsbruck) 1923, 62—70.

2269. Mayer-Pitsch, Gisela, Ostern im Lavanttal. DV 1923, Nr. 3.

2270. Tille, Jos., Passionsspiele und Osterfeier in Niemes vor 250 Jahren. MVerHmtkde d. Jeschk.-Iserg. (Reichenberg) 18, 40f.

2271. Sigerus, E., Die Osterbräuche der Deutschen in Groß-Rumänien. Deutsche Tagespost Nr. 75 v. 1. April 1923.

2272. Vermeyen, J., Les Campinois au pèlerinage d'Hackendover. FLBrab 4, 37.

2273. Van der Ven, D. J., Da nu het feest van Paschen is. Opgang (Amsterdam) 4, 362—376.

2274. Hagberg, Louise, Påskhögtiden. Råsunda, A.-B. Handpresstryckeriet, 1920. 137 S. kl. 8°.
Brauch und Glaube (auch Hexen).

2275. Refsum, H., Påskeegg. MoM 1923, 206.

2276. Cocchiara, Gius., Una festa fuori tempo. FLCalabr 9, 32—34.
Scampagnata del martedì di Pasqua, in grazia del miracolo del Crocifisso.

2277. Kozák, V., Velikonoční týden v Zeleznici a okolí. (Osterwoche in Železnice und Umgebung). Český Lid 24, 251—253.
Sitten, Sagen u. Aberglauben a. N.-O.-Böhmen.

2278. Linhartová, Stáz., „Shazování kozla" o pouti před 50 lety. (Herabwerfen eines Ziegenbockes beim Feste „Pout" vor 50 Jahren.) Český Lid 24, 377 f.
Osterbräuche.

2279. Kroes, H. W. J., Sluiterkensdag — Kinderentag — 1. April. NdlTVk 28, 114—118.
Frühaufstehen, an die Kälte Treten u. ähnl. der Männer, Frauen, Söhne, Töchter, jedes an bestimmten Tagen (im Dezember, um Neujahr oder um Fastnacht), wird, wie auch das Foppen am 1. April, mit den alten (isländ. u. dän.) Opferbräuchen in Zusammenhang gebracht, die A. Olrik in ZfVk 20, 57 ff. beschrieben hat.

2280. Sinwel, Rudolf, Georgi — Das Grasausläuten. Hmtbl 1, H. 10, 7 f.

2281. Deuerlein, E., Auf dem Walberla vor 100 Jahren. (Mit Abbildungen.) MFränkAlbV 10 (1924), 47—54.
Altes Bergfest bei Forchheim (Oberfr.) am Walpurgistage, 1. Mai.

2282. Marzell, Die Walpurgisnacht im bayerischen Volksglauben. DHeimg 2, 135 f.

2283. Dilher, Wolfgang, Alte Volksbräuche im Mai und Juni. Bibliothek der Unterhaltung u. des Wissens 1924. Bd. 2, 153—172.

2284. Geramb, Viktor, Maibräuche. Südmark (Graz) 1923, 190—202.

2285. Sailer, Jos. Benno, Der Maibaum. Trachtenkalender für das Jahr 1924. Jg. 5, 186—189.

2286. Maisingen in der Wischauer Sprachinsel. Volkskalender für die Iglauer Sprachinsel (Iglau) 1923, 41.
Eine Schwarz-weiß Zeichnung der weibl. Tracht und des Maibaumes.

2287. Wingerter, L., Vom Speyerer Sommertagszug. Palatina 1924, Nr. 13.

2288. Pluciński, Jan, Jako parobcy u nos witajom miesionc moj. (Wie die Burschen in Zips den Maibaum feiern.) Orli Lot (Kraków), 5, 4—6.

2289. Sartori, P., Mainacht. ZrwVk 20/21, 79.

2290. Manz, Werner, Sarganserländische Maibräuche. (Als Manuskript gedruckt.) Ragaz, Buchdruckerei A.-G., 1924. 21 S. kl. 8°.

2291. Van der Ven, D. J., Meinachtviering 1923 in Valkenburg. Ons Eigen Tijdschrift (C. J. van Houten & Zoon, Weesp) 1924, 197—205.

2292. v. Sydow, C. W., Maj- och midsommarfirning i Blekinge. Blekinge-bygder 1923, 181—203.

2293. Roulier, A., Coutumes de Mai. SchwVk 14, 49f.

2294. Schilperoort, Tom, Meifeesten in Mentone. Ons Eigen Tijdschrift (C. J. van Houten & Zoon, Weesp) 1924, 211–214.

2295. Maidy, L. Germain de, Le hûnage ou la holmée. Le Pays Lorrain (Nancy) 15, 126—128.

Im Mai (1.?) werden Mädchen von Burschen auf der Straße ergriffen; Einer faßt sie unter den Schultern, der Andere an den Füßen und ein Dritter läuft dreimal unter ihr durch; dann werden sie geküßt. Auch pesage genannt.

2296. Gallo, Gaet., Calendimaggio in Sangineto. FLCalabr 10, 61—67.

Rappresentazione popolare del primo Maggio.

2297. Lütgendorff, M. A. v., Himmelfahrtsblumen. Sammler 93 (1924), Nr. 62 v. 29. Mai, S. 3.

2298. Dreyer, A., Pfingsten im Liede. Sammler 92, 40, 1f.

2299. Becker, Albert, Vorderpfälzer Pfingstbräuche. Der Lambrechter Geißbock und der Dürkheimer Käskönig. Bayerl 35 (1924), 60—62.

2300. Ein Pfingstmontagbrauch in Bichlbach. Tiroler Heimatblätter (Kufstein) 1924, Nr. 2.

Katzenmusik vor den Häusern, in denen eine „alte Jungfer" wohnte.

2301. Benzmann, H., Das Pfingst- oder Wasservogelspiel in Bayern und Schwaben. Tägl. Rundschau 41, 112, 369f.

2302. Rohrer, Hans, Pfingstluck'n. BllHk 1, Nr. 1, 6f.

Aus Jagerberg (Oststeier): Schabernack, der von den jungen Burschen in der Pfingstnacht verübt wird.

2303. P(riłucki), N(ojach), Grins af šwues. (Synonyma für das Pfingstlaub.) JidFil 1, 87—89.

2304. Mets, W. J., Pinksterkinderfreugd op Texel. Ons Eigen Tijdschrift (C. J. van Houten & Zoon, Weesp) 1924, 252—255.

2305. Holuby, Josef, Svätodušné slávností a máje z Bošáckej doliny. (Pfingstfeier und das Maifest in der „Bošácká dolina".) Český Lid 24, 320—323.

Sitten u. Sagen aus der Slovakei.

2306. Bogatyrev, P., Hod Boží svatodušní (Svatá neděle) v Podkarpatské Rusí. (Pfingstsonntag in „Karpathenrußland".) Český Lid 24, 307f.

2307. Linder, F., Der Langis-Wecker. OstTirHmtbl 1, Nr. 9.
Frühlingsbrauch.

2308. P(iłucki), N(ojach), Purimdiks. (Purim-Notizen.) JidFil 1, 89f.

d) Sommerbräuche.

2309. Geramb, Viktor, Sitte und Brauch im Brachmonat. Südmark (Graz) 1923, 230—233.

2310. Hoewer, Eugen, Die Sitte der Sonnenwende (und der Sonnenwendefeierbrauch). Kulturhist. Abh. Leipzig, K. Vieweg (1924). 24 S. 8. M. —,40.

2311. Krauß, H., Die Sonnwendfeier in Franken. Heimat und Welt, Beil. der „Nürnberg-Fürther Morgenpresse", 1924, Nr. 22. S. 1—3.

2312. Graber, Georg, Sonnenwende in Kärnten. Der getreue Eckart (Wien) 1, 455—458.

2312a. Johannistag. Der Feierabend, Beil. z. Dorfboten (Budweis) 1924, Nr. 25.
Auch franz. und ital. Bräuche.

2313. Fehrle, Eugen, Der Johannistag (Zwischen Neckar und Main, Heimatblätter des Bezirksmuseums Buchen, hrsg. von K. Trunzer, Heft 7). Buchen, Verlag des Bezirksmuseums, 1924. 21 S.
Angez. PfälzMus 41 (20), 187 (A. Becker).
Rez. HessBll 23, 174f. (H. Hepding).

2314. Heeger, Fritz, Johannisbräuche aus der Nordpfalz. Heimatbll. = Beilage zum Öffentlichen Anzeiger, Kreuznach, vom 19. Juli 1924.
Darin 3 Heischelieder ohne Melodien.

2315. Schönwerth, Frz. X., Der Johannistag in der Oberpfalz. Nach den Aufzeichnungen von Frz. X. v. Schönwerth, bearbeitet von J. B. Laßleben. Oberpf 17 (1923), 85—88.

2316. Lehmann, Rudolf, Das Johannisreiten in Casel, Kr. Calau, am Sonntag, den 25. Juni 1922. Niederlausitzer Magazin 16 (1922/23), 38—40.

2317. Lechmann-Tharnau, Oberschles. Volksgebräuche am Johannistage. Schlesien 4, 205f.
Kräuter und Blumen an der Haustür. Johannisfiguren. Sinnsprüche an den Türen. Johanniswürmchen. Abendliche Umzüge. Johannisfeuer.

2318. Czamok, E., Vom Johannistag (24. Juni). Aus dem Beuthener Lande 2, 192.

2319. ?, Das Johannisfeuer verboten. Mitt. d. Ver. f. Hmtk. d. Jeschken-Isergaues (Reichenberg) 17 (1923), 155.
Betr. Reichenberg in Böhmen 1780 und 81.

2320. Sinwel, Rud., Johannisweinbräuche in Süd-Steiermark. DHmt Juni 1923, 3—6.

2321. Adam-Kappert, Karl, Blumen- und Minnekultus um Johanni. Landkalender (Graz) 1923, 119—123.

2322. Reimérdes, Ernst Edgar, Johanniskraut. Sammler 92 (1923), Nr. 50 v. 23. Juni, S. 5.

2323. Marzell, Heinrich, Johanniszauber. Eine Skizze zur bayerischen Volksbotanik. DHeimg 2, 188 f.

2324. Baravalle, R., Der Tattermannbrauch in Graz. Eine volkskundliche Erinnerung. BllHk 1, Nr. 2, 1—7.
Verbrennen einer Strohpuppe am 24. Juni. Einiges aus der Geschichte des Brauches in Graz. Daran anschließend: Grazer Tattermannslieder, gesammelt von Robert Baravalle, S. 8 f. — Nachtrag und Berichtigung von Sieger Nr. 5/6, 16; Jg. 2, 8.

2325. Wurnig, Alois, Das Scheibenschlagen am Peter u. Paultag im Iseltale. TirHmtbl 2, H. 1, Nr. 5.

2326. Jager, W. de, Het Kersenfeest te Naumburg a. d. Saale. Ons Eigen Tijdschrift (C. J. van Houten & Zoon, Weesp) 1924, 246—248.

2327. Buvé, Cl., Le pain de la Madeleine à Bauhersem. FLBrab 3, 181 f.

2328. Schworm, K., Der Christoffelstrunk zu Odernheim (25. Juli). Nordpfälzer Geschichtsverein 1923, Nr. 2 u. 3.

2329. Heinz, Georg, Jakobi (25. Juli). FränkHmt 3 (1924), 264.

2330. Manz, Werner, „Jacobi"-Sonntag im Taminatal. S.-A. aus „Oberländer-Anzeiger" 3., 6., 8. Aug. 1923.

2331. Geramb, Viktor, Sitte und Brauch im Heumonat. Südmark (Graz) 1923, 282—285.

2332. Lesky, Albin, Ein alter Volksbrauch in der Krakau (am Südfuße der Niederen Tauern). BllfHmtk 1, 1—3.
Umzug mit einer Riesenpuppe („Samson") am Oswaldi-Sonntag (1. Sonntag im August).

2333. Les géants d'Ath. EnqMusWall 1, 36.
Umzug der „Riesen" in Ath am 24. August.

2334. Svensson, S., Kransagillet och den långa dansen. Tvenne midsommarbruk från sydöstra Skåne. Skånskt bondeliv 1924, 39—52.

2335. Celander, H., Kung och drottning. FoF 11, 155 f.

2336. Liljeblad, S., Några vår- och midsommarseder i Östergötland. FoF 10, 122—128.

2337. Hagberg, L., Midsommareldar i Osterrike. Rig 7, 36—38.

2338. Schmidt, A. F., Midsommerfesten. Nær og fjærn 1924, 425—38.

2339. Blidstrup, F. P., Beretning om hvorledes Ungdømmen red Sommer i By i Kippinge for 200 Aar siden. Lolland-Falsters hist. Samfunds Aarbog 1924, 39—41.

e) Herbstbräuche.

2340. Geramb, Viktor, Sitte und Brauch im Herbstmonat. Südmark (Graz) 1923, 356—364.

2341. Pesch, J., St. Michaelstag. Hmt, hrsg. vom westfäl. Hmtbund 5, 210f.

2342. Schaufelberger, Rosa, Die Geschichte des Eidg. Bettags. Zürich 1920.
Rez. ZfschweizGesch 3, 489f. (A. Waldburger).

2343. Massinger, K., Allerheiligen und Allerseelen im Volksglauben. DHeimg 2, 338.

2344. Angerle, E., Allerheiligen. OsttirHmtbl 1, Nr. 15.

2345. Mayer-Pitsch, Gisela, Allerseelen. DV (Sonderheft) 1923, 249f.

2346. Wartbigler, „Semmlamilch". Oberpf 18 (1924), 163 (zu S. 72).
Betr. das „Semmlamilch"-Essen am Allerseelenabend.

2347. Rohrer, Hans, Allerseelenbrauch und -glaube im Oststeirischen. BllHk 1, Nr. 7/8, 1.

2348. Peeters, Ch., Le jour des Morts à Léau. FLBrab 4, 40.

2349. Bruno, Bianca, Usanze del dì dei morti. Chiosa 6, No. 45.

2350. Fischer, Adam, Święto umarłych (Das Totenfest). Rozprawy i wiadomości z Muzeum im. Dzieduszyckich (Acta Musaei Dzieduszyckiani, Lwów) 7/8, 60—132.
Rez. Lud 22, 150—153 (R. Ganszyniec).

13. Spiel und Spielzeug.

2351. Piganiol, André, Recherches sur les jeux romains. Notes d'archéologie et d'histoire religieuse. Strasbourg et Oxford 1923. VI, 155 S., 2 Taf. Fr. 8.—.
Rez. ClassRev 27 (1923), 134 (H. J. Rose); Rev. archéol. 17 (1923), 200 [S. R[einach]); Rev. phil. 48 (1924), 94ff. (V. Chapot); RAnthr 33, 330f.

2352. Bolte, Johannes, Weitere Zeugnisse zur Geschichte unserer Kinderspiele (vgl. ZfVk 19, 381—414). ZfVk 33/34, 85—95.
Aus dem 15.—18. Jahrhundert.

2353. Schläger, Georg, Badisches Kinderleben im Spiel und Reim. Karlsruhe 1921.
Rez. WZfVk 29 (1924), 100.

2354. Hasenfratz, Wilhelm, Die Freiburger Jugend auf Straße und Spielplatz. Badener Land 1923, Nr. 21. 22.
Kinderspiele.

2355. Zimmermann, Walther, Kinderspiele aus Baden. Die Pyramide 1923, Nr. 4. 28. 41. 44.

2356. Forrer, Robert, Vieux jouets d'enfants en Alsace et ailleurs. La Vie en Alsace (Paris) 1924, 209—218.

2357. Maraite, P., Steckesu oder das Sauhüten. Folklore (Malmédy) 2, 48—50.

2358. F., Verbotene Spiele. Aus dem Handbuch für Dorfrichter 1847. Braunauer Bote (Braunau i. Bö.) 1923, 44.

2359. Casser, Adam, Wie man im Kurtrierischen „spielen" ging. NassBl 4, 14—16.
Ein Sonntagabend auf dem Lande.

2360. Schönwerth, F. X. v., Kinderspiele. Nach den Aufzeichnungen von F. X. v. Schönwerth. Mitgeteilt von J. B. Laßleben. Oberpf 17 (1923), 45—47.

2361. Lenhoff, Wilhelm, Westfälisches Spielbuch. Dortmund 1922. Angez. ZfVk 33/34, 53 (J. B[olte]).

2362. Jacobsmeier, Sauerländische Kinderspiele. De Suerländer 1923, 36 ff.

2363. Wiepert, Peter, Ol fehmersch Kinnerspilln. HmtK 34, 220—222.

2364. Hupka, E., Kinderspiel im Frühling. Volk und Heimat (Hindenburg OS.) 1924, 44.
Spruch, gesprochen bei der Herstellung von Weidenpfeifen. — Ringsuchen.

2365. Möller, Emil, Volksbelustigungen. HmtK 33, 209 bis 210.

2366. Chrobok, L., Kinderspiele in Miechowitz. Oberschles. Jahrbuch für Heimatgeschichte und Volkskunde 1, 75 f. 88. 96. 98.
Der blinde Ulan. Mit dem Spiegel photographieren. Der Guckkasten. Dieb und Polizist. Der Barbier. Der krähende Hahn. Aus der Mauer Blut fließen lassen. Der Flieger. Das Karussel. Amboß und Hammer. Sagen. Peter Paul, noch mehr.

2367. Krause, W., Einige oberschlesische Kinderspiele. Ostdeutsches Familienblatt, Wochenschrift für oberschlesische Heimatkunde 1, 209.
Lotteriespiel. Richtespiel. Ballspiel. Unsitten.

2368. Kotzias, P., Unterhaltungsspiele der Beuthener Jugend. Aus dem Beuthener Lande 1, 105. 118.
Das Knöpfespielen. Kugelspielen. Kreiselspielen.

2369. Grabowski, E., Etwas zur Kindervolkskunde im Kinderleben. Aus dem Beuthener Lande 2, 168.
Der Letzte. Von den Sonntagskindern. Vom Knöpfe- und Fadenspiel.

2370. Mazzucco, Karl, Das Kinderspiel meines Schulortes (Strobl am Attersee, Salzkammergut). Die Quelle 74 (1924), 933—936.

2371. Stöffelmeier, K., Kinderspiele aus der Weststeiermark. Die Quelle 74 (1924), 933—936.

2372. Bäuerliche Volksspiele. Roseggers Heimgarten 47, 491 f.

2373. Müller, Josef, Ländliche Possen und Spiele aus Uri. SAVk 24, 118—121.
Neck- und andere Spiele; dabei Notfeuer (durch Reibung erzeugtes Feuer) zum Vertreiben des Nebels.

2374. Peremans, Maurice, Verdwenen kinderfeesten en -vermaken te Thollembeek. (Fêtes et amusements enfantins disparus à Th.). FLBrab 2, 308—316.

2375. (Ladbury, E. J.), Scraps of English Folklore. VIII. Worcestershire. FL 35, 262—270.
Spiele.

2376. Tiddy, R. J. E., The Mummer's Play. Oxford, University Press, 1924.
Rez. Mercure de France, 15. Mai 1924, 193f. (A. van Gennep).

2377. Lithberg, N., Några blekingska folklekar. Blekingebygder (Karlskrona) 1923, 42—50.

2378. Ling, M., Sjursmässdag. Jämten (Østersund) 1924, 101—103.

2379. Lithberg, N., Gotländsk våg. Budk 3, 6—14.

2380. Popova, A. M., Detskije igry i zabavy v sibirskoj derevne. (Die Kinderspiele und -vergnügungen im sibirischen Dorf). Sibirskaja Živ. Star. (hrsg. v. d. Ost-Sibir. Abt. d. Russ. Geogr. Ges.) 1 (Irkutsk 1923), 106—120.

2381. Vansová, Terezia, Ihry a riekania z B. Bystrice. (Volksspiele u. Volkssprüche aus B. Bystrica). Český Lid 24, 36f.
Slovakische Volksspiele.

2482. Žaidimai (Spiele). TiŽ 1, 328—331.
Spiele aus der Pfarrei Vabalninkai.

2383. Lakkila, J., Muistiinpanoja Artjärven pitäjän Artjärvenkylän nuorison harrastuksista. Kotiseutu 1923, 58—63.
Aufzeichnungen nach alten Einwohnern über die Vergnügungen u. ä. der Jugend von Artjärvi, Kirchsp. A.; Entwicklung bis auf unsere Zeit, „Jugendverein".

2384. Lamarque, J., Jeux Basques et Jeux Olympiques. Gure Herria (Revue mensuelle) 1921, Nr. 1.

2385. Melkova, N., Igry Kirgiz (Spiele der Kirgisen). Trudy Orenburgskogo Obščestva Izučenija Kirgizskogo Kraja 1 (Orenburg 1921), S. 41—77.
Angez. ZfVk 33, 34, 124 (W. Anderson).

2386. Borchardt, Paul und Graebner, F., Kinderspiele. Anthr 18/19, 1074f.
Pfeilschleuder, Himmel und Hölle.

2387. Six, J., La perspective d'un jeu de balle. BullCorrHell 47 (1923), 307—314.
Ballspiel mit Hakenstöcken in Alt-Athen.

2388. Wolf, Maria, Das Ball- und Nadelkissenwerfen in Oppershausen. Nds 28, 20.

2389. Heilborn, J., Der Bebok kommt. Aus dem Beuthener Lande 1, 105. 118.

2390. Hopfgartner, Alfons, Eisschießen und verwandte Spiele. Hmtbl 1, H. 8/9, 9f.

2391. Schnack, E., Hunnert-un-een nut! HmtK 34, 17f.

2392. „I tritt im Herr ufs Füeßli". Anfrage von Julie Sieber, Antwort von E. H[offmann]-K[rayer]; Ernst Haffter; Alfred Keller. SchwVk 13, 11—13. 23. 46.
Dazu Nachtrag: Eugen Fehrle, Zur heilenden Wirkung des Fußtretens ebda. 14, 13.

2393. Brehm, Marie und Helene. Illerschießen. VolkuSch 2, 160 f.
Knabenspiel mit kleinen Kugeln.

2394. Oikonomos, G., Κερητίζοντες. Ἀρχαιολ. Δελτίον 1920/21, Athen 1922.
Hockey-ähnliches Ballspiel in Alt-Athen. Rez. BphW 43 (1923), 60 ff. (P. Herrmann).

2395. Sittig, Ernst, Zwei etymologische Vermutungen. ZsfvglSpr 52 (1924), 204 ff.
κύων („Hund") Bezeichnung des schlechten Wurfes beim Würfelspiel.

2396. Höfer, Leopold, Leibesstrafen im Wiener Kinderspiel. WZfVk 29 (1924), 90—97.

2397. Blümel-Perlick, M., Spielen mit dem Lesebuche. Aus dem Beuthener Lande 2, 142.
Klavier. Harmonika. Fächer. Uhr. Bilderstechen.

2398. Böhs, Eduard, Das Pflockschlagen. (Ein schöner alter Brauch in Rothmühl- oberer Schönhengstgau). Deutschmährische Heimat 10, 94 f.

2399. Blümel-Perlick, M., Schürzenspiele der Rokittnitzer Schulmädchen. Aus dem Beuthener Lande 2, 107 f.
Treppe. Tasche. Muff. Puppe. „Halten oder Loslassen".

2400. Freiherr, Theodor, Tafelspiele. Volk u. Heimat (Hindenburg OS.) 1924, 44.
Das Zahlensuchen. Das Wort- und Buchstabensuchen. Das Zahlenraten. Das Reisen. Das „Spucke"-Reisen. Das Mühlespiel.

2401. Blümel-Perlick, M., Taschentuchspiele. Aus dem Beuthener Lande 2, 183.
Mütze. Frosch. Maus.

2402. Kotzias, H., Die „Wojna". Von oberschlesischen Kriegsspielen. Aus dem Beuthener Lande 2, 159 f.

2403. Hyckel, Georg, Zwei Spiele. In Ratibor aufgezeichnet. Volk und Heimat (Hindenburg OS.) 1924, 43 f.
Das Klippespiel. Spiele mit dem Ball.

2404. Kargel, Adolf, Deutsche Reigenspiele, Festbräuche und Kinderreime aus Kongreßpolen. Deutsche Wissenschaftliche Zeitschrift für Polen (Posen) 1923, Nr. 1, 55—66.
Sprüche der „Neujahrsgeher" und „Fastnachtsgeher" aus Alexandrow (bei Lodz). Reigenlieder (Schäferlieder). Abzählreime. Wiegenlieder.

2405. Mortier, Ad., Le jeu du Drapeau. FLBrab 3, 65—68.
Dazu Tafeln mit vielen Abbild. und den Noten der Musikbegleitung.

2406. Baurin, J., Le jeu de fers. FLBrab 3, 156—158.

2407. Minne, A., La manoeuvre du Drapeau. FLBrab 3, 163.
Daran anschließend Bemerkungen des Hrsg. über ähnliche Bräuche auf flämischem Gebiet und im Egerland, S. 163 f.

2408. Marinus, A., La Maladerie à Jodoigne. FLBrab 2, 238-241. 249—251.

Französisch und flämisch. Darin über ein Spiel „Souic" (eine Art Fußball), beigegeben die Noten der „chanson du Souic", welche nach Beendigung des Spiels gesungen wnrde.

2409. Un ancêtre brabançon du jeu de Football. [Auch flämisch.] Le „Souic" à Jodoigne. FLBrab 1, 47—52.

2410. Marneffe, Alphonse de, A propos du „Battage du Coq" (Naar aanleiding van het „Hanekappen"). FLBrab 2, 324—327.

Das Hahnschlagen.

2411. Rousseau, Henry, Le „Battage du Coq" à Mousty. [Auch flämisch.] FLBrab 1, 151.

2412. Munck, E. de, Ozios. FLBrab 2, 347. 351.

Kindermesse mit Meßgerät als Spielzeug. Bei Ausruf „Ozios" floh alles davon.

2413. Dahl, F., Endnu lidt om „Munk". DanSt 1924, 47f.

2414. Synnes, H., Terningkastet. Tidskrift for Sunnmör historiske lag 1923/24, 77f.

2415. van Gennep, Arnold, Essai sur le Jeu de Quilles en Savoie. (S.-A. Mémoires et documents publiés paı l'Académie Chablaisienne 1924). Thonon-les Bains, Impr. Dubouloz, 1924. 7 S. 8°.

2416. Bonila y San Martín, A., El juego de ajedrez y la novela de aventuras. Revista Occidente 4 (1924), 117—119.

2417. Altube, S. de, Bostarrika. Tal como se juega en Errigoitia (Rigoitía) Vizcaya. RAntEstVasc 15, 369f.

Spiel mit 5 Steinen.

2418. Karvinen, V., Palloleikit [nach Inhaltsverz.: Pallopelit] Viipurissa 1890-luvulla. (Ballspiele in Wiborg in den 90er Jahren). Kotiseutu 1923, 64—74.

2419. Csávássy, Alice, Tuskóhúzás a Hienzeknél. („Blockziehen" bei den Heanzen). Ethnographia 33, 91—93.

2420. Jenness, D., Eskimo String Figures. Report of the Canadian Arctic Expedition 1913—1918. Vol. 13. Eskimo Folk-Lore Part B. Southern Party 1913—1916. Ottawa, F. A. Acland 1924. 192 S. 8°.

2421. Seyffert, O(skar) und W(alter) Trier, Spielzeug. Berlin, E. Wasmuth, 1922. 8 S. 40 fol.-Taf. 40 Bl. Erkl. 4°. M. 6.—.
Rez. NdlTVk 29, 183f.

2422. Goldstern, Eugenie, Alpine Spielzeugtiere. Ein Beitrag zur Erforschung des primitiven Spielzeuges. WZfVk 29, 45—71.

2423. Haberlandt, M., Zu den „Alpinen Spielzeugtieren". WZfVk 29, 97f.

Nachträge zur Arbeit von Eugenie Goldstern, Nr. 2422.

2424. Freiherr, Th., Kastanien als Material zu selbstgefertigtem Kinderspielzeug. Aus dem Beuthener Lande 2, 47f.

2425. Freiherr, Th., Kastanien als Material zu selbstgefertigtem Kinderspielzeug. Volk und Heimat (Hindenburg OS.) 1924, 47 f. [wohl = 2424].

2426. Freiherr, Th., Volkskundliches Kindergerät aus der Osterzeit. Aus dem Beuthener Lande 2, 52 f.
Klapper, Knarre.

2427. Das Kleffeln. SchwVk 13, 25.
Die hölzernen Klappern der Knaben.

2428. Schuchardt, Hugo, Der Kreisel im Baskischen. RIntEstVasc 15, 351–360.
Zu RIntEstVasc 1923, 676 ff.

2429. Urquijo, J. de, Tabas y peonzas en el País Vasco. RIntEstVasc 361—368.

2430. Freiherr, Th., Die Nußschale als Spielzeug in der Weihnachtszeit. „Der Oberschlesier", Organ des Oberschles. Kulturverbandes 6, 482—484.

2431. Freiherr, Th., Zur Kenntnis vom oberschlesischen selbstgefertigten Kinderspielzeug. Aus dem Beuthener Lande 2, 112.
Nußschalenklapper. Teufel. Bildchenzeigen.

2432. Wouters, J., Le „poeffer" (jouet d'enfant). FLBrab 3, 166, s. auch 4, 38.

2433. Grabowski, E., Zur Entwicklung der Puppe. Aus dem Beuthener Lande 2, 180.

2434. Les jouets. — Le „rossignol à eau". EnqMusWall 1, 132 f.
Abbildungen verschiedener „rossignols".

2435. Aranzadi, T. de, Tabas y perinolas en el País Vasco. RIntEstVasc 14, Nr. 4, S. 676—679.
Spielknöchelchen und Drehwürfel.

2436. Aranzadi, T. de, Taba, sacapón, trompa, bostarri y otras más. REtBasques 48, 494—497.
Spielknochen u. a.

2437. Hampe, Theodor, Der Zinnsoldat. Ein deutsches Spielzeug. Mit 186 Abb. Berlin, H. Stubenrauch, 1924. 116 S. 8°.
Rez. NdlTVk 29, 184 f.

2438. Schnack, E., Hartn-Lena. HmtK 34. 77.
Kartenspiel mit Austeilliedchen.

2439. Bernhard, J. F., Das Karnuffeln (Knüffeln). Ein friesisches Kartenspiel. HmtK 34, 70—72.

14. Varia.

2440. D. R. J. M., La fiesta de la raza. Boletín de la Comisión de Monumentos Históricos y Artísticos de Navarra T. 14 (1923), Nr. 54.

2441. Meißner, K., Tanabata. Das Sternenfest. Hamburg, O. Meißner, 1923. 155 S. 8°.
Rez. LitZbl 75 (1924), 30.

2442. Feix, O., Vom Siebtanzen und Schlüssellaufen. Ein vergessener Volksbrauch der Isergebirgsbewohner. MVerHmtkde d. Jeschk.-Iserg. 18, 195 f.

2443. Laloire, Xavier, La Joyeuse. Folklore (Malmédy) 3, 125 f.

Ein Musik-(Bläser-) Verein in Malmédy veranstaltete bis 1870 alljährlich ein abwechslungsreiches Volksfest.

XI. Soziales, Verfassung und Recht im Volkstum.

2444. Hartland, E. Sidney, Primitive Law. London, Methuen & Co. Ltd. (1924), VIII, 222 S. 8°. 7 s. 6 d.

2445. Fehr, Hans, Das Recht im Bilde. (Kunst u. Recht. 1. Bd.) Zürich, E. Rentsch, 1923. 194 S., 128 Taf., 222 Bilder. Lex.-8°.

Angez. ASchwAlt N. F. 25, 251 f. (H. L[ehmann]).

2446. Corte, Matteo della, Iuventus. Arpino, Tip. Giovanni Fraioli, 1924. 97 S. 4°.

Über Jugendverbände im alten Pompei.

2447. Kemmerich, Max, Mittelalterliche Rechtskuriosa. Sammler 93 (1924), Nr. 153 v. 27. Dez., S. 3 f.

2448. Die Malstatt. HmtVorarlb 4, 31 f.

2449. Klein, Anton Adam, Ein seltsamer Rechtsbrauch aus Feldbachs Vergangenheit. BllHk 1, Nr. 9/10, 9—11.

Der Feldbachsche Markt- und Landrichter besucht am 3. Februar, begleitet von einem schwarzen Pudel, mit zwei anderen Gerichtspersonen zwei Dörfer seiner Gerichtsbarkeit. Nach Vollziehung verschiedener z. T. symbolischer Handlungen wird dem Pudel eine Eierspeise, den Gerichtspersonen eine Suppe gereicht. — Entgegnung: „Ein seltsamer Rechtsbrauch aus Feldbachs Vergangenheit und seine Deutung" von Eugen Planer ebd. Jg. 2, 41—46.

2450. Reimèrdes, Ernst Edgar, Ein tausendjähriges Volksfest. NdHmtbl 1, 74.

Hage- oder Hachefest (Gerichts-Fest) in Nienhagen b. Celle.

2451. Reuter, Otto Sigfrid, Die Stellinga und der Upstalsboom. Nds 29, 312—314.

Wichtiger Beitrag zur Bekehrungs- u. Rechtsgeschichte d. norddeutschen Stämme.

2452. Reuter, Otto Sigfrid, Der friesische Upstalsboom und die altsächsischen Upstals, insbesondere der „Upstal" von Stendal. Nds 29, 465—467.

Wichtig für die Rechtsgeschichte.

2453. Depiny, Adalbert, Zur oberösterreichischen Landgerichtsordnung vom Jahre 1675. Volkskundliche Streiflichter. Hmtg 5, 97—105.

2454. Popelka, Fritz, Das Spielgrafenamt in Innerösterreich. BllHk 1, Nr. 4, 2—4.

Behörde, der vom 14.—18. Jahrhundert alle fahrenden Leute unterstanden.

2455. Kleeberger, K., Wider die Landstreicher, Diebe usw. in früherer Zeit. Heimat-Blätter für Ludwigshafen a. Rh. 1924, Nr. 4 ff.

2456. Küppermann, Einsammlung der Stiftsgefälle in Wickede (Kr. Dortmund). ZrwVk 20/21, 74 f.

Volkstümliche Bräuche beim Einsammeln der Stiftsabgaben. Aus der Chronik des Pastors Friedr. Carl Zahn.

2457. Radl, Josef, Der Kühzins zu St. Sebastian bei Klein-Söding. BllHk 2, 8.

Besitzer von Vieh gaben, um Glück bei der Viehzucht zu haben, von einem bestimmten Haustier einen Zins.

2458. Reitter, Emmerich, Der Vorbehalt. (Ein Kapitel aus unserem Gewohnheitsrecht.) Schwäbischer Volkskalender (Temesvar) 1924, 83—87.

2459. Hähnsen, Fritz, Gemeindeschmiede-Verträge aus Alsen und Sundewitt. Hmtbl. f. d. Kr. Sonderburg 1923, 28—34.

2460. Hasund, S., Utfareleiding og bordleiding. Syn og Segn (Oslo) 1924, 84—94.

2461. Hasund, S., Bönder og stat under naturalsystemet. Kristiania (Oslo), Nörli, 1924. 123 S. 8°.

2462. Antonucci, Giov., I giudizi degli anziani in Sardegna. FLCalabr 9, 10—14.

2463. Dobrowolski, K., Wróżda i pojednanie w sądownictwie polskich wsi beskidowych XVI i XVII w. (Aus dem Gerichtswesen d. polnischen Beskidendörfer im XVI. u. XVII. Jh.) Lwów, Towarzystwo Naukowe, 1924. 72 S. 8°.

2464. Thompson, T. W., The Social Policy of the English Gypsies. JGypsyLS 2, 113—139.

2465. Petri, B. E., Elementy rodovoj svjazi u severnych burjat. (Elemente des Gentilverbands bei den Nordburjaten.) Sibirsk. živ. star. (hrsg. v. d. Ost-Sibir. Abt. d. Russ. Geogr. Ges.) 2 (Irkutsk 1924), 98—126.

2466. Kruusberg, A., Esiisade enneajalooline õigus. I. Perekond. Tartu (Dorpat) 1920. S.-A. aus Eesti Kirjandus 1920. 116 S.

Das vorhistorische Recht unserer Vorfahren. I. Die Familie.

Angez. JEstPhGZ 1920, 120—122 (I. Manninen).

2467. Goldmann, Emil, Beiträge zur Geschichte des fränkischen Rechts. 1. Teil. Wien u. Leipz., Franz Deuticke, 1924. VIII, 62 S. 8°.

Farfalius (darin über Prozeßzauber). Das Bild des Cod. Paris. Lat. 4787 der Lex Ribuaria. Der Entsippungsritus der Lex Salica (Stab brechen und werfen). Erle im Zauber. Zum *andelang*-Problem. Zur feltortus-Frage. Zum Intertiationsproblem u. a.

Rez. WZfVk 29, 43 (Raimund Zoder).

2468. Bartels, Paul, Deutsches Rechtsleben in der Vergangenheit mit besonderer Berücksichtigung Niederdeutschlands. Hamburg, Hanseatische Verlagsanstalt, 1924. 55 S. gr. 8°. M. 1,50.

Angez. HmtK 34, 252 (G. Fr. Meyer).

2469. Alberti, Walter, Der Rheingauer Landbrauch von 1643. Ein rheinisches Bauernrecht. (Arbeiten zum Handels-, Gewerbe- und Landwirtschaftsrecht, hrsg. v. E. Heymann. 23.) Marburg i. H., Elwert, 1913. X, 109 S. M. 2.50.
Rez. KblGesVer 71, 40f. (P. Richter.)

2470. Bodlak, Sepp, Reste alten Rechtswesens aus der Innerfratte. HmtVorarlb 4, 112f. 149f.
Bärawald-Sage über Hans Bärwald: Bahrrecht. Der Schwur im Ring. (Erinnerung an das germanische „Ding".) Sagen vom Bluten eines Totenkopfes und von Leichen in Gegenwart des Schuldigen.

2471. Hoppeler, Robert, Untersuchungen zur mittelalterlichen Rechtsgeschichte des Walliser Rhonetales. Blätter aus der Walliser Geschichte 6, 225—247.

2472. Scheel, Fr., Lagman og skriver. Rettsliv i Norge i det 16de og 17de århundre. Diss. Oslo. VII, 134 S. 8°.

2473. Antonucci, Giov., Il diritto dei fanciulli. FLCalabr 9, 87—94.

2474. Peeters, Ch., Consécration de dons entre enfants. FLBrab 4, 39.

2475. De Ceuster, J.-L., et Ch. Jamar, Le Droit du premier occupant chez les enfants. (Auch flämisch.) FLBrab 1, 41—47.

2476. Amter, E., „Tout à moi, et moitié à moi." (Auch flämisch.) FLBrab 1, 145—147.
Rechtsformel der Kinder.

2477. Tagányi, Karl, Lebende Rechtsgewohnheiten und ihre Sammlung in Ungarn. Berl. 1922.
Angez. ZfVk 33/34, 61 (J. B[olte]).

2478. Sitte und Recht in Nordafrika. Ges. von E. Urbach u. E. Rackow u. zur Veröffentlichung vorbereitet unter Mitwirkung von P. Kampffmeyer, H. Stumme u. L. Adam. (Quellen z. ethnolog. Rechtsforsch. I = Zs. f. vgl. Rechtsg. 40. Erg.-Bd.). Stuttgart, Enke, 1923. 42, 441 S. gr. 8°.
Auch Toten- u. Hochzeitsgebräuche.

2479. Lutteroth, A., Der Geisel im Rechtsleben. (Abh. aus dem Staats- u. Verwaltungsrecht 36.) Breslau, Marcus, 1922. VIII, 300 S. 8°.
Angez. LZbl 74 (1923), 477.

2480. Kock, Chr., Einlager. HmtK 33, 154—157.

2481. Hoffmann, D., Die Verwandtschaft mit der Sippe der Frau. (Festschr. z. Jahrhundertfeier d. Univ. Breslau 1911, S. 177—187.)
Rez. BphW 43 (1923), 325 (Jonny).

2482. Kugler, Josef, Reste des Mutterrechtes. DV (Sonderheft) 1923, 250—252.
Das Fernbleiben der Brautmutter im Mölltal (Kärnten) von Hochzeit, Brautmahl und Tanz wird als Überrest eines Widerspruches des älteren Mutterrechtes gegen das Vaterrecht (Brautverkauf) gedeutet.

2483. Auckenthaler, E., Vorzugserbrecht für den jüngsten Sohn. Schlern 4, 265f.

2484. Ehlers, Karl, „Veer un Veer." Nds 29, 521f.
Eine althannoversche Erbteilungsregel.

2485. Pappenheim, Max, Kritische Untersuchungen zum Rasengang (ganga undir jarðarmenn) der Isländersagas. Arch. f. d. ges. Psychol. 46, 98—124.
Rechtssitte.

2486. Erben, Wilhelm, Deutsche Grenzaltertümer aus den Ostalpen. ZdSavignystiftung f. Rechtsg. 43, GermAbtlg.
Rez. Carinthia 1. 113 (1923), 75—78 ([Martin] Wutte).

2487. Heeger, Fritz, Grenzbegehungen in der Pfalz. Pfälzer Land 1923, Nr. 30.

2488. Becker, A., Grenzbegang in der Pfalz. PfMH 1924, 74.

2489. Stock, Ph., Obermoscheler Grenzumgänge. Nordpfälzer Geschichtsverein 1924, 79f.

2490. Huffschmid, M., Symbolische Handlungen bei der Besitzergreifung von Grundstücken. MannhGbll 24 (1923), 123f.
Zu MannhGbll 22 (1921), 155ff. und 23 (1922), 42f.

2491. Antonucci, G., Der Stein der Zahlungsunfähigen. Ein Beitrag zur rechtswissenschaftlichen Volkskunde Italiens. S.-A. aus Zeitschr. f. vergl. Rechtswissenschaft Bd. 40 (1923?).
Angez. FLCalabr 10, 23f.

2492. Didier, Charles, Une maison bâtie en une nuit. FLBrab 3, 112f.
Besitzer eines herrenlosen Stücks Land (auch Gemeindeland) wird, wer darauf in einer Nacht ein Haus zu bauen vermag. S. auch 4, 38.

2493. Maneffe, A. de, Les maisons bâties en une nuit. FLBrab 3, 152—154.

2494. Pöhls, H., Juramentum Judaeorum. HmtK 33, 188.

2495. Jones, W. H. S., The doctor's oath, an essay in the history of medicine. Cambridge, Univ. Press. Sh. 7/6.
Die Geschichte einer uralten Eidesformel äußerst sorgfältig dargestellt. Rez. NQ 147, 237.

2496. Götze, Alfred, Eine Redensart aus dem Rechtsleben. ZfDkde 38, 94—99.
Auf die lange Bank schieben (vom Hinausziehen einer Rechtssache).

2497. Amira, K. v., Die germanischen Todesstrafen. AbhMü 31, 3 (1922).
Rez. AnSpr 145 (1923), 108f. (F. Liebermann).

2498. Mayer, E., Die Entstehung der germanischen Todesstrafe. Der Gerichtssaal 89, 353—396.
Gegen K. v. Amira, D. germ. Todesstrafen 1922.

2499. Voltelini, Hans, Altgermanisches im Hamlet. Deutscher Volkskalender (Wien) 1923, 83—86.
Die Nachwirkung des Rachepflichtbewußtseins (als indogerm. Rechtsprinzip) ist Kern der Hamletsage von Saxo Grammaticus bis Shakespeare.

2500. Oswald, P. G., Aus der guten alten Zeit. Wäldler Kalender (Staab) 1924, 115.
Aus Codex Kreitmayer 1751: Strafarten für verschiedene Vergehen, wie Sakrilegien, Hexerei, Unzucht usw.

2501. Hellwig, Alb., Okkultismus und Strafrechtspflege. Bern u. Leipz. 1923. (Nicht gesehen.)

2502. Goitein, H., Primitive Ordeal and Modern Law. London, Allen & Unwin, 1923. XIV, 302 S. 18 s. 6 d.
Rez. Man 23, 197f. (E. N. F.).

2503. Hoffmann-Krayer, E., Ordalies. SchwVk 13, 10f.
Zur Literatur über Gottesurteile.

2504. Beyschlag, F., Bahrprobe in Kusel 1605. PfMH 1924, 63.

2505. Becker, Wilhelm Martin, Dachabdecken als Strafe. VolkuSch 2, 240—242.
Volksbrauch in hessisch-rheinfränk. Gegenden in früheren Zeiten bis zur 2. Hälfte des 18. Jahrh.

2506. Becker, A., Die Kinderprobe im Rhein (Wasserprobe). PfMH 1924, 74.

2507. Pappenheim, Max, Zur Frage der Tierstrafen und Tierprozesse. ZGsSchleswHolstG 52 (1923), 117—119.

2508. Anciennes superstitions. SchwVk 13, 30.
Zwei Tierprozesse.

2509. Arne, T. J. u. Frödin, Otto, Avrättningsplatsen vid Alvastra — en stenåldersgrav. Fornv 18, 81—84. 183—200.
Hinrichtungsplatz, e. Steinzeitgrab.

2510. Armander, O., Om attungen i de nordiska landskapslagerna och dess innebörd. Språkvetenskapssällskapet i Uppsala's förhandlingar 1922—24 (Uppsala 1923), 17—46.

2511. Beckmann, Franz, Zauberei und Recht in Roms Frühzeit. Ein Beitrag zur Geschichte und Interpretation des Zwölftafelrechtes. Diss. von Münster. Osnabrück 1923. 71 S.
Rez. HessBll 22, 105f. (R. Herzog); BphW 44 (1924), 1066ff. (Kübler).

2512. Cichorius, K., Feuertod mit Eingraben im Altertume. (Festschr. z. Jahrhundertfeier d. Univ. Breslau 1911, S. 570—576.)
Rez. BphW 43 (1923), 321f. (Sonny).

2513. Vandereuse, Jules, Le port des pierres pénales — Une ancienne coutume judiciaire. Charleroi, E. Theyo, 1924. 16 S.

2514. Menisch, Otto, Crimen. Glotta 13 (1924), 32ff. (= „Weheruf, Gerüfte").

2515. Keramopulos, Antonios, Ὁ ἀποτυμπανισμός. Συμβολὴ ἀρχαιολογικὴ εἰς τὴν ἱστορίαν τοῦ ποινικοῦ δικαίου καὶ τὴν λαογραφίαν. (Βιβλ. τῆς ἐν Ἀθήν. Ἀρχ. Ἑταιρ. 22), 1923. 144 S.
Volksgericht über Piraten in Athen. Todestrafe des Räderns im alten Athen.
Angez. JHellStud 43 (1923), 206(?) Rev archéol 18 (1923), 352f. (S. R[einach]).
Rez. Lud 22, 146f. (R. Ganszyniec).

2516. Eibensteiner, Der Palstab im Marktarchive von Perg. Hmtg 4, 188—190.
Der Palstab wird auch Richterstab und Bürgerbeeidigungsstab genannt.

2517. Østberg, K., Husepjöla. Ny Jord (Kristiania) 11 (1924), 109—124.
Eine Art Botschaftstäbe für Arme, die auf Gemeindekosten versorgt wurden.

2518. Hüseler, K., Hamburgische Hausmarken vom 14. bis zum 17. Jh. Mit einleitendem Text, etwa 1000 Marken (in Stichätzung) und einem Personennamenregister. Hamburg 13, Verlag Martin Riegel, Buchhandlung, Herbst 1924. M 12.-.

2519. Kern, Joseph, Alt-Leitmeritzer Hausmarken und Wetterfahnen. (Veröffentlichungen der Leitmeritzer heimatkundlichen Arbeitsgemeinschaft 3.) Leitmeritz, K. Pickart, 1923.
Rez. HessBll 22, 115 (Hugo Hepding); MNordböhmVHmt 46 (1923), 76 (Karl Zimmermann).

2520. Siegris, Emmerich, Wiener Hauszeichen. Aus deutschen Gauen 4, 65—69.

2521. Reiterer, Karl, Haus- und Holzmarken. BlHmtk-Steierm 1, Nr. 7/8, 2f.

2522. Vézian, G., Les marques de propriété dans les Pyrénées ariégeoises. RAnthr 34, 366—369.

2523. Ravussin, Henri, Marques vaudoises. SAVk 24, 209—240.
Abbildungen.

2524. Bankovičs, R., Lēdmaņu primā „kreditiestāde" un viņas „grāmatvedība". (Die erste „Kreditanstalt" in Ledmannshof und ihre „Buchführung.") Latvijas Saule (Riga) 1924, 230f.
Auf Holz geschnittene Haus- und Schuldzeichen.

2525. Māju jeb īpašuma zīmes. (Haus- oder Eigentumszeichen.) Latvijas Saule (Riga) 1924, 239f.

2526. König, Herbert, Der Rechtsbruch und sein Ausgleich bei den Eskimo. Anthr 18/19, 484—515. 771—792.

XII. Volksglauben.

A. Bibliographie.

2527. Clemen, Carl, Religionsgeschichtliche Bibliographie. Jahrg. 5 u. 6 (1918/19). Leipzig 1920.
Angez. SAVk 24, 204 (E. H[offmann]-K[rayer]).

2528. Clemen, Carl, Religionsgeschichtliche Bibliographie. Jahrg. 7 u. 8 (1920/21). Leipzig 1922.
Angez. SAVk 25, 80 (E. H[offmann]-K[rayer]).

2529. Boor, H. de, Mythologie. Jsb 42 (für 1920), 67—71.
Allgemeines. Totenkult. Götterkult. Feste. Magie. Zaubersprüche. Volksglaube. Tiere u. Pflanzen. Dämonische Wesen. Götter.

2530. Boor, H. de, (Bibliographie der) Mythologie (der germanischen Völker). Jsb 43 (für 1921). Berlin 1924, 1 S. 59 bis 64; Jsb 44 (für 1922). Berlin 1924, 1 S. 48—54.
Mythologie: Allgemeines. Volksglaube. Zauber. Zauberspruch. Magie. Kult. Totenkult. Dämonische Wesen. Götter. Kosmologie. Feste.

B. Allgemeines über Religion, Magie, Aberglauben, Mythologie.

2531. Beth, K., Einführung in die vergleichende Religionsgeschichte. Leipzig 1920.
Rez. MSchlVk 24 (1923), 139.

2532. Traue, Georg, Die neueren Methoden der Religionspsychologie (Religionspädagogik auf rel.-psychol. Grundlage hrsg. v. J. u. E. Traue H. 1). Gütersloh 1922. 94 S.
Rez. BphW 44 (1924), 1073 (P. Thomsen).

2533. Cassierer, Ernst, Die Begriffsform im mythischen Denken. (Studien der Bibliothek Warburg, hrsg. von Fritz Saxl. I.) Leipzig-Berlin, B. G. Teubner, 1922. 62 S. 8⁰.
Angez. ARw 22 (1923/24), 176 (Meinhof).
Rez. HessBll 22, 92f. (Heinr. Frick); BphW 44 (1924), 890f. (Weinreich).

2534. Bystroń, Jan St., Rozwój badań historyczno-religijnych. (Die Entwickelung der religionsgeschichtlichen Forschungen.) Przegląd współczesny (Krakau) 1924, III, 356—376.

2535. Perry, W. J., The Origin of Magic and Religion. London, Methuen & Co., 1923. VIII, 212 S. 6 s.

2536. Papillault, D., Quelques aperçus sur les caractères distinctifs de la religion et de la magie. RAnthr 33, 171—178.

2537. Lowie, R. H., Primitive Religion. New York, Boni & Liveright, 1924. XIX, 346 S. 8⁰. $ 3.50.

2538. Hopkins, E. Washburn, Origin and Evolution of Religion. London, Oxford, University Press (1924). 378 S. 15 s.
Inhalt: I. Theories of Religious Origins. II. The Worship of Stones, Hills, Trees, and Plants. III. The Worship of Animals. IV. The Worship of Elements and Heavenly Phenomena. V. The Worship of the Sun. VI. The Worship of Man. VII. The Worship of Ancestors. VIII. Religious Stimuli. IX. The Soul. X. The Self as Soul. XI. Sacrifice. XII. The Ritual. XIII. The Priest and the Church. XIV. Religion and Mythology. XV. Religion and Ethics. XVI. Religion and Philosophy. XVII. The Triad. XVIII. The Hindu Trinity. XIX. The Buddhistic Trinity. XX. The Christian Trinity. XXI. The Reality of Religion.

2539. Schmidt, P. W., Der Ursprung der Gottesidee. Anthr 16/17, 1006/1051.
I. Das Erstarren der Zaubertheorien. II. Nachwirkungen der Zaubertheorie bei protestantischen Theologen. III. Anerkennung des Höchsten Wesens in den Kreisen der Ethnologen u. Religionspsychologen.

2540. Pinard de la Boullaye, H., L'Etude comparée des Religions. Paris 1922.
Rez. Anthr 16/17, 1071—1076 (P. W. Schmidt).

2541. Hauer, J. W., Die Religionen. Ihr Werden, ihr Sinn, ihre Wahrheit. I. Buch. Stuttg., Kohlhammer, 1923. XII, 556 S.
Rez. Anthr 18/19, 1125f. (G. Wunderle).

2542. Goblet d'Alviella, La sociologie de M. Durkheim et l'histoire des religions. Revue de l'hist. des relig. 57 Nr. 2.

2543. Bertholet, Alfred, Kultur u. Religion. (Göttinger Universitäts-Festrede.) Göttingen, Dieterichsche Universitäts-Buchdruckerei, 1924. 20 S. 8⁰.

2544. Oehlke, Hedda, Platon und die Volksreligion. Sokrates 77 (1923), 78—87.

2545. Engert, Jos., Zur Psychologie von Naturmystik u. Spiritismus. Anthr 18/19, 619—655.

2546. Klawe, Janina, Teorja animistyczna w etnologji. (Die Theorie des Animismus in der Ethnologie.) Lud (Lwów) 22 (1923), 13—25.

2547. Goblet d'Alviella, L'Animisme et sa place dans l'évolution religieuse. Revue de l'hist. des relig. 61, Nr. 1.

2548. Gennep, A. van, L'état actuel du problème totémique. Paris 1920. Angez. SAVk 24, 135 f. (sr.)

2549. Gennep, A. van, L'état actuel du problème totémique. Revue de l'hist. des relig. 75, Nr. 3. 76, Nr. 3. 79, Nr. 1. 80, Nr. 4 bis 5, 6.

2550. Cabrera y Warleta, Manuel, La hipótesis de una primitiva religión totémica ante la Prehistoria y la Etnología. Anales de la Universidad de Valencia, ano IV, cuad. 25 (1923/24).

2551. Schuller, R., Das Problem des Totemismus. Anthr 18/19, 516—521.

2552. Thorndyke, Lynn, A History of Magic and Experimental Science During the First Thirteen Centuries of Our Era. 2 vols. London, The MacMillan Company, 1923. 877; 1306 S. $ 10.—.
Angez. AmerJournPhil 45 (1924), 93 (W. P. Mustard); ClassRev 37 (1923), 138 (E. Harrison); PhilolQuart III (1924), 78f. (St. H. Bush).

2553. Danzel, Theod. Wilh., Magie und Geheimwissenschaft in ihrer Bedeutung für Kultur u. Kulturgeschichte. Stuttg., Strecker & Schröder, 1924. IX, 210 S. 8°.

2554. Lehmann, A., Overtro og Trolddom I og II. Anden Udgave. Kopenh., Frimodts Forlag, 1920—1921. XII, 546, 420 S.
Rez. MoM 1923, 202—204 (N. Lid).

2555. Silberer, Herbert, Der Aberglaube. Bern, E. Bircher, 1923. VI, 55 S. 8°. Fr. 2.80.
Rez. Literaturblatt d. Frankf. Z. Nr. 17 v. 17. Aug. 1923, S. 3 (Piper).

2556. Manz, Werner, Was ist Aberglaube? Schweiz. Lehrerzeitung 17. Nov., 24. Nov., 1. Dez. 1923.

2557. Moe, W., Overtro eller tro? Urd (Oslo) 1924, 568.

2558. Deonna, Waldemar, Un aspect de la mentalité contemporaine: Croyances et superstitions actuelles. REthn 5, 37—61. 113—135.

2559. Gennep, A. van, Mythologie et ethnographie à propos d'un livre récent. Revue de l'hist. des relig. 63, Nr. 1.

2560. Spence, Lewis, An Introduction to Mythology. London, George G. Harrop & Co. Ltd. (1921.)
Rez. SAVk 25, 78f. (Hs. Bächtold-Stäubli).

2561. Langer, Fritz, Intellektualmythologie Betrachtungen über das Wesen des Mythus und die mythologische Methode. Leipzig, Teubner, 1916.
Rez. Hmtl 11 (1924), 44 (Eugen Fehrle).

C. Zusammenfassendes und Vermischtes.

1. Völkergruppen.

2562. Jeremias, Alfred, Allgemeine Religionsgeschichte. 2. verb. Aufl. Mit 22 Abb. auf 16 Taf. München, Piper & Co., 1924. XIII, 259 S. gr. 8°. M. 8.—.

2563. Bilderatlas zur Religionsgeschichte. In Zusammenarbeit mit H. Bonnet, H. Gressmann, G. Karo, W. Kirfel, R. Landsberger, Johs. Leipoldt, E. Mogk, A. Rumpf, H. Zimmern u. a. hrsg. von H. Haas. Leipzig, A. Deichert.

Lief. 1. Germanische Religion. Text: Die altgermanische Religion von Eugen Mogk 1924. IV S., 54 Taf. 4°. M. 1.—, Text M. 0.40. Lief. 2/4. Ägyptische Religion. Text: Hans Bonnet 1924. VIII S., 60 Bl. m. Abb. 4°. M. 6.80.

2564. Richter, Julius, Die Religionen der Völker. (Geschichtswerk für höhere Schulen, hrsg. von A. Raimann. III. Teil: Ergänzungsbde. Bd. 1.) München und Berlin, Oldenburg, 1923. IV, 110 S.

Angez. ZfVk 33.34, 127 (F. B[oehm]).

2565. Frazer, J. G., The Golden Bough. Abridged edit. London 1922. XIV, 756 S.

Angez. RevArchéol 17 (1923), 188 (S. R[einach]); ClassPhilol 18 (1923), 76f. (Campbell Bonner); ClassRev 37 (1923), 83 (R. R. Marett); Mercure de France, 15 Mai 1924, 106 (A. van Gennep).

Rez. Man 23, 109f. (E. N. F.); Nature 19 May 1923 (B. Malinowski).

2566. Frazer, (Lilly), Leaves from the Golden Bough ... London, Macmillan & Co. Ltd., 1924. 8°. 10 s. 6 d.

Contents: Part I: Christmas and the mistletoe. Part II: Uncanny beings. Part III: Quaint customs. Part IV: Myths and legends. Part V: Stories. Part VI: Landscapes. — Appendix.

2568. Frazer, J. G., Le rameau d'or. Ed. abrégée. Nouvelle trad. par Lady Frazer. Paris 1924. 722 S. 8°.

Angez. Syria 5 (1924), 259 (R. D[ussaud]); RevArchéol 19 (1924), 371 (S. R[einach]).

2569. Cock, A. de, Spreekwoorden, zegswijzen en uitdrukkingen op volksgeloof berustend, folkloristisch toegelicht. I. II. Antwerpen, Deventer, Gent 1920/22.

Angez. MschlVk 25, 163 (Siebs?).

2570. Wilke, Georg, Die Religion der Indogermanen in archäologischer Betrachtung. (Mannusbibliothek 31.) Leipzig, C. Kabitzsch, 1923. 254 S., 278 Abb. 8°.

Rez. Wiener prähist. Zeitschr. 11 (1924), 84f. (H. Mötefindt).

2. Antike.

2571. Pettazzoni, Raff., La religione della Grecia antica fino ad Alessandro. Bologna, Zanichelli, (1924). 416 S.

Angez. Hmtl 11, 92 (E. Fehrle).

2572. Stemplinger. Ed., Antiker Aberglaube in modernen Ausstrahlungen. Leipzig 1922.

Angez. ARw 22 (1923/24), 328 (Weinreich); SAVk 24, 205 (E. H[offmann]-K[rayer]).

Rez. MschlVk 25, 149f. (Siebs); BllBayGym 59 (1923), 229f. (A. Becker).

2573. Roscher, W. H., Kleine Beiträge zur Religionswissenschaft und Volkskunde. I. Omphalos. II. Das Lykaion. III. Alptraum. IV. *Βοῦς ἕβδομος*. *Λαογρ Ζ'* (Festschr. Politis) 1923, 207—228.

2574. Ziegler, K., Die attischen Komiker und die Volksreligion. (Festschr. z. Jahrhundertfeier d. Univ. Breslau 1911, 440—452.)
Rez. BphW 43 (1923), 307 (Sonny).

2575. Michel, Ch., Les survivances du fétichisme dans les cultes populaires de la Grèce ancienne. Revue de l'histoire des religions 60, Nr. 2.

2576. Clemen, Carl, Zum Ursprung der griechischen Mysterien. Anthr 18/19, 431—446.

2577. Eisler, Rob., Orpheus — the Fisher. Comparative Studies in Orphic and Early Christian Cult Symbolism. London 1921. XVII, 302 S. u. 76 Taf.
Rez. BphW 43 (1923), 796ff. (K. Ziegler).

2578. Wood, F. A., Augurs and Omens, Gods and Ghosts. Manly Anniversary Volume. Chicago 1923, 328—339.
Etymologische Miszellen.

2579. Rogers, H. L. and Harley, T. R., Roman Home Life and Religion. A Reader, edited by R. a. H. Oxford 1923. XIII u. 243. 6 s.
Rez. JRomStud 14 (1924), 264f. (H. M. L[ast]).

2580. Corso, Raffaele, Per la storia delle religioni in Italia. FLCal 9, 79—82.

3. Germanen.

2581. Schlender, J., Germanische Mythologie. Dresden, Alexander Köhler, 1924. M. 8.—.

2582. Siebs, Theodor, Neues zur germanischen Mythologie. MschlVk 25, 1—17.

2583. Schröder, Franz Rolf, Germanentum u. Hellenismus. Untersuchungen zur german. Religionsgeschichte. Heidelberg, Karl Winter, 1924. VIII, 160 S. 8°. M. 7.50.

2584. Vordemfelde, Hans, Die germanische Religion in den deutschen Volksrechten. 1. Halbband: Der religiöse Glaube. (Religionsgeschichtl. Versuche und Vorarbeiten Bd. 18.) Gießen, Töpelmann, 1923. 165 S. 8°.
Angez. Hmtl 11, 45 (E. Fehrle).
Rez. BphW 43 (1923), 775ff. (G. Wolff).

2585. Drexel, F., Die Götterverehrung im römischen Germanien. (Deutsches Archäologisches Institut, röm.-germ. Kommission, 14. Bericht 1922.) Frankfurt, J. Baer, 1923.
Angez. ASchwAlt N. F. 26, 199f.

2586. Jung, E., Germanische Götter und Helden in christlicher Zeit. Beiträge zur Entwicklungsgeschichte der deutschen Geistesform. München, J. F. Lehmanns Verlag, 1922. 393 S.

Angez. Hmtl 11 (1924), 45 (Eugen Fehrle).
Rez. ZfVk 33/34, 50f. (S. Feist); KblGesVer 71, 38 (J. Schultze); WZfVk 28, 94—96 (A. Haberlandt); mit Nachträgen aus Obersteiermark von Gisela Mayer-Pitsch; DLZ 44, 177f. (Andreas Heusler).

2587. Hungerland, Heinz, Über Spuren altgermanischen Götterdienstes in und um Osnabrück. Mitt. d. Ver. f. Gesch. u. Landeskunde v. Osnabrück 46, 151—375.

2588. Drescher, Karl, Johann Hartlieb. Über sein Leben und seine schriftstellerische Tätigkeit. Euphorion 25, 225—241. 254—370. 569—590.
J. H., Verfasser des „Buches aller verbotenen Kunst".

2589. Meyer, Kurt, Volksglaube im Bruhrain. Unter besonderer Berücksichtigung der Gegend bei Malsch. Hmtl 11 (1924), 77—81.
Behandelt: Schutzmittel und Zauberzeiten.

2590. Buisson, E. W., Volksglaube im Wutachtale. Hmtl 11 (1924), 133—137.
Bräuche, Segen und Sagen.

2591. Poiger, P., Das Geheimnisvolle im Leben der Waldbevölkerung. Bayerwald 22, H. 2, 20—25.
Über Druden, Hexen, Bilmesschneider, Irrwurz.

2592. Luther, Ernst, Abergläubisches aus dem Ochsenfurter Gau. Bayerl 34, 282.

2593. Steinmetz, E. G., Vom Aberglauben im Usingerland. NassBl 4, 106f.

2594. Waltinger, M., Volksaberglaube. Bayerwald 22, H. 6, 12—22.

2595. Wiessner, Georg Gustav, Volksglaube und Sage in der Pottensteiner Gegend. Der Fränkische Bund 1924, 179—184.

2596. Kühne, Vom Aberglauben. Hessenspiegel (Cassel) 1 (1924), 9f.
Größerer Artikel, beschreibt den Inhalt eines handschr. Rezeptenbuchs aus dem Besitze des Försters Johann Heß (1706—67) in Aue.

2597. Kostka, O., Abergläubisches aus Rokittnitz. Aus dem Beuthener Lande 2, 72.

2598. Wolff, Aberglauben an der Saalemündung. Heimat-Jahrbuch 1924 f. d. Regbez. Magdeb.

2599. Wilkens, Der Aberglaube im Lüneburgischen. Der Heidewanderer 9, 380—382.

2600. Schulz, H., Wat Grotvadder vertell. (Aus Kuhlen bei St. Margarethen-Bahnhof, Wilstermarsch.) HmtK 34, 242f.

2601. Möller, Aberglauben aus der Herrschaft Pinneberg. HmtK 33, 256f.

2602. Ploner, Franz, Etwas über Zauberei und Aberglaube (aus Sterzing). Schlern 4, 229—232.

2603. Manz, Werner, Volksglaube aus dem Sarganserland. SAVk 24, 292—308; 25, 65—69. 152—156. 229—238.

Inhalt: A. Defensive Verfahren. B. Offensive und defensive Verfahren in Wechselwirkung. C. Expetitive Verfahren.

Fortsetzung von: Manz, Werner, Volksglaube aus dem Sarganserland. SAVk 25, 229—238.

2604. Abergläubische Meinungen im Ober-Aargau und Emmental. SchwVk 13, 28.

2605. Les Croyances. Folklore (Malmédy) 3, 130—134.

2606. Cornette, R., A. M., Buvé, Cl., Superstitions. FLBrab 2, 346. 349.

Geschenktes Messer zerschneidet Freundschaft, Nadel sticht sie. Durchlochte Münzen. Wallfahrt bei Kinderlosigkeit.

2607. Roelandts, J., Superstition à Braine-l'Alleud. FLBrab 3, 162.

2608. Ackermann, A. S. E., Popular fallacies explained and corrected. 3rd ed. London, The Old Westminster Press, 1924. 12/6.

Vieles zum Aberglauben.
Rez. NQ 13 Ser. Bd. 1 (1924), 438f.

2609. Krohn, K., Skandinavisk mytologi. Helsingf. 1922.

Rez. Revue de l'histoire des religions 87, (1923), 139-143 (M. Cahen); Wiener prähist. Zeitschr. 11 (1924), 86—88 (R. Much).

2610. Hammarstedt, N. E., Svensk forntro och folksed. Ett jämförande utkast. Hävd och Hembygd (Stockholm) 1923, 53—64.

2611. Alm, A., Folkseder från Leksand. FoF 11, 135—137.

Vorzeichen. Flachsmagie.

2612. Trotzig, K., Folktro. Uppteckningar från Hedemora socken. Dalarnes hembygdsförbund (Hedemora) 1923, 114—117.

2613. Palmqvist, J. V., Rester av primitiv religion bland Värmlands finnbefolkning jämförda med motsvarande företeelser på svenskt område. Karlstad, Selbstverlag, 1924. 198 S.

Rez. FoF 11, 31f.; Budk 4, 26f. (Wikman); FoF 11, 31f. (v. Sydow).

2614. Vaagen, S., Gamall tru og tenkjemaate i Austevoll. Nordhordland og Midthordland (Bergen) 4, 30f.

2615. Aasmundstad, Per, Aatgjœre 1—6, samt folketradisjon i Kvikne. BoB 5, 175—177.

2616. Stören, E., Overtro. Orkdölafylket (Svorkmo), 1924, 49—51.

2617. Aure, A., Gamall tru og ovtru. Femti gamle truer fraa Romsdalen. Årsskr. åt Romsdale sogelag 1923, 66—70.

2618. Haugejorden, H., Gamalt fraa Uvdal. Dälaminne (Kongsberg) 1923, 57—59.

2619. Schütte, Gudmund, Dänisches Heidentum. (Kultur und Sprache II.) Heidelberg, C. Winter, 1923. 154 S.

Rez. HessBll 22, 94f. (Seelenglaube, Aberglaube, Grabsitten, Geister usw.)

2620. Schütte, Gudmund, Danish Paganism. FL 35, 360—371.

Auszug aus seinem Werke „Hjemligt Hedenskap". Bibl. 1919, Nr. 747; hier Nr. 2619.

2621. Pontoppidan, Erik, Fejekost til at udfeje den gamle Surdejg eller de i de danske Lande tiloversblevne og her for Dagen bragte Levninger af saavel Hedenskab som Papisme 1736. Oversat og forsynet med Indledning af Jørgen Olrik. (Danmarks Folkeminder Nr. 27.) København, Schønberg, 1923. XXXII, 74 S. 8⁰. Kr. 3.50.

2622. Christiansen, R., Holberg og folketraditionen. Holberg-Aarbog (Kopenh., Gyldendal) 1923, 46—88.

2623. Thoroddsen, Th., Islandsk folketru. Kristiania, Aschehoug, 1924. 47 S. 8⁰.

2624. Landtman, Gunnar, Finlands svenska folkdiktning. VII: Folktro och trolldom, 1. Övernaturliga väsen. Helsingfors 1919.

Rez. ZfVk 33/34, 52 (J. B[olte]).

2625. Wikman, K., Österbottnisk folktro. Budk 2, 80—82.

Unterirdische, Vorzeichen u. a.

2626. Aramis, Plock ur västerbottnisk övertro. Västerbotten 1923, 99 f.

2627. Vendell, H., Skrock, tydor och vidskepelse från Pedersöre. Budk 2, 18—21.

Aberglaube und Vorzeichen.

2628. Tegengren, J., Folktro (Volksglaube) från Vörå. Budk 3, 81—83.

Viehzucht u. a.

4. Romanen.

2629. Rocal, Georges, Les vieilles coutumes dévotieuses et magiques du Périgord. Toulouse 1922.

Über religiöse und abergläubische Vorstellungen des Landvolkes im Périgord.

Angez. SAVk 24, 205 [E. H[offmann]-K[rayer]).

2630. Callcott, J., The Supernatural in Early Spanish Literature. New York, Inst. de las Españas, 1923. 151 S. 8⁰.

5. Slaven.

2631. Anitschkov, Eugen, Послѣднія рабошы по славянскимъ религіознымъ древностямъ. (Die letzten Arbeiten über religiöse Altertümer der Slaven). Slavia (Prag) 2 (1923), 527—547; 2 (1924), 765—778.

Niederle, Brückner, Jagić, Mansikka.

2632. Niederle, L., Slovanské starožitnosti. (Slavische Altertümer). Teil I—III. Prag 1912—1921.

Religiöse Altertümer der Slaven.

Rez. Slavia (Prag) 2 (1923), 527—547; (1924), 765—778 (Eugen Anitschkov).

2633. Mansikka, V., Die Religion der Ostslaven. I. Quellen. Helsinki 1922. 408 S.
Rez. Slavia 2 (1923), 527—547; 765—778 (Anitschkow); ZrwVk 20/21, 81 f. (P. Sartori); Národop. Věstn. (Prag) 16 (1923), 102 f. (L. Niederle).

2634. Haase, Felix, Die religiöse Psyche des russischen Volkes. Leipzig und Berlin 1921.
Angez. ZfVk 33/34, 161 f. (H. Findeisen).

2635. Brückner, Alexander, Mitologja słowiańska. Kraków 1918.
Rez. Slavia, 2 (1923), 527—547; (1924), 765—778 (Eug. Anitschkov). Lud 21 (1922), 162 f. (Fr. R. Gawroński).

2636. Jagić, V., Zur slavischen Mythologie. Archiv. f. slav. Philol. Bd. 37 (1920).
Rez. Slavia (Prag) 2 (1923), 527—547; (1924), 765—778 (Eugen Anitschkov).

2637. Zelenin, D. K., Очерки русской миѳологіи. Bd. I Умершіе неестественной смертью и русалки. (Grundriß der russischen Mythologie. Bd. I. Die eines gewaltsamen Todes Verendeten und die Nixen). Petrograd, 1916. 16 u. 312 S. 8⁰.
Angez. Zeitschr. f. slav. Philol. 1, 256.

2638. Brückner, Aleksander, Mitologja polska. Studjum porównawcze. (Polnische Mythologie). Warszawa, Bibljoteka Polska, 1924. 144 S. 8⁰.

2639. Konopacki, L., Misterjum wiosny. (Das Mysterium des Frühlings). Warschau, 1922. 80 S.
Studie zur Naturreligion.
Rez. Lud, 22 (1923), 147 (R. Ganszyniec).

2640. Mossoczy, Z., Przesądy ludu ze wsi Jachówki. (Volksaberglauben in Jachówka). Orli Lot 4, 149 f.
Betr. die Hexen, Dämonen, Irrlichter, Mondbegrüßung.

2641. Udziela, Seweryn, Kronika w Milówce. (Kirchenchronik aus Milówka). Lud 21, 153—159.
Viele Beispiele des polnischen Aberglaubens im XVII. u. XVIII. Jahrh.

2642. Strohal, R., Iz stare glagolskė prozĕ. ZbNŽ 19 (1924), 183—187.
Verf. teilt aus dem handschriftlichen Nachlaß des Frater M. Kuzmić (18. Jahrh.) einen Beichtspiegel mit, der interessante Beiträge zum Volksglauben enthält.

2643. Durham, M. Edith, Of Magic, Witches and Vampires in the Balkans. Man 23, 189—192.

6. Anderweitiges.

Juden. — 2644. Weinreich, M., Cu der charakteristik fun undzere fołksglejbenišn. (Zur Charakteristik des jüdischen Volksaberglaubens). JidFil 1, 168—176.

2645. Grunwald, Max, Aus Hausapotheke und Hexenküche. III. JbjüdVk 1923, 178—226.
Geht über Volksmedizin und Segensformeln hinaus.

Finnen, Lappen. — 2646. Beiträge zur Kenntnis des Volksglaubens der Syrjänen. FUF 16, 237—274.

2647. Qvigstad, J., Lappischer Aberglaube. Kristiania 1920.
Angez. ZfVk 33/34, 126 (F. B[oehm]); SAVk 25, 159 (E. H[offmann]-K[rayer]).

Basken. — 2648. Barandiaran, Don J. M., La religion des anciens Basques. Extrait du „Compte-rendu analytique de la IIIe session de la Semaine d'Ethnologie religieuse". Enghien, Maison Saint-Augustin, 1923, S. 156—168. 8⁰.

2649. Lecuona, M., Etxeberia, Fr. de, Mendizábal, R. de, Guridi, L. de, Gorrochategui, J. A., Aracama, J. A., Marcaidá, M., Gorostiaga, E. de, Onraita, S. P. de, La religiosidad del pueblo [vasco]. Anuario SocEuskoFL 4 (1924), 1—149.

Türken. — 2650. Kalisch, Aberglauben bei den Türken. Sammler 93 (1924), Nr. 67 v. 11. Juni, S. 6 f.

Asien. — 2651. Ungnad, Arthur, Die Religionen der Babylonier und Assyrer. Übertragen und eingeleitet. (Religiöse Stimmen der Völker, hrsg. von Walter Otto, III). Jena 1921.
Übersetzungen von Mythen, Epen, Gebeten, Lob-, Klage- und Leichenliedern.
Angez. ZfVk 33/34, 62 f. (F. B[oehm]).

2652. Faubridge, M. F., Studies in Biblical and Semitic Symbolism. London, Kegan Paul, 1923. 10 s. 5 d.

2653. Castagné, Jos., Survivances d'anciens cultes et rites en Asie centrale. REthn 4, 245—255.

Afrika. — 2654. Meinhof, C., Afrikanische Religionen 1915—1922. ARw 22 (1923/24), 176 ff.

Amerika. — 2655. Preuß, K. Th., Religionen der Naturvölker Amerikas 1910—1923. ARw 22 (1923/24), 284 ff.

2656. Mendizábal, Miguel O. de, Ensayos sobre las civilizaciones aborigenes americanas. Vol. I. Las Religiones. Mexico, Museo Nacional, 1924. 347 S. 8⁰.

Australien. — 2657. Ehrlich, Lamprecht, Origin of Australian Beliefs. St. Gabriel-Mödling (Vienna) 1922.
Angez. ZfVk 33/34, 155 (J. B[olte]).

D. Mythus und Kultus.

1. Nichtchristliches.

a) Mythen, Kulte, Riten, Opfer.

2658. Curtin, J., Seneca Indian myths. New York, Dutton 1923. 8⁰. $ 5.—.

Allgemeines. — 2659. Lods, Adolphe, Rites et Sacrifices. Grande Revue (Paris) 1924, Nr. 5, 74—100.

2660. Van der Ven, D. J., Het zonne-raadsel van den oer-Europeeschen Trojaburg. Ons Eigen Tijdschrift (hrsg. von Van Houten, Weesp, Holland) 1924, 305—315.

2661. Rosetten auf Grabsteinen. SchwVk 13, 47.
Rest des Sonnenkults.

2662. Hubert, H., Le culte des héros et ses conditions sociales. Revue de l'Hist. des Relig. 70, Nr. 1. 71, Nr. 3.

2663. Petersen, Th., Zwei neugefundene Kultobjekte aus der älteren Eisenzeit. Festschrift Eugen Mogk 1924, 484—499.
Phallussteine.

2664. Hutton, J. H., Sacrifice by hurling from the roof. Man 23, 177 f.
Zu diesem Tieropfer bringt N. W. Thomas im Man 24, 16 europäische Parallelen.

Antike. — 2665. Pfister, Friedrich, Kultus. S.-A. aus Paulys Real-Enzyklopädie. Stuttgart, Metzler.
Angez. Hmtl 11 (1924), 93 (Eugen Fehrle).

2666. Toutain, J., La légende de la déesse phrygienne Cybèle, ses transformations. Revue de l'Histoire des Religions 60, Nr. 3.

2667. Dieterich, Albrecht, Mutter Erde. Ein Versuch über Volksreligion. 3. erweit. Aufl., besorgt von Eugen Fehrle. Leipzig und Berlin, B. G. Teubner, 1925. 157 S. 8⁰. M. 6.—.
Rez. HessBll 23, 155 f. (H. Hepding).

2668. Cumont, Franz, Die Mysterien des Mithra. Ein Beitrag zur Religionsgeschichte der römischen Kaiserzeit. Autorisierte deutsche Ausgabe von Georg Gehrich. 3., verm. und durchges. Aufl. besorgt von Kurt Latte. Mit 21 Abb. im Text und auf 2 Taf., sowie einer Karte. Berlin und Leipzig, Teubner, 1923. XV, 248 S. M. 3,50 bzw. 4,50.
Angez. ZfVk 33/34, 118 (F. B[oehm]).
Rez. HessBl 22, 97 f. (H. Hepding).

2669. Halliday, W. R., The mithraic grade of „eagles". FL 35, 206. 381.

2670. Eitrem, S., Mysterie religion og antikk gudshug. Syn og Segn (Oslo) 1924, 309—327.

2671. Sprater, F., Denkmäler der Göttin Nemetona. PfälzerLand 1923, Nr. 15.

2672. Hasse en Sibenaler, Le Culte de Priape en Belgique. Bruxelles 1924.
Rez. NdlTVk 29, 190.

2673. Wikman, K. Rob. V., Föreligionen och Priaposhypotesen. Budk 2, 12—18.

2674. Zingerle, Josef, Zu griechischen Reinheitsvorschriften. Strena Buliciana (Festschrift Franz Bulić), Zagreb 1924, S. 171—192.

2675. Toutain, J., La déesse Genava et le culte des villes divinisées dans le monde gréco-romain. Genava (Genf) 2 (1924), 99—106.

2676. Oeconomos, G. P., De profusionum receptaculis sepulcralibus. Athen 1921. 63 S., 17 Ill.
Grabesopfer durch Röhren u. ä.
Angez. JHellStud 43 (1923), 217 (?); RevArchéol 18 (1923), 176 (S. R[einach]).

2677. Berger, Ph., Un nouveau tarif des sacrifices à Carthage. Revue de l'hist. des relig. 61, Nr. 3.

Germanen. — 2678. Heine, Karl, Ein Opferfest auf dem Sonnenstein. Eichsfelder Heimatglocken, Monatsschr. f. Hmtkde. 1923, 62—65.

2679. Wüstefeld, Karl, Das Wilde- oder Notfeuer — ein Beispiel altheidnischen Volksglaubens im Eichsfelde. Eichsfelder Heimatglocken, Monatsschr. f. Hmtkde 1923, 159—161.

2680. Reimérdes, Ernst Edgar, Wodankultus im Erntebrauch. Sammler 93 (1924), Nr. 102 vom 30. Aug., S. 3f.

2681. Franz, Leonh., Zwei Opferhaufen in N.-Österreich. WZfVk 28, 23f.
Vorübergehende werfen auf die Stelle, wo jemand ermordet worden, einen Zweig. So bei der Kapelle zur „Toten Frau" und der Opferbuche zum „Toten Mann".

2682. Mayr, Karl M., Hufeisenopfer. Schlern 6, 97 f.

2683. Chrobok, L., An der Jendrychowkaquelle in der Karfreitagnacht. Aus dem Beuthener Lande 1, 53.

2684. Buvé, Cl., De Moespik te Thienen. FLBrab 2, 322f.
„Moespik" ist eine Quelle, an der eine jetzt parodistische Einsegnung stattfindet.

2685. Greenlaw, E., Some old religious cults in Spenser. Studies in Philol. (Chapel Hill, No. Carolina) 20, Nr. 2.

2686. Horne, E., Somerset holywells. Somerset Folk Press. 11/6.
Rez. NQ 146 (1924), 56.

2687. Boor, Helmut de, Eine griechische Romanstelle und ein nordischer Opferbrauch. Festskr. til Pipping (= Skr. utg. av Sv. Lit. sällsk. i Finland, 175), 25—37.

2688. Eckhoff, E., „Hednatemplet i Uppsala". Fornv 1923, 118.

2689. Krappe, A. H., The Myth of Balder. Folk-Lore 34 (1923), 184—215.

2690. Jungner, H., Om Friggproblemet. NoB 1924, 1—36.

2691. Grotenfelt, K., Ovatko muinaissuomalaiset palvelleet skandinaavista Tor-jumalaa? Suomi 5. Folge 2, 52—64.
Haben die alten Finnen den skandinavischen Thor verehrt?

2692. Abrahamsoon, D., Solkult i nordisk bebyggelse. Ymer (Stockholm) 44 (1924), 239—259.

2693. Wessén, E., Studier till Sveriges hedna mytologi och fornhistoria (Uppsala, Universitetets Årsskrift 2, 6). Uppsala 1924. 198 S. 8°.
Rez. Fornv 1924, 235f. (S. Lindquist).

2694. Stalheim, T., Sagogudarnes land. H. 7—10. S. 385 bis 640. Uddevalla 1924. 8°.

2695. St. Sigfrids källa vid Östrabro. Hyltén-Cavallius-förbundets årsbok (Växjö) 1923, 144—153.

2696. Göth, J., Offerkällor i Sjösås socken. Hyltén-Cavallius-förbundets årsbok (Växjö) 1923, 161—163.

2697. Kjellmark, K., Offerkällor i Värend och Sunnerbo. Hyltén-Cavallius-förbundets årsbok (Växjö) 1923, 156—160.

2698. Rosén, H., Toraskälla i Torekov. FoF 11, 15—19.

2699. Pira, S., Gamla färdevägar och kultställen i Holaveden. Anteckningar och studier. Tranås. 67 S. 8°.

2700. Konow, S., Njord og Kālī. Festskrift til A. Kjær (Kristiania, Gröndahl, 1924), 53—60.

2701. Falk, H., Mytologiens gudesönner. Festskrift til A. Kjær (Kristiania, Gröndahl, 1924), 1—8.

2702. Falk, H., Odensheite (Videnskaps-selskapets skrifter 2, 10). Kristiania 1924. 46 S. 8°.

2703. Aasmundstad, O., Trollsteinan paa Aasmundstad. BoB 5, 84.

2704. Eitrem, S., Lina laukar. Festskrift til A. Kjær. Kristiania, Gröndahl, 1924, 85—94.

2705. Knudsen, F., Hane-Offer i Danmark ved Fastelavn. DanSt 1924, 1—12.

2706. Schmidt, A. F., Helligkilder i Frederiksborg Amt. Fra Frederiksborg Amt, Aarbog f. 1922, 23—25.

2707. Schmidt, A. F., Helligkilder i Viborg Amt. Skivebogen 15, 17—41.

2708. Schmidt, A. F., Om Helligkilder med særlig Henblik paa Præstø Amt. Aarbog f. Hist. Samfund f. Præstø Amt 12, 3—17.

2709. Schmidt, A. F., Helligkilder i Himmerland og Kjær Herred. Fra Himmerland og Kjær Herred 13, 1—24.

2710. Schmidt, A. F., Helligkilder paa Lolland og Falster. Lolland-Falsters hist. Samfunds Aarbog 1924, 42—65.

2711. *Slaven.* — Schuchardt, C., Rethra und Arcona. SitzbBerl 1922.
Alte heilige Stätte der Nordslaven.
Angez. Slavia, (Prag) 2 (1924), 675.

2712. Niederle, L., Arkona, Rethra, Redigost. Slavia (Prag) 2 (1924), 675—679.
Alte heilige Stätten und Götter der Nordslaven.

2713. Fischer, Adam, Święto umarlych. (Über das Totenfest). Lwów 1923. 75 S.
Totenkult bei den Slaven.
Rez. Lud (Lwów) 22 (1923), 150—153 (R. Ganszyniec).

Finno-Ugrier. — 2714. Kurtz, Edith, Verzeichnis alter Kultstätten in Lettland. A. Heidnische Kultstätten. B. Einstige Kapellen und Kirchen (in den vier livländischen Kreisen Lettlands). Mitteilungen aus der livländischen Geschichte (Riga) 22, 47—119.

Rez. Eesti Kirjandus 18 (1924), 268f. (M. J. Eisen).

2715. Korhonen, Arvi, Vakkalaitos. Yhteiskuntahistoriallinen tutkimus. Mit einem Auszug in deutscher Sprache. (Historiallisia tutkimuksia, julkaissut Suomen Historiallinen Seura 6.) Helsinki 1923. XII, 235, 17 S. 8⁰.

Behandelt auch finnische und estnische Opferbräuche. Die Institution des Vakka. Über finn.-estn. Opfergebräuche 1—100. Steuer- und Maßeinheit 101—199. Ursprung und Entwicklung des Vakka 200—226. 17 S. deutsches Referat.

Rez. Eesti Kirjandus 17 (1923), 541—543 (L. Kettunen); Historiallinen Aikakauskirja (Helsinki) 1923, 465—467 (V. Voionmaa).

2716. Rantasalo, A. V., Muutamia suomalaisten ja virolaisten sekä germaanisten kansain elonleikkuun alottomiseen liittyviä taikatapoja. Suomi 5. Folge, 2, 260—281.

Einige Zauberbräuche der Finnen, Esten und der germanischen Völker, die sich an den Beginn der Getreideernte anschließen.

2717. Holmberg, U., Suomalaisten karsikoista. Kalevalas. vuosik. 4, 7—82. 22 Fig.

Über die Opferbäume (heilige Bäume) der Finnen.

2718. Lehtisalo, T., Jurakkisamojedien vainajainpalvonta. Kalevalas. vuosik. 4, 224—246. 4 Fig.

Der Ahnenkult der Jurak-Samojeden.

2719. Lehtisalo, T., Jurakki-samojedien pyhistä paikoista ja niiden haltioista. Kalevalas. vuosik. 3, 192—226.

Von den heiligen Plätzen und deren Geistern bei den Jurak-Samojeden.

2720. Titov, E. J., Nekotoryje dannyje po kuljtu medvedja u nižneangarskich tungusow kindigirskogo roda. (Einige Angaben über den Bärenkult bei niederangarischen Tungussen). Sibirskaja Živ. Star., hrsg. v. d. Ost-Sibir. Abt. d. Russ. Geogr. Ges. I (Irkutsk 1923), 90—98.

Kelten. — 2721. Reinach, Ad., Le rite des têtes coupées chez les Celtes. Revue de l'hist. des relig. 67, Nr. 1.

2722. Heilage steinar. NFKult 10, 59—66.

Steinkultus.

Basken. — 2723. Barandiaran, José Miguel de, Los monumentos prehistóricos: III. Creencias y cultos megalíticos. EuskoFL 4, 30—48.

Steine in verschiedener kultischer und abergläubischer Verwendung.

Zigeuner. — 2724. Halliday, W. R., A Gypsy Scapegoat. JGypsyL 3, 96.

Zigeunerbube bei Seuche lebendig vergraben.

Juden. — 2725. Grunwald, Max, Zur Vorgeschichte des Sukkothrituals und verwandter Kultformen. JbjüdVk 1923, 427—472.

b) Dämonen.

2726. Arnim, H. v., Plutarch über Dämonen u. Mantik. (Bull. de l'Acad. des sciences d'Amsterdam.) Amsterdam 1923. 67 S. 8°.
Angez. RevArchéol 18 (1923), 375 (S. R[einach]).

2727. Perdrizet, Paul, Negotium perambulans in tenebris. Etudes de démonologie gréco-orientale. (Publications de la faculté des lettres de l'université de Strasbourg fasc. 6.) Strasbourg 1922. 38 S. 8°. 3 fr.
Der Reiterheilige. Salomonssiegel.
Rez. ByzNeugrJbb 4 (1923), 409f. (Erik Peterson).

2728. Mackensen, Lutz, Baumseele. ZfDkde 38, 1—21.

2729. Jungner, H., Gudinnan Frigg och Als härad. Uppsala 1922.
Rez. Budk 2, 12—18 u. 3, 53—55 (K. Wikman).

2730. Schweitzer, Bernhard, Herakles. Aufsätze zur griechischen Religions- und Sagengeschichte. Tübingen 1922. 247 S., 12 Tafeln, 38 Abb. im Text. 4°.
Darin u. a. II 3: „Das Heraklesmärchen."
Angez. Hmtl 11, 91 (E, Fehrle).
Rez. NJbb 51 (1923), 250 (Erich Bethe); Entgegnung NJbb 53 (1924), 62ff. (B. Schweitzer); BphW 44 (1924), 807—837 (O. Weinreich).

2731. Güntert, Hermann, Kalypso. Bedeutungsgeschichtl. Untersuchungen auf dem Gebiet d. indogerm. Sprachen. Halle 1919. XV u. 306 S.
Angez. PhilolQuart 2 (1923), 73f. (R. G. Kent).

2732. Zahn, R., *κτω χρω*. Glasierter Tonbecher im Berliner Antiquarium — (Winckelmannsprogramm d. Archäol. Ges. zu Berlin, Nr. 8). Berlin, de Gruyter, 1923. 23 S. 4°.
Todesvorstellung bei den Alten; Gerippe als Mahnung zum Lebensgenuß. Inschrift auf antikem Tonbecher.
Angez. ZfVk 33/34, 134 (F. B[oehm]).

2733. Doren, Fortuna im Mittelalter und in der Renaissance. In: Vorträge der Bibliothek Warburg, hrsg. von Fritz Saxl. 2, Vortr. 1922—1923, T. 1. Leipzig, Teubner, 1924.

2734. Haupt, J., Elementargeister bei Fouqué, Immermann und Hoffmann. Leipzig 1923.

2735. Almputze. Hmtbl 1, H. 6, 8.

2736. Hepding, H., Über den Alpdruck. HessBll 23, 56.

2737. Freiherr, Th., Kleine Beiträge zur Volkskunde. Aus dem Beuthener Lande 2, 35. 36.
Der Alp (*mora*).

2738. B. [= Beck, Christoph], Von der Frau Berchta. FränkHmt 2 (1923), 115.

2739. Platzoller, Johann, Die Percht. OsttirHmtbl 1, Nr. 9.

2740. Scheidl u. a., Wer ist der Bilwis? DG 24, 20f.; 25, 73—75.
Verschiedene Erklärungsversuche für den „Durchschnitt". (Gasse, die der Bilwisschneider ins Korn schneiden soll.)

2741. Lehner, A., Der Bilmesschneider. Oberpf 17 (1923), 111—113.

2742. Heinz, Georg, Die Sage vom Bilmesschnitter oder Bilmesschneider. FränkHmt 2 (1923), 15. 96 „im Briefkasten".

2743. Mackensen, Lutz, Heinzelmännchen (Name, Wesen, Herkunft). NdZfV 2, 158—173.

2744. Der Lautenfresser. Schlern 4, 128.

2745. Die drei Nornen. DG 25 (1924), 102 unten.
Umfrage.

2746. Hoffmann-Krayer, E., Spalentier (in Basel). SchwVk 13, 14.
Dämonisches Tier, das die Spalenvorstadt in Basel unsicher macht.

2747. Kosmol, P., Der Wassermann in Wieschowa. Aus dem Beuthener Lande 2, 39. 44. 57.

2748. Perlick, A., Der Wassermann in Rokittnitz. Oberschlesien im Bilde, Wöchentliche Unterhaltungsbeilage des Oberschlesischen Wanderers 1, 80.

2749. Beetz, K. O., Wodan und Frigga. Auf den Spuren des german. Götterpaares in Thüringen. Die Sonne (Berlin-Lichterfelde) 1 (1924), 837—847.

2750. Kraushaar, J., „'s Wuatahee". Heimat (Bregenz) 1923, 185 f.

2751. Pellegrin, Arm., Le „Borlau" de l'Abbaye d'Heylissem. (Auch flämisch.) FLBrab 1, 123 f.

2752. Buvé, C., Le Chevalier d'Hoxem-lez-Tirlemont. FLBrab 3, 162.

2753. Munck, E. de, Les fées naines de Braine-le-Château. FLBrab 3, 77.

2754. Buvé, Cl., Les Gnomes aux environs de Tirlemont. (Auch flämisch.) FLBrab 1, 25-26.

2755. Munck, E. de, Le Puits du Diable et le lieu dit „Kauter" à Saventhem. (Auch flämisch.) FLBrab 1, 109—111.

2756. Poodt, Le Monstre „Kleudden". (Auch flämisch.) FLBrab 1, 113-123.

2757. Irama, Le „Alverenberg" dans la Petite Campine. (Auch flämisch.) FLBrab 1, 75—77.
Ort wo Zwerge wohnen.

2758. Axelsen, A., Supernatural beings in the French mediaeval dramas. Copenhagen, Levin og Munksgard, 1924 (?) Kr. 4.—.

2759. Beuret-Frantz, J., Faune fantastique jurassienne. SAVk 24, 180—196.
Phantastische Tiere wie: loup-garou, bouc noir, dragon u. a.

2760. Bourguignon, E., Notes complémentaires à l'étude du mot „Sarrasin". FLBrab 3, 84.

2761. Bonggren, Jakob, Barndomsminnen från Håbol. Bidrag till dalsländsk folktro. Hembygden (Uppsala) 1924, 33.
Dämonenglauben: tomtegubbarna, lyktgubbarna, skogsråa, sjöråa, necken, jättar, gasten.

2762. Neckel, Gustav, Die Überlieferungen vom Gotte Balder, dargestellt und vergleichend untersucht. Dortmund 1920. VII, 265 S.
Rez. NJbb 51 (1923), 186 ff. (Felix Niedner); AnordF 40, 148—175 (Magnus Olsen).

2763. Våge, O., Gamall segn frå Sandöy. Sunnmöre historiske lag (Ålesund) 1923/24, 86—88.
Sage vom übernatürlichen Wesen Bokkje.

2764. Wikman, K., Fröja och hennes släkt. Brage Årsskrift 12—14 (1923), 113—132.
Die Göttin Freyja und ihre Sippe.

2765. La Cour, Vilh., Hejmdals Navne. DanSt 1923, 61—68.
Heimdallr „der über die Erde Zitternde", *Hallinskiđi* „der geneigte Stab", *Gullintanni* „Goldenspitze", *Vindhlér* „der der Luft Wärme gibt". Alles auf die Sonne bezogen.

2766. Sydow, C. W. von, Naturväsen. FoF 11, 33—48.

2767. Hagen, S N., ON. „Nornir". MLN 39 (1924), 466 bis 469.

2768. Larsen, d. y. A. B., Tussen. Østaglett (Oslo), 1924, 62 f.

2769. Levander, L., Om *rå* „mytiskt väsen". Nysvenska Studier. Uppsala 3 (1923), 101—147.
Schwedischer Waldgeist: *rå*.

2770. Hagen, S. N., Yrsa og Rolv Krake. DanSt 1923, 180—182.

2771. Wallnöfer, Louis, Die schlafende Riesenfrau „Frau Gant". Schlern 5, 294.
Menschliche Bergform am Fuß der Felswand des Gantkofels (bei Eppan).

2772. de Boor, Helmut. Der Zwerg in Skandinavien. Festschrift Mogk S. 536—557. Halle a. S., Niemeyer, 1924.

2773. Ščerbakivśkyj, Danylo, Storinka z ukrainśkoj demonologii. (Aus der ukrainischen Dämonologie.) Naukovyj Zbirnyk, hrsg. von der Ukrain. Akad. der Wiss., Kiew 19 (1924), 204—216.

2774. Fischer, Adam, Domowy. (Der Hausgeist.) Ponowa (Warszawa) 1922, 298—304.

2775. Dobrowolski-Nałęcz, M., Uosobienie śmierci w wierze ludu polskiego. (Die Personifikation des Todes im polnischen Volksglauben). Ziemia 8, 66—74. 96.

2776. Ardalić, V., Orko. ZbNZ 25 (1924), S. 383 f.
Über den pferdegestaltigen Dämon *orko*, *njorko* im Volksglauben Dalmatiens.

2777. Bujak, Franciszek, Dwa bóstwa prusko-litewskie „Kurche" i „Okkopirnus". (Zwei preußisch-litauische Gottheiten.) Lud (Lwów), 1923, 22, 1—12.

2778. Singer, S., Vulganus. Slavia (Prag) 2 (1923), 402 f.
Das Ungeheuer V. in Pleiers „Garel" auf slavischen Einfluß zurückzuführen.

2779. Buga, K., Kalba ir senovė. I d. (Sprache und Altertum. I. Teil.) Kaunas 1922. XVI, 354 S. 8°.
Behandelt u. a. folgende altpreuß. Namen: Romowe 14; zincz 15; Potrympus 24; Pecols und Potols 25; Kurka 41; Criwe 59; Paniabudė 59; Ausschauts 76; Bardoayts-Gardoayts 77; Waidelotte 116; Pilvitus, Suaixstix 132; Panikas, Okopirmus 133.

2780. Toivonen, Y. H., Ihmisestä, haamuista y. m. Suomi. 5. Folge, 2, 368—379.
Über Benennungen des Menschen und über Geister in den finn.-ugr. Sprachen.

2781. Krohn, Kaarle, Ägräs < Gregorius. Finn.-ugr. Forschgg. 16, 180—185.
Darin auch auf den Saat-Heiligen (s. SchwVkde 12, 45 f.; 13, 63) Bezug genommen. Finnischer Göttername und Aberglaube.

2782. Jaakkola, J., Pieni lisä Rongoteus-kysymykseen. Suomi 5. Folge, 2, 437—440.
Ein kleiner Beitrag zur Frage des Rongoteus, einer alten karelischen Roggengottheit. Etymologisch.

2783. Holmberg, U., „Metsän peittossa". Kalevalas. vuosik. 3, 16—60; 7 Fig.
Über den weitverbreiteten Glauben, daß Menschen und Tiere im Walde vom Waldgeist verzaubert werden, so daß sie für andere unsichtbar sind.

2784. Kettunen, Lauri, Liivlaste mereneitsid *noorad*. (Die livischen Seejungfrauen *noorad*.) Eesti Keel 1 (1922), 3—7.

2785. Eisen, M. J., *Poostel* ja (und) *vilpus*. Eesti Keel 3 (1924), 174—176.
Estnische Euphemismen für „böser Geist".

2786. *Μπούτουρας, Ἀ., Περὶ τῶν λέξεων καλικάντζαρος καὶ δρίμα. Λαογρ. Ζ'* (Festschr. Politis 1923), 61—64.
καλικάντζαρος = Dämon der Zwölfnächte; *δρίμα* = die 3 oder 6 ersten Tage des Monats August, die Unglück bringen.

2787. *Κουκουλές, Φ., Καλλικάντζαροι. Λαογρ. Ζ'* (Festschrift Politis 1923), 315—328.
Dämonen der 12 Nächte.

c) Seelen und Gespenster.

2788. Frazer, James George, The Belief in Immortality and the Worship of the Dead. Vol. III: The Belief among the Micronesians. London, Macmillan & Co. Ltd., 1924. 185 S. 8°.
Contents: I. Micronesia and the Micronesians. II. The Belief in Immortality among the Gilbert Islanders. III. ... among the Marshall Islanders. IV. The Caroline Islands. V. The Belief in Immortality among the Nortlock Islanders. VI. ... among the Papuans. VII. ... among the Natives of Yap. VIII. ... among the Pelew Islanders. IX. ... among the Marianne Islanders. — Index.

2789. Mörner, Birger, Tinara. Die Vorstellungen der Naturvölker vom Jenseits. Berechtigte Übersetzung aus dem Schwedischen. Eingeleitet und hrsg. von Paul Hambruch. Jena, Diederichs, 1924. 195 S. M. 3.50 bzw. M. 5.50.
Angez. ZfVk 33/34, 170 (F. B[oehm]).

2790. Cumont, Franz, After life in Roman Paganism. Lectures delivered at Yale University on the Silliman Foundation. New Haven, Yale University Press, 1923. XV, 226 S.

2791. Otto, Walter F., Die Manen oder von den Urformen des Totenglaubens. Eine Untersuchung zur Religion der Griechen, Römer und Semiten und zum Volksglauben überhaupt. Berlin, Julius Springer, 1923. 93 S. 8⁰. M. 1.30.
Angez. Wiener prähist. Zeitschr. 11 (1924), 86.
Rez. HessBll 22, 95—97 (H. Hepding); MschlVk 25, 142 (-e-); ZfEthn 55, 101 f. (B. Ankermann); BphW 44 (1923), 750 ff. (G. Wissowa).

2792. Kroll, Joseph, Beiträge zum Descensus ad inferos. Progr. Braunsberg, Winter 1922/23. Königsberg 1923.
Rez. BphW 43 (1923), 899 f. (Klingner).

2793. Jobbé-Duval, Emile, Les morts malfaisants: Larvae, Lemures, d'après les croyances populaires des Romains. Paris, L. Tenin, 1924. XII, 334 S. 8⁰.
Angez. RevArchéol 19 (1924), 281 (S. R[einach]).
Rez. RAnthr 35, 402f. (P. Saintyves).

2794. Bockemühl, Erich, Geister und Gespenster. Nds 29, 269—272.

2795. Blatter, L., Volkstümliches Spott- und Spukgetier aus dem Saarland. Unterhaltungsblatt zur Saarbrücker Zeitung 1923, Nr. 10. 11.

2796. Haas, Ed., Saarbrücker Spukgeschichten. Saarkalender (Saarbrücken) 1924, 98 f.

2797. Neumair, Josef, Alle guten Geister ... Tiroler Geistergeschichten. Nach J. A. Heyls „Volkssagen aus Tirol" neu hrsg. Innsbruck, Verlagsanstalt Tyrolia, 1923. 235 S. 16⁰.
Rez. Schlern 4, 120.

2798. Kühnau, R., Gefangene Geister. Festschr. z. Jahrhundertfeier der Univ. Breslau 1911, S. 98—120.
Rez. BphW 43 (1923), 305 f. (Sonny).

2799. Poodt, Feux follets. FLBrab 2, 183—186.
Französisch und flämisch.

2800. Geramb, Viktor, Der „glühende Schab". BllHk 2, 9—12.
Feuriger Mann.

2801. Irama, Encore Kleudden. FLBrab 3, 77 ff.

2802. Blatter, L., Der Gespänschderkootzeler. Eine volkskundliche Momentaufnahme aus der Zeit um 1900. Beil. zur Saarbr. Zeitung vom 7. Juli 1924.

2803. Weis, A. M., Strafe der Unverheirateten. SchwVk 13, 7.
Sie werden vor der Himmelstür in einem Sack aufgehängt.

2804. Giritzenmoos. Anfrage von Jos. Amstalden; Antwort von E. H[offmann]-K[rayer]. SchwVk 14, 16.

2805. Karsten, R., Uppfattningen om själen i den finlandssvenska folktron. Bothnia 1923, 27—31.

2806. Bulat, Dr. Petar. Prostonarodna filosofija o duši. (Volkstümliche Philosophie über die Seele.) NStar 3, 234—243.
Von den zwei Seelen, der „körperlichen", an Körperteile „gebundenen" und der „freien", die im Traum, in der Ekstase usw. sich äußert; an letztere knüpft der Glaube an Alpdrücken, Werwölfe, Hexen u. ä. an.

2807. Vinogradov, G., Smertj i zagrobnaja žiznj v vozzrenijach russkogo starožilogo naselenija Sibiri. (Tod und Jenseitsleben nach den Ansichten der russischen alten Bevölkerung Sibiriens.) Schriften (Trudy) der Universität zu Irkutsk, Geisteswissenschaftl. Kl., 5 (1923), 261—345.

2808. Čajkanović, V., Ubijanje vampira. (Tötung der Vampire.) SKGl NS 9 (1923), 268—284.

2809. Чилевъ, П., Следи отъ античнитѣ вѣрвания за Харона у балканскитѣ народи. (Spuren des antiken Charon bei den Balkanvölkern.) Извест. нар. етн. муз. въ Соф. 3, 3—4, 105—115.
Der Glaube an den Charon bei den Bulgaren und Serben durch Vermittlung der Thraker, Makedonen und Illyrer erhalten.

2810. Mansikka, V. J., Itkujen Tuonela. MSFOu 52, 160—180.
Das Jenseits (Tuonela) in den finn. Totenklagen.

2811. Löwinger, Adolf, Die Auferstehung in der jüdischen Tradition. JbjüdVk 1923, 23—122.

2812. Ankermann, B., Totenkult und Seelenglaube bei afrikanischen Völkern. Zeitschr. f. Ethnol. 1918, 89—153.
Angez. ARw 22 (1923/24), 177 (Meinhof.)

2. Christliches.

2813. Fehrle, Eugen, Volksbrauch und Christentum. Volk und Heimat (Karlsruhe) 1924, Nr. 32.

2814. Gleim, Richard, Die Bibel und unsere Volksseele. Kirchliche Blätter (Hermannstadt) 1923, 482 f. 495—497. 504—505.

2815. Dornseiff, Franz, Der Märtyrer: Name und Bewertung. ARw 22 (1923/24), 133—153.
Leidenstod als Gegenstand religiöser Scheu.

2816. Neuner, Georg, Eine protestantische Wallfahrtskirche. FränkHmt 2 (1923), 188.
St. Veit-Dombühl bei Ansbach.
Karfreitagsopfer im Pfarrdorf Wildenholz, Mfr.

2817. Enslin, Zu: Eine protestantische Wallfahrtskirche. FränkHmt 3 (1924), 123.
Bei Viehkrankheiten wurde die Kirche von Veitsbronn wie die Kapelle auf dem Moritzberg bei Nürnberg aufgesucht.

2818. Wagner, A., Die Entstehung des Wallfahrtsortes Maria Schein (Böhmen). Kalender fürs DLandvolk (Leitmeritz) 1924, 116—119.

2819. Heurck, E. H. van, La chapelle de l'Ermitage à Hekelgem. FLBrab 3, 179—181.

2820. Die merkwürdige Heiligenfest-Figur. DG 24, 12 f. 19.
In verschiedenen Orten wird eine eichene geschnitzte Figur des Kirchenheiligen am Heiligenfest bei der Kirchentüre aufgestellt, um Geld für die Kirche zu betteln.

2821. Obser, Karl, Bildwerk und Aberglaube in St. Ilgen. Die Pyramide 13 (1924), 6 f.
Veröffentlicht Aufzeichnungen eines Pfarrers aus Betberg von 1747 über ein Steinbild der dortigen Kirche, einen homo cacaturiens darstellend, zu dem Leute aus dem Elsaß und Breisgau „wallfahrteten", Opfer darbrachten und Sandkörner davon mitnahmen, um selbe pulverisiert im Wein zu trinken. Man glaubte dadurch Heilung von obstructiones, dysenteria, Ruhr und fistula ani zu finden.

2822. Van Henrik, Emile, Les Drapelets de Pélerinage en Belgique et à l'étranger. Avec 100 illustrations dont 4 planches et une trichromie hors texte. Anvers, Buschmann, 1922. 530 p. Belg. Fr. 100.—.

2823. Cosyn, Arthur, La Procession de Laeken de 1622. [Auch flämisch.] FLBrab 1, 82—90.

2824. Paduwa, Ev. de, Superstition à l'occasion de processions au Payottenland. FLBrab 3, 41 f.
Überbleibsel (Zweige u. dgl.) von der Mariahimmelfahrt-Prozession zu Zauber verwendet.

2825. Lohmeyer, E., Vom göttlichen Wohlgeruch. Sitzber. Akad. Heidelberg 1919, 9. Abh. 52 S.
Rez. BphW 44 (1924), 144 ff. (Fehrle).

2826. Hoffmann-Krayer, E., Zum Geruch der Heiligkeit. SAVk 24, 112 f.

2827. Fage, René, Quelques dévotions populaires en Limousin. Fontaines à chiffons et Saints à rubans. Tulle, impr. Juglard, 1920. 15 S. 8°.

2828. Mang, Hermann, Krötendarstellungen als Weihegaben. Schlern 5, 296.

2829. Macha, S., Die silbernen Weihgaben in der Schrotholzkirche. Volk und Heimat, Zeitschr. f. oberschlesische Heimatkunde u. Volkskunde 1, 82.

2830. „Respis-Kerze". Anfrage von A. H.; Antwort von E. H[offmann]-K[rayer]. SchwVk 13, 65.

2831. Strobl, Brücken-Heilige und Brücken-Kreuze. DG 25 (1924), 52 f.

2832. Huss, R., Die Kirchenheiligen in Siebenbürgen, ein aus der Urheimat mitgebrachtes Kultureigentum. In: Stepan, Eduard, Siebenbürger Sachsen. Landschafts- und Kulturbilder. (Sonderheft der Zeitschr. „Deutsches Vaterland", Österreichische Zeitschr. für Heimat und Volk). Wien 1922. 232 S. Gr. 8°.
Rez. KblSbLk 47 (1924), 48 (A. Schullerus).

2833. Largillière, René. Six saints de la région de Plestin (saint Haran, saint Karé, saint Tuder, saint Nérin, saint Kémo, saint Kirio). Essai d'hagiographie bretonne. Rennes, Plichon et Hommay. 1922. 93 S. u. 1 Kte. 8°.
Rez. REthn 5, 215 f. (Maurice Delafosse).

2834. Buvé, C., Saints dans l'agriculture à Bautersem. FLBrab 4, 38.

2835. Die „wahre Länge Christi". VolkuSch. 2, 161.

2836. Munck, E. de, La Mesure du Bon Dieu à Braine-le-Château. FLBrab 3, 75 f.

2837. Dewert, Jules, Le Bon Dieu de Gembloux. FLBrab 2, 209—229.
Französisch und flämisch. Dazu Nachschrift von Pellegrin.

2838. Gennep, Arnold van, Le culte populaire de sainte Agathe en Savoie. REthn 5, 28 – 36.

2839. St. Agnes. Sammler 92 (1923), Nr. 6, S. 2f.

2840. Peuckert, Will-Erich, Vom Kommen des Antichrist. Rübezahlkalender (Schweidnitz) 1923, 87—90.
Sagen und Volksglauben in den Sudeten.

2841. Zíbrt, Čenek, Sv. Antoníu, patron krav. [Der heilige Antonius als Schutzpatron der Kühe.] Český Lid 24, 77 f.
Böhmischer Volksglauben.

2842. Mierzowski, B., Die Barbaraverehrung unserer Bergleute einst und jetzt. Aus dem Beuthener Lande 2, 167.

2843. Heurck, Emile H. van, Le Culte de saint Bernard à Steenockerzeel. FLBrab 3, 37—41.

2844. Vučetić, A., Sv. Vlaho u Dubrovniku. Brastvo 17 (1923), 37—80.
Gründliche Untersuchung über die Verehrung des hl. Blasius in Ragusa.

2845. Dewert, Jules, Sainte-Broche à Louvrange. FLBrab 3, 33—37.
Wallfahrt für menschliche Fruchtbarkeit.

2846. Gaidoz, Henri, Saint-Christophe à tête de chien en Irlande et en Russie. Mém. de la Soc. nat. des Antiquaires de France 76, 192—218.

2847. van Gennep, Arnold, Le culte de Saint Clair et de saint Blaise en Savoie. REthn 5, 136—148.

2848. Tretter, Fritz, Corona-Andachten(?). Oberpf 17 (1923), 153—155.

2849. Willer, Richard, Einbett, Warbett, Wilbett, die drei heiligen Jungfrauen. Sammler 92 (1923), Nr. 52 v. 30. Juni, S. 1f. und Nr. 53 v. 4. Juli, S. 2f.

2850. Clavell, A., Eine bislang unbekannte Kultstätte der Züricher Stadtpatrone [Felix u. Regula] in Südtirol? ASchwAlt N. F. 25, 180—182.

2851. Much, Rudolf, Sankt Florian. WZfVk 29, 73—81.
Darin auch über allerlei Ortsnamen.

2852. Dobrowolski, Kazimierz, Dzieje kultu św. Florjana w Polsce do połowy XVI w. (Der Kult d. hl. Florian in Polen bis zur Mitte des XVI. Jh.) Warszawa, Wydawnictwo Kasy im. Mianowskiego, 1923. 154 S. 8⁰.

2853. H[offmann]-K[rayer], E., Zu St. Gregorius als Bauer (12, 45). SchwVk 13, 63.

2854. Bourguignon, E., Le Perron de Mont-Saint-Guibert. FLBrab 3, 149—152.

2855. Leppa, Franz Karl, Sankt Gunther, unser heiliger Landsmann. Wäldler Kalender (Staab) 1923, 17—19.

2856. Stemplinger, Ed., Der heilige Hirmon. Sammler 92 (1923), Nr. 70 v. 29. August, S. 3.

2857. Trier, Jost, Der Heilige Jodocus. Sein Leben und seine Verehrung, zugleich ein Beitrag zur Geschichte der deutschen Namengebung. Breslau, M. & H. Marcus, 1924. 286 S. 8⁰. M. 15.—.
Angez. ASchwAlt N. F. 26, 202 (H. L.); SAVk 25, 158 f. (E. H[offmann]-K[rayer]).
Rez. mit Ergzg. DG 25 (1924), 115. (—).

2858. Starostzik, E., Das Bild der hl. Kümmernis in der hl. Geistkirche zu Beuthen. Ostdeutsches Familienblatt, Wochenschrift für oberschles. Heimatkunde 1, 89.

2859. Ridder, F. de, Saint Léonard à Léau. FLBrab 3, 143—145.

2860. Dewert, Jules, Saint Léonard à Huyssinghem. FLBrab 3, 145—147.

2861. Mally, Hans Leo, Der heilige Leonhard und sein Tag. Wäldler Kalender (Staab) 1924, 108 f.

2862. Maricq, A., Le drapelet de Saint Marcoul à Grèz-Doiceau. [Auch flämisch.] FLBrab 1, 77 f.
Hl. Marculf wurde gegen Skrofeln angerufen.

2863. Grünenwald, L., Das wundertätige Muttergottesbild im alten Dome zu Speyer. Ein Beitrag zur pfälzischen Heimatgeschichte. Speyer, Druck der Dr. Jaegerschen Buchdruckerei, 1924. 34 S.
Sonderdruck eines in der Palatina 1923, Nr. 38 — 1924, Nr. 8 erschienenen Aufsatzes.

2864. Becker, Hermann Josef, Blieskastel und sein Gnadenbild. Ein Beitrag zur Geschichte der Marienverehrung im Saargebiet. Saarbrücken, Saarbr. Landeszeitung, 1924. 100 S. 8⁰.
Angez. PfälzMus 41 (20), 139 (A. P[feiffer]).

2865. Frère, Jules, Onze Lieve Vrouw-ter-Donck. NdlTVk 29, 125—130.

2866. De Ridder, Fr., Le drapelet de Notre-Dame au Lac de Tirlemont. [Auch flämisch.] FLBrab 1, 95—97.

2867. Hoefenagels, L., Le drapelet de Notre-Dame au Bois. [Auch flämisch.] FLBrab 1, 22—24.

2868. Baekelmans, Willem, Une lettre à Notre-Dame de Montaigu. FLBrab 2, 178—183.
Französisch und flämisch unter d. Titel: Een Brief aan O.-L.-V. van Scherpenheuvel.

2869. Vasconcellos, Carolina Michaëlis de, Leite de Vasconcellos, J. & Basto, Claudio, No seio da Virgem-mãe. Viana-do-Castelo 1921.
Die Jungfrau Maria mit einem Glase verglichen.
Angez. ZfVk 33/34, 63 (J. B[olte]).

2870. Izarra, J. de, El Rosario de la Patrona de Vitoria. Vitoria, Imp. Ochoa y Albaina, 1924. XIII, 77 S. 16°.

2870a. Izarra, J. de, La Patrona de Vitoria y su primera Cofradía. Vitoria, Editorial Social Católica, 1924. X, 94 S. 16°.
Rez. REtBasques 18, 558—563 (A. de Apraiz).

2871. (Chalon, Jean,) Saint-Pierre à Broquettes [Auch flämisch.] FLBrab 1, 127—133.
Phallischer Kult. Wurde von sterilen Frauen besucht.

2872. Munck, E. de, Saint-Pierre à Broquettes. [Auch flämisch.] FLBrab 1, 164—168.

2873. De Paduwa, Ev., La chapelle de Sainte Pharaïlde à Steenockerzeel. [Auch flämisch.] FLBrab 1, 134—137.

2874. Munck, E. de, Folklore de Steenockerzeel. [Auch flämisch.] FLBrab 1, 113.
Betrifft die in Steine verwandelten Brote, die sich im Reliquiar der hl. Pharaïlde befinden.

2875. Gennep, A. van, Le culte du B. Ponce de Jaucigny en Savoie. REthn 5, 323—342.

2876. Stemplinger, Ed., Die Siebenschläfer. Sammler 92 (1923), Nr. 51 v. 27. Juni, S. 2f.

2877. Namislow, A., Die Teufelsgestalt in den Volkssagen des Kuhländchens. Kuhländch. (Neutitschein) 5, 113—116.

2878. Hoppeler, Guido, Der St. Theodulskult im Zürichseegebiet vor der Reformation. Zeitschr. f. schweiz. Kirchengeschichte 18, 207—210.

2879. Šerović, P., Sv. Trifun u Kotoru i Bokeljska mornarica. Brastvo 18 (1924), 47—59.
Verehrung des Schutzpatrons von Kotor (Cattaro).

2880. Schröder, Alfred, Der heilige Ulrich in der Volksüberlieferung. JbHistorV Dillingen a. D. 36 (1923), 1—21.

2881. Pfleger, Alfred, Von St. Urbans Segen und Fluch. Elsaßl 1924, 137—141.
Der „Weinheilige“ Papst Urban I. (223—230).

E. Vorzeichen und Orakel.

2882. M. Tulli Ciceronis de divinatione liber primus, ed. by Arthur Stanley Pease. Illinois, University of Illinois Studies in language and literature, 1920; liber secundus ebd. 1923. 462 S.
Kommentar wertvoll für die vergleichende Volkskunde.
Angez. Hmtl 11, 44f. (E. Fehrle).

2883. Campbell, Å., Tydor, trolldom och ödestro. FoF 11, 1—12.

2884. Warburg, A., Heidnisch-antike Weissagung in Wort und Bild zu Luthers Zeiten. Heidelberg 1920.
Astrologische Vorstellungen und ähnl. der Renaissancezeit.
Angez. SAVk 24, 203f. (Ph. Schmidt).

2885. Döller, Johannes, Die Wahrsagerei im alten Testament. Biblische Zeitfragen, 10. Folge. Hrsg. von Dr. Hermich und J. Rohr. Münster i. Westf., Aschendorff, (1924).

2886. Die Lehniner Weissagung. SchwVk 13, 64.

2887. Wessmann, V., Tydor och förebod. (Vorzeichen.) Budk 2, 113—115.

2888. Hagen, R., Teskelökka og finnekonst. Hålöygminne (Svorkmo) 5, H. 2 (1924), 29—32.

2889. Demmel, J. und L[aßleben], Seelische Vorahnungen und Anmeldungen. Oberpf 18 (1924), 181f.

2890. Eggersglüß, Heinrich, Die Hellseherin. BrnschwHmt 15, 19—23.

2891. Poodt, Nos Sibylles. Epigraphe. FLBrab 3, 89—94.

2892. Henseling, Robert, Werden und Wesen der Astrologie. Stuttg., Franckh, 1923. M. 2.—.
Rez. Anthr 18/19, 1109 (P. D. Kreichgauer).

2893. Schottendorf, R. von, Geschichte der Astrologie. Bd. 1. Urzeit und Altertum. 1924. 160 S.

2894. Tiede, E., Astrologisches Lexikon. 1923. 363 S.

2895. Grimm, A. M., Direktionen der wissenschaftlichen Astrologie. 2. Aufl. 1923.

2896. Pöllner, O., Schicksal und Sterne. 2. Aufl. 1923.

2897. Feerkow, L., Astrologische Deutungsregeln. 1923. 208 S.

2898. Schottendorf, R. v., Praktischer Lehrgang zur Horoskopie nebst Deklination der Wandelsterne von 1851—1923. 1924. 264 S.

2899. Schottendorf, R. v., Sonnen- und Mondorte. Sternzeit von 1850—1923. Die Frage der Häuserberechnung, Planetenkonjuktionen und Ausdeutung von Finsternissen. Mit Nachtrag. 1924. 356 S.

2900. Schottendorf, R. v., Stunden- und Frage-Horoskopie. 1923. 102 S.

2901. Symbole des Tierkreises. Der Schlüssel zu dem astrologischen Weltbild. 1924. 336 S.

2902. Schottendorf, R. v., Die Hilfshoroskopie, Jahreshoroskop, Geburtshoroskop, Lunationshoroskop. 1923. 100 S.

2903. Pöllner, O., Das Solarhoroskop, Jahreshoroskop u. Tageshoroskop. 2. Aufl. 1923. 64 S.

2904. Körte, A., Astrologische Schrift. ArchPapyrusforsch 7 (1924), 254.
Papyrusbruchstück.

2905. Wackernagel, Jacob, Dies ater. ARw 22, 215f.
Die Bezeichnung *ater* kam urspr. den Tagen nach den Iden, d. h. nach dem Vollmondstag zu. Parallelen bei den Indern, Arabern, Masai.

2906. Hartlieb, Joh., Die Kunst Chiromantia. Ein Augsburger Blockbuch. Faksimile-Ausgabe nach der Ausgabe von 1470. München, Verlag der Münchener Drucke, 1923. 52 S. 4°.

2907. Gleißner, A., Alter Glaube. Ertrunkene ausfindig zu machen. Oberpf 17 (1923), 20.

2908. Was alles Glück bringen soll. Sammler 93 (1924), Nr. 25 v. 28. Febr., S. 71.

2909. *Μέγας, Γ. Α.*, Ὠμοπλατοσκοπία. *Λαογρ.* Θ' (1925), 1—51.
Schulterblattschau.

2910. Borrelli, N., La Lecanomanzia in Campania. Ethnos 2, 5—9.
Wahrsagen aus Teller, der mit Wasser gefüllt.

2911. *Στεφανίδης, Μ. Κ.*, Ὀνειροπομποί. *Λαογρ.* Ζ' (Festschr. Politis) 1923, 259—265.
Traumglaube.

2912. Drexl, Franz, Das Traumbuch des Patriarchen Germanos. *Λαογρ.* Ζ' (Festschr. Politis) 1923, 428—448.

2913. Drexl, Franz, Byzantina III: Ein byzantinisches Traumlunar. BllBayGym 59 (1923), 214f.

2914. Baumgartner, Franz, Zwei Träume Caesars im Lichte antiker und moderner Traumdeutung. BllBayGym 60 (1924), 358ff.

2915. Kosmol, P., Wie sich manchem Wieschowaer der Tod anmeldet. Aus dem Beuthener Lande 2, 81—82.

2916. Bonsen, Friedrich zur, Telepathische Sterbemeldungen. Nds 29, 237f.

2917. Boner, Hans, Künden eines Todesfalles. SchwVk 13, 61f.

2918. Death warnings, floating logs and fish. NQ 13 ser., Bd. 1 (1924), 428. 491.

2919. Lichtenstädter, A. W., Weinende Kinder im Mutterleib. DG 24 (1923), 23.
Als Vorboten kommenden Weltunheils angesehen.

2920. Zíbrt, Čeněk, Tajemství starodávných proutkařů. (Das Geheimnis der alten Wünschelrutengänger.) Český Lid 24, 9—19.
Aus böhmischen Handschriften.

2921. Rocal, Georges, La Baguette des Baguettisants. Mercure de France 35e Année, t. 170, p. 59—89.

2922. Körte, A., Zuckungsbuch. ArchPapyrusforsch 7 (1924), 254.
Papyrusfragment.

F. Zauber und Gegenzauber.

1. Allgemeines und Zauberhandlung.

2923. Thorndike, Lynn, A history of magic and experimental science during the first thirteen centuries of our era. 2 Bde. New York, Mac Millan, 1923.
Bedeutend.

2924. Eitrem, S., Zu den Berliner Zauberpapyri. (Videnskapsselsks. Forh. 1923, Nr. 1.) Kristiania 1923. 15 S.
Rez. BphW 44 (1924), 1152 (P. Thomsen).

2925. Hammarström, M., Ein minoischer Fruchtbarkeitszauber. Åbo 1922.
Angez. SAVk 24, 310f. (K. Meuli); ZfVk 33/34, 48f. (F. B[oehm]).
Rez. BphW 43 (1923), 959f. (Lamer).

2926. Hopfner, Theodor, Griechisch-ägyptischer Offenbarungszauber. 1. Teil. Leipz. 1922.
Angez. ZfVk 33/34, 121 (F. B[oehm]).

2927. Grunwald, Max, Jüdische Mystik. JbjüdVk 1923, 371–393.

2928. Arens, Eduard, Allerlei Zauber- und Heilmittel aus der Aachener Gegend. ZrwVk 20/21, 34—38.

2929. Alter Glaube. 1. Gegen Kreuzschmerzen. 2. Gegen Ratten. Oberpf 17 (1923), 68.

2930. Segerståhl, C., En östgötsk trollgubbe. FoF 11, 138–142.
Verschiedene Zaubermittel.

2931. Wikman, K., Att fästa djur och människor vid sig. Budk 2, 72—78.
Zaubermittel, um Tiere und Menschen an sich zu fesseln.

2932. Hermant, P., Pour ne pas être sous la domination d'autrui. FLBrab 4, 37.

2933. Kohlbrugge, Jac. H. Fr., Tier- und Menschenantlitz als Abwehrzauber. Bonn, K. Schroeder (Juni 1924).

2934. Seligmann, S., Die Zauberkraft des Auges. Hamburg, L. Friederichsen, 1922. 566 S.
Angez. ARw 22 (1923/24), 179f. (Meinhof); ibid. 331 (Weinreich).

2935. Liebhaber, Otto, Der böse Blick. Oberpf 17 (1923), 52.

2936. Hornell, James, The Evil Eye and Related Beliefs in Trinidad. FL 35, 270—275.

2937. Liliental, Regina, Ajin hore. (Das böse Auge.) JidFil 1, 245—271.

2938. Gleißner, Anton, Um vom Hause die Blitzgefahr abzuwenden ... Oberpf 17 (1923), 84.

2939. Taylor, Archer, Ein Diebszauber. HessBll 22, 59—63.

2940. Eschenburg, Anwendung der Sympathie um Diebe zu erkennen und zu strafen. HmtK 33, 206f.

2941. Wünsch, R., Zur Geisterbannung im Altertume. In „Festschrift z. Jahrhundertfeier d. Universität Breslau" (= MSchlVk 13/14, 1911/12). Breslau 1911, S. 9—32.
Rez. BphW 43 (1923), 302f. (Sonny).

2942. Gleißner, A., Alter Glaube. Oberpf 17 (1923), 140.
Messer über der Stalltüre in den Türstock gestoßen gegen die in den Stall fahrende Hexe.

2943. Tönsfeld, De Kalwskopp in Ulngäwel. HmtK 33, 97.
Kalbskopf gegen Kälbersterben am „Eulengiebel" d. Hauses angebracht.

2944. Sartori, Paul, Ins Ohr sprechen. ZrwVk 20/21, 2—13.

2945. Kraus, J. G., Schatzbrennen — Schatzheben. Oberpf 17 (1923), 65f.

2946. Zingerle, Oswald, Über verborgene Schätze und deren Hebung. Schlern 4, 134—138.

2947. Schmidt, Willibald, Eine Geisterbeschwörung zur Hebung eines Schatzes. Bayerwald 22, H. 1, 29f.

2948. Schöppl, Heinrich, Die Teufelsaustreibung in Straubing 1801. Sammler 93 (1924), Nr. 141 v. 29. Nov., S. 2f.

2949. Sirelius, U. T., Tietoja Suomen Lapin noitarumuista. Kalevalas. vuosik. 4, 93—109. 16 Fig.
Nachrichten über die Zaubertrommeln Finnisch-Lapplands.

2950. Knuchel, E. F., Die Umwandlung in Kult, Magie u. Rechtsbrauch. Basel 1919.
Rez. MschlVk 24 (1923), 139.

2951. Hillebrandt, H., Circumambulatio. Festschr. z. Jahrhundertfeier d. Univ. Breslau 1911, S. 3—8.
Rez. BphW 43 (1923), 306 (Sonny).

2952. Gleißner, Anton, Um die Saat vom Unwetter zu schützen ... Oberpf 17 (1923), 83f.

2953. Hellwig, Albert, Mystische Verbrechensbekämpfung. Ein Kapitel zur volkskundlichen Kriminalistik. SAVk 25, 1—19.

2954. Constantin, Une explication des statues à clous élevées par les Allemands. RAnthr 33, 510—517.
Vernageln.

2955. Fage, René, La plantation du clou. Transformation et persistance du rite en Limousin. Tulle, Juglard, 1921. 19 S. 8°.

2956. Kalima, J. und Holmberg, U., „Metsän sitominen" I—II. Suomi 5. Folge. 2, 139—142.
„Das Binden des Waldes", Ergänzungen zu Holmberg, „Metsän deitossa".

2957. Christiansen, R., At faa stjaalet gods igjen. (Gestohlenes zurückzubekommen [durch Zauberformel]). MoM 1923, 251f.

2. Hexen und Zauberer.

2958. Ferguson, Jan, The Philosophy of Witchcraft. 1924. 5 s.
Nicht gesehen.

2959. Ragg, Frederick W., On Witches. The National Review (London) 1924.

2960. Mantz, H. E., Jean Bodin and the Sorcerers. RomRev 15 (1924), 153—178.
Hexenwahn.

2961. Kruse, Johann, Hexenwahn in der Gegenwart. (Kultur- und Zeitfragen, hrsg. von Louis Satow H. 4). Leipzig, Ernst Oldenburg, o. J. [1923]. 106 S. kl. 8°.
Unwissenschaftliche Tendenzschrift gegen den kirchlichen Wunder-, Teufels- u. Dämonenglauben.
Rez. ZrwVk 20/21, 83 (P. Sartori); NdZfVk 2, 197 f. (Marianne Kuh).

2962. Vordemfelde, Hans, Die Hexe im deutschen Volksmärchen. Festschrift Mogk, Halle a. S., Niemeyer, 1924. S. 558 bis 574.

2963. Mayer-Pitsch, Gisela, Der Teufelsbund in deutschen Märchen, Sagen und Dichtungen. DV (Sonderheft) 1923, 189—195.

2964. Brand, H. Th., Zur Etymologie des Wortes Hexe. Bayerl 34 (1922/23), 152—154.
haga-zussa, Hag-Hure.

2965. Noreen, E., Om ordet häxa. (Das Wort Hexe). Uppsala Universitets årsskrift 1924 (Uppsala 1923), 53—61.

2966. Rösch, Franz, Ein Einblick in die Renchtäler Hexenprozesse. Die Ortenau 11 (1924), 31—42.

2967. Sturm, Angelus, P., Ein verspäteter Hexenprozeß. Oberpf 18 (1924), 148—150.

2968. Sturm, Angelus, P., Zur Geschichte der Hexenverfolgungen im Bambergischen. FränkHmt 2 (1923), 102 f.

2969. Sturm, Angelus, P., Gewiser Bericht deß Truten vnd Hexenbrennens Bambergischen Gebiets. (1628, Gedicht in d. Bibliothek d. Germ. Nat.-Museums). FränkHmt 2 (1923), 103 f.

2970. Schlappinger, Hans, Verhexte Milch. OstbGr 13 (1924), 126 f.

2971. Kleeberger, Poiger, Das Hexenstühlein. DG 25, 3. 62.
Stühlchen, mittels dessen man die Hexen erkennen kann, muß aus neunerlei Holz sein.

2972. Bach, Adolf, Hexenprozesse in der Vogtei Ems. Nach den Akten des Staatsarchivs zu Wiesbaden. Bad Ems, Georg Heil, 1923. 80 S.
Angez. NassHmtbl 25, 36 (H. Schlosser); ZrwVk 20/21, 83.
Rez. HessBll 22, 114 (H. Hepding).

2973. Maul, Karl, Hexenaberglaube. Friedberger Geschichtsbll (Beitr. z. G. u. Ldskde. d. Wetterau) 6 (1924), 7.
Walpurgisnacht, Ossenheim.

2974. Schulze, W., Ein Hexenprozeß aus Gr.-Salze. Heimat-Jahrbuch 1924 f. d. Regbez. Magdeb.

2975. Krüger, Georg, Eine Gerichtsverhandlung wegen Zauberei [1659]. ZMecklb 18 (1923), 30—32.

2976. Goldmann, Karl Eduard, Zwei Hexenprozesse aus den westposenschen Holländereien. Deutsche wissenschaftl. Zeitschr. f. Polen (Posen) 1924, 76—79.

2977. Endler, C. O., Hexen und Hexenverbrennungen im Lande Ratzeburg. Mitt. f. d. Fürst. Ratzeburg 5, Sonderbeil. zu Nr. 4, 1—16.

2978. Hausenstein, Albert, Hexenbrände im Schwäbischen. Sammler 92 (1923), Nr. 10, S. 3 f.

2979. Lohmeyer, K., Aberglaube und Hexenwesen der Saargegend. Saarkalender (Saarbrücken) 1924, 99 f.

2980. Steger, Roland, Der letzte Hexenprozeß im Pustertal. Schlern 4, 336—343.

Auszug aus dem Prozeß Lauterfresser i. J. 1645.

2981. Zauberei und Hexengeschichten. Braunauer Bote (Braunau i. Bö.) 1923, 46.

2982. Krischke, Maria, Beiträge zum Hexenglauben im Kuhländchen. Kuhländchen (Neutitschein) 6, 145—148.

2983. Segmüller, P. Fridolin, Carolus Borromæus vindicatus oder Anteil des hl. Karl an den Hexenprozessen in der Schweiz. Einsiedeln, Stiftsdruckerei, 22 S.

Rez. Zeitschr. f. schweiz. Kirchengesch. 19, 78 (Alb. Büchi).

2984. Zindel-Kressig, Anton, Ein Zauber-Prozeß i. J. 1657. SAVk 24, 126—129.

Hexenprozeß mit allerhand zauberischen Einzelheiten. Alraun.

2985. Kunz, Konr., Hexenwahn in Mellingen i. J. 1672. Ztschr. f. schweiz. Kirchengesch. 17, 156.

2986. Macrae, Alexander, A Hertfordshire Witch (1627). The National Review (London) 82, 887—896.

2987. H. B., Sorcellerie et Sortilèges. Folklore (Malmédy) 3, 135—137.

2988. Le Sarteur, Sorcellerie. FLBrab 2, 345. 349.

2989. Pellegrin, A., Les sorcières du „Bois de Lattes", à Linsmeau. FLBrab 3, 76.

2990. Poodt, D., „C'est une sorcière". FLBrab 3, Nr. 13, 25—30.

2991. Garçon, Maurice, Les Procès de Sorcellerie. Mercure de France Nr. 589. 590.

2992. Bourguignon, E., Une histoire de sorcière. FLBrab 3, 77.

2993. Marot, Pierre, Deux sorciers du baillage de Vosges au XVIe siècle. Pays Lorrain 15, 567—571.

2994. Tuwim, J., Czary i czarty polskie oraz wypisy czarnoksięskie. (Die polnische Hexerei und die polnischen Teufel. Mit einer Auslese aus d. polnischen Zauberliteratur). Warszawa, Bibljoteka Polska, 1924. 217 S. 8^{0}.

2995. Wasylewski, Stanisław, Klasztor i kobieta. (Das Kloster und das Weib). Lwów-Poznań, Polskie wydawnictwo, 1923. XV, 138 S. 4^{0}.

Studien aus der polnischen Kulturgeschichte im Mittelalter, berücksichtigt die Hexereien und den Teufelsglauben.

2996. Melland, Frank H., In witch-bound Africa: An account of the primitive Kaonde Tribe and their beliefs. London, Seeley, Service & Co., 1923. 308 S. £ 1. 1 s.
Rez. Man 24, 76 f. (A. Werner).

2997. Hilka, A., Der Zauberer Nektanebus nach einem bisher unbekannten Erfurter Text. Ein Beitrag zur Alexandersage. Festschr. z. Jahrhundertfeier d. Univ. Breslau 1911, S. 189—198.
Rez. BphW 43 (1923), 326 (Sonny).

2998. Strobl, Lorenz, Der Hexerer. Sammler 93 (1924), Nr. 53 vom 8. Mai, S. 4 f.

2999. Stremel, Fritz und Hoch, Fritz, Vom Wildmeister „Hemmerlein". FränkHmt 3 (1924), 103—106.
Zu zwei Steinkreuzen von 1587, die S. 104 abgebildet erscheinen.

3000. Merikallio, L., Tietäjän nimitykset Vienan läänin kertovaisissa runoissa. Suomi 5. Folge. 2, 185—210.
Die Benennungen des Zauberers in den epischen Runen Russisch-Kareliens.

3. Amulett, Talisman und Verwandtes.

3001. Villiers, Elizabeth, The Mascot Book. London, T. Werner Laurie, 1923.
Amulette, Talismane u. ä. Unwissenschaftlich.

3002. Déonna, W., Talismans du Musée de Genève. RevArch 18 (1923), 119 ff.

3003. Eitrem, S. und Fridrichsen, A., Ein christliches Amulett auf Papyrus. (Videnskapsselskapets Forhandlinger for 1921 Nr. 1.) Kristiania 1921. 31 S. 8°.
Rez. ByzNeugrJbb 4 (1923), 135 (E. Peterson).

3004. Bruston, Ch., Encore une amulette expliquée par l'hébreu. RevArch 17 (1923), 111—116.

3005. Johnsson, J., Die Moskatnuss ein kosmetisch-erotisches Amulett. (Mitteilung eingesandt zum 3. Kongress für Geschichte der Heilkunst, London 1922). Anvers, Imprimerie De Veijt, 1923. 8 S. 8°.
Rez. Budk 3, 92 (K. Wikman).

4. Zauber- und Segensformeln. Zauberliteratur. Gebete.

a) Formeln.

3006. Borrelli, N., Pratiche e riti magici e magico-religiosi presso gli antichi Romani. FLCal 10, 79—86.

3007. Vetter, E., Zu lateinischen Fluchtafeln. Glotta 12 (1923), 63 ff.

3008. Lindquist, J., Galdrar. De gamla germanska trollsångernas stil undersökt i samband med en svensk runinskrift från folkvandringstiden. Göteborgs Högskolas Årsskrift 29, 1, 1923. VIII, 193 S.
Rez. DanSt 1923, 183—186 (F. Ohrt).

3009. Hästesko, F. A., Hiukan loitsujen ja taikojen psykologiasta. Suomi 5. Folge. 2, 430—436.
Etwas über die Psychologie der Zauberlieder und -bräuche.

3010. Hepding, H., Kleine Beiträge zu magischen Formeln. HessBll 23, 119—125.
Zu Ananisapta, Mittel gegen Gelbsucht, gegen Gespenster.

3011. Hepding, Hugo, Parodien von Segenssprüchen. HessBll 22, 91 f.

3012. Christiansen, R. Th., Die finnischen und nordischen Varianten des II. Merseburger Spruches. Hamina 1914.
Rez. ZfdPh 49, 254—258 (J. Schwietering).

3013. Frank, Christian, Formeln. DG 25 (1924), 76.
Satorformel.

3014. Heinz, Alter Feuersegen. FränkHmt 3 (1924), 309.

3015. Marzell, Alter Feuersegen. FränkHmt 3, 432 f.

3016. Ein Odenwälder Segen gegen Diebstahl. VolkuSch 2, 128 f.

3017. Odenwälder Segen. VolkuSch 2, 225.

3018. Ohrt, F., Der Segen von dem Hirsche auf der Weide. HessBll 22, 64—67.

3019. Priebsch, R., Two charms in Low German. ModLangRev 18 (1923), 479 f.

3020. Zernikow, Alte Zaubersprüche (aus Labes). PommHmt 13 (1924), Nr. 2.

3021. Ploen, Ein Haussegen aus Rettelsdorf. MfdFürst-Ratzeburg 5, 37—41.

3022. Meyer, G. F., Gegen das Verfangen der Kühe. HmtK 33, 15 f.

3023. Gackstatter, Fr., Hohenloher Zaubersprüche. FränkHmt 3, 398.
Krankheitsbeschwörungen.

3024. Hollmann, F., Zaubersprüche aus Hirschenhof. ZfDkde 37 (1923), 120.
Im Anschluß an den Artikel „Die deutsche Kolonie H. in Lettland" werden 6 Segen mitgeteilt.

3025. Rozencwajg, Jankew, Pinsker broches un kłołes. (Segnungs- und Fluchformeln aus Pinsk). JidFil 1, 203.

3026. Herodegh, Anton, Zauberformeln. Alpenländische Monatshefte 1924, 312—314.
Allgemeingeschichtlicher Überblick. Mitteilung einer niederösterreich. Zauberformel um 1850.

3027. Purkl, A., Flachssegen. Egerl 27, 68.

3028. Pölt-Nordheim, Klara, Habran. Schlern 4, 126 ff.
„Habran" = Aberglauben. Neben Zaubersprüchen und Segen auch einige Kindergebete.

3029. Kofler, Ed., Der Segensspruch für Wetterkreuze. Schlern 5, 93.

3030. Willems, B., Gegen den Schlucken (le hoquet). Folklore (Malmédy) 1, 151 f.
Vier deutsche und drei wallonische Heilsprüche.

3031. Krauss, Friedr., Zaubersprüche und Krankheitssagen aus dem Nösnerland. KblSbLkde 46, 91 f.

3032. Ohrt, F., De danske Besværgelser mod Vred og Blod. Tolkning og Forhistorie. København, Danske Videnskabernes Selskab, 1922. (Historisk-filologiske Meddelelser VI, 3). 245 S.
Angez. ZfVk 33/34, 56 (O. E.).
Rez. HessBll 22, 114 (H. Hepding).

3033. Brøndum-Nielsen, S., Danske trylleformler. Nord. tidskr. f. vidensk., konst og industri 1923, 514—520.

3034. Ohrt, F., Trylleord, fremmede og danske. Kopenhagen 1922.
Angez. ZfVk 33/34, 56 (O. E.).

3035. Olafsen, O., Trolddom. Trolddomsformularer samlet av L. Aalvik. Hardanger Historielag 1923 (Norheimsund), 50 f.

3036. Ohrt, F., Gregorius, kylvömies. Kalevalas. vuosik. 4, 83—92.
Gregorius, der Sämann. Die Legende und das aus ihr entstandene nordische Zauberlied.

3037. Gallo, Gaetano, Scongiuri calabresi (continuazione). FLCal 9, 98—100.

3038. Cocchiara, Giuseppe, Mali e rimedi. FLCal 9, 121 f.
Si parla degli scongiuri, con speciale riguardo a quelli contro le formiche, in Sicilia, durante il lavoro della trebbiatura.

3039. Mansikka, V. S., Über russische Zauberformeln. Helsingfors 1919.
Rez. ZfdPh 49, 253 f. (J. Schwietering).

3040. Tille, Václav, Zaklínani pokladu. (Die Schatzbeschwörung.) Národop. Věstník (Prag), 16, 97—102.
Beschwörungsformeln.

3041. Filip, D., Čáry a kouzla z Královéhradecka (Zaubersprüche und Zaubereien aus der Gegend von Königgräz.) Český Lid 24, 65—67.

3042. Strohal, R., Poganica. ZbNŽ 25 (1924), 379 f.
Beschwörungsformeln gegen die Krankheit P., aufgezeichnet 1800 in Dalmatien.

3043. *Κουκουλές, Φ. Ι., Μεσαιωνικοὶ καὶ νεοελληνικοὶ κατάδεσμοι. Λαογρ. Η'* (1924), 303—346.
Verfluchungen.

3044. Krohn, Kaarle, Magische Ursprungsrunen der Finnen. Übersetzt von Arno Bussenius. (FFC No. 52). Helsinki, Suomalainen Tiedeakatemia, 1924. 308 S. 8°.
Angez. ZfVk 33/34, 165 (J. B[olte]).
Rez. NdlTVk 29, 189.

3045. Millàs Vallicrosa, J., Textos màgics del Nord d'Àfrica. Butlletí de l'Ass. catal. 1, 147—160.

3046. Gavazzi, Milovan, Sator-formula u južnih Slavena. (Die Satorformel bei den Südslaven.) Narod. Starina, 2, 1, 39—46.
Formen und Verbreitungsgebiet der Satorformel, auch in kyrillischer und glagolitischer (alt-kroatischer) Schrift.
Rez. Изв. нар. етн. муз. въ София 4, 3—4, 130 f. (А. П. Стоиловъ).

3047. Formeln. DG 25, 76 f.
Verbreitung und ein (neuer?) Erklärungsversuch der Sator-Formel.

3048. Schwietering, Julius, Die magische Bedeutung von Meisternamen auf mittelalterlichen Schwertklingen. NdZVk 1, 99—104.

b) Zauberliteratur.

3049. G[ehm], R., Aus Gollnower Zauberbüchern. Hmtgarten der „Gollnower Ztg." 2, Nr. 10—12.

3050. G[ehm], R., Schutz- und Geleitsbrief. Unterm Rosenhut 1 (1924), Sp. 39 f.
Himmelsbrief, beginnend: „Graf Philipp in Flandern ..."

3051. Sinner, Peter, Der „Wunderbrief" in den Wolgakolonien. HessBll 23, 116—118.
Himmelsbrief.

3052. Spödahl, N., J. O. Jonssona svartkonst-bok. Meddel. från Dalarnes fornmin. 9, 35 – 37.

3053. Stoltenberg, Einar, Svarteboka og svartekunster. NFKult 9, 76—80.

3054. Walde, O., En blekingsk svartkonstbok. Blekingebygder 2, 107—113.

3055. Lindqvist, N., En isländsk svartkonstbok från 1500-talet. Utgiven med översättning och kommentar. Uppsala 1921. 77 S. 8°.
Rez. Fatab 1923, 75 (S. Erixon).

3056. Straubergs, K., Piezīmes pie dažām latviešu burvju grāmatām (Anmerkungen zu einigen lettischen Zauberbüchern). Izglīt. ministr. mēnešraksts (Riga) 1923, 804—816. 935—944. 1029—1041. 1151—1167.

3057. Ohrt, F., Cyprianus. Hans Bog og hans Bøn. DanSt 1923, 1—21. 95 f.

3058. Geijer, H., Troll-Marksens svartkonstbok [Cyprianus]. Sonderabdruck aus Heimbygdas tidskrift (Østersund) 1924. 11 S. 8°.
Angez. Budk. 4, 25.

3059. Ohrt, F., En sjællandsk Mane-og Signebog. Aarbog for Historisk Samfund for Københavns Amt 1923. 15 S.
Abdruck eines dänischen, auf ein byzantinisches Original zurückgehenden Cyprianus-Gebetes wider Behexung, mit Erläuterungen (ZfVk).

c) Gebete.

3060. Volksgebete DG 25 (1924), 76 f.
Aus dem bayer. Schwaben.

3061. Richar, Augusta, Altes Gebet. Vld 26 (1924), Heft 3/4, 11.

3062. Götz, Karl, Volkstümliches Gebet. Aufgezeichnet nach mündlicher Mitteilung eines Bettelweibes aus Trinksaifen bei Neudek. ErzgZtg 45, 7.

3063. Müller, Josef, Volkstümliche Gebete aus dem Schächental (Uri). SchwVk 14, 10—12.

3064. Gabbud, Maurice, Prière. SchwVk 13, 7.
Französisches Kettengebet.

3065. Buvé, C., La chaîne. FLBrab 3, 78 f.
Engl. Brief, von einem amerikanischen Offizier stammend, zirkulierte in Brüssel. Darin wird jedem, der ihn abschreibt und an 9 Freunde weitersendet, „Good luck" verheißen.

G. Einzelnes.

3066. Rantasalo, A. V., Der Ackerbau im Volksaberglauben der Finnen und Esten I—III. Sortavala 1919 1920.
Rez. Fatab 1924, 94—96 (N. E. H.).

3067. Rantasalo, A. V., Der Ackerbau im Volksaberglauben der Finnen und Esten IV (FFComm 55). Helsinki, Suomalainen Tiedeakatemia, 1924. 162 S. 8°. Fmk 30.—.

3068. Reitzenstein, R., Alchemistische Lehrschriften und Märchen bei den Arabern. (Rel.-gesch. Vers. u. Vorarb.) XIX, 2. Gießen 1923. 86 S.
Rez. BphW 43 (1923), 651 ff. (Pfister).

3069. Braun, Jos., Der christliche Altar in seiner geschichtlichen Entwicklung. 2 Bde. München 1924. (Nicht gesehen).

3070. Heeger, Fritz, Die mythische Heilkraft der Bäume im Volksglauben, zumal in Bayern. BayHfte 10, 35—43.

3071. Bondevik, Kjell, Arbeidet med grjonavlen i folketrui i Sogndal. NFKult 9, 63—66.
Backen und Brauen im Aberglauben.

3072. Holmberg, U., Der Baum des Lebens. Helsingf., Academia Scientiarum Fennica, 1922.
Angez. ZfVk 33/34, 50 (J. B[olte]).
Rez. Budk 2, 25 (K. Wikman).

3073. Collet, G., L'arbre-fétiche. [Auch flämisch.] FLBrab 1, S. 21 f.
Bäume, die man besucht, um von Krankheiten (Furunkeln etc.) geheilt zu werden.

3074. Walter, Max, Der Bienenschwarm im Odenwälder Volksglauben. Hmtl 11, 40 f.

3075. Wie Bildstöcke verschwanden. VolkuSch 2, 82.
Abergläubische Benutzung des Steinmehls dieser Bildstöcke.

3076. Wiedemann, Alfred, Der Blutglaube im Alten Ägypten. ARw 22 (1923/24), 58—87.

3077. Greiser, Wolfgang, Ostpreußischer Blutsglaube. Ein Beitrag zur Heimatkunde. Nach Berichten, Chroniken und justizamtlichem Material zusammengestellt. Lehrer-Zeitung für Ost- und Westpreußen 55, 733 f.

3078. Schell, O., Wêgendrieter. ZrwVk 20/21, 71.
Wêgendrieter nennt man im Bayrischen ein Gerstenkorn am Auge. — Darin auch über Diebsaberglauben.

3079. Holmberg, Uno, Doppelfrucht im Volksglauben. MSFOu 52, 48—66.

3080. Michel, Karl, Der Drache im Volksglauben. HessBll 23, 112 f.

Edelsteine. — 3081. Evans, Joan, Magic Jewels. Oxford 1922. 264 S., 4 Taf. 8⁰.

Angez. RevArchéol 17 (1923), 209 (S. R[einach]).

3082. Wellmann, M., Aristoteles de lapidibus. SitzbBerl 1924, 79—82.

Magische und talismanische Eigenschaften der Steine.

3083. Marneffe, A. de, Une superstition bruxelloise en 1921. [Auch flämisch.] FLBrab 1, 82.

Das Volk in Brüssel glaubt, daß Opale Unglück bringen.

3084. Storaker, J., Elementerne i den norske Folketro. (Norsk Folkeminnelag X.) Kristiania 1924. 148 S. 8⁰.

Erde. — 3085. Tudor, Pamfile, Pământul dupa credințele poporului român. (Din vieața poporului român XXXII.) București, Cultura Națională, 1924. 59 S. 8⁰.

Die Erde nach dem rumänischen Volksglauben.

3086. Heurck, Emile H. van, Les Drapelets de Montaigu. FLBrab 2, 168—178.

Französisch und flämisch unter dem Titel: De Vaantjes van Scherpenheuvel.

3087. Bächtold-Stäubli, Hanns, Das Feilschen. SchwVk 14, 57—60.

Finger. — 3088. Foncke, Robert, Les doigts de malfaiteurs. [Auch flämisch.] FLBrab 1, 90—93.

3089. K., C., Der verleumdete Freitag. Sammler 93 (1924), Nr. 63 v. 31. Mai, S. 5.

3090. Bystroń, Jan St., Obcy jako ludożercy. (Die Fremden als Menschenfresser.) Lud 22, 138—140.

3091. Leite de Vasconcellos, J., A lua e o dinheiro. Lusa 4, 53.

Geld am Neumond zeigen: Reichtum. Mit Parallelen.

3092. Pfeifer, Hans, Glockengießer-Aberglaube. DenkmalpfluHmtschutz 1923, 33—35. Mit 1 Abb.

3093. Ganszyniec, Ryszard, Pas magiczny. (Der magische Gürtel.) Spraw. Tow. Nauk. 4, 57—60.

3094. Gundel, W., Die Sterne im Volksglauben. Faust (1924/25), H. 8, 22—28.

3095. Becker, Alb., Westricher Sonnenzauber. Ein Beitrag zur Volkskunde des pfälzisch-saarländischen Westrichs. Saarländer Schulzeitung 1924, Nr. 4.

Himmel und Gestirne. — 3096. Storaker, J., Rummet i den norske Folketro (Norsk Folkeminnelag VIII). Kra. 1923. 112 S. 8⁰.

Rez. Budk 2, 93 f.

Mond. — 3097. Schelderup-Ebbe, T., Overtro om månen Naturen (Bergen) 1923, 58 f.

3098. Becker, Albert, Das Räderschieben (Notfeuer). Ein Westricher Sonnenzauber. PfälzMus 41 (20), 65—67.

3099. Wieser, Hans v., Das Hexenpressen. Tiroler Heimatblätter (Kufstein) 1924, Nr. 4.
Eine Art natürliches Feuer zu entzünden.

Hahn. — 3100. Voskuil, K., De haan en het Basiliskengeloof. Ons Eigen Tijdschrift (hrsg. v. Van Houten, Weesp, Holland) 1924, 339—341.

3101. Stören, E., Budrag [Heerwurm]—fedrag. Orkdölafylket (Svorkmo) 1924, 55.

3102. Heil, Karl, Heimatkundliches aus dem Odenwalde. VolkuSch 2, 224 f.
Trinken vom Blute Hingerichteter.

3103. Goblet d'Alviella, L'Initiation, institution sociale, magique et religieuse. Revue de l'hist. des relig. 81, Nr. 1.

3104. Norden, Eduard, Die Geburt des Kindes. Geschichte einer religiösen Idee. (Studien d. Bibl. Warburg H. 3.) Leipzig-Berlin 1924. 172 S. gr. 8⁰.
Angez. Hmtl 11 (1924), 92 (Eugen Fehrle).
Rez. BphW 44 (1924), 893 ff. (Weinreich).

3105. Secký, Rudolf, Jetelíček sedmilistý. (Der siebenblättrige Rotklee.) Český Lid 24, 378 f.
Volksaberglaube.

König. — 3106. Bloch, Marc, Les rois thaumaturges. Etude sur le caractère surnaturel attribué à la puissance royale, particulièrement en France et en Angleterre (Publicat. de la Faculté des lettres de l'Université de Strasbourg, fasc. 19). Strasbourg, Paris, Librairie Istra; Oxford, University Press, Humphrey Milford, 1924. 540 S. 8⁰. Franz. Fr. 30.—; 15 s.
Angez. RevArch 19 (1924), 280 f. (S. R[einach]).
Rez. RAnthr 35, 405—408 (P. S.); FL 35, 390—392 (H. J. Rose).

3107. Hämäläinen, Alb., Ihmisuurmiin substanssi suomalais-ugrilaisten kansojen taikuudessa. (Mémoires de la Soc. Finno-Ougrienne 47.) Helsinki 1920. 162 S.
Die Substanz des menschlichen Körpers in der Zauberei der finn.-ugrischen Völker: Nägel, Haar, Nachgeburt und Nabelschnur, Zahn, Blut, Schweiß, Speichel, Atem, Bissen, Tränen, Exkremente, Harn, Wasch- und Taufwasser, Badequaste, Kleidungsstücke, Fußspuren und Spuren der körperlichen Berührung überhaupt.

3108. Heurck, Emiel H. van, Het Opwegen en de Ritus van de Vervangings- en Wijdingsofferanden. NdlTVk 28, 17—34.
Gegenstände im Körpergewicht des Darbringers opfern.

3109. Röhr, Julius, Der okkulte Kraftbegriff im Altertum. (Darin c. 3: „Spezielle Bezeichnungen und Erscheinungsformen der Zauberkraft.") PhilolSuppl 17, 1. Leipzig 1923. 133 S
Angez. ZfVk 33/34, 174 (F. B[oehm]).
Rez. BphW 44 (1924), 838 ff. (H. Draheim).

Krieg. — 3110. Popławski, Mieczysław St., Bellum Romanum. Sive de ritibus apud Romanos in re bellica et in iure procuratis. Lublin, Nakł. Uniwersytetu Lubelskiego, 1923. VIII, 395 S. 8⁰.
Viel religionsgeschichtliches Material.
Rez. Lud 22, 148—150 (R. Ganszyniec).

3111. Holubý, J. L., Biela pečena (játra). (Der weiße Braten [Leber].) Český Lid 24, 5 f.
Slovakischer Aberglauben.

3112. Cocchia, Enr., Il carmen dedicationis della iscrizione di Dueno. Estratto dagli Atti R. Accad. di Arch. (Napoli) NS. vol. 8.
Liebeszauber.

Loch. — 3113. Champenay, F.-G. de, Le Trou de l'Esprit. Pays Lorrain 15, 80f.
Zauber.

3114. Die Meise im Volksglauben. Anfrage von R. His; Antwort von E. H[offmann]-K[rayer]. SchwVk 14, 79f.

3115. Schraufstetter, Franz, Mond-Aberglauben. DG 24 (1923), 23.

3116. Kosmol, P., Ein alter Mondfinsternisaberglaube in Wieschowa. Aus dem Beuthener Lande 2, 96.

3117. Friedensburg, F., Eine zauberische Münze. M. Numism. Ges. in Wien 15 (1924), 251—253.
„AIOS" auf der in Rede stehenden Münze.

3118. Maass, E., Diktynna. Herm 58 (1923), 175—186.
S. 181 ff. über Gebrauch von Netzen im Götter- und Gräberkult.

3119. Aberglaube beim Niesen. Sammler 93 (1924), Nr. 140 v. 27. Nov., S. 4.

3120. Saintyves, L'éternuement et le bâillement dans la magie ... Paris 1921.
Angez. SAVk 24, 132 (J. R.).

3121. Rose, H. J., The Polite Plural. Man 24, 107—109.

Pferd. — 3122. Howey, M. Oldfield, The Horse in Magic and Mystery. London, W. Rider, 1923. 250 S. 4°. 10 s. 6 d.

3123. Haan, Pferdeköpfe unter der Dreschdiele. HmtK 33, 258.

3124. Стоиловъ, А. П., Славянски вѣрвания за небесната дъга. (Slavische Volksanschauungen über den Regenbogen.) Извест. нар. етн. муз. въ София (Sofia) 4, 1—2. 37—41.

3125. Ganszyniec, Ryszard, Pierścień w wierzeniach ludowych starożytnych i średniowiecznych. (Der Fingerring im antiken und mittelalterlichen Volksglauben.) Lud (Lwów), 22 33—62.
Der Ring als Wundertäter, Abwender von Krankheit und Unglück, als Amulett. Die Kulturform des Ringes im Altertum. Die Märchen von wunderbaren Ringen. Die Heil- und Schutzringe. Die Amulettringe im Altertum und Mittelalter. Die Rolle des Ringes im heutigen Volksglauben.

3126. Henkelmann, Karl, Der Scharfrichter des Oberamts Starkenburg. Ein Beitrag zur Kulturgeschichte. VolkuSch 1, 66—71.
Allerlei Brauch darin.

3127. Peters, M., Wegschnecke beim Schmieren des Wagenrades. HmtK 33, 236.

3128. La Cour, Vilh., Solens Personifikation i vor Broncealder. DanSt 1924, 121—134.
Sonnenzeichen und menschl. Sonnenfiguren auf Felszeichnungen u. dgl.

3129. Lublinski, Ida, Eine mythische Urschicht vor dem Mythos. ARw 22 (1923/24), 154—200.
Kraft von Speichel, Urin und Exkrementen.

3130. Stübe, R., Kvasir und der magische Gebrauch des Speichels. Festschrift Mogk S. 500—509. Halle a. S., Niemeyer, 1924.

3131. Depiny, Vom Bespucken. Hmtg 4, 375.

3132. Meringer, Rud., Der Spiegel im Aberglauben. WuS 8, 17.

3133. Birkner, J., Über den Hexen- oder Erdspiegel. FränkHmt 3 (1924), 17f.

3134. Durham, Edith, Some Balkan Taboos. Man 23, 83—85.

Tempel. — 3135. Lindqvist, Sune, Hednatemplet i Uppsala. Fornv 18, 85—118.

3136. Reimérdes, Ernst Edgar, Aberglaube am Theater. Sammler 92 (1923), Nr. 88 v. 31. Okt., S. 2f.

3137. Stoy, Tier und Pflanze im Volksaberglauben. Heimatkalender für den Kreis Schweinitz 1924, 49—50.

3138. Scherke, Felix, Über das Verhalten der Primitiven zum Tode. (Philos. und psychol. Arbeiten, hrsg. von Th. Ziehen, Heft 7; Fr. Manns Pädag. Mag. 938.) Langensalza, Beyer & Söhne, 1923. 232 S. M. 6.—.
Rez. MschlVk 25, 141f. (Siebs); Literarischer Handweiser 60 (1924), Sp. 464f. (Georg Wunderle).

3139. Klaatsch, H., Die Todespsychologie der Uraustralier in ihrer volks- und religionsgeschichtl. Bedeutung. (Festschr. z. Jahrhundertfeier d. Univ. Breslau 1911, S. 401—439.
Rez. BphW 43 (1923), 322f. (Sonny).

3140. Sinz, Leo, Der Tod im Aberglauben des Vorarlberger Volkes. HmtVorarlb 5, 32.

3141. Seth Pringle-Battison, A., The Idea of Immortality. (Gifford Lectures 1922.) Oxford 1922. XII u. 210 S. 12 s. 6 d.
Rez. ClassRev 37 (1923), 132f. (F. M. Cornford).

3142. Marzell, Heinrich, Das Veilchen im deutschen Volksglauben. Der getreue Eckart (Wien) 1, 258—260.

3143. Bartsch, Robert, Die Akten über Johann Georg Grasel und die Volkskunde. WZfVk 29, 8f.
Verbrecheraberglaube.

Vogel. — 3144. Durham, Edith, A Bird Tradition in the West of the Balkan Peninsula. Man 23, 55—61.
„A considerable proportion of the people of the Western side of the Balkan peninsula even to-day identify themselves with birds.“ (Totemismus?) Eine Reihe von Bräuchen mitgeteilt.

3145. Changelings [Wechselbalg]. NQ 12 ser. vol. 12 (1923), 16.

3146. Sartori, P., Werwolf. ZrwVk 20/21, 79 f.

3147. Bach, Adolf, Westerwälder Werwölfe und Wolfssegen. ZrwVk 20/21, 25—34.

3148. Bruiningk, Hermann v., Der Werwolf in Livland und das letzte im Wendenschen Landgericht und Dörptschen Hofgericht i. J. 1692 deshalb stattgehabte Strafverfahren. Mitteilungen aus der livländischen Geschichte 22 (1924), 163—220.
Rez. Ajalooline Ajakiri 3 (1924), 151—154 (W. Anderson).

3149. Nippgen, Joseph, Le loup-garou dans les superstitions des Slaves méridionaux (Bosnie-Herzégovine, Dalmatie, Croatie, Serbie, Monténégro etc.). REthn 5, 269—272.

3150. Kerckhove, H. Van, Le loup-garou. FLBrab 4, 42.

3151. Dolenc, M., O streljanju na Slovenskem. (Wetterschießen bei den Slovenen.) Gruda 1 (1924), 113—118. 144—149.

3152. Hofmann, J. B., Wortaberglaube und Namengebung einst und jetzt. Sammler 93 (1924), Nr. 38 v. 29. März, S. 1 f.

Zahn. — 3153. Peeters, Ch., Perte d'une dent de lait. FLBrab 4, 39.

3154. Reichborn-Kjennerud, Den onde tunge. (Die böse Zunge.) Festschr. f. Eug. Mogk (1924), 519—524.

XIII. Volksmedizin.

3155. Sudhoff-Festschrift. ArchfGeschdMed XV, 1923. VI, 167 S. 8⁰.
Darin u. a. W. Haberling, Darstellung der Krankheiten im Laufe der Jahrhunderte; I. Fischer, Altjüdische Riten in der Geburtshilfe und Gynäkologie; E. Wiedemann, Über Erscheinungen bei der Dämmerung und bei Sonnenfinsternissen nach arabischen Quellen usw.
Rez. BphW 44, (1924), 1073 f. (Zaunick).

3156. Taylor, H. O., Greek biology and medicine. London, Harrap. sh. 10 d. 6.

3157. *Μέγας, Γ. Α., Παραδόσεις περὶ ἀσθενειῶν. Λαογρ. Ζ'* (Festschr. Politis) 1923, 465—520.
Krankheits-Aberglaube.

3158. Beust, A. v., Über Aberglauben und Kurpfuscherei. Natur und Mensch (Bern) 1923, 153—161.

3159. Sch., Kurpfuscherei und Aberglaube im Norden Ostpreußens und im Memelgebiet. Wochenschau (Heydekrug) 1924, 547—549.

3160. Feerhow, F., Die medizinische Astrologie. 2. Aufl. 1923.

3161. Fischer, M., Die religiösen Heilmittel in der Volksmedizin des deutschen Mittelalters. Caritas 3, 152—157.

3162. Aus der Volksmedizin. Hmtbl 1, H. 5, 9; H. 6, 7.

3163. Zimmermann, Walther, Von volkstümlichen Heilweisen und Heilmitteln in Baden. Hmtl 10 (1923), 6—11; 11 (1924), 11—16.

1. Heilungen mit übernatürlichen Mitteln. 2. Natürliche Heilmittel.

3164. Marzell, Heinr., Alter Heilaberglaube aus Franken. FränkHmt 3 (1924), 52.

3165. Dereser, Dr., Heilaberglaube aus der Gegend von Langenzeun-Wilhermsdorf. FränkHmt 2 (1923), 55 f.

3166. Marzell, Heinrich, Heilaberglaube aus dem östlichen Franken. FränkHmt 2, 37—40.

3167. Lehmeier, Peter und Eckert, Hans, Volksheilmittel. Oberpf 17 (1923), 140.

Gelbsucht. Gegen die Krätze. Sucht der jungen Hunde.

3168. Schneider, K., Heilmittel und Heilbräuche im Saargebiet. (Unsere Saarheimat, hrsg. v. Karl Schneider, 3). Saarbrücken, Gebr. Hofer A.-G., 1924. 54 S.

Angez. PfälzMus 41 (20), 185 (A. Becker).

3169. M., Das Medizinalwesen im mittelalterlichen Speyer. Speyergau-Blätter 1923, 84 ff.

3170. Hänseler, Sitte und Brauch in der Neumark. (Aus Netzbruch, Kreis Friedeberg). Die Neumark (Landsberg a. d. Warthe) 1 (1924), 46 f. und 79.

a) Gegen die Rose. Gegen das Blut. Gegen den Brand a. a. O. 46 f. b) Gegen Zahnschmerzen. Gegen die Gicht. Gegen Warzen a. a. O. 79.

3171. Möller, ?, Kolumbe, Er., Hadenfeldt, M., Meyer, Gust. Friedr., Blöcker, Käte, Raden un Böten. HmtK 33, 185—187.

Darunter mehrere Segen.

3172. Kosmol, P., Zur Kindervolkskunde in Wieschowa: Wie sich die Kinder das Aufspringen der Haut erklären. (Marek). Aus dem Beuthener Lande 2, 74.

3173. Starauschek, Kurt, Eines alten Försters Arzneibüchlein. Nach hinterlassenen Aufzeichnungen herausgegeben mit Leitwort und Erklärungen von seinem Enkel Kurt Starauschek. Egerl 28 (1924), 123—128.

Teile aus einer umfangreichen druckreif vorliegenden Handschrift zur Volksheilkunde und zum Forstaberglauben Westböhmens in älterer Zeit: Aus der Einleitung des Herausgebers, der Anhang und das Literaturverzeichnis.

3174. Schmid, Luise, Volksheilkunde. TirHmtbl 1924, Nr. 2, 11.

3175. Faistenberger, J., Unterschiedliche Mittel aus dem Hausbuch des Urgroßvaters. TirHmtbl (Kufstein) 1924, Nr. 1.

3176. Klein, Hugo, Tiroler Heilbäder und Gesundbrunnen. Innsbruck(?), Selbstverlag, 1924.

3177. Ludwig, K., Alt-Karlsbader Badeleben (Uhl's Heimatbücher 3). Kaaden 1923.

3178. Schmid, Heinrich, Volksmedizinisches aus dem Kanton Glarus. (3. Bd. d. Zürcher Medizingesch. Abhandlungen). Zürich 1924. 72 S. gr. 8⁰. Mk. 4.—.

Inhalt: Geleitwort. Einleitung. I. Anatomisches und Physiologisches. II. Die dem Volke bekannten Krankheiten. III. Die Krankheitsursachen. IV. Diagnose und Prognose. V. Therapie. VI. Prophylaxe und Hygiene.

3179. Haus- und Volksmittel in den Kolonien am Karaman. Wolgadeutsche Monatshefte (Berlin) 1924, 176—178. 201 f.

3180. Sosnowik, Eljohu, Materjałn cu der jidiśer Fołksmedicin in Wajsrusłand. (Beiträge zur jüdischen Volksmedizin in Weißrußland). JidFil 1, 160—168.

3181. Kerkhove, H. Van, Médecine populaire à Attenrode-Wever. FLBrab 4, 42.

3182. Durham, M. Edith, Some Balkan Remedies for Disease. Man 23, 131—135.

3183. Borrelli, N., Terapia magica e teosofica. Pratiche e riti in Terra di Lavoro. Ethnos 2, 24—26.

Pratiche superstiziose di medicina popolare.

3184. Campanus, Terapia magica e teurgica del popolo di Terra di Lavoro. RCamp 3, 12—14.

Contiene: Il „sole arcato". La „ponta". Scottatura. Eclampsia. Cefalalgia. Il „male cerchiato". „Male de lippo". Malocchio. Le coliche.

3185. Vidal i Pujol, Frederic, (Questionari núm. 16, primer sobre): Anatomia i Medicina populars. I. El Cap. Barcelona, Arxiu d'Etnografia i Folklore de Catalunya, 1924. 3 S. 8⁰.

3186. Reichborn-Kjennerud, I., En oversigt over og karakteristik av de gamle nordiske lægebøker. Tidskr. f. den Norske Lægeforening 1924, Nr. 8. 9. 10.

3187. Reichborn-Kjennerud, I., Eddatidens medisin. AnordFil 40 (1924), 103—148.

3188. Reichborn-Kjennerud, I., Lægerådene i den eldre Edda. MoM 1923, 1—57.

3189. Lundqvist, M., Folkliga sjukdomsnamn i svenskt språk. FoF 11, 143—152.

3190. Aramis, Huskurer och folkmedicin i Västerbotten. Med ett tillägg av R. Jirlow. Västerbotten (Västerbottens läns hembygdförenings årsbok), 1922, 36 f.

3191. Vidskepelse i Korsholms socken. Budk 2, 39—43.

Volksmedizin, Vorzeichen.

3192. Kristensen, Evald Tang, Gamle Raad for Sygdomme hos Mennesket. Viborg 1922.

Rez. DanSt 1923, 186—188 (J. W. S. Johnsson).

3193. Backman, E. L., Om de äldsta svenska farmakopén, dess medicinskt-historiska bakgrund och dess ställning till folkmedicinen. Upsala läkarefören. förhandlingar NF 29 (1924), 63—98.

3194. Jansen, Einar, Folkenavne paa lægemidler og deres oprindelse. Utg. av Norges farmaceutiske forening. 2. utg. Kristiania 1923. 46 S. 8°.

3195. Reichborn-Kjennerud, Navnets og ordets makt i norsk folkemedisin. MoM 1924, 158—191.
Rez. Budk 4, 28f. (Wikman).

3196. Reichborn-Kjennerud, I., Gamle sykdomsnavn. I. Lett, mot, hugbit. MoM 1924, 211f.

3197. Falk, Hjalmar, og Reichborn-Kjennerud, I., Frosken og padden i nordisk folkemedisin. MoM 1923, 58—73.

3198. Falk, Hjalmar, og Reichborn-Kjennerud, I., Tussebit og Verkefinger. MoM 1923, 74—85.

3199. Falk, Hjalmar, og Reichborn-Kjennerud, I., Islandsk ámusótt—norsk åmesykje. MoM 1928, 86—96.

3200. Laarmann, J., Rahvapärased arstimisvahendid. (Volkstümliche Arzneimittel). Eesti Kirjandus 17 (1923), 95f.
Estnische Volksmedizin.

3201. Manninen, I., Paar seletust rahvaomase patoloogia alalt. (Ein paar Erklärungen aus dem Gebiet der volkstümlichen Pathologie). Eesti Kirjandus 18 (1924), 210—220 (m. 2 Abb.).
Estnische Volksmedizin.

3202. Corso, Raffaele, I pregiudizi sessuali del popolo italiano. Rassegna di Studi sessuali 4, 148—157.

3203. Pasquarelli, M. G., Dal mio taccuino. Ethnos 2, 29.
Pregiudizi e pratiche superstiziose della Basilicata. Proverbi.

3204. Pires de Lima, J. A., A teratologia nas tradições populares. Arquivos de Historia de Medicina Portuguesa 1921.

3205. Zíbrt, Čeněk, Lidové léčení na Táborsku. (Volkstümliche Heilmittel aus der Gegend von Tábor). Český Lid 24, 371—374.
Abergläubische Heilmittel.

3206. Gruzdev, V. F., Religioznoje vračevanije russkich. (Über die religiöse Heilkunde bei den Russen). IOAIE 22, 2 (1923), 115—121.

3207. Gruzdev, V. F., Iz narodnoj mediciny russkich. (Aus der Volksmedizin der Russen). IOAIE 22, 1 (1922), 89—92.

3208. Manninen, I., Eräs lääkitsemisperiaate kansanomaisessa parannustaidossamme. Suomi 5. Folge 2, 166—172.
Ein medizinischer Grundgedanke in der volkstümlichen Heilkunst. Behandlung von äußerlichen, bes. Hauskrankheiten durch innerliche Mittel in der finnischen Volksmedizin.

3209. Stein, Ernst Otto, Besprechen von Krankeiten. HmtK 33, 257.

3210. En signerska. MSmålFf 7, 137—140.

3211. Christiansen, R., Et vidlöftig kvinnemenneske. BoB 6, 107—120.

3212. Wessmann, V. E. V., Botande och förebyggande av sjukdomar. Budk 2, 49—51.
Das Heilen und Vorbeugen von Krankheiten.

3213. Reichborn-Kjennerud, I., Lægefingeren. NoB 1924, 105—109.

3214. Reichborn-Kjennerud, I., Maning i jordfast sten som lægeråd. Bygd og Bonde 1924, 31—33.
Krankheit in einen Stein bannen.

3215. Katzenberger, O., Dämonistische Krankheitsauffassung im badischen Volksglauben der Gegenwart. Freiburger philos. Diss. 1923 (in Maschinenschrift).

3216. Suolahti, G., Suomalainen sauna. Historiallinen Arkisto 32, 3. 27 S.
Die finnische Badestube. Deutsches Referat S. 2 ff.

3217. Manninen, I., Die dämonistischen Krankheiten im finnischen Volksglauben, vergleichende volksmedizinische Untersuchung. Helsinki 1922. Angez. ZfVk 33/34, 124 (J. B[olte]).

3218. Putz, Fritz, Zwei Böüßa. Egerl 28, 9—12.

3219. Peeters, Ch., Curieuse recette pour éviter les cauchemars. FLBrab 3, 162.

3220. Martin, Alfred, Die Aussatzschau und ihre Folgen in der deutschen Schweiz und ihrer Nachbarschaft. SchwMedW 1923, Nr. 3.

3221. Meyer, G. F., (Erkunden und Heilung der Auszehrung). HmtK 33, 16.

3222. Durchziehen als Heilritus. Anfrage von Ad. Fluri; Antwort von Hs. Bächtold-Stäubli. SchwVk 14, 46 f.

3223. Grünthal, J., Eesti rahvameditsiin, eriti sünnituse ning naistehaiguste puhul ja laste arstimisel, vanavara valgustusel. (Die estnische Volksmedizin, mit besonderem Hinblick auf die Geburt, die Frauenkrankheiten und die Behandlung von Kindern.) Eesti Kirjandus 18 (1924), 299—308. 334—347. 386—395. 443—453. 475—491.
Preisgekrönte Schrift eines Dorpater Studenten. (Hauptquelle: Prof. M. J. Eisens hs. Materialien.)

3224. Basto, Cláudio, Determinismo e previsão do sexo. Águia (Pôrto) 22 (1923), No. 7.

3225. Bersa, Josip, Starinska staklena sisaljka za dojilje. (Ein antikes gläsernes Saugrohr für stillende Frauen). Strena Bulićiana (Festschrift Franz Bulić), Zagreb 1924, S. 127 f.

3226. Grön, F., Hjernekirurgi på Island i det 13. årh. Festskrift til A. Kjar (Kra., Gröndahl, 1924), 13—19.

3227. Remède. SchwVk 13, 67.
Unter dem Bett Turteltauben im Käfig gegen Rheumatismus.

3228. Stemplinger, E., Sympathieglauben und Sympathiekuren in Altertum und Neuzeit. München 1919. 91 S.
Angez. ARw 22 (1923/24), 378 (Weinreich).

3229. Götz, Franz Jos., Sympathie (volkstümliche Heilkunde). Volk und Heimat 1924, Nr. 51.

3230. Bourguignon, E., Remède contre les maux de dents. FLBrab 3, 85.

3231. Aas, I., Tandmidlene i de nordiske lægebøker fra middelalderen. Den norske tandlægeforeningens tidende 34, 241—267. 297—352.

3232. Sivén, Gunnar, Bot för tandvärk bland östsvensk allmoge. BrageÅ 12—14, (1923) 68—83.
Heilung für Zahnschmerz unter der ostschwedischen Bevölkerung.

3233. Pasquarelli, M. G., Malattie veneree e sifilide nelle credenze popolari della Basilicata. RassSess 3, 177—180.

3234. Tönig, Sigismund, Die Pest in Kremsmünster und Umgebung. (Mit besonderer Berücksichtigung allgemeiner Verhältnisse.) Hmtg 4, 364—372.

3235. Martin, A., Der Pestteufel in dem Isenheimer Altargemälde von Mathias Grünewald. Antiquit-Rundsch (Eisenach) 21 (1923), 156.

3236. Martin, A., Sandpulver gegen die Pest. Sammler 93 (1924), Nr. 154 v. 30. Dez., S. 3.
Zur Erklärung der Wetzrillen.

3237. Une explication populaire du presbytisme. [Auch flämisch.] FLBrab 1, 187.

3238. Basto, Cláudio, Raiva [Tollwut]. RevLus 24, 1—28.

3239. Tricot-Royer, Le bilan du traitement de la rage à l'intercession de Saint-Hubert et plus spécialement à Saint-Hubert d'Ardennes. RAnthr 34, 373—376.

3240. Fürst, C. M., Tvenne nya fall av trepanation i vårt land, ett från stenåldern och ett från bronsåldern. Fornv 1924, 81—89.

3241. Kraus, J. G., Warzen zu vertreiben. Oberpf 18 (1924), 52.
Mit schwarzen Waldschnecken — Arion empiricorum.

3242. Borrelli, N., Terapeutica religiosa ed i miracoli di S. Vito. RCamp 3, 7—11.
S. Vito terapeuta dell' idrofobia.

3243. Netolitzky, Fritz, Die Volksheilmittel gegen Wassersucht und ihre Deutung. S.-A. Pharm. Monatshefte 1921. 33 S.

3244. Zimmermann, Walter, Volkstümliche Arzneimittelnamen aus Baden. Archiv d. Pharmazie 1923?
Rez. Hmtg 4, 118f. (Zekert).

3245. Zimmermann, Walther, Elsässische Volksnamen von Arzneimitteln, Chemikalien und ähnlichen Apothekerwaren. Elsaß-Lothringisches Jb 3 (1924), 136—151.

3246. Surva, G. W., Ursprung, Wesen und Erfolge der okkulten Medizin. Bd. VIII: Pflanzenheilkunde auf okkulter Grundlage u. ihre Bez. zur Volksmedizin. 1922.

3247. Heeger, Fritz, In der Volksheilkunde gebräuchliche Pflanzen. PfälzMus 41 (20), 79.

3248. Tumm, O., Zur Anwendung des Eibenholzes gegen die Tollwut. Deutsche Wissenschaftliche Zeitschrift für Polen (Posen) 1923, Nr. 1.
Daselbst weitere deutsche u. polnische Lit. über die Eibe.

3249. Arndt, Walther, Die Verwendung der Spongien in der Medizin. Archiv für Naturgeschichte 90, Abt. A, Heft 8, 149—174.

3250. Ernalsteen, J. A. U., Lotgevallen van Petrus De Jaeghere, een rondreizenden tendentrekker. Antwerpen, Editions Ypennan.
Rez. NdlTVk 29, 189.

3251. Meinen, G. J., Graedesken. DriemBl 21, H. 2, S. 1—10.
Gr., ein Kurpfuscher.

3252. Porcheron, Edgard-Jean-Ernest, Les braconniers de la médecine au pays de Poitou. Thèse méd. Bordeaux 1923. Bordeaux, Impr. Victor Cambette, 1923. 185 S. 8°.

3253. Winter, Šmuel, Kejdorim un mechašfim (Kurpfuscher und Zauberer). JidFil 1, 394—396.

3254. Ihering, Hermann von, Von Kranken, die das Mass verloren haben. VolkuSch. 2, 285.
Aberglaube.

3255. Reichborn-Kjennerud, I., Ormen i nordisk folkemedisin. Kristiania 1924. 45 S.
Schlange in d. Volksmedizin.
Rez. DanSt 1924, 76f. (Paul Hauberg).

3256. Studt, G. Fr., Von einem probaten Mittel gegen den Biß der Kreuzotter. HmtK 34, 271.

3257. st., Heilkraft des Schnees. Sammler 93 (1924), Nr. 17 vom 9. Febr., S. 6.
Alter Spruch.

3258. Büdenbender, Benno, Vielsame und wunderliche Bezeichnungen gebräuchlicher Arzneimittel im Volksmunde. Der fränkische Bund (Nürnberg) 1924, 87—93.

3259. Zingerle, Oswald, Tier- und Menschenkot als Heilmittel. Schlern 5, 350—353.
Auszug aus Lonicers Kräuterbuch v. J. 1630.

3260. Kern, J., Aberglaube in der Tierheilkunde. MNordböhmVHmtf 46 (1923), 23f.

3261. Strobl, L., Altbayerische Mittel und Bräuch gegen den Viehkrank. Sammler 92 (1923), Nr. 37 v. 9. Mai, S. 3f.

3262. Strobl., L., Altbayrische Mittl und Bräuch gegen Ratzn (Raupen), Würm und Måus. Sammler 92 (1923), Nr. 42 v. 26. Mai, S. 5f.

3263. Strobl, L., Altbayrische Mittel gegn allahand Ziefa wiea Flöh, Wanzen, Schwabn, Läus. Sammler 92 (1923), Nr. 40 v. 20. Mai, S. 6.

3264. Strobl, L., Altbayrische Mittl und Bräuch gegen Raubzeug, wie Fuchsn, Marda, Habicht usf. Sammler 92 (1923), Nr. 6, S. 3.

3265. Vieh durch Feuer getrieben. DG 25 (1924), 112.
Bewahrung vor Viehseuchen.

3266. Tillier, S., Om fortidens dyrlægekunst i Norge. Norsk veterinærtidsskr. 35, 231—39. 241—51.

3267. Hartmann, Gabriel, Etwas von Viehsegen und Volksmedizin. MGMN 22, 105.
Aus Norwegen.

3268. Middel mod Kalvekastning. SöndMaa 1, 96.

3269. Bækkestad, E., Ymse aatgjerdsraader i Aal. Dölaminne (Kongsberg) 1923, 79—83.

3270. Animals their own physician. NQ 146 (1924), 433.

3271. Bees and wasps, their stings cure rheumatism. NQ Bd. 146 (1924), 343.

3272. Haddon, A. C., Pearls as „Givers of Life". Man 24, 177—185.

XIV. Volksmeteorologie.

3273. Hardy, Bruno, Die deutschen Bauernregeln, gesammelt und hrsg., mit Monatsbildern von Josua Leander Gampp. Jena, Diederichs, 1923. 127 S. M. 4.— bzw. 6.—.
Angez. ZfVk 33/34, 120 (Ed. Hahn).
Rez. Kunstwart 37 (1924), 116 (W. B.); OstbGr 13 (1924), 32; Literarischer Handweiser 59 (1923), Sp. 483 (Jos. Weigert).

3274. Hellmann, G., Über den Ursprung der volkstümlichen Wetterregeln (Bauernregeln). SitzbBerl 1923, phys.-math. Kl. 148—170.
Mit reicher Literatur.
Angez. AnSpr 147 (1924), 126.

3275. Mumbauer, Johannes, Die Philosophie der Bauernregeln. Das heilige Feuer 11, 116—125.

3276. Hellmann, Gustav, Wetterweisheit des Volkes. Deutsche Rundschau Jan. 1924, 45—52.

3277. Kalenderglaube. Anfrage von A. St., Antwort von E. H[offmann]-K[rayer]. SchwVk 14, 47.

3278. Dietz, Bernhard, Die Hundertjährigen Kalender. MainbotevOberfrank 9 (1924), 37—39.

3279. Lechner, Rudolf, Alte Wettersprüche OstbGr 13 (1924), 31 f.

3280. Kostka, O., Wettervorhersage in Rokittnitz. Aus dem Beuthener Lande 2, 72.

3281. Geldner, Rudolf, Wetterregeln des schlesischen Landvolkes. Die Heimat (Troppau) 2, 44 f.

3282. Reimérdes, Ernst Edgar, Die drei gestrengen Herren (Eisheilige). Sammler 92 (1923), Nr. 38 v. 12. Mai, S. 2 f.

3283. Bäuerische Wetterregeln. Tiroler Heimatblätter (Kufstein) 1924, Nr. 1.

3284. Über die deutschen Bauernregeln. Bundeskalender (Teplitz-Schönau) 1924, 79.

3285. Sinner, P., Das Verhältnis der Wolgakolonisten zur Natur. Wolgadeutsche Monatshefte (Berlin) 1922, 122—124.

2386. Beirens, Louis, De Folklore van het Weer. NdlTVk 29, 32—40.
Wetterregeln.

3287. Parmentier, Edouard, Sur le temps qu'il va faire. (Traduit du wallon.) [Auch Wallonisch.] FLBrab 1, 97—106.

3288. Bourguignon, E., Proverbe local: Quand Saint-Jean rit, Saint-Pierre pleure. FLBrab 3, 82.

3289. Varia (dictons agricoles et météorologiques; prévision du temps; St. Savin et St. Florentin). Anfrage von R.-O. Frick. Antwort von E. H[offmann]-K[rayer]. SchwVk 14, 15 f.

3290. Cremona, A., Weather and husbandry lore in the Isle of Malta. Journal of the Malta Historical and Scientific Society (Valletta) 6, Nr. 1 (June 1923).
Angez. FL 35, 407.

3291. Stören, E., Gamle veirvarsler. Orkdölafylket (Svorkmo) 1924, 26—33.

XV. Literarische Volkskunde im allgemeinen.

(Zusammenfassendes und Vermischtes aus XVI—XX.)

3292. Bolte, J., [Bibliographie der] Volksdichtung [germanischer Länder f. d. Jahre 1920—22]. Jsb 42 (Leipzig 1923), 2, 61—67; 43 (1924), 75—80; 44 (1924), 66—73.
A. Volkslied. B. Volksschauspiel. C. Spruch und Sprichwort. D. Rätsel und Volkswitz.

3293. Reuschel, Karl, Volksdichtung (Märchen, Sage, Volkslied, Volksschauspiel, Sprichwort.) ZfDkde 38 (1924), 394—399.

3294. Alpers, Paul, Mythus, Märchen, Sage, Volkslied. 1922—1925. ZfDkde 40, 415—424.
Besprechung einiger im angegeb. Zeitraum erschien. Bücher.

3295. Wossidlo, Richard un Gosselek, Hanns, Bökerie von'n Plattdütschen Landesverband Meckelborg. Wat plattdütsch Lüd singen, seggen un süs noch wat. Wolgast, Paul Christiansen, 1924. 32 oder 48 S. 8°.
Heft 1: Rimels. Heft 2: Lustig Vertellers. Heft 3: Von allerhand Slag Lüd! Heft 4: Oewer den Humor in de meckelbörger Volkssprack.
Angez. HmtK 34, 275 (G. Fr. Meyer).

3296. Rink, Joseph, Tattedi. Märchen, Parabeln, Erzählungen, Lieder, Rätsel, Scherze, Gebräuche, Wetterregeln, Sprichwörter und Redensarten in Koschneidermundart gesammelt. (Koschneider-Bücher 2.) Danzig, H. F. Boenig, 1924. 48 S. kl. 8°.
Angez. MQ 17, 85.

3297. Prümer, Karl, Volksweisheit aus der Grafschaft Mark. Plattdeutsche Sprichwörter, Redensarten, Volkslieder, Reime und Kinderlieder. 2. Aufl. d. „Westfälischen Volksweisheit." Leipzig, Lenz, [1924]. VII, 82 S. kl. 8°.

3298. Linde, Fritz, In diar Lechterstunne. Gesammeltes und Erdichtetes aus dem märkischen Sauerlande in plattdeutscher Mundart. Dortmund, Fr. W. Ruhfus [1924]. 76 S. M. 2.—.
Angez. ZrwVk 20/21, 85 (P. Sartori).

3299. Müller, Josef, Sagen, Märchen, Anekdoten und Witze aus verschiedenen Kantonen. SchwVk 14, 25—36.

3300. Loewenthal, Erich, Studien zu Heines „Reisebildern". Berlin und Leipzig 1922.
Darin über Heines Beschäftigung mit Volkslied, Märchen und Sage.
Angez. ZfVk 33/34, 53 (J. B[olte]).

3301. Wientzek, Wolfgang, Volkskundliches aus dem Kinderleben vom St. Annaberg. Volk u. Heimat (Hindenburg OS) 1924, 45.
Rätsel, Reime, Spielreime, z. T. polnisch, z. T. deutsch und polnisch gemischt.

3302. Heinz, G., Alte Reime, Sprüche und Sprichwörter in Oberfranken. FränkHmt 3 (1924), 433 f.

3303. Hilgart vom Hausbauernhof, Alois, Sitzweilschriften. Teplitz-Schönau 1923 f. gr. 8°. Folge. Kč. 3,50.
Erzählungen, Schwänke, Volkslieder, Humor, Volksglaube.

3304. Vries, W. de, Een paar kleinigheden. DriemBl 20, 73—77.
Rede, Reime, Volkswörter u. dgl.

3305. Cornelissen, Jozef, De Joden in de Spreekwoordentaal en in den Volkshumor. NdlTVk 28, 103—113.

3306. Vulsberg, Sæmund, Gamalt or Sandsvær. NFKult 10, 69—79.
Kinderlieder, Reime, Rätsel u. a.

3307. Nergaard, S., Eventyr, barnevers, spurningar og ordspraak. Folkeminne fraa Østerdalen III (Norsk Folkeminnelag VII). Kristiania. 1923. 145 S. 8°.

3308. Arill, D., Cederschiöld, W. etc., Folksägen och folkdiktning i västra Sverige. Skrifter utg. till Göteborgs stads 300-årsjubileum, Bd. 16. Göteborg. I, 216 S. 8°.

3309. Hermant, Paul, La psychologie du comique populaire. FLBrab 4, 1—13.
Darin Schwänke, Fabeln, Gespenstergeschichten.

3310. Cowper, F. A. G., Italian Folk Tales and Folk Songs. Chicago, University of Chicago Press, 1923.
Schullesebuch.
Rez. MLN 39 (1924), 126f. (T. F. Crane).

3311. Vergara Martín, G. M., Diccionario geográfico popular de cantares, refranes, adagios, proverbios, locuciones, frases proverbiales y modismos españoles. Madrid, Sucs. de Hernando, 1923, 336 S. 4°. Ptas. 12.—.

3312. Giusti, Wolfango, Letteratura popolare ukraina. NQuad 1, 158f.

3313. Lorentz, F., Teksty pomorskie (kaszubskie) (Kaschubische Texte). Kraków, Polska Akademja Umiejętności, 1924. XCVI, 836 S., 1 Karte. 8°.

3314. Du Toit, Steph. Joh., Suid-Afrikaanse Volkspoësie, bijdrae tot die suid-afrikaanse Volkskunde. Diss. Amsterdam 1924. 310 S.

3315. Biržiška, M., Mūsų raštų istorija (Geschichte unserer Literatur) 1557—1904. Kaunas, „Švyturio" B-vė, 1920. 112 S. 8°.

3316. Kampmann, M., Eesti kirjanduse peajooned. Näidete varal seletanud. I. jagu. (Grundzüge der estnischen Literatur. Durch Beispiele erläutert. 1. Teil.) 2. verm. Aufl. Tallinn 1920. VIII, 343 S. 8°.
S. 4—145 Volksdichtung.
Angez. JEstPhG 3 (1920), 61f. (W. Anderson).

3317. Hästesko, F. A., Suomalainen kansanrunous. Yleistajuisia tutkielmia. Toimittanut. Helsingfors, Otava, 1923. 191 S. 8°.
Die finnische Volkspoesie. Populäre Darstellungen. Inhalt: Hästesko, Iohdanto (Einleitung) 5—14; Kertovainen runous (Die epische Poesie) 1. K. Krohn, Kalevalan sankarirunot (Die Heldenrunen des Kalevala) 15—35; 2. Hästesko, Keskiajan kertovainen runous (Die epische Poesie des Mittelalters) 36—48; H. Laurinmäki, Kanteletar 49—70; L. Hänninen, Kansansadut (Die Volksmärchen) 71—90; A. A. Koskenjaakko, Sananlaskut (Die Sprichwörter) 91—108; A. Aarne, Arvoitukset (Die Rätsel) 109—125; Hästesko, Loitsut (Die Zauberlieder) 126—141; L. Merikallio, Taiat (Zauberei) 142—166; E. A. Saarimaa, Uudempi suomalainen kansanlyyrikka (Die neuere finn. Volkslyrik) 167—191.
Rez. Valvoja-Aika (Helsinki) 1923, 364f. (V. J. Mansikka); Virittäjä (Helsinki) 1923, 76f. (M. Ho.).

3318. Ožarovskaja, O. E., Babuškiny stariny. 2. verb. u. verm. Aufl. Moskau 1922. 120 S.
Bylinen, lyr. Lieder, Zaubersprüche, geistl. Lieder, Märchen von einer 1844 geb. Sängerin aus dem Gouv. Archangelsk. Mit Einleitungen. 1 Fig.

3319. Smirnov, M. I., Skazki i pesni Pereslavlj-Zalesskogo ujezda. Moskva 1922. 98 S. 8°.
Märchen und Lieder des Bezirks Pereslavlj-Zalesskij.

3320. Közlemények magyar néphagyományokból. (Mitteilungen aus ungarischen Volksüberlieferungen.) Ethnographia 33, 72—91.
Enthaltend: Kovács, Johann, Népdalok a biharmegyei Tarkányból (Volkslieder aus Tárkány im Komitat Bihar); Varga, Géza, Vándor mesterlegények dala (Ein Lied der wandernden Handwerksgesellen); Horváth, Ludwig, Népballada (Eine Volksballade: Matyi Zsuzsi); Relković, Néda, Népi színjátékok Jászkarajenő községben (Volksschauspiele im Dorfe Jászkara-

jenö); Sutter, Béla, Három népmese (Drei Volksmärchen); Dobay, Alex., Kovács, Johann, Relković, Davorka und Bartunecz, Johann, Népmondák (Volkssagen); Kis, Ludw. und Relković, Davorka, Babonák (Aberglauben).

3321. *Δέφνερ, Μιχαήλ, Χαιρετισμοί, εὐχαί, κατάραι, ὅρκοι καὶ ἄσματα τῶν Τσακώνων. Λαογρ.* Ζ' (Festschr. Politis) (1923), 25—40.
Grüße, Wünsche, Flüche, Schwüre, Lieder der Tsakonen.

3322. Olšvanger, Immanuel, Rosinkess mit Mandlen. Aus der Volksliteratur der Ostjuden. Basel 1920.
Rez. SAVk 24, 311 f. (E. Littmann).

3323. Bufe, Poesie der Duala-Neger (Kamerun). ArchfAnthropol 1915, 33—60.
Tierfabeln, Sprichwörter, Rätsel, Spottverse, Gesänge.
Angez. ARw 22 (1923/24), 188 (Meinhof).

3324. Westermann, D., Die Kpelle, ein Negerstamm in Liberia. Göttingen und Leipzig, 1921. 545 S.
C. VIII. Dichtungen, C. IX. Märchen.
Angez. ARw 22 (1923/24), 189 f. (Meinhof).

3325. Vedder, H., Die Bergdama. II. [Dichtung]. Hamburg, Friederichsen & Co., 1923. VI, 129 S.
Rez. Anthr 18/19, 1108 f. (Schulien, P. M.).

XVI. Volkspoesie.

A. International.

1. Allgemeines.

3326. Bolte, J., Volkslied [= Bibliographie d. germ. Völker]. Jsb 42 (Leipzig 1923), 2, 61—67; 43 (1924), 75—80; 44 (1924), 66—73.

3327. Pound, L., The term „Communal". PMLA 39 (1924), 440—454.
Gegen den Gebrauch dieses Wortes, um den Ursprung der Volkslieder im Volke zu bezeichnen.

3328. Menéndez Pidal, R., Poesía popular y poesía tradicional.
Rez. ModLangRev 18 (1923), 357 f.; ZfrPh 43 (1923), 508.

3329. Ganszyniec, Ryszard, Powstanie epopei. (Die Entstehung des Epos.) Pamiętnik literacki (Lwów) 20, 39—63.

3330. Gerould, G. H., The making of ballads. ModPhilol 21 (1923), 15—28.

3331. Pound, Louise, Poetic Origins and the Ballad. 1921.
Rez. JEGPhilol 22 (1923), 136—140.

3332. Closson, Ernest, Les Chansons populaires. [Auch flämisch.] FLBrab 1, 16—21.

2. Besondere Gattungen. Stoffgeschichtliches.

3333. Bücher, Karl, Arbeit und Rhythmus. 6. verb. u. erw. Aufl. Leipzig, Em. Reinicke, 1924 1896[1]. XII, 497 S., mit 26 Abb. auf 14 Taf.
Angez. LZbl 74 (1923), 654.

3334. Peinecke, August, Hornstoff und Hornballade. (Ein Beitrag zur Geschichte der Volksdichtung.) Diss. Marburg 1924. 77 S. in Maschinenschr.
Auszug nicht gedruckt.

3335. Gawroński-Rawita, Fr., Żydzi w historji i literaturze ludowej na Rusi. (Die Juden in der Geschichte und der Volksliteratur der Ruthenen.) Warszawa, Gebethner & Wolff, 1924. XII, 266 S. 8°.
Enth. S. 237—266: Die Juden in der ruthenischen Volkspoesie und Volksliteratur.

3336. Istel, Is the Marseillaise a German composition? Musical Quarterly 8 (1923), 2.

3337. Aarne, Antti, Das Lied vom Angeln der Jungfrau Vellamos. (FFC Nr. 48.) Helsinki, Suomalainen Tiedeakatemia, 1923. 92 S. 8°.
Angez. ZfVk 33/34, 153 (J. B[olte]); NdlTVk 29, 188f.

3338. Aarne, Antti, Das estnisch-ingermanländische Maie-Lied. Eine vergleichende Untersuchung. FFC Nr. 47. Helsinki, Suomalainen Tiedeakatemia, 1922. 255 S. 8°.
Rez. NdlTVk 29, 187f.; ZfVk 33/34, 153 (J. B[olte]); Eesti Kirjandus 18 (1924), 171—173 (M. J. Eisen).

3339. Brandsch, Gottlieb, Deutsches Lehngut in der finnischen Volksmusik. Ein Beitrag zur vergleichenden Volksliedforschung. ASiebLk 42 (1924), 225—237.

3. Texte.

3340. Seelig, Carl, Slavische Volkslieder; Russische Volkslieder; Jüdische Volkslieder; 33 echte Volkslieder, hrsg. v. C. S. Alle 4 Hefte für mittlere Singstimme mit Klavierbegleitung gesetzt. Leipzig u. Zürich, Gebr. Hug & Cie., o. J.
Rez. SchwVk 13, 68f. (R.).

B. Deutsch.

1. Verschiedene Kategorien der Volkspoesie.

a) Abhandlungen.

3341. Blochmann, Elisabeth, Die deutsche Volksdichtungsbewegung in Sturm und Drang und Romantik. Vjschr. f. Litwiss. 1 (1923), 419—452.

3342. Prestel, Josef, Von volkstümlicher Dichtung und romantischer Erneuerung. München, R. Oldenbourg, 1924. 95 S. 8°. M. 1.60.

3343. Nissle, Th., Sang und Sage im Salzachtal. Bayerl 34, 76ff.

3344. Becker, A., Pfälzer Ortsneck-Priamel. Linden im Volkslied. PfälzMus 41, 76.

3345. Körbitz, G. A. H., Volkslied und Volkstanz in den Alpen. Das Echo (Berlin) 40, 3760.

3346. Weiß, Vom Kampf gegen Lied und Tanz in alter Zeit. Unterm Rosenhut (Villingen) 1 (1924), 100—105.
„Censura Ecclesiastica Mönchweilensis ...“ 1657—1818.

3347. Hoffmann, Fritz Hugo, Vom Volkslied, Volkstanz und Dorfmusiken. Deutsche Bauernhochschule, 1. und 2. Folge Sommer 1923, S. 21—26.

b) Texte aus verschiedenen Gattungen.

3348. Kleiner, Johannes, Volkslieder und Sprüche aus dem Adlergebirge. Nach der Sammlung von ***. Wünschelrute, Jahrbüchlein der „Hmtbildung“ f. sudetendeutsche Hmtarbeit u. Volkserziehung auf d. J. 1924, S. 34—37.
Meist Kinderlieder.

3349. Gréb, Julius, Mundartliche Dichtung aus der Zips. Hmtbildg (Reichenberg) 4 (1922/23), 15f.
Mit Beispielen.

3350. Sinner, P., Ein ethnographisches Konzert. Wolgadeutsche Monatshefte (Berlin) 1922, 16—18.
Unveröffentlichte Texte, von Fr. Dinges gesammelt. Hochzeitsladersprüche und Vierzeiler.

2. Volkslied im engeren Sinne
(einschließlich Vierzeiler).

a) Bibliographie.

Siehe Nr. 3293/94 (Reuschel u. Alpers) und Nr. 3326 (Bolte).

3351. Liebleitner, Karl, Volksliederbücher. Vld 25 (1923), 11f.
Der Artikel, entnommen der „Zeitschrift für die Gitarre“, weist auf folgende populäre Volksliedhefte hin: Bernhard Schneider, Sonne, Sonne, Scheine!; Bernhard Schneider und Helene Pilz, Kinderreigen und singspiele; Balthasar Schüttelkopf, Aus Berg und Tal; Franz Friedrich Kohl, Deutscher Jungbrunnen; Josef Zuth, Egerländer Volkslieder zur Gitarre.

3352. Liebleitner, Karl, Drei Volkslied-Bücher von Dr. Julius Janiczek (Walther Hensel) besprochen. Vld 25 (1923), 46f.
Entnommen der „Zeitschrift für die Gitarre“, hrsg. von Josef Zuth; es handelt sich um die Schriften: „Wach auf!“, „Lied und Volk“, „Im Zeichen des Volksliedes.“

3353. Kraus, Von Volks-Liedbüchern. Unterm Rosenhut 1 (1924), 106f.
Bibliographisches (Dr. Werckmeister, Wandervogelliederborn für die deutsche Jugend. Halle, Gebauer-Schwetschke).

b) Allgemeines und Abhandlungen.

α) Über das deutsche Volkslied im allgemeinen.

3354. Faber, Georg, Grundsätzliches zur Volksliedforschung. HessBll 22 (1923), 67—85.

3355. Alpers, Paul, Begriff und Wesen des Volksliedes. Pädagogische Warte 31 (1924), 643—648.

3356. Pommer, Helmuth, Über Begriff und Wesen des deutschen Volksliedes. Illustr. Bodensee-Rundschau 1924, H. 2, S. 26—30; VjVorarlb 7, 100.

3357. Mersmann, Hans, Das deutsche Volkslied. Berlin 1922. Angez. und Rez. Vld 25, 32 (Raimund Zoder); ZfVk 33/34, 54f. (J. B[olte]); WZfVk 29, 19f. (A. Haberlandt); Archiv f. Musikwissensch. 6, 249 (Th. W. Werner).

3358. Mersmann, Hans, Grundlagen einer musikalischen Volksliedforschung. 3. Vergleichende Melodienbetrachtung; 4. Der Organismus des Volksliedes. Archiv f. Musikwiss. 5 (1923), 81 bis 135; 6 (1924), 127—164.
Vgl. früher ebd. 4, 141ff. 289ff. (Bibliogr. 1921/22 Nr. 2714).

3359. Geutebrück, Robert, Die wahre Gestalt der älteren deutschen Volksliedweise. Eine allgemein verständliche Abhandlung. 1. Teil. Vld 26 (1924), 9./10. Heft, 6—13.

3360. Gehlhoff, Gerhard, Beiträge zur Entwicklung von Volksliedmelodien. Eine vergleichende Liedstudie. Diss. Berlin 1923. 58 S. mit Noten (Masch.).
Auszug: Jahrbuch der phil. Fakultät der Univ. Berlin 1922/23, 1, 274—277.

3361. Friedländer, Max, Eigenleben von Volksliedmelodien. S.-A. aus d. Bericht über den Musikwissensch. Kongreß in Basel 1924, 131—146.

3362. Bopp, A., Madrigal und Volkslied. Deutsche Sängerbundesztg. 15 (1923), 3—7.

3363. Schmidt, Paul, Vortrag über den musikalischen Ausdruck des deutschen Volksliedes. Kurzer Bericht. ZfVk 33/34, 178.

3364. Götze, A., Vom deutschen Volkslied. Freiburg i. Br. 1921. Angez. MschlVk 23, 125f. (Th. Siebs); Deutsch. Pfeiler 2, 53 (H. Naumann).

3365. Sprüngli, Th. A., Das deutsche Volkslied. Köln 1921. Angez. BllBayGym 59, 172 (Wilh. Schnupp).

3366. Guttmann, A., Was ist ein Volkslied? Volksbühnen-Bll. 1 (1923), 1/2, 23.

3367. Brüschweiler, A., Wesen und Geschichte des Volksliedes. Archiv d. Histor. Vereins des Kts. Bern 27, XXXVIf.
Kurzer Auszug aus einem im Histor. Verein gehaltenen Referat.

3368. Lämmle, A., Das Volkslied. Musikal. Bl. 2 (1923), 1f.

3369. Goltz, Bogumil, Das deutsche Volkslied. Inselschiff 5 (1924), H. 1.

3370. Rühl, Udo, Über das deutsche Volkslied. An Rhein u. Ruhr 1 (1924), Nr. 41.

3371. Pompecki, Bruno, Das Volkslied. Aus seinem Nachlaß. Danziger Kalender 1925, 109—115.

3372. Olbrich, K., Vom deutschen Volksliede. Deutsche Sängerbundesztg. 15 (1923), 69—73.

3373. Wösthoff, O., Vom deutschen Volksliede. Deutsche Sängerbundesztg. 16 (1924), 298—302 (Nr. 16 vom 27. Sept.).

3374. Liebleitner, Karl, Unser liebes deutsches Volkslied. Der getreue Eckart 2 (1924), 24—31.

3375. Liebleitner, Karl, Vom deutschen Volksliede. Zeitschrift f. d. Gitarre 1 (1923), 5.

3376. Grunsky, K., Vom Volkslied. Propyläen 20 (1923), 331.

3377. Fraungruber, Hans, Das deutsche Volk und sein Lied. Vld 26 (1924), 5./6. Heft, 1f.

3378. Keußler, G. v., Die Bedeutung unsres Volksliedes. Hellweg 3 (1923), 367f.

3379. Meisinger, O., Aus dem Leben unseres Volksliedes. Jahrb. d. bad. Lehrer 1 (1925), 31—36.
1924 erschienen.

3380. Meisinger, O., Die Lebensgesetze des Volksliedes. Vortrag in Mannheim. Referat MannhGbll 24 (1923), 4f., (unterzeichnet „K.").

3381. Fromm, Therese, Die Gewalttat im ältesten deutschen Volkslied. Diss. Frankfurt 1923. 158 S. fol. in Maschinenschrift.
Auszug nicht gedruckt.

3382. Schempp, Marie, Die Volksseele in der deutschen Balladendichtung. Der Sammler 92 (1923), 23. März, S. 3.

3383. Doderer, Otto, Volkslieder-Geschichten. Propyläen 22, Lfg. 2, 11. Okt. 1924.
Entstehung von Volksliedern.

3384. Kremser, Joh., Ein Kastengstatter Volksdichter. (Johann Maier vulgo Hoada = Hansal.) Hmtbll (Unterinntal) 1 (1923), H. 2, 8f.

3385. Heimann, Handwerker als Dichter. Bayerl 32, 415—423.

3386. Hahn, Joachim, Die Lieder der wandernden Jugend. Musikalienhandel, Jg. 26, Sonder-Nr. 2 vom 3. Mai 1924, S. 33f.

3387. Benzmann, H., Von deutschen Wanderliedern. Propyläen 20 (1923), 321f.

3388. Simon, Heinr., Das deutsche geistliche Volkslied als Gut unserer Kultur. Diss. Münster 1924. V, 89 S. in Maschinenschrift.
Auszug in Maschinenschrift 4 Bl. 8°.

3389. Petrich, Hermann, Unser geistliches Volkslied. Geschichte und Würdigung lieber alter Lieder. 2. umgearb., verm. u. verb. Aufl. Gütersloh, Bertelsmann, 1924. VIII, 236 S. 4°. M. 5.—.

Rez. ZfVk 33/34, 172f. (J. B[olte]); JbfhistVk 1, 337 (L. Mackensen).

3390. Körner, Fritz, Deutsches Volkslied u. Kirchenlied zu Luthers Zeit. Daheim 58, 51f.

3391. Bußmann, Ernst, Das alte niederdeutsche Kirchenlied. MQ 16 (1923), 57f.

3392. Lehmann, Paul, Vagantendichtung. BllBayGym 59 (1923), 192—212.

3393. Harzmann, Friedrich, In dulci jubilo Nun singet und seid froh! Aus der Naturgeschichte des deutschen Kommersbuches. (Akademische Bücherei Nr. 8/9.) München, Parcus, 1924. 80 S. kl. 8°.

Kurzer Abriß des deutschen Kommersbuches mit bibliogr. Angaben.

3394. Pick, Friedel, Altprager Studentenlieder. Prag, Deutsche agrarische Druckerei, 1923.

S.-A. aus Festschr. der Lese- und Redehalle der deutschen Studenten in Prag. Prag, Selbstverlag, 1923.

3395. Rummel, Etwas über das Studentenlied. Studentische Nachrichten 15 (1924), 34—36.

3396. Münchhausen, Börries Freih. von, Volkslied, Gassenhauer, Schlager. Ein Vorschlag [zur Sammlung der Gassenhauer]. Frankf. Ztg. vom 13. Juni 1924, 1. Morgenbl.

3397. Storck, K., Volkslied und Gassenlied. Deutsche Sängerbundesztg. 15 (1923), 7—13; Chorleiter 4 (1923), 3f.

3398. Oldag, Harald, Das Berufslied des deutschen Soldaten von 1914—1918. Die Beziehungen von soldatischem Beruf und Soldatenlied. Diss. München 1923. 147 S. (Maschinenschrift).

3399. Kirnbauer, Franz, Das deutsche Bergmanns-Volkslied. Vld 25 (1923), 50—58.

Auch als Sonderabdruck im Verlag des Deutschen Volksgesang-Vereins, Wien erschienen: 16 S. quer 8°; 12 Nrn. mit Mel.

Angez. WZfVk 28, 96; Hmtbll (Unterinntal) 1, H. 6, S. III; Bayerl 34, 249; Wirtsch. u. Statistik 4, 158.

3400. Kirnbauer, Franz, Der Bergmann. DV 1924, 462—473.

3401. Mainka, K., Über den Gesang des oberschlesischen Bergmanns. Aus dem Beuthener Lande 2, 158f.

3402. Schmidt, Arno, Vom westpreußischen Volksliede. (Vortrag.) Danzig, Danziger Verlagsges., 1923. 16 S. gr. 8°.

Angez. ZfDkde 33/34 (1924), 398 (K. Reuschel).

3403. Stückrath, Otto, Westerwälder Volksgesang. Der Westerwald, hrsg. von L. Sternberg. Düsseldorf 1924, S. 135 bis 141.

3404. Voretzsch, Karl, Das Volkslied in der Provinz Sachsen. Heimatkal. Halle 1924, S. 94—98.
Drei neuere Lieder mit Weisen als Probe einer prinzipiellen Sammlung.

3405. Pellon, Alfred, Das Lothringer Volkslied. Sammler 91, Nr. 35 (März 1923), S. 4. — Elsaß-Lothring. Mitt. (Freiburg i. Br.) 1922, Nr. 34, Beilage.

3406. Haemmerli-Marti, Sophie, Im Ärgäu sind zwöi Liebi. Öppis vom Aargau und sine Liedlene. Eidgenöss. National-Kalender (Aarau) für 1924, S. 69—76.

3407. Zack, Viktor, Das Volkslied in der Steiermark. Deutsche Kultur in der Welt 10 (1924), 17—20. (H. 1/4 = Sonderheft: Die Südmark).

3408. Baumann, F., Das Volkslied um Eisenerz. DV 1924, 516—526.
Mit Singweisen.

3409. Graber, Georg, Das Kärntner Volkstum in seinen Liedern. Deutsches Südland, Sonderheft Kärnten, 1921 (Mai).

3410. Geramb, V., Vom alpenländischen Volkslied. Südmark-Jahrb. 26 (1923), 129 f.

3411. Gräbisch, F., Sang und Lust im Glatzer Dorf zu Großvaters Zeiten. MSchlVk 24 (1923), 122—127; 25 (1924), 126—129.
Dialektplauderei über Sangeslust und -gelegenheiten des Landvolks in früheren Zeiten.

3412. Braune, Robert, Wie das Gottscheer Heimatlied entstand. Gottscheer Kalender 1922, 34—38.

3413. Klier, Karl Magnus, Das Volkslied der Deutschen im Karpathenland. Vld 26 (1921), 5./6. Heft, 12.

3414. Rech, Friedrich, Vom deutschen Dorf in Galizien und von seinem Lied. Das junge Volk (Plauen) 5 (1924), 83 ff.

3415. Schünemann, Georg, Kolonistenlieder. Wolgadeutsche Monatshefte (Berlin) 1923, 164—166. — Deutsches Leben in Rußland (Berlin) Jg. 1923, 52—54.

3416. Klatt, Robert, Vom deutschen Volkslied in Kongreßpolen. Der Auslandsdeutsche (Stuttgart) 6 (1923), Nr. 15, S. 432 f.

β) Über bestimmte Stoffe und einzelne Lieder.

3417. Sternkopf, W., Heldenlieder und Schildgesang in Tacitus' Germania. Herm 59 (1924), 232—240.

3418. Ursprung, O., Vier Studien zur Geschichte des deutschen Liedes. 2. Die Mondseer Liederhandschrift und Hermann der Mönch von Salzburg. 3. Wolflin von Lochammers Liederbuch, ein Denkmal Nürnberger Musikkultur um 1450. 4. Der Weg von den Gelegenheitsgesängen und dem Chorlied über die Frühmonodisten zum neueren deutschen Lied. ArchfMusikw 5 (1923), 11—30. 316—331; 6 (1924), 262—309.
6, S. 265 über histor. Volkslieder; S. 295 das Chorlied seit 1590.

3419. Ameln, Konrad, Das „Locheimer Liederbuch"; die älteste Quelle deutscher weltlicher Mehrstimmigkeit. Singgemeinde 1, H. 2, 28 f.
Inzwischen ist die Faksimileausg. A.'s erschienen.

3420. Neußer, Edmund, Das Lochheimer Liederbuch. Vld 25 (1923), 12—15.

3421. Pohl, Gerh., Der Strophenbau im deutschen Volkslied. Berlin 1921.
Angez. AnSpr 147 (1924), 136.

3422. Gumbel, Hermann, Die Dreistrophigkeit im älteren deutschen Volksgesang. Untersuchung über Gesetze seiner inneren Form und seiner Entwicklungsgeschichte. ZfDkde 38 (1924), 280—290.

3423. Bückmann, Ludwig, Über den Rhythmus niederdeutscher Volks- und Kinderlieder. NdZVk 2 (1924), 137—153.
Die Beispiele entstammen z. T. eigenen Erinnerungen und mündlichen Mitteilungen.

3424. Abraham, O., Tonometrische Untersuchungen an einem deutschen Volksliede. Psycholog. Forschung (hg. Koffka) 4, 1—22.

3425. Bockemühl, E., Deutsche Mariadichtung. Bergstadt 12, 21—32.

3426. Künzig, Joh., Zu den Barbaraliedern. SchwVk 13 (1923), 7f.
Zu SchwVk 6, 88; 7, 14.

3427. Hübner, A., Die deutschen Geißler und ihre Lieder. Vortrag im Verein für Volkskunde. Bericht: ZfVk 33/34 (1923/24), 64 f.

3428. Müller, C. H., Alte Demagogenlieder. Volk und Scholle III, 1.

3429. Pommer, Helmuth, Weihnachten im deutschen Volksliede. Illustr. Bodensee-Rundschau 1924, H. 6, S. 110—115.

3430. Erckmann, F., Weihnachten im Kirchenlied vom 14.—16. Jahrh. ZfMusik 89, 546—550.

3431. Alpers, Paul, Niederdeutsches Volkstum im Volkslied. Nds 28, 57—62.

3432. Benzmann, Hans, Pommern im deutschen Liede. (Deutsches Land im deutschen Liede 1). Leipzig-Gohlis, Eichblatt, 1923. 236 S. 8°. M. 3.60.
S. 62—97 hoch- und plattdeutsche Volkslieder, fast ausnahmslos gedruckten Quellen entnommen.

3433. Stendal, Gertrud, Die Heimathymnen der preußischen Provinzen und ihrer Landschaften. Heidelberg 1919.
Rez. LZbl 74 (1923), 449f. (Curt Hille).

3434. Schrecker, Heinz H., Die Erotik im Soldatenlied. Diss. München 1921. 66 S. in Maschinenschrift; Auszug 2 Bl.

3435. Rühl, Udo, Das Nachleben Walthers von der Vogelweide im Volkslied. Ein Beitr. z. Biologie des Volksliedes. Diss. Köln 1923. 105 S. fol. in Maschinenschrift.

3436. Liebleitner, Karl, Lessing und das deutsche Volkslied. Vld 26 (1924), 1./2. Heft, 3 f.

Abdruck des Briefwechsels Nicolai-Lessing betr. „Feinen kl. Almanach" und „Entdeckung" des Besenbinderliedes: enthält also nichts Neues.

3437. Lucerna, Camilla, Ein masurisches Volkslied und Goethes „Gefunden". Der Morgen 1924, 19. April.

3438. Reuschel, Karl, Über Anfang und Schluß von Otto Ludwigs „Zwischen Himmel und Erde". Euph 24, H. 4 (1923), 880—884.

Einwirkung des volkläufig gewordenen Liedes *Umsonst suchst du des Guten Quelle?*

3439. Thode, Otto, Untersuchungen zu Klaus Groth's „Quickborn". Die Abweichungen vom dithmarscher Platt und der Einfluß des Volksliedes. Kieler Diss. 1923. 158 S. Maschinenschrift.

Auszug: Hamburg, Könecke, [1923]. 2 Bl. 8°.

3440. Küffer, G., Volkslieder bei G. Keller? SchwVk 13, 13 f.

3441. Mentz, Ferd., Béranger im rheinischen Volksliede. Neophilologus X, 2.

3442. Webinger, Alfred, Lindemayrische Gedichte im Volksmund. Ein Gedenkblatt zum 17. Nov. 1923. Hmtg 4 (1923), 253—261.

3443. Klier, Zwei volkstümliche Lieder Alexander Baumanns. Vld 26 (1924), 1./2. Heft, 8 ff.

3444. Deneke, O., Koromandel-Wedekind, der Dichter des Krambambuli-Liedes. Göttingen, Selbstverlag, 1922. 80 S. gr. 8°.

Rez. AfdA 42, 190 (E. Schröder); LZbl 75 (1924), 797 (Curt Hille).

3445. Friedländer, Max, Brahms' deutsche Volkslieder. Deutsche Rundschau 193 (1923), 177—182.

3446. Pöschl, Felix, Ein interessanter Fund in der Laaben bei Neulangbach in Niederösterreich. Vld 25 (1923), 25 ff.

Volksliedparallele zu einem Thema aus Brahms' erster Symphonie.

3447. Uhlendahl, Heinrich, Als wir jüngst in Regensburg waren. Eine literarhistor. Skizze. Berlin, Propyläen-Verl., [1924]. 49 S., 3 Taf. 8°.

Monographie über das bekannte Lied: Erk-Böhme Nr. 136.

Rez. ZfVk 33/34, 177 (J. B[olte]); Zbl. f. Bibl. 41, 418 f. (K. Gassen).

3448. Wehrhan, K., Das nd. Volkslied „van Herrn Pastor siene Koh". Leipzig 1922.

Angez. ZfVk 33/34, 63 (J. B[olte]); NdZVk 1, 126 ff. (Paul Alpers); MschlVk 24 (1923), 147 (Siebs); Hmt (Dortmund) 5, 95 (W.); ZfDkde 38, 398 (K. Reuschel); Lit. 25 (1922/23), 1208 (H. Jantzen); Pommerl 8, 64 (Hs.); ZrwVk 19, 57; PfälzMus 41, 91 (A. B[ecker]); Hmtschollen 3, 32; BllBayrGym 59 (1923), 54 (L. Kindsmüller).

3449. Boor, Helmut de, Das niederdeutsche Lied von Koninc Ermenrîkes dôt. Beiträge zur Deutschkunde (Festschr. Theodor Siebs). Emden 1922. 152 S.

3450. Bader, Franz, Das Lied und die Sage vom edlen Moringer. Bayerl 35 (1924), 142—147.

3451. Hirsch, Selma, Das Volkslied vom Grafen Friedrich. ZfVk 33/34 (1923/24), 82 ff.

3452. Obst, Arthur, Das niederdeutsche Lied vom Störtebeker. Niedersachsenbuch 8/9 (1924/25), 45—49.

3453. Voigt, Chr., Das Störtebekerlied. Tägl. Rundschau, 42 (1922), Unterh.-Beil. Nr. 55, S. 175 f.

3454. Brinkmann, E., Das Magdeburgisch Lied. Pfl 1, 449—452.

3455. Friedländer, Max, Das Lied vom Marlborough. ZfMusikwissenschaft 6, 6. 28 S. 4⁰. — Deutsche Rundschau 199 (1924), 46-65.

Angez. ZfVk 33, 34, 157 (J. B[olte]).

3456. Heeger-Herrstein, Fritz, Karl Ludw. Sand im pfälzischen Volkslied. Pfälz. Heimat, Sonderbeilage der Pfälz. Rundschau vom 2. Nov. 1924.

3 Lieder ohne Melodie.

3457. Heeger, Fritz, Die Festung Landau im historischen Volkslied. Pfälzer Land (Beil. zum Landauer Anzeiger) 1922, Nr. 48.

5 Lieder aus der Sammlung Heeger-Wüst, über deren Fortgang am Schluß berichtet wird.

3458. Avanzini, Rudolf, Zu einem Linzer Volksliede. OstbGr 13 (1924), 93—96.

Steh ich am eisernen Gitter (Melodie S. 92): Erk-Böhme Nr. 727.

3459. Bächtold-Stäubli, Hanns, Amerikalied. SchwVk 14 (1924), 42 ff.

Du willst den Bürgerbrief zerreißen ...

3460. Weiß, Wisso, Vom Bodenseelied. Unterm Rosenhut. (Villingen) 1 (1924), 92 f.

Majestätisch hoch da droben ...

3461. Meier, John; Züricher, G.; Mohr, Fritz: *Freut euch des Lebens.* [Usteri]. SchwVk 13 (1923), 64 f. und 14 (1924), 14 f.

3 Antworten auf eine Anfrage.

3462. Sinwel, Rudolf, Das „Boarlied" und dessen mutmaßlicher Verfasser. Hmtbll (Unterinntal) 2 (1924), H. 3, 9—12; H. 4, 6 f.

„Ein Tiroler-Lied über die Baiern", vermutlich 1813/14 von Christian Blattl dem Älteren verfaßt. Dazu vgl. noch J. Filzer, ebda. H. 6, S. III über den „Schlosser-Hanesl".

3463. H[offmann]-K[rayer], E., und Troxler, Jos., Der Vereli im Examen. (Zum Vereli-Lied). SchwVk 13 (1923), 24. 46.

Verf. Eduard Pfyffer (1800—1888).

3464. Polzer, Aurelius, Noch einmal das Lied vom Verele und noch ein paar Reimlein. Heimat (Bregenz) 5 (1924), 24—27.

Ein Studentenmarschlied mit humoristischen Examensfragen. Vgl. Heimat 4 (1923), Nr. 9/10, 151—154.

3465. Müller, Alfred, Das Volkslied vom gebirgischen Mädel und sein Verfasser. Der Heimatforscher (Beil. zur Sächs. Heimat 7, H. 12) Nr. 6, Sept. 1924, 21—24.

Verf. Advokat Karl Friedr. Döhnel.

3466. Schröder, Stille Nacht, heilige Nacht. Hmt (Dortmund) 6 (1924), 340 f.

Wie das Lied in dem Dörfchen Rahm bekannt wurde.

γ) Pflege und Forschung.

3467. Janiczek, J. (W. Hensel), Im Zeichen des Volksliedes. Ein Wegweiser für Heimat und Volk zu einer musikalischen Erweckung als notwendiger Vorstufe der Erneuerung. (Der Volksbildner Nr. 6.) Reichenberg i. B., F. Kraus, 1923. 111 S.

Angez. ZfVk 33/34, 121; Vld 25, 46 f. (K. Liebleitner); Egerl 27, 108; SächsHmt 7, 294.

3468. Janiczek, J. (W. Hensel), Lied und Volk. Eine Streitschrift wider das falsche deutsche Lied. Eger, Böhmerland-Verlag, 1923. 32 S.

Angez. Vld 25, 46 (K. Liebleitner); Egerl 27, 108; SächsHmt 7, 294.

3469. Hensel, W. (J. Janiczek), Vom wahren Volksliede. Musikantengilde 1 (1923), 4.

3470. Frings, W., Erfasse die Schönheit deines Volksliedes, deutsches Volk! Regensburg 1920.

Angez. Vld 26 (1924), 3./4. Heft, 13 (Z[oder]).

3471. Matzdorf, Paul, Von der Wiedererweckung des deutschen Volksliedes. Preußische Lehrerztg. 1924, Nr. 136 vom 13. November.

3472. Volkslied und Volkserneuerung. Oberlausitzer Hmtztg. 5, 318.

3473. Repp, Friedrich, Das Volkslied als Grundlage für eine Musikerziehung und als Gegenstand der Forschung. Singgemeinde 1, H. 2, 29 ff.

3474. Liebleitner, Karl, Wegweiser für Chormeister, die das deutsche Volkslied pflegen wollen. Vld 26 (1924), 9./10. Heft, 21 f.

3475. Steinitzer, M., Volkslied im Männerchorgesang. Leipz. Neueste Nachr. vom 9. Dez. 1924.

3476. Pommer, Helmuth, Die Volksliedpflege und ihre Bedeutung für unsere Zeit. Illustr. Bodensee-Rundschau 1924, H. 5, S. 91—94.

3477. Panzer, G., Pflege des Volksliedes. Deutsche Sängerbundesztg. 15 (1923), 100 f.

3478. Frommann, Ferd. Heinz, Die Pflege des Volksliedes in den Gesangvereinen. Unterm Rosenhut (Villingen) 1 (1924), 86 ff.

3479. L[iebleitner], Die Sängerreise des deutschen Volksgesang-Vereins Wien und Umgebung nach Deutschland. Vld 25 (1923), 48.

Hinweis auf das Programmbüchlein (32 S.), das neben dem Druck der Lieder mehrere kurze Aufsätze enthält: Ludwig Riemann, Wir Norddeutschen und der Wiener Volksgesangverein; Eduard Hemsen, Kunstmusik und Volksmusik; Karl Kronfuß, Der Jodler in Österreichs Alpen (auch abgedruckt Vld 26, 3./4. Heft, 5—8); Raimund Zoder, Die österr. Instrumental-Volksmusik; Karl Liebleitner, Vom deutschen Volksliede in Österreich und wie wir es singen.

3480. Liebleitner, Die Heimkunft der deutschen Volksgesangvereine von Wien, Liesing, Baden und Mödling von ihrer Deutschlandsreise im Frühling 1923. Vld 25 (1923), 64.

Sämtliche Berichte der reichsdeutschen Zeitungen über die Volksliederabende sind als Broschüre (40 S.) im Verlag des Deutschen Volksgesangvereins, Wien erschienen.

3481. Liebleitner, Zwanzig Jahre Deutscher Volksgesangverein Liesing. Vld 25 (1923), 30 f.

3482. Liebleitner, Die „Sängerrunde Deutsches Volkslied in Lindau". Vld 25 (1923), 30.

3483. Liebleitner, Karl, Die Elternabende der Wiener Volks- und Bürgerschulen. Vld 25 (1923), 30.

3484. Liebleitner, „Ein Volksliederabend" in Nordböhmen. Vld 25 (1923), 15.

3485. Koch, Gaudentius, Tirolische Fahrten und ähnliches. Regensburg, Kösel & Pustet, 1923. 366 S.

Darin „Einen Tag dem Volkslied".
Angez. Schlern 4, 228.

3486. Zack, Viktor, Das deutsche Bergmanns-Volkslied. Uraufführung. Vld 26 (1924), 3./4. Heft, 10.

3487. Haimerl, J., Der Innviertler Volksliedersammler. Hmtg 4 (1923), 106—110.

Erfahrungen und Anregungen.

3488. Beck, Chr., Was ich beim Volksliedersammeln erlebte. FränkHmt 2 (1923), Festnummer = Heft 8, 11—15.

3489. Mautner, Konrad, Die Singer-Thres (eine flüchtige Begegnung). Vld 25 (1923), 5.

3490. Weiß, Der alte Frankfurter von Peterzell. Unterm Rosenhut (Villingen) 1 (1924), 20 f.

Erzählt von einem alten Volksliedsänger und seinen Liedern.

3491. Zack, Viktor, Seltsame Liebeshuldigung. Aus den Erinnerungen eines Volksliedsammlers. Alpenländ. Mtshfte 1924, 22 f.

3492. Günther, Fritz, Die schles. Volksliedforschung. Breslau 1916. Rez. KblSbLk 46 (1923), 13 f. (Adolf Schullerus).

3493. Stöcklin, A., (Schweizer) Volksliedarchiv (Bericht über d. J. 1922/23). SchwVk 13 (1923), 48 f.; 14 (1924), 81 f.

3494. Künzig, Johannes, Badischer Volksliederausschuß. Hmtl 11 (1924), 140 f.
Arbeits- und Sammelbericht über die Zeit von April bis Dez. 1924.

3495. Künzig, Johannes, Aufruf zur Sammlung badischer Volkslieder. Hmtl 11 (1924), 81—83; Badische Schulzeitung 1924, 390; MannhGschbll 25 (1924), 166—169.
Auch als vierseitiges Flugblatt erschienen.

3496. Kraus, Alfred, Der Schwarzwaldtrachtenverband als Hüter des Volkslieds. Unterm Rosenhut (Villingen) 1 (1924), 84 f.

3497. Aufruf zur Sammlung badischer Volkslieder. Unterm Rosenhut (Villingen) 1 (1924), Nr. 6/7.

3498. K., L., Heimat- und Volkslieder. Spessart 10 (1924), Nr. 8, S. 13 f.
Aufruf zur Sammlung der Spessarter Volkslieder.

3499. Aufruf zur Sammlung von Kinderliedern und Kinderspielen. FränkHmt 3 (1924), 50.

3500. Hoch, Fritz, Aufruf (zur Sammlung fränkischer Volkslieder). FränkHmt 3 (1924), 302.

3501. Volkskundliche Sammelarbeit [Hannoversches Volksliedarchiv] MQ 16 (1923), 47.

3502. Volksliedsammlung in der Provinz Hannover. NdZVk 1 (1923), 68.
Bildung des Ausschusses; Aufforderung zur Mitarbeit.

3503. Nies, Albert, Ludwig Erk, der Sammler unserer Volkslieder. Mein rheinisches Heimatland. Jahrbuch 1923, 151 f.

3504. Liliencron, Rochus von, An Rudolf Hildebrand. Meiningen d. 10. Nov. 65. Euph 25 (1924), 19.
Brief über die Herausg. der „Historischen Volkslieder".

3505. Liebleitner, Karl, Karl Kronfuß. Ein Gedenkblatt. Vld 26 (1924), 3./4. Heft, 2—5.

3506. Liebleitner, Karl, Hans Neckheim. Vld 25 (1923), 63.
Zum 80. Geburtstag.

3507. Muthreich, Susanne, Julius Roger und das oberschlesische Volkslied. Wir Schlesier 5 (1924/25), 3.

c) Texte.

α) Mehrere Lieder. Liedersammlungen.

3508. Sahr, Julius, Das deutsche Volkslied. Ausgew. u. erl. 4. Aufl. hrsg. von Paul Sartori. 2 Tle (Samml. Göschen Nr. 25. 132). Berlin, de Gruyter, 1924. 132, 108 S. kl. 8°. je M. 1,25.
Angez. ZfVk 33/34, 174 (J. B[olte]); Archiv f. Musikwiss. 6, 378 (J. Wolf); DG 25 (1924), 117.

3509. Alpers, Paul, Die alten niederdeutschen Volkslieder. Gesammelt und mit Anmerkungen herausgeg. Hamburg, Quickborn-Verlag, 1924. 260 S. 8°. M. 4,50.

Angez. Lit. 26, 389 (Ernst Lissauer); LZbl 75, 40; ZrwVk 20/21, 87 f.; Jahrb. f. histor. Vk. 1, 336 (L. Mackensen); HmtK 34, 154; MQ 17, 84; Nds 29, 189 (Lindemann).

Rez. Teuthonista 1 (1924/25), 72 f. (Willi Flemming); NdZVk 2, 195 f. (E. G[rohne]); KblndSpr 39, 15 (C. Borchling); MschlVk 25, 164 f.; ZfVk 33/34, 116 (J. B[olte]); AnSpr 147, 136; ZfDkde 38, 397 f. (K. Reuschel). 399 (Hofstätter).

3510. Alpers, Paul, Die Benckhäuser Liederhandschrift von 1573. NdZVk 1 (1923), 108—113.

In ein 1573 angelegtes westfälisches Stammbuch sind 44 Lieder, auch Sprüche eingetragen.

Angez. ZfVk 33/34, 153 (J. B[olte]).

3511. Lach, Robert, Eine Tiroler Liederhandschrift aus dem 18. Jahrhundert (SitzbWien 198. Band, 5. Abhandl.). Wien und Leipzig, Hölder-Pichler-Tempsky, 1923. 62 S. M. 3.—.

Kirchen- und Begräbnislieder, Tänze, von einem Dorfschulmeister um 1796 samt Mel. aufgeschr.

3512. Finke, Hermann, Als der Großvater die Großmutter nahm. Die Pyramide 1924, Nr. 23.

Behandelt ein hsl. Liederbuch des Karlsruher Zimmermeisters Carl Messmer von 1826; es enthält 23 Lieder, meist volkstümliche Gesellschaftslieder, aus Opern und Singspielen. Abgedruckt sind die 17 Strophen von „Ich bin der Schneider Cacadu“, mit Anspielungen auf den griechischen Freiheitskrieg und Karlsruher Theaterverhältnisse.

3513. Willige, Wilhelm, Ein Brief Bettinens an Clemens Brentano. ZfDkde 37 (1923), 182—188 [mit Nachweisen Fr. Panzers].

Der wichtige Brief enthält 10 Lieder, die Baier nur z. T. für die Neubearbeitung des Wunderhorns genutzt hat und die infolgedessen einiges Neue für die Vorlagen des Whs über Bode hinaus ergeben.

3514. Seemann, Erich, Volkslieder aus Schwaben gesammelt und zur Guitarre gesetzt. 1. Heft. Stuttgart, Berthold & Schwerdtner, 1923. 31 S. (lithogr. mit Illustr.). 8°. M. 0,60.

3515. Lämmle, August, Die Volkslieder in Schwaben. Erste Reihe. Aus dem Munde des Volkes aufgezeichnet. (Schwäbische Volkskunde, im Auftrag des Württembergischen Kultministeriums und mit Unterstützung der Felix Schlayer-Stiftung herausgeg., II). Stuttgart, Verlag Silberburg, 1924. 117 S. 8°. geb. M. 2,50.

Angez. ZfVk 33/34, 166 (F. B[oehm]); HessBll 23, 169 f. (Hepding).

3516. [Kraus, Alfred,] Zwei Proben von Wälder Volksliedern. Unterm Rosenhut (Villingen) 1 (1924), 89 f.

Wie ist's im Frühling wohl auf dem Schwarzwald ... und *Nun geht es gegen die Nacht* ... (Erk-Böhme Nr. 157).

3517. [Kraus, Alfred,] „Das Lied vom weißen Bettelbub“ und „Wirtshauslied“. Unterm Rosenhut (Villingen) 1 (1924), 109 f.

3518. Kraus, Alfred, Vom Dramatischen im Volkslied. Unterm Rosenhut (Villingen) 1 (1924), 88—92.

Mitgeteilte Texte: *Es waren einst zwei Bauernsöhn* ... und *Verlassen auf der ganzen Welt* ...

3519. Lefftz, J., Zwei elsässische Volkslieder vor Gericht. Elsaßl 3, 252 f.

Wenn das Bier so bitter ist; Das Dauendorfer Magnificat.

3520. Pfleger, Alfred, Hunspacher Volkslieder. Elsaßl 4 (1924), 208—212. „Soultz-sous-Forêts et ses environs" (Festschr. 1924), S. 30 ff.

3521. Mann, J., Zwei Volkslieder. Elsaßl 3 (1923), 380.

3522. Greyerz, Otto von, Histor. Volkslieder der deutschen Schweiz. Leipzig 1922.

Angez. ZfVk 33/34, 48 (J. B[olte]); BllBayGymn 59, 158 f. (H. M.); MschlVk 25, 161 f.; LZbl 74, 15 (Ulrich Baltzer); Schweiz. Mtshfte f. Politik u. Kultur 2, 473.

3523. In der Gand, Hanns, Alti Schwyzerlieder. Biel, E. Kuhn, o. J. [1922?]. 79 S.

Angez. SchwVk 13, 16 (E. H[offmann]-K[rayer]).

3524. Pommer, Helmuth, Volkslieder und Jodler aus Vorarlberg. Gesammelt und hrsg. (Flugschriften und Liederhefte, hrsg. von dem Deutschen Volksgesangverein in Wien, 17. Heft.) Wien, Verlag des Deutsch. Volksges.-Ver. in Wien, 1924. 41 S. 8°. Sh. 1.20.

3525. Stemplinger, Eduard, Klampfen her und g'sunga. Volkslieder in altbayer. Mundart ges. (= Bücher der Heimat aus Bayern, Österreich und Tirol, Bd. 5). Altötting, Verlag „Bücher der Heimat", 1924. 78 S. kl. 8°. M. 1.50.

3526. Liebleitner, Karl, Rosen aus dem Wundergarten des deutschen Volksliedes. 4/5. Vld 25 (1923), 22 f. 41.

1—3 s. ebd. 24, 14 f. 21 f. 25—28 (Bibliogr. 1921/22 Nr. 2860).

3527. Liebleitner, Karl und Raab, Leopold, Die Lieder von der Tauschek-Mahm. Vld 25 (1923), 6. 16; 26 (1924), 7./8. Heft, 16.

Acht Lieder, vorgesungen von der fast 80jährigen Frau Anna Teuschitz aus Neu-Mödling.

3528. Commenda, Hans, 25 oberösterreichische Volkslieder u. Jodler. Linz 1920.

Angez. ZfVk 33/34, 45 (J. B[olte]).

3529. Liebleitner, Karl, und Herzog, Peter, Wie Volkslieder wandern und sich verändern. Vld 26 (1924), 3. und 4. Heft, 14 f.

Es werden die beiden Lieder: *Schean is'r nix, d'r Pua* ... (Kärnten) und *Daß's in Wåld finster is* ... (Niederösterreich) nebeneinander gestellt.

3530. Herzog, Peter, Wie man in und um Mariazell die Almlieder singt. Vld 25 (1923), 21 f.

3 Liedaufzeichnungen.

3531. Ströter und Seifert, Wie eine Quelle. Volkslieder (zur Laute). Gesammelt u. bearbeitet. Vornehmlich am Niederrhein und im Bergischen Lande aufgezeichnet. (Musik im Haus, Heft 37). M.-Gladbach, Volksvereins-Verlag, [1924]. 88 S. 8°. M. 1.60.

3532. Wehrhan, K., Dramatisierte Volkslieder. ZrwVk 20/21 (1923/24), 71—74.

Edelmann und Schäfer, Edelmann im Habersack, Binderlied.

3533. Gathmann, Heinrich, Das Volkslied in Gelsenkirchen. Hmt (Dortmund) 5 (1923), 223—227.

15 Lieder mit Melodie. Vgl. ebda 1922, Septemberheft.

3534. Haas, A., Pommersche Volkslieder. Hmtkal. für Pommern 1924, S. 69 ff.

1. De Growschmied. 2. Der Jäger und sein Lieb. 3. Reservistenabschied. 4. Mein Rügenland.

3535. Haas, A., Pommersche Volkslieder. Stettiner Abendpost 22, Nr. 272 und 291.

1. *Es wollt ein Jägerlein jagen.* 2. *Karl, warum zürnest du?* 3. *Gäus' uppe Däl.*

3536. Schimanke, P., Plattdütsch Volksleeder. Stettin [Verlag?] 1922.

7 Lieder mit Melodie.

3537. Schmidt, Arno, Brösener Volkslieder. Ostdeutsche Mtsh. 4, 220 ff.

3538. Volksliederschatz eines Spessartdorfes. Mainkalender 1925, S. 44 ff.

47 Lieder.

3539. Stückrath, Otto, Alte Lieder. Heimatschollen 3, 7, 54 f.

3540. Hartenstein, C., Im Garten des Volksliedes. Heft 1: Zehn deutsche Volkslieder. Heft 2: Zehn Rundas und Schlumperlieder. Heft 3: Zehn Kunstlieder im Volksmunde. Heft 4: Zehn Rundas — aus dem Volksmunde gesammelt und mit leichter Gitarrebegleitung eingerichtet. Leipzig, Steingräber, 1924. 23, 18, 22, 24 S. gr. 8°. Je M. 1.—.

3541. Hartenstein, C., Deutsche Volkslieder für gemischten Chor. Heft 1—3. Leipzig, Steingräber, [1924]. 24, 22, 22 S. 8°. Je M. 1.—.

„Wort und Weise habe ich mit größter Treue aufgezeichnet und unverändert gebracht."

3542. Hartenstein, C., Die Rockenstube. Thüringer Volkslieder u. Rundas. Jena 1922.

Angez. Vld 26, 7./8. Heft, 7 (Liebleitner).

3543. Voretzsch, Karl, Volkslieder aus Halle. Hmtkal. für Halle u. d. Saalkreis 1925, S. 109 ff.

7 Lieder mit Melodie.

3544. Volkslieder aus der Großenhainer Pflege. Aus der Hmt (Monatsbeil. zum „Großenhainer Tageblatt") 7 (1922), Sept. und Nov.

Je eins wird mitgeteilt.

3545. Sieber, F., Volkslieder. Oberlausitzer Heimatzeitung 4, 62.

3546. Siebs, Theodor, und Schneider, Max, Schlesische Volkslieder mit Bildern und Weisen. (Landschaftliche Volkslieder. Mit Bildern, Weisen und einer Lautenbegleitung im Auftrage des Verbandes deutscher Vereine für Volkskunde und der preuß. Volksliedkommission hrsg. von Joh. Bolte, Max Friedländer und John Meier). Breslau, Bergstadtverlag, 1924. 109 S. 8°. M. 2.—.

3547. Perlick, A., Zur deutschen Volksliedforschung im Beuthener Lande. Aus dem Beuthener Lande 2, 63f.
Meine Mutter kümmert sich. Sollte mir das Herz nicht bluten.

3548. Ille, Karl, Das deutsche Volkslied. (4 Hefte). Trautenau, Selbstverlag, 1920 (1. Heft) und 1924. 54 S. (Heft 1, 2 und 4 sind durchgezählt) und 29 S. (3. Heft). kl. 8° und 8° (3. Heft).
Das erste Heft trägt noch den Titel „Das deutsche Volkslied im Riesengebirgsgau. Eine Sammlung von Volksliedern, für Freunde des Volksgesanges zusammengestellt." Es enthält 19 Lieder und einen „Nachtrag" (4 S. Noten): „Ein zu Weihnachten 1919 in der ‚Reichenberger Ztg.' erschienener Aufsatz hatte die Einsendung von mehr als 200 Liedern zur Folge . . . die Quellenangabe ist einem Abschlußheftchen vorbehalten." Heft 2 enthält 20 Lieder. Heft 3 hat den Untertitel: „Volksgesang, Volksgesangslehrgänge". Heft 4: „20 zweistimmige Lieder für Ausflüge und Wanderungen" (enthält fast nichts mündl. Aufgenommenes).
Angez. Singgemeinde 1, 35 (H. E[ppinger]).

3549. Aus Großmütterchens Liederschatz. Heimat (Beil. des „Volksboten", Trautenau) 2 (1924).

3550. Kolb, Alexis, Der Spuk in der Dorfschenke. Erzg-Ztg 45, 131—133.
Enthält einige Volksliedertexte.

3551. Hofmann, Josef, 20 Egerländer Volkslieder. Gesammelt. Für mehrstimmigen Chor vertont von Albert Marterer. Karlsbad, Josef Hofmann, o. J.
Rez. Egerl 27 (1923), 123 f. (—).

3552. Stolz, Hans, Liederhannes. Alte deutsche Volkslieder aus Nordmähren, Westschlesien und Ostböhmen. Gesammelt und seinen Landsleuten gewidmet. Freudenthal, Schlesische Verlagsanstalt W. Krommer, [1924]. 98 S. 8°. M. 1.25.

3553. Stolz, Hans, Zwei Scherzlieder aus Bodenstadt in Nordmähren. Vld 26 (1924), 5./6. Heft, 24.

3554. Repp, Friedrich, Zipser Liederblatt. Herausgegeben im Auftrage des Käsmarker Bezirksbildungsausschusses. (Aus der Reihe Sudetendeutscher Volksliederschatz, hrsg. von Walther Hensel und Joh. Stauda.) Sternberg (Mähren), Drei-Tannen-Verlag, [1924]. 30 S. 8°. M. 1.20.

3555. Repp, Friedrich, Volkslieder aus der Zips. Der Wächter 7 (1924), 353—356.
7 Lieder.

3556. Göth, Ignaz, und Hensel, Walther, Iglauer Liederblatt. Herausgegeben im Auftrag der Arbeitsgemeinschaft für Heimatkunde der Iglauer Sprachinsel. (Aus der Reihe Sudetendeutscher Volksliederschatz, hrsg. von Walther Hensel und Joh. Stauda). Sternberg (Mähren), Drei-Tannen-Verlag, [1924]. 30 S. 8°. M. 1.50.

Angez. Singgemeinde 1, 34 (A. S.).

3557. Schönhengster Volkslieder, herausgegeben vom Volksliederausschuß des Mähr.-Trübauer Lehrervereins. 1. Folge, 2. Aufl.; 2. Folge. 6 S., 30 Nrn.; II, 30 Bl. je M. 1.80 (lithographiert).

3558. Hübl, Karl, Volkslieder aus dem nördlichsten Schönhengsterland, Dreihöf, Lichwe, Tschernowier. MSchönVk 19 (1923), 5—32.

3559. Brandsch, Gottlieb, Volkslieder. DV 1922, 208 f.

Drei Volkslieder aus Siebenbürgen: „Scheiden", „Liebesbotin", „Liebesleid". Mit Singweisen.

3560. Rech, Friedrich, Heimatlieder aus den deutschen Siedlungen Galiziens, 1. Heft. Herausgegeben . . . unter Mitwirkung von Otto Kantor als musikalischem Berater. Biala bei Bielitz, Musikverlag Fortuna, 1924. 56 S. 8°.

Angez. Vld 26, 7./8. Heft, 7 (Liebleitner).

3561. Schünemann, Georg, Das Lied der deutschen Kolonisten in Rußland. Mit 434 in deutschen Kriegsgefangenenlagern gesammelten Liedern. (Sammelbände für vergleichende Musikwissenschaft, hrsg. von Stumpf und Hornbostel, III). München, Drei Masken-Verlag, 1923. XII, 446 S. 4°.

Angez. Vld 26 (1924), 5./6. Heft, 13 f. (Raimund Zoder).

Rez. ZfVk 33/34, 59 f. (J. B[olte]); Archiv f. Musikwiss. 5, 337 f. (J. Wolf); Musik 16 (1924), 129 (H. J. Moser); Vergangenheit u. Gegenwart 14, 56 (G. Fittbogen); ZfMus 91, 579.

3562. Das deutsche Lied in den deutschen Wolgakolonien. Wolgadeutsche Monatshefte (Berlin) 1922, 25—29.

Texte: Das Manifest. Das Kaiserlied. Kathol. Brautlied. Auswandererlied. Der Falschmünzer. Nach Brasilien. Das Matrosenlied.

3563. Lüers, Fr., Die deutschen Lieder der Carmina Burana. Nach der Hs. Clm. 4660 der Staatsbibl. München. (Kleine Texte hrsg. v. Lietzmann 148). Bonn 1922.

Angez. BllBayGym 59 (1923), 154.

3564. Brentano, C., und Arnim, A. v., Des Knaben Wunderhorn. Ausgew. u. eingel. von F. Ranke. Leipzig, Inselverlag, [1923]. XIV, 261 S.

3565. Naumann, Hans, Deutsche Volkslieder. Langensalza 1921.
Angez. ZfVk 33/34, 55 (J. B[olte]).

3566. Kern, F., Deutsche Volkslieder des Mittelalters. Berlin 1922.
Angez. ZsfBücherfr 16, 128; Sammler 92 (1923), Nr. 26 vom 31. März.

3567. Peters, Ulrich, Das Volkslied im bürgerlichen Mittelalter (= Diesterwegs deutschkundl. Schülerhefte, 2. Reihe). Frankfurt a. M., Diesterweg, 1923.

Zwei Hefte: 1. Schülerheft; 2. Unterrichtsbeispiele. Je 32 S. 8°.

3568. Lange, G., Alte deutsche Balladen, hrsg. München, C. H. Beck, 1924. 89 S.
28 Balladen in moderner Bearbeitung, beginnend mit dem ergänzten Hildebrandsliede.

3569. Pommer, Helmut, 25 frische und liebliche deutsche Liedlein im Satze für gemischten Chor. Aus den Quellen bekanntgegeben. (Liederhefte der Sängerrunde Deutsches Volkslied, Lindau, 2.) Lindau a. Bodensee, Joh. Thom. Stettner, 1924. M. 0.60.
Rez. Vld 26 (1924), 7./8. Heft, 6 f. (Ed. Hemsen).

3570. Pommer, Josef, 25 Volkslieder aus Franken. Ausgewählt und für Sopran, Alt, Tenor und Baß gesetzt. Aus dem Nachl. hrsg. von Helmut Pommer. 16. Flugschrift des Wiener Volksgesangvereins [wann?]. Sh. 1.40.
Angez. Vld 26 (1924), 7./8. Heft, 7 (Liebleitner).

3571. Baußnern, W. v., Alte Volkslieder dreistimmig gesetzt. 5. Aufl. Marburg, Elwert, [1923]. 53 S.

3572. Hensel, Walther (Dr. Julius Janiczek), Das Aufrecht Fähnlein. Liederbuch für Studenten und Volk. Eger und Leipzig, Böhmerland-Verlag, August 1923. 230 S.
Volksliederbuch mit meist zwei- und dreistimmigen Sätzen: enthält gegen zweihundert Lieder, darunter besonders viele fränkische.

3573. Hensel, Walther, Die Finkensteiner Blätter. Ein lebendiges Liederbuch in monatlicher Folge herausgegeben. Augsburg, Bärenreiter-Verlag, I, 1—12 (1923); II, 1—12 (1924). qu.-8°. je M. 0.20.
Zweck: Das gute Lied in guten Sätzen (z. T. Lauten- oder Geigenbegleit.) wieder zum Volksgut zu machen. Enthält auch einzelne kurze Aufsätze.

3574. Lämmle, A., Deutsche Volkslieder ausgewählt. Stuttgart, Fleischhauer & S., 1923. 144 S.

3575. Wirth, A., Das deutsche Volkslied. Ausgewählt und erklärt. (Deutsche Schulausgaben Nr. 109.) Dresden, Ehlermann, [1923]. 88 S.
Angez. ZfDkde 38, 397 (K. Reuschel).

3576. Böckel, Otto, Das deutsche Volkslied. Hilfsbüchlein für den deutschen Unterricht. 2. Aufl. Leipzig, Quelle & Meyer, 1924. 103 S. 8°. M. 0.80.
Angez. BllBayGym 60, 364 (H. M.); Sammler 93 (1924), Nr. 110 vom 18. Sept.

3577. Böhm, Anton, und Burkhart, Franz, Fahrend Volk. 250 deutsche Volkslieder mit Lautenbegleitung, im Auftrage der studentischen Verbände Jungösterreich und Neuland hrsg. Wien, Volksbundverlag, 1923. 362 S. kl. 8°.
Schöpft bisweilen aus ungedruckten Materialien von F. Großmann und M. Pfliegler.

3578. Neumann, Klemens, Der Spielmann. Liederbuch für Jugend und Volk. Hrsg. Deutsches Quickbornhaus Burg Rothenfels am Main [o. J., Vorrede datiert 1922]. 4. (umgearbeitete und vermehrte) Auflage. 384 S.
Im allgemeinen aus gedruckten Quellen.

3579. Rosen und Rosmarin. Auswahl deutscher Volkslieder. Leipzig, Schoeßmann, [1923]. 96 S. mit Bildern.

3580. Böse, H., Das Volkslied für Heim und Wanderung. 2. Aufl. Berlin, Arbeiterjugendverlag, [1923]. XX, 294 S.

3581. „Was singet und klinget". Liederbuch des Bundes. deutscher Jugendvereine (Sollstedt).
Angez. Unterm Rosenhut (Villingen) 1 (1924), 108 (A. K[raus]).

3582. Ruhe, Hans, und Tränckner, Chr., Schleswig-holsteinisches Liederbuch. 2. verm. Aufl. Bordesholm, Nölke, 1924. 110 S. M. 0,70.

3583. 60 schöina Liedla as'n Eghaländ, darunter 14 Lieder mit Noten. Leipzig-Wien, Lyra-Verlag (H. Molitor), [1924]. Umschlagzeichnung von Gößl.
Verfasser oder Zusammensteller nicht genannt.
Rez. Egerl 28 (1924), 112 (Frank).

3584. Klinger, Franz, Zehn Egerländer Volkslieder. Lautenbegleitung von Fr. Kl. z. Reichenberch. Im Selbstverlag der Echalanda Gmoin, 1924.
Angez. Egerl 28, 112 (Frank).

3585. Angenetter, August, und Blümml, Emil Karl, Lieder der Einserschützen. Gesammelt, herausgegeben und mit Gitarrebezeichnung versehen. (Deutschösterreich. Bücherei III.) Wien, Burgverlag Ferd. Zöllner, 1924. 174 S. 8⁰. M. 2.—.
Rez. ZfVk 33/34, 153 (J. B[olte]); DG 25, 69.

3586. Soldatenlieder. Gesammelt vom Militärverein Schopfheim. Schopfheim, Buchdruckerei Gg. Uehlin, 1924. 20 S. 8⁰.

3587. Ohlmer, R., Jägerlieder. Gesammelt und herausgegeben. Duderstadt, Mecke, 1924. 68 S. 16⁰. geb. M. 1.—.
71 Nrn., meist Kunstlieder, ohne Melodien.

3588. Wolkan, Rudolf, Wiener Volkslieder aus fünf Jahrhunderten. Gesammelt und eingel. 2, 1: 1800—1848; 2, 2: 1850—1914. Wien, Bibliophilengesellschaft, 1923. 369 S.

3589. Glossy und Haas, Wiener Komödienlieder aus drei Jahrhunderten. Wien, Schroll, [wann?].
Res. ZfMus 91, 647.

3590. Hafner, Philipp, Scherz und Ernst in Liedern. Faksimiledr. hrsg. von E. K. Blümml. Wien 1922.
Angez. ZfVk 33/34, 48 (J. B[olte]); ZfMusikwissensch. 5, 404 (R. Haas).

3591. Nette, P., Alt-Münchener Lieder. Der Auftakt 3, 137—140.

3592. Alte Drehorgellieder. Vaterstädtische Bll. (Beil. der Lübeckischen Anzeigen) 1922/23, Nr. 6.

3593. Zoder, Raimund, Bäuerliche Gelegenheitsdichtungen. Vld 25 (1923), 37—40.
1. Das Lied von der Dreschmaschin. 2. Das Lied von der Murtalbahn. 3. Der Contraband. 4. s' Schmalzführn.

β) Bestimmte Stoffe und Anlässe.

3594. Webinger, Alfred, Weihnachtslieder aus Oberösterreich. Hmtg 4 (1923), 201—252.

Einleitung [mit Quellen und Lit.]; A. [45] Texte; B. Verzeichnis der Anfänge bereits veröffentlichter Lieder [207 Nrn.]; C. [34] Melodien [in einer besonderen Beilage]. Ergänzungen S. 304.

3595. Stoecklin, Adele, Weihnachts- und Neujahrslieder aus der Schweiz. Basel 1921.

Angez. Vld 26 (1924), 3./4. Heft, 13.

3596. Pommer, Helmut, 20 Weihnachtslieder aus dem Volke. Ausgewählt und für gemischten Chor gesetzt. (Liederhefte der Sängerrunde Deutsches Volkslied, Lindau, 1.) Lindau a. Bodensee, Joh. Thom. Stettner, 1924. M. 0.60.

3597. Bonus, A., Deutsche Weihnacht. Spiele und Lieder aus alter Zeit. Weimar, Lichtenstein, 1924[2]. XXXII, 271 S.

3598. Hölzl, Martin, Gott grüaß enk Leutl. 39 alte Hirtenlieder oder Weihnachtsgesänge aus dem Volke und für das Volk, mit Noten ges. und bearbeitet. 9. und 10. Aufl. Graz, Styria, 1924. 84 S. 16⁰. M. 0.60.

3599. Schaller, Ferdinand, Hirtenlieder zur Zeit der Geburt Jesu Christi. Im Tonsatze nach den Aufzeichnungen des Lehrers Ferdinand Schaller, Ebensee. Gmunden, Johann Habacher, [wann?].

Angez. Vld 25 (1923), 31 (R. Zoder).

3600. Tschinkel, Wilhelm, Weihnachtsbräuche im Gottscheerlande. Gottscheer Kalender 1923, 61—66.

Krippenlied. Kinderlieder. Sprüche beim Rutenschlagen (Unschuld. Kindertag). Silvester-, Neujahrs- und Sternsingerlieder.

3601. Tschinkel, Hans, Wie der liebe Gott Herberge sucht. Gottscheerkalender 1923, 49—52.

2 Lieder in Gottscheermundart mit Singweise. „Der liebe Gott": *Bie vrie ischt auf dar liebe Gott!* . . . „Die gute heilige Dreifaltigkeit": *Die gueten drai Mogantarlain* . . . (aus dem Slowenischen).

3602. Tschamler, Rudolf, Das Dreifaltigkeits-Lied. Kuhländch. (Neutitschein) 6, 44—46.

Mit Singweise.

3603. Wurschi, Sepp, Iglauer Weihnachtslied. DmährHmt (Brünn) 1923, 39f.

Komm Steferl wir gehen nach Bethlehem hin . . . mit Singweise.

3604. Weihnachtslieder. Hmtbll (Beil. zum „Reichenhaller Grenzboten") 3 (1922), 110.

„Herbergbitten" und ein Hirtenlied.

3605. Weihnachtslieder auf den hl. Abend. OsttirHmtbl 1, Nr. 19.

3606. Hirtenlied aus Liesing im Lesachtale. Kärntner Almanach, Wien und Leipzig 1924, 35ff.

Am Weihnachtabend ein der Still . . . Aus einem Liederbuch von 1623.

3607. Wiehnachts-Awendrot: *Wat is de Hewen rot!* — Wihnachtsweegenleed (En old Riemels): *Marieken in ehr witte Huwen.* — Altes Weihnachtslied: *Was trug Maria unter ihrem Herzen?* Nds 29, Weihnachtssonderheft 31.

3608. Zoder, Raimund, Josef und Maria suchen eine Herberg. Ein Weihnachtslied. Vld 25 (1923), 59f.

3609. Liebleitner, Karl, Dås Thomale. Vld 26 (1924), 9./10. Heft, 15.
Krippenlied.

3610. Metzler, J. M., Weihnachtslied aus der Gegend von Hall (Vögelsberg). Mitgeteilt. Hmtbll (Unterinntal) 2 (1924), H. 6, 11.

3611. Pirchmoser, Math., Hirtenlied. Gedichtet und für 6 Singstimmen vertont von $*_{*}*$, Schmied in Thiersee. Hmtbll (Unterinntal) 2 (1924), H. 6, 10.

3612. Wrede, Adam, Ein altrheinisches Weihnachtslied. Der Schatzgräber 4, H. 3, 36ff.

3613. Wille, L., Harzer Weihnachtslieder. Der Harz 1924, 709f.

3614. Stolz, Hans, Klanes Kendla. Altes Weihnachtslied aus Heinzendorf in Schlesien. Vld 26 (1924), 9./10. Heft, 16f.

3615. Lill, Rudolf, Ein Weihnachtslied. Mitt. des Nordböhm. Ver. f. Hmtforsch. u. Wanderpflege 47 (1924), S. 111f.
Dorte beim Achelbam hinter der Schuppe ...

3616. Seifert, Hermann, Eine Christmette aus der Kremnitzer Sprachinsel in der Slowakei. Hmtbildg (Reichenberg) 5 (1923/24), H. 2.

3617. Eichelmann, A., Hirten- und Sternlieder. Bergheimat (Beil. zum Berchtesgadner Anzeiger) 1 (1921), Nr. 11.

3618. Lambirger, Kining-Vers' aus Radfeld. Hmtbll (Unterinntal) 1 (1923/24), H. 7, 6.
Sterndreherlied.

3619. Sartori, P., Dreikönigslied aus Waltringhausen, Kr. Lippstadt. ZrwVk 20/21 (1923/24), 78f.
Mit Mel.

3620. Auer, Ludwig, Zwei Weihnachts-(Dreikönigs-)Lieder. Sammler 92 (1923), Nr. 105 v. 29. Dez., S. 2f.

3621. Kirnbauer, Franz, Die heiligen drei Könige. Vld 26 (1924), 9./10. Heft, 19.
Sterndreherlied.

3622. Schünke, Robert, Dreikönigslied. Kuhländch. (Neutitschein) 5, 158.

3623. Bammert-Ulmer, Ida, Ein altes Neujahrslied. Mitgeteilt. HmtVorarlb 5 (1924), 55.
Mit Weise.

3624. Klier, Karl, Neujahrslied aus Hallstatt. Vld 25 (1923), 62f.

3625. Kirnbauer, Franz, *Wachet auf, ihr lieben Brüder!* Vld 26 (1924), 9./10. Heft, 18.
Neujahrslied.

3626. Ritter, G., Alte deutsche Osterlieder. Germania 1923, 3. April.

3627. Gasser, J., Anklöpfler-Lied aus Kufsteins Umgebung. Mitgeteilt. Hmtbll (Unterinntal) 1 (1923), H. 6, 7.

3628. Stadler, Stanser Klöpflnachts-Lied. Mitget. (mit Mel.). Hmtbll (Unterinntal) 1 (1923/24), H. 7, 6.

3629. Schremmer, W., Das Erntekranzlied. MSchlVk 24 (1923), 121 f.
Mit Weise.

3630. Peters, Matth., Aarnbeerleed (früher auf Emkendorf gesungen). HmtK 34 (1924), 225.

3631. Kock, Chr., Aarnbeerlied. HmtK 34, 295.
Nachtrag zu: HmtK 34, Nr. 9.

3632. Fischer, Joseph, Beim Spinnen. Oberpf 18 (1924), 51.
Mit Abdruck eines alten Spinnerliedes.

3633. Heeger, Fritz, Bergmannslieder aus der Pfalz. Pfälzische Rundschau, Sonntags-Beil. v. 27. Mai 1923, S. 7.

3634. Manz, Werner, Der Eisenbergbau am Gonzen. Ragaz, Buchdruckerei Ragaz A.-G., 1923. 30 S. 8°.
Darin 6 „Knappenlieder" mit Melodie.

3635. Guttwillinger, Schifferlied aus Oberösterreich. Vld 26 (1924), 3./4. Heft, 15.

3636. Kirnbauer, Franz, Totenlieder aus Fünfkirchen, einer sterbenden Sprachinsel in Südungarn. Vld 26 (1924), 5./6. Heft, 6—11.

3637. Greyerz, O. v., Totentanzlieder. SAVk 25 (1924), 161—179.
Abhandlung mit einigen Texten und 2 Melodien.

3638. Panuschka, Josef, Urlaubslieder. Hmtg 4, 376 f.
Am Grabe gesungen.

3639. Depiny, A., Ein Urlaubslied. Hmtg 4 (1923), 192 f.
Abschiedslied für den Verstorbenen, aus dem hs. Nachl. Baumgartens mit den Var. einer Aufzeichn. v. J. 1922; vgl. noch ebd. S. 377.

3640. Depiny, A., Urlaubslieder. Hmtg 4 (1923), 376 ff.

3641. Untermüller, Josef, Mailied bei einer Leiche. Vld 26 (1924), 3./4. Heft, 9.

3642. Zinkgräf, Karl, Weinheimer Nachtwächterlied. Weinheimer Geschichtsblätter Nr. 5/7, S. 26 f.

3643. Pachinger, Der Nachtwächter. Kulturgeschichtliche Studien. Antiquit-Rundsch 22 (1924), 113—115 [Nachtwächterlieder 114 f.]; Sammler 93 (1924), Nr. 56 v. 15. Mai, S. 2 ff.
Dazu in Nr. 59 v. 22. Mai, S. 6 ein Hinweis auf Memminger, August, *Hört, ihr Leut, und laßt euch sagen.* Würzburg, Memminger.

3644. Oberleitner, Adalbert, Nachtwächterlied und -ruf aus Südmährens alter Zeit. Deutschmährische Heimat 10 (1924), 95—100.

3645. P., E., Der Nachtwächter in Kirchehrenbach. Die Fränkische Schweiz 1924, 81—83.
Betr. das (Fasten-)Lied: *Um neun Uhr allein die Keuschheit behüte* ...

3646. Rambold, F. X., *Hört ihr Herrn und laßt euch sagen.* Bayer. Heimat (Bayer. Ztg.) 5, 187f.

3647. Geckler, E., Ut Preetzer vergahn Tieden. HmtK 33, 252—254.
Nachtwächterruf mit Melodie.

3648. Möller, Wächterruf. HmtK 33, 116.

γ) Einzellieder und Vierzeiler.

3649. Meusburger, K., Ein verschollenes Volkslied aus der Brunecker Gegend. Schlern 5 (1924), 326f.
Die Ulinger-Ballade (Erk-Böhme Nr. 41) ohne Melodie; vgl. S. 356.

3650. Pölt-Nordheim, Klara, Ein verschollenes Volkslied aus der Brunecker Gegend. Schlern 5, 356.
Ulinger-Ballade (Erk-Böhme Nr. 41) ohne Melodie; vgl. auch das Bruchstück S. 326f. und ferner 6, 19ff.

3651. Consentius, Ernst, Aus Heinrich Christian Boies Nachlaß. (Fortsetzung). ZfdPh 49, 195—229.
Darin S. 207f.: *Es leuchten drey Sterne am Himmel* ... (mit Var. gegen Herders Volkslieder I (1778) S. 38).

3652. Untermüller, Josef, *Es war einmal ein junger Knab* ... Vld 26 (1924), 3./4. Heft, 11.
Erk-Böhme Nr. 93.

3653. Treue Lieb (Volkslied). Heimat (Beil. des „Volksboten", Trautenau) 1 (1923).

3654. Zoder, Raimund, Die drei Winterrosen. Vld 26 (1924), 5./6. Heft, 25.
Erk-Böhme Nr. 117.

3655. Hollmann, F., Volkslieder aus Hirschenhof. ZfDkde 37 (1923), 119f.
Im Anschluß an den Artikel „Die deutsche Kolonie Hirschenhof in Lettland" wird die Ballade Erk-Böhme Nr. 117 (ohne Melodie), kontaminiert mit 1090, mitgeteilt.

3656. Neumann, Elsa, *Schatzerle, was machest du?* Vld 26 (1924), 5./6. Heft, 21.
Erk-Böhme Nr. 728.

3657. Neumann, Elsa, *Guten Abend, du tausendschöner Schatz!* Vld 26 (1924), 5./6. Heft, 20f.

3658. *Ei wenn er is mein feiniges Lieb* ... Altes Volkslied aus dem Egerland. Der Waldbrunnen (Oberplan) 1923, Nr. 5.

3659. Zoder, Raimund, Treue bis übers Grab. Vld 26 (1924), 5./6. Heft, 26.
Erk-Böhme Nr. 729.

3660. Riemann, Edelmann und Bauernmädchen. Vld 26 (1924), 1./2. Heft, 12.
Komm her doch, du artiges Bauernmädchen ...

3661. Klier, Karl M., Zwei Abschiedslieder. Vld 25 (1923), 42.

3662. Volkslied. [Einzellieder.] Wäldler Kalender (Staab) 1923, 47. 71; 1924, 32. 109. 116.

3663. Englert, A., Zu dem Lied *O süße Hand Gottes* in „Des Knaben Wunderhorn". Bayerl 34 (1924), 283 f.
Veröffentlichung einer vollständigeren Lesart (22 Strophen) aus einer Hs. der 2. Hälfte des 18. Jahrh.

3664. Blaschka, Anton, Ein deutsches Gebet. Heimat (Beil. des „Volksboten", Trautenau) 1 (1923).
„Rüsla rut".

3665. Perlick, A., Zwei geistliche Volkslieder. Oberschlesisches Jahrbuch für Heimatgeschichte und Volkskunde 1 (1924), 79 f.
O, Herr Jesu Himmelsschloß ..., *St. Katharina* ... (Erk-Böhme Nr. 2116).

3666. P., Karl, Zwei Marienlieder. Vld 25 (1923), 58 f.

3667. Ein hundertjähriges ermländisches Marienlied. Unsre ermländische Heimat 1923, 6, 28.

3668. Zingerle, Oswald, Ein Wallfahrerlied. Schlern 5 (1924), 30.

3669. Bärtschi, Alfred, Von dem Löwenberger. BllfbernGesch 20, 108—112.

3670. Bothár, Daniel, Ein katholisches Weihnachtslied als Spottlied gegen den (1582 eingeführten) Gregorianischen Kalender. Vld 26 (1924), 9./10. Heft, 17 f.
Die erste Strophe von Original und Parodie sind im Druck arg durcheinandergeraten!

3671. Benedikt, H., F. A. Graf von Sporck (1662—1738). Zur Kultur der Barockzeit in Böhmen. Wien, Manz, 1923.
S. 180—189: Spottlieder auf die Jesuiten.

3672. Arnheim, und die Stadt Stralsund. Volkslied aus dem Jahre 1628. Pommerl 8 (1923), 160.
= Soltaus hist. Volksl., 2. Hundert, hrsg. R. Hildebrand, S. 364 ff.

3673. Müller, J. M., Ein historisches Volkslied von Colmars Übergang an Frankreich (1673). Elsaß-Lothringen, Heimatstimmen (Berlin) 1923, 93—95.

3674. Ein Spottlied auf Napoleon I. Süderland 2 (1924), 31.

3675. Pfleger, A., Das Lied vom Marschall Kuntersack. Elsaßl 3, 183 f.

3676. Klier, K. M., Der Sand-Wirt. Vld 26 (1924), 7., und 8. Heft, 6.
Lied auf Andreas Hofer.

3677. Spiegl, Hans, Lamentation eines Tirolers unter der bayerischen Regierung. Tiroler Heimatblätter (Kufstein) 1924, Nr. 5.

3678. Klein, H., Soldatenpoesie. Hmtbll (Unterinntal) 2 (1924), 1. Heft, 16.
Gedicht, von einem Soldaten mit Bleistift an eine Säule geschrieben.

3679. Kaufmann, Ein Ständelied. Vld 25 (1923), 3.
Ei, bin i's nit a lustiga Pötschinger Bua . . .

3680. Zack, Viktor, Binderlied. Vld 25 (1923), 4.
Vgl. Erk-Böhme Nr. 130.

3681. Pape, K. W., Dai Duarpshiermen Hochteyt. Text und Weise nach mündlicher Überlieferung. Klaviersatz von J. Hatzfeld, Lautensatz von Th. Ritter. Hmt (Dortmund) 5 (1923), 35 f.
Vgl. Erk-Böhme Nr. 887.

3682. Bolte, Johannes, Burchardi, G., und Kohn, Fr., Van Pastor sine Kauh. KblndSpr 39 (1924), 8 f.
Vgl. ebd. S. 32 (Hinweis auf Wehrhans Monographie) und schon früher 34, 34; 35, 65; 36, 92.

3683. Alpers, Paul, Ein Nachzügler des Henneke-Knecht-Liedes. KblndSpr 39 (1924), 54.

3684. Hübl, Karl, Ein altes Schönhengster Bauernlied. DLandvolkskalender (Karlsbad) 1924, 114.
Der Bauer ist ein Ehrenmann, Das sieht man sein' Gebärden an . . .

3685. Neumayr, Ludwig, Klagelied eines Bauers über seine Dienstboten, genannt „Deanstbotn-Klåg“. Vld 26 (1924), 7./8. Heft, 8 f.

3686. Hippe, M., Das Lied vom Schlesischen Bauernhimmel. MSchlVk 25 (1924), 121 ff.
Die bislang unbekannte älteste Fassung des Liedes Erk-Böhme Nr. 1763 aus einer Hs. der Breslauer Stadtbibl. vom Jahre 1753.

3687. Lied vom Pauerndorf. Freudenthaler Ländchen 2 S. 23.
Woas braucht mr off ann Pauerndorf Erk-Böhme Nr. 1544.

3688. Bönisch, Anna, Sedlnitzer Pauerlied. Aufgezeichnet. Wächter 7 (1924), 320.

3689. Liebleitner, Karl, Ein Brief aus Schleswig-Holstein. Vld 26 (1924), Heft 1./2, 8.
Enthält ein Fischerlied, erstmalig veröffentlicht im „Fahrtenblatt der schleswig-holsteinischen Wandervögel“ 1920.

3690. Rohrer, H., Ein lustiges Reiterlied aus Jagerberg. BllfHmtkde (Graz) 1, Nr. 4, 6 f.
Erk-Böhme Nr. 1753.

3691. Zoder, R., Aus dem Böhmerwalde. Vld 26 (1924), 5./6. Heft, 17 f.
Handwerksburschenlied (Erk-Böhme Nr. 1618).

3692. H[aas], De lütte Diern up'm Breeden Steen. Pommerl 9 (1924), 289.
Varianten zu dem ebd. 7, 247 Nr. 10 gedruckten Volksliede.

3693. Haas, A., *Adjüs, Christin', nu geht't heidi!* (Volkslied aus dem Jahre 1870). Swinemünder Ztg. 81, Nr. 167.

3694. Meyer, Gust. Friedr., De Piep Toback. HmtK 33, 184.

3695. Hanßen-Kruse, Marie, Volkslied aus Dithmarschen. HmtK 33, Nr. 4.

3696. Krieger, A., Ein altes Tondersches Volkslied. [Krischan Wriedt]. HmtK. 34 (1924), 53.
Vgl. dazu KblndSpr 39 (1924), 32.

3697. Haas, A., Altes Lied vom Riesen Goliath und vom kleinen David. Unsere Hmt (Beil. zur Kösliner Ztg.) 1922, Nr. 4.
Siehe desselben Plattdt. Volksl. (Stettin 1922), Nr. 1.

3698. [Rosenow, K.,] Das Lügenlied (in hinterpommerscher Fassung). Aus der Heimat 3, Nr. 4.

3699. Ein Volkslied vom Doktor Faust. Chronik des Wiener Goethe-Vereins 34 (1924), S. 24 f.
Eine Beilage bringt die Nachbildung eines bislang unbekannten, älteren Exemplars des Fl. Bl. bei Tille, Volksl. vom Doktor Faust S. 30 ff. u. 197—203. Außerdem wird ein Volkslied aus dem Banat mitgeteilt, das zu den Liedern von Unmöglichen Dingen gehört (Erk-Böhme Nr. 1090—1094, vgl. bes. 1092).

3700. Weidinger, Hrch., Wer ein so faules Gretchen hat! Fränkisches Volkslied, bearbeitet für vierstimmigen Männerchor. FränkHmt 2 (1923), Beilage zum Augustheft (Nr. 8).

3701. Kieslinger, Alois, Das Tschuschenlied von St. Vinzenz (Kärnten). Alpenländische Monatshefte 1924, 750 f.
Ein Lied aus den Kärntner Nachkriegskämpfen.

3702. Sorgenfrey. Carinthia (Klagenfurt) 1924, Nr. 1—6.
In meinen jungen Jahren / da will ich allzeit lustig sein ... Mit Singweise.

3703. Schäferlied. Carinthia (Klagenfurt) 1924, Nr. 1—6.
Vergnügte Lust auf dieser Welt / das Hirtenleben ist ... Mit Singweise.

3704. Rambold, F. X., *Bin i net a lustiga Fuhrmannsbua?* BayrHmt (Beil. der Münchener Ztg.) 4 (1922/23), 172.
Mit Melodie; vgl. Erk-Böhme Nr. 1574.

3705. Wagner, Heinz, Der Kohlbaurnbua. Vld 26 (1924), Heft 7./8. 9 f.

3706. Bichler, J., A Reiter Hanai. Vom Sterntreiber Loisai. Hmtbll (Unterinntal) 1 (1923/24), Heft 12, 12.

3707. Fill, J., Knödl-Lied. Wildschönauer Volkslied, [mit Melodie] mitgeteilt. Hmtbll (Unterinntal) 2 (1924), Heft 5, 12.

3708. Krepper, A., 's Bauandean. Unterinntaler Volkslied, [mit Melodie] mitgeteilt. Hmtbll (Unterinntal) 1 (1923/24), Heft 12, 12.

3709. Krepper, A., *'s Wegl is stickl und stoanig.* Unterinntaler Volkslied, [mit Melodie] mitgeteilt. Hmtbll (Unterinntal) 1 (1923/24), Heft 8./9, 11.

3710. Krepper, A., *Boid i amoi gstorbn bi.* Unterinntaler Volkslied, [mit Melodie] mitgeteilt. Hmtbll (Unterinntal) 1 (1923), Heft 1, 9.

3711. Krepper, A., Bauer und Knecht. Unterinntaler Volkslied, [mit Melodie] mitgeteilt. Hmtbll (Unterinntal) 1 (1923), Heft 4, 8.
Berichtigung ebd. Heft 5, S. III.

3712. Mair, Josef Friedrich, Die Naßburschen. Hmtbll (Unterinntal) 2 (1924), 2. Heft, 12.

3713. Schmiedgsangl. Hmtbll (Unterinntal) 1 (1923), Heft 1, 10.

3714. Geramb, Viktor, Ein altes Waldlied aus Steiermark. Vld 26 (1924), Heft 1/2, 4f. — BllfHmtkde (Graz) 1, 1, 5f.
Was kann mich dann mehr ergözen ... (Erk-Böhme Nr. 1451).

3715. Zoder, Raimund, Von der steirischen Grenz. Vld 25 (1923), 4f.
Auf da steirischn Grenz bin i niedag'seßn ...

3716. Pöschl, Al., Der „Vierermåhder". Vld 26 (1924), Heft 7/8, 10f.

3717. Liebleitner, Karl, *Hiaz bin i a stoanåltes Madl* ... Vld 26 (1924), Heft 7/8, 9.

3718. Stolz, Hans, *Ai, du edler Tonnebaum!* Vld 26 (1924), Heft 5/6, 21f.

3719. Klier, Karl Magnus, Anno 1860. Vld 25 (1923), 42f.
Ein Tanzlied.

3720. Raab, Leopold und Stolz, Hans, *Madla, Madla, wellst mich hoan?* Vld 25 (1923), 3 und 27f.
Ein nordmährisches Volkslied, zuerst veröffentlicht in Nr. 17 des „Mähr. Neustädter Ländchens."

3721. Stolz, Hans, *Trau, faines Maedelein!* Vld 26 (1924), Heft, 5/6 22f.
Ein Volkslied aus Nordmähren.

3722. Hauptmann, Josef, Das Gehey-Treiben. Das Kuhländchen 6 (1924/25), 11—14. 27—30.
Text des alten Liedes und Mitteilung über Auffindung.

3723. Jedlitschka, Heinrich, Abschied beim Spinnabend. Volkslied aus Wagstadt. Kuhländchen (Neutitschein) 5, 126.
Mit Singweise.

3724. Jedlitschka, Heinrich, Dr Kaw'r un de Flieche. Volkslied aus Altstadt. Kuhländchen (Neutitschein) 5, 126f.
Mit Singweise.

3725. Jedlitschka, 's Roperradle. Volkslied aus Bielau. Kuhländchen (Neutitschein) 5, 109.
Mit Singweise.

3726. Jelonek, Emil, Dr Howrsok. Volkslied aus Brosdorf bei Wagstadt. Kuhländchen (Neutitschein) 6, 62f.
Mit Singweise.

3727. Liebleitner, Karl, *U wenn i fröih van Frei hoimgäih* ... Vld 26 (1924), Heft 5/6, 15 f.
Ein Volkslied aus dem Egerlande.

3728. König, Adolf, Ein altheimisches Volkslied. Jahrb. des Deutschen Gebirgsver. f. d. Jeschken- u. Isergeb. (Reichenberg) 34 (1924), 13 f.
Schaf'r, wu host de Mötze ... Mit Weise.

3729. Preuschen, Ernst, Wahrhaffte und gantz neue außführliche Beschreibung / Kayserl. Haubt- und Residentz-Stadt Wienn in Oesterreich: ... Im Thon: Wann wird dann unser Auffbruch sein etc. Wienn / gedruckt bey Johann Ignatzi Heyinger. Vld 26 (1924), Heft 9/10, 1—6.
70-stroph. Lied eines Volkssängers.

3730. Waldmann, L., Loblied auf Beuthen (1879). Aus dem Beuthener Lande 1, 143.

3731. Proschwitzer, Erhart, Das Lied von der Stadt Auscha. Jahrb. d. Arbeitsgemeinsch. f. Hmtforschg. in Leitmeritz 3, 25—27.

3732. Zimmermann, Karl, Volkstümliche Heimatpoesie. Mitt. des Nordböhm. Ver. f. Hmtforsch. u. Wanderpflege (Böhm. Leipa) 47 (1924), 20 f.
Enthält ein örtliches Loblied auf Drum: *Das Tal, wo ich heute noch wohne* ... 7 (4-zeilige) Strophen.

3733. Zimmermann, Karl und Frind, August, Ein „Loblied" auf Schönbüchel. Mitt. d. Nordböhm. Ver. f. Hmtforsch. u. Wanderpflege (Böhm. Leipa) 47 (1924), 72 f.
Das Tal meiner Heimat. *Das Tal, wo ich heute noch wohne, ist glücklich, ist herrlich, ist schön* ... 11 (4-zeilige) Strophen.

3734. Bolte, Johannes, Ein Lied von den berühmten Bergwerken Sachsens. Festschrift Eugen Mogk (Halle 1924), 624—629.
Bergmannslied aus dem Jahre 1545; Melodie von Georg Rhau.
Angez. ZfVk 33/34, 154 (F. B[oehm]).

3735. Noggler, Jos., Ein altes Musikantenlied. Schlern 5, 29 f.
Verf. Organist Kassian Noggler.

3736. Imhof, M., [Heimatlied]. Hmtbilder aus dem Chiemgau (Beil. zum Traunsteiner Wochenbl.) 1922, S. 188 f.
Ein volkstümlich gewordenes Lied des Pfarrers Martin Beck auf Inzells Naturschönheiten.

3737. Frischmann, Die 3 zum Tod verurtheilten Milchvertheuerer. Hmtbll (Unterinntal) 1 (1923), Heft 1, 10 f.

3738. Klier, K., Eine Bärenjagd. Hmtg 5 (1924), 141—144.
Ein Spottlied auf einen erlegten Bären in Form einer ironischen Begräbnisschilderung.

3739. Kronenberg, Ign., Die Ettiswiler „Nationalhymne". Schweizerische Rundschau 24 (1924), 182 f.
Spottlied.

3740. Preuschen, Ernst, Das Lied vom St. Kathreiner Zwöschp'mhändler auch der Kathreinerspott genannt. Vld 26 (1924), Heft 9/10, 20f.

3741. Die Schützenparade. Grenzgau Schlesien (Friedeberg) 1924, Juli.

Ein altes Liegnitzer Schützenlied, angeblich von 1856, entnommen einem alten Schützenliederbuche.

3742. Lüers, F., Schnaderhüpfel. Bayerl 32, 212—217.

3743. Schnaderhüpfeln aus Oberbayern. Trachten-Kalender f. d. Jahr 1924, S. 200.

3744. —, Bayerische Almliedln. Sammler, 92. Jahrg. (1923) Nr. 34, v. 28. April, S. 4.

3745. Huber, F. X., Gsangln üwan Wald. Ill. Festschr. d. Ver. Bayerland, Sitz Straubing, anläßl. d. groß. Heimattagung in Straubing (1924).

3746. Luther, E., Schelma- oder Lumpaliedli. Bayerl 34, 281f.

3747. Giglleithner, K. und Litschauer, G., Der Spittelberg und seine Lieder. Mit 9 Abbildungen. (Alt-Wiener Sittengeschichte I.) Wien 1924, Privatdruck. 79 S. 8°.

Enthält S. 65—77. 68 obszöne Vierzeilige.

3748. Greperz, K., Unterländer Gsangln. Hmtbll (Unterinntal) 1 (1923/24), Heft 8/9, 12.

Vierzeiler.

3749. Krepper, A., Unterländer Gsangln. Hmtbll (Unterinntal) 1 (1923/24), Heft 12, 12.

Vierzeiler; dazu Berichtigung ebda 2, Heft 1, S. III.

3750. H., T., Unterländer Schnadahüpfl. Mitgeteilt. Hmtbll (Unterinntal) 2 (1924), Heft 3, 12.

3751. Kremser, Joh., Bergmann-Schnadahipfln. Hmtbll (Unterinntal) 1 (1923/24), Heft 8/9, 12.

3752. L[iebleitner], Schnadahüpfln. Vld 26 (1924), Heft 7 und 8, 12.

Berichtigungen zu Joh. Nep. Vogl, Schnadahüpfln. Wien 1850.

3753. Klier, *Wer hat das Lied erdacht? — Deutschmeister auf der Wacht* ... Vld 25 (1923), 45.

6 Vierzeiler, 1914 auf Schilderhäuser mit Bleistift geschrieben.

3754. Schnatterhüpfel aus dem Lungau. Vld 26 (1924), Heft 3/4, 12.

8 Texte.

3755. Urban, Michel, Ein Altegerländer „Vierzeiler". Egerl 28 (1924), 79.

3756. Wäldler Schnaderhüpfl. Wäldler Kalender (Staab) 1924, 117—123.

3757. Böhmerwäldlerische Schnadahüpfl. Großböhmerland (hrsg. Hadina u. Müller-Rüdersdorf.), Leipzig 1923, 118f.

3758. Polka, Anna, Was Vater sang, wenn Mutter schief gewickelt war. Kuhländchen (Neutitschein) 6, 16.

3759. Chrobok, L., Unser Volk in Vierzeilern. Volk und Heimat. Zeitschr. f. oberschles. Heimat- u. Volkskunde 1, 5.

3760. Perlick, A., Die Rokittnitzer Buxen. (Vierzeiler). Aus dem Beuthener Lande 2, 192.

3. Reim und Spruch.

3761. Englert, Anton, (und J. Bolte), Den ich gar nicht mag, den seh ich alle Tag. ZfVk 33/34 (1923/24), 106.
Varianten des Wanderreims, vgl. auch ebd. 12, 53.

3762. Sprüche zum neuen Jahr. SächsHmt 7, Kinderheimat 3. Dez., S. 8.

3763. Gosch, H., Fastnachtsverse aus dem Kreise Naugard. Pommersche Hmt 13 (1924), Nr. 6.

3764. Ostereiersprüche. Hmtbll (Unterinntal) 1 (1923/24), H. 10, 9f.

3765. Hofer, Karl, Ostereier-Sprüche aus dem Böhmerwalde. Wäldler Kalender (Staab) 1923, 108—110.

3766. Mühlberger, Josef, Haussprüche aus Ostböhmen. Heimatbildung (Reichenberg i. Bö.) 6, 47f.

3767. Gollor, Georg, Reime zum 1. April. Aus dem Beuthener Lande 1, 51; Oberschles. im Bilde 1, 51.

3768. D[epin]y, Vor 100 Jahren. Zwei Zimmermannssprüche. Hmtg 4, 100—102.

3769. Hartmann, Hugo, Ein alter Tuchmacherspruch aus Odrau. Kuhländchen (Neutitschein) 6, 96.

3770. Reimer, G., Rede [gereimt] bei Überreichung des Erntekranzes. HmtK 33, 164.

3771. W[eiß], Dresch-Merkverse aus Mönchweiler. Unterm Rosenhut 1 (1924), 108/110.

3772. Kolumbe, Er., Beim Streichen der Sense. HmtK 33, 164.

3773. Meyer, Th., Beim Wetzen der Sense. HmtK 33, 236.

3774. Buff, A., Pfeffer- oder Dengelsprüche. O du Heimatflur! (Beil. zum Hildburghäuser Kreisbl. u. den „Tägl. Nachr.") 1921, S. 25—28.

3775. Steftenschlagerreime. (Brixental). Hmtbll (Unterinntal) 1 (1923), H. 1, 10.
1 Pilotenreim.

3776. [Pfahleinrammen]. HmtK 33, 236.

3777. Mainka, K., Schlepperpoesie. (Karsten-Zentrum-Grube.) Aus dem Beuthener Lande 2, 188.

3778. Tremmel, J., Laufspruch aus Scheffau oder die sogenannte „Hintersteiner Litanei". Hmtbll (Unterinntal) 2 (1924), Heft 1, 13 f.
Dorflitanei.

3779. Stockklausner, Matth., Laufspruch aus Fieberbrunn oder die sogen. „Fieberbrunner Litanei". Mitget. Hmtbll (Unterinntal) 2 (1924), Heft 3, 12.
Dorflitanei, abgefaßt von Verwalter Stephan Arnold u. Elise Blattl 1895.

3780. Meyer, Gust. Friedr., Nachbarreime. HmtK 33, 140.

3781. Stähle, E., „Brunnenschmecker." Unterm Rosenhut 1 (1924), 97 f.
Kirchweih- und Spottreime.

3782. Schrödel, Gg., Neckverse aus Großweingarten und Umgebung (Mittelfranken). FränkHmt 2, 95.

3783. Fetz, Hildegard, Neckverse (aus Alberschwende). HmtVorarlb 4, 95 f.

3784. Spottreime. Braunauer Bote (Braunau i. Bö.) 1923, 45.
Aus der Gegend Wüstrei, Weckelsdorf.

3785. Stobel, Martha, Herzelsprüche. In Beuthen gesammelt. Volk und Heimat (Hindenburg O.-S.) 1924, 42.
Sprüche, z. T. selbstgedichtete, die Mädchen einander ins sogen. Herzel, einen Notizblock in Herzform, schreiben.

3786. Sprechspiele. Nds 29, 452.
Schnellsprechreime.

3787. Meyer, Gust. Friedr., Tierreime [aus dem Kreis Lauenburg]. HmtK 33, 94 f.

3788. Rost, Hans, Volksreime. Tiroler Hmtbll 2 (1924), H eft 2, 12.

3789. Friedrich, Karl, Volksreim aus Truppschitz bei Komotau. Wünschelrute 1923 (Reichenberg 1922).

3790. Altherr, Josef, Sprüchlein und Reime aus dem Volke. DHeimg 2, 86. 152. 183.
Aus Oberbayern.

3791. Biersack, Fr. Joh., Aus dem Volksmund. DHeimg 2, 326.
Volksreime aus der Oberpfalz.

3792. D. A., Dornbirner Volksreime und Sprüche. Heimat (Bregenz) 4 (1923), 184 f.; 1924, 87 f.

3793. Neugebauer, Hugo, Alttiroler Sinnsprüche. Tiroler Heimatblätter (Kufstein) 1924, Nr. 1. 4. 5 und 8/9.

3794. Troll, J. G., Alte Verse aus Schwarzach. (Von der Großmutter gehört.) HmtVorarlb 4, 184.

3795. D. A., Volksreime [aus Bludenz]. HmtVorarlb 4, 73.

3796. Volksreime aus Brosdorf. Kuhländchen 5 (1923), 80. 128.

3797. Jedlitschka, Heinrich, Wagstädter Volksreime. Kuhländchen 5, 96. 109.

3798. Haroska, G., Reime aus Beuthen. Aus dem Beuthener Lande 1, 62.

3799. Woeste, F., Volksreime aus der Grafschaft Mark. Heimat (Mtsbl. f. d. Gesch. d. Sauerlandes) 6, 4. April.

3800. Vossebrecker, Agathe, Mundartliche Reime und Sprüche aus Kreuzberg bei Wipperführt. Bergischer Kal. f. d. J. 1924. Bergisch-Gladbach, A. Kiersgel, 1923, S. 62 ff.

3801. Weber, H., Mundartliche Reime aus der Overather Gegend. Bergischer Kal. f. d. J. 1924. Bergisch-Gladbach, Aug. Kiersgel, 1923, S. 38.

3802. Wartbigler, D' Höfer Gmoi. Oberpf 18 (1924), 70f. Reimspruch.

3803. Wossidlo, R., Rimels. (Meckelborger Plattdütsch Bökerie, Book 1.) Tweet Uplag'. Rostock, Carl Hinstorffs Verlag, [1924]?. 32 S. kl. 8°.

3804. Wossidlo, Richard, und Gosselck, Hanns, Volks-Rimels rutgäben. Wat plattdütsch Lüd' singen un seggen. H. 1 = Böckerie von'n Plattdütschen Landsverband Meckelborg. Wolgast, P. Christiansen, 1923. 16 S. kl. 8°. M. 0.20. 2. Aufl. Wolgast 1924. 32 S. 8°. M. 0.50.

3805. Rooth, Erik, Mnd. Reimsprüche aus Uppsala. NdJb 49 (1923), 49—54.
Teils ABC-Sprüche, teils Auctoritates (z. T. volkstümlich), dazwischen eine Volksliedstr. (Nr. 21): 14./15. Jh. (Hs. H. 122).

3806. Pump, Frau, Bücherreim. HmtK 34, 21.

3807. Veitl, Max, Urlaubnehmen und Hochzeitladen im Ampertal. BayrHmt (Beil. der Münchener Ztg.) 4 (1922/23), 3f.
Mit Wiedergabe der langen Sprüche.

3808. Runge, Hans, Ein Bauernvaterunser aus der Zeit der französischen Fremdherrschaft. Mitgeteilt aus einer Privatsammlung alter fliegender Druckschriften. Sammler 92 (1923), Nr. 17 v. 28. Febr., S. 4.
Aus dem Jahre 1812 oder 13. Beginnt: „Vater unser, der Du bist im Himmel, Befrei uns von dem Kriegsgetümmel . . .“

3809. Aus der Franzosenzeit. SchlesGeschbll 1923, 27.
Vaterunser-Parodie (Gedicht) 1807.

3810. Bauernvaterunser. Der Waldbrunnen (Oberplan) 1922/23, Nr. 1.
Während der französ. Fremdherrschaft 1806—1813.

3811. Deutsches Bauernvaterunser vom Jahre 1813. DVolkskalender f. die Iglauer Sprachinsel (Iglau) 1923, 10.

3812. Polzer, Aurelius, Reimspiele und anderes. HmtVorarlb 4, 119—121.

3813. Schneider, Anton, Zum Volksspruche: „Der Bauer schickt den Jeckel naus.“ HmtVorarlb 4, 16—19.

3814. Gödl, Otto, Ein altes Fremdenbuch vom Heidebrünnl. Trostbärnla (Mittelwalde) 1924, 87—90.

4. Kinderlied.

3815. Schläger, Georg, Einige Grundfragen der Kinderspielforschung. III. Kind und Kunstform. ZfVk 33/34 (1923/24), 137—152.

Forts. von 27, 106—121. 199—215; 28, 15—25.

3816. Anderson, Walter, Erster und zweiter Bericht über die Sammlung deutscher Kinderreime und Kinderlieder im Auftrage der Gelehrten Estnischen Gesellschaft. SberGEG 1922, 148—154.

Das eingesandte Material stammt aus Südestland und Lettland (344 Manuskripte mit fast 4000 Aufzeichnungen).

3817. Lämmle, August, Das Kinderlied. SchwäbHmtKal 1925, 47—52.

3818. Böhme, Franz Magnus, Deutsches Kinderlied und Kinderspiel. Volksüberlieferungen aus allen Landen deutscher Zunge, ges., geordn. und mit Angabe der Quellen, erläut. Anm. und den dazu gehör. Melodien hrsg. Unveränderter Neudruck [d. Ausg. von 1897]. Leipzig, Breitkopf & Härtel, 1924. LXVI, 756 S. gr. 8⁰. M. 12.—.

3819. Dillmann, J., und Wehrhan, K., Vierzehn Engel fahren. Reim-, Reigen- und Rätsellust für die singende, spielende Jugend, für Sport-, Turn- und Wandervereine. Frankfurt a. M., Englert & Schlosser, 1923. 88 S. und ein Notenheft. 8⁰.

Alle in Frankfurt a. M. gesammelt.

Angez. Bayerl 35, 31 (Hartmann); HessBll 22, 115 (Hepding); ZfVk 33/34, 118 (Bolte); MschlVk 25, 161; SchwVk 13, 52; Hmt (Dortmund) 5, 160 (W.); Hmtschollen 3, 48.

3820. Zoder, Hildegarde, Kinderlied und Kinderspiel aus Wien und Niederösterreich. Gesammelt. Mit Bildern von Gertrude John. Wien, Österreichischer Schulbücherverlag, 1924. 110 S. 8⁰. M. 1.60.

Angez. Vld 26 (1924), Heft 9/10, 24 (Karl Liebleitner); Mtsbl. d. Ver. f. Landeskde in Niederösterr. 23, 88 (M. Vansca).

3821. Jöde, F., Ringel rangel Rosen. 150 Singespiele und 100 Abzählreime. 3. Aufl. Leipzig, Teubner, 1923. XI, 164 S.

Rez. Archiv f. Musikwiss. 5, 77 (J. Wolf).

3822. Stückrath-Stawitz, Olga, Mutterlieder. Hamburg, J. E. Gaul, 1923. 139 S. m. Abb. M. 1.20.

3823. Schell, Otto, und Weitkamp, Heinr., Bergische Kinderreime, gesammelt. (Sonnborn 5.) Bielefeld, Velhagen & Klasing, 1924. 75 S. m. Abb. kl. 8⁰. M. 1.40.

3824. Müller-Löbau, Curt, Summerkalb'l fleug ock aus! Kinderreime aus der Oberlausitz. Bilder von Martin Neumann. Ausg. C (Kleine Ausg., Mundart). Görlitz, Verlagsanstalt Görlitzer Nachr. u. Anz., 1924. 8 S. auf Karton. kart. M. 1.—.

Vgl. Müller-Löbau, Curt, Summerkalb'ls Wedterflug. Ebd. 1922. 10 S. M. 1.—.

3825. Lux, Jos. Aug. und Irma, Deutsche Kinderreime. Ges. u. hrsg. Neue Aufl. Berlin, Harz, 1923. 206 S. kart. M. 2.50.

3826. Schneider, Bernhard, Wenn's Mareile singt. 40 Volkskinderlieder m. Klavierbegl. op. 48. Leipzig, Steingräber, [1924]. 151 S. M. 2.50.

3827. Götz, Josef, Kindervolkslieder. Wien 1920².
Angez. Singgemeinde 1, 34 (Olga Hensel).

3828. Saalfeld, G. A., Aus der Jugendzeit. Sammlung echter deutscher Kinderlieder alter und neuer Zeit. 2. Aufl. Leipzig, G. Engel, 1924 [1888¹]. 108 S. geb. M. 2.80.

Ein hübsch illustriertes Familienbuch ohne wissenschaftliche Ansprüche.

3829. Was die Mutter ihren Kindern sagt und singt. Rheinisches Land (Bonn) III, 3. Sondernummer.

3830. Richar, Elsa, Kindersprüchlein. Vld 26 (1924), Heft 3/4, 10.

3831. Waltinger, M., Von unsern Kleinen und ihrem Singsang. Bayerl 32, 180 ff.

3832. Zoder, Raimund, Zwei Kinderlieder. Vld 26 (1924), Heft 5/6, 19.

3833. Beranek, J., Allerlei aus dem südlichen Egerlande. Hmtbildg (Reichenberg) 5, 241 f.

3834. Hess, Hans, Eine Autofahrt durch die Wolgakolonien. Wolgadeutsche Monatshefte (Berlin) 1923.

Zwei Lieder auf die Hungersnot, in Hoffental von Kindern gesungen: *Kinder, laßt uns niederknieen / Lasset uns den Herrn anflehn*... und *Ararat, du Rettungsberg / Ich sah dich nachts im Traume*...

3835. Kock, Otto, „Der Mutter Hausbestand". HmtK 34, 225 f.

3836. Lorenzen, H., Kinderreim. HmtK 34, 226.

3837. Luther, Ernst, Kiner-Liadla. Bayerl 34 (1923 bis 1924), 282.

3838. Wilhelm, F., Kinnerriemels. MHbRatz 5, 27 f.

3839. Heinz, Gg., Alte fränkische Weihnachtsverse. FränkHmt 2 (1923), 185.

3840. Dittrich, Josef, Kindersprüchlein aus Salzburgs Gauen. Alpenländische Monatshefte 1924, 343—352.

3841. Blaeschke, Alfred, Schlesische Auszählreime. Schlesien 4, 50.

3842. Gollor, N., Nikolaus-Reime. Der Oberschlesier 6, 481 f.

3843. Reichhardt, R., Volkspoesie am Martinstage. Tägl. Rundschau 41, 261. 863f.

3844. Arndt, W., Drei Martinsliedchen. NassBl 4, 117—119.

3845. Marzell, H. M., Beerenlieder. Ein Beitrag zur bayerischen Volkskunde. Der Heimgarten 2, 221f. (Nr. 29 vom 18. Juli 1924).

3846. Müller, Curt, Beerenliedchen. Kalender f. d. Erzgeb. u. das übrige Sachsen, 1925. S. 49ff.

3847. Weiß, Vom Heidelbeermännlein. Unterm Rosenhut 1 (1924), 33—38.
Behandelt Kinderreime beim Beerensammeln aus der St. Georgener Gegend.

3848. Weinold, Ludwig, Vom Moosbeerklauben. Hmtbll (Unterinntal) 1 (1923), Heft 2, 9.
Mit Beerenliedchen (eine Melodie); Berichtigung ebda., 3. Heft, S. III.

3849. Sonne, Mond und Sterne. Nds 28, 177.
Laternenlieder.

3850. H., T., Weihnachts-Kinderreim. Hmtbll (Unterinntal) 2 (1924), Heft 6, 11.

3851. Koch, Chr., Bastlösesprüche. Trutznachtigall 6 (1924), 102ff.

3852. Marzell, Heinrich, Das Felberpfeiferl. Ein Stück aus dem bayerischen Volksleben. DHeimg 2, 147f.
Bastlösereime aus Bayern.

3853. Schäfer, Lange Jüche [Bohnensuppe]. Hmt (Dortmund) 5 (1923), 214.
Kinderlied (mit Melodie) auf die am Freitag zu erwartende Bohnensuppe, zugleich Schottisch.

3854. Wagenfeld, Karl, Vögel in plattdeutschen Kinderreimen und Liedern. Hmt (Dortmund) 5 (1923), 74—77.
Aus dem Material der westf. Kommission für Volksk.

3855. Kleeberger, K., Das Kinderlied von den drei Puppen. Hmtbl. f. Ludwigshafen 12, 4.

3856. Sinwel, R., *Schickt der Bauer 'n Jaggl aus.* Hmtbll (Unterinntal) 1 (1923), Heft 5, 7.
Zusatz dazu ebda. Heft 6, 10. Vgl. Nr. 3813.

3857. Hundt, Paul, „Maikäfer, fliege!" Brüxer Bote 1924, 60.
Untersucht die volkskundl. Grundlage dieses und ähnlicher Reime.

3858. Dieth, Franz, Volkspoesie. Volksreime aus Hirschau. (Bregenzer Wald) 1923, 9—16.

3859. Haffter, Ernst, und Keller, Alfr., „I tritt em Herr uf's Füessli". SchwVk 13, 23. 46.

3860. Suter, Robert, „Am Brünnele". Schweizer Kinderreime. Aarau 1919.
Angez. SchwVk 14, 56 (E. H[offmann]-K[rayer]).

3861. Mair, J. Fr., Hirtenreim aus Volderberg. Mitgeteilt. Hmtbll (Unterinntal) 2 (1924), Heft 6, 11.

3863. Stöffelmeier, Karl, Kindersprüche aus Modriach. BlHmtkSteierm 2, Nr. 7/8, 63 f.
Bezieht sich unter Umständen nur auf Kunstballade?

3864. Zoder, Raimund, Kinderlied aus dem Banat. Vld 26 (1924), Heft 5/6, 11 f.
Zu Erk-Böhme Nr. 510.

3865. Zauner, Josef, Kinderlieder und -reime aus Engelsbrunn (Banat). Festschr. zu dem 2. deutschen Ferienhochschulkurs 10.—24. Aug. 1921 in Hermannstadt (hrsg. vom Sonderausschuß für Ferienhochschulkurse der modernen Bücherei in H.; Verlag von W. Krafft). S. 4—8.
66 Kinderreime ohne Melodie.

3866. Seidl, Hans, Kinderreime und Kinderspiele aus dem Egerlande. Aufgezeichnet. Egerl 28 (1924), 66.
Bringt auch zwei Bastlösesprüche und einen Auszählreim; vgl. Egerl 26 (1922), 131 f.

3867. Zeissig, E., Volkstümliche Kinderpoesie in Oschatz. Mitt. des Landesvereins „Sächs. Heimatschutz" 12, 200—216.

3868. Thüringer Kinderreime und -lieder. SächsHmt 7, 1. Okt. 1923, S. 4.

3869. Hyckel, Georg, Einige Kinderreime und -lieder. In Ratibor gesammelt. Volk und Heimat (Hindenburg O.-S.) 1924, 47.

3870. Jelonek, Emil, Kinderreime aus der Umgegend von Wagstadt. Kuhländchen (Neutitschein), (1923), 52, 27 ff.

3871. Perlick, A., Zur Kinderliedforschung im Beuthener Lande. Volk und Heimat. Zeitschr. f. oberschles. Heimatkunde u. Volkskunde 1, 29.
Das Lied von den zehn Zwergen. Von der Heirat der Straßenkehrerkinder.

3872. Perlick, A., Das Wechsellied *Auf dem Berge Sinai*... Volk und Heimat. Zeitschr. f. oberschles. Heimatkunde u. Volkskunde 1, 95 f.

3873. Haroska, G., Kinderreime aus Beuthen. Aus dem Beuthener Lande 1, 20. 22. 32.

3874. Borsutzki, E., Kinderreime aus Beuthen. Aus dem Beuthener Lande 1, 8. 11.

3875. Grabowski, E., Kinderliedchen und Auszählverse. Aus dem Beuthener Lande 2, 140. 144.

3876. Gollor, G., Reime für weinende Kinder. Aus dem Beuthener Lande 2, 84.

3877. Chrobok, L., Kinderlied und Kinderreime aus Miechowitz. Oberschles. Jahrbuch für Heimatkunde und Volkskunde 1, 84. 112.

3878. Gollor, G., Kinderreime aus Rokittnitz. Aus dem Beuthener Lande 2, 187.
Der Mauerbux. Die Suffkarline.

3879. Adamietz, P., Auszählverse aus der Beuthener und Lublinitzer Gegend. Ostdeutsches Familienblatt. Wochenschrift für oberschles. Heimatkunde 1, 324

3880. Stebel, C., Abzählreime aus Mikultschütz. Aus dem Beuthener Lande 2, 83.

3881. Blümel, W., Abzählreime aus Biskupitz. Aus dem Beuthener Lande 2, 10. 13.

3882. Kotzias, H., Abzählreime. Aus dem Beuthener Lande 2, 32.

3883. Meyer, Gustav Fr., Abzählreime. HmtK 1924, 222.

3884. Schweizer, Br., Eni, beni..., der altbekannte Auszählvers, ein Überbleibsel aus den Klosterschulen? Ammersee-Hmtbll 1924, S. 62—66.

3885. Juffinger, Michael, Aus den Kindestagen der Heimat (Fortsetzung). Auszählreime. Hmtbll (Unterinntal) 1 (1923/24), Heft 12, 13 f.; 2 (1924), Heft 1, 12 f.
8 Abzählreime mit mythologischen Ausdeutungen. Nachtrag dazu ebda 2 (1924), Heft 2, 12 durch Josef Faistenberger.

3886. Blaeschke, Alfred, Schlesische Auszählreime. Schlesien 4 (1924), Heft 3, 50.

3887. Hubben, Wilhelm, Crefelder Abzähl- und Spielreime. Die Heimat (Crefeld) 3 (1924), Heft 3, 97.

3888. Gollor, G., Spottreime auf die Vornamen der Kinder. Volk und Heimat 1, 46.

3889. Spies, Gretl, Ein Schulkind in Sittendorf. Vld 25 (1923), 63.
Spottvers auf den Namen Leo.

5. Inschriften.

3890. Lanser, Anton, Innsbrucker Inschriften. Mit Übersetzungen, Anmerkungen und einführenden Schrifthinweisen. Ein Behelf beim ortskundl. Unterrichte und für Freunde der Ortsgeschichte. Innsbruck 1924.
Angez. Hmtbll (Unterinntal) 2 (1924), H. 4, S. III.

3891. Walcher-Molthein, Alfred, Kunst- und Heimatschutz im Hause. Hmtg 4, 303 f.
Enthält einige Inschriften.

3892. Schlosser, H., Nassauische Inschriften. Nassauische Hmtbll 25 (1924), 9—15.

3893. Achelis, T. O., Haderslebener Inschriften. HmtK 34, 253—258.

3894. Stolz, Hans, Alte Brünner Inschriften. DmährHmt (Brünn) 1923, 258—260.

3895. Stückelberg, E. A., Eine gestickte Inschrift aus dem Frühmittelalter. ASchwAlt N. F. 25, 129—134.

3896. Zinck, Paul, Deutsche Hausinschriften, ein Spiegel deutschen Wesens. Heimdall 1 (1924), 81—85.

3897. Ledel, Karl, Haussprüche und Inschriften aus Neudorf. MSchönhL 20, 80—90.

3898. Rieder, Jos., Haussprüche als Hausinschriften. Hmtbilder aus dem Chiemgau (Beil. zum Traunsteiner Wochenbl.) 1922, S. 187f u. S. 192.

3899. Radl, Josef, Alte Aufschriften an Hausgiebeln in der Pfarre Mooskirchen (Steiermark). BllHk 1, Nr. 4, 8.

3900. Haussprüche aus dem Arnau-Hohenelbischen. Unser Isergebirge (Beil. des „Gablonzer Tagblattes") 2 (1924).

3901. Benecke, Theodor, Hausinschriften aus dem hannoverschen Wendlande. Der Heidewanderer 9 (1924), 53f.
Ergänzung zu der Abhandl. über niedersächs. Hausinschriften in dem Lüneburger Heidebuch von Otto und Theodor Benecke.

3902. B., H., Hausinschriften. Hmt (Dortmund) 6 (1924), 21.

3903. Giesen, Hausinschrift. Hmt (Dortmund) 5 (1923), 46.

3904. Menn, W., Alte Hausinschriften im Kirchspiel Hilchenbach. Siegerland 5, 1. H.

3905. Pennings, Heinrich, Hausinschriften zu Hochlar. Alt-Recklinghausen 5 (1924), 55—60.

3906. Scheele, Norbert, Hausinschriften aus dem südl. Sauerlande. Hmt (Dortmund) 6 (1924), Nr. 5.

3907. Schmidt, Die Inschrift am Hause zur Krone in Hachenburg. Nassovia 24 (1924), Nr. 1.

3908. Sausele, Heinz, Hausinschriften im Hohenlohischen. Schwäb. Hmtkal. 1925, 64f.

3909. Renner, Anna Maria, Meiner Heimat Haus. Aus der Heimat (Rastatt) 1924, Nr. 44.
Hausinschriften aus einem Ortenauer Dorf.

3910. Hildenbrand, F. J., Die frühmittelalterliche Stadtmauer von Speyer. Bauinschriften auf Zinnensteinen. Pfälzer Land 1923, Nr. 28.

3911. Giesen, Inschriften an Mühlen. Hmt (Dortmund) 5 (1923), 216.

3912. Mönch, W., Volksweisheit hinter dem Kachelofen. Sammler 92 (1923), Nr. 23 v. 21. März, S. 4.
Auswahl aus von Mönch gesammelten schwäbischen Ofensprüchen, Gartenlaube 1923.

3913. Stein, O., Glockeninschrift. HmtK 34, 176.

3914. Popelka, Fritz, Eine rätselhafte Glockeninschrift in Hitzendorf. BllHk 1, Nr. 1, 8.
Dazu Nachtrag: Glockeninschriften in Gams bei Frauenthal, Nr. 4, 8.

3915. D(epin)y und Arthofer, Leop., Grabinschriften. Hmtg 4, 103 f.

3916. Grabinschriften. Aus dem Unter-Mieminger Friedhof. Hmtbll (Unterinntal) 2 (1924), H. 4, 16.

3917. Hoffmann-Krayer, E., Friedhofpoesie. SchwVk 14 (1924), 12f.
Kindergrabinschriften.

3918. Hintermayr, P., Grabinschriften von Post- und Botenleuten. Bayerl 35 (1924), 499f.

3919. Besch, Rudolf, Humor in Grabsprüchen. Pommerl 9 (1924), 122.

3920. Bechtolsheimer, Grabinschriften aus alter Zeit. PfälzMus 41 (20), 71.

3921. Arthofer, Leopold, Zwei [lateinische] Grabinschriften in Hartkirchen aus der Zeit der Türkenkriege. Hmtg 4 (1923), 103f.

3922. Blümel, W., Sprüche auf den Grabsteinen des Biskupitzer Friedhofs. Aus dem Beuthener Lande 2, 140.

3923. Blümel-Perlick, M., Sprüche auf Grabsteinen des Kirchhofs zu Biskretscham. Aus dem Beuthener Lande 2, 120.

3924. Blümel-Perlick, M., Auf dem Kirchhofe von Mikultschütz. Aus dem Beuthener Lande 2, 112. 156.
Ältere Grabsteine. Ältere Grabsteininschriften.

3925. Blümel-Perlick, M., Ältere Grabsteininschriften auf dem St. Margareth-Kirchhof zu Beuthen. Aus dem Beuthener Lande 1, 164. 166. 172.

3926. Blümel-Perlick, Maria, Sprüche auf Beuthener Kindergräbern. Auf einem Beuthener Kirchhofe gesammelt. Volk und Heimat (Hindenburg O.-S.) 1924, 42.

3927. Blümel-Perlick, M., Grabstein-Inschriften auf Kindergräbern des Kirchhofs zu Rokittnitz. Aus dem Beuthener Lande 2, 93.

3928. Chrobok, L., Grabdenkmäler und -inschriften auf dem Miechowitzer Friedhof. Oberschlesisches Jahrbuch für Heimatkunde und Volkskunde 1, 171 f.

3929. Schwartz, Jules, Inscriptions funéraires de Sélestat. Revue d'Alsace (Colmar) 1924, 34—51.

3930. Zimmermann, Walther, Gereimte Inschriften auf Gedenk- und Danktafeln. Hmtl 11 (1924), 111 ff.

3931. Rost, Hans, Marterl-Inschriften. Tiroler Heimatblätter (Kufstein) 1924, Nr. 2.

3932. Bruner, Hans, Heimatkundliche Erinnerungen an das Haller Schützenunglück. Tiroler Heimatblätter (Kufstein) 1924, Nr. 3. 4.

3933. A. N., Eine köstliche Uhrinschrift und ihre Verdeutschung. Schlern 4, 158. — Mayr, Karl M., Der Spruch der v. Plawenischen Kastenuhr. Ebd. 261.

3934. Runge, Hans, Einige Inschriften auf altdeutschen Geschützen. Antiqu-Z 31 (1923), 138f.

3935. Lucas, Hans, Poetische Warnungstafeln. HessBll 23, 46—56.

3936. Kofler, Ed., Verewigungen an Schlössern und Burgen in der Umgebung von Bozen. Schlern 5, 61—63.

3937. Petrikovits, Albert, Hinter Schloß und Riegel. Inschriften und Zeichnungen aus dem Wiener Polizeigefangenhaus [so!]. Wien, Verlag für polizeiliche Fachliteratur, 1923. [Zitat zweiter Hand.]
Rez. WZfVk 29, 20 (M. Haberlandt).

C. Niederländisch.

Bibliographie s. Nr. 3326 (Bolte).

3938. Jelmoli, Hans, Von niederländischen Volksliedern. Lesezirkel 11 (1924), H. 8.

3939. Mincoff-Marriage, Elizabeth, Sonterliedekens. 's-Gravenhage 1922.
Rez. ZfVk 33,34 (1923/24), 60 (J. B[olte]).

3940. Scheurleer, D. F., Nederlandsche Liedboeken. 1923.
Rez. Archiv f. Musikwissensch. 6, 251 (M. Seiffert).

3941. Frère, Jules en Gessler, Jan, Uit een Tongerschen Dichtbundel der 16e eeuw. Tongeren, J. Frère. Privatdruck. Fr. 6.—.
Rez. NdlTVk 29, 180f. (Em. v. H.).

3942. Vries, Jan de, Het Lied van Halewijn. NdlTVk 28, 1—17.

3943. Kronenberg, M. E., Van den Hern van Valkenborch. Tijdschr. v. Nederl. taal- en letterkunde 43, Heft 1.

3944. Wansink, P. A., Een eigenaardig Liedje. NdlTVk 28, 119—122.

3945. Nieuwjaarslied. Mit Noten. FLBrab 1, 144.

3946. Kerstlied. Mit Noten. FLBrab 1, 143.

3947. Pierlala. FLBrab 2, 189—192.
Darin Text und Noten eines flämischen Volksliedes.

3948. Meyer, Maurits de, Het Kinderlied in Vlaanderen. 1923.
Rez. NdlTVk 28, 99.

3949. Suntre-Maarten. (Sint Maartenliedje zooals het nog altijd in Zaandam door de jeugd gezongen wordt.) Ons Eigen Tijdschrift (hrsg. Van Houten, Weesp, Holland). 1924, 26.

D. Englisch.

Bibliographie s. Nr. 3326 (Bolte).

3950. Möller, Heinrich, Englische und nordamerikanische Volkslieder, ausgewählt, übersetzt und mit Bemerkung der besten Bearbeitungen hrsg. (Lied der Völker Nr. 3). Mainz, B. Schotts Söhne [o. J.]. 63 S. Fol.

3951. Barth, Klara, Der rechtlich-soziale Hintergrund der englischen Volksballade. Marburger Diss. 1923. VIII, 98 S. in Maschinenschrift.
Auszug nicht gedruckt.

3952. Watt, L. M., The Scottish ballads and ballad-writing. Paisley, A. Gardner [Jahr?]. 6/—.

3953. Boyke, Gustav, Die Technik der englisch-schottischen Volksballade m. bes. Berücks. d. Balladen allgemeinmenschlichen und übersinnlichen Inhalts. Diss. Halle v. 21. Dez. 1917 (1923). 146 S. in Maschinenschrift.
Auszug: Jb. d. phil. Fak. Halle 1921/22, I, S. 17.

3954. Eicker, Hildegard, Studien zur englisch-schottischen Volksballade historischen Charakters. (Unter bes. Berücks. der Olrikschen Gesetze.) Diss. Halle 1918 [1924]. VIII, 164 S. in Maschinenschrift.
Auszug nicht gedruckt.

3955. Stewart, G. R., Modern Metrical Technique, as illustrated by Ballad Metre. Diss. New York, Columbia Univ., 1922.
Rez. JEGPhilol 23 (1924), 308—316.

3956. Williams, Alfred, Folk Songs of the Upper Thames. London, Duckworth & Co., 1923. 306 S. 12 s. 6 d.

3957. Rollins, H. E., A Pepysian Garland.
Volkslieder und Balladen.
Rez. ModLangRev 18 (1923), 215—219.

3958. Rollins, H. E., Old English Ballads und A Pepysian Garland.
Rez. JEGPhilol 23 (1924), 137—141.

3959. Rollins, H. E., A Handful of Pleasant Delights. Cambridge, Harvard Univ. Press, 1924. 145 S.
Balladen und Volkslieder.
Rez. MLN 39 (1924), 254 (E. P. Kuhl).

3960. Rollins, H. E., Ballads from Additional MS 38, 599. PMLA 38, 133—152.

3961. Rollins, H. E., Cavalier and Puritan, Ballads and Broadsides illustrating the Period of the Great Rebellion, 1640—1660. New York, New York Univ. Press, 1923. 531 S.

3962. Hammond, H. E. D., Songs of Country Life and Work. JFSongS 7, 76—94.
19. Sheep Shearing Song (Here's the Rosebud in June). 20. When the Stormy Winds do blow (Come, all you valiant Shepherd Boys). 21. Poor Shepherds. 22. I am a Brisk Lad (Brave Boys). 23. One Man came over the

Plain. 24. One Man shall Shear my Wethers. 25. A Health to Master, Shepherd and Herds. 26. Oh! Madam, I will give to Thee (The Bells of Canterbury; or, The Keys of Heaven). Mit Varianten und mit kritischen Anmerkungen von L[ucy] E. B[roadwood].

3963. Hammond, H. E. D., Narrative Ballads. Collected. JFSongS 7, 31—40.

1. The Merry Broomfield (Broomfield Hill). 2. The Bailiff's Daughter (of Islington). 3. The Bold Fisherman. — Mit Varianten und mit kritischen Anmerkungen von A. G. G[ilchrist].

3964. [Clague], Songs and Tunes of the Clague Collection (Isle of Man). JFSongS 7, 117—183.

Songs of Island Life 117—128. Love Songs 129—134. Songs of Courtship 135—147. Sea Songs 148—150. Songs of Popular Heroes 150—154. Narrative Ballads 154—159. Miscellaneous Songs 160—162. Songs of Occupation (Cradle Songs. Sewing Song) 162—168. Humorous Songs 169—171. Dance Tunes 171—174. Songs Connected with Customs 174—183. — Mit Varianten und mit kritischen Anmerkungen von A. G. G[ilchrist] und L[ucy] E. B[roadwood].

3965. Douglas, Mona, Morrison, Sophia, and others, Gods, Sprites and Fairies. Songs and Cante-Fables, collected. JFSongS 7, 99—116.

1. The Sea Invocation. 2. The Mannanan Song. 3. The Bulgham Sea-Song. 4. Arrane Ghelbee. 5. Arrane y Glashtin: Va Oie ayns Cronk Ollee Mooar. Two Cante-Fables. 6. Bollan Bane. 7. The Lazy Wife (Snieu, Queeyl, Snieu). — Mit Varianten und mit kritischen Anmerkungen von A. G. G[ilchrist].

3966. Hammond, H. E. D., Songs of Soldier and Sailor Life. JFSongS 7, 50—68.

8. William and Nancy; or Lisbon. 9. The Manchester Angel (Coming down from Manchester). 10. The Soldier and his True Love. 11. The Streams of Lovely Nancy. 12. The Bold Pirate. The Lowlands of Germany (of Holland). The Captains Apprentice (You Sailors Bold). Come all you Pretty Fair Maids (Poor Jolly Sailor Lads). — Mit Varianten und mit kritischen Anmerkungen von A. G. G[ilchrist].

3967. Hammond, H. E. D., Songs of Unhappy Love. Collected. JFSongS 7, 69—75.

16. Deep in Love (Must I be bound or must I go free?). 17. The Ale House; or, Died of Love (A Brisk Young Lad he courted me). 18. In Yorkshire Park. — Mit Varianten und mit kritischen Anmerkungen von L[ucy] E. B[roadwood].

3968. Gilchrist, A. G., Good-Night and Parting Songs in Relation to the Night Visit and the „Aubade“ or Dawn Song. With Manx Examples. JFSongS 7, 184—194.

3969. Hammond, H. E. D., Songs of Crime and Prison Life. JFSongS 7, 41—49.

4. Down the Groves (Oxford City). 5. The Prentice Boy (Hangèd I shall be). 6. The Man and the Two Maidens. 7. Gaol Song. — Mit Varianten und mit kritischen Anmerkungen von L[ucy] E. B[roadwood].

3970. Ford, W. C., Broadsides, Ballads . . . printed in Massachusetts, 1639—1800. (Mass. Hist. Soc. Coll. nr. 75.) Boston, Mass. Hist. Soc. 16, 483 S.

3971. Beckwith, M. W., The English ballad in Jamaica. PMLA 39 (1924), 455—484.

3972. Mendenhall, J. C., Ballad notes taken in Bucks Co., Pennsylvania. Schelling Anniversary Papers [Jahr?] 213—219.

3973. Belden, H. M., The Jew's Daughter and the myth of Zagreus. MLN 39 (1924), 161—166.
Volkslied.

3974. Cowling, G. C., The felon sow. In: Essays and Studies (Oxford) 1922. 8°.
Eine Spottballade.

3975. Broadwood, Lucy E., Note on the „Jolly Old Hawk" and „The Ladies' Pleasure" (Morris Tune). JFSongS 7, 95.
Mit der Melodie von „Maritje van Vormezeele", aus Coussemaker's Chants populaires des Flamands de France.

3976. Volkslied. NQ 13 Ser. Vol. 1 (1924), 17. 60.
Der sog. Apostlesong.

3977. Gilchrist, A. G., Introduction (zu JFSongS 7, Nr. 28): I. Biographical Note on Dr. John Clague (who collected Manx National Songs). II. Other Collections of Manx Airs. III. The Clague Collection. IV. The Singers. V. The Tunes and Texts. VI. Other Contributors of Manx Material. JFSongS 7, Nr. 28, XI—XVI.

3978. Bett, Henry, Nursery Rhymes and Tales. Their Origin and History. London, Methuen & Co., 1924. X, 130 S. 8°. 5 s.
I. Introductory. II. Myth and Custom. III. Number and Memory. IV. Tradition and History. V. „The House that Jack Built", and Similar Stories. Notes.

E. Nordisch.

Bibliographie. — 3979. Skandinavische Volkslieder. Jsb 1921, 80. Balladenforschung ebd. 129 s. o. Nr. 3292. 3326.

3980. Vries, J. de, Folkevisen om Sigur Svein. Edda (Oslo) 19, 144—198.

3981. Andersson, O., Något om medeltidsvisans moral. Budk 2, 67—72.

3982. Vries, Jan de, Stereotype og individuelle sermerke ved den skandinaviske folkediktingi. Norsk Aarbok (Bergen) 1923, 23—46.

Dänisch. — 3983. Grüner Nielsen, H., Studier over vore ældste Visehaandskrifter: I. Om Paalideligheden af Visehaandskriftet „Karen Brahes Folio". DanSt 1923, 153—170.

3984. Kroman, E., Studier ... II. Jens Billes Visebog. DanSt 1923, 170—179.

3985. Larsen, S., Ebbe Skammelsöns Vise. Kopenhagen, H. Hagerup, 1923. 344 S. 8°.

3986. Brodeur, A. G., The ballad of Ebbe Skammelson and the Lover's Return. Scand. Stud. and Notes 7 (1923), 179—200.

3987. Petersen, M., Danske Folkeviser. Nær og fjærn 1924, 164—196.

3988. Danmarks gamle Folkeviser. Danske Ridderviser. Efter Forarbeider af S. Grundtvig og A. Olrik udg. af H. Grüner Nielsen. 4. Bind, 2 H. Kopenhagen, Gyldendal, 1924. S. 125—214.

3989. Møller, Agnes Slott, Folkevisebilleder. København, Aschehoug, 1923.

3990. Larsen, S., Fire danske Viser fra Middelalderen. Gengivede og oplyste. Kopenhagen, Levin & Munksgaard, 1923. 144 S. 8⁰.

1. Adelus tages af Kloster. 2. Hr. Karl og hans Broder. 3. Erik og Adelraad. 4. Fæstemand i Graven.

3991. Grüner Nielsen, H., Danske Folkemelodier; Litteratur- og Haandskriftfortegnelse. Aarbog f. Musik 1923, 64—93.

3992. Sandvik, O. M., Forholdet mellens tekst og tone i norsk folkemusik. Festskr. til A. Kjær, Oslo 1924, 22—27.

3993. Eggen, Erik, Skaldekvad og kjempeviser (Ljodahátt og gamlestev). Musik, Tidskr. f. Tonkunst 8, 107—109.

3994. Smith-Dampier, E. M., Danish Ballads. Cambridge, Univ. Press, 1920.

Übersetzungen aus Olrik, Danske Viser i Udvalg.

Rez. JEGPhil 22 (1923), 317—319 (Williams).

3995. Hustvedt, S. B., George Borrow and his Danish ballads. JEGPhilol 22 (1923), 262—270.

Übersetzungen von Volksballaden.

3996. Raben, J., Das Alsenlied. Hmtbl. f. d. Kr. Sonderburg 1923, 81—84.

Mit alter und neuer deutscher Übersetzung.

3997. Nylén, Einar, Eriksvisan. Studier tillägn. O. Sylwan. 1924, 31—48.

3998. Hvad Svalerne siger. SøndMaa 1, 31.

Schwalbenlied.

3999. Remser fra Roost. SøndMaa 1, 15.

4000. Tælleremser. SøndMaa 1, 63. 79. 96.

Abzählreime.

Færœisch. — 4001. Thuren, Hjalmar, og Grüner Nielsen, H., Færøske melodier til danske kæmpeviser. København, J. H. Schultz, 1923.

Rez. Budk 3, 21—24 (O. Andersson).

4002. Helgason, J., Færöiske studier. I. Den eldste optegnelse av færöiske kvad. II. Ljómur på Færöiene. MoM 1924, 29—48.

4003. Patursson, J., Kvæđabók. 3. bind. Tórshavn, Prentsmiđja Frams, 1923.

Schwedisch. — 4004. Noreen, A. och Grape, A., 1500- och 1600-talens visböcker 12. Petter Rudebecks visuppteckningar. H. 2, 339—346. 346a—346l. 411—533 (Fortsetz.). Uppsala 1923.

4005. Lizell, Gustaf, Hembygdssånger. Hembygden (Uppsala) 1923, 1—4; 1924, 1—6.

4006. Bergman, G., Dalsländska vallvisor. Hembygden (Uppsala) 1923, 5—10.
Hirtenlieder, teilweise Zwiegesang.

4007. Stenbäck, G., Vallpigan. Budk 2, 78 f.

4008. Fredin, A., Gottlandstoner. Svenska Landsmål 1923, H. 3 (Stockholm), 273—368 (Fortsetzung).

4009. Ek, S., Den svenska folkvisan. Stockholm, Natur och Kultur, 1924. 224 S. 8°.
Rez. Svensk Tidskrift 14, 420 f. (O. Sylwan).

4010. Arill, D., Visor, upptecknade i Veinge. Vår bygd 1923, 24—27.

4011. Visor från Svensk Finland med text av Alex Slotte, arrangerade för solosång och pianoackompanjemang. Nr. 2: Visa i främmande land. 3: Ivårens skäre dag. 4: Jungfrun gick i västanlid. 5: Byttan. Brage (Helsingfors) 1922/23.

Norwegisch. — 4012. Steffen, R., Den norska kämpavisan och dess genljud i svensk litteratur. Nord. tidskr. f. vid., konst och litt. 1924, 19—32.

4013. Stören, E., Om öl og ölbollerim. Historielaget for Orkdölafylket (Svorkmo) 1923, 1—29.

4014. Rim og reglur fraa Rana og Böherad. NFKult 10, 157—160.

4015. Refsum, Helge, Beamenn [= dänisch Bedemænd: Aufbieter für Begräbnisse u. a.] paa Romerike. NFKult 10, 67 f.
Einladesprüche.

4016. Nordbø, Olav, Bygderim fraa Bø i Telemark. NFKult 10, 80—82.
Spottverse.

4017. Lammers, T., Norske Folkevisor. Tekst og toner. I. 4. opl. Kristiania 1923. 34 S. 8°.

4018. Lieстöl, K. und Moe, M., Norske folkeviser. Folkeutgåve. 3. Bd. Kristiania, Dybmad, 1924. 234 S. 8°.
Rez. Budk 4, 27 (K. Wikman).

4019. Liestöl, K., Gaglemyrane. Festskrift til A. Kjær (Kristiania 1924), 65—69.
Über die *Gaglemyrar* (Moorboden) im *Draumkvede.*

4020. Liestöl, K., Hagbard og Signe. Håløygminne IV, Heft 1/2, Svorkmo 1923, 1—15.
Ballade.

4021. Olsen, Magnus, Hvad betyder *uia haiþuiarþan þiakn* paa Glavendrup-stenen? Festschrift Eugen Mogk 1924, 468—473.
Runenstein-Inschrift.

4022. Friesen, Otto von, Tors fiske på en uppländsk runsten. Festschrift Eugen Mogk 1924, 474—483.

4023. Friesen, Otto von, Runstenarna i Altuna. UpplTidskr 9, 339—364.

F. Antike.

4024. Zieliński, T., Irezyona. Klechdy attyckie. (Der Bittzweig. Attische Volkslieder). Warschau 1922.

Eiresione, ein Bittzweig, bei einem Frühlingsumzug mit Gesang getragen, um Gaben zu sammeln.

Rez. Lud (Lwów), 22 (1923), 147 f. (R. Ganszyniec).

G. Französisch.

4025. Emmanuel, Maurice, La Chanson populaire. Le Ménestrel 1923, Nr. 26 (29 Juin). 27 (6 Juillet). 28 (13 Juillet).

4026. Bachelin, Henri, Les Noëls. Mercure de France 176, 617—637.

Geschichte, Wesen, Wert der Weihnachtslieder.

4027. Olivier, Paul, La naissance d'une chanson populaire (La Chanson de la mère qui ne voulait pas reconnaître son gars). Mercure de France Nr. 628, 112—125; Nr. 632, 496—500.

4028. Gennep, A. van, La naissance d'une chanson populaire. Mercure de France Nr. 633, 773—778.

4029. Germain de Maidy, L., Le refrain populaire d'une ancienne danse. Pays Lorrain 16, 83 f.

4030. Bodmer, Emil, Empros oder Abzählreime der französischen Schweiz. Diss. Zürich. Halle a. S., Karras, Kröber & Nietschmann, 1923 (Umschlag 1924). LIX, 115 S. 8°.

Angez. SAVk 25, 156 f. (J. R[oux]).

4031. Grospierre, H., Quelques notes sur les vieilles chansons populaires du Jura et plus spécialement sur celles recueillies au village de Nanc, près Saint-Amour; avec lettre-préface de Julien Tiersot. Lons-Le-Saulnier, Impr. Lucien Declume, 1924. 89 S. 8°.

Musique notée.

4032. Barbeau, Marius, Les chants populaires du Canada. Revue de l'Amérique latine (Paris) 1924, 119—122.

4033. Mortier, Ad., Fièsse dès vis tchapias (Fête des vieux chapeaux). FLBrab 3, 197—200.

Am Sonntag nach Kirchweih. Dabei die mundartliche „Tchanson dès vis tchapias" gesungen.

4034. Pellegrim, A., Chansons et formulettes. FLBrab 3, 165 f.

Pour endormir les enfants ... Sur les doigts on disait ...

4035. Vermeyen, Chanson du tirage au sort dans le pays d'Opwyck. FLBrab 4, 38 und beigebund. Tafel.

4036. Vermeyen, La kermesse de Dilbeek. FLBrab 3, 210f.
Text und Noten eines Volksliedes.

4037. Peeters, Ch., Ce que les enfants disent sur les doigts. FLBrab 4, 38f.

H. Italienisch.

4038. Spadoni, L, La poesia per i fanciulli, con appendice storico-bibliografica su questa poesia in Italia. Pavia, Soc. tip. Artigianelli, 1922. 95 S.

4039. Massaroli, N., Paganesimo ed umanesimo nella letteratura popolare romagnola (Bibl. de la „Piê", Nr. 3). Varese, Tip. Sociale, 1922. 55 S. L. 3.—.

4040. Massaroli, Nino, Romanze, leggende e ballate popolari della Romagnola. (Saggio di demologia comparata). (Estratto da „La Piê", Rassegna mensile d'illustrazione romagnola, anno 1924, Nr. 2. 5. 6. 7). Faenza, F. Lega, 1924. 4°.

4041. Caravaglios, Ces., Canti popolari di guerra. FLCalabr 9, 42—55.
Canti di soldati durante la guerra ultima, al fronte italiano.

4042. Terracini, B. A., Arte e storia nei canti popolari piemontesi. Arte e Vita 1923 (März?).

4043. Toschi, Paolo, Canzoni „a la biojga", raccolte in Romagna. Le Mavie (Roma) 1923, 28—33.

4044. Fabris, C., Canti popolari religiosi della diocesa di Padova, in: Atti e memorie della R. Accademia di Scienze, Lett. ed Arti in Padova. Padova, Tip. L. Penada, 1923. 45 S.

4045. Julia, Ant., La leggenda di Sant' Alessio. FLCalabr 9, 94—97.

4046. Galasso, N., Il canzoniere della rivoluzione francese. Benevento 1921. 121 S.

4047. Sirianni, Ivone, Canti popolari di Soveria Mannelli. FLCalabr 10, 73f.

4048. Zenatti, A., Canti popolari trentini. Lanciano, G. Carabba, 1923. 29, 179 S. L. 10.—.

4049. Cocchiara, Gius., Popolo e canti nella Sicilia d'oggi. Palermo, Sandron, 1923. 164 S. 8°. L. 7.—.
Rez. FLCalabr 10, 68—71 (B. Bruno).

4050. Schirò, Giuseppe, Canti tradizionali ed altri saggi delle colonie albanesi di Sicilia. Napoli, Stabilimento Tipografico L. Pierro e Figlio, 1923. Edizione di 300 esemplari a spese del R. Istituto Orientale. CXXXVII, 582 S. 8°. L. 60.—.
Rez. FLCalabr 10, 3—9 (R. Corso).

4051. Melfi, C., Il poeta Pavone. Sic 7, 7—9.
Canti popolari siciliani attribuiti al poeta contadino Luciano Paone.

4052. Rubino, Benedetto, Poeti zappatori in Sicilia. Lettura 23, 145—147.

4053. Rubino, Benedetto, I canti della tonnara. Lettura 24, 455—458.
Thunfischerei und Fischerlieder in Sizilien.

4054. Gallo di Carlo, Gaetano, Serenata Bisignanese. Ethnos (Napoli) 2, Nr. 2—3, S. 28.
Canti calabresi di amore dei popolani di Bisignano.

4055. Rosia, S., Canti di Villanova di Pedivigliano (Cosenza) FLCalabr 9, 100.

4056. Pasquarelli, Mich. Ger., Versetti per fazzoletti. FLCalabr 10, 51—61.
Motti d'amore ricamati sui fazzoletti, in Basilicata.

4057. Massaroli, N., La storia dei popoli nei canti infantili. FLCalabr 10, 90—94.
Formulette infantili per la pioggia, per il sole, per il tocco.

4058. Massaroli, Nino, Il Natale nelle ninne-nanne di Romagna. La Piê (Faenza) 1922, Nr. 3 e 1923, Nr. 3 – 6.

4059. Massaroli, N., La segaveghia in Romagna o il supplizio in un innocente. I canti della culla nella romagnola (Ninne-nanne). I saluti (canti popolari romagnoli). = Tradizioni populari in Romagna. Biblioteca de „La Piê", Nr. 5). Faenza, Tip. F. Lega, 1922. 36 S. L. 2.—.

4060. Gallo, Gaet., Ninne-nanne calabresi. FLCalabr 9, 123f.

4061. Schraudner, Ludwig, Zwei italienische Krippenlieder. DHeimg 2, 406f.

4062. Biscottini, Umberto, Fiorita di poesie corse. Scelta, introduzione e note di U. B. Torino, Direzione edit. opere, 1923. 92 S. L. 4.50.

I. Spanisch.

4063. Menendez Pidal, R., Poesía popular usw. 1922.
Rez. Rassegna 31 (1923), 306–308; MLR 18 (1923), 357f.; Bull. hisp. 25 (1923), 278–284.

4064. Mérimée, E., Le romancéro espagnol. Paris, Renaiss. du livre. Fcs. 4.—.

4065. Henríquez Ureña, M., La épica popular en España. Cuba contemporánea 32 (1923), 308—327.

4066. Le Strange, G., Spanish Ballads.
Rez. Hispania 7 (1924), 143—145.

4067. Menéndez Pidal, R., Caracteres de la poesia juglaresca. Revista de Occidente (Madrid) 2 (1923), 171—200.

4068. Morley, S. G., Una glosa de romances viejos por Romero de Capeda. Rev. Biblioteca, Archivo, y Museo (Madrid) 1924, I, 349—361.

4069. Torner, E. M., 40 canciones españolas (= Residencia de Estudiantes 4, Nr. 10). Madrid, Imp. clásica Española, 1924. XV, 239 S. 8°.

4070. Poncet, C., Romancerillo de Entrepeñas y Villar de los Pisones. Rev. hisp. 57 (1923), 286—314.

4071. Paco y Arce, J. A., Literatura popular de Galicia. Colección de coplas, vilancicas, diálogos, romances, cuentos y refraneros gallegos. Boletín de la Comisión provincial de monumentos de Orense 6 (1922), 410—412. 432 bis 435. 456—460. 479—484.

4072. Barrelet, M., Mallorkinische Volkslieder und Tänze, hrsg. und erl. Hamburger Diss. Ungedruckt.

4073. Ferrer Ginart, A., Folklore balear 2: Cançonetes menorquines. Artá, A. Ferrer, 1923. 200 S. 8°.

4074. Cancionero popular murciano?
Rez. Rev. fil. esp. 10 (1923), 324 f.

4075. Geiger, A., Bausteine zur Geschichte des iberischen Vulgär-Vilancico. Zs. f. Musikwiss. 4 (1921), 65—93.

4076. Carrasco, Antonio Gordillo, Folk-lore hispanosefardi. Revista Hispano-Africana 1923, 218 f.
Einige Romanzen der span. Sephardim.

4077. André, Marius, Les haï-kaïs mexicains et les chants populaires espagnols. Revue de l'Amérique Latine (Paris), 1er Sept. 1924.

4078. Cirot, G., Sur les romances „A la muerte del príncipe de Portugal". Bull. hisp. 25 (1923), 168—172.

4079. Morley, S. G., El romance de „Palmero".
Rez. Bull. hisp. 25 (1923), 284 f.

K. Portugiesisch.

4080. Lopez Aydillo, E., Los cancioneros gallego-portugueses como fuentes históricas. Rev. hisp. 57, 315—619.

4081. Cardoso, Nuno Catharino, Cancioneiro popular português. Lisboa 1923.

4082. Sardinha, Ernesto, Paisanas (cançoes do meu amado pais). Viana-de-Castelo, Bernardo Dias & Aires, 1923. XI, 115 S.

4083. Pires de Lima, Augusto C., Romances tradicionais. Lusa 4, 126 f.

4084. Basto, Cláudio, Flores de Portugal. Lusa 4, 135—142.

4085. Pinto, Augusto, Sôbre uma cantiga popular. Lusa 4, 74.

4086. Cantigas populares de Areosa. Lusa 4, 121—123.

4087. Fernandes, Thomas, P., Canções populares da Beira, acompanhadas de 58 melodias recolhidas directamente da tradição oral, com una introdução por J. Leite de Vasconcellos. Coimbra 1923. XXXIII, 253 S.

4088. Leite de Vasconcellos, J., Cancionero de Colocci-Brancuti. Lusa, 1924, 251—255.

4089. Cardoso, Martha M., Quadras da guerra. Lusa 4, 72.

4090. Braamcamp Freire, A., A censura e o Cancionero geral. Coimbra 1922. 70 S.

L. Rumänisch.

4091. Dumitrașcu, N. I., Cântări de stea și colinde. (Stern- und Ansingelieder.) Craiova, Verlag „Ramuri“, 1923. 146 S. 8⁰. Lei 14.—.

31 Dreikönigslieder, mit guter Einleitung.

4092. Bogrea, Vasile, Untersuchungen aus dem Gebiet der Volkspoesie. In: Pușcariu, Sextil, Dacoromânia, Buletinul „Muzeului limbei române“. Anul 2, 1921—1923. Cluj (Klausenburg) 1922. 8⁰. Seite?

Inhaltsang. KblSbLk 46 (1923), 87f. (A. Schullerus).

4093. Bartók, Béla, et Kodály, Zoltán, Chansons populaires de Transylvanie. Budapest, Éd. de littér. populaire, Rozsavölgyi, 1924.

M. Slavisch.

Polnisch. — 4094. Bystroń, Jan St., Pieśni ludu polskiego. (Polnische Volkslieder.) (Bibljoteczka geograficzna „Orbis“ III 3. Kraków 1924. 156 S. 8⁰.

4095. Dobrzycki, Stanisław, O kolędach. (Polnische Weihnachtslieder.) Poznań-Warszawa, Fiszer & Majewski, 1923. 79 S. 8⁰.

4096. Perić, K., Ludowa poezja serbska w literaturze polskiej. I. Kazimierz Brodziński.) (Die serbische Volkspoesie in der polnischen Literatur. I. Kasimir Brodziński.) Spraw. Tow. Nauk. 4, 8—10.

4097. Chrobok, L., Schwerer Abschied. Volkslied. Übertragen. Volk und Heimat, Zeitschrift für oberschlesische Heimatkunde, Volkskunde 1, 96f.

4098. Perlick, A., Die Rokittnitzer Fassung des „Dudek-Liedes“. Aus dem Beuthener Lande 2, 186.

4099. Chrobok, L., Zum Dudek-Lied. Oberschlesisches Jahrbuch für Heimatkunde und Volkskunde 1, 172.

4100. Chrobok, L., Ein Gojiklied aus Miechowitz. Aus dem Beuthener Lande 1, 53; Oberschles. Jb. f. Hmtgesch. und Volksk. 1, 53.

Gesungen beim Einsammeln von Gaben. Aus dem Polnischen ins Deutsche übertragen.

4101. G[ollor], G[eorg], Oberschlesisches Gojik-Lied. (Aufgezeichnet in Rokittnitz.) Aus dem Beuthener Lande 1, 51; Oberschles. im Bilde 1, 51.

Deutsche und polnische Fassung. Gesungen beim Einsammeln von Gaben.

4102. Bystroń, Jan St., Pieśń o dziewczynie i przewoźniku. (Das Lied vom Mädchen und dem Fährmann.) Lud (Lwów) 22, 63–71.

Varianten des Liedes: polnisch, tschechisch, ruthenisch und deutsch. Das Lied, auch in Deutschland bekannt (Erk-Böhme III, 759—761), ist eine Umwandlung der Legende von der hl. Maria der Ägypterin.

4103. Zborowski, Juljusz, Pieśń o Napoleonie. (Ein polnisches Volkslied über Napoleon). Lud 21, 60.

4104. Mainka, K., Sommerbäumchen-Lied. Aus dem Beuthener Lande 2, 180.

4105. Chrobok, L., Der Waise Hochzeitstag. Volkslied. Übertragen. Aus dem Beuthener Lande 2, 6—7.

Wendisch. — 4106. Taszycki, Witold, Łużycka pieśń ludowa o Boleslawie Chrobrym. (Ein Lausitzer Volkslied von Boleslaw dem Tapfern.) Orli Lot (Kraków) 5, 74—76.

Tschechisch-Mährisch-Slovakisch. — 4107. Ríznerová-Podjavorinská, Lud., Piesne v H. Bzinciach. (Volkslieder in H. Bzincy). Český Lid 24, 20.

4108. Pospíšil, František, Lidové písně fonautograficky na Moravě nasbírané. (Texti a studie). (Separata z Časopisu Vlasten.). (Mährische Volkslieder phonographisch festgehalten). Brno 1920. 16 S. 8°.

Rez. Извест. нар. етн. муз. въ София 3, 34, 149f. (А. П. Стоиловъ).

4109. Medvecký, K. A., Sto slovenských ľudových ballád. Bratislava [Preßburg] 1923. 150 S. 8°.

Hundert slovakische Volksballaden.

Rez. Изв. нар. етн. муз. въ София 3, 34, 154 (А. П. Стоиловъ).

4110. Giusti, Wolfango, Canti popolari slovacchi. NQuad 1, 155—157.

4111. Procházka, Karel, Koledy z Vysokého a okolé. (Weihnachtslieder in Vysoké und Umgebung). Český Lid 24, 121 f.

4112. Vycpálek, Josef, Koledy vánoční z Táborska. (Weihnachtslieder aus der Gegend von Tabor). Český Lid 24, 93.

4113. Weis, Karel, „Královácká“ koleda. (Weihnachtslied aus der Gegend von Královák). Český Lid 24, 92f.

4114. Jakobson, R., Старочешские стихотворения однорифменными четверостишиями. Slavia (Prag) 3 (1924), 272—315.

Alttschechische einreimige Vierzeiler.

4115. Simonides, Bohumil, Pluhařův zpěvník vlasteneckých písní ve Ždáru (Morava). (Pluhař's Heimatliches Liederbuch aus Ždár in Mähren). Český Lid 24, 380f.

3 Lieder: „Von dem Herrn Franzen“, „Žižkás Lied“, „Hussitenlied“.

Russisch-Ruthenisch. — 4116. Brodskij, N. L., Gussjev, N. A., i Sidorov, N. P., Russkaja ustnaja slovesnostj. (Russische mündliche Dichtung). Istoriko-literaturnyj seminarij. Temy. Bibliografija. Programmy dlja sobiranija proizvedenij ustnoj poezii. (Historisch-literarisches Seminar. Themen. Bibliographie.

Programme zum Sammeln der Erzeugnisse der Volkspoesie). Leningrad, Kolos-Verlag, 1924. 200 S. 8°.
Ein bibliographisches Hilfsbuch. Enthält auch Fragebogen.

4117. Finagin, A. V., Russkaja narodnaja pesnja. (Das russische Volkslied). Hrsg. v. Russ. Inst. f. Kunstgeschichte (Abt. „Gesch. d. Musik" I.). Petrograd, „Academia", 1923. 92 und 4 S.

4118. Skaftymov, A. P., Poetika i genezis bylin. (Poetik und Ursprung der [großrussischen] epischen Lieder). Moskva-Saratov, V. Z. Jaksanov, 1924. IV, 226 S.
I. Die gegenwärtigen Methoden der Bylinenforschung. II. Die architektonischen Verhältnisse des inneren Bestandes der Heldenlieder. III. Das Verhältnis zwischen Erfindung und Wirklichkeit in den epischen Liedern. IV. Bibliographie. Der letzte Abschnitt ist sehr nützlich.

4119. Miller, V. F., Očerki russkoj narodnoj slovesnosti. T. III. Byliny i istoričeskija pesni. (Untersuchungen über die russische Volkspoesie. Bd. III. Bylinen und historische Lieder). Moskau, Staatsverlag, 1924. 321 S. 8°.

4120. Westermann, G., Das russische Volkslied, wie es heute gesungen wird. München, Orchis-Verlag, 1923. 171 S. 8°.
Angez. Zeitschr. f. slav. Philol. 1, 1—2, 256.

4121. Sokolovy, Boris i Jurij, Poezija derevni. Rukovodstvo dlja sobiranija proizvedenij ustnoj slovesnosti. (Die Dorfdichtung. Handbuch für die Sammlung der Erzeugnisse der Volkspoesie). Moskau, „Das neue Moskau", 1924. 166 S. 4°. 1 Rubel 50 Kop.
Nützlich.

4122. Sipovskij, V. V., Poezija naroda. Proletarskaja i krestjanskaja lirika našich dnej. (Die Volksdichtung. Proletarische und Bauernlyrik unserer Tage). Petrograd, „Sejatelj", 1923. 142 S.

4123. Jakovlev, M. A., Narodnoje pesnotvorčestvo ob atamane Stepane Razine. (Die Volkslieder vom Ataman Stepan Razin). Leningrad. Sojkin, 1924. 168 S.
Historische Volkslieder aus dem XVII. Jahrh.

4124. Sokolov, B., O bylinach, zapisannych v Saratovskoj gub. (Über die im Gouvernement Saratow niedergeschriebenen Heldenlieder.) Kultura, Naučnoje priloženije (Zeitschr. „Kultura", Wiss. Beilage) (Saratow) 1922, 1, 2—17.

4125. Sokolov, B. M., Sobirateli narodnych pesen. (Volksliedersammler). Moskau, Verlag Dumnow-Salajew, 1923. 75 S.
Wertvoll.

4126. Speranskij, M. N., Поп-разбойник Емеля. (Der Räuberpriester Jemelja). Slavia (Prag) 2 (1924), 655—659.
Historisches Volkslied über den Priester Jemelja, der als Räuberhauptmann im XVII. Jahrh. gegen die Polen kämpfte.

4127. Tretjakov, Molitvennyje pesni russkich duchoborov na Havajskich ostrovach. (Gebetslieder der russ. Duchoboren [eine russ. Sekte] auf den Hawaii-Inseln. Kamena, Sbornik I, Čita 1922, 68 86.

4128. Стоиловъ, А. П., Сестра отровница. (Die Schwester als Vergifterin). Извѣстия 4, 3/4, 61—68.

Die Schwester als Vergifterin ihres Bruders — ein Volksliedmotiv auf 1. bulgarischem, 2. slavischem und 3. allgemeineuropäischem Boden.

4129. Tufanov, Metrika, ritmika i tematika častuški. (Metrik, Rhythmik und Thematik des Vierzeilers). Krasnyj Žurnal dlja vsech 1923, Nr. 7—8, 76—81.

4130. Semenovskij, Sovremennaja častuška. (Das moderne Schnaderhüpfel). Krasnaja Novj 1921, Nr. 1.

Rez. Pečatj i Revolucija 1921, 2, 229 (Poljanskij).

4131. Knjazev, Vasilij, Sovremennyje častuški 1917—1922 g. (Moderne Vierzeiler 1917—1922). Moskau-Petrograd, Staatsverlag, 1923. 76 S.

4132. Žarov, A., Krasnaja taljanka. (Die rote Ziehharmonika). Izbrannyje derevenskije častuški. (Ausgewählte Dorfvierzeiler). Moskau, Molod. Gvardija, 1923. 48 S.

Sammlung moderner Schnadahüpfel vom Lande.

Ruthenisch. — 4133. Francev, V. A., Maloruské národní písně v pozůstalosti J. Dobrovského. Příspěvek k dialektologickým a folkloristickým studiím Dobrovského. NVě XVI, 33—64.

Kleinrussische Volkslieder im Nachlasse J. Dobrovskýs. Beitrag zu den dialektologischen und folkloristischen Studien J. Dobrovskýs.

Serbo-Kroatisch. Slovenisch. — 4134. Tropsch, Stjepan, Jacob Grimm als Übersetzer serbo-kroatischer Volkslieder. Euph 16. Ergänzungsh. (1923) (Festschr. f. Bernhard Seuffert), 106—120.

4135. Đorđević, Vlad., Srpske narodne melodije. (Serb. Volksmelodien). VI—VIII. Heft. Belgrad 1923.

4136. Banović, St., Prilozi za istraživanje hrvatskih ili srpskih narodnih pjesama. ZbNŽ 25 (1924), 193—254.

Untersuchungen über serbokroatische Volkslieder.

4137. Mirković, L., Hrišćansko-etički i heortološki elemenat u dve narodne pesme. Prilozi 3 (1923), 141—149.

Weist nach, daß die serbischen Volkssänger nicht selten in der Kirche gehörte Predigten in freier Weise in Verse bringen.

4138. Gesemann, G., Die Asanaginica im Kreise ihrer Varianten. Archiv für slav. Philologie 37 (1923), 1—44.

4139. Žganec, V., Hrvatske pučke popijevke iz Međumurje. Agram 1924.

638 Melodien mit Texten; es ist die erste kritisch gearbeitete Sammlung kroatischer Volksmelodien.

Rez. SKGl NS 15, 229—231 (A. Dobronić).

4140. Istarske narodne pjesme. (Volkslieder aus Istrien). Hrsg. von der Istarska Književna Zadruga, 1924.

Rez. SKGl NS 14, (1925), 369.

4141. Slovenske narodne pesmi. (Slovenische Volkslieder). Ljubljana (Laibach) 1923.

16. Heft der großen, von der Slov. Matica seit 1895 herausgegebenen Sammlung, die K. Štrekelj begonnen hat und J. Glonar fortsetzt.

Rez. ČZN 19 (1924), 41—43 (J. Glaser).

4142. Fleré, P., Pripovedne slovenske narodne pesmi. (Erzählende slovenische Volkslieder). Laibach 1924.

Rez. SKGl NS 14 (1925), 369 (J. Prodanović).

4143. Schneider, Dr. A., Jedna stara francuska balada u hrvatskom Zagorju. NarStar 3, 228—233.

Eine alte französische Ballade im kroatischen Berglande. (Melodie von „Želja za dragom" = „Sehnsucht nach dem Geliebten" stammt wahrscheinlich vom französischen „Le roi a fait battre tambour").

4144. Elezović, G., Arnautska varianta pesme o boju na Kosovu. Archiv f. Albanologie 1 (1923), 54—68.

Eine albanische Variante des Liedes von der Schlacht auf dem Amselfeld. Vergleichender Kommentar hierzu von V. Čajkanović, ib. 68—78.

Bulgarisch. — 4145. Стоинъ, Василь, Къмъ българскитѣ народни напѣви. (Bulgarische Volksgesänge). Изв. нар. етн. муз. въ София 4, 3/4, 71—88.

Texte, Melodien, Noten.

4146. Тодоровъ. В., Отъ с. Жеравна (Котленско). (Volkslieder aus Žeravna, Bulgarien). Изв. нар. етн. муз. въ София (Sofia) 4, 1/2, 45f.

4147. Стоиловъ, А. П., Народни песни отъ Леринско. (Volkslieder aus Lerin, Makedonien). Извест. нар. етн. муз. въ София (Sofia) 4, 1/2, 42f.

Brautraub. Die ungetreue Gattin u. a. (1. Der Sohn führt den Vater zum Gericht. 2. Die Frau ist nach ihrer Heirat Mädchen. 3. Der sündige Sohn beichtet seiner Mutter. 4. Die eingemauerte Frau. 5. Die uneheliche Frau).

4148. Михайловъ, Пancho, Български народни пѣсни отъ Македония. (Bulgarische Volkslieder aus Makedonien). Sofia 1924. 295 S. 8⁰.

Rez. Извест. нар. етн. муз. въ София 4, 1/2, 48f. (А. П. Стоиловъ).

4149. Стоиловъ, А. П., Народни пѣсни отъ Мелнишко. Извест. нар. етн. муз. въ София 3, 3/4, 142—148.

Volkslieder aus der Gegend von Melnik. (1. Jagd mit Falken. 2. Stellvertreterin der kranken Braut. 3. Das Mädchen wird Nonne, damit man es nicht dem gibt, zu dem sie das Herz zieht. 4. Das Schaf rettet sein Lamm vor dem Schlachten. 5. Die Frau als Verwalterin. 6. Drei Liebchen aus drei Städten. 7. Das treue Weib. 8. Hochzeit mit Geld auf Borg. 9. Hochzeit mit Heldentat).

4150. Стоиловъ, А. П., Народни пѣсни. (Volkslieder). Извест. нар. етн. муз. въ София 4, 3/4, 89—93.

Bulgarische Volkslieder aus Nevrokop und Koukouch.

4151. Трифоновъ, Ю., Български пѣсни съ исторически спомени отъ XVI вѣкъ. (Bulgarische Volkslieder, welche Erinnerungen an hist. Ereignisse aus dem XVI. Jahrh. widerspiegeln). Извест. нар. етн. муз. въ София 3, 3/4, 79—104.

Türken- und Christenkämpfe. 1. Das Lied von Budapest und der Königin Isabella von Ungarn. 2. Von der „Goldnen Apfel"-Stadt am Ursprung der Donau. 3. Von der Belagerung Maltas durch die Türken. 4. Von den Kämpfen Michael des Tapfern.

N. Anderweitiges.

Baskisch. — 4153. Urquijo, Julio de, La Crónica Ibargüen-Cachopín y el Canto de Lelo (Continuación). REtBasques 18, 523—548.

4154. Mújica, G. de, Trueba y el refranero vasco. REtBasques 18, 498—501.

4155. Mújica, G. de, Refranes y cantares. Trueba y el refranero vasco. Rev. internat. ét. basques 15 (1924), 498—501.

4156. Guerra, Juan Carlos, Los cantares antiguos del Euskera. Revista de Cultura Vasca 13 (1923), Nr. 235—240.

4157. Guerra, Juan Carlos de, Viejos textos de idioma. Los cantares antiguos del Euskera. San Sebastian, Martín y Mena, 1924.
Rez. RIntEstVasc 15, 379f. (J. de Urquijo).

4158. Donostia, J. A. de, Quelques caractéristiques de la chanson basque. Gure Herria (revue mensuelle) 1923, Nr. 11.

4159. Donostia, P. José Ant., Apuntes de folklore vasco: Toberas. RIntEstVasc 15, 1—18.
Ständchen zur Verlobung.

4160. Azkue, Resurrección de, Cancionero popular vasco. Edición manual. T. II. Canciones báquicas. Canciones cuneras. T. III. Danzas. T. IV. Danzas sin palabras. T. V. Endechas y Elegías. Barcelona, Boileau & Bernasconi, 1923/24.
Rez. REtBasques 18, 555—558 (I. Z.).

Finnisch-Estnisch. — 4161. Krohn, Kaarle, Das finnisch-estnische Lied von der verkauften Jungfrau. Festschrift Eugen Mogk (Halle 1924), 575—581.

4162. Krohn, Kaarle, Der Hansakaufmann in der finnischen Volksdichtung. Finn.-ugr. Forschg. 16, 103—145.

4163. Z[oder], R., Wie es andere machen. Vld 26 (1924), 5. 6. Heft, 12f.
Hinweis auf die Volksliedsammlungen Finnlands und Estlands.

4164. Krohn, Kaarle, Soome-Eesti vanast rahvalaulust. (Über das finnisch-estnische alte Volkslied.) Eesti Kirjandus 17 (1923), 385—402. 433—450. 481—494. 545—556; 18 (1924), 26 bis 40. 67—76. (Auch separat: Tartu, Eesti Kirjanduse Selts, 1924. 85 S. 8⁰. Estn. Mark 60.—.)

4165. Kalewala, das Nationalepos der Finnen. Übertr. von Anton Schiefner. Bearb. von Martin Buber. 3. Taus. München 1922.
Angez. ZfVk 33/34, 51f. (A. v. Löwis of Menar),
Rez. MschlVk 25, 148 (Siebs).

4166. Niemi, A. R., Lisiä 1700-luvun runonkeräyksen historiaan. Kalevalas. vuosik. 3, 108—128.
Beiträge zur Geschichte des Volksliedersammelns im 18. Jahrh.

4167. Niemi, A. R., Kalevalan esteettisestä arviomisesta. Kalevalas. vuosik. 4, 110—136.
Über die ästhetische Beurteilung des Kalevala.

4168. Alpiranta, E., Vauhoja satakuntalaisia kehtolauluja. ([5] alte Wiegenlieder aus Satakunta). Kotiseutu 1921, 43f.

4169. Krohn, K., Vanha runo. Valvoja-Aika (Helsinki) 1923, 28—30.
Eine alte Rune. Über die alte Fassung von Goethes finn. Lied.

4170. Similä, A., Suomalaiset kansanlaulut. Tutkielma. Helsinki, Otava, 1924. 93 S. 8°.
Die finnischen Volkslieder. Eine Untersuchung.
Rez. Virittäjä (Helsingfors) 1924, 81ff.: „dilettantisch und ungenügend".

4171. Haavio, M., Paavo Korhosesta, rautalammelaisesta kansanrunoilijasta. Suomi 5. Folge, 2, 65—119. Erschienen als S.-A.: Vähäisiä kirjelmiä 51. Helsinki, Finn. Literaturgesellschaft, 1923. 59 S. 8°.
Über Paavo Korhonen, einen Volksdichter aus Rautalampi, 1775—1841.

4172. Airila, M., Oikkuako vai järjellisyyttä vanhan suomalaisen runomitan kehityksessä? Suomi 5. Folge, 2, 20—27.
Willkür oder Konsequenz in der Entwicklung des alten finnischen Runenversmaßes?

4173. Krohn, Kaarle, Kalevalastudien. I. Einleitung. (FFComm. Nr. 53). Helsinki, Suomalainen Tiedeakatemia, 1924. 148 S. 8°. Fmk. 25,—.
Mit ausführlichen Literaturangaben.
Rez. Valvoja-Aika (Helsingfors) 1924, 426—429 (A. O. Väisänen).

4174. Krohn, K., Kansanrunoudenkeräysmatka kesällä v. 1882. Virittäjä (Helsinki) 1923, 67—71.
Meine Fahrt zur Einsammlung von Volkspoesie im Sommer 1882.

4175. Krohn, Kaarle, Goethes „Finnisches Lied". Λαογρ. Ζ' (Festschr. Politis, 1923), 41—44.

4176. Vikár, Béla, Suomalaisen ja unkarilaisen kansanrunouden mittarakenne. Kalevalas. vuosik. 4, 153—178.
Der Bau des Versmaßes in der finn. und der ungar. Volkspoesie.

4177. Sander, T., Eesti kirjanduse lugu. I. jagu: Rahvaluule. (Geschichte der estn. Literatur. I. T.: Volksdichtung). 4. Aufl. Tartu (Dorpat) 1920. 64 S. 8°.
Rez. JEstPhG 1 (1918), 24f. (W. Anderson).

4178. Saaberk (= Saareste), Alb., Valitud Eesti rahvalaulud koolidele. Tallinn 1919. 88 S. 8°.
Ausgewählte estn. Volkslieder für Schulen. Mit sprachl. u. metr. Einleitung und Wörterverzeichnis.
Angez. JEstPhG 2 (1919), 79—81 (W. Anderson).

4179. Vilberg, G., Ehted rahvalauludes. (Der Schmuck in den Volksliedern.) Eesti Kirjandus 13 (1919), 268—279. 304—314.
Rez. JEstPhG 2 (1919), 88f. (W. Anderson).

4180. Ridala, V. (= Grünthal, V.), Valik Eesti rahvalaulusid Tartu (Dorpat) 1919. 152 S. 8°.
Auswahl estnischer Volkslieder, redigiert und mit Wörterbuch versehen.
Rez. JEstPhG 2 (1919), 75—79 (W. Anderson).

4181. Väisänen, A. O., Setunmaan „lauluemojen" tilapäisrunoja. (Improvisierte Runen der „Sangesmütter" Setukesiens, aufgezeichnet und ins Finnische übersetzt). Kalevalas. vuosik. 3, 159—183, 3 Taf.
Büsten dreier setukesischer (Estland) Volkssängerinnen und die Lieder, die sie anläßlich ihrer Modellierung und des Aufzeichnens von Runen improvisierten.

4182. Okkola, T., Vanhan runolaulun häviämisestä Virossa. Suomi 5. Folge, 2, 211—247.
Über das Verschwinden des alten Runengesangs in Estland.

4183. Eisen, M. J., Kaleviste muna. (Das Ei der Kallewingen.) Eesti Kirjandus 18 (1924), 190—194 (vgl. S. 368).
Über das Epitheton *kalevine* in estnischen Volksliedern.

4184. Aavik, Joh., Valik rahvalaule. Tartu (Dorpat) 1919. X, 202, 24 S.
Auswahl von Volksliedern. Mit Erklärungen und Wörterverzeichnis.
Rez. JEstPhG 2 (1919), 81—85 (W. Anderson).

4185. Väisänen, A. O., Virolaisia kansanrunoja. Valikoinut ja suomentanut. (Heimokannel I). Porvoo, Werner Söderström, 1924. 208 S. 8°. Finn. Mark 30.—.
Anthologie estnischer Volkslieder in finnischen Übersetzungen. (Volkslieder des finn. Stammes I.)
Rez. Eesti Kirjandus 18 (1924), 511 f. (M. J. Eisen); Valvoja-Aika (Helsinki) 1924, 485—489 (E. Enajärvi).

Griechisch. — 4186. *Βλαχογιάννης, Γ., Λαὸς ὁ ποιητής. Λαογρ. Ζ'* (Festschr. Politis, 1923), 79—84.

4187. *Παντελίδος, Χρ. Γ., Οἱ ποιηταρίδες τῆς Κύπρου. Λαογρ. Ζ'* (Festschr. Politis, 1923), 115—120.
Volksdichter.

4188. Körte, Rhodisches Schifferlied. ArchPapyrusforsch 7 (1924), 141.
Enthält eine Beschwörung der Winde.

4189. Buk, H., E. Geibel und das neugriech. Volkslied. Byzantinisch-neugriech. Jbcher 4, H. 3/4, 301—327.

Jüdisch. — 4190. Grunwald, Max, Aus meiner (jüdischen) Liedersammlung. JbjüdVk 1923, 235—279.
Schon vorige Bibliographie als Nr. 2910 gedruckt.

4191. Nadel, Arno, Jüdische Volkslieder. Bearbeitet. 1, Heft 2. Berlin, Jüdischer Verlag, 1924. 15 S. 4°.
8 Nummern mit Klavierbegleitung.

4192. Prilucki, Nojach, Jidiše folkslider. (Jüdische Volkslieder).
Rez. JidFil 1, 151—160 (Dr. Alfred Landau).

4193. Bystroń, Jan St., Uwagi nad dziesięciu pieśniami ludowemi żydów polskich. (Bemerkungen zu 10 Volksliedern der polnischen Juden). ANAntr, T. 1, Nr. 10, Warszawa 1923. 16 S. 4°.
Rez. JidFil 1, 204—209 (M. Weinreich).

Lettisch-Litauisch — 4194. Barons, Kr., Latvju Dainas. (Lettische Volkslieder). 2. unveränd. Aufl. Riga, Waltera & Rapas akc. sab., 1922. 6 Bde. XXVIII, 6237 S. 4°. (217996 Liedervarianten.)
Bd. I: 1. Lied und Gesang. 2. Des Menschen Lebenslauf, Familie und Verwandtschaft: Kindheit, Geburt, Taufe, Erziehung, Unterricht; Familienglieder und ihr Verhältnis zueinander; Waisenkinder (Nr. 1—5259). — Bd. II: Jugendzeit, Burschen und Mädchen und ihre gegenseitigen Beziehungen (Nr. 5260—13233). — Bd. III (Teil 1—3): Freite und Hochzeit; Verkehr der verheirateten Tochter mit dem Vaterhause, mit Eltern und Geschwistern; das Leben der Eheleute; Alter, Krankheit, Tod und Begräbnis (Nr. 13234—27895). — Bd. IV: 3. Beschäftigungen des Menschen, Ackerbau und Gewerbe. 4. Gesellschaftliche Ordnung in weiteren Kreisen und die verschiedenen Stände. 5. Internationale Lage; Verteidigung des Vaterlandes und des Staates gegen äußere Feinde (Nr. 27896—32208). — Bd. V: 6. Jahresfeste und andere Feiertage. 7. Mythische Lieder. Gottheiten des Himmels. Personifikation und

Vergötterung von Naturgegenständen und Naturerscheinungen. 8. Abergläubische Gebräuche. 9. Vermischtes (Nr. 32209 – 34378). Nachtrag und Ergänzungen. — Bd. VI: 10. Anstößige, pikante und zotige Lieder, Rätsel, Sprüche und Redensarten (Nr. 34379—35789). — Quellen-, Sammler-, Ortschaftenverzeichnisse am Ende jeden Bandes.

4195. Švābe, A., Latvju dainu vecums. (Das Alter der lettischen Volkslieder.) Latvju Grāmata (Riga) 1923, Nr. 9/10; 1924, Nr. 2.

4196. Bielenstein, Inga, Lettische Volkslieder. Münch., G. Müller, 1918.

4197. Medem, E. v., Das Pferdchen. Lettische Volksgedichte. Ins Deutsche übertragen und mit Handzeichnungen versehen. Berlin, Erich Reiß, 1923?

Rez. Latvju Grāmata (Riga) 1923, Nr. 3, 36f. (K. Dzilleja). Wünscht von den Übersetzern bessere Kenntnis der lett. Sprache und Kultur, auch des eigentümlichen Versmaßes der Lieder.

4198. Šmitas, P., Senovės latvių žirgas. (Das Roß der alten Letten.) Tauta ir žodis (Kaunas) 2 (1924), 60—66.

Aus dem Vorkommen des Pferdes im Volksliede werden Schlüsse auf die Vergangenheit gezogen.

4199. Šmitas, Petras, Latvių dainos lietuviai. (Die Litauer nach dem lettischen Volkslied.) Tauta ir žodis (Kaunas) 2 (1924), 111—114.

Historische Studie nach dem lettischen Volkslied.

4200. Šmidt, P., Les chansons populaires lettonnes. RESl 3, 1/2.

4201. Lelešius, J., Raudos. Slabadõs parapijos láidotuvių raũdos. (Klagelieder. Totenklagelieder aus der Pfarrei Slabada [Miroslavas].) Tauta ir žodis 1, 275—307.

a) Klage über den Tod des Vaters. b) Der Sohn trauert über den Tod der Mutter. c) Klage der verheirateten Tochter über den Tod der Mutter. d) Klage über den Tod des Großvaters. e) Klage über den Tod der Großmutter. f) Im Frühling am Grabe der Eltern.

4202. Biržiška, M., Dainų literatūros vadovėlis. 2. leid. (Lehrbuch der Liederliteratur. 2. Aufl.). Kaunas 1923.

4203. Sruoga, Balys, Die Darstellung im litauischen Volksliede. Münchener Diss. 1924. XVII, 222 S. in Maschinenschrift.

Auszug: Memel (1924), Rytas. 2 Bl. 8°.

4204. Lelešius, J., Dvi kupiškėnų vestuvių raudi. (Zwei Hochzeitslieder aus Kupiškis.) Tauta ir žodis 1. 307—311.

4205. Dainos (Volkslieder). Tauta ir žodis 1, 136—274.

Darunter Trauer-, Fastnachts-, Pfingst-, Ernte-, Weihnachts- und Hochzeitslieder.

4206. Biržiška, M., Dainų atsiminimai. (Erinnerungen in den Liedern). Vilnius (Wilna) 1920.

4207. Brazys, Teodoras, Lietuvių liaudies daina vestuvėse. (Das litauische Volkslied bei Hochzeiten.) Tauta ir žodis (Kaunas) 2 (1924), 190—238.

Beschreibung der Hochzeitszeremonien in Südlitauen. Texte und Melodien von Hochzeitsliedern.

4208. Krevė-Mickevičius, Vincas, Dainos, rinktos Subartonių, Gudakiemio ir kituose sodž. Merkinės parafijos. (Volkslieder aus dem Kirchspiel Merkinė.) Tauta ir žodis (Kaunas) 2 (1924), 263—437.
378 Liedertexte aus Südlitauen.

4209. Krėvė-Mickevičius, V., Dainavos krašto liaudies dainos. (Volkslieder aus der Dainava-Gegend.) Kaunas 1924. 298 S.
Sonderabdruck aus Tauta ir žodis, Bd. 1 und 2.

Ungarisch. — 4210. Fekete, Péter H., Párhuzamok egy népdalhoz. (Parallelen zu einem Volksliede.) Ethnographia 33, 104.

4211. Ernyey, Josef, Tótnyelvű krónikás énekek és kuruc dalok. (Historische Gesänge und Lieder der „Kurutzen" in slowakischer Sprache.) Ethnographia 33, 1—29.
Kurutzen = Soldaten des Freiheitskämpfers Franz Rákóczi gegen die Habsburger 1704—1711.

4212. Gragger, Robert, Vortrag über die Volkslieder Ungarns. Bericht. ZfVk 33/34, 66.

4213. Róna-Sklarek, Elisabeth, Ungarische Volksballaden. Übersetzt. ZfVk 33/34 (1923/24), 103 ff.

4214. Bán, Aladár, Unkarilaisen kansanrunouden luonteenpiirteitä. Kalevalas. vuosik. 4, 146—152.
Charakterzüge der ungarischen Volkspoesie.

Zigeuner. — 4215. Gilliat-Smith, B., The Language of the Russian Gypsy Singers. II. Songs and Texts. JGypsyL 2, 58—67.

4216. Buchan, John, The Gypsy's Song to the Lady Cassìlis. With Translation by D. MacAlister. JGypsyL 2, 97—99.

Amerika. — 4217. Pound, Louise, American Ballads and Songs. New York, Scribners, 1922. $ 1.—.
Gute Auswahl mit vgl. Anm.

4218. Gray, R. P., Songs and ballads of the Maine Lumberjacks. Cambridge, Mass., Harvard Univ., 1923.
Rez. MLN 39 (1924), 510 ff. (E. P. Kuhl).

4219. Smith, J. H., Folksongs of the American Negro. SewaneeRev 32 (1924), 206—224.

4220. Machado, J. E., Poesía popular hispanoamericana. Vortrag. Cultura venezolana (Caracas) 7 (1924), 30—54.

4221. Facultad de Filosofia y Letras de la Universidad de Buenos Aires. Instituto de Literatura Argentina. El canto popular. Documentos para el estudio del folklore argentino. Sección folk-lore. Tomo 1, Nr. 1: Musica precolombiana. Buenos Aires, Casa editoria Conti, 1923. 33 S. 4°.
Angez. ZfVk 33/34, 156 (J. Wolf).

4222. Furt, J. M., Cancionero popular rioplatense I. Buenos Aires, Lib. La Facultad, 1923.

4223. Castex, E. R., Cantos populares (Apuntes lexicográficos). Buenos Aires, Talleres gráficos de la „Lectura", 1923. 158 S. 8°.

XVII. Musik u. Tanz. Jodler, Juchzer u. ähnl.

(S. a. Volkslied. Die musik. Seite des Volksliedes ist unter „Volkslied" eingereiht.)

Musik. — 4224. Schneider, Max, Die Pflegstätten volkstümlicher Musik im öffentlichen Leben des 16.—18. Jahrhunderts. (Vortragsreferat.) MschlVk 25, 172 f.

4225. Ilmer, Egon, Der Komponist Eduard Lucerna. Schlern 5, 297—302.
Darin S. 298 ff. ein Abschnitt „Volksmusik".

4226. Klier, C., Drei alte Märsche aus Halstatt. 1. Hochzeitsmarsch (um 1800). Vld 26 (1924), 1./2. Heft, 10 ff.

4227. Klier, K. M., Fanfare der Stadt Hall in Tirol. Vld 26 (1924), 9./10. Heft, 20.

4228. Klier, K., „Frest-Streich". Vld 26 (1924), 7./8. Heft, 14.
Trommelsignal der Gaukler.

4229. Sandvik, O. M., Die norwegische Volksmusik. Bull. de la Société „Union musicologique" (La Haye) 4 (1924), 121—127.

4230. Torgeisson, T., Möllarguttens Slaatter I. Kristiania, Haakon Zapffe, 1924.
Rez. NFKult 10, 171—173 (Berge).

4231. Garborg, H., Hoskulleiken. For Bygd og By 1923 (Oslo), 414.

4232. Leffler, K. P. (Begründer des Werkes), Folkmusiken i Norrland. 1. Ångermanland. Lief. 5 (utg. av T. Bucht). Härnösand 1924, S. 62 – 90.

4233. Andersson, Nils, Svenska Låtar. Dalarne II. Stockholm, P. A. Norstedt & Söner, 1923. IV, 160 S., 7 Taf. Kr. 15.—.

4234. Andersson, Nils, Svenska Låtar. Dalarne III. Stockholm, Albert Bonnier, 1924. IV, 204 S., 11 Taf. Kr. 18.50.
Schwedische Volksmelodien; H. 1—3 die Melodien aus Dalarne.
Rez. Fatab 1923, 123—125 (Keyland); Ord och Bild 32, 656—660 (A. Nyman); Budk 2, 8—12; 3, 21 (O. Andersson).

4235. Andersson, Otto, Svenska låtar. Budk 2, 8—12.
Im Anschluß an das Werk des verstorbenen Nils Andersson: Svenska låtar. Stockholm, Norstedt & S.

4236. Gerber, R., Deux Mélodies. Recueillies à Orvin, Jura bernois. SAVk 25, 69 f.

4237. Torner, E. M., Indicaciones prácticas sobre la notación musical de los romances. Revfilesp 10 (1923), 389—394.

4238. Ribera, J., La música andaluza medieval en las canciones 1. Madrid, Imp. de la „Revista de Archivos“, 1923. 31 S. 4°. 71 S. Musik. Ptas 10.—.

4239. Ribera, J., La música de las Cantigas. Madrid, Tip. de la „Revista de Archivos“ 1922. 345 S. Fol.

4240. Agüero, G., Consideraciones sobre la música popular cubana. Rev. de la facultad de lett. y ciencias (Habana) 32 (1922), 33—49.

4241. Pauer, F. X., Zur Erforschung der Volksmusik. ZfMusik 90 (1923), 173—175.
Jugoslaw. Volksmusik. Notenbeispiele 175.

4242. Chybiński, Adolf, Z dawnej pasterskiej poezji i muzyki górali podhalańskich. (Die alte Hirtenpoesie und Musik der Goralen aus Podhale.) Wierchy (Lwów) 1, 98—111.
Mit vielen Notenbeispielen.

4243. Eggen, E., Skalastudier. Studier over skalaens genesis paa norrönt omraade. (Resumé in französischer Sprache.) Oslo, Oppis forlag, 1923. 99 S. 8°.
Rez. NFKult 10, 85—88 (E. Groven).

Instrumente. — 4244. Kraus, Alfred, Die Laute als Mittel zur Haus- und Volksmusikpflege. Unterm Rosenhut (Villingen) 1 (1924), 93ff.

4245. Klier, Karl, Die volkstümliche Querpfeife (Schwegel, Seitenpfeife) und ihre Spielweise. Vld 25 (1923), 18—20. 33—37.
Mit Notenbeispielen, z. T. nach eigenen Aufzeichnungen. — Auch als Sonderabdr. (15 S. qu. 8°) erschienen im Verlag des Deutschen Volksgesangvereins Wien.
Angez. Heimatbll (Unterinntal) 1 (1923), Heft 6, S. III; Bayerl 34, 249; Wirtsch. u. Statistik 4, 158; ZsfMusikwiss 6, 626 (Sachs).

4246. Schad, Gustav, Zur Geschichte der Schlaginstrumente auf germanischem Sprachgebiet bis zum Beginn der Neuzeit. WuS 8, 108—121.

4247. Zēvers, J., Latviešu muzikas instrumenti. (Lettische Musikinstrumente.) Izglīt. ministr. mēnešraksts (Riga) 1924, Nr. 8, 134—150.
Gute Übersicht nach den alten lettischen Sprachdenkmälern seit 1587.

4248. Andersson, Otto, Två märkliga österbottniska instrumentfynd. Budk 2, 5—7.

4249. Andersson, O., Stråkharpan. En studie i nordisk instrumenthistoria (Föreningen för svensk Kulturhistoria. Böcker 4). Helsingfors 1923. VII, 330 S. 8°.
Rez. Svensk tidskrift f. Musikforskning 5 (1923), 81f. (T. Norlind); Budk 2, 53—57 (K. R. V. Wikman); Suomen Musiikkilehti (Helsingfors) 1923, 105—109 (A. O. Väisänen, Jouhikanteleen alkuperä, Der Ursprung der „Stråkharpa“).

4250. Norlind, T., Stråkharpan. Rig 7, 40—45.

4251. Norlind, T., Bidrag till kantelens historia. Rig 6, 37—58.

4252. Launis, A., Muuan karjalainen kanteleensoittaja. (Ein karelischer Kantelespieler.) Kalevalas. vuosik. 3, 227—230.

4253. Zíbrt, Čeněk, Dudy staročeské i novější. (Der alt- und neuböhmische Dudelsack) Český Lid 24, 254—288. 310 bis 318. 323—327.

4254. Skřivánková-Šimerková, Jarmila, Český dudaček a moravskoslovenský gajdoš u jesliček. (Der böhmische Dudelsackpfeifer und der mährische „gajdoš" bei der Weihnachtskrippe). Český Lid 24, 99—105.
Alttschechische Musikinstrumente.

4255. Rutte, Ladislav, Bulfík Štefek, výrobce chodských dud v Oujezdě u Domažlic. (Der Dudelsackmacher Bulfík Štefek in Oujesd bei Domažlice.) Český Lid 24, 183—188.
Aus der Heimat der Dudelsackmacher.

4256. Chybiński, Adolf, Instrumenty muzyczne ludu polskiego na Podhalu. (Musikinstrumente des polnischen Volkes im Podhale.) Prace i materjały 3 (1924), 1—141.
Betr. sowohl Saiten- wie Blasinstrumente.

4257. Murko, M., Gusle i tamburice sa dvije strune. (Gusla und Trommel mit zwei Saiten.) Slavia 2 (1923), 638—687.
Serbo-kroatische Volksinstrumente.
Rez. Narod. Starina 5 (1923), 186 f. (M. G.).

4258. Apraiz, A. de., Instrumentos de música vasco en el Alto Aragón. Revista intern. est. vasc. 13 (1922), 553—559.

4259. Apraiz, A. de, Más tamboriles de cuerdas en la región pirenaica. Rev. intern. estud. vasc. 15 (1924), 183—187.

Tanz. — 4260. Schröder, Edward, Brautlauf und Tanz. ZfdA 61 (1924), 17—34.

4261. Oesterley, W. O. E., The Sacred Dance. A Study in Comparative Folklore. Cambridge, University Press, 1923. XII, 243 S. 8°. 8 s. 6 d.
Angez. JHellStud 44 (1924), 119 f.
Rez. NQ 13 ser., Bd. 1, 139.

4262. Meyer, Gertrud, Volkstänze. Mit Umschlagbild nach L. Richter. 7. Aufl. Mit zahlreichen Notenbeispielen. [II, 58 S., 15,5 × 21 cm, 1923]. Leipzig, Teubner, 1923. M. 1.20.

4263. Giehrl, Franz, Heimattänze. Ein Lehrbuch zum Erlernen der im bayerischen Oberland beliebten Tänze: Dreisteyrer, Achtertanz, Sechsertanz, Bandltanz. München, Pössenbacher Verlag, 1924. 92 Bl. gr. 8°.
Eine durch 76 photograph. Aufnahmen erläuterte genaue Beschreibung.

4264. Pramberger, Romuald, Steirische Tanzlust. Volkskundliche Studie. Mit zahlreichen Skizzen. ZAlpVer 55 (1924), 132—148.

4265. Tanz im alten Christentum und frühen Mittelalter. SchwVk 13, 64.
Einige Literatur als Antwort auf Anfrage.

4266. Tanz auf Kirchhöfen. SchwVk 13, 25.

4267. Müller, Jos., Von Tanzhäusern oder Tanzdielen in Uri. SchwVk 13, 40 f.

4268. Nette, Paul, Zur Vorgeschichte der süddeutschen Tänze. Bulletin de la société „Union Musicologique“ (La Haye), 3 (1923), 45—54.

4269. Tanzwut in Lüdenscheid vor 100 Jahren. Hmt (Dortmund) 5 (1923), 94f.

4270. —, Etwas vom Tanzen. Sammler 93 (1924), Nr. 122 v. 16. Okt., S. 5.
Auf Grund der Hochzeitsordnung der Stadt Kempten v. 1605.

4271. Klier, Karl, Der „Aufschlag“ bei der Tanzmusik. Vld 25 (1923), 43 f.

4272. Zoder, Raimund, Beiträge zur Geschichte der Volkstänze. Vld 26 (1924), 7./8. Heft, 4 f.
1. Über den sogenannten Schlag der bäuerlichen Musikanten. 2. Stad um und um.

4273. Commenda, Hans, Der Landla. Hmtg 4 (1923), 153—171.
Eingehende Geschichte des Tanzes, seiner Formen, Melodien und Begleitgesänge.

4274. Kück, Ed., Der Heidetanz vom Drosselnest. NdZ-Vk 1, 122.
Bitte um Einsendung.

4275. Bolte, Johannes, Neue Sammlungen von Volkstänzen. ZfVk 33/34 (1923/24), 40.
Besprochen werden Zoder, Stahl, Cario, Tepp, Engelhardt, Hirschfeld.

4276. Zoder, Raimund, Besprechungen. Vld 25 (1923), 7 f.
Besprochen werden: Anna Helms und Julius Blasche, Bunte Tänze, 2. Buch, Leipzig 1919; Gertrud Meyer, Tanzspiele und Volkstänze, Neue Folge, Leipzig 1919; Ane Iversen und Anna Sievers, Heisa, Hopsa. Volkstänze hrsg. vom Dürerbunde, München 1921; Wilhelm Stahl, Niederdeutsche Volkstänze, Hamburg 1921.

4277. Zoder, Raimund, Altösterreichische Volkstänze mit Beschreibung und Noten. Gesammelt, hrsg. vom österreich. Volksbildungsamte. 2. Aufl. Wien, Österreich. Schulbücherverlag, 1924. Beschreibungsheft 26 S., 1. u. 2. Geige 11 u. 9 S., Gitarre 19 S. 8° u. quer-8°. M. 1,20.
Angez. HessBll 23, 136 f. (Else Speckhardt); Vld 26 (1924), 9./10. Heft, 23 (Karl Liebleitner); [der 1. Aufl. 1922:] ZfVk 33/34 (1923/24), 40 (J. Bolte); WZfVk 28 (1923), 30 f.; BayHfte 10 (1923/24), 52; Mtschr. f. Turn., Spiel und Sport (ohne Bandzahl) 441 (E. Harte).

4278. Stahl, Wilhelm, Niederdeutsche Volkstänze. Neue Folge. Gesammelt, bearbeitet und im Auftrage des Schleswig-Holsteinischen Volkslied-Ausschusses hrsg. Braunschweig und Hamburg, Georg Westermann, 1923. 36 S. quer.-8°. M. 1.30.
Angez. 1. Folge (Hamburg 1921) ZfVk 33/34 (1923/24), 40 (J. Bolte); ZrwVk 19, 56; neue Folge HmtK 33, 238 (H. Petersen).

4279. Cario, Elfriede, Alte und neue Volkstänze. Klaviersatz von Lotte Schulz. Leipzig-Berlin, Teubner, 1924³. 64 S. quer-8°.
Siehe Bibliogr. 1921/22 Nr. 3604.
Angez. ZfVk 33/34, 40 und 155 (J. Bolte).

4280. Tepp, Max, Tandaradei. Neue Tänze nach den alten Abendtänzen und andere Tanzweisen. Hrsg. v. M. T. Leipzig, B. G. Teubner, 1924. M. 0.80.

4281. Tepp, Max, Fidelfumfei. Neue Volkstänze. Wolfenbüttel 1921². Angez. ZfVk 33/34 (1923/24), 40 (J. Bolte).

4282. Tepp, Max, Die Tanzbuben. Wolfenbüttel 1922². Angez. ZfVk 33/34, 40 (J. Bolte).

4283. Unter der Linde. Tanzspiele und Volksweisen, gespielt und gesungen von der „Neuen Schar" in Thüringen. Weimar 1922. Angez. ZfVk 33/34 (1923/24), 40 (J. Bolte).

4284. Meyer, G., Tanzspiele und Singtänze. 12. Aufl. Leipzig, B. G. Teubner, 1924. M. 1.—.

4285. Meyer, G., Tanzspiele und Volkstänze. Neue Folge. Gesammelt von G. M. 4. Aufl. Leipzig, B. G. Teubner, 1924. M. 1.20.

4286. Meyer, Gertrud, Volkstänze. 7. Aufl. Leipzig, Teubner, 1924. II, 58 S. M. 1.20.

4287. Helms, Anna und Blasche, Julius, Geestländer Tänze. Klaviersatz von W. Koehler-Wümbach. Leipzig, B. G. Teubner, 1923.
Rez. ArchfMuswiss 5, 336 (J. Wolf); MQ 17, 62.

4288. Kunerth, Rudolf, Deutsche Tänze aus dem Sudetenland. Für Klavier zu vier Händen. Op. 35. Leipzig, Breitkopf & Härtel, 1924. M. 4.50.

4289. Rammelmeier, Otto, Oberpfälzische Bauerntänze und moderne Musik. Oberpf 18 (1924), 198 f.
Gesammelt von Rud. Schmaus in Cham.

4290. Zoder, Raimund, Tanzlieder aus dem Böhmerwalde Vld 26 (1924), 5./6. Heft, 18 f.

4291. Brandsch, Gottlieb, Siebenbürgisch-sächsische Tanzlieder. Vld 26 (1924), 5./6. Heft, 2—6.

4292. Klier, Karl, Acht Ländler. Vld 26 (1924), 1. und 2. Heft, 13 f.

4293. Zoder, Raimund, Ländler aus dem Egerland. Vld 26 (1924), 5./6. Heft, 16 f.

4294. Wagner, Heinz, Ländler in B. Vld 25 (1923), 23 ff.
Aus dem „Nottenbuch für Streich" von Joh. M. Sterer.

4295. Peters, Matth., Alter Rausschmeißer-Tanz. HmtK 34 (1924), 177.

4296. Cloot, Der Runde, ein alter Reigentanz der Rechter Gegend. Folklore (Malmédy) 1, 73 f.

4297. Kraus, Alfred, Der Siebensprung. Unterm Rosenhut (Villingen) 1 (1924), 96 f.
Mit Text und Tanzbeschreibung, ferner einer lithographierten Notenbeilage „Schwarzwälder Oberabtänze". (1. Dr Schuhmächerli. 2. Dr Schmied. 3. Dr Hirzwald-Oberab).

4298. Schömer, R., „Bandldans" och „Kunkeldans". Rig 7, 189—194.

4299. Schömer, R., Anfrage den „Bandltanz“ und „Vogelbeerbaumtanz“ betreffend. WZfVk 28, 29 f.

4300. Klier, K., Der Bandltanz — in Südamerika. Vld 26 (1924), 7./8. Heft, 13 f.

Exzerpt aus Hippisley, A Narrative of the Expedition to the River Orinoco. London 1819.

4301. Siegel, Franz, Der Schustertanz. Vld 26 (1924), 5./6. Heft, 26 f.

4302. Der „Trillertanz“ oder der „Schwedentanz“ in Attenhorn. Trutznachtigall 6 (1924), 146—150.

Exzerpt aus Forck, Geschichte der Schützengesellschaft zu Attenhorn. Olpe 1898.

4303. Stolz, Hans, *As es a Jedin groasen goanga.* (Nordmährisches Tanzlied.) Vld 26 (1924), 5./6. Heft, 23.

4304. Stolz, Hans, Schneider Karlina. Nordmährisches Tanzlied. Vld 26 (1924), 5./6. Heft, 23 f.

4305. Kubiena, Walther, Der „Stackleseff“ und seine Verwandtschaft. DmährHmt (Brünn) 1923, 125—127.

4306. Hirschfeld, Alice, Tanzt in einem Kreise. Nordische Singtänze. Leipzig 1922².
Angez. ZfVk 33/34, 40 (J. B[olte]).

4307. Engelhardt, E., Schwedische Volkstänze, übertragen u. hrsg. Wolfenbüttel 1922.
Angez. ZfVk 33/34, 40 (J. B[olte]).

4308. Andersson, O., Dans på Skarven. Budk 3, 83.

4309. Garborg, H., Norske dansevisur. 4. auka utg. Oslo, Aschehoug, 1923. 165 S. 8⁰.

4310. Jansson, Rich., Våra svenska folkdanser. Hembygden 1923, 44—46.

4311. Svenska folkdanser. Utg. av Svenska ungdomsringen för bygdekultur. Stockholm 1923. 129 S. 8⁰.

4312. Vuia, Romul, Ursprung des Călușaren-Tanzes. In: Pușcariu, Sextil, Dacoromânia, Buletinul „Muzeului limbei române“, Anul II, 1921—23. Cluj (Klausenburg) 1922. 8⁰. S. 215 bis 244.

Nahe verwandt mit dem deutschen Schäfflertanz.
Rez. (ergänzend) KblSbLk 46 (1923), 87 (A. Schullerus).

4312a). Réthei Prikkel, Marián, A magyarság táncai. (Die Tänze der Ungaren.) Budapest, Studium Verl., 1923. 311 S. Mit Noten und Illustrationen.

4313. Pulkkinen, A., Valikoima kansantanhuja. Helsinki, Otava, 1923. 80 S., Ill. 8⁰.
Ausgewählte Volkstänze.

4314. Crawford, Bartholow V., The Dance of the Kings. Philol. Quart 2, (1923), 150—153.

4315. Parsons, Elsie Clews, The Hopi Buffalo Dance. Man 23, 21—26.

Jodler. — 4316. Hornbostel, E. M. v., Die Entstehung des Jodelns. S.-A. aus dem Bericht über den Musikwissenschaftl. Kongreß in Basel 1924, S. 203—210.

4317. Meißner, Hans, Ein kleines Erlebnis in St. Corona am Schöpfl in Niederösterreich. Vld 26 (1924), 7./8. Heft, 11.
„Ziffernjodler"; Schulkinder erfinden zwei Textstrophen dazu.

4318. Seifert-Kuntner, Maria, Drei „klani Tanz" aus Neuwaldegg (Wien). Vld 25 (1923), 25.

4319. Kotek, Georg, Ein Jodler aus Südtirol. Vld 26 (1924), 5./6. Heft, 27.

XVIII. Märchen, Erzählung, Schwank; Sage, Legende.

A. Bibliographie.

4320. Boor, H. de, [Bibliographie der] Sagenkunde. Jsb 42 (1920), I, 71—89; 43 (1921), 64—74; 44 (1922), 54—65.
1. Heldensage. 2. Mittelalterliche Sage und Legende. 3. Volkssage. 4. Märchen.

4321. Seidenfaden, Theodor, Von unsern Märchen, Sagen und Legenden. Volkskunst 12, 1—8.
Kritische Übersicht über die in den letzten Jahren erschienenen Sammlungen und Ausgaben.

B. Allgemeines, Zusammenfassendes und Vermischtes (aus C—G).

1. Allgemeines. Abhandlungen.

4322. Bethe, E., Märchen, Sage, Mythus. Leipzig, Quelle & Meyer, 1922. X, 132 S.
Angez. Hmtl 11 (1924), 92 (Eugen Fehrle); ARw 22 (1923/24), 332 (Weinreich).
Rez. Sammler 92 (1923), Nr. 30, S. 1f. (Walter Otto u. d. T. „Mythus, Sage, Märchen"); DLZ 45, 325—334 (Walter Otto).

4323. Wolf, Heinrich, Angewandte Kulturgeschichte in Mythus, Sage und Dichtung. 1.—3. Aufl. Leipzig, Th. Weicher, 1923. 392 S. 8⁰. Gbd. M. 6.—; geh. M. 4.—.
Rez. HessBll 22, 98f. (W. Schonebohm); Literarischer Handweiser 60 (1924), Sp. 601.

4324. Rutgers, Harmanus Willem, Bemerkungen über das Verhältnis von Märchen und Sage mit besonderer Rücksicht auf die Sigfriedsagen. Groningen und Haag, Wolters, 1923. 90 S. 8⁰.
Rez. HessBll 22, 100f. (Marie Ramondt).

4325. Aly, Wolf, Volksmärchen, Sage und Novelle bei Herodot und seinen Zeitgenossen. Eine Untersuchung über die volkstüml. Elemente der altgriech. Prosaerzählung. Göttingen 1921. IV, 313 S. M. 6.—.
Angez. PhilolQuart 2 (1923), 76f. (A. G. Laird); MschlVk 25, 150 (Siebs?).
Rez. BphW 44 (1924), 99f. (Philipp).

4326. Spaarnay, H., Verschmelzung legendarischer und weltlicher Motive in der Poesie des Mittelalters. Groningen, Nordhoff, 1922. 155 S.
Zu Gralsage, Däumlingsmärchen, Gregorsage.
Rez. BphW 43 (1923), 778 ff. (Hausrath).

4327. Hibbard, L. A., Medieval romance in England: a study of the sources and analogues of the non-cyclic romances. Wellesley, Mass.
Vieles zur vergleichenden Volkskunde und Sagengeschichte.

4328. Klinger, Witold, Z motywów wędrownych pochodzenia klasycznego. Serja druga. (Zu einigen literarischen Wandermotiven antik-klassischer Herkunft). (Prace Komisji filologicznej Poznańskiego Tow. Przyj. Nauk, T II, z. 3. Poznań 1923. 45 S. 8⁰.
1. Das Märchen von dem Schlangenkönig. 2. Die Springwurzel. 3. Die Johanniskrautblume.
Rez. Národ. Věstník 16, 161 f. (J. Polívka).

4329. Pfister, F., Aesoproman und Alexanderroman. BphW 43 (1923), 812.

2. Zusammenfassendes und Vermischtes.

4330. Grabowski, Elisabeth, Was mir die schwarze Karlin erzählte. Volksmärchen. Breslau 1918.

4331. Grabowski, Elisabeth, Sagen und Märchen aus Oberschlesien. Breslau 1922.
Beide Werke angez. ZfVk 33/34, 48 (J. B[olte]).

4332. W., L., Nordschleswigs Volksmund. Nordschleswig 3 (1924), 95 f.
Sagen und Schwänke.

4333. Stanitzke, Carl, „Heimatsagen" und „Heimatmärchen". Danzig, A. W. Kasemann G. m. b. H., 1924.

4334. Sigfússon, S., Íslenzkar þjóð-sögur og sagnir I—II. Seyðisfirði, Selbstverlag, 1922—23. 104 u. 224 S. 8⁰.

4335. Jörgensen, M., Islandske Folkesagn og Æventyr. Kopenhagen, Gyldendal, 1924. 170 S. 8⁰.
Übersetzungen nach J. Árnason.

4336. Cabal, C., Del Folk-lore de Asturias. Cuentos, legendas y tradiciones. Madrid, Editorial Voluntad, 1923. XVIII, 243, VI S. 8⁰. Ptas 4.—.
Sagen, Legenden (z. B. Petrus), Anekdoten u. ä.

4337. Pasakos, pasakojimai ir padavimai. (Märchen, Erzählungen und Sagen.) TiŽ 1, 123—127.
Neun Märchen, Erzählungen und Sagen, in der Gegend von Panevėžys gesammelt.

4338. Behrskaln, Anna, G. F. Stenders lettische Fabeln und Erzählungen. ZfVk 33/34, 95—103.
Verzeichnis der Fabeln und Erzählungen mit Textproben.

4339. Jõgever, J., Eesti muinasjutud koolidele. (Estnische Märchen für Schulen.) (Eesti Kirjanduse Seltsi Koolikirjandusetoimkond, Noorsoo kirjavara Nr. 40.) Tartu, „Postimees“, 1924. XVI, 280 S. 8⁰. Estn. M. 200.—.

Sehr reichhaltige Anthologie estnischer Märchen und Sagen (1. Aufl. 1915). Vieles nur in Auszügen; viele Quellen- und Parallelennachweise.

4340. The Apocryphal New Testament, being the Apocryphal Gospels, Acts, Epistles and Apocalypses with other Narratives and Fragments, newly translated by Montague Rhodes James. Oxford, Clarendon Press, Oxford, University Press, Humphrey Milford, 1924. XXXII, 584 S. 8⁰. 10 s.

C. Märchen.

1. Bibliographie.

S. Nr. 4320 (H. de Boor).

2. Allgemeines, Abhandlungen, Stoffgeschichtliches.

4341. Vries, Jan de, De wetenschap der sprookjes. Vragen des Tijds 1924, 319—349.

4342. Jolles, A., Het sprookje (Märchen). Leiden, Brill, 1924.

4343. Aarne, A., Muuaṇ saduntutkimuksen merkkiteos. MSFOu 52, 1—14.

Ein standard-work der Märchenforschung (über Bolte-Polívka).

4344. Bolte, Johannes, Die Brüder Grimm und das Märchen. Faust 1923/24, 8./9. H., 1—6.

4345. Bolte, J., Zeugnisse zur Geschichte des Märchens. FFC Nr. 39. Helsinki 1921. 71 S.

Angez. ARw 22 (1923/24), 335 (Weinreich).

4346. Bolte, J., Name und Merkmale des Märchens. FFC Nr. 36. Helsinki 1920. 42 S.

Angez. ARw 22 (1923/24), 335 (Weinreich).

4347. Schmidt, Heinr., Ein Beitrag zur Erklärung von der Entstehung des Märchens. BayHfte 10, 29—35.

4348. Naumann, H., Märchennovelle und Märchenmotiv. Faust (Berlin, Reiß) 1923/24, 30—38.

4349. Berendsohn, Walter A., Grundformen volkstümlicher Erzählerkunst in den Kinder- und Hausmärchen der Brüder Grimm. Hamburg, W. Gente, 1921. 142 S. 8⁰.

Angez. MschlVk 25, 160 f. (Siebs?).
Rez. NdZfVk 2, 193—195 (Ernst Grohne).

4350. Tetzner, Lisa, Vom Märchenerzählen im Volke. Jena, E. Diederichs, 1924.

4351. Tetzner, Lisa, Im Land der Industrie zwischen Rhein und Ruhr, ein buntes Buch von Zeit und Menschen. (Vom Märchenerzählen im Volke, 3. Teil). Jena, E. Diederichs, 1923. 145 S.

Angez. ZfVk 33/34, 177 (J. B[olte]).

4352. Heyden, Franz, Volksmärchen und Volksmärchenerzähler. Hamburg, Hanseatische Verlagsanstalt, 1922. 86 S. M. 1.—.

Angez. DG 25 (1924), 54 (—).
Rez. NdZVk 1, 63—66 (W. A. Berendsohn).

4353. Wisser, Wilhelm, Erlebnisse im Märchenlande. Faust 1923/24, 8. 9. H., 7—15.

Wilhelm Wisser, der Herausgeber der „Plattdeutschen Volksmärchen", teilt seine Erlebnisse beim Sammeln der Volksmärchen mit.

4354. Huet, Gédéon, Les contes populaires. Paris, Ernest Flammarion, Rue Racine 26, 1923. 189 S. 8°. Fr. 4.50.

1. Le problème des contes populaires. II. Évolution et formation des c. p. III. Les c. p. et la littérature.

Angez. Syria 4 (1923), 78 (?); RevArchéol 17 (1923), 214 (S. R[einach]). Rez. REthn 4, 216—219 (M. Delafosse).

4355. Keyser, P. de, Over Methoden bij Sprookjesonderzoek. (Het Lied van Halewijn.) NdlTVk 29, 54—56.

4356. De Cock, Alfons, Studien en Essays over oude Volksvertelsels. Antwerpen (de Sikkel), Deventer (Kluver) en Gent (Goste), 1919.

Rez. MschlVk 25, 163.

4357. Vries, J. de, Over den stijl van volksvertelsels. Vragen des Tijds (Haarlem) 1923, 85—104.

4358. Meyer, Maurits de, De Studie der Volksvertelsels. Brasschaat 1922.

Nicht gesehen.

Angez. ZfVk 33/34, 54 f. (J. B[olte]); FLBrab 2, 204.

4359. Volkov, R. M., Skazka. Razyskanija po sjužetosloženiju narodnoj skazki I. (Das Märchen. Die Sujetkomposition des Volksmärchens I.) Ukrain. Staatsverlag 1924. XII u. 238 S.

Behandelt nur die ostslavischen Märchen von unschuldig verfolgten Personen vom rein formalen Standpunkte aus.

Angez. ZfVk 35—36 (1925/26), 296 (N. P. Andrejev).

4360. Smirnov, A. M., Sbornik velikorusskich skazok. (Sammlung großrussischer Märchen.) Schriften (Zapiski) der Russ. Geograph. Ges. Ethnogr. Abt. 44 (1917), 505 S.

Rez. Naučnyje Izvjestija 2, (1922) (B. Sokolov).

4361. Saintyves, P., Les contes de Perrault et les récits parallèles. Leurs origines (coutumes primitives et liturgies populaires). Paris 1923. XXIII u. 646 S. 8°. Fr. 30.—.

Angez. RevArchéol 18 (1923), 379 (S. R[einach]); 19 (1924), 435 (id.). Rez. NdlTVk 28, 181—184; RAnthr 34, 223 f. (G. P.); FLCalabr 10, 24; REthn 5, 96—99 (M. Delafosse); Bull. de la Soc. Neuchâteloise de Géogr. 33, 74 (Biermann).

4362. Saintyves, P., De l'origine des contes et de ceux de Perrault en particulier. RAnthr. 33, 1 f.

Cendrillon, Peau d'Ane, Chaperon Rouge etc.

Rez. Národ. Věstn. 16, 189 f.

4363. Cosquin, E., Les contes indiens et l'occident. Petites monographies folkloriques à propos de contes maures, recueillis à Blida par M. Desparmet. Ouvrage posthume. Paris 1922.

Rez. ZfVk 33/34, 117 f. (J. B[olte]).

4364. Cosquin, E., Etudes folkloriques: recherches sur les migrations des contes populaires et leur point de départ. Paris 1922.

Rez. ZfVk 33/34, 116 f. (J. B[olte]).

4365. Solymossy, Alex., Verwandtschaft des ungarischen Volksmärchens mit dem orientalischen. Ungar. Jahrb. 3 (1923), 115—134.

4366. Solymossy, Alex., Keleti elemek népmeséinkben. (Orientalische Elemente in unseren Volksmärchen.) Ethnographia 33, 30—44.
Weitere Belege zu 4365.

4367. Jolles, André, Het sprookje en de moraal. Festschrift Mogk S. 612—623. Halle a. S., Niemeyer, 1924.

4368. Eberlein, Kurt Karl, Die Märchenillustration der Romantik. Faust 1923/24, 8./9. H., 21—29.

4369. Spieß, K., Das deutsche Volksmärchen. 2. Aufl. NGw Bd. 587. Leipzig u. Berlin, B. G. Teubner, (1924?). M. 1.60.
Nicht gesehen.

4370. Stemplinger, E., Die Ewigkeit der Antike. Gesammelte Aufsätze. Leipzig, Dieterich, 1924. IV, 156 S. M. 3.50.
Enthält einen Aufsatz über antike Motive im deutschen Märchen.
Angez. ZfVk 33/34, 176 (J. B[olte]).

4371. Winter, Richard, Die geschichtliche Wirklichkeit im deutschen Volksmärchen. Euph 25, 194—225.

4372. Tegethoff, Ernst, Spuren germanischer Heldensage in südfranzösischen Märchen. ZfDkde 38, 243—253.

4373. Tegethoff, Ernst, Studien zum Märchentypus von Amor und Psyche. Bonn und Leipzig 1922.
Angez. ARw 22 (1923/24), 342 (Weinreich).
Rez. ZfVk 33/34, 61 f. (J. B[olte]).

4374. Saintyves, P., Des contes de ma Mère l'Oye et des rapports supposés de cette expression avec les fables où figurent la Reine Pédauque, la Reine Berthe et la Fée Berchta. REthn 5, 62—79.

4375. Tegethoff, Ernst, Die Dämonen im deutschen und französischen Märchen. Ein Beitrag zum Problem der Märchenwanderung. SAVk 24, 137—166.
Inhalt: 1. Einleitung. 2. Die Riesen in der Volkssage. 3. Die Riesen im französischen und deutschen Märchen. 4. Die Riesen in der Spielmannsdichtung. 5. Riesenmärchen. 6. Die Zwerge in der Volkssage. 7. Die Zwerge im französischen und deutschen Märchen. 8. Die Zwerge in der mittelalterlichen Spielmannsdichtung. 9. Zwergmärchen. 10. Die Feen in der Volkssage. 11. Die Feen im französischen und deutschen Märchen. 12. Die Fee iu der Spielmannsdichtung. 13. Feenmärchen. 14. Die Hexen in der Volkssage. 15. Die Hexen im deutschen und französischen Märchen. 16. Hexenmärchen. 17. Wasserelben. 18. Der Drache. — Bibliographie.

4376. Philippson, Ernst, Der Märchentypus von König Drosselbart. (FFC Nr. 50). Greifswald, Suomalainen Tiedeakatemia, 1923. 101 S. 8°.
Angez. ZfVk 33/44, 173 (J. B[olte]); ARw 22 (1923/24), 345 f. (Weinreich).
Rez. NdlTVk 29, 186.

4377. Wisser, W., Das Märchen von einem, der auszog, das Fürchten zu lernen. Nordelbingen 3, 63—76.

4378. Ho., M., Kansansatujen nuorin veljes. Virittäjä (Helsinki) 1923, 64—67.
Der jüngste Bruder in den Volksmärchen.

4379. Mackensen, Lutz, Der singende Knochen. Ein Beitrag zur vergleichenden Märchenforschung. (FFC Nr. 49). Helsinki, Suomalainen Tiedeakatemia, 1923. VI, 174 S. 8°.
Angez. ZfVk 33/34, 169 (J. B[olte]); ARw 22 (1923/24), 344f. (Weinreich); Hmtl 11 (1924), 93 (Eugen Fehrle).
Rez. NdZfVk 1, 130f. (Wolfg. Stammler); NdlTVk 29, 185f.

4380. Kretschmer, Paul, Das Schwankmärchen von dem Kraut, das doppelsichtig macht. *Λαογρ.* Z' (Festschr. Politis) 1923, 19—24.

4381. Das Lausen, ein Märchenmotiv. Anfrage von R.; Antwort von E. H[offmann]-K[rayer], B. v. Steiger. SchwVk 13, 26. 63.

4382. Lewy, Ernst, Zu finn. *leivo.* FUF 16, 101ff.
Für Märchenforscher interessant. Finn. „leivo" „Lerche" vermischt sich bisweilen mit „leijo" „Löwe", was Lewy mit dem „singenden, springenden Löweneckerchen" (KHM 88) u. a. vergleichen möchte.

4383. Wisser, Wilhelm, Das Lüttklas- und das Unibos-Märchen in Holstein. NdZfVk 1, 21—35.

4384. Wehrhan, Karl, Der Traum vom Schatz auf der Brücke im mittleren Rhein-Maingebiet. VolkuSch 2, 197—204.

4385. Durham, M. Edith, The Seclusion of Maidens from the Light of the Sun, and a further note on the Bind Tradition in the Balkan. Man 23, 102f.
Auch zum Märchenmotiv der Schwängerung durch Sonnenstrahl.

4386. Vries, Jan de, Het sprookje van Sterke Hans in Oost-Indië. NdlTVk 29, 97—123.

4387. Wisser, W., Die Stieftochtermärchen in Holstein. NdZfVk 2, 153—158.

4388. Jacob, Georg, Märchen und Traum mit besonderer Berücks. des Orients. (Beiträge zur Märchenkunde des Morgenlandes, Bd. 1.) Hannover, Heinz Lafaire, 1923. 111 S. 8°. M. 3.—.
Rez. Anthr 18/19, 585 (O. Spies); ARw 22 (1923/24), 332ff. (O. Weinreich).

4389. Krohn, Kaarle, Das finnisch-estnische Lied von der verkauften Jungfrau. Festschrift Mogk S. 575—581. Halle a. S., Niemeyer, 1924.

4390. Mayer-Pietzsch, Gisela, Vorgeschichtliches im deutschen Märchen. Eichendorff-Kalender 1924, 66—75.

4391. Schott, Georg, Weissagung und Erfüllung im deutschen Volksmärchen. München, Hermann A. Wiechmann, 1924. 206 S. 8°. M. 5.—. bzw. M. 6.—. und M. 9.—.

4392. Villecourt, Louis, Une même parabole commune aux Apophthegmes des Pères et à Calila et Dimna. Le Muséon 36, 243—248.
Angez. FL 35, 406f.

4393. Haberlandt, M., Die Tierfabel in Werken der Volkskunst. WZfVk 28, 33—36.

3. Texte.

a) Mehrere Sprachgebiete.

4394. Wesselski, Albert, Märchen des Mittelalters. Berlin. Herbert Stubenrauch, 1924. 320 S. 8°. M. 12.—.

4395. von der Leyen, Friedrich, Die schönsten Märchen der Weltliteratur, die unsere Jugend kennen sollte. Gesammelt und hrsg. von F. v. d. L. Berlin, Bong, 1924. M. 4.50.

4396. Seelig, Carl, Im Märchenwald. Illustrationen von Hans Eggimann. Sarnen, Louis Ehrli, 1922. 172 S. 8°.
Angez. SchwVk 13, 51 f. (E. H[offmann]-K[rayer]).

4397. Dähnhardt, O., Naturgeschichtliche Volksmärchen. I. II°. Leipzig und Berlin 1921/22. VIII, 151; IV, 127 S.
Angez. ARw 22 (1923/24), 241 (Weinreich).

b) Deutsches Sprachgebiet.

4398. Heyden, Franz, Die Kinder- und Hausmärchen der Brüder Grimm plattdeutsch. Quickborn 18, 9—11.

4399. Die Märchen der Brüder Grimm in der Urform, nach der Handschrift hrsg. von Franz Schultz. 2. Jahresgabe der Frankfurter Bibliophilen-Gesellschaft 1924. Offenbach a. M., Gebr. Klingspor. 112, XXVIII S. mit Holzschn. von W. Harwerth.
Angez. ZfVk 33/34, 160 (J. B[olte]).

4400. Stemplinger, E., Oberbayerische Märchen. I. Altötting, Verlag „Bücher der Heimat", 1924. 80 S. 8°. M. 1.50.
Keine bayerischen Märchen, sondern 19 Märchen der Brüder Grimm in oberbayrischer Mundart neu erzählt.
Angez. ZfVk 33/34, 176 (F. B[oehm]); HessBll 23, 176 (H. Hepding).

4401. Zaunert, Paul, Deutsche Märchen seit Grimm. 1—2. (Die Märchen der Weltliteratur, hrsg. von F. v. d. Leyen und P. Zaunert). Jena, E. Diederichs, 1912—1923. XVI, 416; VIII, 303 S.
Angez. ZfVk 33/34, 178 (J. B[olte]); ARw 22 (1923/24), 339 (Weinreich).

4402. Dähnhardt, O., Deutsches Märchenbuch I⁵, II⁴, Leipzig und Berlin 1922. 1921. 151, 156 S.
Angez. ARw 22 (1923/24), 341 (Weinreich).

4403. Plenzat, Karl, Der Wundergarten. Berlin und Leipzig, Franz Schneider, o. J. 183 S.
Rez. NdZfVk 1, 66 (Ziesener).

4404. Schönwerth, F. X. v., Märchen aus der Oberpfalz. Nach den Aufzeichnungen von F. X. v. Schönwerth bearb. von J. B. Laßleben. Oberpf 17 (1923), 32—34.

4405. L. [Laßleben, J. B.], Die große Bäuerin. Oberpf 18 (1924), 52.
Nach Fr. X. v. Schönwerth: Märchen.

4406. Stückrath, Otto, Märchen der Heimat. Nassauische Volksmärchen. Melsungen, Heimatschollenverlag A. Bernecker, 1924. 159 S. 8°. M. 2.20.
Rez. HessBll. 23, 176f. (H. Hepding).

4407. Heyden, Fritz, Wilhelm Wissers ostholsteinische Märchen. Deutsches Volkstum 1923, 311—316.

4408. Wehrhan, Karl, Alte und neue Märchen aus dem Teutoburger Walde und seiner Umgebung. (Heimatbücher für Schule und Haus, 3. Heft). Detmold, Meyersche Hofbuchhandlung, 1923. 55 S.
Angez. HessBll 22, 113 (H. Hepding).
Rez. MschlVk 24, 147 (Siebs); Hmtschollen 3, 39; Bayerl 35 (1924), 31 (Guido Hartmann).

4409. Heyden, Franz, Das plattdeutsche Volksmärchen. Niedersachsenjahrbuch 8/9, 22—36.

4410. Blunck, Hans Friedrich, Märchen von der Niederelbe. Jena, Diedrichs, 1923. 263 S. 8°. M. 5.50.
Angez. ZfVk 33/34, 154 (J. B[olte]).
Rez. HmtK 34, 155 (Gustav Fr. Meyer); HessBll 23, 146f. (Adolf Spamer).

4411. Didssun, Georg, Märchen aus Willuhnen und Umgebung. Die Truhe. Blätter f. ostdeutsche Gesch. u. Hmtkunde 1924, Nr. 20, 27. Juli. S. 143.

4412. Stanitzke, Carl, Heimatmärchen aus Danzig und Pommerellen. Danzig, Kafemann, 1924. 101 S. 8°.

4413. Findeisen, Hans, Plattdeutsche Märchen von der Insel Hiddensee. (Aus: Rügenscher HeimatK 1925. G. A. I, 11). Bergen auf Rügen 1924.
Angez. ZfEthn 56 (1924), 163.

4414. Perlick, A., Märchen aus dem Beuthener Lande. 1. Die Hand aus dem Grabe. Aus dem Beuthener Lande 2, 136.

4415. Czmok, E., Der Zauberlehrling. Aus dem Beuthener Lande 2, 124.

4416. Perlick, A., Der Herr und der Knecht. Aus dem Beuthener Lande 2, 127f.

4417. Langesen, P., Volksmärchen aus dem nördlichen Schleswig. HmtK 34, 267—271.

4418. Jungbauer, Gustav, Böhmerwald-Märchen (Böhmerwäldler Volksbücher, Heft 4). Passau, M. Waldbauer, 1923. 83 S.
Angez. HessBll 22, 112f. (H. Hepding); ZfVk 33/34, 164 (J. B[olte]).

4419. Haltrich, Josef, Deutsche Volksmärchen aus dem Sachsenlande in Siebenbürgen. 5. Aufl. Mit Bildern von Ernst Pessler. Hermannstadt, W. Krafft, 1924. 320 und XVI S. 8°. M. 1.60.
Die Ausgabe enthält die 119 Nummern der Ausgabe letzter Hand (Wien 1885).

4420. Platten, Johann, Der Zigeuner und das türkische Pferd (siebenbürgisches Volksmärchen). Klingsor (Kronstadt) 1924?, Heft 6.

c) Niederländisches Sprachgebiet.

4421. de Meijere, Victor, Vlaamsch Sprookjes. II—VI. VII—XIII. NdlTVk 28, 45—97. 128—174; 29, 1—26. 83—92. 131—179.

4422. de Meyer, Maurits, Les Contes populaires de la Flandre. Helsingfors, Ac. des Sciences, 1924.
Angez. ZfVk 33/34, 54 (J. B[olte]); ARw 22 (1923/24), 342 (Weinreich).
Rez. Mercure de France, 15. Mai 1924, 194 f.

4423. de Mont, Pol, en Alfons de Cock, Wondervertelsels uit Vlaandern. Mit 32 platen van Pol. Dom. Zutphen, W. J. Thieme en Cie, 1924. 330 S. 8⁰.
Rez. NdlTVk 29, 181—183.

d) Keltisches Sprachgebiet.

4424. Grimm, Brüder, Irische Elfenmärchen. [Neuaufl.] Freiburg 1923.

4425. Müller-Lisowski, Käte, Irische Volksmärchen, hrsg. mit einem Vorwort von J. Pokorny. Jena, Diederichs, 1923. VI, 331 S.
Angez. ZfVk 33/34, 170 (J. B[olte]); ARw 22 (1923/24), 338 (Weinreich).

4426. Christiansen, Reidar Th., Öen med de fem berg. Irske folkeeventyr på norsk. Kristiania 1922.
Angez. ZfVk 33/34, 44 (J. B[olte]).

e) Nordisches Sprachgebiet.

4427. Stroebe, Klara, Nordische Volksmärchen. Übers. v. K. St. (Die Märchen der Weltliteratur). 2 Bde. Jena, Eugen Diederichs, 1924. 330 und 340 S. 8⁰.
Angez. HmtK 34, 228 (G. Fr. Meyer).

4428. Grundtvig, Svend, Udvalgte Folkeæventyr, udg. af Hans Ellekilde. København, Gad, 1924. 127 S.

4429. Andersen, Lars, Folkeæventyr, indsamlede i Ods Herred. København, Nyt Nordisk Forlag, 1923. 35 S. 8⁰. Kr. 3.—.

4430. Naumann, Hans und Naumann, Ida, Isländische Volksmärchen übersetzt (Die Märchen der Weltliteratur). Jena, Diederichs, 1923. XVI, 317 S. M. 6.—.
Angez. ZfVk 33/34, 170 (J. B[olte]); HessBll 22, 112 (H. Hepding); ARw 22 (1923/24), 337 (Weinreich); HmtK 24, 228 (G. Fr. Meyer).
Rez. HessBll 22, 112 (H. Hepding).

4431. Christiansen, R. Th., The Norwegian fairy tales, a short summary. (FFC 46), Helsinki 1922. 40 S. 8⁰.
Angez. ARw 22 (1924,24), 342 (Weinreich).

4432. Loupedalen, K., Eventyr. Ung-Noreg (Risör) 6 (1923), 141—146.

4433. Hoslemo, Knut og Groven, Tjøstolv, Eventyr. NFKult 9, 67—75.

4434. Eventyr fraa Bykle og Eidsborg. NFKult 9, 67—75.

4435. Loupedalen, K., Eventyr og segnir fraa Telemarki. Kristiania, Cammermeyer, 1923. VIII, 284 S. 8°. Norw. Kr. 10.—.
Rez. NdlTVk 29, 57—65 (H. Logeman), mit 2 Beispielen.

4436. Perstölen, P., Eventyre um 'n Smörbukk. Dölaminne (Kongsberg) 1923, 106—108.

f) Romanisches Sprachgebiet.

4437. Tegethoff, Ernst, Französische Volksmärchen. 2 Bde. (Die Märchen der Weltliteratur, hrg. von v. d. Leyen und Zaunert). Jena, Diederichs, 1923. XVI, 322; VIII, 348 S. 8°.
Vom Mittelalter bis zur Neuzeit; mit guten Einleitungen und vergleichenden Anmerkungen.
Angez. ZfVk 33/34, 62 (J. B[olte]); SAVk 24, 200 (E. H[offmann]-K[rayer]); ARw 22 (1923/24), 335f. (Weinreich).
Rez. Sammler 92 (1923), Nr. 34 v. 28. April, S. 6 (—).

4438. Duvernoy, Emile, Les légendes de l'histoire de Lorraine. Pays Lorrain 15, 385—391. 461—466. IV. La légende des localités. V. La légende des souterrains. VI. La légende étymologique 521—531.

4439. Chanoux, Antoine, Contes de ma Vallée. Ivrée, F. Viassone, 1924.
Rez. Augusta Praetoria (Aosta) 6, 36—38.

4440. Hendrickx, Fr., Les légendes de Léau. FLBrab 4, 181—184.

4441. Lombardi-Satriani, Raff., Violina. FLCal 9, 124—137.
Due varianti calabresi della novellina di Violina.

4442. Lombardi-Satriani, Raff., I principi muti. FLCal 9, 101—105.
Novellina popolare calabrese.

4443. Mannocchi, Luigi, Lu prete e lu servitore. Giornaletto (Ancona) 8, Nr. 2 (4 marzo 1923).
Fiaba nel dialetto di Fermo.

4444. Espinosa, A. M., Los cuentos populares españoles. Boletín de la Bibl. Menéndez Pidal (Santander) 5 (1923), 39—61.

4445. Espinosa, A. M., Cuentos populares españoles 2. (Stanford Univ. Pubs. Lang. and Lit. 3, 2.) California, Stanford Univ. Press, 1924. 169—346. 4°.

4446. Gaster, Moses, Children's Stories from Rumanian Legends and Fairy Tales, illustrated by C. E. Brock. London, R. Tuck and Sons, (1923?). 134 S.
Angez. ZfVk 33/34, 158 (J. B[olte]).

4447. Gaster, Moses, Rumanian Bird and Beast Stories, rendered into English. London 1915.
Angez. ZfVk 33/34, 158 (J. B[olte]).

g) Slavisches Sprachgebiet.

4448. Piprek, J., Polnische Volksmärchen, nach gedruckten polnischen Quellen ins Deutsche übertragen und mit einer Einleitung versehen. Wien 1918.
Angez. ZfVk 33/34, 57 (J. B[olte]).

4449. Erben, K. J., Ruské a polské pohadky (Ruthenische und polnische Märchen). Olomouc, 1924. 157 S. 8⁰.

4450. Zborowski, Juljusz, Zbójnickie pieniądze. (Die Erzählungen von dem Räubergelde im Tatragebirge). Wierchy (Lwów) 1, 49—51.

4451. Savčenko, S. V., Russkaja narodnaja skazka: istorija sobiranija i izučenija. (Das russische Volksmärchen, Geschichte seiner Aufzeichnung und Erforschung). Kijev 1914.
Rez. ZfVk 33/34, 127f. (A. v. Löwis of Menar).

4452. Аѳанасьевъ, А. Н., Народныя русскія сказки и легенды. (Russische Volksmärchen und Legenden). Berlin 1922. I. Bd. 593 S.; II. Bd. 598 S.
Rez. Národ. Věstn. Českosl. 16, 3—4, 187; Slavia 3, 189 (P. Bogatyrev).

4453. Afanas'jev, A. N., Russische Volksmärchen und Legenden, hrsg. und kommentiert von A. v. Löwis of Menar. 2 Bde. Berlin 1922.
Angez. ZfVk 33/34, 42 (J. B[olte]).

4454. Ремизовъ, Алексѣй, Сказки русскаго народа. (Russische Volksmärchen). Berlin-Moskau, Gržebin, 1923. 350 S.
Rez. Národ. Věstníkč 16, C. 3—4, 162f.

4455. Polívka, Jiří, Výbor ruskych pohádek. I. Bajky a legendy. II. Báchorky. (Auswahl russischer Märchen.) Prag 1924. 234; 46 S. 8⁰.
Angez. Zeitschr. f. slav. Philol. 1, H. 1—2, 255.

4456. Heller, Lotte und Surowzowa, Nadja, Ukrainische Volksmärchen. Wien, Berlin, Leipzig, München 1921.
Angez. ZfVk 33/34, 49 (A. v. L[öwis of Menar]).

4457. Skazki Natalji Osipovny Vinokurovoj. (Die Märchen von Nathalie Ossipowna Winokurowa). Sibir. Živ. Star. hrsg. v. d. Ost-Sibir. Abt. d. Russ. Geogr. Ges. (Irkutsk) 2 (1924), 3—66.
Unter anderen folgende Märchenmotive: Königssohn, Adler und sein Sohn (3—11), ein Wundersohn (11—19), der nichterzählte Traum (19—25), Der Zauberer und sein Schüler (25—33), die Tiermilch (33—39), der verzauberte Garten (46—52), die Befreiung einer Königstochter durch einen Soldaten (52—60), die Ente mit goldenen Eiern (60—66).

4458. Tille, Václav, Verzeichnis der böhmischen Märchen I. Helsingfors 1921.
Rez. Ethnographia 33, 108 (-ss.)

4459. [Kubín, J., a Polívka, J.], Lidové povídky z českého Podkrkonoší. Podhoří západní. Z úst lidu zapsal Josef Kubín. Vydal a komentářem kriticko-bibliografickým opatřil Jiří Polívka. (Volkserzählungen aus dem tschechischen Vorland des Riesengebirges, westliche Unterberggegend. Aus dem Volksmund aufgezeichnet von J. K., hrsg. u. m. kritisch-bibliographisch. Kommentar versehen von J. P.). Část I—III. V Praze, nákladem České Akademie Věd a Umění, 1923. 838 S. gr. 8⁰.
Geliefert wurde nur Bd. III mit dem trefflichen Kommentar des bekannten Märchenforschers.

4460. Baar, Jindřich S., Náše pohádky. (Unsere Märchen). V Plzni, 1921. 136 S. 8°.
Rez. Národ. Věstn. 16, 163—166 (J. Polívka).

4461. Baudis, Josef, Czech folk tales. Collected and translated from different Czech sources. London, Allen, 1917. 196 S.
Rez. Slavia (Prag) 2 (1923), 182f. (J. Polívka).

4462. Baar, Jindřich, S., Chodské povídky a pohádky. Řada II. (Bekannte Märchen und Fabeln). Prag, 1922. 76 S. 4°.
Rez. Národ. Věstn. 16, 163—166 (J. Polívka).

4463. Polívka, Jiří, Súpis slovenských rozprávok. (Collection de contes slovaques populaires). Slovenskú úpravu obstaral Fr. Heřmanský. Sväzok I. V Turčianskom Sv. Martine, Slovenska Matica, 1923. VIII, 338 S. 8°. Kčs. 36.—.
1. Band der auf 6 Bände berechneten slovakischen Märchensammlung des bekannten Forschers. Ein historischer Überblick über die slov. Märchenforschung geht voraus.
Rez. Извест. нар. етн. муз. въ София 3, 153 u. 4, 131 (А. П. Стоиловъ).

4464. Kontler in Kompoljski, Narodne pravljice iz Prekmurja. (Volksmärchen aus Prekmurje). Maribor 1924.
Rez. ČZN 19 (1924), 121.

4465. Kubín, Jos. Š., Popelka. Neznámý tekst lidový. (Das Aschenbrödel. Ein unbekannter tschechischer Text). Národ. Věstn. (Prag) 16 (1923), 149—153.

4466. Sobotka, Otto, Vo pasákoví ze stádem vovci. (Vom Hirten mit seiner Schafherde). Český Lid 24, 344.
Volksfabel aus Mähren.

4467. Zibrt, Čeněk, Holánova pohádka o čertoví a Káči. (Holán's Märchen vom Teufel und Káča.) Český Lid 24, 362—367.

h) Andere europäische Sprachgebiete.

4468. Lambertz, M., Albanische Märchen. Wien 1922.
Angez. WZfVk 28, 64 (A. Haberlandt).

Baskisch. — 4469. Giese, Wilhelm, Sobre el origen de un cuento popular vasco. RIntEstVasc 15, 191—193.

Finnisch u. estnisch. — 4470. Löwis of Menar, Aug., Finnische und estnische Volksmärchen. Jena 1922.
Angez. MschlVk 25, 148 (-e-).
Rez. Ethnographia (Budapest) 33, 109f. (-ss-).

4471. Kunder, J., Eesti muinasjutud. Korjanud ja üles kirjutanud J. K. 2. trükk. Redigeerinud D. Palgi. (Estnische Märchen. Gesammelt und aufgezeichnet von J. K. 2. Aufl. Redigiert von D. P.). (Eesti Kirjanduse Seltsi Koolikirjandusetoimkond, Noorsoo kirjavara Nr. 99). Tartu, E. K. Selts, 1924. 144 S. 8°. Estn. M. 120.—.
Neuausgabe der wertvollen Märchen- und Sagensammlung (1. Aufl. 1885), eingeleitet von M. J. Eisen.

4472. Kreutzwald, Fr. R., Eesti rahva ennemuistsed jutud. 4., keeleliselt parandatud trükk. Illustreerinud Aug. Roosileht. (Märchen des estnischen Volkes. 4., sprachlich verbesserte Aufl. Illustriert von A. R.). (Eesti Kirjanduse Seltsi Koolikirjanduse Toimkond, Noorsoo kirjavara Nr. 53). Tallinn, Eesti Kirjastus-Ühisus, 1924. 166 S. (mit Abbild.) 8⁰. Estn. M. 150.—.

Da diese Neuausgabe nur eine Auswahl ist, ist sie wissenschaftlich ziemlich wertlos.

4473. Kampmann, M., Kirjandusllooline lugemik. I. j. Eesti muinasjutud. Tallinn 1920. VIII, 208 S.

Literaturgeschichtl. Lesebuch. I. T. Estnische Märchen.

Rez. JEstPhG 3 (1920), 66—69 (W. Anderson).

4474. Kahisto, F. N., Kyrösseljän jättiläinen. (Der Riese von Kyrösselkä). Kotiseutu 1923, 75—77.

Volksmärchen aus Hämeenkyrö.

4475. Topelius, Zacharias, Finnländische Märchen. Übertragen von Ilse Meyer-Lüne (Nordische Bücher 3). Leipzig, Haessel, 1924. 127 S. 8⁰. M. 3.30.

Kunstmärchen.

Griechisch. — 4476. Hausrath, A., u. Marx, A., Griechische Märchen. Märchen, Fabeln, Schwänke und Novellen. Jena 1922. XXVII, 395 S., 17 Taf.

Angez. ZfVk 33/34, 49 (F. B[oehm]).

Rez. BphW 43 (1923), 227 f. (Aly).

Lettisch. — 4477. Švābe, Arveds, Latvju tautas pasakas. (Lettische Volksmärchen). Riga, Latvju Kultura, 1923, Bd. 2, 1—6. Heft, 477 S.; 1924, Bd. 3, 7—9. Heft, 224 S. 4⁰.

Neudruck früherer Sammlungen nach A. Aarnes Märchentypen geordnet, bis Aa. 361 geführt. Mit Heft 9 aufgehört zu erscheinen.

Litauisch. — 4478. Balčikonis, J., Perro pasakos. Mokinių vertimas. (Perrault's Märchen. Von Schülern übersetzt). Kaunas 1923. 168 S. kl. 8⁰.

4479. Pasakos (Märchen). Tauta ir Žodis 2 (1924), 239 bis 262.

20 Märchentexte aus verschiedenen Gegenden Litauens, von verschiedenen Personen gesammelt.

4480. Žėkonytė, K., Arkliavagys ir velnias. (Der Pferdedieb und der Teufel). Del ko voras audžia voratinklius. (Weshalb die Spinne Netze webt). Tauta ir Žodis 1, 135.

Zwei Märchen aus der Gegend von Panevėžys.

D. Erzählung, Schwank.

1. Allgemeines. Abhandlungen, Stoffgeschichtliches.

4481. Howie, M. D., Studies in the use of exempla. London, Univ. of London Press, 1923. 130 S.

4482. Klapper, Josef, Mittelalterliche Wandererzählungen in Oberschlesien. MschlVk 24 (1923), 85—94.

4483. Drujanow, S., Sefer ha-bdichoth weha-chidud. (Das Buch der Schwänke und der Witze). Tel-Awiw (Palästina) 1922?

4484. Crawford, J. P. W., Un episodio de „El Abencerraje" y una „Novella" de Ser Giovanni (I, 1). Revfilesp 10 (1923), 281—287.

4485. Anderson, W., Kaiser und Abt. Die Geschichte eines Schwanks. (FFC 42). Helsinki, Suomalainen Tiedeakatemia, 1923. VI, 449 S. 8°.

Erschöpfende Monographie.

Angez. LZbl 74 (1923), 581 (A. v. Löwis of Menar); ZfVk 33/34, 42 (J. B[olte]); L'Italia d'oggi 5 (1924), 220—224 (G. Amalfi).

Rez. NdlTVk 28, 187.

4486. Anderson, Walter, Der Schwank von Kaiser und Abt bei den Minsker Juden. (Acta et Comm. Univ. Dorpatensis B I 4). Dorpat 1921. (Sep.-Abdr.).

Rez. Ethnographia 33, 108 ff. (ss.).

4487. Ghelderode, Michel de, L'Histoire comique de Keizer Karel, telle que la perpétuèrent jusqu'à nos jours les gens de Brabant et de Flandre. Bruxelles, Edition de la Renaissance d'Occident, 1923. 180 S. Belg. Fr. 6.—.

Angez. FLBrab 3, 174 f. (2 Schwänke abgedruckt).

4488. Suchier, W., Der Schwank von der viermal getöteten Leiche in der Literatur des Abend- und Morgenlandes. Halle 1922.

Angez. ZfVk 33/34, 60 f. (J. B[olte)[.

4489. Brooks, N. C., Scogan's Quem Quaeritis and Till Eulenspiegel. MLN 38 (1923), 57.

Zu Lappenberg S. 233.

4490. Peuckert, Will-Erich, Luntroß. Jena, Diederichs, 1924. 124 S. M. 2,50.

Luntroß = eine Art schlesischer Eulenspiegel.

Angez. ZfVk 33/34, 173 (F. B[oehm]).

2. Texte.

4491. Dähnhardt, O., Schwänke aus aller Welt. 3. Aufl., Leipzig und Berlin 1922. VI, 154 S.

Angez. ARw 22 (1923/24), 341 (Weinreich).

4492. Pauli, Joh., Schimpf und Ernst, hrsg. v. Joh. Bolte. I. Teil (Alte Erzähler I, 1). Berlin, Herbert Stubenrauch, 1924. *36, 418 S. 8°. M. 22.—.

Rez. MschlesVk 25, 159 f. (Siebs); ZfVk 33/34, 126 (F. Boehm); NdlTVk 28, 184 f.; DanSt 1924, 87 f. (R. Paulli); SAVk 25, 76 (E. H[offmann]-K[rayer]).

4493. Pauli, Joh., Schimpf und Ernst. II. Teil. Berlin, Herbert Stubenrauch, 1924. *45, 512 S. 8°. M. 25.—.

Rez. SAVk 25, 301 (E. H[offmann]-K[rayer]); ZfVk 33/34, 171 f. (F. Boehm); MLN 39, 314—316 (T. F. Crane).

4494. Ruland, Wilhelm, Altrheinische Schwänke. München, G. W. Dietrich, 1924.

4495. Mainzinger, Fritz, Noch einiges aus Schilda. FränkHmt 2, 192 f.

Ortsneckereien aus Mittelfranken.

4496. Guttmann, Wilhelm, Schildbürgerstreiche aus Franken. FränkHmt 2 (1923), 66—68.

4497. Fischer, Gg., Schildbürgerstreiche aus Franken. (Zu dem Aufsatz unter obiger Überschrift in Nr. 5 der „FränkHmt"). FränkHmt 2 (1923), 94 f.

4498. Klöckner, Heinrich, Verzellcher. NassBl. 3, 46f. 54.
Bäuerliche Schwänke.

4499. Perlick, A., (Beuthen im Volksmund). Goldenes Beuthen, Weiberkränke. Aus dem Beuthener Lande 1, 4.

4500. Zindel-Kressig, Anton, Volkskundliche Anekdoten aus dem Sarganserlande. SAVk 24, 130—132.

4501. Barbisch, H., Korzwil im Härdloch. 1. D'r Ste im Kes (Der Stein im Käse). 2. D's Schwi im Kessi (Das Schwein im Kessel). HmtVorarlb 4, 68 f.

4502. Schädelbauer, Karl, Schmirntaler Schildbürgerstückchen. Tiroler Heimatblätter (Kufstein) 1924, Nr. 2.

4503. Kubitschek, Rudolf, Bauernschwänke aus dem Böhmerwalde. Kalender des Deutschen Kulturverbandes (Prag) 1924, 119 f.

4504. Weigel, Stephan, Geschichten aus den Kuhländer Spinnstuben. DmährHmt (Brünn) 1923, 30—32.

4505. Polka, Anna, Was zwei Schweiger einander zu reden haben, wenn etwas just passiert. Kuhländchen (Neutitschein) 6, 96.

4506. Frei, H., Der alte Rüwel. Eine Legende aus dem wolgadeutschen Karamangebiet. Wolgadeutsche Monatshefte (Berlin) 1923, 88 f.
Rüwel = Rübezahl?

4507. Basile, G., Der Pentamerone. München, G. Hirt, 1924. 268 S. 8⁰. M. 7.—.

4508. Trancoso, Histórias de proveito e exemplo. Paris-Lisboa 1921. Angez. ZfVk 33/34, 62 (J. B[olte]). — Neuausgabe der 1575 und 1596 erschienenen Erzählungen Gonçalo Trancosos.

4509. Cabal, C., Los cuentos tradicionales asturianos. Madrid, Edit. Voluntad, 1924. VIII, 254 S. Ptas. 4.—.

4510. Van den Broeck, A., La création du Wallon. [Auch flämisch]. FLBrab 1, 53 f.

4512. Hepding, Hugo, Einige neugriechische Schwänke. *Λαογρ. Ζ'* (Festschr. Politis) 1923, 304—314.

4513. Arregui, Fausto Arocena, Narraciones folklóricas (vascas). San Sebastián, Libr. de San Ignacio de Loyola, 1923. 65 S. 16⁰. Ptas. 2.—.
Rez. REtBasques 18, 694 f. (A. de A.).

E. Volkssage.

1. Bibliographie.

S. Nr. 4320 (H. de Boor).

2. Allgemeines, Abhandlungen, Stoffgeschichtliches.

4515. Dacqué, Edgar, Urwelt, Sage und Menschheit. Eine naturhistorisch-metaphysische Studie. München, Oldenbourg, 1924. 360 S. 8⁰. M. 8.50. (Nicht gesehen.)

Rez. Literarischer Handweiser 61 (1924), Sp. 545 f. (Joseph Klapper); Sammler 93 (1924), Nr. 89 v. 31. Juli, S. 1 f. (Paul Fickeler).

4516. Olrik, Axel, Nogle grundsætninger for sagnforskning, udgivet af H. Ellekilde. København 1921.

Angez. MschlVk 25, 147 (Siebs).

4517. Karell, Viktor, Die deutsche Sage. Heimatbildung (Reichenberg i. Bö.) 6, 67—70.

Bespr. Wesen, Bedeutung und Sammlung.

4518. Mayer-Pitsch, Gisela, Verwandte Züge in Sage und Aberglauben Steiermarks und Chinas. DV 1923, Nr. 4/5.

4519. Hermant, Paul, et Boomans, Denis, Le fantastique dans l'imagination populaire. FLBrab 3, 121—135.

4520. Schleußinger, Sagenbildung aus neuer Zeit. FränkHmt 3 (1924), 106 f.

4521. Zimmermann, Walther, Beiträge zur Sagenbildung in der Neuzeit. Hmtl 11 (1924), 30—32.

4522. Peter, Hermann, Beitrag zur Sagenbildung in der Neuzeit. Hmtl 11, 115.

Eine Kuh ist solange krank, bis ein aus dem Hause ausgeliehener Gegenstand zurückgebracht wird.

4523. Cederschiöld, W., Sägen och sanning. Nord. tidskr. f. vid., konst och industri 1924, 449—466.

4524. Hansson, Harald, En grav och en tradition. Fornv 18, 225—229.

4525. Jungbauer, Gustav, Sage und Aufklärung. OstbGr 13 (1924), 154—157.

„Aufklärende Sagen" von vermeintlichen Gespenstern, falschen Teufeln.

4526. Apollodorus, The Library. With an English translation by Sir J. G. Frazer. 2 vol. London and New York 1921.

Mit folklorist. Kommentar und 13 sagengeschichtl. Appendices.
Angez. ClassPhilol 18 (1923), 90 f. (Paul Shorey).
Rez. BphW 43 (1923), 313 ff. (R. Pfeiffer).

4527. Krappe, A. H., Notes on Dante's Inferno. Archivum Romanicum 6 (1923), 376—385.

4528. Krappe, A. H., Niccolò Machiavelli and the Sei Giornate of Sebastiano Erizzo. Romanic Review 14 (1923), 82—87.

4529. Krappe, A. H., Classical Sources of the Chronicle of Hven. Leuvensche Bijdragen 15 (1923), 51—56.

4530. Krappe, A. H., Note sur un épisode de l'Historia Britonum de Nennius. Revue Celtique 41 (1924), 181—188.

4531. Krappe, A. H., An Italian Legend in Pierre Damian. Romanic Review 15 (1924), 94—99.

4532. Krappe, A. H., A Folk-Tale Motif in the þiđreks Saga. Scandinavian Studies and Notes 7 (1924), 265—269.

4533. Kroll, W., Alexanders Geburt im Roman. Herm 59 (1924), 474—476.

4534. Körte, A., Alexander und die Gymnosophisten. ArchPapyrusforsch 7 (1924), 234.

Referat über einen Papyrus mit Bruchstück des Alexanderromans.

4535. Reinach, Ad., L'origine des Amazones. Revue de l'hist. des relig. 67, Nr. 3.

4536. Krappe, A. H., The Legend of Amicus and Amelius. Mod. Lang. Review 17 (1923), 152—161.

4537. Krappe, A. H., Euripides Alcmaeon and the Apollonius Romance. Classical Quarterly 18 (1924), 57f.

4538. Polívka, J., Filosof jízdným koněm ženiným. NVČ 16, 64—80.

Der Philosoph als Reitpferd der Frau. (Das Lai von Aristoteles und Phyllis und die Verbreitung dieses Stoffes in Europa und im Orient.)

4539. Loomis, G. S., Arthur in Avalon and the Banshee. Vassar Medieval Studies 3—25.

4540. Moreux, Abbé Th., L'Atlantide a-t-elle existé? Paris, Gaston Doin, 1924. 95 S. 8⁰.

Rez. EthnAnz 1, 43 (W. Krickeberg).

4541. Paludan, Hans Aage, Christian Barnekov-Motivet i spanske Sagn og Viser. DanSt 1923, 146—152.

4542. Cornette, R., Bayard, le cheval des Quatre Fils Aymon. FLBrab 3, 82.

4543. Sydow, C. W. von, Beowulfskalden och nordisk tradition. Vetenskapssocieteten i Lund, Årsbok 1923 (Lund), 77—91.

4544. Sydow, C. W. von, Beowulf och Bjarbe. Studier i nordisk filologi (Helsingfors) 14 (1923), 3.

Rez. Beiblatt zur Anglia 34, 357f. (F. Holthausen).

4545. Sydow, C. W. von, Hur mytforskningen tolkat Beowulfdikten. FoF 11, 97—134.

4546. Wessman, V. E. V., Den förolyckade bruden. Budk 2, 33—39.

Ortsnamen mit Brud- und darangeknüpfte Sagen von verunglückten Brautleuten. Gegen Karstens Deutung aus dem Nerthuskult.

4547. Löwis of Menar, Aug. v., Die Brünhildsage in Rußland (Palästra 142). Leipzig, Mayer & Müller, 1923. 110 S. 8⁰. M. 2.—.

Angez. Zeitschr. f. slav. Philol. 1, 1.—2. Heft, 254; ZfVk 33/34, 168f. (J. B[olte]).

4548. Čilev, P., Sledi ot antičnitě věrvanija za Charona u balkanskitě narodi. IzvNEMS 3, 105—115.

Spuren antiker Sagen von Charon bei den Balkanvölkern.

4549. Weinreich, Otto, Senecas Apocolocyntosis, die Satire auf Tod, Himmel- und Höllenfahrt des Kaisers Claudius. Einführung, Analyse und Untersuchungen. Übersetzung. Berlin, Weidmannsche Buchhandlung, 1923. XII, 149 S. 8°. M. 7.80.

Rez. HessBll 23, 175 (H. Hepding).

4550. Blázquez, A., Leyendas griegas en España: Demeter-Proserpina. Boletín de la Real Academia de Historia (Madrid) 83 (1923), 80—89.

4551. Wehrhan, K., Der dreißigjährige Krieg in der Sage der Heimat. Hmtschollen 4, 62f.

4552. Champenay, F.-G. de, Lo Juf-Errant. (Ewiger Jude.) Pays Lorrain 16, 250—254.

4553. Gottschalk, Gustav, Faust und der Harz. Der Harz 1924, 214—218.

4554. Gould, C. N., The Friðþjófssaga, an Oriental Tale. Scand. Studies and Notes (Menasha, Wis.) 7, 219—250.

4555. o, Goethes Verheiratung in der Sage. Sammler 93 (1924), Nr. 16 v. 7. Febr., S. 4.

4556. Schröder, Franz Rolf, Gunthers Brautwerbung und die Gongu-Hrólfs Saga. Festschrift Eugen Mogk (1924), 582—595.

4557. Kern, Josef, Der Helwagen. Eine Sagenbetrachtung. DV 1924, 392—394.

4558. Krappe, A. H., Herakles and Greek Dioskouroi Legends. Classical Journal 18 (1923), 502—504.

4559. Haas, A., Hero und Leander in der pomm. Volksüberlieferung. Pommerl 9 (1924), 284—287. 423f.

Die Prosasage und die Ballade von den Königskindern.

4560. Mc Causland, E., The Knight of Courtesy and Fair Lady of Faguell. Smith College Studies 1923.

Zur Sage vom gegessenen Herzen.

4561. Graber, Georg, Hildegard von Stein. (Zur Kritik der Sage und des Brauches.) Festschrift Eugen Mogk 1924, 525—535.

Hirsch. — 4562. Entwisle, W. J., The adventures of „Le cerf au pied blanc“ in Spanish and elsewhere. ModLangRev 18 (1923), 435—448.

Artursage, auch im Volkslied.

4562a. Heller, H., Höhlensagen aus dem Land unter der Enns. Wien 1924. 147 S. 8°. M. 1.50.

4563. Nerman, Birger, Sagan om hundkonungen. Festskr. til Pipping (= Skr. utg. av Sv. Lit.-sällsk. i Finland 175), 389 bis 391.

4564. Deonna, W., Légendes et traditions d'origine iconographique, en particulier dans l'ancienne Genève. Genava (Genf) 2, 257—341.

4565. Littmann, Enno, Priesterkönig Johannes. (SchwVk 10, 15. 44. 79.) SchwVk 13, 10.

Name, mit dem der König von Abessinien von portugiesischen, spanischen und italienischen Missionen und Reisenden benannt wird.

Kain. — 4566. Bonnell, J. K., Cain's Jaw Bone. PMLA 39 (1924), 140—146.

4567. Hoffmann-Krayer, E., Das Sündenregister auf der Kuhhaut. SAVk 24, 112. 198 f.

Der Sagenzug von dem Teufel, der in der Kirche die Unaufmerksamen auf eine Tierhaut schreibt. Vgl. ebd. 23, 223.

4568. Krappe, A. H., La Légende de Libuse et de Premysl. Revue des Etudes Slaves 3 (1923), 86—89.

4569. Brodeur, A. G., The Grateful Lion. PMLA 39 (1924), 485—524.

Zur Löwenrittersage.

4570. Taylor, Pauline, Birnam Wood. MLN 39 (1924), 244—247.

Volkssage in Macbeth.

4571. Hungerland, Heinz, Die verschollene Osnabrücker Mäusesage im Lichte der vergleichenden volkskundlichen Forschung. Mitt. d. Ver. f. Gesch. u. Landeskunde v. Osnabrück 46, 354—388.

4572. Anderson, Walter, Die Meleagrossage bei den Letten. Philol 79 (1924), 222 ff.

4573. Geiler, Wilhelm, Eine badische Melusinensage. Nach einer altdeutschen Rittermäre. Hmtl 11, 74—77.

4574. Scholte, J. H., Grimmelshausen und die Melusinensage. Die Ortenau 10 (1923), 25.

4575. Loomis, R. S., The story of the Modena archivolt and its mythological roots. RomRev 15 (1924), 266—284.

Vieles zur kelt. Sagengeschichte.

4576. Bächtold-Stäubli, Hanns, Die Ofenbeichte. SchwVk 14, 73—77.

4577. Krappe, A. H., A Byzantine Source of Shakespeare's Othello. Mod. Lang. Notes 39 (1924), 156—161.

4578. Beckwith, M. W., Polynesian Analogues to the Celtic Otherworld and Fairy Mistress Themes. Vassar Medieval Studies 29—55.

4579. Taylor, Archer, Northern Parallels to the Death of Pan. Washington University Studies X, Humanistic Series Nr. 1, 3—102.

Angez. ARw 22 (1923/24), 329 (Weinreich); SAVk 24, 206 (E. H[offmann]-K[rayer]).

4580. Zum toten Pan in der Volkssage. SchwVk 14, 67.

4581. v. Dobschütz, E., Wo suchen die Menschen das Paradies? Festschr. z. Jahrhfeier d. Univ. Breslau 1911. S. 246—255.
Rez. BphW 43 (1923), 327 (Sonny).

4582. Haas, A., Die Pferdekopfbrücken. NdZfVk 1, 104—108.

4583. Krappe, A. H., The Story of Phrixos and Modern Folklore. Folk-Lore 34 (1923), 141—147.

4584. Sieghardt, August, Forchheim und der Sagenkranz um Pilatus. Sammler 93 (1924), Nr. 10 v. 24. Jan., S. 1.
Zur Pilatussage.

4585. Krappe, A. H., The Ploughman King. II. Revue Hispanique 56 (1922), 265—284.

4586. Krappe, A. H., A Flemish Legend of the Ploughman King. Leuvensche Bijdragen 16 (1924), 93—100.

4587. Krappe, A. H., Notes on the Rabenschlacht. Mod. Lang. Notes 38 (1923), 470—473.

4588. Graf, A., Die Grundlage des Reineke Fuchs. Eine vergleichende Studien (FFC 38) Helsinki 1920. 136 S.
Angez. ARw 22 (1923/24), 346 f. (Weinreich).

4589. Funck, H., Die Sage vom Rockenweibchen und Scheffels „Mär vom Rockertweibchen". Die Pyramide [Jahr?], Nr. 41.

4590. Krappe, A. H., Rollo's Vision in the Norman Chronicles of Dudo of St. Quentin and his Successors. Neophilologus 8 (1923), 81—85.

4591. Róheim, G., The Passage of the Red Sea. Man 23, 152—155.
5 Parallelen zum Durchgang der Juden durch das Rote Meer.

4592. Jungbauer, Gustav, Die Rübezahlsage. Habilit.-Schrift. Reichenberg 1923.

4593. Krappe, A. H., A Romance Source of the Samson Episode in the þiðreks Saga. Mod. Lang. Notes 38 (1923), 164—168.

4594. Bolte, Johannes, Das Schrätel und der Wasserbär. ZfVk 33/34, 33—38.
Verbreitung eines Sagenstoffes: Bär überwindet einen Hauskobold.

4595. Neckel, G., Schrätel und Wasserbär. Mitt. d. Islandfreunde 11, 1—3.
Mhd. Erzählung.

4596. Regler, Georg, Schuld und Sühne in der oberfränkischen Volkssage. MainbotevOberfrank 9 (1924), 25—27.

4597. Sydow, C. W. von, Scyld Scefing. NoB 1924, 63—95.

4598. Dörfler, Peter, Siegfried im Allgäu. Eine alemannische Mär. München, Verlagsabteil. Kempten, Josef Kösel & Friedrich Pustet K.-G., 1924. 160 S. 8°. M. 3.—.
St. Mang-Legende.

4599. Kranzbühler, Eugen, Zwei Wormser Siegfriedsreliquien. VolkuSch 2, 184—186.
Betr. Siegfriedstein und Siegfriedstange in Wormser Sagen.

4600. Meyer, Gustav Friedrich, Eine neue schleswig-holsteinische Fassung des „Siegfried-Märchens". Nordelbingen 2 (1923), 234—276.

4601. Riem, Johannes, Die Sintflut in Sage und Wissenschaft. (Natur und Bibel, Buch 4). Hamburg, Agentur des Rauhen Hauses, 1925. 194 S. 2 Zeichn. u. 1 Weltkarte. 8°.

4602. Weinmann, R., Sagen als Wegweiser zu alten Straßen. FränkHmt 3 (1924), 417—419.

4603. Götze, Alfred, Tannhäuser und Venusberg. Neue Jahrb. f. d. klass. Altertum, Gesch. u. dt. Lit. 27, 57f.

Teufel. — 4604. Krappe, A. H., The Vassal of the Devil. Archivum Romanicum 7 (1923/24), 470—477.

4605. Hungerland, Heinz, Die Sage von der Ankumer Totenmette im Lichte der Volkskunde, und die Weihnachten als indogermanisches Allerseelenfest. Mitt. d. Ver. f. Gesch. u. Landeskunde v. Osnabrück 46, 387—413.

Toter, dankbarer. — 4606. Tatlock, J. S. P., Levenoth and the Grateful Dead. ModPh 22 (1924), 211—224.

4607. Berge, Rikard, Drikke joleskaal. Studie av ei norderlandsk villsegn. NFKult 10, 1—53.
Sage von dem durch Dämonen verabreichten Trunk.

4608. Gams, H., Die Schesaplana und die Moore von Langen. Ein Beitrag zur Enthüllung der Vergletscherungssagen. HmtVorarlb 4, 64—68.

Verurteilter. — 4609. Pijoán, J., Acerca de las fuentes popolares de „El condenado por desconfiado". Hispania (Ort?) 6, 109—114.

4610. Krappe, A. H., The Legend of Walther and Hildegund. Journ. Engl. Germ. Philol. 22 (1923), 75—88.

4611. Ziegler, Konrad, und Oppenheim, S., Weltentstehung in Sage und Wissenschaft. Mit 4 Figuren im Text. (Aus Natur und Geisteswelt 719.) Leipzig und Berlin, B. G. Teubner, 1925. 127 S. 8°.
Rez. HessBll 23, 175 (H. Hepding).

4612. Ziegler, Konrad, und Oppenheim, S., Weltuntergang in Sage und Wissenschaft. (Aus Natur und Geisteswelt 720.) Leipzig, Teubner, 1922.
Angez. BllBayGym 59 (1923), 234.
Rez. Literarischer Handweiser 59 (1923), 29 (J. Plaßmann).

4613. Olrik, Axel, Ragnarök. Die Sagen vom Weltuntergang. Übertragen von Wilhelm Ranisch. Berlin u. Leipzig, Vereinigung wissenschaftl. Verleger, 1922. XVI, 484 S. 8°.
Angez. ZfVk 33/34, 56f. (J. B[olte]); LZbl 24 (1923), 520.
Rez. NdZfVk 1, 123f. (Jul. Schwietering); Literarischer Handweiser 59 (1923), 736f. (Jos. Klapper).

4614. Sokolov, B. M., Epičeskije skazanija o ženitjbe knjazja Vladimira. (Die epischen Sagen von der Heirat des Fürsten Wladimir). S.-A. aus den Zapiski (Schriften) der Saratowschen Universität I, 3 (1923). 54 S.

Zur Frage nach den russisch-germanischen Beziehungen auf dem Gebiet der Sage.

3. Texte.

a) Sprachgebiete.

α) Deutsch.

Allgemeines. — 4615. Wehrhan, Karl, Die deutschen Sagen des Mittelalters. (Deutsches Sagenbuch, hrsg. v. Fr. v. d. Leyen. III, 2). München, C. H. Beck, 1920. 198 S. 8°.

Rez. DLZ 44, 283f. (Hans Naumann).

4616. Leyen, v. d., Deutsches Sagenbuch. I. Die Götter und Göttersagen der Germanen; neue Bearb. 1920.

Rez. DLZ 44, 283f. (Hans Naumann).

4617. Lessmann, Heinr., Der deutsche Volksmund im Lichte der Sage. 1922.

Rez. MLN 38 (1923), 235—241 (A. H. Krappe).

Anhalt. — 4618. Siebert, Rich. und Herm., Anhalter Sagenbuch. Bernburg, Alfred König, 1924. 221 S. 8°.

Baden. — 4619. Künzig, Johannes, Badische Sagen. Gesammelt und hrsg. Leipzig-Gohlis, Eichblatt, 1923. XX, 148 S. 8°. M. 3.60.

Angez. Bundesblatt des Bad. Jugendbundes im BDJ 1924, Nr. 5 (—); Pfingstfeuer (Habelschwerdt) 3 (1923), 31 (L. B.); ZfVk 33/34, 166 (H. Kügler).
Rez. Hmtl 10 (1923), 30f. (Herm. Eris Busse); Kunst- und Literaturblatt der Freiburger Zeitung vom 20. Febr. 1923 (Ernst Ochs); Die Pyramide 12 (1923), 44 (W. E. Oeftering); Badische Schulzeitung 1924, 261 (O[tto] A[utenrieth]); MannhGbll 24 (1923), Sp. 24 (Walter); SchwVk 13, 16 (E. H[offmann]-K[rayer]); HessBll 22, 113 (H. Hepding).

4620. Klingert, Geistergeschichten aus Fischbach. Unterm Rosenhut, Heimatblätter des Schwarzwald-Trachten-Verbandes 1 (1924), 15. 46f. 62.

4621. Gerwig, R., Volkssagen aus Pforzheim und Umgegend. Pforzheim, Verlag des Pforzheimer Anzeigers, 1922.

Rez. Hmtl 10 (1923), 16 (Fritz Löffler).

4622. Binkert, Otto, Sagen von der Raudenburg. Volk und Heimat 1924, Nr. 5.

4623. Zimmermann, Walther, Einige Achertal-Sagen; aus dem Munde des Volkes gesammelt. Hmtl 11, 32f.

In Achertaler Mundart.

4624. Zinkgräf, Karl, Lebende Sagen und Lieder, Spuk- und Hexengeschichten in Weinheim. Weinheimer Geschichtsblätter 5/7, 25; 8, 7—18.

4625. Zinkgräf, Karl, Der falsche Eid bei Bärsbach und das Nebelwasser bei Altenbach. Mannheimer Geschichtsblätter 24 (1923), 70f.

Beleg von zwei Odenwaldsagen aus Martin Zeiller, 606 Episteln oder Sendschreiben von allerhand politischen, historischen und anderen Sachen. Ulm 1656.

4626. Hasenfratz, F., Der Krautbettjäger, eine sagenhafte Erzählung aus dem Wutachtale. Waldshut, H. Zimmermann, (1924?). 8°. M. 0.50.

4627. Kleeberger, Karl, Die Sage vom goldenen Mond in Mannheim. MannhGbll 25 (1924), 165 f.

4628. Huffschmid, Maximilian, Zwei Handschuhsheimer Überlieferungen aus der Familie Rottmann. MannhGbll 24 (1923), 18—22.

Sage vom eingemauerten Ritter.

Bayern. — 4629. Albrechtskirchinger, Georg, Singen und Sagen aus fernen Tagen. Heimatliche Sagen, Legenden und Geschichtsbilder aus dem Bayerland. München, Carl Seyfried & Co., 1912. VI, 386 S. 4°. M. 1.50.

Rez. OstbGr 12 (1923), 65 f.

4630. Hofmiller, J., Altbayerische Sagen. (Aus Bayern, Österreich und Tirol). Altötting, „Bücher der Heimat", 1924. M. 1.50.

4631. Kastner, Ludwig und Zoller, Konrad, Seelen und Geister. Kallmünz, Hochwaldverlag, 1923.

Sagen aus älteren bayr. Sagensammlungen und Zss.

4632. Strobl, Lorenz, Altbayerische Sagen aus dem Inntale. Bayerl 35 (1924), 417—420.

Die Muornixe. Das Annabrünnlein.

4633. Waltinger, M., Niederbayerische Volkssagen. OstbGr 13 (1924), 158—160.

4634. Diezel, Karl, Oberfränkische Sagen. Bayreuth, Buchdr. Emil Mühl, 1924. IV, 123 S. kl. 8°.

4635. Lüers, Friedr., Unterfränkische Sagen. BayHfte 10, 20—28.

4636. Marzell, Heinrich, Volkssagen aus dem mittleren Altmühltal. Gunzenhauser Heimatbote 1, 79.

4637. Kämpf, Chr. W., Das Entstehen von Dietenholz bei Dietenhofen. FränkHmt 2 (1923), 175.

Sage von der Gründung des Gehöftes durch einen verirrten Wendenfürsten, der durch das Tuten eines Schäfers sich wieder zurechtgefunden hat.

4638. (Bauer, Theodor), Sagen vom Staffelberg. (Aus: Theodor Bauer, Der Staffelberg, Verlag Buchdr. Gebr. Krauß, Fürth i. B. [1923]). MFränkAlbV 10 (1924), 12.

Großer See mit Fisch im Innern des Berges. Großer Schatz im Berge. Zwerge im Querkelesloch an der Südseite des Berges. Erklärungsversuche.

4639. Janson, Phil., Der Steinerberg und seine Sagen. FränkHmt 3 (1924), 381 f.

Vier Sagen vom Steinerberg zwischen Miltenberg (Main) und Schippach.

4640. Haerlein, Hans, Sagen und Urkunden aus dem oberen Pegnitztale. Heimgarten 2, 46.

4641. Wittemann, A., Zwei Sagen von der Wildenburg. Spessart 10, Nr. 8, Nov. 1924, S. 5.

4642. Köppel, Gustav, Das Zeidelmoos. FränkHmt 2 (1923), 95 f.

Sagen von einer z. T. sumpfigen, einst verrufenen Waldabteilung bei Wunsiedel im Fichtelgebirge.

4643. Wagner, Hans, Sagen aus der nördlichen Oberpfalz. Kalender des Vereins für Heimatpflege im oberen Naabgau 1925, 15—23.

4644. Brunner, Gg., Sagen vom Beckerweiher. Oberpf 17 (1923), 193 f.

4645. Höller, Robert, Ein Spiel mit dem † † †. Spukgeschichte aus dem Regental. Oberpf 17 (1923), 97—98.

4646. Siebzehnriebl, Franz Xaver, Grenzwaldsagen, Mährlein und Geschichtchen aus dem Winkel und aus dem Hochbogengau. Furth i. W., Verlag „Bayerischer Wald", 1923.

4647. Siebzehnriebl, Franz Xaver, Sagen. Furth i. W., Schrott, 1923.

4648. Engelhard, J., Aus dem Sagenschatze Alt-Weißenhorns. Bayerl 35 (1924), 147 f.

4649. Cramer, Helmuth, Die Doline (Einsenkung in den Karstalpen) in der fränkischen Sage. MFränkAlbV 10 (1924), 76—81.

4650. Heuwiesner, Max, Der Fährmann von Haunreut. MOstbGr 12 (1923), 11—14 und 24—26.

1. Sage im Anschluß an eine Grabstein-Darstellung. S. 14. 2. Überfahrtsage. 24—26.

4651. Kämpf, Chr. W., Von der Kirche zu Kleinhaßloch. FränkHmt 2 (1923), 175.

Sage (Wanderkirche).

4652. Knoellinger, Das Rattenrelief in der Lorenzkirche zu Nürnberg. FränkHmt 2 (1923), 196 f.

Sage.

4653. Gleißner, Anton, Die Sage vom Saubartl. Oberpf 18 (1924), 163 f.

Gespenst.

4654. Sieghardt, August, „Zum feurigen Tatzelwurm". Sammler 93 (1924), Nr. 29 v. 8. März, S. 2 f.

Sagen zum Namen des Bergwirtshauses „Zum feurigen Tatzelwurm" zwischen Oberaudorf-Brannenburg-Bayrischzell.

4655. Wartbigler, Die Venediger Goldsucher auf dem Stangenberg. Oberpf 17 (1923), 15 f.

Brandenburg. — 4656. Sturm, Hans, Märkische Sagen. (Im Schummerwinkel, hrsg. von Wilhelm Müller-Rüdersdorf.) Leipzig, E. Oldenburg, 1923. 158 S. 8°.

4657. Dümke, Oskar, Havelsagen. Die schönsten Sagen und Geschichten von der Havel und den anliegenden Landschaften und Städten. Für die Jugend ausgewählt. Abb. und Buchschmuck von H. J. Berthold. Leipzig, Hegel & Schade, 1923. 132 S.
Angez. ZfVk 33/34, 118 (H. Findeisen).

4658. Paul, Richard, Sagen und Geschichten des Kreises Beeskow-Storkow. o. O., Haeseler & Gasedow, 1923. 64 S. gr. 8°.

4659. Heuer, Prignitzer Sagen. Pritzwalk 1922.
Angez. ZfVk 33/34, 163 (H. Findeisen).

Danzig. — 4659a. Sauerhering, Anna, Sagen aus Danzigs Umgebung. Danziger Heimatwarte (Danzig) 1922, 34 f. 58 f.

Elsaß. — 4660. Bouchholtz, Fritz, Elsässische Sagen I, II. Berlin und Leipzig 1922.
Angez. MschlVk 25, 162 f. (Siebs?).

4661. K. S., Die Burgen bei Zabern und ihre Sagen. Mein Elsaßland (Colmar) 1923, 100—102.

Hannover. — 4662. Kahlo, Gerhard, Sagen des Harzes. (Eichblatts deutscher Sagenschatz Bd. 9). Leipzig-Gohlis, Hermann Eichblatt, 1923. X, 96 S.
Angez. ZfVk 33/34, 164 (H. Kügler).

4663. Schönermark, Otto, Die schönsten Harz-Sagen aus Thale, dem Bodetal, Treseburg und Altenbrak. 3. verm. Aufl. (Aus Deutschlands Sagenschatz ... hrsg. von Rud. Stolle, 2. Teil). Braunschweig, E. Appelhans & Co., 1923. 56 S.
Angez. ZfVk 33/34, 128 (H. Findeisen).

4664. Stolle, Rudolf, Die schönsten Brocken-Sagen für Jung und Alt. 4. Aufl. (Aus Deutschlands Sagenschatz ... hrsg. von Rudolf Stolle 1. Teil). Braunschweig, E. Appelhans & Co., 1923. 56 S.
Angez. ZfVk 33/34, 130 (H. Findeisen).

4665. Türich, Th., Der Altenbrunnen bei Worbis in Sage und Geschichte. Eichsfelder Heimatglocken, Monatsschrift für Heimatkunde 1923, 186—191.

4666. Müller, Wilh., Die Seele als Maus, (Sage). Mindener Hmtbl 4 (1924).

4667. Böck, Ernst, Der Herrleinberg bei Weetzen. Nds 29, 520.
Eine Zwergsage aus der Nähe Hannovers.

Hessen. — 4668. Wehrhan, Karl, Die schönsten Sagen der alten Reichsstadt Frankfurt am Main. Frankfurt a. M., Englert & Schlosser, 1923. 112 S. 4°. M. 4.—.
Angez. ZfVk 33/34, 132 (J. B[olte]); Hmtl 11, 117 (J. Künzig).
Rez. VolkuSch 2, 98; Hmtschollen 4, 16.

4669. Neuhaus, Wilhelm, Sagen und Schwänke aus dem Kreise Hersfeld und den angrenzenden Gebieten. Hersfeld, Verlag Hans Ott, 1922.

4670. Barnas, Dora, Zwei Mainzer Sagen. VolkuSch 1, 139—142.

4671. Mössinger, Friedrich, Odenwälder Sagen. HessBll 22, 63.
Vier Sagen.

4672. Müller, Wilhelm, Ortsgeschichtliche Kleinigkeiten aus Starkenburg. VolkuSch 172—176.
Eine größere Anzahl kleinerer Sagen.

4673. Monick, Otto, Sagen aus dem Vogelsberg. Nach den Erzählungen von Altenschlierfer Schulkindern. VolkuSch 2, 4—7.

4674. Stückrath, Otto, Aus der Sagenwelt des Westerwaldes. Der Westerwald, hrsg. v. L. Sternberg-Düsseldorf, 1924, 69—74.

4675. Henche, Albert, Die Bienen von Hohlenfels. Eine nassauische Heimatsage. VolkuSch 1, 108 f.

4676. Wenzel, Ernst, Die Spende auf der Boyneburg. Hmtschollen 4, 21 f.
Sage und Volksbrauch.

4677. Ullius, Fritz, Kirch hierher! Eine nassauische Heimatsage. NassBl 4, 6 f.

4678. Sagen vom Amtsschultheiß Riemenschneider. Hmtschollen 4, 55 f.

4679. Brehm, Helene, Der betrogene Teufel — nach einer hessischen Sage. Hmtschollen 4, 67.
Gedicht.

4680. Geßner, Albert, Der Vogt der Wildburg. Eine Sagengeschichte. NassBl 4, 22—24.

Lothringen. — 4681. Bouchholtz, Fr., Lothringische Sagen. Berlin, 1924. 95 S. 8⁰. M. 2.—.

Niedersachsen. — 4682. Kahlo, Gerhard, Niedersächsische Sagen. Teil 1 (Eichblatts deutscher Sagenschatz Bd. 7). Leipzig-Gohlis, Hermann Eichblatt, 1923. XVI, 212 S. 8⁰.
Angez. ZfVk 33/34, 164 (H. Kügler).

Ostpreußen. — 4683. Klucke, Paul, Volkssagen aus dem Kreise Pr. Eylau. Die Truhe 1924, Nr. 24, 24. Aug., S. 157—159.

Pfalz. — 4684. Klimm, Franz, Kirche, Kapelle und gotische Statuen zu Hauenstein (Pfalz). PfälzMus 40 (19), 117 bis 123.
Enthält eine Sage von der Gründung einer Kapelle.

4685. Cuntz, Ph. J., Die weiße Frau von Guttenberg. Pfälzer Land 1923, Nr. 26.

Pommern. — 4688. Haas, A., Buchheidesagen (Pommernbücher 3. Heft). Stettin, Leon Saunier, 1924. 64 S.
Angez. ZfVk 33/34, 161 (H. Findeisen).

4689. Findeisen, Hans, Die Volkssagen auf der Insel Hiddensee. Hiddensee. Ein Heimatbuch. Hrsg. v. Ernst Garduhn 1924, 30—42. Vgl. Nr. 508.

4690. Findeisen, Hans, Die Sage von der Entstehung der Insel Hiddensee. (Aus: „Eck an'n Sund“, Heimatbeil. z. Strals. Tagebl., 4. Jahrg., Nr. 1. G. A. I, 10.) Stralsund 1925.
Angez. ZfEthn 56 (1924), 163.

4691. Knoop, O., Sagen, Erzählungen und Schwänke aus dem Kr. Regenwalde. Labes, Straube & Sohn, 1924. XI, 110 S. 8°.

4692. Rosenow, Karl, Sagen des Kreises Schlawe. Rügenwalde i. Pom., o. J. (1921).
Angez. ZfVk 33/34, 127 (H. Kügler).

4693. Knoop, Otto, Stargarder Sagen, Überlieferungen und Geschichten. Mit e. Anhang: Die Sagen der Madüe. Stargard in Pommern, Otto Plath, 1924. 109 S. kl. 8°.

4694. Haas, A., Usedom-Wolliner Sagen. 2. Aufl. Stettin, A. Schuster, 1924. XVI, 187 S. M. 2.30.

4695. Haas, A., Pommersche Wassersagen. (Pommersche Heimatkunde Bd. 5.) Greifswald, Moninger, 1923. 88 S.
Angez. ZfVk 33/34, 20 (J. B[olte]).
Rez. NdZfVk 2, 197 (Wolfg. Stammler); Pommerl 9 Nr. 1 (O. Knoop).

Rheinland. — 4696. Schell, O., Sagen des Rheinlandes. Ort? Verl.? 1924.

4697. Zaunert, Paul, Rheinlandsagen. (Deutscher Sagenschatz.) I: Niederrhein bis Köln. Jena, Diederichs, 1924. Mit 12 Tafeln und 8 Abbild. im Text. X, 302 S. Bd. II: Das Rheintal von Bonn bis Mainz. Mit 14 Tafeln und 26 Abb. im Text. 306 S. Preis je M. 6.—.
Rez. HessBll 23, 177f. (H. Hepding).

4698. Seidenfaden, Theodor, Rheinische Sagen und Schwänke. (Erbgut des deutschen Schrifttums ... hrsg. von W. Schinzhofen-Merzig 10, 10a.) Saarlouis, Hansen, 1924. 32 S. 8°. M. —.30.

4699. Lousberg, J., Die Sage von der Emmaburg. Folklore (Malmédy) 1 (1922), 64—72.

4700. Lousberg, J., Verschwundene Schlösser. Folklore (Malmédy) 3 (1924), 32—39.

4701. Willems, B., Gespenster in und um Bütgenbach. Folklore (Malmédy) 3, 55—70.

4702. Krebsbach, Der Schatz am „Grünen Kloster“. Folklore (Malmédy) 3, 107f.

Sachsen. — 4703. Witzsch, Richard, Heimatgeschichte von Mohendorf. Unsere Heimat, Beil. z. Roßweiner Tageblatt 5, Nr. 7. Juli 1924.
S. 62—64 Sagen.

Schlesien. — 4704. Exner, Heide, Schlesische Sagen. Breslau, Priebatsch (o. J.).
Rez. MschlVk 24, 149.

4705. Peuckert, Will-Erich, Schlesische Sagen, gesammelt und hrsg. (Deutscher Sagenschatz, hrsg. von P. Zaunert 1). Jena, Diederichs, 1924. 335 S. 9 Taf.
Angez. ZfVk 33/34, 173 (J. B[olte]).

4706. Peuckert, W., Von schlesischen Sagen und vom Sagenlesen. Der Ostwart (Breslau) 1 (1924), 1.—3. Heft.

4707. Nordheim, Kurt, Sagen aus Stadt- und Landkreis Liegnitz. Parchwitz, H. Ewald, 1922. 83 S.
Rez. MschlVk 24, 149.

4708. A. R., Der Wunderdoktor von Weidenau. Aus dem Weidenauer Sagenkreis. Sudeten-Bote (Olbersdorf) 1923, 117—124.

4709. Polka, Anna, Der Teufel in der Kirche zu Altitschein. Kuhländch. (Neutitschein) 1924, 15f.

4710. Krischke, Emil, Die schwarze Hand. Kuhländch. (Neutitschein) 5, 78—80.

4711. Krischke, Maria, Sagen als Belege für den Volksglauben. Kuhländch. (Neutitschein) 5, 170f.

4712. Chrobok, L., Sagen aus Miechowitz. Oberschlesisches Jahrbuch für Heimatgeschichte und Volkskunde 1, 82. 85f.
Der Feuerwagen. Feuerfaß. Ein moderner Feuermann. Gespenstische Frauen. Der verwunschene Mann unter der Brücke.

4713. Kostka, O., Sagen aus Rokittnitz. Oberschlesien im Bilde. Wöchentliche Unterhaltungsbeilage des Oberschlesischen Wanderers 1, 19f. 23.
Der Mann mit dem Hunde. Der Mann ohne Kopf. Der schwarze Mann im Sturme. Der schwarze Hund als Begleiter. Der Tote ohne Hemde. Der Wassergeist.

4714. Perlick, A., Sagen aus Rokittnitz. Oberschlesien im Bilde. Wöchentliche Unterhaltungsbeilage des Oberschlesischen Wanderers 1, 79f. 90. 96.
Der Brunnen bei Augustenhof. Vergrabenes Geld im Dorfe. Der weiße Mann auf der Rędzina. Der Feuerwagen auf der Dorfstraße. Der reiche Herr aus Rokittnitz. Das Faß mit Feuer. Die Ronotmühle. Der Feuermann. Das Grab des Wilderers. Von den Schweden. Der Geist im „Spritzenhause".

4715. Wagner, P., Sagen aus Roßberg. Aus dem Beuthener Lande 2, 19. 40.
Der Wassermann. Der hl. Hyazinth vertreibt die Elstern. Vom Pfeifen in der Grube und vom Berggeist.

4716. Kostka, O., Am Waldhofe von Wieschowa. Sagen von der Jędrychówka. Aus dem Beuthener Lande 2, 15.
Die versunkene Kirche. Die Sarkander-Quelle. Die weiße Jungfrau.

4717. Laxander, J., Etwas vom Berggeist. Aus dem Beuthener Lande 2, 132.

4718. Mainka, K., Der Berggeist als Warner. Aus dem Beuthener Lande 2, 70f.

4719. Perlick, A., Das Haus des Berggeistes. Aus dem Beuthener Lande 2, 4.

4720. Perlick, A., Der Berggeist auf der Castellengogrube. Oberschlesien im Bilde, Wöchentliche Unterhaltungsbeilage des Oberschlesischen Wanderers 1, 179f. 187f.

4721. Chrobok, L., Berggeistsagen aus Miechowitz. Oberschlesisches Jahrbuch für Heimatgeschichte und Volkskunde 1, 43f. 48.

Berggeist hilft in der Not. Berggeist zeigt Gold- und Silbererze. Berggeist als Licht. Berggeist zeigt den rechten Weg. Berggeist zeigt den Tod an.

4722. Michel, R., Sage vom Teufel. Oberschlesisches Jahrbuch für Heimatgeschichte und Volkskunde 1, 184.

4723. Michel, R., Sage vom Teufel (aus Dombrowa). Aus dem Beuthener Lande 2, 184.

4724. Kettner, Adolf, Das schlesische Vineta. Die Heimat 2, 19—21.

Sagen die das nordische Vineta umwoben haben, sind in Schlesien an das Gebirgsdörfchen Reihwiesen, östl. von Freiwaldau, geknüpft.

4725. Chrobok, L., Sagen aus Miechowitz (Wassermann). Oberschlesisches Jahrbuch für Heimatgeschichte u. Volkskunde 1, 20.

Wassermann als Taschenuhr. Wassermann strickt Strümpfe. Wassermann hält einen Burschen im Wasser fest.

4726. Kosmol, Paul, Der Wassermann in Wieschowa III. Aus dem Beuthener Lande 1, 56.

4727. Franielczyk, P., Wie ein Müller durch einen Bären vom Wassermann befreit wurde. (Sage). Aus dem Beuthener Lande 2, 96.

4728. Kosmol, P., Ein versunkenes Wirtshaus in Wieschowa. (Sage). Aus dem Beuthener Lande 2, 13.

Schleswig. — 4729. Meyer, Gust. Friedr., Die Volkssagen in Schleswig-Holstein. Quickborn 18, 18f.

4730. Hehnke, Claus, Verklungene Sagen. HmtK 33, 33—36.

4731. Guntermann, K., Aberglaubenssagen. HmtK 33, 251f.

4732. Kolumbe, Er., Die Erklärung des Namens Bossee. HmtK 33, 76.

4733. Hinrichs, Hans, De beide Döschers. Garding, Lühr & Dircks, 1924. 8°. M. 0.25.

Angez. HmtK 34, 275 (G. Fr. Meyer).

4734. Meyer, Gust. Friedr., De Hamerkul. Eine holsteinische Sage. HmtK 33, 137.

4735. Meyer, Gustav Fr., Uhlhaubarch. HmtK 34, 218—220.

Sage und Märchen aus Rantrum bei Husum.

4736. Andresen, L., Zu den Sagen vom Stein vor Seth. HmtK 33, 96.

4737. Meyer, Gust. Friedr., Na'n Bloeksbarg [so!]. HmtK 33, 96.

4738. Kruse, Johann, Die Gestalt des starken Baas in der Literatur Dithmarschens. HmtK 34, 214—218.

4739. Kruse, Joh., Klaas Andrees. Sagen oewer den starken Baas. 2. Deel. Garding, Lühr & Dircks, 1923?

4740. Sievers, A., Hex Witt'n. Een Spuk-Geschich ut Brochdörp. HmtK 34, 112—117.

4741. Meyer, Theodor, Eine Teufelssage in Schwabstedt. HmtK 33, 257.

4742. Wilde, Frida, De Ünnereerdschen op de Hochtied. HmtK 34, 18.

4743. R., Die weiße Seerose im Sandberger Mühlteich. Hmtbl. f. d. Kr. Sonderburg 1923, 48.

Thüringen. — 4744. Heusinger, E., Sagen aus dem Werratale. (Neu hrsg., sowie mit einem Lebensbild Heusingers versehen von Conrad Höfer.) Eisenach, H. Kahle, 1923. 134 S. 8⁰. M. 3.—.

Angez. ZfVk 33,34, 20f. (H. Findeisen).

4745. Wucke, Chr. Ludw., Sagen der mittleren Werra, der angrenzenden Abhänge des Thüringer Waldes, der Rhön und der fränkischen Saale. 3. Aufl., hrsg. von H. Ulrich. Eisenach, Kahle, 1921. 493 S.

Rez. MschlVk 24, 146f.

Westfalen. — 4746. Sagenkranz von der mittleren Ruhr. Die Heimat (Dortmund) 6, 190.

4747. Groeteken, A., Die Sagen des Sauerlandes I: Die Volkssagen des kölnischen Sauerlandes. Dortmund 1921.

Angez. ZfVk 33/34, 160 (H. Findeisen).

4748. Kleibauer, H., Sagen des Stadt- und Landkreises Iserlohn. Iserlohn 1922.

Angez. ZfVk 33/34, 122 (H. Findeisen).

4749. Kleibauer, Heinr., Sagen des Stadt- und Landkreises Iserlohn. 2., vermehrte Aufl. Iserlohn, Rudolph Wichelhoven, 1924. 166 S. 8⁰.

Westpreußen. — 4750. Danziger Sagenbuch für Schule und Haus. (Ostdeutsche Heimatbücher Bd. 7). Danzig, Danziger Verlagsges., 1923. 134 S. 8⁰.

4751. Stanitzke, Carl, Heimatsagen aus Danzig und Pommerellen. Danzig, Kafemann, 1924. 85 S. 8⁰.

4752. Behrend, Paul, Sagenschatz des Weichsellandes, ausgew. und neu erzählt v. M. Hantke. Danzig, Kafemann, 1924. 138 S. 8⁰.

Württemberg. — 4753. Aich, Albert, Aus der Sagenwelt des Haubergs. 1. Originalsammlung. Heimat-Blätter vom oberen Neckar Nr. 3, August 1924, S. 25f.

4754. Haaga, Wendelin, Sagen aus Oberndorf und seiner Umgebung. 1. Heimat-Blätter vom oberen Neckar Nr. 3, Aug. 1924, S. 26.

4755. Eine zweite Harzwald-Geist-Sage. Von Epfendorfern erzählt. Heimat-Blätter vom oberen Neckar Nr. 3, Aug. 1924, S. 26f.

Böhmen und Mähren. — 4756. Jungbauer, G., Böhmerwaldsagen. Jena, Diederichs, 1924. 272 S. 8°. M. 7.—.
Angez. ZfVk 33/34, 164 (J. B[olte]); Ethnographia (Budapest) 39, 217 (A. Szendrey).
Rez. Egerl 28, 68 (St.).

4757. Sommert, Hans (Ernst Freimut), Dillenwunder. Ein Sagenkranz aus dem Egerlande (Bücher des Egerländer Hauses). 2. verbesserte und vermehrte Aufl. Eger, Unser Egerland, 1924. 140 S. 8°.

4758. Wiesner, Adolf, Zwei Sagen vom Ertelsberg. MNordböhmVHmtf 46 (1923), 7f.
Sagen von hilfreichen Zwergen. In Nr. 1 rutschen die Zwerge auf gestreuten Erbsen aus.

4759. Urban, Michl, Sagen u. Gedenkschatz der Stadt Plau.
Rez. Egerl 28 (1924), 32 (J. = Alois John).

4760. Hoßner, Jos., Sagen aus dem Preßnitzer Bezirke und seiner Umgebung. ErzgZ 43, 24; 44, 72. 98.

4761. Skalitzky, Sepp, Böhmerwaldsagen. Heimatbildung (Reichenberg i. Böhmen) 4, 109—112.

4762. Skalitzky, Sepp, Zwölf Böhmerwaldsagen. Heimatbildung (Reichenberg i. Böhmen) 5, 276—280.

4763. Galfe, Augustin, Sagen vom Prussingerhofe. Heimatbildung (Reichenberg i. Böhmen) 6, 70f.
Gemeinde Trschitesch, Bezirk Krummau.

4764. Watzlik, Hans, Noch eine Sage von der Rosenberger Seite. Der Schreier von Rosenberg. Der Waldbrunnen (Leitmeritz) 1924, Nr. 12.

4765. Schlegel, Richard, Der Schifferstein. Eine Elbtalsage. Beiträge z. Hmtkde. d. Aussig-Karbitzer Bez. (Aussig) 1924, 29f.

4766. Tutte, Karl, Zwei Saazer Sagen. DV 1924, 238 bis 240.

4767. Preidel, Fr. J., Zur Sage von Breitenau bei Hainspach. MNordböhm. Ver. f. Hmtfrschg. u. Wanderpflege (B. Leipa) 46, 98.

4768. Leppa, Karl Franz, Zauber und Spuk. Sagen aus der Neu-Bistritzer Gegend. Heimatbildung (Reichenberg in Böhmen) 5, 93f.

4769. Reutter, Hans, Zlabingser Sagen. DmährHmt (Brünn) 1923, 118—124.

4770. Lukas, Josef, Der Höllenzwang. Trostbärnla (Mittelwalde) 1924, 65 f.
Ortssage von Pföhlwies, Bez. Mähr.-Schönberg.

4771. Sagen aus dem Kuhländchen, Kunewald, Partschendorf, Neutitschein. Trostbärnla (Mittelwalde). 1923, 97 f.

4772. Tilscher, Spukgeschichten aus Kornitz. MSchönhVk 19, 51 f.

4773. Knauer, A., Der stinkende Brunnen bei Triebendorf. MSchönhVk 20, 102 f.

4774. Knauer, Alois, Der Geldstock. MSchönhVk 19, 53.
Traum vom vergrabenen Schatz.

4775. Tilscher, Georg, Der Plankenberg. MSchönhVk 20, 93.
Schatzgraben.

Kärnten. — 4776. Graber, Georg, Sagen aus Kärnten. 3. Aufl. Leipzig 1921.
Rez. SAVk 25, 79 (H. Bächtold-Stäubli); Ethnographia 39, 209 f.) (S. S.).

4777. Puschnig, Roman, Von den Schlangen und den Schlangensagen Kärntens. Kärntner Südmarkkalender (Klagenfurt) 1923, 110—114.

Niederösterreich. — 4778. Mailly, A., Allerlei Merkwürdigkeiten vom Wiener Stephansdom. Wien, H. Kirsch (1923). 46 S.

Oberösterreich. — 4779. Hirsch, Lorenz, Sagen aus dem Bezirke Freistadt, gesammelt. Hmtg 5, 299—315.
1. Mythische Sagen, Geister-, Teufels- und Hexensagen. 2. Geschichtliche und Ortssagen. Nachtrag.

4780. Lindenthaler, M., Sagen aus dem Mondseeland. Hmtg 5, 54—61. 153—157.
1. Ortssagen. 2. Bergsagen. 3. See- und Fischersagen. 4. Jägersagen.

4781. Binder, R., Sagen. Gesammelt vom Verein „Heimat" in Leonstein. Hmtg 4, 193.

4782. Klinger, Otto, Natursagen aus Eidenberg im Mühlviertel. Hmtg 4, 193 f.
1. Warum die Ameise in der Mitte den Einschnitt hat. 2. Wie die Eierschwämme (Pfifferlinge) entstanden. 3. Warum die Äste im Holz so hart sind. — Dazu Anmerkungen von D[epin]y S. 194.

4783. Schamberger, J., Sagen aus Neukirchen am Walde. Hmtg 5, 263.

4784. Gasperlmair, Angela, Bohuslav, F., Nickmüller, J., Grüner, Bernhard, Ortner, Rudolf, Binna, Albert, Sagen aus dem Bezirke Wels. Hmtg 5, 262 f.

4785. Kollnberger, J., Eine Teufelssage aus Zell an der Pram. Hmtg 5, 53 f.

4786. Pirchegger, Hans, Sagenkränzlein aus der grünen Steiermark. Mit Bildern von Martha Elisabeth Fossel. Graz, Verlag der Alpenland-Buchhandlung Südmark, (J. ?).

Steiermark. — 4787. Schwach, Konrad, Die Sagen über Greißenegg. BllHk 1, Nr. 9/10, 13f.; 11/12, 7—9.

4788. Mayer-Pitsch, Gisela, Sagen, die auf dem Gebiet des einstigen Knittelfelder Galgens entstanden. WZfVk 29, 4f.

4789. Gerschack, Anton, Der Sturmteich im Grenzwald. Eine Christnachtssage. Südmark-Jahrbuch 1923, 100.

4790. Gerschack, Anton, Zur Weinlese. Geschichten aus dem steirischen Rebenland. Südmark-Jahrbuch 1923, 98f.
Radkersburger Totentanz. Das Neidweibl. Jakob Sixtens Luftfahrt.

Tirol. — 4791. Parseval, C. von, Sagen aus der Umgebung von Kitzbühel. Sammler 92 (1923), Nr. 15 v. 21. Febr., S. 1—3.
Tirol. U. a.: Alpensee mit Lindwurm S. 1, die wilden Fräulein 2, die letzte Hexe 3, das Kußausläuten 3.

4792. Weinhold, L., Schatzsagen aus Jochberg. Tiroler Heimatblätter (Kufstein) 1924, Nr. 1.

4793. Wex, Ludwig und Schmid, Josef, Bergwerkssagen. Tiroler Heimatblätter (Kufstein) 1924, Nr. 1.

4794. Troger, Adjut, Der Wildalpsee bei Fieberbrunn. Tiroler Heimatblätter (Kufstein) 1924, Nr. 1.

4795. Troger, Adjut, Der Meßnerbauer in Rinn bei Hall. Tiroler Heimatblätter (Kufstein) 1924, Nr. 4.

4796. Falkner, Christian, Sagen aus dem Ötztale. Tiroler Heimatblätter (Kufstein) 1924, Nr. 2.

4797. Aus der heimischen Sagenwelt. Tiroler Heimatblätter (Kufstein) 1924, Nr. 5.
Der Reiter mit dem Flammenschwert. Die Sage vom „Stoankeller“ bei Gagering.

4798. Heuberger, Richard, Die Sage von Herzog Adelger (Theodo) und der Schlacht bei Brixen. Schlern 4, 72—78.

4799. Meusburger, Karl, Die Sage vom Beistandmandl. Schlern 5, 293.
Eine Hirtensage.

4800. Klaus, Sepp, „Geschichte“ im Volksgedächtnis. Schlern 5, 27—29.
Geschichtliche Sagen aus dem Obervinschgau.

4801. Egger, Josef, Volksbräuche und -sagen aus Südtirol. DV 1923, Nr. 6.

4802. Angerle, E., Der Klapper-Hans. OsttirHmtbl 1, Nr. 18. 19.
Volkssage.

4803. Linder, F., Der goldene Pflug bei Lienz. OsttirHmtbl 1, Nr. 1. 2.

4804. Pölt-Nordheim, Klara, Verborgene Schätze. Schlern 4, 154f.
Schatzsagen aus Südtirol.

4805. Zingerle, Oswald, Schatzsagen und Beschwörung schatzhütender Geister. Schlern 4, 384—387.

4806. Ingruber, Ignaz, Die weiße Frau. OsttirHmtbl 1, Nr. 16.

Vorarlberg. — 4807. Sammlung Vorarlberger Sagen. VjVorarlb 8 (1924), 32.
Aufruf des „Volkskundlichen Ausschusses".

4808. Troll, J. G., Sagen und anderes aus Schwarzach. Heimat (Bregenz) 1923, 182—185.

4809. Bodlak, Sepp, Bilder und Sagen aus dem Vermunt. HmtVorarlb 5, 163—169.

4810. Gierner, Gottfried, Eine Bergwerkssage aus dem Bregenzerwald. Heimat (Bregenz) 1923, 73f.

4811. Müller, St., Der Bsilser, der Pfellerpfifer und der Fahrhooper. HmtVorarlb 5, 88.

4812. Sagen von der alten St. Martinskirche in Ludesch. HmtVorarlb 5, 56f.

4813. Schiffknecht, Christine, s'Wuatahee. HmtVorarlb 4, 121f.

4814. Kraushaar, J., s' Wuatahee. HmtVorarlb 4, 185f.

4815. s' Wuatahee. HmtVorarlb 5, 57.

4816. Barbisch, H., Sagenhafte Entdeckungen. HmtVorarlb 4, 74—76.

4817. Kleber, Michael, Der g'spässig Ring vu Andolchbuo. HmtVorarlb 5, 131.

4818. Nipp, Eugen, Liechtensteiner Sagen. JbHistVerFürst. Liechtenstein 24 (1924), 88—93.
Ergänzung zu den im 16. Bde. dieses Jahrb. veröffentlichten liechtensteinischen Sagen.

Schweiz. — 4819. Rochholz, Ernst Ludw., Sagen und Märchen (Aargau). Bearb. von Dr. Emil Riggenbach. 1. Sammlung. Aarau, H. R. Sauerländer, 1924. 179 S. 8°. Fr. 4,80.

4820. Halder, Nold, Aus einem alten Nest. Sagen und Spukgeschichten aus Lenzburg. Mit Bildern von Hans Eggimann. Aarau, H. R. Sauerländer & Co., 1923. 144 S. 8°. Fr. 4,80.

4821. Fuchs, Karl, Wegenstetter und Hellikoner Sagen. Laufenburg (Schweiz), Buchdruckerei Gebr. Binkert, 1924. 8 S. 4°.

4822. Basler Sagen. Anfrage von J. B., Antwort von E. H[offmann]-K[rayer]. SchwVk 14, 17.

4823. Sooder, M., Sagen aus Rohrbach (Kanton Bern). Aus dem Volksmunde gesammelt. SAVk 25, 47—64. 125—151.

4824. P. C., Ein Bündner Dörfchen (Calfreisen) und seine Sagen. „Schweizer-Familie" (Zürich) 14. April 1923.

4825. Vetter, Ferdinand, Der Übergang der Stadt Stein am Rhein (Schaffhausen) an Zürich und an die Eidgenossenschaft. („No e Wili“ und die schweizerischen Mordnächte). Zürcher Taschenbuch N. F. 44 (1924), 1—61.
Befreiungssagen. Mordnachtsagen.

4826. Jeltsch, Eugen, Die schlauen Breitenbacher (Solothurn). „Dr Schwarzbueb“ (Kalender), Breitenbach, Kanton Solothurn) 1923, S. 56—58.
Sage vom betrügerischen Eid (Schöpfer und Richter über mir, auf heimischer Erde stehend).

4827. Laur-Belart, R., Studien zur Eröffnungsgeschichte des Gotthardpasses (Uri) mit einer Untersuchung über Stiebende Brücke und Teufelsbrücke. Zürich, Orell Füssli, 1924. 171 S. 8⁰. Fr. 5.—.
Angez. SchwVk 14, 54f. (E. H[offmann]-K[rayer]).

4828. Jegerlehner, Johannes, Walliser Sagen, ausgew. und eingel. v. J. J. (Maync, Die Schweiz im deutschen Geistesleben 10). Leipzig 1922.
Angez. BlBayGym 59 (1923), 159.

4829. Corrodi, P., Das Gespenst auf Schloß Wyden (Zürich) im Jahre 1695. Zürcher Taschenbuch N. F. 44 (1924), 62—70.

4830. Luck, Georg, Jägersagen und Jagdgeschichten. Bern und Leipzig, Ernst Bircher A.-G., o. J. (1924). 155 S. 8⁰.

4831. Nellen-Sage. SchwVk 13, 26f.
Gespenstisches Tier.

4832. Frei, H., Der Geldhüwel. (Aus der Sagenwelt des wolgadeutschen Karamangebietes). Wolgadeutsche Monatshefte (Berlin) 1923, 254.

4833. Frei, H., Der Kirgise. Wolgadeutsche Monatshefte (Berlin) 1924, 65.

β) Niederländisch.

4834. Cohen, Jos., Nederlandsche Sagen en Legenden. Met Illustratien in Kleurendruk en Zwart door Pol Dorn. Twee Deelen. Zutphen, Thieme en Cie. I 1921. II 1919. 403; 400 S.
Rez. MschlVk 24, 145f. (Siebs).

4835. Goethals, Jozef, Sagen uit de omstreken van Dendermonde. NdlTVk 28, 123—127.

4836. Lantermans, K., De echte Valburgers. Een oud reuzen-verhaal in Over-Betuwsch dialect. Ons Eigen Tijdschrift (C. J. van Houten & Zoon) 1924, 262—264.

4837. Bourguignon, E., La légende „Sonner ou perdu“. FLBrab 2, 347f. 351f.
Sagenhafter Ursprung des Läutens: Verirrter gelobt Speisung mit Brot und wird durch e. Glocke gerettet.

γ) Englisch.

4838. Leach, H. G., Angevin Britain and Scandinavia. Harvard University Press, 1921. IX, 432 S. $ 3.50.
Vieles zur Sagengeschichte.
Rez. NoB 1923, 179f. (S. B. Liljegren); JEGPhilol 22 (1923), 147—150.

4839. Gabriel's ratchets. NQ 13 Ser. Bd. 1 (1924), 171.
Gehört zum Zyklus: Wilder Jäger.

4840. Fairfax-Blakeborough, J., The hand of glory and further grandfather's tales and legends of highwaymen and others. London, Grant Richards, Jahr?, 7/6.
Enthält viel Volkskundliches.
Angez. NQ 147, 128.

4841. Mananan — The Sea God of Man. From a Correspondent in the Isle of Man. JFSongS 7, 195—198.

δ) Nordisch.

4842. Munch, P. A., Norröne Gude- og Heltesagn, ordnet og fremstillet av P. A. M. 3. Aufl. v. Magnus Olsen. Kristiania 1922.
Angez. PhilolQuart 2 (1923), 316f. (H. Larsen).

4843. Ellekilde, H., Østsjællandske Folkesagn. Aarbog udg. af Hist. Samf. f. Københavns Amt 1924, 3—29.

4844. K., P., Forvarsel i Arnum. Sønd Maa 1, 32.

4845. S., Hekseskoen paa Hasbjerg. Sønd Maa 1, 47.

4846. Seeberg, De hvide Heste i Skrydstrup. Sønd Maa 1, 46.

4847. Jørgensen, Otto, Heksen i Lendemark. Sønd Maa 1, 63.

4848. Callesen, Fr., De gloende Hænder. Sønd Maa 1, 96.

4849. Ernst, Niels H., Kirkeklokkerne i Bylderup. Sønd Maa 1, 31.

4850. Tingleff, Huldfred, Konen uden Hoved. Sønd Maa 1, 63.

4851. Hartung, Anna Marie, Ligvognen i Horns. Sønd Maa 1, 32.

4852. Jørgensen, Otto, Manden, der ikke hilste. Sønd Maa 1, 79.

4853. Nicolaisen, Peter, Skelflytteren i Holbek. Sønd Maa 1, 48.

4854. Borst, Skatten i Mjolden. Sønd Maa 1, 14.

4855. Spillemanden og Ulven. Sønd Maa 1, 79.

4856. Jørgensen, Brede, Sprøgelset i Drengsted. Sønd Maa 1, 14.

4857. Schmidt, A. F., Stensagn fra Sønderjylland 1—3. Sønd Maa 1, 11—14. 40—45. 50—57.

4858. Efterstøl, A., Baarne. (Unterird. Frau). Grannen (Flekkefjord) 1922, 7 f.

4859. Bergh, H., Paa leiting etter gamalt. BoB 6, 121—140.

4860. Nordbö, O., Segner og sogur fraa Bö i Telemark. NFKult 10, 152—156.

4861. Ruud, E., Segner frå Kvefjord. Hålöygminne (Svorkmo) 5 (1924) H. 1, 30f.; H. 3—4, 37—39.

4862. Tveit, Andreas, Segner og sogur fraa Nissedal og Treungen. NFKult 9, 1—46.

4863. Salveson, Aa., Segner frå Ryfylke. Rogalands historielag (Stavanger) 9 (1923), 67—71.

4864. Kvantoland, L., Gammalt fra Salta. Hålöygminne (Svorkmo) 5 (1924) H. 1, 26—29; H. 3—4, 31—36.

4865. Gjerding, G., Eit par gamle segner frå Sunnmöre. Ung-Noreg (Risör) 6 (1923), 332f.

4866. Strompdal, K., Segner frå Söre Helgeland. Hålöygminne 4, 1923 (Svorkmo), H. 1—2, 30—32; H. 3—4, 14—18. 5 (1924) H. 1, 32; H. 2, 34.

4867. Thomassen, T., Sagn frå Vestby. Østaglett (Kristiania) 1923, 36—39.

4868. Segner frå Vik. Historielaget for Sogn (Amla) 4 (1924), 51.

4869. Dalen, J., Anna Brurastakk. Historielaget for Sogn (Amla), 4 (1924), 55.

4870. Sörensen, J., Birgjit Lien. Historielaget for Tel. og Grenl. (Skien) 1924, 43—47.

4871. Liestöl, K., Upphavet til huldrefolket. Norsk Aarbok (Bergen) 1923, 47—59.

4872. Tveteraas, R., Huldresegner fraa Högsfjord. Rogalands historielag (Stavanger) 9 (1923), 81—84.

4873. Rånes, T., Sagn om Eveneskjerka. Hålöygminne (Svorkmo) 4 (1923) H. 1—2, 27f.

4874. Dalen, J., Klokkorne i Hoprekstadkyrkja. Historielaget for Sogn (Amla) 4 (1924), 54.

4875. Liestöl, K., Til Skraddarsoga. MoM 1923, 119—123.

4876. Hanssen, O., Ei segn um kva' snjofonni göymer. Naturen (Bergen) 1924, 351f.

4877. Ødegaard, L., Jutulstein i Nes. Dölaminne (Kongsberg) 1923, 44f.

4878. Salveson, Aa., Trond Lauperak. Segn og soga fraa Rogaland. Stavanger 1922.
Rez. NFKult 9, 183f. (R. Berge).

4879. Liestöl, K., Dei nordiske segnene um Verland og Vidrik Verlandsson. MoM 1924, 65—80.

4880. Liestöl, Knut, Norske Ættesogor. Kristiania 1922.
Angez. ZfVk 33/34, 53 (J. B[olte]).

4881. Landstad, M., Ættesagaer og Sagn fra Telemarken. Efterladte Optegnelser. Kristiania, Dybwad, 1924. 222 S. 8⁰.

4882. Lieström, K., Um gransking av norsk ættetradisjon. Heimen (Oslo) I (1923), 145—155.

4883. Flatin, K., Folkeminne fraa Telemarki III. Ættir fraa Selgjord. Skien 1923. 54 S. 8⁰.
Rez. NFKult 9, 185 (R. Berge).

4884. Sagor och sägner. Helsingerunor 4, 20—23. 43—47.

4885. Nordén, Arthur, Saga och sägen i Bråbygden. Norrköping 1922. 175 S. 8⁰.
Angez. RevArchéol 18 (1923), 182 f. (Olov Janse).

4886. Johnsson, P., Folksägner från Gärds härad. Skånskt bondeliv, Årsbok, 1924, 32—38.

4887. Sägner. (Västerbergs elevförbunds folktraditionsinsamling 4.) Från Gästrikebygder 4, 74—94.

4888. Söderlund, J., Uppteckningar från Otterstad i Kållands härad. Svenska Landsmål (Stockholm) 1923, H. 5, 5—41.
Sagen von Riesen und Zauberern, Schwank, Wundersagen.

4889. Arill, D., Folksagor från Tanum. FoF 10, 65—101.

4890. Grundström, H., Sägner och folktro bland lappar och nybyggare in Jokkmokk. Norrbotten (Luleå) 1923, 37—54.

4891. Hallström, G., Bebyggelsesägner från Norrbottens län. Norrbotten (Luleå) 1923, 25—36.

4892. Gravlund, T., Sagn på bygdeskel. Studie i stedsagn. Nordisk Tidskrift (Stockholm) 1923, 81—89.

4893. S[tackelberg], A[nna], Kycklingen; en sägen om ett namn. Utanvessarn [?] utg. av Valbo hembygdsförening, 1923, 6 f.

4894. Ericsson, Maja, Sägner om trolldrycker (Zaubertrank). (Ljungbyhornsmotivet). Hembygden (Uppsala) 1924, 40—45.

4895. Wessman, V. E. V., Sägner. 2. Historiska Sägner. (Finlands Svenska Folkdiktning II, 2.) Helsingfors, Svenska Litteratursällskapet i Finland, 1924. XII, 411 S. 8⁰. Fmk. 50.—.
Rez. Budk 3, 88 f. (G. Landtman).

4896. Rundt, J., Det underbara trädet. Fyratio folksagor från Svenskfinland. Helsingfors, Holger Schildt, 1923. 132 S. 8⁰.

4897. Wikman, K., Tre sagor. Budk 3, 71—76.

4898. Rasmussen, K., Myter og Sagn fra Grönland I—II. Kopenhagen, Gyldendal, 1921—1924. 390 u. 356 S., 39 u. 30 Taf. 8⁰.

4899. Rasmussen, Knud, Grönlandsagen. Berlin 1922.
Angez. ZfVk 33/34, 173 f. (J. B[olte]).

ε) Romanisch.

4900. Boismoreau, E., Légendes et contes du Bocage vendéen. Paris? 1923. Fr. 25.—.

4901. Huet, Gédéon, Les contes populaires. (Bibliothèque de Culture générale.) Paris, Ernest Flammarion, 1923. 189 S. 8°.

4902. Luyet, Basile, Légendes de Savièse. SAVk 24, 167—182; 25, 20—46.

Phonetisch aufgezeichnete Texte in der Mundart von Savièse mit französ. Übersetzung. Inhalt: I. Les revenants. II. Diable et sorciers. III. Sujets historiques. IV. Sujets comiques. V. Sujets divers.

4903. Natali, J. B., Légendes de la Corse. Revue de la Corse, janvier-février 1920, 116.

4904. Légende corse: les jours prêtés. Revue de la Corse 1922, 182; 1923, 25.

4905. Cappiello, F., Le leggende del Vúlture. Con disegni di E. Bianchi. Potenza, R. Marchesiello Editore, 1923. 124 S. 16°.

Sono 17 leggende in lingua italiana: I. Il sole, la notte e il vento. II. Il santo pescatore. III. Fiorella dormente. IV. La strada di monete d'oro. V. Pastore Andrea. VI. Il cercatore d'oro. VII. La bimba di Maria. VIII. La sosta. IX. Stellina e Falco. X. La ricotta di S. Pietro. XI. I tre gomitoli. XII. S. Giovanni. XIII. La spada nascosta. XIV. La ninfa del lago. XV. L'oro della montagna. XVI. Il viso della luna. XVII. Dopo cinque anni.

La leggenda VII è un rifacimento della fiaba Marienkind (Grimm, Kinder- und Hausmärchen).

4906. Catalano, Michele, La leggenda cavalleresca in Assisi. ARom 8, 452—458.

4907. Campanus, Tradizioni popolari di Terra di Lavoro. RCamp 3, 13f.

Contiene: „Le chonche" del fulmine. — L'orma di Gesù. — L'acqua della salute. — La „ceriella". — La „trave di fuoco".

4908. Ceriani, Alfredo, Monti e leggende dell' Italia nuova. VItAm 30, 1103—1112.

4909. Bellavia, J. L., La leggendaria montagnetta di Furore. Sic 7, 115f.

4910. Meyer, Karl, Die Pepoli-Sage im Bleniotal. Histor. Neujahrsbl. Uri 1923, 65—68.

4911. Borrelli, N., Folklore Campano: Leggende plutoniche. FLCal 10, 15—20.

Schatzsagen.

4912. Balladoro, Arr., Tradizioni toponomastiche veronesi. FLCal 9, 6—10.

I. Madonna dell' uva secca. II. La „Desmontà" (ove dismontava Carlo V). III. Cadidavid (Ca di David). IV. La „Chiusa". V. Rivoli. VI. Cassone. VII. Valgatara. VIII. Marano.

4913. Mailly, Anton von, Sagen aus Friaul und den Julischen Alpen. Gesammelt von A. v. M. und mit Unterstützung von Joh. Bolte hrsg. Leipzig 1922.

Angez. ZfVk 33/34, 53f. (F. B[oehm]).
Rez. MLN 38 (1923), 169—171 (T. F. Crane).

ζ) Slavisch.

4914. Vasmer, Max, Studien zur russischen Heldensage. Zeitschr. f. slav. Philol. (Leipzig), 1. H., 165—170.

4915. Azadovskij, M., Epičeskaja tradicija w Sibiri. (Epische Überlieferung in Sibirien.) Čita 1921. [Betrifft die großrussischen epischen Volkslieder].

4916. Smirnov, Vas, Etnografičeskije zametki i zapisi. (Ethnographische Notizen und Aufzeichnungen.) S.-A. aus den Trudy (Schriften) d. Wiss. Ges. zu Kostroma XXIX. Kostroma 1923. 8 S. 8⁰.

1. Versunkene Glocken. 2. Die Geburt des Teufels.

4916a. Vassiljev, M. A., Pamjatniki tatarskoj narodnoj slovesnosti. Skazki i legendy. (Denkmäler der tatarischen Volksdichtung. Märchen und Legenden). Kazanj 1924. 184 S. 8⁰.

4917. Paluszkiewicz, Podania ludowe z okolic Kórnika w Wielkopolsce. (Volkssagen aus Kórnik in Großpolen.) Orli Lot (Kraków) 4, 117 f.

4918. Udziela, Seweryn, Jaskinia w Bukowcu. (Sage von der Höhle in Bukowiec, Kreis Grybów.) Orli Lot (Kraków) 4, 134—137.

4919. Gotkiewicz, Marjan, Zaklęte skarby w Tatrach (Schatzsagen im Tatragebirge.) Orli Lot (Kraków) 5, 73 f.

4920. Gotkiewicz, Marjan, Spismichałowa dolina. (Eine Tatrasage.) Orli Lot (Kraków) 5, 31—34.

4920a. Kosmowska, J. W., Z podań pomorskich. (Aus den pommerschen Sagen der Kaschuben.) Ziemia 9, 219—222.

4920b. Frydrychowicz, Romuald, Podania ludowe na Pomorzu z czasów wojen napoleońskich. (Pommersche Volkssagen der Kaschuben aus den Zeiten der Napoleonskriege.) Pelplin 1922. 79 S. 8⁰.

4921. Kotnik, France, Storije I. Koroške narodne pripovedke in pravljice. Preblach, Verlag Družba sv. Mohorja, 1924. XVI, 112 S. 8⁰.

84 Sagen und Legenden der Slovenen in Kärnten; Einleitung, Anmerkungen, Quellen.

4922. Filip, D., Pověsti ze severovýchodních Čech. (Traditionelle Sagen und Erzählungen aus der nordöstlichen Tschechoslowakei.) Národop. Věstn. (Prag) 16 (1923), 116—133.

4923. Flajšhans, Václav, Povídka o třech lenoších z. r. 1366. (Erzählung von den drei Faulenzern aus dem Jahre 1366.) Český Lid 24, 52—54.

4924. Thomayer, Josef, Skalník. Chodská pověst. (Das Irrlicht. Eine Volkssage ans dem Chodenland.) Český Lid 24, 92.

4925. Šatra, Josef, Koubův hrob u Hodonic. (Koubas Grab bei Hodonice.) Český Lid 24, 189—192.

4926. Zastěra, Karel, Skutečští ševci zahnali čerta. (Die Schuster von Skutec verjagten den Teufel.) Český Lid 24, 381 bis 384.

4927. Mazon, André, Contes Slaves de la Macédoine Sud-Occidentale: Etude linguistique; textes et traduction; notes de folklore. Paris, Honoré Champion, 1923. 8°.
Rez. FL 35, 293—297 (A. H. Krappe); IzvNEMS 3, 155—157 (M. Arnaudov); REthn 5, 378f. (M. Cohen); Le Mercure de France, 15 Juillet 1924 (A. van Gennep); Man 24, 77f. (Margaret M. Hardie).

η) Sonstige europäische Sprachen.

Antike. — 4928. Wendland, P., Antike Geister- uud Gespenstergeschichten. Festschr. z. Hundertjahrsfeier d. Univ. Breslau, 1911, 43—55.
Rez. BphW 43 (1923) 305 f. (Sonny).

4929. *Οἰκονομίδης, Δ. Η., Ἀνέκδοτος Ποντικὴ παράδοσις. Λαογρ. Ζ'* (Festschr. Politis, 1923), 426f.

4930. Dawkins, R. M., The twelve months. A folk-tale from Pontos. *Λαογρ Ζ'* (Festschr. Politis, 1923), 285—291.

Estnisch. — 4931. Sepp, H., Suusõnalise ajaloolise traditsiooni iseloomust ja suusõnaline ajalooline traditsioon rootsi-aegseist ajaloolisist isikuist. (Über den Charakter der mündlichen geschichtlichen Tradition und die mündliche geschichtliche Tradition über historische Persönlichkeiten der Schwedenzeit). Eesti Kirjandus 17 (1923), 54—62. 108—119. 157—162.
Über den historischen Wert estnischer geschichtlicher Sagen.

4932. Liiv, O., Mõningaid mälestusi ja sõnalisi traditsioone Lüganuse kihelkonnast. (Einige Erinnerungen und mündliche Überlieferungen aus dem Kirchspiel Luggenhusen). Eesti Kirjandus 18 (1924), 348—360 (vgl. S. 560).
Nordestnische Ortssagen.

4933. Wallner, August, Mõned traditsioonid Võru [bzw. Valga] Karulast ja Urvastest. (Einige Überlieferungen aus den Kirchspielen Karolen und Anzen). Eesti Kirjandus 17 (1923), 380—382; 18 (1924), 308—310 (vgl. S. 560).
Südestnische historische Ortssagen und Ortsnamenerklärungen.

4934. Eisen, M. J., Raha-angu jutud. 4. Aufl. Tartu (Dorpat) 1918. 80 S.
78 estnische Schatzsagen.
Rez. JEstPhG 1 (1918), 37—41 (W. Anderson).

4935. Eisen, M. J., Mägede rändamine. (Das Wandern von Bergen). Eesti Kirjandus 18 (1924), 537—542.
Estnische Ortssagen.

4936. Eisen, M. J., Kalevipoja sängid. (Die Betten des Kalewipoeg). Eesti Kirjandus 18 (1924), 143—153. 202—210 (mit 1 Karte und 3 Abb.).
Übersicht der so benannten Hügel in Estland und der damit verknüpften Ortssagen.

4937. Eisen, M. J., Kivistunud inimesed. (Versteinerte Menschen). Eesti Kirjandus 18 (1924), 453—464. 491—501.
Estnische Ortssagen.

4938. Kurgvel, Ks., Murdetekst Jämajast. (Dialekttext aus dem Kirchspiel Jamma). Eesti Keel 3 (1924), 96.
Estnische Teufelssage.

4939. Anni, Aug., Murdetekst Kolga-Jaanist. (Dialekttext aus dem Kirchspiel Klein-St. Johannis). Eesti Keel 3 (1924), 157.
Estnische Sage.

4940. S-te (= Saareste), A., Murdetekst Tartu-Maarjast (Vorbuse). (Dialekttext aus dem Kirchspiel Dorpat-St. Marien [Forbushof]). Eesti Keel 3 (1924), 157 f.
Estnische Sage.

4941. Univer, Aleksandra, Keelenäide Hallistest. (Sprachprobe aus dem Kirchspiel Hallist). Eesti Keel 3 (1924), 158 f.
Estnische Sage.

Keltisch. — 4942. Thurneysen, R., Die irische Helden- und Königssage bis zum 17. Jahrhundert. Halle 1921.
Angez. PhilolQuart 2 (1923), 238 ff. (A. C. L. Brown).

4943. Le Braz, A., La Légende de la Mort chez les Bretons armoricains, annotée par Georges Dottin. 2 vol. Paris, Champion, 1924.
Rez. Mercure de France 1 Oct. 1924, 211 f. (A. van Gennep).

Litauisch. — 4944. Šatrijos Ragana, Lietuvos senovės istorijos pasakos. (Sagen aus der altlitauischen Geschichte). Wilna, M. Šlapelienė, 1920. 91 S. kl. 8°.

4945. Krėvė, V., Dainavos šalies senų žmonių padavimai. (Sagen alter Leute der Dainava-Gegend). Kaunas, „Švyturio“ bendrovė, 1921. 152 S. 8°.
Literarisch verarbeitet.

4946. Krėvė-Mickevičius, V., Padavimai apie Raigrodo miestą. (Sagen von der Stadt Raigrodas). TiŽ 1, 129—135.
Gesammelt in der Gegend von Ratnyčia.

4947. B[ūga], K., Linkmenų apylinkės padavimai. (Sagen aus der Gegend von Linkmenes). TiŽ 1, 128.
Drei Sagen aus der vom Priester Gimžauskas zwischen 1875 und 1879 verfaßten, nur handschriftlich erhaltenen Arbeit „Žodzej isz givôs Kałbôs letuviu Linkmeniszkiu“ (Wörter aus der lebenden Sprache der Litauer von Linkmenes).

Ungarisch. — 4948. Szendrey, Sigismund, Adalékok a népmondák irodalmi feldolgozásához. (Beiträge zu den literar. Bearbeitungen ungarischer Volkssagen). Ethnographia 33, 102 bis 104.

4949. Szendrey, Sigismund, Magyar népmondatipusok és tipikus motivumok. (Typen und typische Motive der ungar. Volkssage). Ethnographia 33, 45—64.

4950. Moravcsik, Julius, A Szibinyányi-Jank mondához. (Zur Sage von Jank Sibinjanin = Johann Hunyadi). Ethnographia 33, 96—99.

ϑ) Zigeuner.

4951. Sampson, John, Welsh Gypsy Folk-Tales. JGypsyLS 2, 1—10. 49—58. 99—113. 145—156; 3, 1—5. 49—60. 101—110. 145—158.

4952. Russell, Alex., A Tinker Folk-Tale. JGypsyLS 2, 142 f.

4953. Bethell, L. Slingsby and Halliday, W. R., Skin and Bones. JGypsyLS 3, 94—96.

b) Stoffgebiete.

4954. Parry, J. J., An Arthurian Parallel. MLN 39 (1924), 307—309.
Volkssage.

4955. Stückrath, Otto, Sente Hiltgart Bette. VolkuSch 2, 215 f.
Sagen vom Brunhildisbett auf dem Feldberge im Taunus.

4956. Olsen, M., Röis og rysseberg. Bidrag til Eddatolkning (Helg. Hund. I, 36 og 41). MoM 1923, 176—186. 250.

4957. Weber, Franz Sylvester, Vom Enderschmalz in Aafing. Der Schlern 5, 293 f.

4958. Orluf, F., Gefionmythen hos Brage den Gamle. DanSt 1923, 22—30.

4959. Glockensagen. Illustr. Schweiz. Schülerzeitung (Hönggzürich) 15. Juni 1924, 24—27.

4960. Kügler, Hermann, Hohenzollernsagen. Vierte, vollst. umgearb. und mit Anmerkungen versehene Auflage von Oskar Schwebels „Sagen der Hohenzollern". Leipzig-Gohlis, Hermann Eichblatt Verlag, 1922. brosch. M. 2.50, geb. in Hl. M. 3.75.
Rez. Brandenburgia 32 (1923), 55—57 (Chr. Voigt).

4961. Kalff, G., De Sage van den vliegenden Hollander, naar behandeling, oorsprong en zin onderzocht. Met platen van O. Wenckelbach. Zutphen, Thieme en Cie., 1923. XI, 196 S.
Angez. ZfVk 33/34, 121 f. (J. B[olte]).
Rez. ModLangRev 19 (1924), 381—383.

4962. Kallio, V. J., Tiedot Horn-tarusta ja Kärkän linnasta Varsinais-Suomessa. (Die Nachrichten von der Sage von Ritter Horn und dem Schloß Kärkkä im Eig. Finnland.) Kotiseutu 1920, 114—116.

4963. Liestöl, K., Hune-heren. Historisk Tidsskrift (Kristiania) 5 (1923), 453—467.
Behandelt die nordische Sage von dem Heer der Hunnen, die in einem norwegischen Bauernaufruhr 1541 nachgeahmt wurde.

4964. Bloch, Ch., Kabbalistische Sagen. 1924. 175 S.

4965. Nikiforov, A. J., Russkije povesti, legendy i poverja o kartofele. (Die russischen Erzählungen, Legenden und Volksglauben von der Kartoffel.) S.-A. aus den Izv. Obščestva Istorii, Archeologii i Etnografii pri Kazansk. Universit. (Nachrichten der Ges. f. Gesch., Archäol. u. Ethnogr. a. d. Universität Kasan), 32, 1, Kazanj 1924. 86 S. 8⁰.

4966. Christiansen, Reidar Th., Kjætten [Katze] paa Dovre, et bidrag til studiet av norske sagn. Kristiania 1922.
Angez. ZfVk 33/34, 44 f. (J. B[olte]); vgl. Schrätel und Wasserbär.

4967. Bull, Francis, Dovre i sagn og digtning. Den norske turistforen. aarbok 1923, 62—78.

4968. Berntsen, T., Fra sagn til saga; studier i kongesagaen. Kristiania. 259 S. 8⁰.

4969. Pira, S., Sägnen om urkon [Kuh] i Norra Vi. Tranås 1922.
Rez. Budk 2, 57 f. (K. Rob. V. Wikman).

4970. Rise, O., Olavs-sagn ved Dovrefjelle. Orkdölafylket (Svorkmo) 1924, 7—10.

4971. Ljaščenko, A. J., Letopisnyje skazanija o smerti Olega Veščego. (Die annalistischen Sagen vom Tode Olegs des Weisen.) Izv. Otd. russk. jaz. i slov. Akad. Nauk (Nachrichten der Abt. f. Russ. Spr. u. Liter. d. Akad. d. Wiss.), 28 (1923), 75—84.

4972. Bodlak, Sepp, Pflanzensagen. HmtVorarlb 5, 22 f.

4973. Liestöl, Knut, Die guten Ratschläge in der Hervararsaga. Festschrift Eugen Mogk 1924, 84—98.

4974. Der Rattenfänger von Hameln. SchwVk 13, 64.
Literatur, als Antwort auf Anfrage.

4975. Schaeffer, F. A., Die Riesensagen des Elsaß. Elsaßl 1924, 92 f.

4976. Müller-Rüdersdorf, Wilhelm, Der zauberhafte Rübezahl (Im Schummerwinkel, hrsg. v. Wilhelm Müller, Rüdersdorf). Leipzig, E. Oldenburg, 1923. 190 S. 8⁰.

4977. Stückrath, Otto, Hans Habenichts und seine Familie. Hmtschollen 3, 79 f.
Die Sage vom Schatz auf der Brücke.

4978. Klein-Wintermann, E., Die Völkerschlacht am Birkenbaum. Der Türmer 1924, 246—253.

4979. Schullerus, Adolf, Ein rumänisches Siegfriedmärchen? Festschrift Mogk (Halle a. S., Niemeyer, 1924). S. 596 bis 611.

4980. Meyer, Gustav Friedrich, Eine neue schleswigholsteinische Fassung des Siegfried-Märchens. Nordelbingen 2. 160—181.

4981. Mogk, E., Novellistische Darstellung mythologischer Stoffe Snorris und seiner Schule. (FF Comm. 51.) Helsinki, Suomalainen Tiedeakatemia, 1923. 33 S. 8⁰.
Angez. ZfVk 33/34, 124 f. (J. B[olte]); Budk 3, 27.
Rez. NdlTVk 29, 189.

4982. Henninger, Karl, Die Stedinger in Geschichte und Sage. NdHmtbl 1, 7f. 44f. 72—74. 89f.

4983. Rope of sand. (Strick aus Sand.) NQ 146, 346.

4984. Findeisen, Hans, Tiergeschichten und Schwänke von der Insel Hiddensee. (Aus: „Eck an'n Sund", Heimatbeil. z. Strals. Tagebl., 3. Jahrg. G. A. I, 7.) Stralsund 1924. gr. 2°.
Angez. ZfEthn 56 (1924), 163.

4985. Karg, Fritz, Die altschwedische Erzählung von Valentin und Namenlos. Festschrift Eugen Mogk 1924, 197—230.

4986. Wollman, Fr., Vampyrické pověsti v oblasti středoevropské. (Sagen über Vampire in Mitteleuropa.) Návodopisný VěstnikČsl (Prag) 16 (1923), 80—96. 133—149.

4987. Aus dem nordböhmischen Sagenkranze des „wilden Jägers". Warnsdorfer Bote 1923, 79f.

4988. Zíbrt, Čeněk, Šorm, A. u. a., Žižka v lidovém podání česko-slovenském. (Der Feldherr Žižka in der tschechoslovakischen Volksüberlieferung.) Český Lid 24, 242—251. 296 bis 300. 323—327.

4989. Schaeffer, F. A., Die Zwergensagen aus dem Elsaß. Elsaßl 1924, 303—306.

F. Legende.

4990. Klapper, Altschlesische Legenden. (Vortragsreferat). MschlVk 25, 173f.

4991. Balladoro, A., Tradizioni divote del Veronese. Ethnos 2, 17f.
Le campane che suonano da sè stesse. L' apparizione della Madonna. Le coppe della Bassanella.

4992. Calmann, Lia, Altrussische Heiligenlegenden. München-Berlin 1922.
Rez. ZfVk 33/34, 43f. (A. Löwis of Menar); MschlVk 25, 152 (-e-).

4993. Teodorov-Balan, A., Към тъй наречените панонски жития. (Zum Text der sogenannten pannonischen Legenden.) Годишник на Софийския унив., Ист.-фил. фак., 19 (1923), 1—31.
Rez. Slavia (Prag) 3 (1924), 141—144 (Fr. Pastrnek).

4994. Sědeljnikov, A., Древняя кіевская легенда объ апостолѣ Андреѣ. (Die Alt-Kiewer Legende vom Apostel Andreas.) Slavia (Prag) 3 (1924), 316—335.

4995. Eberle, M., Die Bacqueville-Legende. Bern 1917.
Rez. AnSpr 145 (1923), 124—127 (W. Suchier).

4996. Günter, Heinrich, Buddha in der abendländischen Legende? Leipzig 1922. 305 S. 8°.
Angez. ZfVk 33/34, 120 (J. B[olte]).
Rez. GöttAnz 186 (1924), 172ff. (R. Fick).

4997. Saintyves, L'origine de la tête de Saint-Christophe. RAnthr 34, 376—383.

4998. Eitrem, S., Die Versuchung Christi. Mit Nachwort v. A. Fridrichsen. Oslo, Gröndahl, 1924. 37 S. 8°.
Über die Versuchungsmotive und parallele Wundertaten.

4999. Chrobok, L., Wie des Schmiedes Töchterlein an Jesu Wiege Hände bekam. Übertragen. Oberschlesisches Jahrbuch für Heimatgeschichte und Volkskunde 1, 2.

5000. Chrobok, L., Eine Volkslegende (Jesus und das Mädchen). Übertragen. Oberschlesisches Jahrbuch für Heimatgeschichte und Volkskunde 1, 68.

5001. Urban, Michl, Christuslegenden 3. Egerl 27 (1923), 4, Mundart-Beilage (mit besonderer Seitenzählung), S. 1—3.
In Egerländer Mundart. — Parallele nachgewiesen S. 2, Anm.

5002. Colet, A., Une histoire racontée en 1855, à Caggevinne-Assent. FLBrab 3, 168.
Legende von Jesus und Petrus.

5003. Kubitschek, Rudolf, Kreuzlegenden. MOstbGr 12 (1923), 63 f.
„Nach dem Volksmunde des Böhmerwaldes" mitgeteilt.

5004. Hübl, Karl, Eine Legende aus dem Schönhengstgau. Trostbärnla (Mittelwalde) 1924, 45.

5005. Tschinkel, Wilh., Legenden aus Gottschee. Gottscheer Kalender 1922, 29—33.

5006. *Κυριακίδης, Σ. Π., Ἡ λοιδοριά. Λαϊκὴ παράδοσις περὶ τοῦ ξύλου τοῦ σταυροῦ. Λαογρ Ζʹ* (Festschr. Politis, 1923), 266—274.
„Schmachholz": Sage von der Pflanze, die sich dazu hergab, das Holz zu Christi Kreuz zu liefern und nun verwünscht ist.

5007. Oessenich, Maria, Die Elisabethlegende im gereimten Passional. ZfdPh 49, 181—194.

5008. Andrejev, N. P., Die Legende von den zwei Erzsündern V. (FF Communications Nr. 54). Helsinki, Suomalainen Tiedeakatemia, 1924. 136 S. 8°.

5009. Zu St. Gregorius als Bauer. SchwVk 13, 63.

5010. Wrzeciona, B., Das Heer der hl. Hedwig (Oberschlesische Sagen, Sitten ...). Ostdeutsches Familienblatt, Wochenschrift für oberschlesische Heimatkunde 1, 2.

5011. Swienty, P., Das Heer der hl. Hedwig im Schoße der Roßberger Sandberge. Aus dem Beuthener Lande 2, 11.

5012. Mainka, K., St. Hyacinth's Rosengarten. Nach einer Beuthener Sage. Volk und Heimat, Zeitschrift für oberschlesische Heimatkunde, 1, 95.

5013. Kotzias, H., Die Perlen des hl. Hyacinth. Aus dem Beuthener Lande 2, 17f.

5014. Cleerdin, Vincent, De jager en zijn slimme vrow. Brabantsche St. Hubertussage (omstreeks 1700). Ons Eigen Tijdschrift (hrsg. v. Van Houten, Weesp, Holland) 1924, 16—19.

5015. Fischer, Adam, Święci myśliwi. (Die heiligen Jäger.) Przegląd myśliwski 1923 (Warschau).
Betr. die Entwicklung der Legenden vom hl. Hubertus und Eustachius.

5016. Greßmann, H., Ursprung und Bedeutung der Joseph-Sage. Eucharisterion, H. Gunkel dargebracht (Göttingen 1923), 1—55.
Angez. ZfVk 33/34, 160 (J. B[olte]).

5017. Chrobok, L., Zwei Legenden von Judas dreißigstem Silberling. Aufgezeichnet in Miechowitz. Aus dem Beuthener Lande 1, 54f.

5018. Baum, P. F., Judas' Sunday Rest. MLRev 18, 168—182.
J. sei vorübergehend von Höllenqualen befreit.

5019. Schwach, Konrad, Die heilige Kummernus. BllHk 2, 3—6. 20—23. 47f. 50—57.

5020. Krohn, Kaarle, Das Lazarusthema in der finnisch-estnischen Volksdichtung. Mémoires de la Société Finno-Ougrienne 52, 116—143.

5021. Ilori, Ezio, La leggenda di Marfisa d' Este. Emporium 57 (1923), 290—302.

5022. Schröder, Edward, Die deutsche Marienlegende vom Bischof Bonus. GöttN 1924, 1—12.

5023. Schlosser, Paul, Die Marienlegende von Hausampacher. BlHmtkSteierm 2, Nr. 7/8, 60f.

5024. Campanus, La leggenda epifanistica della Vergine. RCamp 3, 11f.

5025. One Hundred and Ten Miracles of Our Lady Mary. Translated from Ethiopic Manuscripts. London, The Medici Society, 1923. 30 s.

5026. Mire, J., Contes du Martin Pêcheur. Toulouse, Bibliothèque Occitana, 1924. 193 S. 8°.

5027. Speranskij, Meždunarodnyj stranstvujuščij sjužet w skazanii o čude svjatit. Nikolaja. (Ein internationales Wandermotiv in der Legende von einem Wunder des hl. Nikolaus). Izv. Otdel. russk. jaz. i slov. Ross. Akad. Nauk 26 (1921), 124—142.

5028. Kotnik, F., Slovenska legenda o sv. Ožbaldu. ČZN 19 (1924), 9—19.
Die Oswald-Legende bei den Slovenen geht auf deutsche Spielmannslieder zurück.

5029. Lehmann-Hartleben, K., Bellerophon und der Reiterheilige. RömMitt 38/39 (1923/24), 264—280.

5030. Baum, L. H., Remigius und das Remigiusland. Sondernummer des Heimatblattes, hrsg. vom Verein für Heimatkunde des Remigiuslandes. Kusel, Müller [J.?]. 47 S.
Angez. PfälzMus 41 (20), 185 (Häberle).

5031. Müller, Ernst, Soharlegenden. Menorah 2, 5f.

5032. Azadovskij, M. K., Legenda o Ščapove. (Die Legende von Schtschapow). Sibirskaja Živaja Starina (hrsg. v. d. Ost-Sibir. Abt. d. Russ. Geogr. Ges. Irkutsk) 1 (1923), 59—71.

5033. Reitzenstein, R., Die griechische Tefnutlegende. SitzbHeidAk 14 (1923), 2. Heft. 31 S.

5034. Larsen, H., Wudga: a study in the Theodoric Legends. PhilolQ (Iowa City) 1 (1923), 128—136.

5035. Zibermayr, Ignaz, Die St. Wolfganglegende in ihrem Entstehen und Einflusse auf die österreichische Kunst. (Mit 3 Bildertafeln.) Linz, Oberösterreichischer Musealverein, 1924. 96 S.

5036. 10 000 Ritter. Anfrage von E. St.; Antwort von E. H[offmann]-K[rayer]. SchwVk 14, 48.

5037. Balladoro, A., S. Zeno nella tradizione orale veronese. Verona 1924.

5038. Vetter, Ferdinand, Schweizerische Reformationslegenden. ZschweizGesch 3, 1— 105.
Zwingli's Herz verbrennt nicht.

5039. Čižmář, J., Prečo má obilie krátké klasy? (Weshalb das Getreide kurze Ähren hat). Český Lid 24, 20.
Slovakische Legende.

5040. Porfiridov, N. G., Legenda gruzinskoj kolokoljni. (Legende vom Grusinischen Glockenturm). Nowgorod, Verl. d. Ges. d. Altertumsforscher, 1923. 7 S. 16⁰.

5041. Chrobok, L., Warum die Schwalben beim Nestbau Kot verwenden. Aufgezeichnet in Miechowitz. Aus dem Beuthener Lande 1, 53.

G. Märchen, Sagen, Mythen, Erzählungen aussereuropäischer Völker.

1. Asien.

5042. Menzel, Theodor, Türkische Märchen 1—2. (Beiträge zur Märchenkunde des Morgenlandes, hrsg. von G. Jacob und Th. Menzel 2—3). Hannover, Heinz Lafaire, 1923/24. XV, 198; V, 158 S. je M. 4.—.
Angez. ZfVk 33/34, 169 (J. B[olte]); ARw 22 (1923/24), 340 (Weinreich).

5043. Billur Köschk. (Der Kristall - Kiosk). 14 türkische Märchen, übers. v. Theodor Menzel. Hannover, Heinz Lafaire, 1924. XII, 198 S. 8⁰. M. 5.—.
Rez. Anthr 18/19, 1103 (O. Spies).

5044. Nasr-ed-Din Khoja, Tales. Translated from the Turkish Text by Henry D. Barnham. London, Nisbet, 1923. 7 s. 6 d.

5045. Spies, Otto, Esman und Zejdschan. Ein türkischer Volksroman aus Kleinasien. Anthr 18/19, 804—818.

5047. Bedr-Chan, A., Der Jäger und die Fee. Ein kurdisches Volkslied und seine Sage. Sammler 93 (1924), Nr. 65 v. 5. Juni, S. 1f.

Juden. — 5048. Gaster, M., The exempla of the Rabbis. Leipzig and London 1924. XLVIII, 314, 208 S. £ 2. 2 s.
Angez. ZfVk 33/34, 158f. (J. B[olte]).
Rez. FL 35, 384 – 387 (W. R. Halliday).

5049. Gorion, M. J bin (Berdyczewski), Der Born Judas. Bd. 6: Kabbalistische Geschichten. Leipzig, Insel-Verlag [1923]. 343 S.
Angez. ZfVk 33/34, 47f. (J. B[olte]).

5050. Schmidt, Hans, und Kahle, Paul, Volkserzählungen aus Palästina (Forschungen z. Relig. u. Lit. d. Alten und Neuen Testaments 17). Göttingen 1918. 96 und 303 S.
Rez. GöttAnz 186 (1924), 57ff. (H. Duensing).

5051. Tendances et idées dans les contes hébreux. Revue des études juives 77, 97—126.

5052. Clay, A.-T., A Hebrew Deluge Story in cuneiform, and other epic fragments in the Pierpont Morgan Library. New Haven 1922. 86 S., 7 Tafeln. 4°.
Angez. Syria 4 (1923), 174f. (G. Contenau).

5053. [Mors, Hella], Arabische Märchen. M.-Gladbach [1920].
Angez. ZfVk 33/34, 55 (J. B[olte]).

5054. Littmann, E., Tausendundeine Nacht in der arabischen Literatur. Tübingen, J. C. B. Mohr, 1923. 37 S. 8°. Fr. 1.50.

5055. Paret, Rudi, Sīrat Saif ibn Dhī Jazan. Ein arabischer Volksroman. Hannover, Heinz Lafaire, 1924. 120 S. gr. 8°. M. 4.50.
Aus der gedrängten, aber alles Wesentliche enthaltenden Inhaltsangabe des Romans ergeben sich wertvolle Quellen für die vergleichende Märchen- und Volkskunde.

5056. The Table Talk of a Mesopotamian Judge. Translated from the original Arabic by D. S. Margoliouth. London, Royal Asiatic Society, 1923?

5057. Basset, René, Contes et légendes arabes. REthn 4, 41f. 201f. 277—279; 5, 83—91.

5058. Hoonacker, A. van, De Toren van Babel en de verwarring der Talen. VerslVlaamAc 1923, 128—139.

5059. Levy, Reuben, The three dervishes and other Persian tales. Oxford, Univ. Press.
Angez. NQ 146, 92. Enthält einige bisher noch unübersetzte Erzählungen.

5060. Zacharko, E. de, Contes du Turkistan. Muséon (Louvain) 36 (1923), 101—120. 297—312.

5061. Jungbauer, Gustav, Märchen aus Turkestan und Tibet. Jena, Diederichs, 1923. 319 S. 8°.
(Nicht geliefert).
Angez. ARw 22 (1923/24), 339 (Weinreich); ZfVk 33/34, 121 (J. B[olte]).

5062. Grierson, G. A., Hatim's Tales. Kashmiri stories and songs. London, Murray. LXXXVI, 527 S. gr. 8°. Sh. 30.—.

5063. Leitner, Maria, Tibetanische Märchen. Berlin, Axel Juncker, (1923). 225 S. M. 4.—.
Angez. ZfVk 33/34, 168 (J. B[olte]).

5064. Edgerton, Franklin, The Panchatantra reconstructed. 2 vols. New Haven, American Oriental Society, 1924. X, 406; XIX, 409. 8°.
Rez. FL 35, 396—399 (H. A. Rose).

5065. Somadeva, Ocean of Story. Being the Late C. H. Tawney's translation of Somadeva's Kathā Sarit Sāgara. Now edited with introduction, fresh explanatory notes and terminal essay by N. M. Penzer. In 10 volumes. London, Chas. J. Sawyer Ltd., 12 Grafton Str., 1924. Bd. £ 2, 2 s.
Rez. FL 35, 399—406 (W. R. Halliday).

5066. Hertel, J., Zwei indische Narrenbücher: die 32 Bharataka-Geschichten und Sômadêvas Narrengeschichten. Leipzig 1922.
Angez. ZfVk 33/34, 49 (J. B[olte]); LitZbl 74 (1923), 416.

5067. Hertel, J., Indische Märchenromane I. Leipzig 1922.
Angez. ZfVk 33/34, 50 (J. B[olte]).

5068. Hertel, J., 92 Anekdoten und Schwänke aus dem modernen Indien. Leipzig, Haessel, 1922. 93 S. 8°.
Angez. ZfVk 33/34, 50 (J. B[olte]).
Rez. LitZbl 74 (1923), 515.

5069. Krause, Charlotte, Indische Novellen I: Prinz Aghata. Die Abenteuer Ambadas verdeutscht. Leipzig 1922.
Angez. ZfVk 33/34, 52 (J. B[olte]).
Rez. MschlVk 25, 149.

5070. Hertel, J., Pantschâkhyâna-Warttika. Eine Sammlung volkstümlicher Märchen und Schwänke, vollständig verdeutscht. (Indische Erzähler Bd. 6). Leipzig, H. Haessel, 1923. XVI, 209 S.
Angez. ZfVk 33/34, 125 f. (J. B[olte]).

5071. Hultzsch, E., The Story of Jivandhara. Quarterly Journal of the Mythic Society 12, 317—348.
Eine der beliebten Legenden der Jainas, ins Deutsche übertragen.

5072. Charpentier, Jarl, Die Suparṇasage. Untersuchungen zur altindischen Literatur- und Sagengeschichte. Uppsala und Leipzig 1920. 309 S. 4°. 20 Kr.
Rez. GöttAnz 186 (1924), 65 ff. 87 ff. (v. Negelein).

5073. Zachariae, Theodor, Niccolao Manucci als Geschichtenerzähler. ZfVk 33/34, 69—81.
In seiner „Storia do Nogor“ benutzt Manucci, der von 1656 bis etwa 1717 in Indien gelebt hatte, indische und persische Stoffe. — Deutsche Wiedergabe einer Anzahl dieser Erzählungen.

5074. Studies in honor of Maurice Bloomfield, by a group of his pupils. New Haven 1920. XXXI, 312 S. 8°.
Darin: 3 Arbeiten über indische Märchenmotive von W. N. Brown, R. Norton und E. W. Burlingname.
Rez. GöttAnz. 185 (1923), 141 ff. (Fick).

5075. Werner, E. T. Ch., Myths and Legends of China. London, G. G. Harrap, 1923. 454 S. 25 s.

5076. Nippgen, Jos., Les contes de Siddhi-Kür. REthn 4, 43—46.

5077. Pinkowski, K., Korea muinasjutud. (Koreanische Märchen). Tallinn 1918.
Rez. JEstPhG (1919), 53—59 (W. Anderson).

5078. Degeorge, J. B., Légendes des Fay, Annam (Suite). Anthr 16/17, 633—656.

5079. Hambruch, P., Malaiische Märchen. Jena 1922.
Angez. SAVk 24, 204 (S[peise]r).
Rez. Ethnographia 33, 109 (—ss.).

5080. Divajev, A. A., Iz kirgizskich skazok Syr-Darjinskoj oblasti. (Aus der kirgisischen Märchenwelt im Gebiet von Syr-Darja). Sbornik Turkestanskogo Vostočnogo Instit. (Sammelband des Turkestanischen Orient. Instituts Taschkent) 2 (1923), 41—45.
Zwei kirgisische Märchen.

5082. Anderson, Walter, Nordasiatische Flutsagen. (Acta et Commentationes Universitatis Dorpatensis B IV, 3). Dorpat 1923. 44 S. 8° (mit 1 Karte).
Rez. ZfVk 33/34, 116 (J. B[olte]).

5083. Findeisen, Hans, Der kluge und der dumme Bruder. Ein ostjakisches Märchen. (Aus: „Freudenthaler Ztg." (tschech. Schlesien). G. A. I, 9). O. O. 1925. gr. 2°.
Angez. ZfEthn 56 (1924), 163.

2. Afrika.

5085. Junod, Henri A., La génèse des contes africains: ou comme quoi les noirs inventent des contes sans le savoir. FL 35, 324—345.

5086. Frobenius, L., Volksmärchen der Kabylen. (Atlantis, Bd. 1: Weisheit. Bd. 3: Das Fabelhafte). Jena, Diederichs, 1921.
Angez. ARw 22 (1923/24), 192 (Meinhof).

5087. Frobenius, L., Volksmärchen der Kabylen (Atlantis, Bd. 2): Das Ungeheuerliche. Jena 1922.
Angez. ZfVk 33/34, 46 (J. B[olte]).

5088. Frobenius, L., Märchen aus Kordofan (Atlantis, Bd. 4). Jena, Diederichs, 1923. 309 S. M. 6.—.
Angez. ZfVk 33/34, 157 (J. B[olte]).

5089. Frobenius, L., Spielmannsgeschichten der Sahel. (Atlantis, Bd. 6). Jena 1921.
Angez. ZfVk 33/34, 46 f. (J. B[olte]); Ethnographia 33, 109.

5090. Frobenius, L., Dämonen im Sudan. Allerhand religiöse Verdichtungen. (Atlantis, Bd. 7). Jena, Diederichs, 1924. 373 S.
Angez. ZfVk 33/34, 157 f. (J. B[olte]).

5091. Frobenius, L., Erzählungen aus dem West-Sudan. (Atlantis, Bd. 8). Jena 1922.
Angez. ZfVk 33/34, 47 (J. B[olte]).

5092. Frobenius, L., Volksdichtungen aus Oberguinea 1: Fabuleien dreier Völker. (Atlantis, Bd. 11). Jena, Diederichs, 1924. 356 S.
Angez. ZfVk 33/34, 157 f. (J. B[olte]).

5093. Meinhof, C., Afrikanische Märchen. Jena 1921.
Angez. ARw 22 (1923/24), 179 (Meinhof).

5094. Gelber, A., Negermärchen. Wien 1923. 8⁰.

5095. Gehr, Chr., Duala-Märchen (Kamerun). Ztschr. f. Kolonialspr. Bd. 7.
Angez. ARw 22 (1923/24), 188 (Meinhof).

5096. Meinhof, C., Märchen und Gesänge der Dzalamo (Ostafrika). Ztschr. f. Eingeborenenspr. Bd. 11.
Angez. ARw 22 (1923/24), 185 (Meinhof).

5097. Toso, V., Ewe-Märchen (Afrika). Ztschr. f. Kolonialspr. Bd. 7.
Angez. ARw 22 (1923/24), 190 (Meinhof).

5098. Aubert, Légendes historiques et traditions orales recueillies dans la Haute-Gambie. Bulletin du Comité d'études historiques et scientifiques de l'Afrique Orientale Française 1923, 384—428.

5099. Baumann, Chr., Fabeln und Märchen der Hottentotten. Ztschr. f. Kolonialspr. Bd. 6.
Angez. ARw 22 (1923/24), 194 (Meinhof).

5100. Schaar, W., Fabeln und Märchen der Hottentotten. Ztschr. f. Kolonialspr. Bd. 8.
Angez. ARw 22 (1923/24), 194 (Meinhof).

5101. Bachmann, T., Märchen der Nyiha (Nyassaland, Afrika). Ztschr. f. Kolonialspr. Bd. 6.
Angez. ARw 22 (1923/24), 185 (Meinhof).

5102. Hoffmann C., Sothomärchen (Transvaal). Ztschr. f. Kolonialspr. Bd. 6.
Angez. ARw 22 (1923/24), 187 (Meinhof).

5103. Augustiny, Julius, Sukuma-Texte. Ztschr. f. Eingeborenenspr. 14, 1—43.
Muansa in Ostafrika. Märchen. Rätsel.

5104. Gutmann, B., Volksbuch der Wadschagga. Leipzig, Ev.-luth. Mission. 1914.
„Eine Fundgrube für den Märchen- und Mythenforscher."
Angez. ARw 22 (1923/24), 182 (Meinhof).

5105. Bender, C. J., Die Volksdichtung der Wakweli (Kamerun). Berlin, Reimer, 1922. 122 S.
Angez. ARw 22 (1923/24), 189 (Meinhof).

5106. Sieber, J.. Märchen und Fabeln der Wute (Afrika). Ztschr. f. Eingeborenenspr. Bd. 12.
Angez. ARw 22 (1923/24), 191 (Meinhof).

3. Nordamerika.

5107. DeHuff, Elizabeth, W., Taytay's Tales. Folklore of the Pueblo Indians. London, Harrap, 1923. 7 s. 6 d.

5108. Dobie, J. Frank, Legends of Texas (Publications of the Texas Folk-Lore Society III). Publ. by the Texas Folk-Lore Society. Austin, Univers. of Texas Press, 1924. X und 279 S. $ 2.50.

5109. Swanton, John R., Tlingit Myths and Texts. Smithsonian Inst., Bureau of American Ethnol. Bull. Jg. VII. Washington 1909. 451 S. 8°.
Angez. ARw 22 (1923/24), 286 (Preuss).

5110. *Φουτριδος, Α. Ε., Ἡ ἰδέα τοῦ σπόρου στὴ μυθολογία τῶν Ζούνων. Λαογρ Ζ'* (Festschr. Politis, 1923), 229—242.
Mythen der Zuñi-Indianer.

4. Mittel- und Südamerika.

5111. Zas, E., Los mitos precolombinos y Bonilla y San Martin. Cuba Contemporánea (Habana) 24 (1924), 211—240.

5112. Nordenskiöld, Erland, Traumsagen aus den Anden. Stuttgart 1922.
Angez. ZfVk 33/34, 125 (A. v. Löwis of Menar).

5113. Laval, R. A., Contes populaires du Chili. REthn 4, 69—79. 203—210. 280—282.

5114. Coll y Toste, C., Leyendas puertoriqueñas. San Juan (Puerto Rico), Edit. Puerto Rico Illustrado, 1924. 182 S. 8°.

5115. Salaverri, V. A., Cuentos del Rio de la Plata. (Colección Bangert 4). Hamburg, W. Bangert, 1923. 79 S. 8°.

5116. Itkonen, T. J., D. E. D. Europaeuksen kuolanlappalainen sana- ja satukeräelmä. Suomi 5. Folge 2, 128—138.
Die Wort- und Märchensammlung von D. E. D. Europaeus aus Kola-Lappland.

5117. Qvigstad, J., Lappische Erzählungen aus Hatfjelldalen. Kristiania Etnogr. Mus. Skrifter (Kristiania) I, 4 (1924). S. 253—325. 4°.
28 Märchen mit Urtext.

5. Ozeanien.

5118. Hambruch, Paul, Südseemärchen aus Australien, Neu-Guinea, Fidji, Karolinen, Samoa, Tonga, Hawai, Neu-Seeland u. a. (Die Märchen der Weltliteratur). Jena, E. Diederichs (1923). 6 Buchleisten, 5 Textbilder, 25 Initialen und 16 Tafeln.
Rez. ZfEthn 55 (1923), 105 (v. Luschan).

5119. Collocott, E. E., Tongan Myths and Legends IV. FL 35, 372—378.

6. Polarvölker.

5120. Jenness, D., Myths and traditions from Northern Alaska, the Mackenzie Delta and Coronation Gulf. Report of the Canadian Arctic Expedition 1913—1918. Vol. 13. Eskimo Folk-Lore. P. A.-Southern Party 1913—1916. Ottawa, F. A. Acland, 1924. 90 S. 8°.

XIX. Volksschauspiel.

5121. Bolte, J., [Deutsches] Volksschauspiel [Bibliographie]. Jsb. 42 (für 1920). Berlin, Ges. f. dt. Phil., 1923, 2, 67; Jsb. 43 (für 1921). Berlin, Walter de Gruyter, 1924. S. 104; Jsb. 44 (für 1922). Ebda. 1924. S. 73—76.

5122. Reuschel, K., Das deutsche Volksschauspiel. (Deutsche Schulausgaben 194). Bielefeld, Velhagen, 1922. VI, 134 S.

5123. Fischer, Karl Wilhelm, Die deutsche Literatur in Nordostböhmen. DV (Sonderheft) 1924, 25—41.

5124. Amanshauser, Helmut, Mysterienspiele für die Liebhaberbühne eingerichtet. (Deutsche Hausbücherei Bd. 89). Wien, Österr. Bundesverl., 1923. 65 mit 18 S. Musikbeilage. 8⁰. 0.45 Schill.
Rez. WZfVk 29, 43f. (Raimund Zoder).

5125. Depiny, A., Alte Spiele. Hmtg 5, 160f.

5126. Graber, Georg, Kärntner Volksschauspiele. 1. Weihnachtsspiel. 2. Das Kärntner Paradeisspiel. Kärntner Jedermann. (Deutsche Hausbücherei Bd. 68 und 73). Wien, Österr. Bundesverl. 1922. 53 und 65 S. 3. Das Kärntner Spiel vom Leiden und Sterben Christi. (Deutsche Hausbücherei Bd. 82). Wien, Schulbücherverl. 1923. 134 S. 8⁰. 0,70 Schill.
Rez. WZfVk 29, 43ff. (Raimund Zoder).

5127. Krauß, Anton, Die Laienbühne des Egerlandes im Jahre 1923. Egerl 28, 27—29.

5128. Krischke, Maria, Paradiesspiele. Kuhländchen (Neutitschein) 5, 145—150.

5129. Baravalle, Robert, Die geistlichen Spiele zu Maria-Rast. BllHK 1, Nr. 9/10, 1—5.
Schuldrama des Raster Gymnasiums.

5130. Poodt, Dr., Le charlatan de places publiques. FLBrab 3, 182—186.

5131. (Frank, Christian), Orts-Mundart und Schauspiel. DG 24 (1923), 18.

5132. Schumann, O., Vom Künzelsauer Fronleichnamsspiel (1479). FränkHmt 2 (1923), 170—173.

5133. Haller, Edmund, Der Kremsmünsterer Lazarus (1752). Ein Spiel vom Tode. Hmtg 4, 77—81; 270—272.

5134. Peinkofer, Max, Das Wadlerspiel vom heiligen Nikolaus. Ein Heimatspiel in einem Aufzug. MOstbGr 13 (1924), 195—211.
Mit einem „Wortweiser" S. 211.

5135. Feldigl, F., Denkmäler der Oberammergauer Passionsliteratur. Oberammergau 1922.
Rez. ZfVk 33/34, 45f. (J. B[olte]).

5136. Flemming, Willy, Oberammergau und die seelischen Grundlagen des geistlichen Volksschauspiels. NJbb 51 (1923), 40—49.

5137. G. H., Das Ende der Verdener Passionsspiele. Nds 29, 60 f.

5138. Noggler, Josef, Ein Passionsspiel aus dem Jahre 1746. Schlern 6, 124—127.

5139. Schmidt, Valentin, Das Passionsspiel von Höritz im Böhmerwalde. MOstbGr 12 (1923), 104 f.

5140. Tahedl, W., Das Höritzer Passionsspiel. Wäldler Kalender (Staab) 1923, 79—81.
Beitrag zur Textgeschichte.

5041. Über das Luzerner Spiel von Christi Tod und Grablegung. Geschichtsfreund (Stans in der Schweiz) 78, 337—339.
Bericht über eine hs. Marburger Dissertation von Erika Mundt über Gundelfingers Spiel (Mone, Schauspiele des Mittelalters II, 119 ff.).

5142. Kotnik, F., Pasionska igra iz Železne Kaple. ČZN 19 (1924), 101—108.
Vorläufiger Bericht über ein hs. (1816) Passionsspiel aus Eisenkappel, das auf deutsche Spiele in Kärnten zurückgeht.

5143. Klapper, Jos., Der Ursprung der lateinischen Osterfeiern. ZfdPh 50, 48—58.

5144. Rotter, Fritz, Zwei Adventsspiele. I. Wermsdorfer Adventsspiel. Nach mündlicher Überlieferung des Ignaz Jačkworth (Wittersdorf). II. Frankstädter Adventsspiel. Nach dem im Besitz der Frau Rosa Groer in Frankstadt befindl. Manuskript des Karl Franz und der Katharine Axmann, Frankstadt Nr. 53. Aufgefunden und mitgeteilt von F. R. MschlVk 24, 127—138; 25, 106—120.

5145. Herrmann, Hugo, Zu den Adventsspielen im östl. und nördl. Böhmen. Heimatbildung (Reichenberg i. Bö.) 4, 102 bis 105.

5146. Mareck, Rudolf, Alte Weihnachtsspiele und neue Christmettenspiele. Zeitschr. f. Kirchenmusiker 6, Nr. 8 ff.

5147. Das Weihnachtsspiel zu Lübeck. Nds 29, Weihnachtssonderheft 34 f.

5148. Perlick, A., Ein Christgeburtspiel. In Rokittnitz aufgezeichnet. Mit Abb. und Melodie. Der Oberschlesier, Organ des oberschlesischen Kulturverbandes 6, 492—496.

5149. Kulka, Rich., Ein schlesisches Weihnachtsspiel. WZfVk 28, 4—9.

5150. Ein Weihnachtsspiel aus der Gegend von Wagstadt. Kuhländchen (Neutitschein) 5, 136—139.

5151. Das Hillechristspiel zu Sieber am Harz. Nds 29, Weihnachtssonderheft 33 f.

5152. Mahl, Hans, Das Leisacher Hirtenspiel. OsttirHmtbl 1, Nr. 19.

5153. Das Ischler Weihnachtsspiel. Hmtg 5, 165—184.
Text mit Einleitung von Rupert Raab.

5154. Prochaska, Heinr., Das alte Ischler Weihnachtsspiel. WZfVk 28, 75 f.

5155. Menhardt, Hermann, Ein Klagenfurter Weihnachtsspiel vom Jahre 1617. Carinthia I, 113 (1923), 51—59.

5156. Mudrak, Anton, Weihnachten der Heimat. Das Zwittauer Hirten- und Dreikönigsspiel. Landskron, Jos. Czerny, 1923.

Puppenspiel. — 5157. Rabe, Joh(anne)s E., Kasper Putschenelle. Historisches über die Handpuppen u. hamburgische Kasperspiele. Mit handkoloriertem Titelbild und 18 Bildern im Text. 2., sehr vermehrte Aufl. Hamburg, Quickborn-Verl., 1924. 339 S. gr. 8°. M. 7.—.
Angez. ZrwVk 20/21, 90 (K. Wehrhan).
Rez. Teuthonista 1, 250 (J. Bolte).

5158. Rabe, Joh. E., Kasper to Hus. Der alten Kasperschwänke dritter Teil, gesammelt und hrsg. (Quickborn-Bücher Bd. 27). Hamburg, Quickborn-Verlag, o. J. 58 S.

5159. Rohden, P. R., Das Puppenspiel (Unser Volkstum, hrsg. von W. Stapel). Hamburg, Hanseatische Verlagsanstalt, 1922. 64 S., 2 Taf. M. 1.20.
Angez. ZfVk 33/34, 58 (J. B[olte]).
Rez. NdZfVk 1, 133 (Ernst Grohne).

5160. Hünnerkopf, Richard, Vom süddeutschen Kasperle. Hmtl 10 (1923), 11 f.
Aufruf zur Sammlung von Berichten über Kasperleaufführungen, von Kasperlewitzen u. dgl.

5161. Haroska, J., Zum Kasperlespiel im Beuthener Lande. Aus dem Beuthener Lande 2, 159f.

5162. Kosmol, P., Kasper einst in Wieschowa. Aus dem Beuthener Lande 2, 70.

5163. Kotzias, H., Kasper, Türke, Tod und Teufel. Oberschlesisches Kasperspiel mit Vorführung in Beuthener Jahrmarktsbuden. Aus dem Beuthener Lande 2, 34f.

5164. Bittner, K., Beiträge zur Geschichte des Volksschauspiels vom Doctor Faust. Reichenberg i. B. 1922.
Angez. ZfVk 33/34, 154 (J. B[olte]).

5165. Simrock, K., Doktor Johannes Faust, Puppenspiel, hergestellt. Nach der Ausg. von 1872 hrsg., eingeleitet und um weitere Puppenspieltexte vermehrt von R. Petsch (Universalbibliothek 6378/79). Leipzig, Reclam, 1923. 140 S. 8°.
Angez. ZfVk 33/34, 130 (J. B[olte]).

Varia. — 5166. Röttger, A., Märchenspiel und Kindertheater. Der Ostwart (Breslau) 1 (1924), Heft 1—3.

5167. Ströter, Maximilian Maria, Aus einem alten rheinischen Ritter- und Narrenspiel. An Rhein und Ruhr 1, Nr. 32, 7. Aug. 1924.

5168. Landau, P., Deutsche Schäferspiele. Faust 1, 9, 30—36.

5169. Šiper, Jicchok, Gešichte fun jidišer teater-kunst un drame, eršter band. (Geschichte der jüdischen Bühnenkunst und des jüdischen Dramas, I. Bd.). Warschau, Kultur-Liga, 1923. 208 S. 8°.
Illustriert.

5170. Lehman, Šmuel, Chane mit Gninen (Volksdrama von Chana und Gnuina, nach 1. Sam. 1). JidFil 1, 192—200.

5171. Peretz, W. N., Старинный театр в России XVII.—XVIII. вв. (Das altrussische Theater im XVII.—XVIII. Jahrh.). Petersburg, Inst. f. Kunstgeschichte, 1923. 180 S.
Rez. Slavia (Prag) 3 (1924), 161—165 (P. Bogatyrew).

5172. Beleckij, A., Starinnyj teatr v Rossii. I. Začatki teatra v narodnom bytu i školjnom obichode južnoj Rusi-Ukrainy. (Das altertümliche Theater in Rußland. I Anfänge des Theaters in Volksleben und Schulsitten von Südrußland-Ukraine). Moskau, Dumnov-Salajev, 1923. 103 S.

5173. Veprinskij, M., Teatr v derevne. (Das Theater im Dorfe). I. Moskau, Krasnaja Novj, 1923. 48 S. (mit Abb.).

5174. Chotkevič, Hnat, Narodnyj i serednewičnyj teatr w Halyčini. (Das volkstümliche und mittelalterliche Theater in Galizien). Istoria halycjkogo teatru I. (Gesch. der galizischen Theaters I). Charkow, Staatsverlag, 1924. 60 S.

5175. Lucerna, Camilla, Das Balladendrama der Südslaven. (Gemeinverständl. Schriften des Slav. Inst. an d. Univ. Leipzig). Leipzig 1923. 32 S.
Rez. Slavia (Prag) 2 (1924), 763f. (F. Wollman); LZbl 24 (1923) 487. Beruht auf Volksliedern.

5176. Malewicz, S., „Betleem" na Białěj Rusi. („Betlehem" in Weißrußland). Lud (Lwów) 22 (1923), 129—136.
Weihnachtliche Marionetten-Darstellungen.

5177. Bogatyrev, Petr, Чешскій кукольный и русскій народный театръ. (Das tschechische Marionetten- und das russische Volkstheater). Berlin-Petrograd, Opojas, 1923.
Rez. Národ. Věstn. Čsl 168f. (J. Horák); Slavia (Prag) 2 (1923), 552—554 (Jindřich Veselý).

5178. Zíbrt, Čeněk, Živé jesličky. (Die lebende Weihnachtskrippe). Český Lid 24, 93—99.
Altertümliche Weihnachtsspiele.

5179. Benetević, Martin, Hvarkinja. Zagreb 1915. 81 S.
Rez. unter dem Titel: Nové objevy v dramatice dalmatsko-dubrovnické. (Neuentdeckte dalmatisch-ragusische Dramen). Slavia (Prag) 2 (1923), 516—524 (F. Wollman).
XVI.—XVII. Jahrhundert.

5180. Karlić, Peter, Ljubovnici. Dubrovačka komedija XVI. vijeka. (Eine ragusische Komödie aus dem 16. Jahrhundert). Dubrovnik, „Jadrau", 1921. 136 S. 4°.
Rez. Slavia (Prag) 2 (1923), 517f. (F. Wollman).

5181. Rešetar, Milan, Stari dubrovački teatar. (Das Alt-Ragusaner Theater). Mit 4 Abb. NStar 2, 97—106.
Vila und Bembelj, Coroje, Turica in Fellmaskentracht.

5182. Um auto dos Reis Magos. Lusa 4, 104—107.

5183. Kuzmickis, Z., Vestuvių drama. (Hochzeitsdramen). Kultūra 1923, 44—57. 102—114.

5184. Eisen, M. J., Jõulukingsepp. Kodu 1 (1920), 219—221.
Der „Weihnachtsschuster", ein estnisches Weihnachtsspiel.

5185. Hérelle, G., Etudes sur le théâtre basque. Les tragi-comédies de Carnaval. RIntEstVasc 14, Nr. 4.

XX. Sonstige Volksliteratur.

5186. Heitz, P., und Ritter, Fr. J., Versuch einer Zusammenstellung der deutschen Volksbücher des 15. und 16. Jahrh. nebst deren späteren Ausgaben und Literatur. Straßburg, 1924. M. 15.—.

5187. Danske Folkebøger fra 16. og 17. Aarhundrede. Udg. af J. Jacobsen, J. Olrik og R. Paulli. IX. København, Gyldendal, 1923. 358 S. 8°.

5188. Schlesisch-Mährischer Volkskalender für Haus und Landwirtschaft. 33. Jg. 1923. Geleitet von Erwin Weiser. Freudenthal (1922). 143 S.
Angez. ZfVk 33/34, 58f. (H. Findeisen).

5189. Dukat, Vladoje, Iz povjesti hrvatskoga kalendara. (Zur Geschichte des kroatischen Kalenders). NStar 1, 15—38.
Entstehung des Laienkalenders in kroatischer Sprache seit dem 16. Jahrhundert.

5190. D(epin)y, Abraham und Isaak. Hmtg 5, 260—262.
Dialog zwischen Abraham und Isaak. Aus einem geschriebenen Liederbuch „Catholisches Gesangbüchel" von 1823 aus einem Bauernhof der Welser Gegend.

5191. Schnack, E., Bindebrief aus Angeln. HmtK 33, 116.

5192. Heinz, Georg, Einschmeißbriefe. Volkskundliches aus dem Bernecker Bezirk. FränkHmt 2, 114.
Briefe, die bei Taufe und Hochzeit den Gevatterleuten bzw. dem Bräutigam in den Hut geworfen werden.

5193. Lehmann, Paul, Die Parodie im Mittelalter. München 1922.
Angez. ZfVk 33/34, 167f. (J. B[olte]).
Rez. MschlVk 25, 150f. (Siebs).

5194. Lehmann, Paul, Parodistische Texte. Beispiele zur latein. Parodie im Mittelalter. München (1922?).
Rez. MschlVk 25, 150f. (Siebs).

5195. Stammler, Wolfgang, Die Totentänze des Mittelalters. München, Horst Stobbe, 1922.
Angez. AntiquitRundsch 21 (1923), 235f.
Rez. NdZfV 2, 188—191 (G. Rosenhagen).

XXI. Rede des Volkes.

A. Allgemeines und Vermischtes (aus B—H).

5196. Benninghoff, Ludwig, Das freudige Herz. Heiteres und Nachdenkliches in Lied und Rede für Wandersleute jeglicher Art. Hamburg, Hanseat. Verlagsanstalt, 1924. M. 3.50.
Angez. HmtK 34, 275 (H. Petersen).

5197. Biersack, Franz Joh., Aus dem Volksmund. (Oberpfälzische Mundart). Der Heimgarten, Wochenschr. der Bayer. Staatsztg. 2, Nr. 42, 17. Okt. 1924.

5198. Wallrauch, Kinderrätsel, Spiel- und Neckverse aus dem Hohenlohischen. Mitgeteilt. SchwäbHmtkal 1925, 71.

5199. Beuer, F. M., Mundart. Landläufige Sprüche und Redensarten. Mitt. d. Ver. f. Hmtkde des Jeschken-Isergaues (Reichenberg) 17 (1923).

5200. Wäldler-Sprüche und Redensarten. Mitt. d. Ver. f. Vk. u. Volksbild. im Böhmerwalde über das 1. Vereinsjahr 1922. Staab 1923.

5201. Iulia, Antonio, Folklore di Acri. Ethnos (Napoli) 2, Nr. 2—3, S. 27.
Vermischte Reime und Redensarten.

B. Rätsel.

5202. Bolte, Joh., Rätsel und Volkswitz. Jsb. 42 (für 1920) 69; 43 (für 1921), 83; 44 (für 1922), 79.

5203. Tobiasch, K., Das deutsche Volksrätsel. Heimatbildung 4, 249—252.
Überblick und Aufruf zur Sammlung.

5204. Metscher, Gustav, Das Rätsel, seine Verwendung und Behandlung im Unterricht (Fr. Manns Pädagog. Magazin Heft 930). Langensalza, H. Beyer & Söhne, 1923. 16 S. 8⁰.

5205. Bolte, Johannes, Der Mann mit der Ziege, dem Wolf und dem Kohlkopf. ZfVk 33/34, 38 f.
Verbreitung des Rätsels von dem Mann, der einen Wolf, eine Ziege und einen Kohlkopf über einen Fluß führen soll, ohne daß der Wolf die Ziege und die Ziege den Kohl frißt.

5206. Wendel, Georg, Das Handwerk im Rätsel. Der Waldbrunnen (Leitmeritz) 1924, Nr. 10.

5207. Schmidt, Arno, 100 alte und neue Volksrätsel aus Westpreußen. Heimatblätter d. dt. Heimatbundes Danzig 1924, Heft 1. 31 S. 8⁰.

5208. Freytag, R., Ein Rebus aus dem Jahre 1637 (Krönung Ferdinands III.). Bayerl 35, 482.

5209. Meyer, Theodor, Abzählrätsel. HmtK 33, 257.

5210. Lorenzen, H., Plattdeutsche Rätsel (aus der Probstei). HmtK 34, 226.

5211. Pein, W., Plattdeutsche Rätsel. HmtK 33, 161 f.

5212. Perlick, Alfons, Scherzfragen nach dem Unterschied. Volk und Heimat (Hindenburg OS) 1924, 43.

5213. Ein paar Volksrätsel aus Westböhmen. Die Wünschelrute (Reichenberg i. Bö.) 1924, 48.

5214. Wichtrei, Franz, Eine Handvoll Rätsel. Jb. und Kalender für Türmitz und seine Nachbarschaft (Außig) 1924, 107 f.

5215. Bauernrätsel aus West- und Ostböhmen. BundesK (Prag) 1924, 92.

5216. Einige Volksrätsel aus Deutsch-Liebau in Nordmähren. Der Heimatschulmeister 5, 1, Beil. d. Heimatbildung (Reichenberg i. Bö.) 1924, Nr. 2.

5217. Äst zem eroden. Neuer Volkskalender für Stadt und Land (Hermannstadt) 1923, 158 f.
In siebenbürgischer Mundart.

5218. Bezdek, Josef, Volksrätsel aus dem Schönhengstgau. Heimatbildung (Reichenberg i. Bö.) 5, 94 f.

5219. Obergföll, Josef, Gottscheer Volksrätsel. Gottscheer Kalender 1922, 42—44.

5221. Buset, R., Gåtor (Rätsel). Sunnmör historiske lag (Ålesund) 1923/24, 56—65.

5222. Vassdal, K., og Riksheim, V., Gåtor. Håløygminne (Svorkmo) 5 (1924), Heft 3—4, S. 16—30.

5223. Wikman, K., Österbottniska gåtor (Rätsel). Budk 3, 38—46.

5224. Th[orđarson], M., Gömul gáta. Arbók hins ísl. fornleifafjelags 1924, 78.

5225. R. E., Några gåtor. Västerbotten 1923, 197.

5226. Lombardi-Satriani, Raff., Indovinelli calabresi. FLCal 9, 71—74.

5227. Amŕgdalia, Passatempi carnevaleschi. Sic 7, 35 f.
Rätsel.

5828. Flajšhans, Václav, Nejstaŕsí hádanka česká z r. 1366 (Das älteste böhmische Volksrätsel vom Jahre 1366). Český Lid 24, 50 f.

5229. Václavek, Matauš, Hádanky a škádlivky lidu valašského. (Rätselsprüche und Neckscherze des Mährischen Volkes). Český Lid 24, 67.

5230. Jurgelionis, Kleofas, Mįslių knyga. Lietuvių mįslių rinkinys. (Rätselbuch. Litauische Rätselsammlung). Chicago (Illinois), 1739 South Halsted Street, 1922? XIV, 162 S. 8°.
Mehr als 1000 Rätsel.

5231. Būga, K., Seinų parapijos dzūkų mąslės. (Dzukische Rätsel aus der Pfarrei Seinai). TiŽ 1, 315 f.

5232. Paulaharju, S., Kun Kittilässä pautim hyymälään. Kalevalas. vuosik. 4, 185—192.

Rätsel und Rätselraten in einem alten nordfinn. Dorf (Kittilä).

5233. Pavolini, P. E., Indovinelli finnici. NQuad 1, 177 bis 182.

Gli indovinelli sono tradotti in italiano.

C. Sprichwort und Redensart.

1. Allgemeines und Texte.

5234. Bolte, Joh., Spruch und Sprichwort. Jsb. 42 (für 1920), 67—69; 43 (für 1921), 81—83; 44 (für 1922), 76—78.

5235. Böcklen, Ad., Sprichwörter, Proverbs, Proverbes, Proverbi, Proverbios. Stuttgart, Fr. Frommann, 1924. 180 S. 8⁰. M. 3.—.

5236. Seiler, Fr., Die Entwicklung der deutschen Kultur im Spiegel des deutschen Lehnworts. 5. Teil. Das deutsche Lehnsprichwort. 1. Teil. Halle 1921.

Rez. ZfdMda 1923, 133. 135.

5237. Seiler, Fr., Die Entwicklung der deutschen Kultur im Spiegel des deutschen Lehnworts. 6. 7. Teil. Das deutsche Lehnsprichwort. 2., 3. Teil. Halle, Waisenhaus, 1923. IX, 202; 65; V, 176 S. M. 3.60; 1.—; 4.—. (7 = Anhang zu 5 und 6).

Angez. ZfVk 33/34, 129f. (J. B[olte]).

5238. Seiler, Friedr., Die Entwicklung der deutschen Kultur im Spiegel des deutschen Lehnworts. 8. Teil: Das deutsche Lehnsprichwort. 4. Teil: Das deutsche Sagwort und anderes. Halle, Waisenhaus, 1924. 176 S. 8⁰.

Unter „Sagwort“ versteht S. den Typus: „Nur nicht ängstlich, sagte der Hahn zum Regenwurm, da fraß er ihn auf.“

Rez. Mercure de France 178, 790—794 (A. van Gennep).

5239. Seiler, Fr., Deutsche Sprichwörterkunde. München 1922.

Rez. AnSpr 145 (1923), 285—287 (A. Hübner).

5240. Götze, Alfred, Vom deutschen Sprichwort. NJbb 54, 163f.

5241. Herbster, Karl, Geflügelte Worte aus dem Markgräflerland. Hmtl 11 (1924), 25—27.

5242. Sprichwörter aus dem Allgäu. Trachtenkalender für das Jahr 1924, 193f.

5243. Schindlmayr, Hans, Über schwäbische Sprichwörter und Redensarten. Bayerl 35 (1924), 154—157.

5244. Heinz, Georg, Redensarten und Sprichwörter am Obermain. FränkHmt 3, 123.

5245. Mattes, Wilhelm, Hohenloher Sprichwörter und Redensarten. FränkHmt 2, 174f.

5246. Schlappinger, Hans, Kreuz und quer durch die Pfalz. Pfälzische Redensarten. Aufgezeichnet. Bayerl 35 (1924), 63f.

5247. Höllerl, R., Ursprung verschiedener Redensarten und Worte. Oberpf 17 (1923), 82 f.
Darin: „Ins Bockshorn jagen" (S. 82).

5248. Zivy, A., Elsässisch-jüdische Sprichwörter. SchwVk 13, 59 f.
Dazu Nachtrag: „Siwe wie e Jod" ebd. 14, 15.

5249. Kuntze, Friedrich, Nordhäuser geflügelte Worte. Der Harz 1924, Heft 7 (Juli), 407 f.

5250. Berthold, Luise, Beispielssprichworte in Hessen und Nassau. HessBll 23, 113—115.

5251. Ruppel, H., Aus dem Volksmunde in Hessen. Hmtschollen 4, 15 f.
Mundartliche Ausdrücke.

5252. Behr, F., Sprichwörter und Redensarten in der Crefelder Mundart. Gesammelt. „Heimat", Mitt. d. Ver. f. Hmtkde. in Crefeld 3 (1924), 96 f.

5253. Müller-Schlösser, Hans, Düsseldorfer Sprichwörter und Redensarten. Gesammelt. Alt-Düsseldorf 1924, Nr. 4 (24. Mai), 1 f.

5254. Schmidt, Wilhelm, Säjjerlänner Sprichwärter. Mitgeteilt. Siegerländer HmtK 1924, 85.

5255. Kock, Otto, Aus dem Kirchspiel Leck. HmtK 34, 150.
Verschiedene Redensarten.

5256. Meyer, Gustav Fr., Ältere plattdeutsche Formen aus dem Kirchspiel Ostenfeld. HmtK 34, 224 f.
Darin volkstümliche Redensarten.

5257. Schnack, E., Sprichwörter und Redensarten aus Nordangeln. HmtK 33, 207 f.

5258. Schnack, E., Sprichwörter und Redensarten aus Nordangeln. (Nordangler Mundart). HmtK 33, 232 f.

5259. Tönsfeldt, C., und Rienau, E., Plattdeutsche Sprichwörter und Redensarten. HmtK 34, 222 f.

5260. Puls, Korl, Dei plattdütschen Rädensorten. ZMecklb 19, 23—26.

5261. Schmidt, Arno, Eine Wanderung durch das westpreußische Sprichwort. Danzig, Danziger Verlags-Ges., 1924. 20 S. 8⁰.

5262. Lämmle, August, Der Volksmund in Schwaben. I: Schwäbische Lebensweisheit und Spruchkunst in Sprichwörtern, Redensarten und Reimsprüchen. (Schwäb. Volkskde I). Stuttgart, Silberburg, 1924. 102 S. kl. 8⁰. M. 1.20.
Rez. HessBll 23, 169 (H. Hepding); ZfVk 33/34, 166 (F. B[oehm]).

5263. Hofmann, Josef, Aus dem Schatze der Sprichwörter und Redensarten Westböhmens (Fortsetzg.). Egerl 27 (1923), 27—29. 63—65. 100. 122 f.; 28 (1924), 25.

5264. Pausewang, Julius, Hausworzel. Trostbärnla (Mittelwalde) 1923, 112—118; 1924, 108—110; 1925, 114—120; 1926, 125—130.

5265. Beuer, F. M., Mundart. Landläufige Sprüche und Redensarten. MVerHmtkde d. Jeschk.-Iserg. (Reichenberg) 17, 29.

5266. Wäldler Sprüchel und Redensarten. Wäldler Kal. (Staab) 1923, 21.

5267. Schreiber, H., Webinger, A., Hilgart, A., Wäldler Sprüche und Redensarten. Wäldler Kal. (Staab) 1924, 112—115.

5268. Frischauf, Eugen, Redensarten aus dem Waldviertel Niederösterreichs. Vld 25 (1923), 28.

5269. Wurth, Johann, Pfefferkörndl. Sprichwörter und Redensarten aus dem Munde des Volkes in Niederösterreich vor etwa sechzig Jahren gesammelt. Vld 25 (1923), 28 f.

5270. Landau, A., Sprichwörter und Redensarten. JbjüdVk 1923, 335—361.

5271. M. S., Jüdische Sprichwörter und Redensarten. JbjüdVk 1923, 362—370.

5272. S. M., Jüdische Sprichwörter und Redensarten. MJüdVk 23, 30 f.

5273. Robak, A., Ejfemizmen in der jidišer šprach (Euphemismen im Jiddischen). JidFil 1, 76—79.

5274. Taylor, Archer, Proverbia Britannica (1611). Washington University Studies 11 (1924), 409—423.
Erste alphabetische Sammlung.

5275. Solstrand, Väinö, Ordstäv. (Finlands Svenska Folkdiktning III). Helsingfors, Svenska Litteratursällskapet i Finland, 1923. XII, 370 S. 8⁰. Fmk. 40.—.

5276. Engberg, H., Ordsproglærdom. Bavnen (Holstebro) 21, Sp. 153—156. 167—170. 185—188. 243 f. 255—258. 297—300.

5277. Kristensen, M., Bemærkninger til nogle af Peder Låles Ordsprog. DanSt 1923, 31—38.

5278. Prestkvern, Ivar, Ordtak frå Oplanda. Østaglett (Oslo) 1923, 7 f.

5279. Sloth, Gamle Ordsprog. Vort Landbrug 42, 474 f.

5280. Iversen, En liten samling ordtak fra romantikkens dager. Festskrift til A. Kjær (Kristiania, Gröndahl, 1924), 110 bis 116.

5281. Ordtøke fraa Kvinesdal. Grannen Samlingsblad til segn og soga (Flekkefjord) 9, 11. 16. 24.

5282. Wifstrand, A., Blekingska ordstäv och talesätt. Blekingebygder 2, 28—43.

5283. Cederschiöld, G., Om ordstäv och andra ämnen. Lund 1923, 202 S. 8⁰.

5284. Bourguignon, E., Expressions populaires. FLBrab 3, 208.

5285. Thorn, A. C., Les Proverbes de Bon Enseignement. Lunds Univ. Årsskr. 17 (1921), Nr. 4, XXXIV, 65 S.
Rez. MLN 38 (1923), 353—357 (W. L. Bullock).

5286. Vitaletti, Guido, Un tesoretto di proverbi e motti sentenziosi del sec. XIV. ARom 7, 373—385.

5287. Rocca, Petru, Proverbj, massime e detti corsi. Ajaccio, „A Muvra", 1921.
Rez. Revue de la Corse. Janvier.-Février 1923, S. 21 (L. Villat).

5288. Rapisarda, Santo, Raccolta di proverbi siciliani ridotti in canzoni. 4ª ed. Catania, Niccolò Giannotta, 1924. 312 S. L. 6.—.

5289. La Sorsa, S., La sapienza popolare nei proverbi pugliesi. Con prefazione di R. Corso. Bari, J. Casini, 1923.
Rez. Bilychnis 13, 247.

5290. Sbarbi, J. M., Diccionario de refranes, adagios, proverbios, modismos, locuciones y frases proverbiales de la lengua española. I, II. Madrid, Sucs. de Hermano, 1922. 543; 517 S. 8°; 4°. Ptas. 40.—.

5291. Refranes (Sprichwörter) famosíssimos y provechosos glosados. Madrid 1922. 18 S. 4°.
Neudruck der in Burgos (1509) erschienenen Ausgabe.

5292. Neves, M. das, Expressões populares. Rev. ling. port. (Innsbruck) 4 (1923), 183—186.

5293. Adrião, José Maria, Retalhos de um adagiário. RevLus 24, 227—256.
Vergleichend.

5294. Basto, Cláudio, Comparações tradicionais portuguesas. Esposende, Livraria Esposendense, 1924. 61 S. kl. 8°.

5295. Soares, Ferreira, Expressões figuradas II. Lusa 4, 65 f.

5296. Provérbios populares. Lusa 4, 63. 93. 98. 99. 102. 112. 125. 140.

5297. Laval, R. A., Paremiología chilena. Santiago de Chile, Impr. Universitaria, 1923. 96 S.

5298. Pušaloto priežodžiai. (Sprichwörter aus Pušalotas). Pušaloto mìnios, minùtos. (Redensarten aus Pusalotas). TiŽ 1, 316—322.

5299. Būga, K., Sedos parapijos žemaičių patarlės. (Schemaitische Sprichwörter aus der Pfarrei Seda). TiŽ 1, 312—315.

5300. B[uga], K., S. Daukanto rinkimo patarlės. (Von S. Daukantas gesammelte Sprichwörter). TiŽ 1, 322—327.

5301. *Καψάλης, Γ. Δ., Οἱ Τοῦρκοι ἐκ τῶν παροιμιῶν τοῦ Ἑλληνικοῦ λαοῦ. Λαογρ. Ζ'* (Festschr. Politis 1923), 385—481.

5302. *Μεναρδος, Σιμ., Ἱστορικαὶ παροιμίαι τῶν Κυπρίων. Λαογρ. Ζ'* (Festschr. Politis 1923), 45—52.

5303. Hakulinen, L., Sakkulaisia sananlaskuja. Virittäjä (Helsinki) 1924, 38—43.
128 Sprichwörter aus Sakkula.

5304. Koskenjaakko, A. A., Muutamia sananlaskupoimintoja. Suomi 5. Folge, 2, 143—154.
Über einige finnische Sprichwörter mit Parallelen aus andern Ländern.

5305. Öhmann, E., Muutamia lainasananlaskuja suomessa. Virittäjä (Helsinki) 1923, 61—63.
Einige (6) Lehnsprichwörter im Finnischen.

5306. Чилингиров, С., Турски пословици, поговорки и характерни изрази. Известия 3, 59—65.
Türkische Sprichwörter, mit bulgar. Übersetzung.

5307. Eadie, J. P., An Amharic Reader. Cambridge Univ. Press. Sh. 12/6.
Enthält Volkskundliches, bes. Sprichwörter.

5308. Scheibler, P., und Ziegler, J., Basa-Sprichwörter (Kamerun). Ztschr. f. Kolonialsprachen Bd. VII und VIII.
Angez. ARw 22 (1923/24), 189 (Meinhof).

5309. Hecklinger, P., Duala-Sprichwörter (Kamerun). Ztschr. f. Eingeb.-Sprachen Bd. XI.
Angez. ARw 22 (1923/24), 188 (Meinhof).

5310. Bürgi, Ewe-Sprichwörter. ArchfAnthr 1915.
Angez. ARw 22 (1923/24), 192 (Meinhof).

5311. Johannsen, E., und Döhring, P., Schambala-Sprichwörter aus Usambara (Afrika). Ztschr. f. Kolonialsprachen Bd. V.
Angez. ARw 22 (1923/24), 180 (Meinhof).

7. Stoffliches und Einzelnes.

5312. Reichardt, Heinz, Altdeutsche Rechtsgedanken in Sprichwort und Redewendung. Sonntagsblatt der Dorfzeitung Nr. 8, 25. Mai 1924, S. 29f.

5313. Lüttgendorff, M. A. von, Schlagfertigkeit und Humor im bayerischen Sprichwort. Der Heimgarten, Jg. 2, Nr. 17, (26. April 1924), S. 128.

5314. Fraenger, W., Der Bauern-Bruegel und das deutsche Sprichwort. Erlenbach-Zürich und Leipzig, E. Rentsch (1923). 159 und 22 S. 8°.
Angez. ZfVk 33/34, 119 (J. B[olte]).

5315. Breugels Sprichwörter. AntiquitRundsch 21 (1923), 209f.
Breugels Bild über die Sprichwörter.

5316. Kleff, Von Dokters und Apthaikers. Die Heimat (Dortmund) 6, 212f.
Sammlung von mundartlichen Redensarten und Sprichwörtern.

5317. Heeger, F., Die Tiere im nordpfälzischen Volksmund. Nordpfälzer Geschichtsverein 1924, 53—55.

5318. Freiherr, Th., Kleine Beiträge zur Volkskunde von Rokittnitz. Aus dem Beuthener Lande 2, 35. 56.
Die Laus im Volksmunde.

5319. Eckart, Rudolf, Der Wehrstand im Volksmund. München 1917. Angez. Ltbl 44 (1923), 89 (W. Moog).

5320. Schlappinger, Hans, Du sollst nicht fluchen. OstbGr 13 (1924), 60—63.

5321. Normann, Friedrich, Nürnberger Redensarten. MFränkAlbV 10 (1924), 99f.

1. „Wie ein Ölgötze dasitzen!" 99f. 2. Nürnberger Ausdrücke hebräischer Herkunft, wie der Barches, Berches, das Berchesla „Zopfgebäck in Strizelform" 100.

5322. dt. (nach dem Inhaltsverzeichnis Räbel, H.), Sprachliches aus der Heimat. MFränkAlbV 9 (1923), 56.

Redensart zu Fürth i. B.: „Der flöigt rum wöi der Blánschad (oder Bláuschäd)." Damit ist ein sehr hastiger Mensch gemeint. Luftschiffahrt des Franzosen Blanchard vor Nürnberg 1787.

5323. Schlappinger, Hans, „Er schafft wie e Brunneputzer". PfälzMus 41 (20), 70.

5324. Schlappinger, Hans, „Du bist nicht übel verriß!" PfälzMus 41 (20), 70f.

5325. Kirchberger, J., Gegensatz-Sprüche. Egerl 27, 116.

5326. ml., Auf den Hund gekommen. Sammler 93 (1924), Nr. 89 vom 31. Juli, S. 6.

Zur Erklärung dieser Redensart.

5327. „Lieber Freund und Kupferstecher". Anfrage von E. R., Antwort von der Red., von E. H[offmann]-K[rayer]. SchwVk 13, 66; 14, 14.

5328. W[einreich], M., „Pinte di gwirte". JidFil 1, 224 bis 226.

5329. [P(riłucki), N(ojach)], „Pumcen mit Ramcen". JidFil 1, 90f.

5330. Schlappinger, Hans, Auf beim Spund! (Schanzen, Schuften und Schinackeln). Volkskundliches. MOstbGr 12 (1923), 14f.

Das Arbeiten im Volksmund.

5331. Kleeberger, K., Einen auf den Stab schneiden. PfälzMus 41 (20), 70.

5332. Redensart vom Trinken. Anfrage von R. B., Antwort von E. H[offmann]-K[rayer]. SchwVk 14, 49.

5333. Tilley, M. P., Good drink makes good blood. MLN 39 (1924), 153—155.

Sprichwort.

5334. Crane, F. F., Painting the town red. The Scientific Monthly 18 (1924), 605—615.

„Painting the town red" = lärmende Lustbarkeit halten.

5335. Hedberg, G. A., Ett försök till förklaring av ordstävet „kaka söker maka". Stud. i nord. filol. (Helsingfors) 14, Nr. 5.

5336. Belfrage, S., Uttrycket „dum som en gös". Nysvenska Stud. 3, 93—97.

5337. Dewert, J., Expressions des joueurs de cartes. FLBrab 3, 178 f.

5338. Pellegrim, A., Locution populaire: T'r'passras ... comme le t'chin Caal. FLBrab 3, 83.

5339. A bise. FLBrab 3 ,84.

5340. Cornette, R., Ozios ... Ozios!!! FLBrab 3, 84.
Vgl. auch FLBrab 3, 169 E. De Munck, Ozios ... Ozios!!!

5341. Bees, Nikos A., Ein mittelgriechisches Sprichwort. ByzneugrJbb 4 (1923), 264.

5342. Halliday, W. R., The Gypsy in Modern Greek Proverbs. JGypsyLS 2, 141 f.

D. Witz und Spott.

5343. Harder, Franz, Zu den Winzerneckereien bei Horaz Sat. I, 7, 28 ff. BphW 44 (1924), 87 ff.
Winzer beschimpfen und necken Vorübergehende.

5344. Schnurpfeifereien. Hmtschollen 3, 15. 23. 38 f. 55 f. 63.
Volkshumor.

5345. Schnurpfeifereien. Hmtschollen 4, 24. 32. 48. 56. 63 f. 79 f.
Volkshumor.

5346. Glückstein, Hanns, Pfälzer Humor. KurpfälzerJb 1925, Heidelberg, Paul Braus, 1924.

5347. A. Z., Humoristisches aus dem Saarrevier. SaarKal (Saarbrücken) 1923 f.
Enthält regelmäßig eine Sammlung Witz, Spott, Neckereien, Volkstypen, Erzählungen, Schwänke.

5348. Luther, Ernst, Spottnamen. Bayerl 34 (1923/24), 282.

5349. Deuerlein, E., Allerlei Ortsneckereien aus dem Regnitztale von Forchheim bis Fürth. MFränkAlbV 10 (1924), 36—40.

5350. Pültz, Wilhelm, Der Mistelgauer und die Hummel. Sammler 93 (1924), Nr. 124 vom 21. Okt., S. 3.
Oberfränkische Ortsneckerei.

5351. L. [= Laßleben, J. B.], Sonderbare Antworten auf neugierige Fragen aus der Kinderwelt. (Nr. 1—6). Oberpf 17 (1923), 19.

5352. Moser, Joh., An ihren Fragen erkennt man sie, wo sie zu Hause sind. Oberpf 17 (1923), 195.

5353. Heeger, Fritz, Vornamenneckereien aus der Pfalz. Pfälzer Land, Unterh.-Beil. zum Landauer Anzeiger Nr. 43 vom 8. Dez. 1923.
Mit zahlreichen Neckreimen.

5354. Heeger, Fritz, Berufsneckereien in pfälzischen Scherzreimen. Pfälzer Land, Unterh.-Beil. zum Landauer Anz. Nr. 38 vom 3. Nov. 1923.

5355. Heymann, Lückenbüßer. Ortsneckereien aus der Sammlung der Schüler. HessBll 22 (1923), 58.

5356. Hepding, H., Wo werden die Pfannkuchen nur auf einer Seite gebacken? HessBll. 23, 115f.
Volksscherz, bzw. scherzhafte Fragen.

5357. Müller, Joseph, Rheinische Aprilscherze und Neckrufe. ZrwVk 20/21, 13—18.

5358. Müller, Joseph, Möhrchen- und Rübenschreppen. Aus dem Rheinischen. ZrwVk 20/21, 18—21.
Äußerung der Schadenfreude bei Kindern.

5359. Heckmann, Fritz, Volks- und Kinderspott. Die Heimat (Crefeld) 3 (1924), 96.

5360. Reuter, Hermann, Landschafts- und Ortsneckereien im Siegerland. Ein Beitrag zur Volkskunde. Festschrift: Siegen und das Sieger Land 1224—1924. Siegen, Vorländer, 1924, S. 98—103.

5361. Wriede, Paul, Hamburger Volkshumor in Redensarten und Döntjes (Quickborn-Bücher 30). Hamburg, Quickborn-Verlag (1924). 62 S. M. 0.75.
Angez. ZfVk 33/34, 177 (F. B[oehm]).

5362. Sohnrey, Heinrich, Ortsneckereien in Solling. NdZfVk 2, 173—182.

5363. Lederer, Franz, Berliner Humor. Sprache, Wesen und Humor des Berliners. Berlin, Verlag der Germania A.-G., o. J. (1924). 244 S.
Rez. ZfVk 33/34, 166 f. (H. Kügler).

5364. Lederer, Franz, „Uns kann keener“. Berliner Humor. Sprache, Wesen und Humor des Berliners. Berlin C 2, Verlag der Germania, 1924. 248 S. M. 6.—.
Rez. [mit Berichtigungen und Nachträgen] MVG Berlins 41 (1924), 13 (Hans Brendicke).

5365. M., Ortsneckereien über Olderup. HmtK 34, 225.

5366. Wossidlo, Richard, Oewer d. Humor in de meckelbörger Volkssprak. (‘Wat plattdütsch Lüd’ singen und seggen un süss noch wat’. H. 4). Bökerie von’n Plattdütschen Landsverband Meckelborg. Wolgast, P. Christiansen, 1924. 33 S. 8°. M. —50.

5370. Maaß, Neckreime auf Namen. MHbRatz 5, H. 3.

5371. Haas, A., Ortsneckerei im Kreise Greifenhagen. Greifenhagener Kreiskalender 1925, 81—84.

5372. Mölbert, Hermann, Neckereien aus alter und neuer Zeit. Volk und Heimat 1923, Nr. 23.

5373. Freiherr, Theodor, Das Nach- und Sitzenbleiben. Volk und Heimat (Hindenburg OS) 1924, 47.

5374. Mainka, K., Oberschlesische Volkswitze. Miechowitzer Wochenblatt Nr. 10 (6. Mai 1923).

5375. Gollor, Georg, Spottreime auf die Vornamen der Kinder. Volk und Heimat (Hindenburg OS) 1924, 46.
Deutsch und Polnisch.

5376. Raab, L., Philosophie aus dem niederösterreich. Weinlande. Vld 25 (1923), 63.

5377. Elsensohn, Hugo, Ortsübliche Neckereien. (Aus Bludenz und Dornbirn). HmtVorarlb 4, 19—21.

5378. Stolz, Hans, Neckereien auf nordmährische Ortschaften. Trostbärnla (Mittelwalde) 1923, 110f.

5379. Krauss, Friedrich, Nösnerländische Ortsneckereien. ASiebLk 42 (1924), 185—199.
Mit vielen Spottreimen.

5380. Krauss, Friedrich, Nachtrag zu den Nösnischen Ortsneckereien (ASiebLk 42 185ff.). KblSbLk 47 (1924), 46.

5381. Von bösen alten Weibern, vom Tratschen und vom Wetter. BundesK (Prag) 1924, 92.

5382. Humor und Scherz aus den Wolgakolonien. Wolgadeutsche Monatshefte (Berlin) 1923, 355f.

5383. Müller, J., Ortsneckereien aus Uri. SchwVk 14, 1—8.
Spitznamen. Sprüche. Redensarten. Glockenstimmen.

5384. Moszkowski, A., Der jüdische Witz und seine Philosophie. Berlin 1922.
Angez. ZfVk 33/34, 55 (H. Findeisen).

5385. Peeters, Ch., Vuurmannen. FLBrab 4, 41.

5386. Sobriquets de quelques villages gruyériens vers l'an 1600. Nouvelles Etrennes fribourgeoises 57 (1924), 142—144.

5387. Kalén, J., Om halländsk folkhumor. FoF 11, 49—67.

5388. Brulé, A., Le chapeau buse. FLBrab 4, 37.

5389. Buvé, C., Les Gilles d'Helesinne. FLBrab 3, 205.

5390. Buvé, C., Pour plaisanter les enfants. FLBrab 3, 166.
Redensarten, verschiedene Körperteile betreffend.

5391. Charlier, Albin, et Donckier de Donceel, E., Blason populaire (Volksblazoen). FLBrab 2, 327—335.

5392. Collet, Paul, Quelques sobriquets et brocards du Roman Pays de Brabant. FLBrab 3, 106—108.

5393. De Ridder, F., De Kweêkers. Les Canards. (Sobriqnet des Tirlemontois). [Auch flämisch.] FLBrab 1, 170—180.

5394. Van Es, F., Notice sur quelques sobriquets. FLBrab 3, 169.

5395. Van Es, F., Les fous de Teralphene. FLBrab 3, 83.

5396. Les longues barbes. FLBrab 3, 83.
Vgl. auch FLBrab 3, 209: Aimé Demeuldre, Les longues barbes, und FLBrab 4, 38: Brulé, A., La barbiche.

5397. Marneffe, A. de, Remonter le pavé. FLBrab 3, 205.

5398. Peeters, Ch., Les Rats de Léau. FLBrab 4, 41.

5399. Pellegrim, A., La barbiche. FLBrab 3, 164.
Raillerie à l'adresse d'un porteur de barbiche.

5400. Pellegrin, Les sobriquets à Orp-le-Grand. FLBrab 3, 203—205.
Chanson, accompagnée de quelques remarques sur les surnoms ou sornoms.

5401. Pellegrim, A., Le chapeau-boule. FLBrab 3, 164.

5402. Van Dievoet, H., Les entêtés de Cobbeghem. FLBrab 1, 81.

5403. De Vlaamsche Humor en de Duitschers Nr. 47—61. NdlTVk 29, 27—31.

5404. Antonucci, Giov., Adversus Lombardos. Athenaeum 1, 184—208.
Beffe e ingiurie contro i Longobardi-Martino, Berta, Donna Lombarda.

5405. Borrelli, Nic., Satire e motteggi del popolo di Roma contro gl'Imperatori. FLCal 9, 2—5.

5406. Julia, A., Folklore di Acri. Ethnos 2, 27.
Motteggi in forma di proverbi e cantilene sui preti, sui frati, sulle vecchie, sui vicini. Imprecazioni calabresi.

5407. La Sorsa, Saverio, Frizzi paesani in Puglia. Ethnos (Napoli) 2, Nr. 2—3, S. 22f.
Spottphrasen auf einzelne Orte und Gegenden.

E. Ruf und Formel.

5408. Adrian, Karl, Unterwegs. Ein Kapitel vom Gruß des Volkes im Salzburgischen. Bergland 6, 24f.

5409. Walz, S. A., Fahrwohl! Eine wortgeschichtliche Untersuchung. MLN 39 (1924), 399f.
Abschiedsgruß.

5410. Kronenberg, Ignaz, Ständige Höflichkeitsformeln im luzernischen Habsburg. SchwRundsch 24, 58.
Gruß- und Abschiedsformeln, Anreden, bescheidene Annahme u. dgl.

5411. E. A. G., Altschweizerische Grußforme[l]n. SchwVk 13, 28f.

5412. Schell, O., Straßenrufe in Elberfeld. ZrwVk 20/21 (1923/24), 70.

5413. Pöschl, Alexander, Wiener Lavendl-Rufe. Vld 26 (1924), 7./8. Heft, 12.

5414. Oettli, Paul, Schlittenrufe. Mitteilungen d. deutschschweiz. Sprachvereins 7, Nr. 9/10.

5415. Rienau, E., Beim Kegelspiel. HmtK 33, 188.

5416. Zack, Viktor, Halterruf. Vld 25 (1923), 2f.

5417. Sigl, Johann, Die Zurufe an das Zugvieh. MOstbGr 12 (1923), 64.

5418. Mess, P., Will Füurskinner. HmtK 34, 144—146.
„Heiliges Wildfeuer". Ausruf bei Gewitter.

5419. Milking calls. NQ 146, 347.
Wie die Kühe und andere Tiere gerufen werden.

5420. Rogers, P. P., The forms of address in the Novelas Ejemplares of Cervantes. RomRev 15 (1924), 105—120.
Anredeformeln.

F. Stimmendeutung.

5421. Weimann, H., Glockensprache. Hmt (Dortmund) 5 (1923), 133.

5422. König, Adolf, Glockensprache. Mitteil. d. Ver. f. Hmtkde. d. Jeschken-Isergaues 18 (1924), 184 f.

5423. König, Adolf, Stimmen der Tiere im Volksmunde. Jahrb. d. deutschen Gebirgsver. f. d. Jeschken- u. Isergebirge 34 (1924), 15—21; Unser Isergebirge (Beil. des „Gablonzer Tagblattes") 2 (1924).

5424. Seyler, Friedrich, Tier- und Vogelstimmen in Hof, Flur und Wald. Heimatkalender für den Kreis Liebenwerda 1924, 61—63.

5425. Amter, A., Ce que les oiseaux chantent (Traduction). FLBrab 3, 71—73.

5426. Winter, Vogelstimmen und Volkssprichworte aus dem Römerstädter Bezirk. Die Heimat (Troppau) 2, 40.

5427. Borrelli, N., Il linguaggio degli uccelli e la favola dell' asino smarrito. RCamp 3, 10 f.

5428. Sutu, Serghie, Tierstimmen. In: Puşcariu, Sextil, Dacoromânia, Buletinul ‚Muzeului limbei române'. Anul II, 1921—1923. Cluj (Klausenburg) 1922. 8⁰. S. 85—165.
„Überaus reiches Material". KblSbLk 46 (1923), 87 (A. Schullerus).

5429. Zíbrt, Čeněk, Staročeská ptačí řeč r. 1528 (Altböhmische Vogelsprache" aus dem Jahre 1528). Český Lid 24, 195—197.
Altböhmische Auslegung der Vogelsprache.

5430. Sabaliauskas, A., Paukščių balsai. (Vogelstimmen). TiŽ 1, 331—333.
Nachahmungen von Tierstimmen.

5431. Holmberg, N., Eräitä tiedustelusanoja. Virittäjä (Helsinki) 1923, 117—127.
Über Fragen an Tiere (Kuckuck, Schnecke u. a.) und Sprüche über sie in Finnland mit europäischen Parallelen.

5432. Jedlitschka, Heinrich, Die Wagstädter Eisenbahn. Kuhländchen (Neutitschein) 5, 109.
Zweizeiler. Deutung der Eisenbahngeräusche.

G. Volkstümlicher Wortschatz.

1. Volkswörter.

5433. Gemünztes altes Gold. Aus dem Wortschatz der Heimat. Mit Abb. Hmtschollen 3, 30 f.

5434. Bergmann, Karl, Aus der lebenden Volkssprache. Eine Anregung zur Sammlung ihrer Wörter und Redensarten. VolkuSch 1, 43—49.

5435. Culmann, Von der Bildersprache des Volksmundes. Nordpfälzer Geschichtsverein 1924, 18—20.

5436. Heeger, Georg, Reichtum der Volkssprache, nachgewiesen an der pfälzischen Mundart. Pfälzer Land 1923, Nr. 9.

5437. Bergmann, Karl, Südhessisches Volkswörterbuch. Wörterbuchecke. VolkuSch 2, 24 f.

5438. Berthold, L., Mundartliche Ausdrücke. NassBl 3, 37.

5439. Schmerzenskinder des Wörterbuchs. NassBl 4, 113.
Eigenartige mundartliche Ausdrücke.

5440. Karstädt, O., Die niederdeutsche Zunge als heimatliches Anschauungsmittel. Nds 29, 364—366.

5441. Stubner, Georg, Egerländer Spott-, Schimpf- und Kosenamen. Egerl 27 (1923), 106.

5442. Richter, Emil, Allerlei aus meiner Sammelmappe. Beiträge z. Hmtkde. d. Aussig-Karbitzer Bez. (Aussig) 1924, 92 f.
Spitznamen aus Aussiger Taufmatrikeln 1579—1626.

5443. Bromberg, Chaim, Żelechower kłodes (Flüche aus Żelechow). JidFil 1, 203 f.

5444. P(riłucki), N(ojach), Kremer łošn (Kaufmännische termini technici). JidFil 1, 93 f.

5445. Priłucki, Nojach, Špet łošn (Spottformeln). JidFil 1, 33—45. 123—140. 338—382.

5446. Schlappinger, Hans, „Schimpfa, schimpfa tuat nöt weh'; wer mi schimpft, hat Läus' und Fleh'!" OstbGr 13 (1924), 28—31.
Schimpfwörter. Viel Material (28—31), insbesondere zu der Gruppe der aus Taufnamen hervorgegangenen Schimpfnamen.

5447. Gimmel, Ph., Über die Benennung der verschiedenen Verwandtschaftsgrade in der Weißenburg-Bergzaberner Gegend. Pfälzer Land 1924, Nr. 29.

5448. Zimmermann, Walther, Elsäßische Volksnamen von Arzneimitteln, Chemikalien und ähnlichen Apothekerwaren. Elsaß-Lothringisches Jahrbuch (Berlin) 3, 136—151.

5449. Kroesch, Samuel, Germanic Words for *deceive*. (Hesperia, hrsg. von H. Collita, Nr. 13). Göttingen, Vandenhoeck & Ruprecht, 1923. 127 S. M. 3.—.
Angez. MschlVk 25, 155 (Siebs).

5450. Kück, Eduard, Barnagüts. NdZfVk 1, 113—115.
„Gotteskinder“, Ausdruck aus dem Lüneburgischen Wendlande.

5451. Bückmann, Ludwig, Barnagütz. NdZfVk 2, 187.

5452. Bassamallergi. SchwVk 13, 64.
Ungarischer Fluch, in Hebels Schatzkästlein gebraucht.

5453. Holl, Karl, Die Geschichte des Wortes Beruf. SitzbBerl 1924. S. XXIX—LVII.

5454. F. Kluge, Alte und neue Wortgeschichten. MLN 38 (1923), 14—17. 272—279.
Zu Blindekuh, Freund Hein, Nase (Fischname) Schildbürger.

5455. Kleeberger, Karl, Der Bönhase. PfälzMus 41 (20), 178.

5456. Culmann, Wie unser Volk die Fremdwörter verdeutscht. Nordpfälzer Geschichtsverein 1924, 31 f.

5457. Schneider, Peter, Volkstümliche Worte in der Gesteinskunde. PfälzMus 41 (20), 32.
Mit Nachtrag von Reis.

5458. Berthold, Luise, Vom Gewitter. NassBl 4, 81.
Ausdrücke in nassauischer Mundart über das Gewitter.

5459. Kappus, Die Ausdrücke für Heidelbeere und Klempner im Nassauischen. NassBl 3, 63 f.

5460. dt. [nach dem Inhaltsverz. Räbel, H.], Sprachliches aus der Heimat. MFränkAlbV 10 (1924), 81—83.
Alphabetisches Verzeichnis von judendeutschen Ausdrücken, die in Fürth i. B. gebräuchlich sind.

5461. Kafelantis, Sänkerpäng. Anfrage von A. V. S.; Antwort von E. H[offmann]-K[rayer]; L. Frölich. SchwVk 13, 25. 46.

5462. Siebs, Benno Eide, Mutternamen bei den Wurstfriesen. Jahrb. d. Männer v. Morgenstern 21 (1923/24), 127—133.

5463. Gollor, Georg, Der Rohrstock und die Kinder. Volk und Heimat (Hindenburg OS) 1924, 46.
Scherzhafte polnische Ausdrücke für den Rohrstock.

5464. Didier, Charles, Kirie, Curêye, Cur. [Auch flämisch]. FLBrab 1, 106—109.
Ausdruck, den man unartigen Kindern gegenüber braucht.

5465. Didier, Charles, Zur Erklärung des Wortes „Boche“. Sammler 93 (1924), Nr. 126 vom 25. Okt., S. 5.

5466. Hbs., H., Über das Wort „Boche“. Sammler 93 (1924), Nr. 123 vom 18. Okt., S. 5.

5467. Marinus, A., et Bouguignon, E., Sarrasins. FLBrab 3, Nr. 13, 9—14.

5468. Jaberg, C. e Jud, G., Caratteristiche e curiosità dell' atlante linguistico-etnografico svizzero-italiano. VIt 29, 1185—1195.

5469. Bertoldi, Vitt., Un ribelle nel regno dei fiori. I nomi romanzi del *colchicum autumnale* attraverso il tempo e lo spazio. (Biblioteca dell' Archivum Romanicum, Ser. 2ª, vol. 4). Genève, Olschki, 1923. 224 S.

Nozioni di folklore botanico.

5470. Trompeo, P. P., Babbilano. Una celebre causa d'annullamento di matrimonio e l'origine di una parola romanesca. RassSess 3, 404—413.

5471. Nitsch, Kazimierz, Kwestjonarjusz do zbierania słownictwa ludowego (Fragebogen zum Sammeln des Volkswortschatzes). Język Polski (Kraków) 8, 122f. 149—151.

5472. Nitsch, Kazimierz, Zbieranie słownictwa ludowego. (Die Sammlung des Volkswortschatzes). Język Polski (Kraków) 9, 54—57. 88—92. 147f.

5473. Saareste, Albert, Leksikaalseist vahekordadest eesti murretes. I. Analüüs. Résumé: Du sectionnement lexicologique dans les patois estoniens. I. Analyse (Acta et Commentationes Universitatis Dorpatensis B 6, 1). Tartu 1924. XXVII, 304 S. 8°. (mit 60 Karten und 1 Schema).

Besteht aus 160 Einzelabhandlungen zur estnischen Wortgeographie. Sehr wertvoll.

Rez.: Eesti Keel 3 (1924), 117—132 (L. Kettunen).

2. Sondersprachen.

5474. Standessprachen. Jsb 42 (für 1920), 21; 43 (für 1921), 18; 44 (für 1922), 17.

5475. Gradl, W. R., Fachausdrücke aus dem Bierbrauergewerbe im Egerer Kreis. Egerl 27, 98—100.

5476. Griera, A., Terminologia dels ormeigs de pescar dels rius i costes de Catalunya. WS 8, 97—103.

Fischersprache.

5477. P(rilucki), N(ojach), Špił łošn. (Geheimsprachen bei Kindern). JidFil 1, 91—93.

5478. Paduwa, Ev. De, Bargoensch ou argot (Traduction). FLBrab 3, 68—71.

Lied der Räuberbande des Jan De Lichte und Abschiedsgruß eines Gauners an seine Gesellen; beide in Argot und französischer Übersetzung.

5479. Hermant, Paul, Notes sur l'argot bruxellois. FLBrab 2, 297—308.

5480. Hermant, Paul, Nouvelles notes sur l'argot bruxellois. FLBrab 3, Nr. 13, 1—9.

5481. Triandaphyllidis, Manolis A., Eine zigeunerisch-griechische Geheimsprache. ZsfvglSpr 52 (1924), 1—42.

Geheimsprache einer hellenisierten Zigeunerkolonie in der griechischen Provinz Eurytanien.

5482. *Τριανταφυλλίδης, Μ.*, *Τὰ „ντορτικὰ“ τῆς Εὐρυτανίας. Συμβολὴ στὰ Ἑλληνικὰ ε „Μαστορικά“. Λαογρ. Ζ'* (Festschr. Politis 1923), 243—258.
Rotwelsch.

5483. Güntert, Hermann, Von der Sprache der Götter und Geister. Halle 1921.
Angez. Hmtl 11, 45 (E. Fehrle).

5484. Gengler, H. G., Die Sprache der Sonnenbrüder (Handwerksburschen). Sammler 93 (1924), Nr. 133 vom 11. Nov., S. 3.

5485. Piemenų juokai. (Spaßige Ausdrücke der Hirten). TiŽ 1, 327 f.

5486. Wocke, Helmut, Beiträge zum Wörterbuch der Soldatensprache. (Fortsetzung). MschlVk 25, 50—68.

5487. Bergman, G., Till soldatsspråkets psykologi. Nysv. Stud. 4, 60—76.

XXII. Namen.

A. Bibliographie.

5488. [Bibliographie der germanischen] Namenkunde. Jsb. 42 (für 1920), 16 (ahd.). 20 (nhd.). 42 f. (fries.). 49 (engl.). 57 (nord.); 43 (für 1921), 14—18 (nhd.). 47 (engl.). 52—54 (nord.); 44 (für 1922) 9—11 (nord.). 17—20. 40 f. (engl.).

B. Allgemeines und Vermischtes.

5489. Solmsen, Felix, Indogermanische Eigennamen als Spiegel der Kulturgeschichte. Hrsg. u. bearb. v. Ernst Fränkel. XII und 261 S. Heidelberg 1922.
Angez. ClassRev 37 (1923), 90 (R. McKenzie).

5490. Kluge, Friedr., Deutsche Namenkunde. Leipzig, Quelle & Meyer, 1917. 3. Aufl. 1924.
Familien-, Tauf-, Länder-, Orts- und Flußnamen. Wochen- und Feiertage.
Rez. ZfdPh 50, 118 f. (Grienberger); DG 25, 116.

5491. Isaacsson, Aug., Till namngivningens psykologi. UpplTidskr 9, 230—235.
Grundsätzliches zur Benennung (Übernamen, Umnennung u. dgl.).

5492. Tarneller, Joseph, Zur Namenkunde. I. Tiroler Familiennamen. Viertausend Geschlechtsnamen, die tirolischen und vorarlbergischen Hofnamen entsprungen sind. II. Deutsche Stammwörter, die zur Bildung tirolischer Hofnamen verwendet wurden. Hrsg. vom Heimatschutz Meran. Bozen 1923. 210 S.
Rez. Bayerl 35 (1924), 191 (Georg Buchner).

5492 a. Schnetz, Jos., Deutsche Orts- und Flußnamen. Btr 49, 89—101.
Laufzorn. Bessingen. Jeussing. Lauer, Lür. Die Innerste.

C. Geographische Namen.

1. Bibliographie, Allgemeines, mehrere Sprachgebiete.

5493. Geijer, H., Sydow, C. W. von, Ortsnamnsundersökningarnas organisationsfråga. NoB 1924, 139—176.

5494. Flou, Karel de, Over Bronnen voor Toponymie. VerslVlaamAc 1924, 619—640.

5495. Helbok, Grundzüge der Flurnamenforschung. (Vortragsreferat.) VjVorarlb 7 (1923), 99.

5496. Höfer, Leop., Ortsnamenforschung und Volkskunde. WZfVk 28, 81—85.

2. Deutsches Sprachgebiet.

a) Bibliographie. Allgemeines. Vermischtes.

5497. S. Nr. 5488.

5498. Schiffmann, Konrad, Das Land ob der Enns. Eine altbayerische Landschaft in den Namen ihrer Siedlungen, Berge, Flüsse und Seen. München und Berlin 1922. 248 S. 8°.
Rez. WZfVk 29, 13—17 (A. Pfalz); Carinthia I, 113 (1923), 78 f. (Ernst Klebel); MschlVk 24, 147 f. (Siebs); Hmtg 4, 115—118 (A. Webinger).

b) Orts- und Flurnamen.

α) Bibliographie. Allgemeines. Vermischtes.

5499. Weise, Oskar, Ortsnamen (Bibliographie 1923). ZfDkde 38, 232 f.

5500. Buchner, Georg, Schriftenverzeichnis zur ortsnamenkundlichen Literatur Bayerns. BayHfte 10, 45—48.

5501. Buchner, Georg, Bibliographie zur Ortsnamenkunde der Ostalpenländer. Der Alpenfreund (München) Nov. 1923 bis Juni 1924.
S.-A. 2. Aufl. (bedeutend vermehrt).
Rez. DG 25, 117 f.; BlBayGym 60, 306.

5502. Rotter, Fritz, Zur Kenntnis deutscher Flur- und Ortsnamen. MschlVk 24 (1923), 94—100.

5503. Wecus, Edmund von, Die Bedeutung der Ortsnamen für die Vorgeschichte mit einer Beschreibung und bildlichen Darstellung der germanischen Hund (Hundert) schaft. Zeitz, Sies-Verlag, 1920. 141 S.
Rez. KblGesVer 71, 38 (Joh. Schultze).

5504. Mayer, Anton, Zur Ortsnamenforschung. WZfVk 29, 6—8. 35—38.

5505. Schröder, Edward, Angleichung deutscher Ortsnamen an Namen aus ihrer Nachbarschaft. NoB 11, 41—53.

5506. Pirchegger, Hans, Gesunde, kranke und tote Ortsnamen. BllHk 1, Nr. 3, 4—6.
Dazu Ergänzung Nr. 5/6, 16.

5507. —, Zur volkstümlichen Aussprache und Veränderung einzelner Ortsnamen. FränkHmt 3 (1924), 24.

5508. Meder, Karl, Leitfaden für Flurnamenforschung. ErzgZ 44, 2—4. 37f. 60f. 87f.; 45, 12—16. 35.

5509. Schreibmüller, Hermann, Das Sammeln der Flurnamen. D. Heimg 2, 285f.

5510. Flurnamensammlung. Wäldler Kalender (Staab) 1924, 99—101.
Anleitung.

5511. Baldauf, Oskar, Flurnamen, Flurkarten, Heimatkunden. HmtVorarlb 5, 169—172.

5512. Zink, Th., Volkskunde und Flurnamen. PfälzMus 41 (20), 72f.

5513. Beschorner, Die Flurnamenforschung in Deutschland. Herbst 1920 bis Frühjahr 1923. KblGesVer 71, 51—67.
Mit einem Flurnamenbericht, der sämtliche Literatur enthält.

β) Landschaften.

Baden. — 5514. Fehrle, Eugen, Die badische Flurnamensammlung. Hmtl 11 (1924), 42f.
Kurzer Bericht über die Wiederaufnahme der Arbeit.

5515. Bilgeri, M., Städtenamen am Bodensee. Das Bodenseebuch 1923, 101—106.

5516. Weiner, Otto, Flurnamen in Büsingen. Der Hohentwiel (Beil. z. Oberländer Ztg.), Januar 1924.

5517. Herbster, Karl, Die Gewanne und Gewannnamen der Gemarkung Lörrach. Gedenkschrift des „Oberländer Boten" zur Tagung des Landesvereins Badische Heimat. Lörrach, Verlagsdruckerei Oberländer Bote, 1924. S. 9—14. 4°.

5518. Humpert Theodor, Die Ortsnamen des Amtsbezirks Rastatt. Aus der Heimat (Rastatt) 1924, Nr. 23. 25. 35.

5519. Götze, Alfred, Die alten Namen der Gemarkung Waldshut. Eine alemannische Volks- und Heimatkunde. Freiburg i. Br., Walter Momber, 1923. 143 S. 8°. M. 2.50.
Gute, zuverlässige Zusammenstellung.
Angez. SchwVk 14, 24 (E. H[offmann]-K[rayer]); Monatsblätter des Bad. Schwarzwaldvereins 27 (1924), 9.
Rez. DG 25 (1924), 101 (—).

Bayern. — 5520. Vollmann, Remigius, Flurnamensammlung in Bayern. 2. Aufl. (Heimatstudien I). München, Karl August Seyfried, o. J. 80 S.
Rez. VjVorarlb 8, 100f. (A. Schneider).

5521. Vollmann, Remigius, Flurnamensammlung in Bayern. 3. Aufl. München, Pössenbacher, 1924. M. 2.—.
Rez. DG 25 (1924), 112.

5522. Vollmann, Remigius, Flurnamensammlung in Bayern. Mitt. d. Frankenbundes 1923, 20—24.

5523. Vollmann, Remigius, Flurnamensammlung in Bayern. FränkHmt 2 (1923), 73f.

5524. Vollmann, Remigius, Flurnamenbericht 1923. DG 25 (1924), 52.

5525. Vollmann, Remigius, Beiträge zur Flurnamenforschung. Hummelberge, Egelsee. DG 24 (1923), 13. 25, 3 f.

5526. Weinmann, Flurnamensammlung in Mittelfranken. Zwei Flugblätter 1923 und 1924. Zu beziehen durch Prof. Dr. Weinmann in Windsheim, Kreisobmann.
Im Auszug DG 25 (1924), 111 f.

5527. Vollmann, Remigius, Bilder aus der bayerischen Ortsnamenwelt. Sammler 93 (1924), Nr. 37. 44. 50. 59. 90. 108. 119. 138. 150.

Brandenburg. — 5528. Nagel, Die Flurnamen der Feldmarken von Kriele und Landin. Brandenburgia 32, 46—48.

Braunschweig. — 5529. Lühmann, H., Vom braunschweigischen Flurnamenwerk. BrnschwHmt 15, 29 f.

5530. Maßberg, Karl, Zur Flurnamenkunde des Amtsgerichtsbezirks Salder. BrnschwHmt 15, 72—78.

5531. Hahne, Otto, Flurnamen des Dorfes Sickte bei Braunschweig als Zeugen altdörflicher Zustände. Unsere Heimat Niedersachsen. Braunschweig 1924, 37—42.

Hessen. — 5532. Reimer, H., Historisches Ortslexikon für Kurhessen. Lfg. 1, V—XII, 96 S.; 2, 97—192 (Veröffentl. d. histor. Komm. f. Hessen u. Waldeck 14). Marburg, N. G. Elwert, 1923.

5533. Kutsch, Ferdinand, Die Bleidenstadter Terminei von 812. NassHmtbl 25, 20—27.

5534. Knoch, August, Plauderei über die Flurnamen der Gemarkung Kirchhain in Hessen. Hmtschollen 3, 71 f. 75 f.

Lippe. — 5535. Schwanhold, H., Unsere Ortsnamen. Detmold 1923. 64 S. [N. gesehen].

Niedersachsen. — 5536. Jungclaus, E. Rudolf, „Redende" Ortsnamen aus den Landen zwischen Niederelbe und Niederweser. Jahrb. d. Männer vom Morgenstern 21 (1923/24), 114—126.

5537. Strunk, Hermann, Die Flurnamen des Vielandes [Bremen]. Mit einer Flurkarte. Jahrb. d. Männer vom Morgenstern 21 (1923/24), 44—113.

5538. Steilen, D., Flurnamenschutz des bremischen Staatsgebietes. NdZfV 2, 186 f.

5539. Janßen-Sillenstede, Georg, Was uns Orts- und Flurnamen der Heimat erzählen. Nds 29, 318f.
Beispiele aus dem Oldenburgischen.

Pfalz. — 5540. Zink, Th., Pfälzische Flurnamen. (Beiträge z. Landeskunde der Rheinpfalz, hrsg. v. Häberle, Heft 4). Kaiserslautern, Kaysers Hofbuchdruckerei, 1923.
Angez. PfälzMus 41 (20); 139 (E. Fehrle).
Rez. Bayerl 34 (1922/23), 196a (Georg Buchner); MannhGbll 24 (1923), 119 (Walter).

5541. Keiper, Ph., Zur pfälzischen Flur- und Ortsnamenforschung. PfälzMus 41 (20), 25—28.

Posen. — 5542. Kozierowski, Stanisław, Poznań i jego okolice w nazwach miejscowych i najdawniejszych źródłach. (Posen und seine Umgebung in den Ortsnamen und in den ältesten Quellen). Ziemia 9, 84—91.

Sachsen. — 5543. Beschorner, Hans, Sachsens Anteil an der Flurnamenforschung. Neues Archiv für Sachsens Geschichte und Altertumskunde 42, Nr. 3 und 4.
Angez. VjVorarlb 8, 21f. (O. Baldauf).

Schlesien. — 5544. Rother, Karl, Die Flurnamen im Gebiete des Klosters Camenz. MschlVk 24 (1923), 101—104; 25 (1924), 99—103.

5545. Grünberger Hauskalender. Heimatkalender für die Kreise Grünberg und Freystadt. Hrsg. von der Kreisverwaltung Grünberg. 128 S. 4°.
Angez. MschlVk 25, 169 (H. Jantzen). Enthält u. a. eine Flurnamensammlung von A. Müller.

Schleswig-Holstein. — 5546. Wegemann, G., Die Sammlung der Flurnamen Schleswig-Holsteins. HmtK 34, 289f.

5547. Sörensen, J., Südschleswigsche Ortsnamen (Schr. zur schlesw. Gesch. 4). Flensburg. 27 S. 8°.

Württemberg. — 5548. Bohnenberger, K., Die Ortsnamen Württembergs in ihrer Bedeutung für die Siedlungsgeschichte. Tübingen 1920.
Rez. VjVorarlb 7, 30—34 (A. Schneider).

Westdeutschland. — 5549. Wolff, Georg, Ortsnamen zwischen Main u. Weser als Hilfsmittel d. Besiedlungsforschung. Germania, Kbl. d. röm.-germ. Komm. 7, Nr. 1, 1—5.

Böhmen. — 5550. Meder, Karl, Flurnamen im Erzgebirge und seinem Vorlande. (Uhls Heimatbücher des Erzgebirges und Egertals. Hrsg. v. Rudolf Wenisch, Bd. 8). Kaaden, Vinzenz Uhl, 1924. 72 S. kl. 8°. Kr. 5.—.
Rez. Egerl 28 (1924), Umschlag des 8./9. Hefts (Krauß).

5551. Diels, Paul, Sudetendeutsche in vorslawischer Zeit. MschlVk 25, 44—49.
Besprechung von E. Gierach, Altdeutsche Namen in den Sudetenländern. Reichenberg 1922.

5552. Gierach, Erich, Altdeutsche Namen in den Sudetenländern. Reichenberg, Sudetendeutscher Verlag, 1924. 19 S.
Angez. ZfslavPhilol 1, 254.

5553. Kubitschek, Rudolf, Die Namen der böhmisch-bayrischen Grenzberge. MOstbGr 12 (1923), 1—7.

5554. Kubitschek, Rudolf, Von den Namen der Heimat. Budweis (Böhmen), Buchh. Tobner, 1923. 54 S. 8°.
In fünfzehn Aufsätzen werden die verschiedenen Arbeitsweisen der modernen Namenforschung gezeigt.
Selbstanzeige: MOstbGr 12 (1923), 107.

5555. Mauder, Emil, Flurnamen von Bodenbach und Umgebung. MNordböhmVer.f.Hmtforschg. u. Wanderpfl. (B.-Leipa) 46, 142 f.

5556. Žbožinek, R., Ried- und Flurbezeichnungen. DmährHmt (Brünn) 1923, 136 f.

5557. Gödl, Otto, Schönberger Flurnamen. DmährHmt (Brünn) 1924, 70—74.

5558. Wallner, Anton, Vom Anspach nach Melm. (Zwei Ortsnamen). Wäldler Kalender (Staab) 1924, 102 f.

5559. Sandbach, Edmund, Die Schönhengster Ortsnamen. Lautlehre, Wortbildungslehre und Etymologie historisch und vergleichend dargestellt. (Sammlung Slavica 6). Heidelberg, K. Winters Universitätsbuchhandlung, 1922. 137 S.
Rez. MVerBöhm 62, 154—158 (Ernst Schwarz).

Steiermark. — 5560. Smekal, Adolf, Zur Namenkunde der Schladminger Tauern. MittgeogrGesWien 67, 20 ff.

Tirol. — 5561. Tarneller, Josef, Deutsche Flurnamen im unteren Eisacktale. Schlern 5, 255—258.

5562. Tarneller, Josef, Die Burg-, Hof- und Flurnamen in der Marktgemeinde Gries bei Bozen. (Schlern-Schriften 6). Innsbruck, Wagner, 1924. 47 S.

5563. Richter-Santifaller, Bertha, Die Hofnamen der Gemeinde Mühlwald. Schlern 6, 54—60.

Vorarlberg. — 5564. Baldauf, Oskar, Die Breuss'sche Sammlung der Rankweiler Flurnamen. Heimat (Bregenz) 1923, 173—177.

Siebenbürgen. — 5565. Schullerus, A., Wissenschaftliche Aufnahme der geographischen Namen Siebenbürgens. KblSbLk 47 (1924), 42 f.

5566. Kisch, Gust., Zur Etymologie landeskirchlicher Ortsnamen. Beiträge z. Gesch. d. evang. Kirche in Siebenbürgen. Hermannstadt 1922. S. 275—289.

Wolgadeutsche. — 5567. Sinner, P., Orts- und Flurnamen. Wolgadeutsche Monatshefte (Berlin) 1923, 114 f.

γ) Einzelnes.

5568. Miedel, Julius, Zur Flur- und Hausforschung. (DG 24, 11. 37—39.
Widerkehr (37f.); Orbete u. Oberte (38); Ergert, Egert, Erget (39).

5569. Guttenberg, Franz Frhr. v., Kalt-, galt-, gold- und geld-Namen. FränkHmt 3 (1924), 394—396.
Flur- und Siedelungsnamen.

5570. Vergho, Friedrich, Die bayrischen Ortsnamen vom Apfel. DG 25, 59.

5571. Bolis, Eugen, Die Namen Brüx und Dux. DV (Sonderheft) 1923, 228—230.

5572. Horwath, Walter, Codlea. KblSbLkde 47, 72.

5573. Woher der Name Ehrental stammt. Saarkalender (Saarbrücken) 1924, 80f.

5574. Vollmann, R., Im Hebsack (Flurname). DG 25 (1924), 52.

5575. Bach, Adolf, Die Ortsnamen auf -heim im Südwesten des deutschen Sprachgebiets. WuS 8, 142—175.

5576. Christ, K., Der Name Hornisgrinde. Die Ortenau 10 (1923), 26.

5577. Stemmler, Otto, Zum Namen Hornisgrinde. Die Ortenau 11 (1924), 74.

5578. Tardel, Hermann, Katrepel. Ein Beitrag zur Ortsnamenforschung. NdZfVk 1, 11—21.

5579. Miedel, Julius, Leh, Löwen, Leber und Leiren. DG 24 (1923), 11.
Flurnamen.

5580. Chrobok, L., Wie Boutzek den Dorfnamen Miechowitz erklärt. (Mit Anmerkungen). Aus dem Beuthener Lande 2, 146f. 170.

5581. Schramm, W., Ursprung des Namens Neutitschein. Kuhländchen (Neutitschein) 6, 91f.

5582. Stein, Ernst Otto, Was bedeutet der Name Oejendorf? HmtK 33, 209.

5583. Mayer, Anton, Der Name der Burg „Pfraumberg" in Böhmen. Ztschr. d. dtsch. Ver. f. d. Gesch. Mährens u. Schlesiens 1924, Nr. 4.

5584. Grünewald, Burg Scharfeneck und der Orensberg in der Mittelhaingeraide. PfälzMus 41 (20), 33f.
Entgegnung auf einen Artikel von K. Christ ebd. 40 (19), 79; Erklärung des Namens „Urlesberg".

5585. Hopfner, Is., Der Name Schlern. Der Schlern 5, 357f.
Ergänzungen bzw. Berichtigungen von Staudacher, Karl 388, und Wolff, Karl Felix 389f.

5586. Lang, Alois, Seckau oder Seggau? BllHk 1, Nr. 9/10, 6f.

5587. Schichor, Leo, Die Bedeutung des Ortsnamens „Senftleben". Kuhländchen (Neutitschein) 6, 156 f.

5588. Heilig, Sentenbuch. Hmtl 11, 115 f.

5589. Schullerus, Adolf, „Siebenbürgen". Cultura, März 1924, 107—111.

5590. Grünenwald, L., Die Namen und die Frühgeschichte der Stadt Speyer in der ältesten Literatur. Palatina 1924, Nr. 20. 24.

5591. Schichor, Leo, Die Bedeutung des Ortsnamens Stauding. Kuhländchen (Neutitschein) 6, 111.

5592. Seyfert, Siegmund, Wie Straden zu seinem Namen kam. BllHk 2, 12—18.

5593. Brandsch, Karl, Terle. KblSbLk 47 (1924), 46 f.
Schässburger Riedname.

5594. Grohne, Ernst, Der Tote Mann. NdZfVk 1, 73—98.

5595. Schnürer, Gustav, Noch einmal Uechtland und Ogo. Entgegnung. ZschwGesch 3, 210—221.

5596. Muret, Ernest, Réponse à M. Schnürer. Zschw-Gesch. 3, 221 f.

5597. Becker, Albert, Untern. PfälzMus 41 (20), 182.

5598. Tardel, Hermann, Der Ortsname Vegesack. Brem-Jb 29 (1924), 138—142.

5599. Götze, A., Zu den Ortsnamen auf Weiler. NoB 1923, 13—16.

5600. Kosmol, P., Etwas zum Namen Wieschowa. Aus dem Beuthener Lande 2, 175 f.

5601. Rathgeber, W., Was bedeutet der Ortsname Wirtenberg. Besondere Beilage d. Staats-Anz. f. Württemberg 1 (1924), 19—22.

5602. Schnetz, Jos., Über den Namen Würzburg. Bay-Hfte 10, 43—45.

5603. T., Fr., Ziegenthal. KblSbLkde 47, 71.

c) Straßen- und Wegnamen.

5604. Bach, Hans, Die Erhaltung alter Straßennamen. GunzenhHmtBote 1 (1924), 80.

5605. Lefftz, Joseph, Unsere alten Gassennamen. Elsaßland 3 (1923), 369—372.

5606. Beschorner, Altes und Neues zur Geschichte der städtischen Straßennamen im deutschen Sprachgebiet. KblGes-Ver 72, 34—46. 107—118.
Mit reichen Literaturangaben.

5607. Carstenn, Edward, Was die Danziger Straßennamen erzählen. 2. Aufl. Mit 25 Abb. u. 1 Planskizze. Danzig, Danziger Verlags-Ges., 1924. 139 S. 8°.

5608. Finder, E., Volkstümliche Straßenbenennungen im alten Hamburg. Mitt. d. Ver. f. Hamburg. Gesch. 14, 155f.

5609. Kisch, Gustav, Zur Wortforschung. Nochmals: „Reispergasse". KblSbLk 46 (1923), 26—28.
Gassenname in Hermannstadt.

5610. Schreiber, Hans, Die Grenzen des Böhmerwaldes und seine ältesten Verkehrswege. Wäldler Kalender (Staab) 1923, 48—53.

d) Bergnamen.

5611. Popelka, Fritz, Über Bergnamen im Dachsteingebirge. BllHk 1, Nr. 5/6. 7—9.
Nachschrift von Ernst Preuschen-Liebenstein. Jg. 2, 8.

5612. Zur Geographie der deutschen Alpen. Festschr. f. Prof. Dr. Rob. Sieger. Wien, Seidel, 1924.
S. 96—103 Wutte, Martin, Alte deutsche Berg- und Flußnamen in den Karawanken.

5613. Häberle, Die Pfälzerstraße und der Wallonenberg. PfälzMus 41 (20), 137.

e) Gewässernamen.

5614. Bückmann, Ludw., Lüneburgische Fluß- und Bachnamen. NdZVk 1, 35—49.

5615. Förster, Max, Der Name der Donau. ZfslavPhil, Leipzig 1 (1924), 1—25.

3. Niederländisches und friesisches Sprachgebiet.

5616. Mansion, J., Toponymica. Leuwensche Bijdragen 15, Nr. 3.

5617. C. E., Over namen van plaatsen, boerenerven en akkers in Twente en de overleveringen, die daaraan verbonden zijn. Driemaand. Bladen 21, 57—77.

5618. Cosyn, Arthur, Les lieux-dits de Laeken (Bruxelles). FLBrab 3, 45—52.

5619. Carnoy, A., De oudste riviernamen van het Vlaamsche Land. VerslVlaamAc 1924, 301—310.

5620. Coster, Robert De, Etude historique et folklorique de Vollezeeb. FLBrab 3, 159—161.

5621. Buvé, Cl., La rue des Sorcières (Heksenstraat) à Bautersens. FLBrab 3, 58f.

5622. Schmidt-Petersen, J., Die Orts- und Flurnamen der Insel Föhr. Husum, Delfsche Buchh., 1923?

4. Englisches Sprachgebiet.

5623. Placenames ... Bibliography, in: Annual Bibliography of English language and literature, 1923. Cambridge, Bowes and Bowes, 1924.

5624. English Place-name Society. Vol. 1. Introduction to the Survey of English Place-names. Cambridge, A. Mawer and F. M. Stenson. 1—2 (1924). VIII und 189, VII und 67 S. (Chapter 4. The Scandinavian element, by Eilert Ekwall).
Rez. NoB 1924, 183—185 (H. Lindkvist).

5625. Rieter, Otto, Vermischte Beiträge zur englischen Sprachgeschichte [darin Ortsnamenkunde]. Halle, Niemeyer, 1923. XI, 219 S. gr. 8⁰.

5626. Mawer, A., Some types of English place-names. Discovery (Zs.) 4 (1923), 94—97. 168.

5627. Flom, G. T., Place-name tests of racial mixture in northern England. MLN 39 (1924), 203—212.

5628. Ekwall, E., The place-names of Lancashire. Manchester, Univ. Press. XVI, 280 S. 8⁰. sh. 25.—.
Rez. ModLangRev 18 (1923), 219—223 (Mawer); History 8 (1923), 50 f.; Antiquaries Journal 3 (1923), 80 f.; AnglBeibl 34 (1923), 367—370.

5629. Rye, Walter, A list of Norfolk place-names compiled with the view of helping local students to compare them with similar names in Scandinavia. Norwich. 38 S. 4⁰.

5630. Marwick, Hugh, The place-names of North Ronaldsay. Proc. Orkney Antiq. Soc. 1 (1923), 53—64.

5631. Macbain, A., Place-names, highlands and islands of Scotland. Stirling, Mackay, 1923. XXXII, 381 S. sh. 21.—.
Rez. (London) Times Lit. Suppl., July 12, 1923; ScotHistRev 21 (1923), 73 f.

5632. Bowcock, E. W., Shropshire place-names. Shrewsbury, Wilding and Son, 1924.
Rez. NQ 146, 19 f.

5633. Forbes, A. R., Place-names of Skye and adjacent islands with lore mythical, traditional, and historical. Paisley, A. Gardner, Jahr? sh. 30.—.

5634. Beveridge, E., The „abers" and „invers" of Scotland. Edinburgh, Brown. XIX, 128 S. 8/6.

5635. Watkin, H. R., Blag, Blache, Black, and Blake in place-names. Torquay, Bendle Bros., Jahr? 30 S.

5636. Ekwall, E., English place-names in *-ing*. Skrifter utg. af Kgl. Hum. Vetenskaps Samfundet i Lund. 6. Lund, Pleerup, 1923. XVI, 190 S.
Angez. AnSpr 147 (1924), 143.

5637. Zachrissen R. E., English place-names in *-ing* of Scandinavian origin. Språkvet. sällsk. i Upps. förhandl. 1922—24, in Uppsala Univ. Årskr. 1924, 2, 107—130.

5638. Reaney, P. H., Essex place-names in *-ing*. ModLangRev 19 (1924), 466—469.

5639. Reaney, P. H., Mockbeggar Hall. ModLangRev 19 (1924), 469 f.
Ortsname.

5. Nordisches Sprachgebiet.

5640. Sahlgren, J., Nordiska ortnamn i språklig och saklig belysning. 5. Om utbredningen av jordeboksnamnen på *-arp*, *-orp*. 6. Oäkta vi-namn. NoB 1923, 69—134.

5641. Lindroth, H., Ortnamns- och dialektforskning. (Skrifter utg. av Institutet för Ortnamns- och Dialektforskning vid Göteborgs Högskola II). Göteborg, förlagsbolaget Västra Sverige, 1920. 133 S. Kr. 3.50.
Rez. MoM 1923, 244—250 (G. Indrebö).

5642. Karsten, T. E., Ur ortnamnes historia. Ymer 44, 335—345.

5643. La Cour, V., Oldtidsveje og Stednavne. Fortid og Nutid 4, 38—69.

5644. Lindroth, Hj., Våra ortnamn och vad de lära oss (Natur och kultur 25). Stockholm. 180 S. 8°.

5645. Noreen, A., Våra ortnamns vittnesbörd om jordbruk. Jorden. Festskr. till Jordbrukets dag år 1924, 41 f.

5646. Lindqvist, N., Ortnamn, som leda sitt ursprung från magiska handlingar. Till tolkning av namn på Vret och Vreta. Upsala nya tidn's Julnummer 1923, 12 f.

5647. Knudsen, G., Stednavne udvalget, beretning om virksomheden i aarene 1919—23. Fortid og Nutid 4, 163—182.

5648. Aakjær, Svend, Bidrag til tolkning af angelske Landsbynavne. Grænsevagten 5, 318—320. 360—365. 422—428. 518—524; 6, 39—42. 77—81. 136—143. 183—185. 233—239. 358—365.

5649. Aakjær, Svend, Hedenske Stednavne. Sønderjydsk Maanedskr. 1, 58 f.

5650. Oldfund og Stednavne. Sønderjydsk Maanedskr. 1, 10—12.

5651. Aakjær, Svend, Om Ordene Smør og Vogn i danske Stednavne. Skivebogen 16, 103—119.

5652. Aakjær, Svend, Stednavne i Randers-Egnen. Turistforen. f. Danmark, Aarbog 1924, 147 ff.

5653. Kristensen, M., Lålands og Falsters stednavne. 3—5. Lolland-Falsters hist. samfunds aarbog 1923, 1—14.

5654 Kjølby, A., Løderup Sogns Stednavne. Hist. Aarbog f. Mors 6, 23—59.

5655. Knudsen, Gunnar, Stednavne paa Mols. Fortid og Nutid V.

5656. Hans, Bygdenamn og folkenamn på Østlandet. Østaglett 3, 19.

5657. Larsen, H., Sjællands Landsbyer og Landsbynavne, et bidrag til Danmarks historie. Fortid og Nutid 4, 89—146.

5658. Schmidt, A. F., Stednavne i Skanderup Sogn. Fra Ribe Amt 6, 1—35.

5659. Brøndal, V., Sønderjydske Stednavnes Skæbne gennem Tiderne. Sønderjydske Aarbog R. 2 (1923), 21—41.

5660. Sortfeldt, S. C., Gamle Stednavne i Thisted Amt og Øster Hanherred. 14—18. Hist. Aarbog f. Thisted Amt 1923, 493—500.

5661. La Cour, V., Lejrestudier. DanSt 1924, 13—22.
Über den Namen Lejre (die Kultstätte in Seeland).

5662. Knudsen, G., Løt, et Stednavn fra Vendsyssel. DanSt 1923, 92—94.

5663. Rudolphi, H., Die Inselnamen der Faröer. Mitt. f. Islandfreunde 11 (1924), 45—51.

5664. Olsen, Magnus, Norske Ønavne. Særtr. af Festskrift til A. Kjær (Kristiania 1924), 61—64.
Die norwegischen Inselnamen Spind, Gossen, Smölen.

5665. Matthiessen, H., Om oprindelsen til navnet Reverentzgade. Hist. Medd. om København, R. 2, 1, 279 f.

5666. Flom, G. J., The study of place-names, with special reference to Norway. JEGPhilol 23 (1924), 199—216.

5667. Seip, D. A., Norge. Om navnet på vårt land fra de eldste tider av. Oslo. 97 S. 8°.
Rez. AfnF 41, 357.

5668. Homme, Torleif, Noko meir um namni Noreg og Norlandet. Norsk pedag. tidskr. 8, 166 f.

5669. Rygh, O., Norske Gaardnavne. 18 (Tillægsbind). Finmarkens Amt. Bearb. af J. Qvigstad og M. Olsen. Kristiania 1924. 16, 379 S. 8°.

5670. Qvigstad, J., Navne paa Dyr og Planter i nordnorske Stedsnavne. I. (Tromsø Museums Årshefter 45, [1922] Nr. 1). Tromsø 1923.

5671. Qvigstad, J., Navne paa Dyr og Planter i nordnorske Stedsnavne. II. (Tromsø Museums Årshefter 46, Nr. 1). Tromsø 1923.
Angez. Budk 2, 121 (K. Wikman).

5672. Koht, H., Eit gardsnamn pa *-heim*. Festskrift til A. Kjær, 20 f.

5673. Lid, N., Mala. MoM 1923, 206—208.

5674. Kopperstad, Knut, Tjervåganni. MoM 1924, 88—93.

5675. Olsen, M., Úst og Ást. NoB 1924, 50—58.

5676. Indrebø, G., Norske Innsjønamn. I. Upplands fylke. (Vidensk. Selsk. Skr. II. Hist. filos. Kl. 1923, Nr. 7). Kristiania, Jacob Dybwad. 288 S. 8⁰.

5677. Mo, Eilert, Dativ og genitiv av gardnamn i Rindalen og Surndalen. Festskr. til A. B. Larsen, 156—167.

5678. Förslag till omorganisation av de officiella svenska ortnamnsundersökningarna. NoB 1923, 54—68.

5679. Lindroth, H., Namnforskningar bland västkustens öar och skär. Stockholm, Bonnier, 1921. 75 S. Kr. 4.75.
Rez. MoM 1923, 244—250 (G. Intrebö).

5680. Lindroth, H., Kust- och skärgårdsnamnen i Göteborgs och Bohuslän. 1. Sjökortet Tjörn, förra delen. (Skr. utg. av Inst. f. Ortn. o. Dialfoskn. III). Göteborg, förlagsbolaget Västra Sverige, 1922. 240 S. Kr. 3.75.
Rez. MoM 1923, 244—250 (G. Indrebö).

5681. Wessén, E., Minnen av forntida gudsdyrkan i Mellan-Sveriges ortnamn. Stud. i nord. Filol. 1923.

5682. Ortnamnen i Göteborgs och Bohuslän. 1. Ortnamnen i Sävedals härad jämte gårds- och kulturhistoriska anteckningar. Göteborg 1923. XIX, 368 S. och 1 karta. Kr. 8.50.
Rez. NoB 1923, 181—183 (J. Sahlgren).

5683. Jungner, Hugo, Altuna sockens ortnamn. Uppl-Tidskr 9, 365—375.

5684. Bergman, Emanuel, Dalslands namn och vapen. Hembygden (Uppsala) 1924, 7—17.

5685. Jonzon, B. G., Något om sockennamnen i Helsingland. Helsingerunor 3, 74—77.

5686. Ljungström, O., Ett och annat om namngivning i städer. Tidskr. f. hembygdsvård 5, 146—152.

5687. Sahlgren, J., Mera om de oäkta vinnamnen. NoB 1924, 37—40.

5688. Wessén, E., Birca och bjärkörätt. NoB 1923, 135—178.

5689. Wadstein, E., Namnet Birka och därmed sammanställda ord. NoB 1924, 127—138.

5690. Sahlgren, J., Bjuv och Båv. NoB 1924, 180—182.

5691. Beckman, N., Ett ortsnamn och en folktro. FoF 11, 13f.
Ortsname auf (= *dverg*) *Zwerg*.

5692. E. L., Betydelsen af ortsnamn, hvari *gås-* ingår. Fauna och Flora 18, 182—184.

5693. Hellquist, Elof, Smål. *Hok* och några andra svenska ortnamn. NoB 11, 33—40.

5694. Pipping, H., Malepert och Vatnuori. NoB 1924, 96—104.

5695. Envall, P., Ornäs: en namnförklaring och en språkhistorisk lag. Dalarnas hembygd. forsk. tidsk. 3, 97 f.

5596. Friberg, Sven, Skeby. NoB 11, 32.

5597. Beckman, Nat., Norra Hallandsgränsen. NoB 11, 17—24.

6. Romanisches Sprachgebiet.

5698. Longon, A., Les noms de lieu de la France. 3. fasc.: Noms de lieu d'origine ecclésiastique. Paris 1923. S. 337—446. 8°.
Angez. RevArch 19 (1924), 270f. (S. R[einach]).

5699. Aebischer, Paul, Notes sur le changement de nom de lieu Dompierre le Grand-Carignan. Annales Fribourgeoises 12, 80—90.

5700. Aebischer, Paul, Les noms de quelques cours d'eau fribourgeois. Annales Fribourgeoises 11, 38—45.

5701. Bastin, et Dubois, Chemins anciens et modernes à travers les Fagnes de la Baraque Michel et du Signal de Botrange. Folklore (Malmédy) 2, 128—133.

5702. Les noms des communes wallones. EnqMusVWall 1, 124f.
Erläuterungen zum volkskundl. Fragebogen, die Ortsnamen betreffend.

5703. Vincent, Aug., L'Escaut. Etude toponymique. (Extrait de la Revue de l'Univ. de Bruxelles, avril-mai 1922. 20 S. 8°.
Angez. RevArch 17 (1923), 207 (S. R[einach]).

5704. Naef, Henri, Sur l'origine du nom de La Gara. Bull. de la Soc. d'Histoire et d'Archéol. de Genève 4, 451f.
Auszug aus einer der Société vorgelegten Arbeit.

5705. Van den Weghe, M. J., A propos du Quartier de Marolles. FLBrab 3, 140—142.

5706. Giacosa, Piero, Le nom de la Grivola. „Augusta Prætoria“ (Aosta) 5, 6—11.

5707. Schulten, A., Interpretación de los antiguos nombres de accidentes geográficos en las costas de nuestra provincia [de Cádiz]. Boletín de la comisión provincial Cádiz, 1922. 2a época 32f.

5708. Piménez Lluesma, E., Paisajes españoles y voces geográficas. Madrid, Impr. del Patr. de Huérf. de Intend. e Interv. Milit., 1922. 64 S. 4°. Ptas. 2.—.

5709. Ardissone, R., Apuntes de toponomástica de la ciudad de Buenos Aires. Humanidades (Buenos Aires) 6 (1923), 299—309.

5710. Lehmann-Nitsche, R., Bases para la toponimía indígena de la Patagonia. Boletín del Instituto de las Investigaciones historicas (Buenos Aires) 2 (1924), 241—248.

5711. Travieso, C., ¡Montem vides! Origen del nombre de Montevideo. Montevideo, Imp. Latina, 1923. XV, 62 S. 4°.

5712. Meyer-Lübke, W., Els noms de lloc en el domini de la diócesi d'Urgell. Butlettí de dial. catal. (Barcelona) 11 (1923), 1—32.

5713. Montolin, M. de, Els noms de rius i els noms fluvials en la toponomia catalana. Butlletí de dial. cat. (Barcelona) 10 (1922), 1—33.

5714. Silveira, Joaquim de, Toponimia portugueza. RevLus 24, 189—226.

5715. Nunes, J. J., Nomes de pessoas na toponimia portuguesa. Boletim da Classe de Letras (Lisboa) 13 (1923).

5716. Leite de Vasconcellos, G., Riba d'Ave. Estudo toponímico. Coimbra, Imp. da Universidade, 1923. 70 S. 8⁰.

5717. Basto, Cláudio, Sama-Sameiro. Lusa 4, 134.

5718. Huss, Richard, Zum Flurnamen dosul cetețili (Korr.-Blatt 1918, S. 18). KblSbLk 46 (1923), 93.
Aus einem Briefe des Prof. G. Weigand-Leipzig.

5719. Biert, L., und Poeschel, E., Woher kommt der Name „Davos"? Bündnerisches Monatsblatt (Chur) 1924, 111 bis 119.
Biert: da Vaz; mit Recht widerlegt von Poeschel, der an der Deutung val davos = hinteres Tal festhält und Parallelen nachweist.

5720. Planta, R. v., Nochmals der Name „Davos". Bündnerisches Monatsblatt (Chur) 1924, 163—167. 291—294.
Verwirft aus lautlichen Gründen die Etymologien von Biert und Poeschel.
Roman. *Tavau(ns)* von *tovum* „Tobel", mit überzeugenden Lautparallelen.

5721. Planta, Robert von, Die Namen „Prättigau" und „Rätikon". Bündnerisches Monatsblatt 1924, 310—315.

7. Anderweitiges.

5722. Gerin, Marius, L'origine du nom de Nevers et le Noviodunum des Héduens. Nevers 1922. 32 S. 8⁰.
Angez. RevArch 18 (1923), 180 (S. R[einach]).

5723. Marwick, H., Celtic place-names in Orkney. Proc. Soc. Antiq. Scotland 57, 251—265.

5724. Hopfner, Isidor, Brigantium oder Bricantium? VjVorarlb 8, 83—85.

5725. Förster, M., Die Etymologie von Morbihan [= kleines Meer]. AnSpr 146 (1923), 242.

5726. Hubschmied, J. U., Drei Ortsnamen gallischen Ursprungs: *Ogo*, Château *d'Oex*, *Üechtland*. ZfdMda 19, 169—198.

5727. Stæhelin, Felix, La question d'„Olitio" et le „castrum" d'Olten. Revue des études anciennes 45, 57—60.

5728. Schwarz, Ernst, Reste vorslawischer Namengebung in den Sudetenländern. MVerBöhm 61, 26—38.

5729. Schiffmann, K., Über slawische und vordeutsche Ortsnamen in Oberösterreich. Nachtrag zu des Verf. Buch: Das Land ob der Enns. 2. Aufl. München, R. Oldenbourg 1922.
Rez. Bayerl 34 (1922/23), 196a (Georg Buchner).

5730. Zborowski, Juljusz, Wskazówki do zbierania nazw geograficznych. (Anweisungen zum Sammeln der Ortsnamen). (Bibl. Tow. miśołników języka polskiego Nr. 4). Warszawa 1923. 32 S. 8°.

5731. Semkowicz, Władysław, O zbieranie nazw geograficznych. (Das Sammeln der geographischen Namen). Orli Lot 5, 100—107.

5732. Nitsch, Kazimierz, O nazwy dzisiejszych części Polski. (Die Namen der jetzigen Teile Polens). Polski Przegląd Kartograficzny 1924, Nr. 6; Język Polski 9, 45—51.

5733. Muka, Ernest, Serbske městnostne mjena a jich woznam. (Die sorbischen Ortsnamen und ihre Bedeutung). Slavia occidentalis 3/4, 146—187.

5734. Mańkowski, Alfons, Nazwy miejscowe powiatu lubawskiego. (Die Ortsnamen des Kreises Lubawa). Wąbrzeżno, Nakład „Głosu Wąbrzeskiego", 1923. 23 S. 8°.

5735. Lorentz, Fr., Polskie i kaszubskie nazwy miejscowości na Pomorzu Kaszubskiem. (Polnische und kaschubische Ortsnamen im kaschubischen Pommern). Poznań 1923. VIII, 170 S. 8°.

5736. Mehlich, J., Die Namen von Pressburg. ZfslavPhil (Leipzig) 1, 79—101.

5737. Brückner, Aleksander, Budorgis. Slavia occidentalis 3/4, 1—17.

Betr. die Identifizierung der Budorgis mit Będargowo und im allgemeinen die Kritik der Angaben der ptolemäischen Karte.

5738. Ekblom, R., Rusъ et Varęgъ dans les noms de lieux de la région de Novgorod. Upsala 1915.

Rez. ZfslavPhil 1, 252 M[ax] V[asmer]).

5739. Krohn, Kaarle, Über Ortsnamen in den Gesängen des archangelschen Karelien. I—III. FUF 16, 1—45.

5740. Vasmer, Max, Üks Narva linna vana nimi. Eesti Kirjandus 14 (1920), 197—203.

Über den altruss. Namen von Narva: Rugodiv.

5741. V[asmer], M[ax], Alte Flußnamen. I. Ἀττικίτης. II. Αὔρας. ZfslavPhil Leipzig 1, 25f. 101f.

5742. Kisch, Gustav, Erloschenes Magyarentum im Siebenbürger Sachsenlande. Ein Beitr. zum Siebenb.-sächs. Wörterbuch. ASiebLk N. F. 42, 135—160.

5743. Ojansuu, Heikki, Suomalaista paikannimitutkimusta. I. [Helsingfors] 1920. XLI, 274 S. 8°.

Übersicht der bisherigen finnischen Ortsnamenforschung.

Rez. Eesti Keel 1 (1922), 121—125 (A. S[aareste]).

5744. Wessman, V. E. V., Några anmärkningar om våra ortnamn. Budk 2, 23f.

5745. Vasmer, Max, Zur baltischen Ortsnamenforschung. SberGEG 1922, 75.

1. Der Embach. 2. Walk.

5746. Westrén-Doll, A., Bemerkungen zu den in den Livländischen Güterurkunden I erwähnten Ortsnamen des estnischen Sprachgebiets. SberGEG 1922, 57—74.

5747. Westrén-Doll, A., Urkundliche livische u. kurische Ortsnamen. SBerGEG 1924, 5—24.

5748. Eisen, M. J., Kanapää ja [und] Kanepi. Eesti Kirjandus 17 (1923), 82—88.
Zur estnischen Ortsnamenkunde.

5749. Eisen, M. J., Eesti keelest kadunud, saksa keeles püsinud eestikeelsed kohanimed. (Im Estnischen verschwundene, im Deutschen erhaltene estnische Ortsnamen). Eesti Keel 3 (1924), 67—82.

5750. Eisen, M. J., Kõlleste. Eesti Keel 1 (1922), 33—37.
Zur estnischen Ortsnamenkunde.

5751. Eisen, M. J.. Pedja. Eesti Keel 2 (1923), 65—70.
Zur estnischen Ortsnamenkunde.

5752. Eisen, M. J., Pilkuse. Eesti Keel 3 (1924), 26f.
Zur estnischen Ortsnamenkunde.

5753. A. K., *-ssa(a)re* lõpulistest kohanimedest. (Über die auf *-ssa(a)re* ausgehenden Ortsnamen). Eesti Keel 3 (1924), 27f.
Zur estnischen Ortsnamenkunde (im Anschluß an Eesti Keel 2, 113).

5754. Eisen, M. J., *Kau* ja ta kildkond. (*Kau* und seine Sippschaft). Eesti Keel 3 (1924), 140—146.
Zur estnischen Ortsnamenkunde.

5755. Endzelīns, J., Latvijas vietu vārdi. I dal'a. Vidzemes vārdi. (Lettische Ortsnamen. I. Teil. Die Namen in Livland). Riga, A. Gulbis, 1922. 117 S. 8°.
Rez. TiŽ (Kaunas) 1 (1923), 376—397 u. 441—444 (K. Būga).

5756. Būga, K., Aisčių praeitis vietų vardų šviesoje. Su dviem žemėlapiais. (Die Vergangenheit der Balten im Lichte der Ortsnamen. Mit 2 Karten). Kaunas 1924. 20 S. 8°.

5757. Būga, K., Kalba ir senovė. I d. (Sprache und Altertum. I. Teil). Kaunas 1922. XVI, 354 S. 8°.
S. 307f. steht ein Verzeichnis aller litauischer Ortsnamen, die im Buche behandelt sind, mit Seitenangabe.

5758. Būga, K., Dūkštas. TiŽ (Kaunas) 2 (1924), 110.

5759. Būga, K., Jeznas. TiŽ (Kaunas) 2 (1924), 97.

5760. Būga, K., Palanga. TiŽ (Kaunas) 2 (1924), 97.

5761. Būga, K., Sirinčia ir Strača. TiŽ (Kaunas) 2 (1924), 28.

5762. Būga, K., Spera, Kena, Gauja ir Neris. TiŽ (Kaunas) 2 (1924), 80.

5763. Būga, K., Laukesa. TiŽ (Kaunas) 2 (1924), 34.

5764. Būga, K., Sožies paupio lietuviai. (Die Litauer des Sosch-Gebietes). TiŽ (Kaunas) 2 (1924), 114.

5765. Būga, K., Utroja ir Vtroja. TiŽ (Kaunas 2 (1924), 48.

5766. Gerullis, Georg, Die altpreußischen Ortsnamen gesammelt und sprachlich behandelt. Berlin und Leipzig, Vereinigung wissenschaftl. Verleger, 1922. 286 S. 8°.
Angez. BllBayGym 60 (1924), 52f. (Schnetz).
Rez. in der Zeitung „Lietuva" (Kaunas) vom 25. Mai 1922, Nr. 117 (K. Būga); TiŽ (Kaunas) 1 (1923), 420f. (K. Būga); Teuthonista 1, 76f. (Mitzka).

5767. Mitzka, Walther, Altpreußisches. ZsfvglSpr 52 (1924), 129—147.
Dialektgeographisches zu altpreußischen und deutschen Ortsnamen.

5768. Kannisto, A., Vogulien aikaisemmista asumaaloista paikannimitutkimuksen valossa. Suomi, 5. Folge 2, 441—474. 1 Karte.
Über die früheren Wohngebiete der Wogulen im Lichte der Ortsnamenforschung.

5769. Durham, Edith, Dardania and some Balkan Placenames. Man 23, 39—42.

5770. Apraiz, Odón de, De toponomía histórica. RAntEstVasc 15, 306—312.

5771. Eleizalde, L. de, Listas alfabéticas de voces toponomásticas vascas. Rev. intern. est. vasc. 13 (1922), 113—128. 493—509; 14 (1923), 128—144. 315—328. 442—456. 558—571.

5772. Ojansuu, H., Idrisin Daghwada. Kotiseutu 1922, 20f.
Der Ortsname D. bei dem arab. Reisenden Idrisi (1154).

5773. Lopes, David, Toponimía árabe de Portugal. Rev Lus 24, 257—273.

D. Völkernamen.

5774. Mezger, Fr., Angelsächsische Völker- und Ländernamen. Berlin, Meyer & Müller, 1921. 60 S.
Rez. AnSpr 146 (1923), 131—136 (M. Förster).

5775. Schnetz, Jos., Der Name Germanen. Btr 47, 470 bis 491.
Wz. **gherem-*; vielleicht aus dem Germanischen ins Keltische gedrungen. Bedeutung am ehesten die „Grimmigen".

5776. Zweifel, Marguerite, Untersuchung über die Bedeutungsentwicklung von *Langobardus-Lombardus* mit bes. Berücks. französ. Verhältnisse. Halle 1921.
Rez. SAfVk 24, 134f. (W. Bruckner).

5777. Reuter, Otto Sigfrid, Der Name der Sachsen. Nds 29, 41f.

5778. Spiegel, M., Völkernamen als Epitheta im Galloromanischen. Diss. Bonn, 1922. 11 S.

5779. Brandl, A., Der Name Magyar bei König Alfred. UngJahrb 3 (1923), Nr. 1.

5780. Būga, K., Vokia, miksai und Kuršas in Kalba ir senovė I. (S. 202—210). Kaunas 1922. XVI, 354 S. 8°.

E. Hausnamen.

5781. Bossert, Gustav, Die Hausnamen in Franken. FränkHmt 3 (1924), 350 f.

5782. Stütz, Max, Die Hausnamen im Erzgebirge. DVl 1924, 180—185.

5783. Lang, Alois, Zu den Anfängen der „Vulgo“-Hausbezeichnungen. BlHmtkSteierm 1, Nr. 5/6, 5 f.

5784. Lamprecht, Otto, Die Anfänge der Vulgarnamen. BlHmtkSteierm 1, Nr. 11/12, 10—12.

F. Personen- und Familiennamen.

1. Allgemeines.

5785. Hirzel, Rudolf, Der Name. Ein Beitrag zu seiner Geschichte im Altertum und besonders bei den Griechen. AbhSächsGes 36, 2. Abh., 1921. 108 S.

5786. Nied, Edmund, Heiligenverehrung und Namengebung. Freiburg i. Br., Herder & Co., 1924. VIII, 110 S. 8⁰.

Wertvolle Monographie über die Beziehungen des Heiligenkults zur Namengebung: Namenwahl, -form, -geschichte, -gruppen; biblische, kirchlich-katholische Heilige. Register.

Angez. ZfVk 33/34, 170f. (J. B[olte]); ASchwAlt NF 26, 201f. (H. L[ehmann]); SAVk 25, 158f. (E. H[offmann-K[rayer]).

Rez. Teuth 1, 313f. (Ernst Ochs); Freiburger Diözesan-Archiv, N. F. 25 (der ganzen Reihe 52) (1924), 225f. (—).

5787. Blese, E., Mūsu uzvārdu pētīšanas uzdevumi. (Aufgaben unserer Familiennamen-Forschung). Izglīt. ministr. mēnešraksts (Riga) 1924, Nr. 8, 163—172.

5788. Trenkle, Hans, Die Entstehung von Familiennamen aus Ortsnamen. Hmtl 11 (1924), 20.

Einige Beispiele aus einem Berain des 14. Jahrh. aus Obereggenen.

5789. Reiterer, Karl, Volkstümliche Namengebung in neuer Zeit. BllHk (Graz) 1, Nr. 11/12, 14—16.

5790. Kretschmer, Paul, Mythische Namen. Triptolemos, Oidipus, Melampus. Glotta 12 (1923), 51 ff., Andromache, Minthe, Mēntula ebda. 103 ff. 283 ff.

2. Deutsches und niederländisches Sprachgebiet.

5791. Heintze, Albert, Die dentschen Familiennamen, geschichtlich, geographisch, sprachlich. 5. verb. u. verm. Aufl., hrsg. v. Paul Cascorbi. Halle a. S., Buchh. d. Waisenhauses, 1922. VIII, 330 S. 8⁰.

Rez. DLZ 45, 52—54 (Edward Schröder).

5792. Bähnisch, Alfred, Die deutschen Personennamen. 3. Aufl. (Aus Natur und Geisteswelt 296). Leipzig, B. G. Teubner, 1920. 119 S. 8⁰.

Rez. MschlVk 24, 145.

5793. Meisinger, Othmar, Hinz und Kunz. Deutsche Vornamen in erweiterter Bedeutung. Dortmund, Fr. W. Ruhfus, 1924. 97 S. 8⁰. M. 3.—.

Rez. ZrwVk 20/21, 82 (P. Sartori); DG 25 (1924), 68 (—); MannhGbll 25 (1924), 175 (—).

5794. Kuske, Bruno, Der Einfluß der Rufnamen auf die Entstehung der Familiennamen. Köln, Verlag Gilsbach & Co., 1923. 28 S.

Vorzugsweise das Rheinland berücksichtigt. 3—14 Entwicklung der Familiennamen. 14—28 alphabetisches Verzeichnis von Vornamen und ihre Formen als Familiennamen.

Angez. BllBayGym 60 (1924), 305.

Rez. DG 25 (1924), 69; DLZ 45, 789—791 (Edward Schröder).

5795. Heidelberger, F., Unsere Vornamen. Volk und Heimat 1924, Nr. 43.

5796. Wasserzieher, Ernst, Unsere Familiennamen. Sammler 92 (1923), Nr. 30 vom 14. April, S. 5 f.

5797. Prager, Alfons, Ein Beitrag zur Personen-Namenkunde. Ill. Festschr. d. Ver. Bayerland, Sitz Straubing, anläßl. d. großen Heimattagung in Straubing (1924).

5798. Berthold, Luise, Eigennamen und Spottnamen (im Nassauischen). NassBl 4, 54 f.

5799. o., Wie man im Mittelalter die Mädchen nannte. Sammler 92 (1923), Nr. 47 vom 13. Juni, S. 4.

Auf Grund einer 1385 in Frankfurt a. M. vorgenommenen Zählung. (Namenmoden!)

5800. Ginsburger, M., Die Namen der Juden im Elsaß. ElsaßI 1924, 237—242.

5801. Oehler, W., Deutsche Familiennamen mit Verwachsungen. Familiengeschichtl. Bl. 21, H. 10—12, Sp. 81—86.

5802. Nied, Edmund, Familienbuch für Freiburg, Karlsruhe und Mannheim. Freiburg i. Br., Kommissionsverlag von Walter Momber, 1924. M. 2.50.

Rez. MannhGbll 25 (1924), 200 (—).

5803. Heidelberger, F., Namensänderungen in Baden. Hmtl 10, 3—5.

5804. Heidelberger, F., Karlsruher Familiennamen. Die Pyramide 1924, Nr. 42.

5805. Armbrust, Ludwig, Satznamen als hessische Familiennamen. VolkuSch 1, 132—134.

5806. Zoder, Rudolf, Magdeburger Familiennamen. Geschbl. f. Stadt u. Land Magdeburg 56/59 (1921/24), 29 - 62.

5807. Arnold, A., Nordpfälzische Familiennamen aus der Tier- und Pflanzenwelt. PfMH 1924, 54 ff.

5808. Tretter, Alte Oberpfälzer Familiennamen. Oberpf 18 (1924), 71 f.

Aus oberpfälzischen Salbüchern aus der Zeit um 1420.

5809. Weiß, Alte Übernamen aus dem Kirchspiel Sankt Georgen. Unterm Rosenhut 1 (1924), 22—28.

5810. Neukirch, F. X., Der Ursprung des Straßburger Scherznamens „Meiselocker“. Mein Elsaßland (Colmar) 1923, 139—142.

5811. Rabensteiner, Nicod., Übernamen in den Urkunden des Pfarrarchivs in Tisens. Der Schlern 5, 63.

5812. Kleeberger, K., Der Familienname Neulist in Friesenheim. Hmtbll f. Ludwigshafen a. Rh. 1923, Nr. 6.

5813. Becker, Albert, Rücker [Familienname]. PfälzMus 41 (20), 81.

5814. Tarneller, Joseph, Zur Namenkunde. 1. Tyroler Familiennamen. 4000 Geschlechtsnamen, die tyrolischen und vorarlbergischen Hofnamen entsprossen sind. 2. Deutsche Stammwörter, die zur Bildung tyrolischer Hofnamen verwendet wurden. Hauptsächlich bearb. v. 1902—1912. Hrsg. v. Heimatschutzverein Meran. Bozen, Buchh. Tyrolia, 1923. 210 S. 8°.
Rez. DLZ 45, 789 f. (Edward Schröder).

5815. Weber, Franz Sylvester, Die Jenesier Taufnamen um die Mitte des 17. Jahrh. Der Schlern 5, 358 f.

5816. Fischer, Eduard, Namen und Übernamen im solothurnischen Gäu. SchwVk 13, 33—38.

5817. Mansion, J., Hoe heetten onze vrouwen in het verleden. VerslVlaamAc 1924, 407—415.

5818. Loewe, Rich., Gotische Namen in hagiographischen Texten. Btr 47, 407—433.

3. Englisches Sprachgebiet.

5819. Clouston, J. S., The people and surnames of Orkney. Proc. Orkney Antiq. Soc. 2, 31—37.

4. Nordisches Sprachgebiet.

5820. Hellquist, E., Tyska familjenamn i svenskan. Ord och Bild 33, 136—144.

5821. Jónsson, F., og Jørgensen, E., Nordiske Pilgrimsnavne i Broderskabsbogen fra Reichenau. Aarb. f. nord. Oldk. 1923, 1—36.

5822. Lind, E. H., Ortnamnens insats i den gamla nordiska dopnamnsbildningen. Festskr. till Pipping (Skr. utg. av Sv. Lit. sällsk. i Finland 175), 326—333.

5823. Heggstad, L., Personnamn fraa Voss. Vossebygderne (Voss) 13 (1923), 1—24.

5824. Nordenstreng, Rolf, Beimuni och beimarna. NoB 1923, 25—32.

5825. Sahlgren, J., Moderna svenska dopnamn. Tidskr. f. hembygdsvard 4, 47—57.

5. Romanisches Sprachgebiet.

5826. Maret, Ernest, Noms et surnoms usités dans la Suisse romande au moyenâge et au seizième siècle. ZfschwGesch 3, 426—442.

5827. Aebischer, Paul, Sur l'origine et la formation des noms de famille dans le canton de Fribourg. Biblioteca dell' *Archivum Romanicum.* Serie linguistica, vol. VI. Thèse de doctorat Fac. des Lettres de l'Université de Fribourg. Genève, 1924.
Rez. Annales Fribourgeoises 12, 141—144.

5828. Aebischer, Paul, Les noms de personne et l'origine des noms de famille d'après les plus ancien documents valdôtains. Augusta Prætoria (Aosta) 6, 112—121.

5829. Traina, G., Storpiature di nomi. Sic 7, 6f.
Storpiature di nomi personali, vezzeggiativi e diminutivi.

5830. D'Alessandro, G., Cognomi e soprannomi. Sic 7, 19—21.
Ingiurie e nomignoli siciliani che diventano nomi e cognomi.

5831. Olivieri, Dante, I cognomi della Venezia Euganea. Saggio di uno studio storico-etimologico. (Estr. dalla Biblioteca dell' *Archivum Romanicum,* diretta da Giulio Bertoni). Ginevra, Leo S. Olschki, 1923 (ma 1924). 159 S. 8⁰.

5832. Neri Machado, A., Nomes patrios, gentilicos ou nacionaes. Rev. ling. port. (Innsbruck) 4 (1922), 63—77.

5833. Nunes, J. J., Apelidos e alcunhas (Übernamen). Lusa 4, 96—98.

5834. Salis, P. Nicolaus v., Einiges über den Ursprung der Familiennamen Cabalzar und Giovanoli. Bündnerisches Monatsbl 1924, 119—123.

5835. Benary, W., Germanisch Marcolf und Verwandtes im Romanischen. ZfRomPhil 43, 471.

6. Anderweitiges.

5836. Taszycki, W., Polskie nazwy osobowe (Polnische Personennamen). Warszawa, Bibljot. miłośników język. polsk. 5, 1924. 32 S. 8⁰.

5837. *Ξανθουδίδης, Σ., Οἰκογενειακά τινα ἐπώνυμα ἐκ Κρήτης. Λαογρ. Ζ'* (Festschr. Politis, 1923), 368—384.

5838. Eisen, M. J., Risti- ja sugunimed Tartu-Võru maakonnas a. 1582. (Tauf- und Familiennamen im Kreise Dorpat-Werro i. J. 1582). Eesti Keel 2 (1923), 4—10.
Südestland.

5839. Winstedt, E. O., Notes on English Gypsy Christian Names. JGypsyL 2, 16—39.

G. Tiernamen.

5840. Hartwig, Plattdeutsche Tier- und Pflanzennamen in Minden-Ravensberg. JberHistVGrafschRavensberg (Bielefeld, Velhagen & Klasing), 38.

5841. Weinold, Ludwig, Rindernamen aus der unteren Schranne. Hmtbl 1, H. 8/9, 10f.

5842. Willems, B., Die Namen unserer Kühe. Folklore (Malmédy) 1, 80—82.

Hier ist der Einfluß des Französischen (Wallonischen) auf das angrenzende deutsche Sprachgebiet unverkennbar.

5843. Qvigstad, J., Kunavn i Troms fylke før og nu. Tromsö, Nordlys trykkeri, 1923. 8 S. 8°.

5844. Lista yver kunamn. Vestlandsk landbruk 10, Nr. 11, 2—4.

5845. Nordqvist, Osc., Om några egendomliga fisknamns [rabboxa, tajmen, harr] utbredning. Svensk fiskeri-tidskr. 32, 129—134.

5846. Griera, A., Els noms dels peixos (Fische) dels mars i rius de Catalunya. Butlletí de Dial. Cat. (Barcelona) 11 (1923), 33—79.

5847. Loewenthal, John, Lat. salmo (Lachs). ZfvglSpr 52 (1924), 222.

Gallisches Wort mit der Bedeutung „dunkelfarbig, schmutziggrau“, vgl. engl. grilse und gray („Junglachs“).

5848. Berthold, L., Vogelnamen NassBl 4, 22.

5849. Þorkelsson, P., Íslenzk fuglaheita-orðabók. Reykjavík 1916. 128 S. 8°.

5850. Riegler, R., Italienische Vogelnamen. ARom 7, 1—26.

5851. Sallent, A., Els noms dels ocells (Vögel) de Catalunya. Butlletí de dial. cat. (Barcelona) 10 (1922), 54—100.

5852. B., J. [= J. Birkner], Der Hennengeier als „Horaweib“. FränkHmt 3 (1924), 25.

5853. Martin, Bernhard, Deutsche Wortgeographie. 3. Das Eichhörnchen. Mit 1 Karte. Teuthonista 1, 227f.

5854. Barbier, P., Latin *pardus* and *leopardus* in the popular nomenclature of fish. ModLangRev 19 (1924), 214 ff.

H. Pflanzennamen.

5855. nk, Im Volksmunde veränderte Pflanzennamen. Sammler 93 (1924), Nr. 20 vom 16. Febr., S. 6.

Nach Dr. Fritz Graf v. Schwerin-Wendisch-Wilmersdorf in den „Mitteilungen der Deutschen Dendrologischen Gesellschaft“.

5856. Marzell, H., Personennamen als Pflanzennamen. Sammler 93 (1924), Nr. 48 vom 26. April, S. 4.

5857. Birkner, J., Volksetymologische Pflanzenbenennung. FränkHmt 2 (1923), 75 f.

5858. Gruber, A., Der Teufel in der Pflanzenwelt. Sammler 92 (1923), Nr. 56 vom 14. Juli, S. 3 f.

5859. Zimmermann, Walter, Badische Volksnamen von Pflanzen. Mitt. d. bad. Landesvereins für Naturkunde 1923?

Rez. Hmtg 4, 118 f. (Zekert).

5860. Marzell, Heinrich, Fränkische Volksnamen unserer Frühjahrsblumen. FränkHmt 3, 128—130.

5861. Högner, K., Volkstümliche Pflanzenbenennungen. FränkHmt 3 (1924), 433.
Solnhofen (Mittelfranken).

5862. Prager, Alfons, Was dem Simmerjakl im Auswärts von die Bleamln tramt hat. Ein Beitrag zur Pflanzen-, Sprach- und Volkskunde des Bayr. Waldes. Bayerwald 21, H. 2, 1—4; H. 3/4, 1—3.
Volkstümliche Pflanzennamen.

5863. Wilde, Jul., Die Pflanzennamen im Sprachschatze der Pfälzer, ihre Herkunft, Entwicklung und Anwendung. Neustadt a. d. H., Pfälzischer Volksbildungsverlag. 1923. 303 S.
Angez. PfälzMus 41 (20), 89 (Häberle und A. Becker); MschlVk 25, 163 (Siebs).
Rez. MannhGschbll 24 (1923), 119 (Walter); Bayerl 35 (1924), 64 (Albert Becker).

5864. Prosch, Georg, Etwas über volkstümliche Pflanzennamen. Schlern 4, 225—227. 298.
Pflanzennamen in der Lüsener Mundart.

5865. Dalla-Torre, K. W., Unterinntaler Pflanzennamen. Hmtbl 1, H. 1, 4f.; H. 2, 6; H. 3, 4f.

5866. Zimmermann, Karl, Volkstümliche Pflanzen- und Tiernamen. 3. MNordböhmVHmtf 46 (1923), 17—21.

5867. Schäfer, Theodor, Volkstümliche Pflanzen- und Tiernamen. MNordböhmVHmtf (B. Leipa) 47, 34—36.

5868. Miethig, Karl, Volkstümliche Pflanzennamen. Jb. und Kalender für Türmitz und seine Nachbarschaft (Außig) 1924, 75—79.

5869. Bezdek. Josef, Die mundartlich benannten Pflanzen des Reichenauer Gebietes. MSchönhVk 19, 33—50.
Mit volkskundlichen Bemerkungen.

5870. Hausotter, Emil, Pflanzenbenennungen auf dem Lande. Kuhländchen (Neutitschein) 5, 93f.

5871. Masing, O., Aus der Arbeit am Deutschbaltischen Dialektwörterbuch. ZfDeutschkde 37 (1923), 89—94.
Gartengewächse. I. Zierpflanzen. II. Nutzpflanzen: a) Obst. b) Beerenfrüchte. c) Hülsenfrüchte. d) Gemüse. e) Küchenkräuter.

5872. Wessén, E., Svenska växtnamn från 1500-talet. Linköpings bibl. handlingar N. S. 4, 48—85.

5873. Hesselman, B., Växtnamnet törel. Nysvenska studier (Uppsala) 4 (1924), 260—270.
Über den schwedischen Namen der Euphorbia Helioscopia: *törel*, eig. „Butterstiel".

5874. Kristensen, M., Blanceflor. NysvStud 3, 263—265.
Erklärung des Namens.

5875. Bertoldi, Vittorio, Dal lessico botanico. La petacciola. ARom 8, 256—267.

5876. Penzig, O., Flora popolare italiana. Raccolta dei nomi dialettali delle principali piante indigene e coltivate in Italia. Genova 1924.
Rez. ARom 11, Nr. 1.

5877. Battisti, Carlo, I nomi friulani del Colchico. Gorizia, TipSociale 1924. 18 S.

5878. *Δέφνερ, M., Ἡ χλωρὶς τῆς Τσακονίας. (Βασιλικὴ γεωργικὴ ἑταιρία, γεωπονικὴ βιβλιοθήκη ἀρ.* 2). Athen 1922. 32 S.
Pflanzennamen der Tsakonia.
Angez. ARw 22 (1923/24), 351 (Weinreich).

5879. Niedermann, Max, Die Benennungen der Kartoffel im Litauischen und im Lettischen. Wörter und Sachen (Heidelberg) 8 (1923), 33—96.
Rez. Tauta ir žodis (Kaunas) 2 (1924), 446—450 (A. Senn) und ebda. S. 485 (K. Būga).

5880. Schurter, H., Der Löwenzahn in der Volkssprache. SchwLehrerZtg. vom 21. April 1923.

5881. Nehring, A., Zum Namen der Quitte. Glotta 13 (1924), 11 ff.

5882. Ihlers, Karl, Stah üp un gah weg! Nds 29, 522.
Name für den gemeinen blauen Enzian (Gentiana pneumonarthe) und für das Tausendgüldenkraut (Erythraea centaurium).

I. Anderweitiges.

5883. Alte Straßburger Wirtschaftsnamen. Elsaßl 1923, 307—309.

5884. Pector, Herman, et Lowet, M., Expressions météorologiques. FLBrab 3, 205.

5885. Pellegrin, A., Les Directions cardinales à Piétrain. FLBrab 3, 206.

5886. Dewert, J., Les points cardinaux. FLBrab 3, 207 f.

5887. J. B., Les points cardinaux à Walheim. FLBrab 4, 42 f.

Sterne. — 5888. Ungnad, Arthur, Ursprung und Wanderung der Sternnamen. (Kulturfragen, H. 2). Breslau, Selbstverl. d. Verf., 1923. 15 S. 8°.
Angez. HessBll 22, 93 (J. Lewy).

5889. Goetze, Albrecht, Tištrya, Tīr, Tišya, *Σείριος*. ZfvglSpr 51 (1923), 146—153.
Der Sternname ist indogerm. und bedeutet „gefährlich", „funkelnd".

5890. Demeuldre, Aimé, A bise. FLBrab 3, 209.

5891. Riegler, Rich., Span. *descuer-nacabras* „scharfer Nordwind". WuS 8, 104 f.

XXIII. Varia.

5892. Fettweis, Ewald, Wie man einstens rechnete. (Mathemat.-physikal. Bibliothek, hrsg. v. Lietzmann und Witting, Nr. 49). Mit 10 Fig., 2 Tab. und zahlreichen Aufgaben. Berlin-Leipzig, Teubner, 1923. 56 S.

Angez. ZfVk 33/34, 119 (F. B[oehm]); SAVk 24, 208 (E. H[offmann]-K[rayer]); HessBll 22, 108f. (H. Hepding).

Rez. BphW 43 (1923), 750f. (Witting).

5893. Reinach, S., L'histoire des gestes. RevArch 20 (1924), 64—79.

5894. Süss, W., Über antike Geheimschreibmethoden und ihr Nachleben. Philol 78 (1923), 142—175.

5895. Schultz, Wolfg., Zeitrechnung und Weltenordnung in ihren übereinstimmenden Grundzügen bei den Indern, Iraniern, Hellenen, Italikern, Germanen, Kelten, Litauern, Slawen. (Mannus-Bibliothek Nr. 35). Leipzig, Curt Kabitzsch, 1924. XVIII, 289 S. gr. 8°. M. 11.—.

Rez. Anthr. 18/19, 1120—1124 (Fritz Röck).

5896. Pellandini, Vittore, I vecchi orologi da torre alla italiana. SAVk 24, 115—117.

Stundenrechnung vom Eintritt der Dämmerung an.

Nachträge.

5897. Gorodeckij, B. M., Bibliografija i krajevedenije, (Die Bibliographie und die Heimatkunde). Voprosy Krajevedenija. Akad. d. Wiss. (Leningrad) 1923, 138—143.

5898. Višnevskij, B. N., Literatura po krajevedeniju za poslednije gody. (Heimatkundliche Literatur der letzten Jahre). Krajevedenije (Leningrad) 1923, 70 ff. 193 ff.

5899. Ogurcov, N. G., Opyt mestnoj bibliografii. Jaroslavskij kraj (1718—1924). (Versuch einer Lokalbibliographie. Das Jaroslawsche Land [1718—1924]). Jaroslavlj, Krajevedčeskoje Obšč., 1924. XV, 448 S. 8°.

Rez. Krajevedenije 1924, 485f. (A. Lovjagin).

5900. Kazarinov, P. K., Sibirskoje krajevedenije. (Die sibirische Heimatkunde). Sibirskaja Živaja Starina Lief. 2 (1924).

Angez. Krajevjedenije (Leningrad) 1924, 505.

5901. Azadovskij, Mark, Literatura po etnografii Sibiri za posledneje desjatiletije XIX v. (Die Literatur über sibirische Ethnographie im letzten Jahrzehnt des XIX. Jahrh.). Sibirskaja Živaja Starina Lief. 2 (1924).

Angez. Krajevedenije (Leningrad) 4 (1924), 505.

5902. Bogdanov, Vl. Vl., Zadači krajevedenija i istorija jego v Rossii. (Die Aufgaben der Heimatkunde und die Geschichte der Heimatkunde in Rußland). Voprosy Krajevedenija, Akad. d. Wiss. (Leningrad) 1923, 5—13.

5903. Oldenburg, S. F., Pristup k sistematičeskoj krajevedčeskoj rabote v Rossii. (Der Angriff der systematischen Heimatkunde in Rußland). Krajevedenije (Leningrad) 1923, 3ff.

5904. Šokaljskij, J. M., Russkij Sever, kak zadača krajevednogo izučenija. (Der russische Norden als Aufgabe der heimatkundlichen Forschung). Voprosy Krajevedenija, Akad. d. Wiss. (Leningrad) 1923, 151—158.

5905. Snesarev, A. E., Russkij Vostok, kak zadača krajevednogo izučenija. (Der russische Osten als Aufgabe der heimatkundlichen Forschung). Voprosy Krajevedenija, Akad. d. Wiss. (Leningrad) 1923, 159—171.

5906. Smirnov, Vasilij, Kostromskoje Naučnoje Obščestvo po izučeniju mestnogo kraja za 10 let. (Die wissenschaftliche Gesellschaft von Kostroma zur lokalen Erforschung des Landes im Laufe der letzten 10 Jahre). Krajevedenije (Leningrad) 1923, 51 ff.

5907. Dubjanskij, V. V., Krajevedčeskaja rabota na Kavkaze v prošlom i teperj. (Die heimatkundliche Forschung im Kaukasus in der Vergangenheit und Gegenwart). Krajevedenije (Leningrad) 1924, 404—417.

5908. Svjatskij, D., O krajevedčeskoj rabote v Orlovskoj i Kurskoj gub. (Über die heimatkundliche Forschung in den Gouvernements Orel und Kursk). Krajevedenije (Leningrad) 1924, 460 f.

5909. Gladkij, A. K., Kratkij očerk istorii vozniknovenija i dejateljnosti Pskovskogo Obščestva Krajevedenija. (Kurze Skizze der Entstehungsgeschichte und der Tätigkeit der heimatkundlichen Gesellschaft von Pskow). Poznaj svoj kraj (Pskow) 1924, 65—70.

5910. Krajevedčeskije učreždenija v Pskovskoj gubernii. (Heimatkundliche Institute im Gouvernement Pskow). Poznaj svoj kraj (Pskow) 1924, 70 f.

5911. Grevs, Ivan, Krajevedčeskaja rabota v Poltave. (Die heimatkundliche Forschung in Poltawa). Krajevedenije (Leningrad) 1924, 461—466.

5912. Chordikajnen, A., Severo-Pečorskij kraj i krajevedenije. (Das nördliche Pečoragebiet und die Heimatkunde). Krajevedenije (Leningrad) 1924, 472—474.

5913. Iljinskij, Al., O krajevedčeskoj rabote v Povolžje. (Über die heimatkundliche Forschung im Wolgagebiet). Krajevedenije (Leningrad) 1924, 357 f.

5914. Borneman, B., Krajevedenije v Vostočnoj Sibiri. (Die Heimatkunde im östlichen Sibirien). Krajevedenije (Leningrad) 1924, 466—470.

5915. Višnevskij, B. N., Pamjati D. N. Anučina. (Dem Andenken D. N. Anučin's). Krajevedenije (Leningrad) 1923, 89 ff.

5916. Pamjor Michal Fedaroŭski. (Michael Fedarowski ist gestorben). Naš Sjcjag (Wilna) Nr. 5 (1923).

5917. Smercj M. Fedaroŭskaho. (M. Fedarowski's Tod). Saveckaja Belarusj (Minsk) 1923, Nr. 150.

5918. Svjatskij, D. O., M. V. Lomonosov i krajevedenije. Stranička iz istorii krajevedenija v Rossii. (M. V. Lomonosov und die Heimatkunde. Ein Blatt aus der Geschichte der Heimatkunde in Rußland). Krajevedenije (Leningrad) 1924, 369—375.

5919. Janson, A., Okulič-Kazarin, N. F. Poznaj svoj kraj (Pskow) 1924, 60 ff.

5926. Chorošich, P. P., Michail Pavlovič Ovčinnikov, kak krajeved. (M. P. Ovčinnikov als Heimatforscher). Sibirskaja Živaja Starina Lief. 2 (1924).
Angez. Krajevedenije (Leningrad) 4 (1924), 505.

5921. Anučin, D. N., Kuljtura doistoričeskogo čeloveka po otdeljnym rajonam Rossii i jejo izučenije. (Die Kultur des vorhistorischen Menschen in den einzelnen Teilen Rußlands und ihre Erforschung). Voprosy Krajevedenija, Akad. d. Wiss. (Leningrad) 1923, 93—100.

5922. Rukovodstvo k sobiraniju materialov po izučeniju Ivanovo-Voznesenskogo kraja. (Anleitung zum Sammeln von Materialien zur Erforschung der Gegend von Iwanowo-Wosnesensk). Iwanowo-Wosnesensk, Gesellschaft für Heimatkunde 1924. 24 S. 8⁰.
Angez. Krajevedenije (Leningrad) 1924, 497.

5923. Ščavinskij, V. A., Živaja archeologija i novyje formy. (Die lebendige Archäologie und ihre neuen Formen). Krajevedenije (Leningrad) 1923, 98 ff.

5924. Jefimenko, P., Doistoričeskaja archeologija, jejo zadači i perspektivy v oblastnom izučeniji. (Die vorhistorische Archäologie, ihre Aufgaben und Aussichten in der lokalen Forschung). Krajevedenije (Leningrad) 1923, 93 ff.

5925. Kuftin, B. A., Važnostj i sročnostj sobiranija etnografičeskich materialov dlja zadač krajevedenija. (Die Wichtigkeit und Unaufschiebbarkeit des Aufzeichnens ethnographischer Materialien für die Zwecke der Volkskunde). Voprosy Krajevedenija Akad. d. Wiss. (Leningrad) 1923, 101—108.

5926. Bogdanov, Vl. Vl., Kuljturno-istoričeskije očerki otdeljnych rajonov, kak rezuljtat nakoplenija krajevednych materialov. (Kulturhistorische Skizzen einzelner Orte als Ergebnis der Sammlung heimatkundlicher Materialien). Voprosy Krajevedenija, Akad. d. Wiss. (Leningrad), 1923, 125—132.

5927. Višnevskij, M. S., Vystavka. kak metod propagandy idei krajevedenija. (Die Ausstellung als Propagandamethode für die Idee der Heimatforschung). Voprosy Krajevedenija Akad. d. Wiss. (Leningrad), 1923, 144—155.

5928. Žukov, B. S., Organizacija institutov i kursov po podgotowke rabotnikov krajevedenija. (Die Organisierung von Instituten und Kursen zur Heranbildung von Heimatforschern). Voprosy Krajevedenija Akad. d. Wiss. (Leningrad) 1923, 44—50.

5929. Dzens-Litowskij, A. J., K voprosu o predmete i metode kursa „Krajevedenije". (Zur Frage über den Inhalt und die Methode eines Kursus über Heimatkunde). Krajevedenije (Leningrad) 2 (1923), 112 ff.

5930. Bogdanov, V. V., Značenije oblastnych muzejew dlja zadač krajevedenija. (Die Bedeutung von lokalen Museen für die Aufgaben der Heimatkunde). Krajevedenije (Leningrad) 1923, 11 ff.

5931. Jachontov, A. A., Krajevedenije i škola. (Die Heimatkunde und die Schule). Voprosy Krajevedenija Akad. d. Wiss. (Leningrad) 1923, 35—43.

5932. Zvjagincev, E. A., Rodinovedenije i lokalizacija jego v škole. (Die Heimatkunde und ihre Lokalisierung in der Schule). Moskau, Gosizdat, 1924. 16 S. 8°.
Angez. Krajevedenije (Leningrad) 4 (1924), 500.

5933. Grinkevič, V. K., Škola i obščestvo krajevedenija. (Die Schule und der Verein zur Heimatkunde). Poznaj swoj kraj (Pskow) 1924, 53 f.
Über die Heranziehung der Schule zur heimatkundlichen Forschung. Methoden und Programme.

5934. Gluzdovskij, V. E., Rodinovedenije i učitelj. (Die Heimatkunde und der Lehrer). Čita, Goskniga, 1923. 272 S. 16°.
Angez. Krajevedenije (Leningrad) 4 (1924), 495.

5935. Čefranov, S. V., Krajevedenije i narodnoje chozjajstvo. (Die Heimatkunde und die Volkswirtschaft). Voprosy Krajevedenija Akad. d. Wiss. (Leningrad) 1923, 18—22.

5936. Ponogajbo, N. D., Agronomičeskije učreždenija na službe krajevedenija. (Agronomische Institute im Dienste der Heimatkunde). Voprosy Krajevedenija Akad. d. Wiss. (Leningrad) 1923, 78—81.

5937. Janosch, Hermann, Unsere Hultschiner Heimat in Sagen und Märchen, Sitten und Gebräuchen. Ratibor, Meyer, 1924. 98 S.

5938. Rudometow, J. J., Kargopoljskij kraj. Sbornik etnografičeskich očerkov. (Das Land von Kargopolj, Verlag des Verfassers, 1919. 50 S. 8°.
Angez. Krajevedenije (Leningrad) 1924, 498.

5939. Naš Kraj. (Unser Heimatland). Toboljsk, Muzej Toboljskogo Severa, 1924.
Rez. Krajevedenije (Leningrad) 1924, 492 f. (N. N. Pavlov-Siljvanskij).

5940. Sibirskaja Zivaja Starina. Etnografičeskij sbornik. (Die sibirische lebendige Vergangenheit). [Zeitschrift.] Irkutsk, hrsg. von der Ostsibirischen Sektion d. Geogr. Ges., 1924. XLV, 222 S. 8°.
Angez. Krajevedenije (Leningrad) 1924, 504.

5941. Melkov, A., Materialy po kirgizskoj etnografii. (Materialien zur kirgisischen Ethnographie). Trudy Obščestva izučenija Kirgizskogo kraja (Orenburg) 3 (1923), 142—182.

5942. Poznaj svoj kraj. Sbornik Obščestva Krajevedenija. (Erforsche dein Land. Zeitschrift des Vereins für Heimatkunde). Pskow, Verein f. Heimatkunde, 1924.
Rez. Krajevedenije (Leningrad) 1924, 483f. (A. Šidlovskij).

5943. Sever. Organ naučnogo severnogo krajevedenija. (Der Norden. Zeitschrift für wissenschaftliche Heimatkunde im Norden). Wologda, Staatsverlag, 1923.
Rez. Krajevedenije 1924, 481f.

5944. Vistnyk Odeśkoi Komissii Krajeznavstva pry Vseukraïnśkoi Akademii Nauk. (Bote der Odessaer Kommission für Heimatkunde an der Allukrainischen Akademie der Wissenschaften). Odessa, VUAN, 1923.
Rez. Krajevedenije (Leningrad) 4 (1924), 490f. (N. N. Pavlov-Siljvanskij).

5945. Ballod, F. V., Staryj i Novyj Saraj — stolicy Zolotoj Ordy. (Das alte und das neue Sarai — die Hauptstädte der Goldenen Horde). Kazanj, Kombinat Izdateljstva i Pečati, 1923. 63 S. 13 Taf. 8°.
Bilder tatarischer Kultur und Kunst.
Rez. Krajevedenije (Leningrad) 1924, 490f. (A. Zacharov).

5946. Aleksejev, B., Narodnoje iskusstvo Rjazanskoj gubernii. (Die Volkskunst im Rjazaner Gouvernement). Vestnik rjazanskich Krajevedow 4 (1924).
Angez. Krajevedenije (Leningrad) 1924, 505.

5947. Boldyrev-Kazarin, D. A., Narodnoje iskusstvo v Sibiri. (Die Volkskunst in Sibirien). Sibirskaja Živaja Starina (Irkutsk) 1924. 8°.
Angez. Krajevedenije (Leningrad) 1924, 505.

5948. Bakušinskij, A. V., Iskusstvo i krajevedenije. (Die Kunst und die Heimatkunde). Voprosy Krajevedenija, Akad. d. Wiss. (Leningrad) 1923, 23—29.

5949. Kovrovyje izdelija vostoka. (Die Teppichweberei des Orients). Leningrad, Russisches Museum, Ethnographische Abteilung, 1924. 36 S. (Abb.). 16°.

5950. Semjonov, A. S., Ljon, kak krajevedčeskaja tema dlja prorabotki v škole. (Der Flachs als heimatkundlicher Stoff für die Behandlung in der Schule). Poznaj svoj kraj (Pskow) 1924, 59.

5951. Molodych, V. G., Materialy k istorii ikonopisanija i živopisi v Zapadnoj Sibiri. (Materialien zur Geschichte der Ikonenmalerei und sonstigen Malerei im westlichen Sibirien). Zapiski Tjumenjskogo Obščestva naučnogo izučenija mestnogo kraja (Tjumenj) Lief. 1 (1924).
Angez. Krajevedenije (Leningrad) 1924, 502.

5952. Matvejev, E. V., Materialy k voprosu o vjatskich kostjumach XVIII. v. (Materialien zur Frage über die Wjatkaschen Trachten des XVIII. Jahrh.). Vjatskaja Žiznj (Wjatka, Inst. Krajev.) 1 (1923), 42—51.

5953. Vom Fisch als Fastenspeise. Der Feierabend, Beil. zum Dorfboten (Budweis) 1924, Nr. 15.
Wird als christliche Gegenmaßregel erklärt, um den in der Frühzeit des Christentums noch fortlebenden Fischkult (aus dem Orient, spez. Syrien) zu entkräften.

5954. Mjaleška, M., Byt belarusa na vystaŭci. (Sitten und Bräuche des Weißrussen auf der Ausstellung). Saveckaja Belarusj (Minsk) 1923, Nr. 145.

5955. Nikanovič, M. N., Zababony na vjoscy. Dzjady. (Ein Totengedenktag). Saveckaja Belarusj (Minsk) 1923, Nr. 3, S. 58.

5956. Vjalikdzenj. (Das Osterfest). Novaje Žycjcjo (Wilna) 1923, Nr. 6.

5957. Sikstinskij, O., Obyčai i obrjady na Georgija. (Sitten und Bräuche am Georgitag). Vistnyk Odeśkoi Komissii Krajeznavstva 1 (1923).
Angez. Krajevedenije (Leningrad) 1924, 491.

5958. Bjadulja, Dzenj uradžaju. (Der Erntetag). Saveckaja Belarusj (Minsk) 1924, Nr. 238.

5959. Tanajevskij, V. A., Programma dlja sobiranija svedenij po obyčnomu krestjanskomu pravu Vjatskogo kraja. (Ein Programm zum Aufzeichnen von Daten über das Bauernrecht im Wjatkalande). Vjatskaja Žiznj, (Wjatka, Inst. Krajeved.) 2 (1923), Supplement S. 1—14.

5960. Loewenthal, John, Kultgeschichtliche Fragen. Btr 49, 63—89.
A. German. Zwillingsgottheiten. 1. Ῥᾶος und Ῥάπος. Ibor und Aio. B. German. Kulte morgenländischer Herkunft. 1. Phol. 2. Rauni-Sämpsä. 3. Nerthus. 4. Frigg, Frîja. C. Roßkult.

5961. Andrejev, M. S., Veščije sny, neskoljko primet i detskaja igra „Soroka-Vorona" sredi nekotorych narodov, glavnym obrazom Srednej Azii. (Prophetische Träume, abergläubische Deutungen und das Kinderspiel „Elster-Krähe" bei einigen Völkern, hauptsächlich Zentralasiens). Izvestija Sredneaziatsk. muzeja (Taschkent) Lief. 2 (1923), 3—34.

5962. Divajev, A., Primety kirgiz. (Vorzeichen der Kirgisen). Trudy Obščestva izučenija Kirgizskogo kraja (Orenburg) 3 (1923), 131—137.

5963. Znacharka. (Die Heilkünstlerin). Saveckaja Belarusj (Minsk) 1924, Nr. 233.

5964. Pagaščanin, Da šukanjnja krynic narodnoj tvorčasjci. (Über die Erforschung der Quellen der Volksdichtung. Kryvič (Kovno) 1923, Nr. 3, S. 44—48.

5965. Sokolov, J. M., Materialy po narodnoj slovesnosti v obščem masštabe krajevednych rabot. (Die Materialien der Volksdichtung in den allgemeinen Grenzen der Heimatkunde). Voprosy Krajevedenija Akad. d. Wiss. (Leningrad) 1923, 109—113.

5966. Brodskij N. L., Gusev, N. A., und Sidorov, N. P., Russkaja ustnaja slovesnostj. Programmy dlja sobiranija proizvedenij ustnoj poesii. (Die russische mündliche Volksdichtung. Programme zum Sammeln von Erzeugnissen der mündlichen Dichtung). Leningrad, Kolos, 1924. 200 S. 8⁰.
Angez. Krajevedenije (Leningrad) 1924, 499.

5967. Cvetkov, Chajdutśki bolgarski piśni. (Bulgarische Volkslieder). Vistnyk Odeśkoi Komissii Krajeznavstva 1 (1923).
Angez. Krajevedenije (Leningrad) 1924, 491.

5968. Bjadulja, Z., Narodnaja tvorčasjcj i novy byt. (Die Volksdichtung und die neue Lebenssitte). Maladnjak (Minsk), 1924, Nr. 2—3, S. 48—54.

5969. Lagovskij, F. N., Narodnyje pesni Kostromskoj, Vologodskoj, Novgorodskoj, Nižegorodskoj i Jaroslavskoj gubernij. (Volkslieder aus den Gouvernements Kostroma, Wologda, Nowgorod, Nižnij-Nowgorod und Jaroslawl). II. Teil. Tretij Etnograf. Sborn., Kostroma 1923, 25—78.

5970. Sbornik belaruskich narodnych pesjnjaŭ. (Sammlung weißrussischer Volkslieder). Naš Sjcjah (Wilna) 1923, Nr. 1.

5971. Sbornik belaruskich narodnych pesjnjaŭ. (Sammlung weißrussischer Volkslieder). Saveckaja Belarusj (Minsk) 1923, Nr. 107.
Angez. Matar. da belar. bibl. (Minsk) 4 (1927), 46.

5972. Sakalo, J., Belaruskaja narodnaja pesjnja. (Das weißrussische Volkslied). Saveckaja Belarusj (Minsk) 1923, Nr. 223. 225.

5973. Karinskij, N. M., Ekskurs v oblastj vjatskoj narodnoj pesni. (Streifzug in das Gebiet des Volksliedes von Wjatka). Vjatskaja Žiznj, (Vjatka, Instit. Krajeveden) 1 (1923), 33—42.

5974. Veraščaka, Jury, Starabelaruskaja kaljadka. (Ein altweißrussisches Weihnachtslied). Kryvič (Kowno) 1923, Nr. 4, S. 34 f.

5975. Bjadulja, Z., Vera, panščyna i volja ŭ belaruskich pesnjach i kazkach. (Der Glaube, die Leibeigenschaft und die Freiheit in den weißrussischen Liedern und Märchen). Saveckaja Belarusj (Minsk) 1924. 141 S.

5976. Struminskij, V. J., Častuški Orenburgskogo kraja. (Die Schnaderhüpfel des Orenburger Landes). Trudy Obščestva izučenija Kirgizskogo kraja (Orenburg) Lief. 2 (1922).
Angez. Krajevedenije (Leningrad) 1924, 501.

5977. Rudin, B., Duchovnyje stichi. (Geistliche Lieder). Tretij Etnografičeskij Sbornik, Kostroma 1923, 21—24.

5978. Divajev, A., Šura, syn Narik-Batyra. (Šura, der Sohn Narik-Batyrs). Trudy Obščestva izučenija Kirgizskogo kraja (Orenburg) 3 (1923), 117—126.
Eine epische Dichtung der Karalkalpaken.

5979. Dubojka, U., Zjbiranjne narodnych meljodij. (Aufzeichnung der Volksmelodien). Saveckaja Belarusj (Minsk) 1923, Nr. 164.

5980. S., P., Navejšyj etap razvicjcja belaruskaj narodnaj meljodyi. (Die jüngste Etappe in der Entwicklung der weißrussischen Volksmelodie). Saveckaja Belarusj (Minsk) 1923, Nr. 72.

5981. M..ski, M., Belaruskaja pesjnja i muzyka. (Das weißrussische Lied und die weißrussische Musik). Saveckaja Belarusj (Minsk) 1923, Nr. 220.

5982. Ljucvjag, Vasilj, Duda. Gistoryka-abyčajowyj narys. (Das Instrument „duda". Eine kulturgeschichtliche Skizze). Kryvič (Kovno) 1923, Nr. 3, S. 42—44.

5983. Volkov, R. M., Skazka. Razyskanija po sjužetosloženiju narodnoj skazki. Tom I. Skazka velikorusskaja, ukrainskaja i belorusskaja. (Das Märchen. Untersuchungen über die Sujet-Komposition des Volksmärchens. Bd. I. Das großrussische, ukrainische und weißrussische Märchen). Odessa, Staatsverlag, 1924. X, 238 S. 8⁰.

5984. Skazki i kartinki. (Märchen und Bilder). Pskow, Gubispolkom, 1923. 16 S. 8⁰.
Angez. Poznaj svoj kraj (Pskow) 1 (1924), 73.

5985. T.., O.., Kazki. (Märchen). Kryvič (Kovno) 1923, Nr. 4, S. 6—8.

5986. Ispolatov, K. A., Tri pskovskich legendy. (Drei Legenden aus Pskow). Poznaj svoy kraj (Pskow) 1 (1924), 45 ff.
Sagen zur Deutung lokaler Namen in der Stadt Pskow.

5987. Smirnov, Vasilij, Potonuvšije kolokola. (Versunkene Glocken). Tretij Etnografičeskij Sbornik, Kostroma 1923, 1—4.
Legenden von versunkenen Städten und Glocken in Rußland.

5988. Širskij, A. A., Iz legend Vetlužskogo kraja. (Aus den Legenden des Wetlugalandes). Trudy Kostromskogo Naučn. Obščestwa Lief. XXIX, Kostroma 1923, 5—16.
Russische Volkslegenden.

5989. Smirnov, Vasilij, Čort rodilsja. (Ein Teufel ist geboren). Tretij Etnografičeskij Sbornik, Kostroma 1923, 17—20.

5990. Azadovskij, Mark, Skazki Verchnelenskogo kraja. (Märchen aus der Gegend der oberen Lena). Sibirskaja Živaja Starina 2 (1924).

Angez. Krajevedenije (Leningrad) 1924, 505.

5991. Divajev, A., Sorok nebylic. (Vierzig Märchen). Trudy Obščestva izučenija Kirgizskogo kraja (Orenburg) 3 (1923), 138—141.

Kirgisische Märchen aus dem Bezirk Auliä-Ata.

5992. Vinogradov, G. S., Detskij narodnyj kalendarj. (Der Kinder-Volkskalender). Sibirskaja Živaja Starina 2 (1924).

Angez. Krajevedenije (Leningrad) 1924, 505.

Verfasserregister.

(ä, ö, ü sind als ae, oe, ue alphabetisch eingereiht.)

Sachregister.

Druckfehler.

S. 48 lies: 11. Slavisches Sprachgebiet.
S. 50 lies: 12. Anderweitiges.
S. 55 lies: Nr. 756.
Nr. 869 lies: Germania 7.
Nr. 1357 lies: BlHmtSteierm.
Nr. 1533 tilge die Anmerkung.
Nr. 1642 lies: JHellStud.
S. 123 lies: 4. Tod und Begräbnis; auch die weiteren Nummern auf S. 126, 127, 129, 131, 132, 134, 136, 154, 159 sind zu verschieben.
S. 131 setze die Überschrift „Verkehr" etc. vor Nr. 1968.
Nr. 2417 lies: RIntEstVasc.
Nr. 3209 lies: Krankheiten.
S. 345 lies: 2. Stoffliches und Einzelnes.

Kolibri 360 GmbH
Ferdinand-Jühlke-Straße 7
99095 Erfurt, Deutschland
produktsicherheit@kolibri360.de